普通高等教育电气工程自动化系列教材

# 新编单片机原理及应用

## 第2版

汪贵平　龚贤武　雷旭　朱进玉　李立　编著

机械工业出版社

“单片机原理及应用”是电气信息类和机电类专业的必修课程，也是一门实践性很强的应用技术课程。本书从实际应用出发，将单片机的基本知识与基本原理、C51 程序设计、μVision5 集成开发环境、实验板和典型教学实例有机地结合在一起，体系完整，便于教学和自学。

本书内容主要包括单片机概述、51 系列单片机的内部硬件结构、指令系统与汇编语言程序设计、C51 语言程序设计、单片机的中断和定时系统、串行通信、μVision5 集成开发环境的使用和上机实验指导等内容。在此基础上，以国产 STC8H 系列单片机为例，详细介绍了扩展功能与接口技术；结合全国大学生电子设计竞赛、智能汽车竞赛和创新创业活动，介绍了单片机应用系统设计并给出典型实例。

本书论述严谨、内容新颖、图文并茂、注重基本原理和基本概念的阐述、强调理论联系实际、突出应用技术和实践。本书可作为高等学校电气信息类和机电类专业本科学生的教材和教学参考书，也可作为从事单片机应用开发的工程技术人员的参考书。

**图书在版编目（CIP）数据**

新编单片机原理及应用/汪贵平等编著. —2 版. —北京：机械工业出版社，2021.8

普通高等教育电气工程自动化系列教材

ISBN 978-7-111-68838-9

Ⅰ.①新… Ⅱ.①汪… Ⅲ.①单片微型计算机－高等学校－教材
Ⅳ.①TP368.1

中国版本图书馆 CIP 数据核字（2021）第 155147 号

机械工业出版社（北京市百万庄大街 22 号　邮政编码 100037）
策划编辑：于苏华　　　　责任编辑：于苏华
责任校对：樊钟英　王明欣　封面设计：张　静
责任印制：郜　敏
北京盛通商印快线网络科技有限公司印刷
2022 年 1 月第 2 版第 1 次印刷
184mm×260mm · 24.25 印张 · 601 千字
标准书号：ISBN 978-7-111-68838-9
定价：69.80 元

电话服务　　　　　　　网络服务
客服电话：010－88361066　机　工　官　网：www.cmpbook.com
　　　　　010－88379833　机　工　官　博：weibo.com/cmp1952
　　　　　010－68326294　金　书　网：www.golden－book.com
封底无防伪标均为盗版　　机工教育服务网：www.cmpedu.com

# 序

21世纪，全球全面进入了计算机智能控制/计算时代，而其中的一个重要方向就是以单片机为代表的嵌入式计算机控制/计算。由于最适合中国工程师、学生入门的8051单片机有40余年的应用历史，绝大部分工科院校均有此必修课，有数十万对该单片机十分熟悉的工程师可以相互交流开发、学习心得，有大量的经典程序和电路可以直接套用，从而大幅降低了开发风险，极大地提高了开发效率。这也是STC基于8051系列单片机产品的巨大优势。

Intel 8051技术诞生于20世纪70年代，不可避免地面临着落伍的局面，如果不对其进行大规模创新，我国的单片机教学与应用就会陷入被动。为此，STC对8051单片机进行了全面的技术升级与创新，经历了STC89/90、STC10/11、STC12、STC15、STC8G/STC8H系列，累计上百种产品。STC已成为国内最大51系列单片机生产厂家。

STC大学计划在如火如荼地进行中，已在国内上百所大学建立了STC高性能单片机联合实验室。STC8H实验箱已推出，使用本书作为教材的高校，可优先免费获得STC8H实验箱建立STC高性能8051单片机联合实验室。

STC全面支持全国大学生电子设计竞赛和全国大学生智能汽车竞赛，也支持各学校组织的校内竞赛和创新创业计划，支持力度请查阅STC网站。

本书先介绍了51系列的基本原理，便于学生掌握基本知识，在此基础上介绍了STC8H8K64U单片机的扩展功能。最后介绍了3个竞赛典型案例供初学者参考，让学生学用结合。

感谢Intel公司发明了经久不衰的8051体系结构单片机，感谢汪贵平等作者基于STC8H8K64U单片机编写的新书，保证了中国40年来的单片机教学与世界同步。本书也是STC大学计划STC8H实验箱的配套教材，是STC大学计划推荐教材，STC杯单片机系统设计大赛参考教材，全国智能车大赛和全国大学生电子设计竞赛STC单片机的参考教材。

**STC MCU Limited：Andy. 姚永平**

**2020年11月**

# 前　言

单片机具有体积小、价格低、可靠性高和使用灵活方便的特点，其在各行各业中得到了广泛的应用。随着社会经济的发展，用人单位对大学生就业的要求越来越高，如何通过教学过程使学生掌握单项成套应用技术就显得非常重要。编写本书的目的就是期望通过对本课程的学习，学生能够逐步从单片机入门提高到基本能熟练应用，进而掌握单片机应用的成套技术。

为实现此目的，作者根据多年从事本科生教学及相关科研工作的实践经验，在征求相关专业教师、高年级学生和单片机应用专业技术人员意见的基础上，结合使用单片机教学实验箱、教学实验板和单片机多功能应用板的应用情况，总结本书第1版使用的经验和不足，确定采用STC公司制作的教学实验盒、基本实验样例，为本书编写做好基本的准备工作。

例题从易到难是本书的一大特点。学习过单片机的同学普遍反映能看懂别人编写的程序，但自己编很难，尤其是较大的程序。对于实际应用来说，这也是一大问题。它要求编写教材不仅要例题多，还要精选例题并且要让学生了解编程思路。本书在编写时，对例题求解过程进行了详细的分析和比较，便于学生自学和掌握分析思路；并按照章节的顺序，逐步加大例题的难度，直至接近应用。

掌握基本知识和基本原理至关重要。本书第1～3章在简要介绍单片机应用的基础上，重点介绍单片机的工作原理和汇编语言程序设计。单片机实际应用系统软件设计目前大多采用C语言编程，第4章介绍C51语言程序设计，为后续章节学习使用C51语言编写程序提供了基础知识的准备。第5章介绍单片机的中断和定时系统。第6章介绍串行通信接口。单片机教学重在实践，第14章介绍μVision5集成开发环境的应用。第15章介绍上机实验指导。通过这8章的学习，学生应能根据应用系统的不同，掌握单片机的内部资源及其应用，并能完成实验调试。

单片机功能强大。初学者从易开始都难学懂，这也是先介绍51系列单片机的原因。第7～10章介绍以51系列单片机为内核的STC8H系列单片机的资源。学生熟悉各接口的功能和应用场景后，掌握其SFR的应用并不难。有效克服了死记硬背和单片机资源过多使人望而生畏的缺点，为学生掌握高端单片机并应用于实际产品开发打下坚实的基础。

从工程实践出发，结合实际应用案例是本书的又一大特点。第11～13章结合电子设计竞赛和智能汽车竞赛介绍了3个典型案例，为学生在校开展创新创业等科技活动提供了范例。

本书由汪贵平、龚贤武、雷旭、朱进玉和李立共同编写。汪贵平负责第2版的总体框架和组织，并完成第1章的编写工作，龚贤武编写第2、6、12、15章，雷旭编写第4、9、10、13章，朱进玉编写第3、11、14章，李立编写第5、7、8章。STC公司姚永平先生提供了大量的实用资料。在编写过程中，编者得到了作者单位（长安大学）的支持和同事的帮助。

在此对他们和参考文献作者一并表示诚挚的感谢。

书稿虽经反复讨论和修改，但由于作者水平有限，书中难免有错误和不妥之处，敬请大家批评指正。意见和建议请发邮件至 gpwang@ chd. edu. cn 或 xwgong@ chd. edu. cn。

编者

2020 年 11 月

# 目　录

## 第8章　STC8H系列的中断与定时系统 …………… 155



## 第9章　单片机的接口扩展技术 …………… 173



## 第10章　单片机串行总线扩展技术 …………… 239



## 第11章　项目一　温度控制系统设计实例 …………… 261

# 第 1 章　单片机概述

## 1.1　单片机的概念

随着计算机技术的迅速发展，根据社会各行各业应用的需求，计算机逐渐分化为两大类：通用计算机和嵌入式计算机。通用计算机具有计算机的标准形态（具备中央处理器、存储器、输入输出设备三大基本单元），具备通用的硬件架构，可以安装功能完善的操作系统和应用软件，并应用于社会的各个方面。其典型产品如 PC，安装 Office 软件可进行文字处理、表格处理等工作；安装财务软件可完成财务管理工作；安装 Protel 软件能完成电路原理图和 PCB 板的制作。嵌入式计算机则是以嵌入式系统的形式隐藏在各种装置、产品和系统中。如果把人看成是一个系统，人脑就是一个典型的嵌入式计算机，它镶嵌在人体内部，控制着人的各种活动。嵌入式计算机的典型应用产品如智能洗衣机、手机、掌上电脑和各种智能仪器仪表。

**嵌入式系统**（Embedded System）是以应用为中心，以计算机技术为基础，软件和硬件可增减，针对具体的应用系统，对功能、可靠性、成本、体积和功耗进行严格要求的专用计算机系统。它是计算机技术、半导体技术、电子技术以及与各行业具体应用相结合的产物，这决定了它必然是一个技术密集、资金密集、高度分散和不断创新的知识集成系统。

嵌入式系统的核心部件有以下三类：嵌入式微处理器、嵌入式 DSP 处理器和**微控制器**（MicroController Unit，MCU）。顾名思义，微控制器主要用于控制领域，用以实现各种测试和控制功能。由于其在应用时通常是处于测控系统的核心地位并嵌入其中，故也常常称之为嵌入式微控制器（Embedded MicroController Unit，EMCU）。

微控制器通常将主要组成部分集成在一个芯片上，具体来说就是把中央处理器 CPU、随机存储器 RAM、只读存储器 ROM、中断系统、定时器/计数器以及 I/O 接口电路等主要部件集成在一块芯片上。虽然微控制器只是一块芯片，但从组成和功能上来看，它已具备了计算机系统的属性，因此也可称之为**单片微型计算机**（Single Chip MicroComputer，SCMC），简称单片机。在国际上，“微控制器”的叫法更通用一些，而在我国则比较习惯于“单片机”这一名称，因此本书使用“**单片机**”一词。事实上，单片机只是一个电子元器件，但由于其功能强大、运用灵活、使用方便，需要一门课程来系统介绍。

## 1.2　单片机的发展

单片机的应用面很广，发展很快。在 1971 年微处理器研制成功不久，就出现了单片机，但最早的单片机字长是一位的，至今已发展成为上百种系列近千个机种。

### 1.2.1　单片机的发展趋势

纵观单片机40多年来的发展，单片机今后将向多功能、高性能、高速度、低电压、低功耗、低价格、低噪声、小体积、大容量、高可靠性、专用化和外围电路内装化等方向发展。其主要发展趋势如下：

1）字长（即单位时间内能一次处理的二进制数的位数）由4位、8位、16位发展到32位。不同字长的单片机目前同时存在于市场中，各有其用武之地，用户可以根据需要选择。

2）运行速度不断提高。单片机使用的最高频率由6MHz、12MHz、24MHz、33MHz发展到40MHz乃至更高。

3）片内存储容量越来越大，由1KB、2KB、4KB、8KB、16KB、32KB发展到64KB乃至更大；ROM存储器的编程和烧录方式也越来越方便，编程有ROM型（掩模型）、OTP型（一次性编程）、EPROM型（紫外线擦除编程）、EEPROM型（电擦除编程）和Flash（闪速编程）等；烧录方式目前有脱机编程、在系统编程（In－System Programming，ISP）和在应用编程（In－Application Programming，IAP）等。

**提示**：所谓在系统编程是指电路板上的空白器件可以通过编程写入最终用户代码，而不需要从电路板上取下器件，已经编程的器件也可以用ISP方式擦除或再编程。所谓在应用编程是指MCU可以在系统中获取新代码并对自己重新编程，即可用程序来改变原程序。ISP和IAP技术是未来仪器仪表的发展方向。

4）外围电路内装化。单片机除集成有并行接口、串行接口外，还集成有A/D转换器、D/A转换器、LED/LCD驱动器、PWM脉宽调制器、PLC锁相环控制器和WDT看门狗等功能。

5）低功耗和低电压。单片机的功耗已从毫安级降到微安级。低功耗不仅节能，而且带来了产品的高可靠性、高抗干扰能力和便携化。大多数单片机都有多种节电运行方式，允许使用电压的范围越来越宽，一般在3～6V之间，完全适应电池工作。低电压供电的单片机电源下限已达到1～2V。目前0.8V供电的单片机已经问世。

6）低噪声与高可靠性。为提高抗电磁干扰能力，使产品能适应恶劣的工作环境，满足电磁兼容性方面更高标准的要求，各厂商在单片机内部都采用了新的技术措施。

7）结合专用集成电路（ASIC）和精简指令集（RISC）技术，使单片机发展成为嵌入式微处理器，深入到数字信号处理、图像处理、人工智能和机器人等领域。

8）小体积、低价格和专用化。以4位和8位单片机为中心的小容量低价格也是单片机的发展方向之一。这类单片机的用途是使以往用数字电路组成的控制电路的单片化，可广泛用于家电产品。此外，专用化也是单片机的一个发展方向，针对单一用途的专用单片机会越来越多。

单片机的产品发展具有稳定性，并非一代淘汰一代，可根据自身情况选用。

### 1.2.2　常用单片机的分类

**1. 按照指令体系分类**

常用单片机的指令体系可分为复杂指令集和精简指令集。

复杂指令集（Complex Instruction Set Computer，CISC）：长期以来，计算机性能的提高

往往是通过增加硬件的复杂性来获得的。为了编程方便和提高程序的运行速度，硬件工程师采用的办法是不断增加可实现复杂功能的指令和多种灵活的编址方式，甚至某些指令可支持高级语言语句归类后的复杂操作，这样导致硬件越来越复杂，指令数越来越多，造价也相应地提高。为实现复杂的操作，还通过存于只读存储器（ROM）中的微程序来实现其极强的功能。微处理器在分析每一条指令之后执行一系列初级指令运算来完成所需的功能，这种设计的形式被称为复杂指令集计算机结构。

精简指令集（Reduced Instruction Set Computer，RISC）：在计算机应用中，人们发现 CISC 存在的缺点，如指令体系中各种指令的使用率相差悬殊：一个典型程序的运算过程所使用的 80% 指令，却只占一个处理器指令系统的 20%。事实上最频繁使用的指令是取、存和加法这些最简单的指令。针对 CISC 的弊病，人们提出了精简指令的设想，即指令系统应当只包含那些使用频率很高的少量指令，并提供一些必要的指令以支持操作系统和高级语言。按照这个原则发展而成的计算机被称为精简指令集结构。

常用的复杂指令集体系单片机有 MCS－51 系列单片机。精简指令集体系单片机有 Microchip 公司的 PIC 单片机和 Atmel 公司的 AVR 单片机。

**2. 按照存储器结构分类**

按照对指令和数据寻址的方式不同，常用单片机可分为冯 · 诺依曼结构和哈佛结构。其中，冯 · 诺依曼结构如图 1-1 所示，哈佛结构如图 1-2 所示。

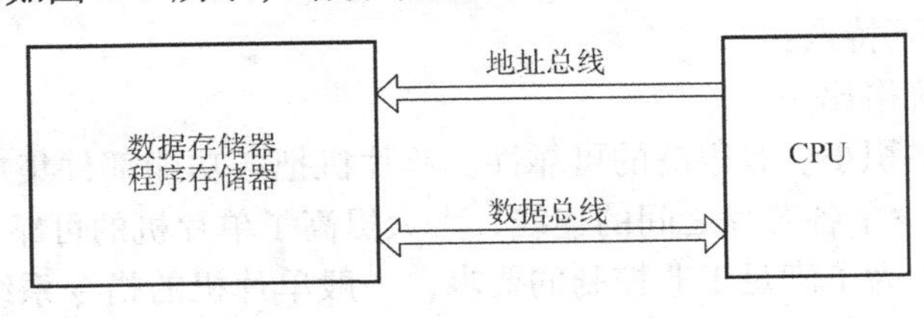


图 1-1　冯 · 诺依曼结构

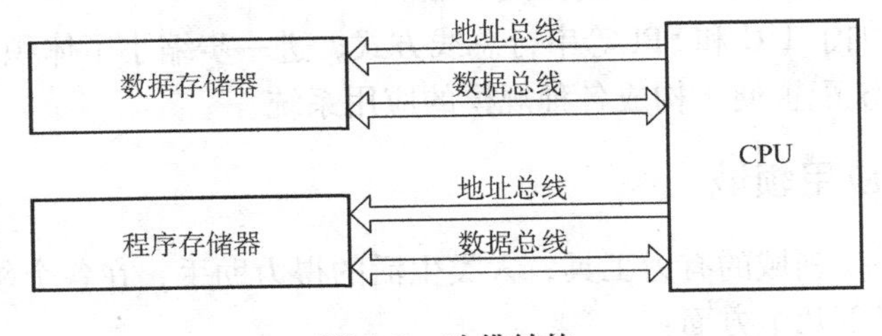


图 1-2　哈佛结构

冯 · 诺依曼结构的单片机对数据和指令采用统一的寻址方式，即将数据和指令安排在统一的存储空间，取指令与取数据利用同一数据总线。它的特点是结构简单，但速度较慢，取指令的同时不能取数据。典型的冯 · 诺依曼结构的单片机有 Intel 公司的 8086、ARM 公司的 ARM7 和 MIPS 公司的 MIPS 处理器。

哈佛结构的单片机对数据和指令采用分开的寻址方式，即将指令和数据分别安排不同的存储空间，提供了较大的存储器带宽，各自有自己的总线。改进的哈佛体系结构分成三个存储区：程序、数据、程序和数据共用。典型的哈佛结构的单片机有 Microchip 公司的 PIC 单片机、ARM 公司的 ARM9、大多数的 DSP、MCS－51 系列单片机和 Atmel 公司的 AVR 单片机。

**3. 按生产厂家分类**

目前较有影响的单片机生产厂家如下：

1）Intel 公司：MCS－51 系列，Intel 公司已不再生产。国内最大的以 51 系列为基础生产单片机的是 STC（宏晶科技）公司。

2）Atmel 公司：AVR 系列、AT 系列。

3）Winbond 公司：W77 系列、W78 系列。

4）SST 公司：SST 系列。

5）NXP 公司：P89 系列、LPC 系列。

6）Microchip 公司：16C5X/6X/7X/8X 系列。

7）Texas 公司：MSP430FXX 系列。

8）诸多公司的 32 位 ARM 系列，但其具有更多的嵌入式微处理器的特征。

## 1.3 单片机的应用

### 1.3.1 单片机的主要特点

单片机主要有如下特点：

1）优异的性能价格比。

2）集成度高、体积小、有很高的可靠性。单片机把各功能部件集成在一块芯片上，内部采用总线结构，减少了各芯片之间的连线，大大提高了单片机的可靠性与抗干扰能力。

3）控制功能强。为了满足工业控制的要求，一般单片机的指令系统中均有丰富的转移指令、I/O 口的逻辑操作以及位处理能力。

4）低功耗、低电压，便于生产便携式产品。

5）外部总线增加了 $I^2C$ 和 SPI 等串行总线方式，进一步缩小了体积，简化了结构。

6）单片机的系统配置便于构成各种规模的应用系统。

### 1.3.2 单片机的应用领域

单片机已成为科技领域的有力工具，人类生活的得力助手，在各个领域都得到了广泛的应用，主要表现在以下几个方面：

（1）单片机在智能仪表中的应用　单片机的应用有助于提高测量的自动化程度和精度，有利于提高其性价比，简化仪器仪表的硬件结构。例如，电度表校验仪、LCR 测试仪、智能万用表、温度控制器等。

（2）单片机在机电一体化中的应用　机电一体化产品集机械技术、微电子技术、计算机技术于一体，是具有智能化特征的机电产品，如微机控制的钻床、车床等。单片机作为产品中的控制器，可大大提高机器的自动化、智能化程度。

（3）单片机在实时控制系统中的应用　在工业测控、航天航空、机器人等各种实时控制系统中都可以用单片机作为控制器。单片机的实时数据处理能力和控制功能可使系统保持在最佳状态，提高系统的工作效率和产品质量。

（4）单片机在分布式系统中的应用　在较为复杂的系统中，常采用分布式多机系统。多机系统一般由若干个功能各异的单片机组成，各自完成特定的任务，它们通过通信总线相互联系、协调工作。单片机在这种系统中往往作为一个终端机，安装在系统的某些节点上，对现场信息进行实时的测量和控制。单片机的高可靠性和强抗干扰能力使它可以在恶劣的环境中工作。例如，在高档轿车中安装有几十个含有微处理器的控制器，有控制发动机的，有控制车身的等，它们各自完成特定的功能，并通过CAN总线交换信息。

（5）单片机在人类生活中的应用　家用电器等消费领域的产品特点是量多面广。应用单片机能大大提高其性价比和市场竞争力。目前的家用电器几乎都是单片机控制的电脑产品，如洗衣机、电冰箱、空调和电子玩具等。

## 1.4 单片机应用系统的开发

所谓**单片机应用系统**，就是利用单片机为某一应用目的所设计的单片机系统。在调试过程中称之为目标系统，含有单片机的电路板通常称之为主板或目标板。目标板是根据应用系统的需求设计的电路板，它主要由单片机最小系统和外围接口电路等构成。本节简要介绍应用系统开发的相关基本知识。

### 1.4.1 单片机应用系统的硬件构成

图1-3所示为典型单片机应用系统硬件构成框图。图右侧的键盘和显示器为系统的外设，它们各自通过相应的接口与单片机内部总线相连，操作者可通过按键操作，设置参数，利用显示器如LED或LCD显示系统的参数和状态信息。单片机还可以通过通信接口和PC或其他智能终端交换信息。单片机通过各种传感器检测来自测控对象的状态信息，主要有如下三类：

（1）模拟量输入　模拟量是连续变化的量。它既可以是电信号，如电压、电流，也可以是非电信号，如温度、压力、拉力或加速度等物理量。来自传感器的信号经信号调理后变换成统一标准的电压信号送A/D转换器，经A/D转换后通过接口送入单片机处理。

（2）数字量（脉冲量）输入　所输入的信息为有序组合的“0”和“1”两种电平状态。如测量转速时用的光电编码器，其所产生的脉冲序列有TTL电平；也有可能是0～3V代表“0”，8～15V代表“1”，这时需要进行电平转换。如用磁电式传感器测量转速，由于磁电式传感器输出的是频率和幅值都随转速变化的正弦信号，还需要进行信号变换和波形处理。因此，在图1-3中用“信号处理”环节表示。变换后的信号电平为TTL电平，通过接口电路（通常为计数器）送入单片机。

（3）开关量输入　所输入的信息为“0”和“1”两种电平状态。如按键、行程开关、光电开关等，它们也是数字量，但不是有序组合，更多地表现为开和关两种状态，因此称之为开关量输入。其信号经电平转换后通过接口直接送入单片机。

单片机接收来自测控对象的状态信息，根据应用系统的需求，经计算和分析处理后，通过输出三种类型信号来控制执行机构，完成测量和控制功能。具体如下：

（1）模拟量输出　单片机通过数字接口将数字信息输出给D/A转换器，D/A转换器将数字信息转换成模拟量，经放大电路放大后输出给受控模块。典型的模拟量输出如控制直流电机。

(2) 数字量（脉冲量）输出 输出的信息为有序组合的“0”和“1”两种电平状态。单片机输出的数字量或脉冲为TTL电平，为了保护电路和避免干扰，需要经过光电隔离。另外，有时还需要经过驱动电路，增大输出信号的驱动能力。典型的脉冲量输出如控制步进电机。

(3) 开关量输出 单片机输出信息为“0”和“1”两种电平状态。通常用来控制继电器的通断进而控制外围设备的接通与关断。典型的开关量输出如通过控制继电器的通断来驱动电磁阀。

由于设计思想和使用要求的不同，应用系统的构成也可分成如下三类：

(1) 专用系统 这是最常用的和最典型的构成方式，它最突出的特征是系统全部的硬件资源完全按照具体的应用要求配置，系统软件就是用户的应用程序。其硬件构成有可能是图1-3中某几部分的最简组合。专用系统的硬件、软件资源利用得最充分，但开发工作的技术难度较高。

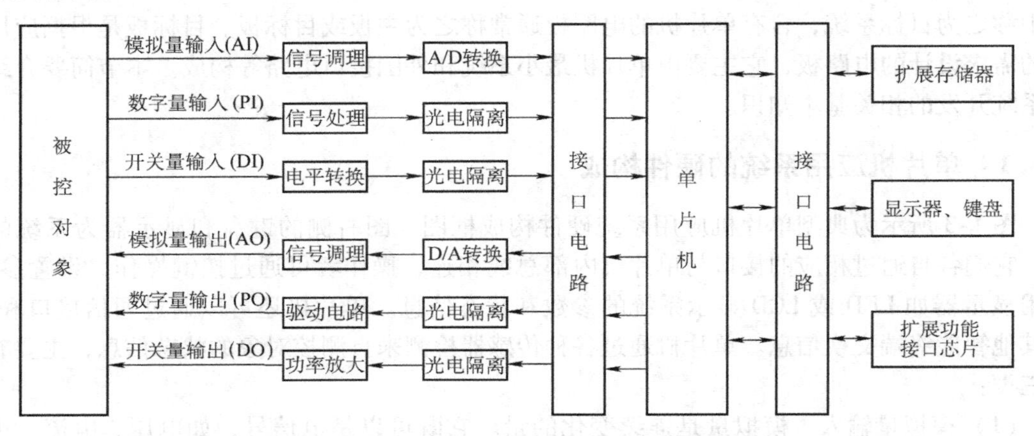


图1-3 典型单片机应用系统硬件构成方框图

(2) 模块化系统 如图1-3所示，单片机应用系统的系统扩展与通道配置电路具有典型性，因此可以将不同的典型配置做成系列模块，用户可以根据具体需要选购适当的模块，组合成各种常用的应用系统。它以提高制作成本为代价，换取了系统开发投入的降低和应用上的灵活性，特别适合于产品样机的研制和创新性训练。

(3) 单机与多机应用系统 一个应用系统只包含一块MCU，称为单机应用系统，这是目前应用最多的方式。如果在单片机应用系统的基础上再加上通信接口，通过标准总线和通用计算机相连，即可实现应用系统的联机应用。在此系统中，单片机部分完成系统的专用功能，如信号采集和对象控制等，称为应用系统。通用计算机称为主机，主要承担人机对话、大容量计算、记录、打印、图形显示等任务。由于应用系统是独立的计算机测控系统，因此其独立完成任务较简单，有利于提高运行的速度和效率。

## 1.4.2 单片机应用系统的开发过程

单片机应用系统是由硬件和软件组成，硬件是由单片机、扩展存储器和输入/输出接口电路等组成，软件是各种工作程序的总称。系统开发流程如图1-4所示，它主要由总体设计、硬件设计、软件设计、在线调试等部分组成。在开发过程中，它们并不是绝对分开的，而是交叉进行的。

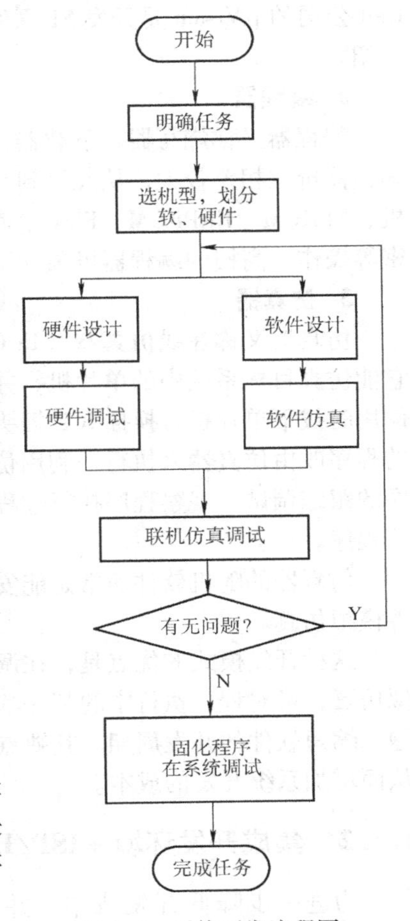


图1-4　系统开发流程图

## 1.5　单片机应用系统的开发调试模式

一个单片机应用系统从提出任务到正式投入运行的过程称为开发。所用的设备称为开发工具。单片机的开发工具除常规设备如万用表、示波器等之外，更重要的是开发系统。本节介绍目前单片机常用的开发模式。

### 1.5.1　集成开发环境+仿真器+编程器的开发模式

开发者需要先使用集成开发环境编写程序、编译程序，然后用仿真器对编写的程序在测试目标系统上进行仿真调试。当程序编写成功后，需要使用编程器将程序编译结果的二进制代码烧录进单片机的程序存储器中或利用芯片自身的在线编程功能将二进制代码烧录进单片机中。如果单片机的存储器是EEPROM或Flash型，则可使用编程器完成擦除和烧录的所有过程；如果单片机的存储器是EPROM型，则需要用到紫外光擦除器对存储器进行程序擦除，再使用编程器进行烧录。

图1-5所示为一个典型单片机开发系统，它主要由计算机、仿真器、目标系统及应用软件组成。单片机开发系统主要包括在线仿真、系统调试和辅助设计等功能。

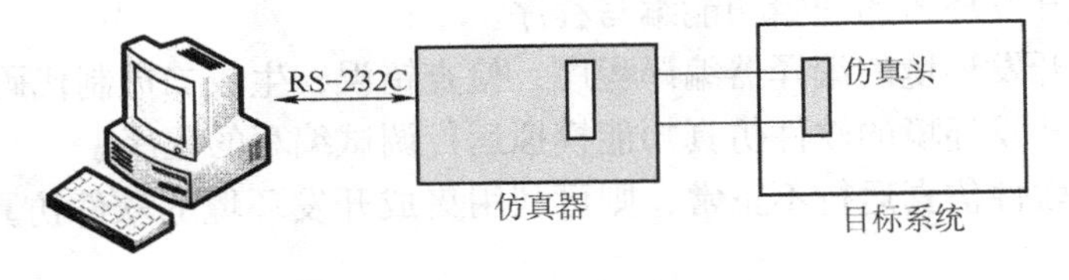


图1-5　典型单片机开发系统

#### 1. 集成开发环境

集成开发环境（Integrated Development Environment，IDE）是用于提供程序开发环境的应用程序，一般包括代码编辑器、编译器、调试器和图形用户界面工具。它是集代码编写功能、分析功能、编译功能、调试功能等一体化的开发软件。所有具备这一特性的软件或者软件套（组）都可以叫作集成开发环境。

常用的单片机集成开发环境有Keil公司的μVision、MicroChip公司的MPLAB等。其中

Keil公司的μVision是开发51系列单片机最常用的集成开发环境，将在本教材第14章重点介绍。

**2. 编程器**

编程器又称烧写器、下载器，通过它将调试好的程序烧写到程序存储器中，不同档次的编程器价位相差较大，从几百到几千不等。通常专用编程器具备以下功能：对多种型号单片机、EPROM、EEPROM、Flash、存储器、ROM、PLD、FPGA等进行读取、擦除、烧写、加密等操作。高档的编程器可独立于计算机运作。

**3. 仿真器**

仿真器又称在线仿真器（In Circuit Emulator，ICE）。ICE是由一系列硬件构成的设备，它能仿真目标系统中的单片机，并能模拟目标系统的资源，完全“逼真”地实现脱机环境。使用时拔下单片机，换插ICE插头，这样应用系统就成了ICE的一部分，原来由单片机执行的程序改由仿真器来执行。利用仿真器完整的硬件资源和监控程序，可实现对用户目标码程序的跟踪调试，观察程序执行过程中的单片机寄存器和存储器的内容，根据执行情况随时修改程序。

仿真器的随机软件通常是能安装在PC上的应用软件，既可用于硬件仿真，又可用于软件模拟仿真。

这种开发模式的优点是，在调试程序过程中利用仿真器对程序的运行情况进行充分的模拟仿真，可对程序执行中的某一状态进行监控、断点设置、变量观察，有效地发现程序的问题，缩短软件的开发周期。其缺点是需要购买集成开发环境软件、仿真器和编程器等设备，从而增加系统开发的成本。

### 1.5.2　集成开发环境+ISP/IAP的开发模式

为进一步降低开发成本，并克服反复插拔易产生故障的缺点，常利用在系统编程（ISP）。目前，具有ISP功能的单片机很多，有的单片机编程电路就是RS-232接口，不需要再扩充其他复杂的编程电路，使用非常方便，可参考相关单片机手册。

这种模式的开发步骤如下：

1）使用集成开发环境的编辑功能编写程序。

2）使用集成开发环境的编译器编译程序，检查错误，生成二进制代码。

3）使用集成开发环境的软件仿真功能模拟运行调试编写的程序。

4）如果程序软件仿真运行不正常，则可利用集成开发环境的软件仿真调试手段检查程序中的问题。

5）当程序软件仿真无误后，利用ISP编程软件将程序二进制代码烧录进单片机芯片中运行验证。

6）如果程序在目标系统上运行未能达到设计要求，则回到第4步重新仿真检查程序，直到程序在目标系统上运行达到设计目标。

这种开发模式虽然不能利用仿真器对所调试程序进行监控，但是由于目前单片机集成开发环境软件功能的强大，可以利用集成开发环境的软件仿真功能在程序烧录之前对程序进行充分的验证。同时，由于程序调试时一直运行在最终的目标系统硬件上，也不会出现仿真环境与目标系统环境不一致导致的软件问题。目前，这种开发模式被越来越多地应用于单片机系统的开发，而且特别适合于本科生教学实验和有经验的开发人员使用。

## 1.6　本课程的性质和任务

“单片机原理与应用”课程是一门工程实践性很强的课程。本课程的任务是使学生掌握单片机的基本原理和单片机设计应用系统的基本方法，为单片机应用系统设计和研发提供必要的技术基础。

本课程教学分为课堂教学、实验教学和综合性设计性实验三大部分。

课堂教学内容精选并结合应用，软件与硬件相结合，重点介绍单片机原理、接口电路与应用系统设计，覆盖了应用系统设计中的大部分内容。第一部分是单片机的基础知识，主要包括单片机的硬件结构、指令系统、汇编语言和 C 语言程序设计。掌握基础知识的程度直接影响到后续内容的学习。第二部分是单片机的各种接口电路设计，除了要求学生很好地掌握硬件接口电路设计外，还要很好地掌握如何编写控制接口的程序，注意有些指令在执行时，在外部引脚所产生的控制信号。第三部分是应用系统设计，它是前两部分内容的综合，要求学生全面掌握单片机应用系统的开发流程。

为了将最新的科技成果及器件在教学实践中及时反映出来，需要教师向学生介绍有关期刊杂志及相关的网站，培养学生获取新信息方面的能力。课程采用理论教学与工程能力培养并重的教学方法，教学内容应反映该领域内最新的技术成果，使学生了解单片机最新的发展动态和方向。

课程讲授中应注重培养学生树立起成本、性能/价格比的观念，这对工科学生是十分重要的。要把几种设计方案加以比较，注重工程上的可行性、性能/价格比及成本控制。

本课程是一门与实践紧密结合的技术基础课。实验的目的之一是使学生巩固课堂上所学的知识，尤其是通过实验课重点掌握开发系统的熟练使用。学生应能非常熟练地调试所编写的汇编程序和 C 语言程序，这是在课堂上学不到的。例如，如何使用仿真调试手段来调试软件以及对硬件故障进行诊断，而这些恰恰在应用中是非常重要的。

学习本门课程的目的，就是最终要使学生能设计一个实际的应用系统。单片机应用系统涉及许多工程设计问题。通常在课程结束后安排两周的综合性设计性实验，布置给学生一个大作业，要求学生设计一个实际的应用系统，并利用教学实验系统完成调试，为毕业设计和实际应用打下良好的基础。

综上所述，本课程的教学目标是使学生能够掌握单片机应用系统设计过程中的基本概念和原理，使学生能够掌握和使用单片机应用系统的典型开发工具，突出注重工程能力培养的特色。通过本课程的学习，使学生掌握 51 系列单片机的硬件基本结构、内部各种功能部件的工作原理及编程控制、指令系统以及各种常用硬件接口的设计，最终使学生能够根据工程开发任务的要求，具备单片机应用系统的设计和调试能力。

## 习　题

1. 填空题

（1）除了“单片机”之外，单片机还可以称为________和________。

（2）专用单片机由于已经把能集成的电路都集成到芯片内部了，所以专用单片机可以使系统结构最简化、软硬件资源利用最优化，从而大大提高了________和降低________。

(3) 在单片机领域内，ICE的含义是________。

(4) 单片机按照指令体系结构可分为________和________；按照存储器结构可分为________和________。

(5) 由于设计思想和使用要求不同，单片机应用系统可分成________、________和________三种类型。

(6) 单片机应用系统开发主要由________、________、________和________等组成。

(7) 单片机应用系统的开发调试模式分为________和________。

2. 选择题

在下列各题的（A）、（B）、（C）、（D）4个选项中，只有一个是正确的，请选择。

(1) 下列简写名称不是单片机或单片机系统的是（ ）。

（A）MCU （B）SCMC （C）ICE （D）EMCU

(2) 在家用电器中使用单片机应属于计算机的（ ）。

（A）数据处理应用 （B）控制应用 （C）数值计算应用 （D）辅助工程应用

(3) 使用单片机实现在线控制的好处不包括（ ）。

（A）精确度高 （B）速度快 （C）成本低 （D）能与数据处理结合

3. 简答题

(1) 什么是嵌入式系统？

(2) 什么是单片机？单片机的主要技术指标有哪些？

(3) 单片机与微处理器在结构和使用中有什么差别？

(4) 51系列单片机内部有哪些功能部件？

(5) 试述ISP与IAP的区别？

(6) 什么是IDE？什么是ICE？

(7) 试画出典型单片机应用系统硬件构成框图。

# 第 2 章　51 系列单片机的硬件结构

本章将详细介绍 51 系列单片机的内部硬件结构、引脚定义、存储器配置、输入/输出端口、复位和时钟电路、工作模式等内容，目的是使读者了解单片机的基本工作原理和内部资源，为单片机系统设计打下扎实的基础。单片机是微型计算机的一个分支，两者的许多技术与特征并无本质上的区别。因此，本章内容的学习可以和微机原理的内容联系起来，采用比较式学习法，在对比中掌握单片机的突出特点。

## 2.1　内部总体结构

从结构上来说，单片机的主要特征是将 CPU、RAM、ROM、定时器/计数器和多功能可编程 I/O 接口等计算机所需要的基本功能部件集成在一块大规模集成电路中。这些部件通过高速片内总线连接在一起，在软件和控制逻辑的作用下构成了一个有机的整体。51 系列单片机的内部基本结构如图 2-1 所示。其基本特性如下：

1）1 个 CPU，1 个片内振荡器及时钟电路。

2）4KB 程序存储器，128B 数据存储器。

3）21 个特殊功能寄存器。

4）32 条可编程的 I/O 线（4 个 8 位并行 I/O 接口）。

5）可寻址 64KB 外部数据存储器和 64KB 外部程序存储器的控制电路。

6）两个 16 位定时器/计数器。

7）5 个中断源，两个优先级嵌套中断结构。

8）1 个可编程全双工串行接口。

9）1 个具有位寻址功能、适于逻辑运算的位处理机。

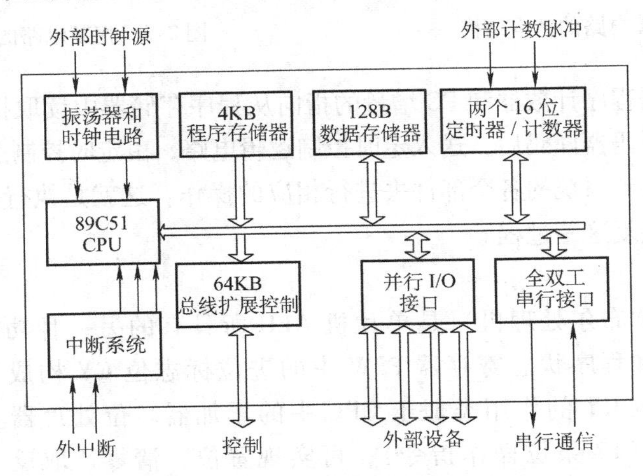


图 2-1　51 系列单片机的内部基本结构

下面分别介绍各主要部件的基本组成和功能。

**1. 中央处理器 CPU**

CPU 是 Central Processing Unit 的缩写，也即中央处理单元或中央处理器，是单片机的核心部件，它主要由运算电路和控制电路两大部分组成。

运算电路以算术逻辑单元（ALU）为核心，包括累加器（ACC）、寄存器 B、程序状态字（PSW）和两个暂存寄存器（TMP）等。算术逻辑单元是一个 8 位的全加器，它以两个暂存寄存器的内容作为加数和被加数，实现数据的算术逻辑运算、数据传输和程序转移等功能。数据运算的结果一般保存在 ACC（简称 A）中，数据运算和操作结果的状态由 PSW 保存。进入 ALU 作算术和逻辑运算的第一操作数一般来自于累加器，第二操作数主要来源于其他寄存器或数据存储器。寄存器 B 是为 ALU 进行乘除法运算而设置的，不作乘除运算时，寄存器 B 作为通用寄存器使用。累加器是一个 8 位的寄存器，它是 CPU 中使用最频繁的寄存器。运算电路的基本结构如图 2-2 所示。

控制电路是保证单片机各部分能在程序运行过程中自动且协调工作的指挥枢纽，其核心部分是指令地址的计算、取指和指令译码。控制电路主要包括程序计数器（PC）、PC 加 1 寄存器（PC 增量）、指令译码器、定时与控制电路等。控制电路的基本结构如图 2-3 所示，图中 DPTR 为数据指针。

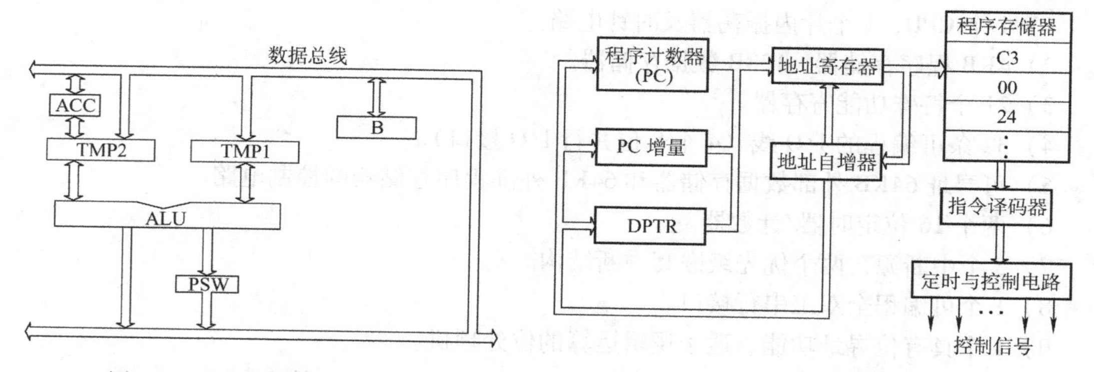


图 2-2 运算电路的基本结构

图 2-3 控制电路的基本结构

单片机首先根据程序计数器和 PC 增量的指向从程序存储器中读取指令，并送入指令寄存器保存，经指令译码器译码后，送入定时控制逻辑电路，由定时控制逻辑电路产生各种定时和控制信号，再送到系统的各个部件去进行相应的操作。这就是执行一条指令的全过程，执行程序就是不断重复这一过程。

**2. 位处理器**

位处理器（亦称布尔处理机）是单片机 ALU 所具有的另一种功能。单片机中的可位寻址数据存储器和程序状态寄存器 PSW 中的进位标志位 CY 构成了位处理器。位处理器中的进位标志位 CY 的作用类似于 CPU 中的累加器。位处理器主要处理指令系统中的位处理指令集（17 条位操作指令），可实现置位、清零、取反、测试转移以及逻辑与、或等位操作。用户在编程时合理地使用位处理器，可以处理一些复杂的逻辑功能，并提高程序的执行效率。

**3. 内部数据存储器（RAM）**

51系列单片机中有128B RAM（128×8）。实际上51系列单片机中提供了256个RAM单元的地址，但其中后128单元的地址被21个特殊功能寄存器占用，供用户使用的只是前128个单元，用于存放可读写的数据。因此，通常所说的内部数据存储器是指前128单元，简称“内部RAM”。

**4. 内部程序存储器（ROM）**

51系列单片机中有4KB ROM（4K×8），用于存放程序和原始数据，称为程序存储器，简称“内部ROM”。

**5. 定时器/计数器**

51系列单片机中有两个16位的定时器/计数器，定时器/计数器是单片机非常重要的部件，主要用来实现输入脉冲信号的计数或通过对系统时钟脉冲的计数实现定时功能。

**6. 并行I/O口**

51系列单片机中有4个8位并行的输入/输出端口，分别为P0、P1、P2、P3口，简称为I/O口。I/O口是单片机芯片以并行方式实现外部设备扩展及与外部设备联络、通信、控制、数据传输的重要方式。

**7. 串行口**

51系列单片机中有一个全双工的串行口控制器，串行口控制器是单片机实现与其他外部设备之间串行数据传送的重要设备。该串行口功能较强，设置灵活，既可以作为全双工异步通信收发器使用，也可作为同步移位器使用。

**8. 中断控制系统**

51系列单片机的中断功能较强，可满足控制应用的需要。51系列单片机提供了5个中断源，即外部中断2个、定时/计数中断2个、串行中断1个。全部中断分为高级和低级两个优先级别。

**9. 时钟电路**

51系列单片机内含时钟电路，只需要外接一个石英晶体振荡器和两个匹配电容就可以产生系统时钟信号，系统时钟的频率由外接的石英晶体振荡器的频率确定。通常，当定时的精度要求较高或指令执行时间要求精确计算时，选用频率为12MHz的石英晶体振荡器；当单片机需要与外部设备进行串行通信时，选用11.0592MHz的石英晶体振荡器。

**10. 总线**

单片机的地址总线、数据总线和控制总线用带箭头的空心线表示，合称为单片机的“三总线”。单片机内部采用总线结构便于实现功能部件的模块化设计，既提高了数据传输和处理的效率，又提高了芯片的集成度和可靠性。上述单片机的部件通过片内总线连接在一起，构成了一个完整的单片机系统。

51系列单片机内部整体结构原理图如图2-4所示。

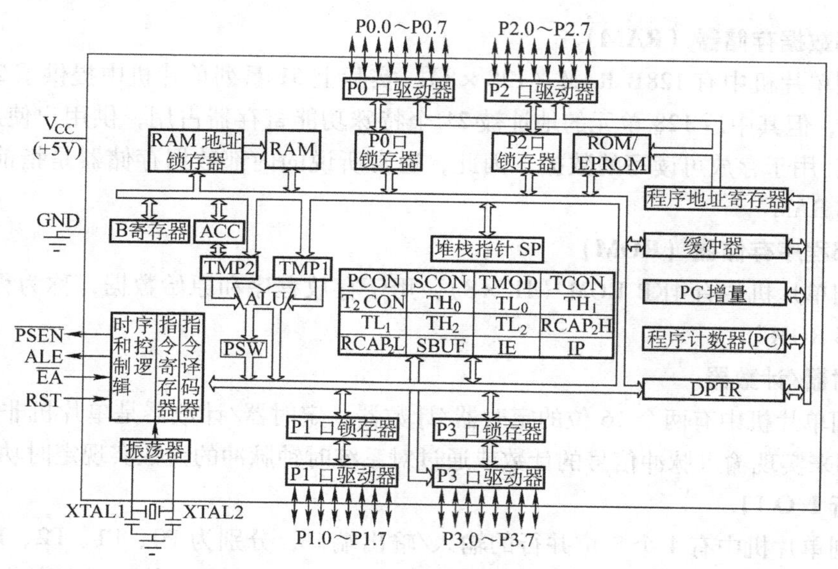


图 2-4 51 系列单片机内部整体结构原理图

## 2.2 引脚定义与功能

51 系列单片机有多种封装形式，本节以 40 脚双列直插封装（Dual In－line Package，DIP）形式为例，向读者介绍 51 系列单片机的引脚定义和功能。本书中所指的 51 系列单片机，如无特殊说明均为 40 脚双列直插封装。

图 2-5a 所示为 51 系列单片机按引脚顺序排列的引脚图，图 2-5b 所示为按总线功能分

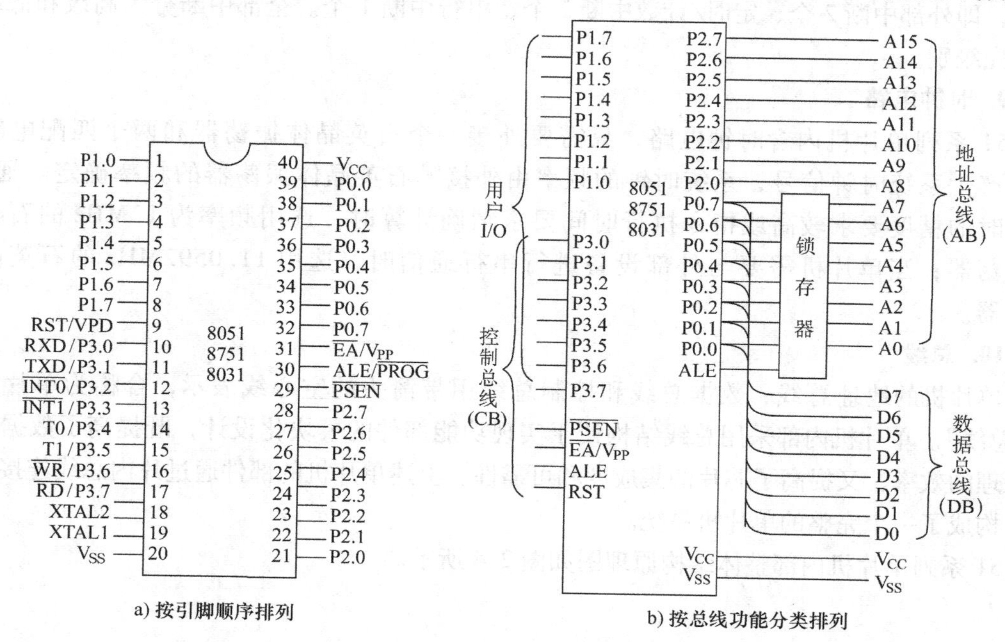


图 2-5 51 系列单片机引脚功能及总线结构

类排列的引脚图。下面将详细介绍各引脚的定义和功能。

**1. 主电源引脚**

$V_{CC}$（40脚）：单片机供电电源引脚，一般接+5V电源正端。

$V_{SS}$（20脚）：单片机供电电源引脚，一般接+5V电源地端。

**2. 外接晶体振荡器引脚**

XTAL1（19脚）：外接晶体振荡器的一端。它是片内振荡电路中反相放大器的输入端。当不使用片内时钟电路而外接时钟信号时，对于HMOS单片机，该引脚接地；对于CHMOS单片机，该引脚作为外接时钟信号的输入端。

XTAL2（18脚）：外接晶体振荡器的另一端。它是片内振荡电路反相放大器的输出端。当不使用片内时钟电路而外接时钟信号时，对于HMOS单片机，该引脚作为外接时钟信号的输入；对于CHMOS单片机，该引脚悬空不接。

**3. 控制线**

（1）RST/VPD（9脚）　复位/备用电源线。RST的含义为复位（RESET），VPD的含义为备用电源，该引脚为单片机的上电复位或掉电保护输入端。复位分为上电复位和系统运行中复位。在上电时，考虑到振荡器有一定的起振时间，该引脚上高电平必须持续10ms以上才能保证有效复位，最简单的复位电路形式是在此引脚和$V_{SS}$引脚之间连接一个约8.2kΩ的下拉电阻，与$V_{CC}$引脚之间连接一个约10μF的电容，以保证可靠的复位。单片机系统正常运行时，该引脚上出现持续两个机器周期的高电平，可使单片机恢复到初始状态，实现单片机的复位操作，这种形式的复位称为系统运行中复位。

在$V_{CC}$掉电期间，此引脚可接上备用电源，以保证内部RAM数据不会丢失。当$V_{CC}$的电压值下降到低于规定的水平时，接到VPD引脚的备用电源就向内部RAM供电。

（2）ALE/$\overline{\text{PROG}}$（30脚）　地址锁存允许/编程线。51系列单片机为了减少外部引脚的数量，采用了地址/数据总线复用技术，基本原理如图2-6所示。

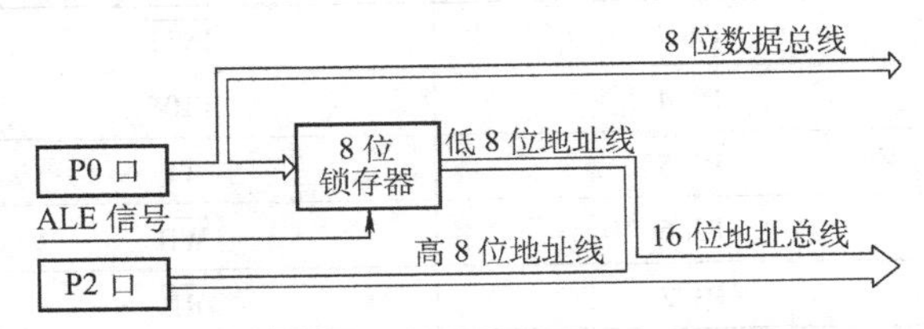


图2-6　地址/数据总线复用技术基本原理图

ALE信号为振荡器频率的1/6，在访问片外存储器时，ALE输出的脉冲下降沿用于锁存P0输出的低8位地址线，与P2口结合形成16位地址总线；在不访问外部存储器时，该引脚仍以不变的频率周期性地输出脉冲信号，可以用作对外输出的时钟或用于定时的目的。但要注意，在访问片外数据存储器期间，将跳空一个ALE脉冲，此时不宜作为时钟输出。

对于片内含有EPROM的机型（如8751），在编程期间，该引脚用于输入编程脉冲。

（3）$\overline{\text{PSEN}}$（29脚）　片外程序存储器读选通信号输出端，低电平有效。从外部程序存储器读取指令或常数期间，该信号在每个机器周期内两次有效，通过数据总线P0口读回指令或常数。在访问片外数据存储器期间，该信号将不再出现。

（4）$\overline{\text{EA}}/V_{PP}$（31脚）　片外程序存储器选用端，低电平有效。当该引脚为高电平时，访问内部程序存储器，当PC（程序计数器）值超过片内程序存储器空间时，则自动转向外部程序存储器的程序。当该引脚为低电平时，则只访问外部程序存储器，不管是否有内部程序存储器。

对于片内含有 EPROM 的机型（如 8751），在编程期间，此引脚用作编程电源的输入端，一般为 21V。

**4. 输入/输出口**

（1）P0 口（39～32 脚） 输入/输出线 P0.0～P0.7 统称为 P0 口。在不进行片外存储器扩展或 I/O 扩展时，可作为准双向输入/输出口使用，由于内部无上拉电阻，一般需要外接上拉电阻；在进行片外存储器扩展或 I/O 扩展时，P0 口作为分时复用的低 8 位地址总线和双向数据总线。

（2）P1 口（1～8 脚） 输入/输出线 P1.0～P1.7 统称为 P1 口。可作为准双向 I/O 口使用。对于 52 子系列，P1.0 与 P1.1 还有第二功能：P1.0 可用作定时器/计数器 2 的计数脉冲输入端 T2，P1.1 可用作定时器/计数器 2 的外部控制端 T2EX。

（3）P2 口（21～28 脚） 输入/输出线 P2.0～P2.7 统称为 P2 口。在进行片外存储器扩展或 I/O 扩展时，P2 口用作高 8 位地址总线；在不进行片外存储器扩展或 I/O 扩展时，作为准双向 I/O 口使用。

（4）P3 口（10～17 脚） 输入/输出线 P3.0～P3.7 统称为 P3 口。除作为准双向 I/O 口使用外，每一条端口线还可以用于第二功能。P3 口的每一条端口线均可独立定义为第一功能或第二功能。P3 口的第二功能如表 2-1 所示。

**表 2-1 P3 口第二功能表**

| 引脚 | 第二功能 | 说 明 |
|---|---|---|
| P3.0 | RXD | 串行口输入端 |
| P3.1 | TXD | 串行口输出端 |
| P3.2 | $\overline{INT0}$ | 外部中断 0 请求输入 |
| P3.3 | $\overline{INT1}$ | 外部中断 1 请求输入 |
| P3.4 | T0 | 定时器/计数器 0 计数脉冲输入 |
| P3.5 | T1 | 定时器/计数器 1 计数脉冲输入 |
| P3.6 | $\overline{WR}$ | 外部数据存储器写选通信号输出 |
| P3.7 | $\overline{RD}$ | 外部数据存储器读选通信号输出 |

根据上述介绍，51 系列单片机引脚的定义和功能特点可以归纳为以下几点：

1）按照功能来区分单片机的引脚，可以分为地址总线、数据总线、控制总线和用户定义输入/输出线（用户 I/O）。

2）P0 口、ALE 信号和 8 位锁存器配合使用，可以实现地址/数据总线的复用，减少了单片机的引脚数目。

3）当片内程序存储器空间不足时，提供了片外程序存储器的扩展方法。$\overline{EA}$=0 时，通过 ALE 信号、$\overline{PSEN}$信号、$\overline{RD}$信号、P0 口、P2 口及一个 8 位锁存器配合使用，可以扩展多达 64K 的片外程序存储器。

4）当片内数据存储器空间不足时，提供了片外数据存储器的扩展方法。通过 ALE 信号、$\overline{RD}$信号、$\overline{WR}$信号、P0 口、P2 口及一个 8 位锁存器配合使用，可以扩展多达 64K 的片外数据存储器。

5）采用标准 I/O 口线定义第二功能的方式，减少了单片机的引脚数目。这些 I/ O 口线呈现两种形式，一种是标准 I/O 形式，另一种是所定义的第二功能，如串口通信、计数器的脉冲输入信号、外部中断请求信号等。

6）电源引脚、外接晶体振荡器引脚、复位引脚和$\overline{EA}/V_{PP}$引脚是保证单片机正常工作必须处理的引脚。

## 2.3 存储器配置

微型计算机的存储器地址空间有两种结构形式：普林斯顿结构和哈佛结构。普林斯顿结构是将数据存储器和程序存储器空间合二为一，一个地址对应唯一的一个存储器单元，CPU 访问 ROM 和 RAM 使用相同的指令；哈佛结构是将 ROM 和 RAM 分别安排在两个不同的地址空间，ROM 和 RAM 可以有相同的地址，CPU 访问 ROM 和 RAM 使用的是不同的指令。单片机面向的控制对象一般需要有较大的程序存储器，用来固化调试好的程序，需要较小的数据存储器来存储程序执行过程中的数据，所以 51 系列单片机采用的结构是哈佛结构。

51 系列单片机存储器结构如图 2-7 所示，从物理地址空间上可分为片内、片外程序存储器与片内、片外数据存储器 4 部分。由于片内、片外程序存储器统一编址，因此，从用户使用的角度，其寻址（逻辑地址）空间可划分为片内外统一的 64KB 程序存储器、128B（对 51 子系列）或 256B（对 52 子系列）内部数据存储器和 64KB 的外部数据存储器 3 个独立的地址空间。在访问这 3 个不同的逻辑空间时采用的是不同形式的指令。

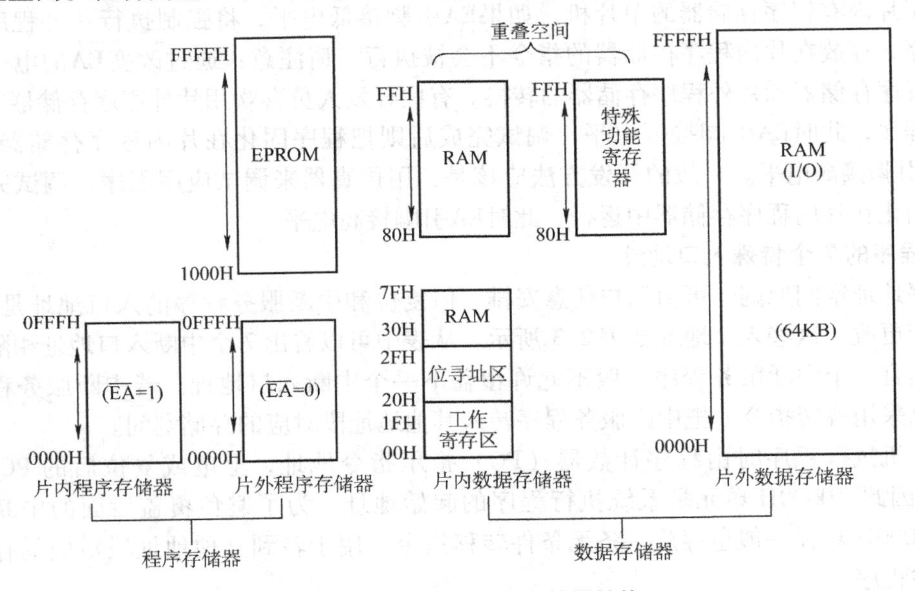


图 2-7　51 系列单片机存储器结构

另外，按照 Keil Cx51 编译器定义的存储类型与实际存储空间的对应关系，也可将 MCS－51 单片机存储器的空间分配如表 2-2 所示。

### 2.3.1 程序存储器

程序存储器用于存放编好的程序和表格常数，它由只读存储器 ROM 或 EPROM 或 Flash

组成。程序存储器以程序计数器（PC）作为地址指针，通过16位地址总线，可寻址64KB的地址空间。

**表2-2 MCS－51单片机存储器的空间分配**

| 存储类型（Cx51定义） | 地址范围 | 说明 |
|---|---|---|
| DATA | D：00H～D：7FH | 片内RAM直接寻址区 |
| BDATA | D：20H～D：2FH | 片内RAM位寻址区 |
| IDATA | I：00H～I：FFH | 片内RAM间接寻址区 |
| XDATA | X：0000H～X：FFFFH | 64KB片外RAM数据区 |
| CODE | C：0000H～C：FFFFH | 64KB片内外ROM代码区 |

**1. 编址与访问**

程序存储器从物理配置上可分为片内程序存储器和片外程序存储器，作为一个编址空间，其编址规律为：先片内，后片外，且片内和片外程序存储的地址不能重叠。

单片机在执行指令时，是从片内程序存储器取指令，还是从片外程序存储器取指令，首先由单片机$\overline{EA}$引脚电平的高低来决定：$\overline{EA}=1$为高电平时，先执行片内程序存储器的程序，当PC的内容超过片内程序存储器地址的最大值（51子系列为0FFFH，52子系列为1FFFH）时，将自动转去执行片外程序存储器中的程序；$\overline{EA}=0$为低电平时，CPU从片外程序存储器中取指令执行程序。对于片内无程序存储器的8031、8032单片机，$\overline{EA}$引脚必须接低电平；对于片内有程序存储器的单片机，如果$\overline{EA}$引脚接低电平，将强制执行片外程序存储器中的程序，存放在片内程序存储器的指令不会被执行。请注意：通过改变$\overline{EA}$的电平可以实现片内程序存储器和片外程序存储器的转换。有些开发人员喜欢用片外程序存储器来直接调试应用程序，此时$\overline{EA}$引脚接低电平；调试完成后则把程序固化在片内程序存储器中运行，此时$\overline{EA}$引脚接高电平。一般的开发方法应该是，用仿真器来调试应用程序，调试完成后则把程序固化在片内程序存储器中运行，此时$\overline{EA}$引脚接高电平。

**2. 程序的7个特殊入口地址**

程序地址空间原则上可由用户任意安排，但复位和中断服务程序的入口地址是固定的，用户不能更改。这些入口地址如表2-3所示。从表中可以看出7个中断入口地址相隔仅几个单元，而且一个中断服务程序一般不允许覆盖下一个中断入口地址。若中断服务程序较长时，可以采用跳转指令，把中断服务程序转入其他地址段对应的存储空间。

单片机执行程序时由程序计数器（PC）指示指令地址，上电或复位后的PC内容为0000H。因此，0000H单元是系统执行程序的起始地址，为了避免覆盖后面的中断入口地址，在0000H单元一般也存放一条无条件转移指令，用于转到其他地址段对应的存储空间来存放主程序。

**表2-3 51系列单片机复位、中断入口地址**

| 入口地址 | 用途 |
|---|---|
| 0000H | 复位操作后的程序入口 |
| 0003H | 外部中断0服务程序入口 |
| 000BH | 定时器0中断服务程序入口 |

（续）

| 入口地址 | 用途 |
| --- | --- |
| 0013H | 外部中断 1 服务程序入口 |
| 001BH | 定时器 1 中断服务程序入口 |
| 0023H | 串行口中断服务程序入口 |
| 002BH | 定时器 2 中断服务程序入口（89C52） |

### 2.3.2　外部数据存储器

51 系列单片机具有扩展 64KB 外部数据存储器（RAM）和 I/O 端口的能力，外部数据存储器和 I/O 端口实行统一编址，并使用相同的控制信号、访问指令 MOVX 和寻址方式。

片外数据存储器按 16 位编址时，其地址空间与程序存储器重叠，但不会引起混乱，访问程序存储器是用 $\overline{\text{PSEN}}$ 信号选通，而访问片外数据存储器时，由 $\overline{\text{RD}}$ 信号（读）和 $\overline{\text{WR}}$ 信号（写）选通。访问程序存储器使用的是 MOVC 指令，访问片外数据存储器使用的是 MOVX 指令和寄存器间接寻址指令。

### 2.3.3　内部数据存储器

内部数据存储器是使用最频繁的地址空间，大部分操作指令（算术运算、逻辑运算、位操作运算等）的操作数都存在内部数据存储器或特殊功能寄存器中。

片内数据存储器除了片内通用 RAM 外，还有特殊功能寄存器（SFR）。对于 51 子系列，前者有 128 个字节，其编址为 00H ~ 7FH；后者有 128 个字节，其编址为 80H ~ FFH；二者连续且不重叠。对于 52 子系列，前者有 256 个字节，其编址为 00H ~ FFH；后者有 128 个字节，其编址为 80H ~ FFH。后者与前者高 128 个字节的编址是重叠的，由于访问它们所用的指令不同，并不会引起混乱。访问高 128 字节 RAM 采用寄存器间接寻址；访问 SFR 则只能采用直接寻址；访问低 128 字节 RAM 时，两种寻址方式均可使用。

地址为 00H ~ 7FH 的内部数据存储器使用分配表可扫链 2-1 查看。它分为工作寄存器区、位寻址区、数据缓冲区 3 个区域。

**1. 工作寄存器区**

00H ~ 1FH 单元为工作寄存器区，也称通用寄存器。工作寄存器分成 4 组，每组都有 8 个寄存器，用 R0 ~ R7 来表示。程序中每次只用 1 组，其他各组不工作。使用哪一组寄存器工作由程序状态字（PSW）中的 PSW.3（RS0）和 PSW.4（RS1）两位来选择，其对应关系如表 2-4 所示。通过软件设置 RS0 和 RS1 的值，可选择其中的任意一组工作寄存器工作。这个特点使 51 系列单片机具有快速现场保护功能，对于提高程序效率和中断响应速度是很有利的。

链 2-1　内部数据存储器使用分配表

表2-4 工作寄存器组的选择表

| PSW.4 (RS1) | PSW.3 (RS0) | 当前使用的工作寄存器组 R0 ~ R7 |
|---|---|---|
| 0 | 0 | 寄存器组0 (00H ~07H) |
| 0 | 1 | 寄存器组1 (08H ~0FH) |
| 1 | 0 | 寄存器组2 (10H ~17H) |
| 1 | 1 | 寄存器组3 (18H ~1FH) |

**2. 位寻址区**

20H ~2FH 单元是位寻址区。这16个单元（共计 16×8 =128 位）的每一位都有对应的位地址，位地址范围为00H ~7FH。其中的每一位都可当作软件触发器，通常可以把它作为程序的各种状态标志位或位变量，由程序直接进行位处理。

**3. 通用 RAM 区**

30H ~7FH 是通用 RAM 区，共80个单元，一般用于存储用户数据，也称为用户 RAM 区。由于工作寄存器区、位寻址区、用户 RAM 区统一编址，使用同样的指令访问，这三个区的单元既有自己独特的功能，又可统一调度使用。因此，前两个区未使用的单元也可作为用户 RAM 单元使用，使容量较小的片内 RAM 得以充分利用。

52 子系列片内 RAM 有256个单元，前两个区的单元数与地址都和51子系列一致，用户 RAM 区却为30H ~ FFH，有208个单元。

**4. 堆栈和堆栈指针**

堆栈是一个特殊的 RAM 区，用来暂存数据和地址，它是按“先进后出”或“后进先出”的原则存取数据的，堆栈有入栈和出栈两种操作。堆栈指针（Stack Pointer，SP）是一个8位的特殊寄存器，用于指示堆栈在内部 RAM 中的位置。51系列单片机堆栈属于向上生长型，即堆栈从栈底地址单元开始，向高地址端延伸，栈顶地址总是大于栈底地址。一般需要通过初始化 SP 的值来设定堆栈的栈底，以指示堆栈的起始位置。系统复位后，SP 的内容为07H，指示堆栈是从08H 单元开始的。但是，为了避开工作寄存器区、位寻址区和用户 RAM 区中已经定义为用户数据的 RAM 单元，一般把栈底设在2FH 地址单元以后的 RAM 区中。

数据入栈时 SP 的内容自动加1，作为本次数据入栈的指针，把数据压入堆栈即完成一个数据入栈的操作。图2-8展示了栈底设置为60H，当前栈顶位置为67H（SP =67H），数据08H 入栈前后的状态和过程。

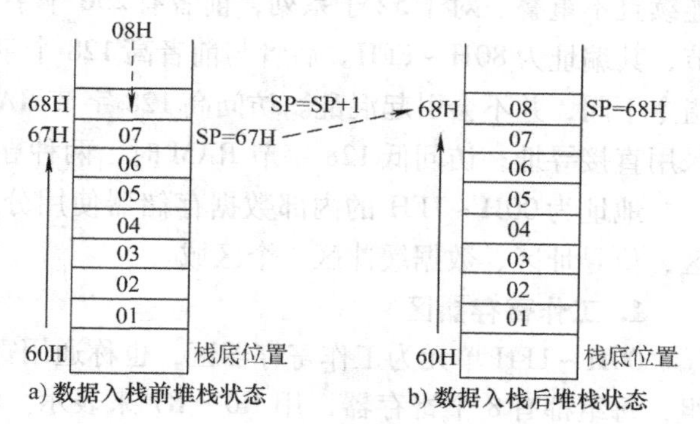


图2-8 数据08H 入栈过程示意图

数据出栈时把数据弹出堆栈，SP 的内容自动减1指向堆栈中的下一个数据，即完成一个数据出栈的操作。图2-9展示了栈底设置为60H，当前栈顶位置为68H（SP =68H），位于栈顶位置的数据08H 出栈前后的状态和过程。

从图2-8和图2-9可以看出，堆栈指针 SP 的值随着入栈数据的增加而增大，随着出栈数据的增加而减小。

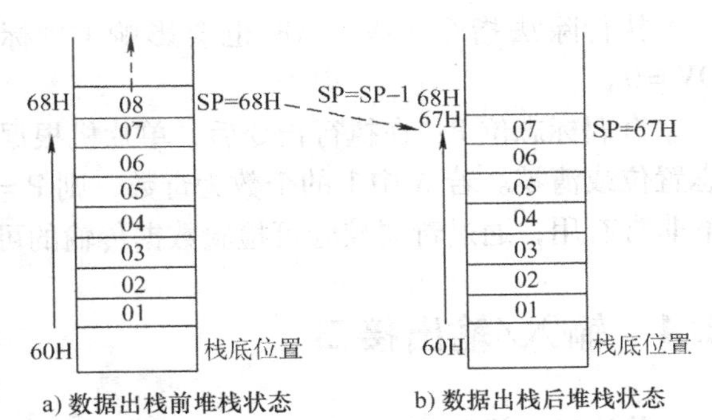


图2-9 数据08H出栈过程示意图

### 2.3.4 特殊功能寄存器

特殊功能寄存器（Special Function Registers，SFR），也称为专用寄存器，用于控制、管理片内算术逻辑部件、并行I/O口、串行I/O口、定时器/计数器、中断系统等特殊功能模块的工作。用户在编程时可以设定SFR，但不能作为其他用途来使用。在51子系列单片机中，SFR（PC例外）与片内RAM统一编址，可直接寻址。除PC外，51子系列有18个专用寄存器，其中3个为双字节寄存器，共占用21个字节；52子系列有21个专用寄存器，其中5个双字节寄存器，共占用26个字节。在地址空间80H～FFH中，SFR占用了一些地址单元，而其他地址单元则无定义，用户不能对这些地址单元进行读/写操作，若对其进行访问，将得到一个不确定的随机数，是没有任何意义的。

特殊功能寄存器名称、表示符号、地址一览表可扫链2-2查看。其中有12个特殊寄存器可以位寻址，可位寻址的特殊寄存器地址都为x0H或x8H（即具有能被8整除的特征），共有可寻址位12×8位-3位（未定义）=93位；还列出了这些位的位地址与位名称，引用这些位地址时，可用“寄存器.位”来表示，如ACC.1、PSW.3等。

程序状态字（PSW）是一个8位的标志寄存器，它保存指令执行结果的特征信息，以供程序查询和判别。链2-2中PSW各位的定义如下：

链2-2 特殊功能寄存器的名称、表示符号、地址一览表

进位标志位C：在执行某些算术操作类、逻辑操作类指令时，可被硬件或软件置位或清零。它表示运算结果是否有进位或借位。如果在最高位有进位（加法时）或有借位（减法时），则C=1，否则C=0。

辅助进/借位（或称半进位）标志位AC：它表示两个8位数运算，低4位有无进/借位的状况。当低4位相加（或相减）时，若D3位向D4位有进位（或借位），则AC=1，否则AC=0。在BCD码运算的十进制调整中要用到该标志。

用户自定义标志位F0：用户可根据自己的需要对F0赋予一定的含义，通过软件置位或清零，并根据F0=1或0来决定程序的执行方式，或反映系统的某一种工作状态。

工作寄存器组选择位RS1、RS0：可用软件置位或清零，用于选定当前使用的4个工作寄存器组中的某一组（详见表2-4）。

溢出标志位OV：做加法或减法时，由硬件置位或清零，以指示运算结果是否溢出。OV=1反映运算结果超出了累加器的数值范围（无符号数的范围为0～255，以补码形式表示一个有符号数的范围为-128～+127）。进行无符号数的加法或减法时，OV的值与进位标志位C的值相同；进行有符号数的加法时最高位、次高位之一有进位，或做减法时最高位、次高位之一有借位，OV被置位，即OV的值为最高位和次高位的异或（C7⊕C6）。

执行乘法指令MUL AB会影响OV标志，当乘积>255时，OV=1，否则OV=0；

执行除法指令 DIV AB 也会影响 OV 标志，如 B 中所放除数为 0，OV = 1，否则 OV = 0。

奇偶标志位 P：在执行指令后，单片机根据累加器（A）中 1 的个数的奇偶自动给该标志置位或清零。若 A 中 1 的个数为奇数，则 P = 1，否则 P = 0。该标志对串行通信的数据传输非常有用，通过奇偶校验可检验数据传输的可靠性。

## 2.4 输入/输出接口

单片机内部有 P0、P1、P2 和 P3 共 4 个 8 位双向 I/O 口。P0 ~ P3 的每个端口可按字节输入或输出，也可按位进行输入或输出，共 32 根口线，对于需要位控制的场合使用十分方便。P0 为三态双向口，能驱动 8 个 TTL 电路；P1 ~ P3 为准双向口，负载能力为 4 个 TTL 电路。如果外设需要的驱动电流大，可加接驱动器。

同一接口的各位具有相同的结构，4 个接口的结构也有相同之处：都有 2 个输入缓冲器，分别受内部读锁存器和读引脚信号的控制；都有锁存器（即专用寄存器 P1 ~ P3）及由场效应晶体管组成的输出驱动器。由于每个接口具有不同的功能，内部结构亦有不同之处。下面对 4 个接口的结构分别进行介绍。

### 2.4.1 P0 口

**1. P0 口结构**

P0 口是一个三态双向口，可作为地址/数据分时复用口，也可作为通用 I/O 接口，各位的结构相同，图 2-10 所示为其中一位的结构原理。其中每一位都有一个锁存器来锁存输出数据，8 个锁存器构成了特殊功能寄存器 P0；场效应晶体管（FET）V1、V2 组成输出驱动器，以增大带负载能力；三态门 1 作为输入缓冲器；三态门 2 用于读锁存器端口；与门 3、反相器 4 及多路转换开关构成输出控制电路。

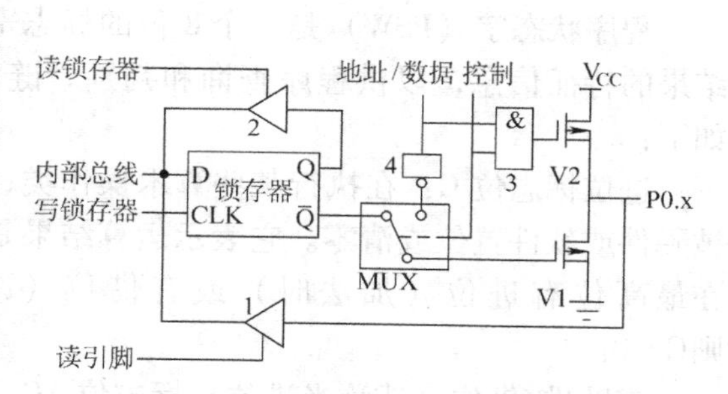

图 2-10 P0 口位的结构原理图

**2. 地址/数据分时复用功能**

在寻址外部程序存储器时，P0 口分时作为双向 8 位数据口和低 8 位地址输出复用口，此时控制信号为高电平，即“1”。多路转换开关的位置如图 2-11 所示。

当地址/数据为“1”时，反相器 4 输出“0”，V1 截止，与门 3 输出“1”，V2 导通，P0. x 引脚为高电平“1”；当地址/数据为“0”时，反相器 4 输出“1”，V1 导通，与门 3 输出“0”，V2 截止，P0. x 引脚为低电平“0”。这样就实现了地址/数据信号驱动输出。数据输入时，“读引脚”控制信号置“1”，使引脚上的信号经输入缓冲器 1 直接进入内部总线。

**3. 通用 I/O 接口功能**

当 P0 口作为通用 I/O 口使用时，控制信号为低电平，即“0”时，与门 3 输出“0”，V2 截止，P0. x 引脚为集电极开路输出。多路转换开关的位置如图 2-12 所示。

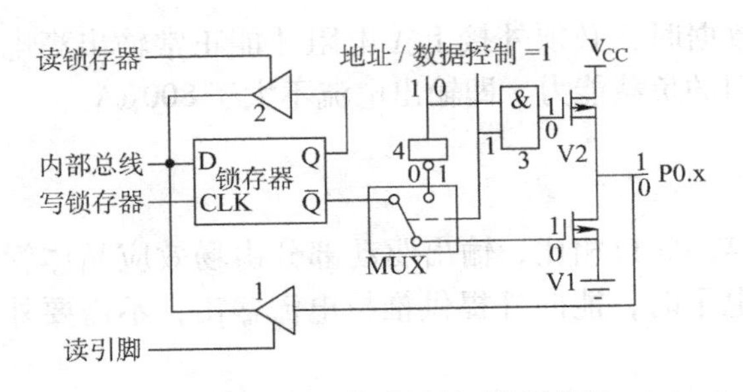


图 2-11　P0 口作为地址/数据分时复用使用时的逻辑关系示意图

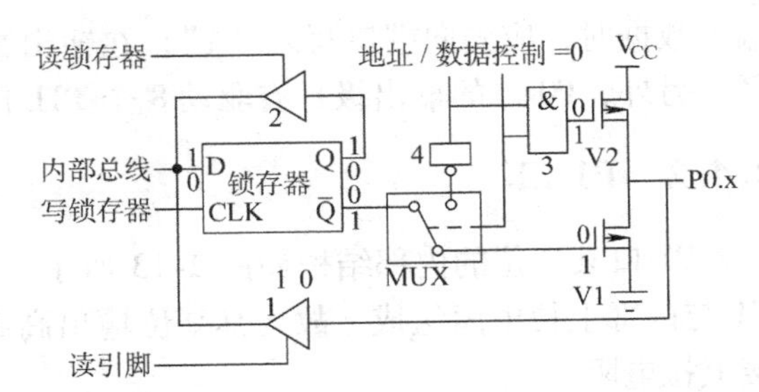


图 2-12　P0 口作为通用 I/O 口使用时的逻辑关系示意图

当数据写入信号脉冲加在锁存器时钟端 CLK 上时，与内部总线相连的 D 端数据被锁存在 Q 端。取反后的数据被锁存在 $\overline{Q}$ 端，经输出驱动场效应晶体管 V1 再反相，P0. x 引脚上出现的数据与写入的数据完全一致。

当 P0 口作为通用 I/O 接口时，应注意以下三点：

1）在输出数据时，由于 V2 截止，输出级是漏极开路输出，要使输出引脚为正常输出的高电平，必须外接上拉电阻。

2）P0 口作为通用 I/O 接口使用时是准双向口。必须注意在读取引脚输入数据时，端口应该置为“1”（写 1），这样锁存器的 $\overline{Q}$ 端为“0”，使输出级的两个场效应晶体管 V1、V2 均截止，引脚处于悬浮状态，才可进行高阻输入。如果在此之前曾输出过锁存数据 0，而又没有进行端口置“1”处理，则 V1 是导通的，这样引脚上的电位就始终被钳位在低电平，使输入的高电平无法读入。

3）P0 口用作地址/数据分时复用功能连接外部存储器时，由于访问外部存储器期间，CPU 会自动向 P0 口的锁存器写入 0FFH，对用户而言，P0 口此时才是真正意义的三态双向口。

**4. 端口操作**

51 系列单片机有不少指令可直接进行端口操作，例如：

```
ANL   P0, A          ;(P0)←(P0)∧(A)
ORL   P0,#data       ;(P0)←(P0)∨data
DEL   P0             ;(P0)←(P0)-1
```

这些指令的执行过程分成“读—修改—写”三步，先通过“读锁存器”将 P0 口的数据读入 CPU，即使“读锁存器”控制信号为“1”，锁存器 Q 端的信号经输入缓冲器 2 进入内部总线，并在 ALU 中进行运算，运算结果再送回 P0。执行“读—修改—写”类指令时，区别于上述的 P0 口“读引脚”数据输入操作，CPU 是通过三态门 2 读回锁存器 Q 端的数据来代表引脚状态的。如果直接通过三态门 1 从引脚读回数据，有时会发生错误。例如，用一根口线去驱动一个晶体管的基极，在晶体管的发射极接地的情况下，当向口线写“1”时，晶体管导通，并把引脚的电平拉低（0.7V），这时如果读引脚数据，则会读为 0，而实际原口线的数据为 1。因此，采用读锁存器 Q 的数据可以避免错读。

综上所述，P0 口在有外部扩展存储器时被作为地址/数据总线口，此时是一个真正的双向口；在没有外部扩展存储器时，P0 口作为通用 I/O 接口，但此时只是一个准双向口，在输入数据时，应先向端口写入“1”，在输出数据时，必须外接上拉电阻才能正常输出高电平。另外，P0口的输出级具有驱动8个TTL门的负载能力，即输出电流不大于800μA。

### 2.4.2　P1口

P1口某一位的内部结构如图2-13所示。与P0口相比，输出驱动部分由场效应晶体管V1与内部上拉电阻组成。故当其某位输出高电平时，能向外提供推拉电流输出，不需要外接上拉电阻。

P1口只有通用I/O接口一种功能（对51子系列），其输入/输出原理特性与P0口作为通用I/O接口使用时一样，为准双向口。当作为输入口使用时，也应先向其锁存器写入“1”。P1口具有驱动4个TTL门的负载能力。

另外，对于52子系列单片机，P1口P1.0与P1.1除作为通用I/O接口线外，还具有第二功能，即P1.0可作为定时器/计数器2的外部计数脉冲输入端T2，P1.1可作为定时器/计数器2的外部控制输入端T2EX。

### 2.4.3　P2口

P2口是准双向口，其某一位的内部结构如图2-14所示。它具有通用I/O接口或高8位地址总线输出两种功能，所以同P0口类似，其电路结构中有一个多路转换开关MUX。

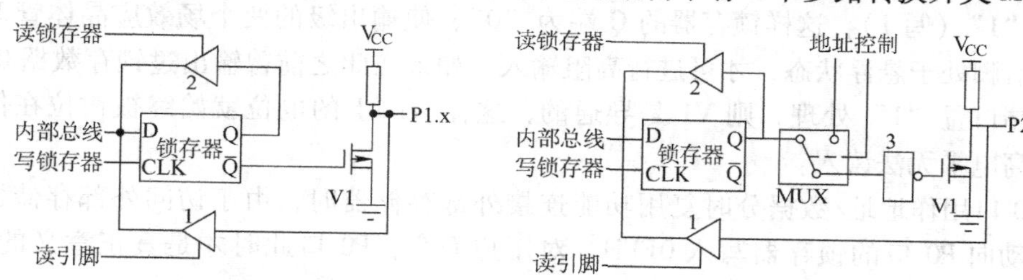


图2-13　P1口某一位的内部结构　　　图2-14　P2口某一位的内部结构

当作为准双向通用I/O口使用时，控制信号使多路转换开关接向左侧，锁存器Q端经反相器3接V1，其工作原理与P1类似，也具有输入、输出、端口操作三种工作方式，负载能力也与P1相同。

当作为外部扩展存储器的高8位地址总线使用时，控制信号使转换开关接向右侧，程序计数器（PC）的高8位地址PCH，或数据指针DPTR的高8位地址DPH经反相器3和V1输出到P2口的引脚上，输出高8位地址A8～A15。在上述情况下，锁存器的内容不受影响，所以，取指或访问外部存储器结束后，由于转换开关又接至左侧，使输出驱动器与锁存器Q端相连，引脚上将恢复原来的数据。需要注意的是，只要P2口有一位作为地址线使用，剩下的P2口线不能再作为I/O口线使用。

### 2.4.4　P3口

P3口某一位的内部结构如图2-15所示。P3口除了可作为通用准双向I/O接口外，每一根口线还具有第二功能。

当P3口作为通用I/O接口时，第二功能输出线为高电平，与非门3的输出取决于端口锁存器的状态，输入信号则仍经缓冲器1输入。在这种情况下，P3口仍是一个准双向口，它的工作方式、负载能力均与P1、P2口相同。

当P3口作为第二功能（各引脚功能见表2-1）使用时，该位对应的锁存器应先置“1”，打开与非门，第二功能内容通过与非门和V1送至引脚。作第二功能输入时，输入信号RXD、$\overline{INT0}$、$\overline{INT1}$、T0、T1经三态缓冲器4进入。P3口的各位如果不设定为第二功能，则自动默认为第一功能。

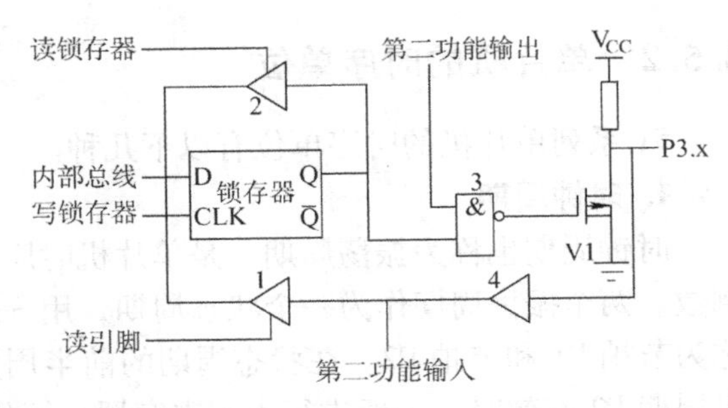


图2-15 P3口某一位的内部结构

## 2.5 时钟电路与时序

51系列单片机本身是一个复杂的同步时序电路，为保证同步工作方式的实现，51系列单片机在唯一的时钟信号控制下，严格地按时序执行指令。在执行指令时，CPU以时钟电路的主振频率为基准发出CPU的时序，对指令进行译码，并由时序电路产生一系列控制信号去完成指令所规定的操作。这些控制信号在时间上的相互关系就是CPU时序。

CPU产生的时序信号有两类：一类用于片内各功能部件的控制，这类信号用户无须了解，在此不做介绍；另一类用于片外存储器或I/O端口的控制，如对外发出地址锁存ALE、外部程序存储器选通$\overline{PSEN}$，以及通过P3.6和P3.7发出数据存储器读$\overline{RD}$、写$\overline{WR}$等控制信号，这部分时序对于分析、设计硬件接口电路至关重要，将在第7章系统并行扩展中详细分析。

### 2.5.1 时钟电路

51系列单片机的时钟信号产生通常有两种方式：内部时钟方式和外部时钟方式。

采用内部时钟方式时，如图2-16所示。单片机内部有一个用于构成振荡器的高增益反相放大器，引脚XTAL1为输入端、XTAL2为输出端。两个引脚间跨接晶体振荡器与微调电容组成并联谐振回路，构成一个自激振荡器为内部时钟电路提供振荡时钟。振荡器的频率主要取决于晶体的振荡频率，一般晶体可在1.2～12MHz之间任选。电容$C_1$、$C_2$通常取30pF左右。

采用外部时钟方式是把已有的时钟信号引入单片机，常用于多片单片机同时工作，以便于同步。按不同工艺制造的单片机有不同的接法，如图2-17所示。

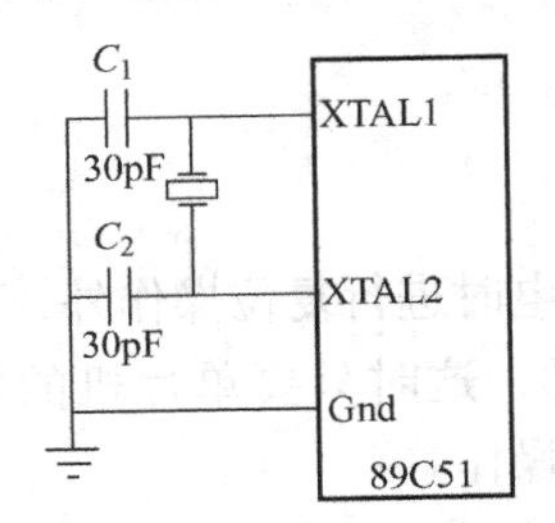


图2-16 单片机内部时钟方式

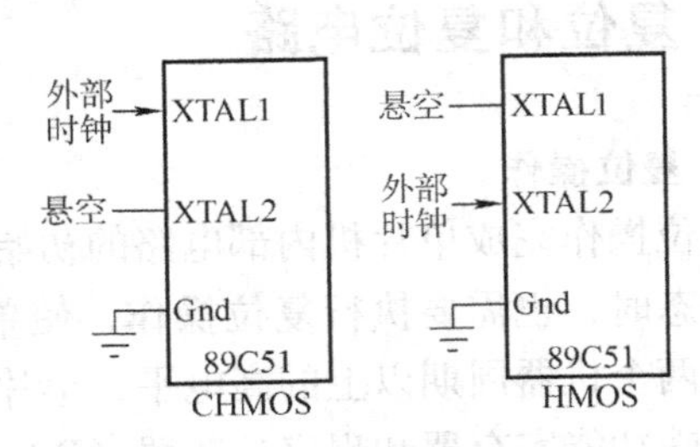


图2-17 单片机外部时钟方式

### 2.5.2 单片机的时序单位

51系列单片机的时序单位有以下几种。

**1. 时钟周期**

时钟周期也称为振荡周期，是单片机时序中最小的时间单位，常定义为时钟脉冲频率的倒数。两个振荡周期作为一个状态周期，用S表示，其中的两个振荡周期作为两个节拍分别称为节拍P1和节拍P2。在状态周期的前半周期P1有效时，通常完成算术逻辑操作；在后半周期P2有效时，一般进行内部寄存器之间的传输。

**2. 机器周期**

单片机完成一个基本操作所需要的时间称为机器周期。51系列单片机的一个机器周期包含12个时钟周期，分为6个状态，用S1、S2、…、S6表示。每个状态又分为两拍，称为P1和P2。因此，一个机器周期中的12个时钟周期可依次表示为S1P1、S1P2、S2P1、S2P2、…、S6P1、S6P2，共12个节拍。

**3. 指令周期**

指令周期是执行一条指令所占用的时间，它以机器周期为单位。通常包含一个机器周期的指令称为单周期指令，包含两个机器周期的指令称为双周期指令，依次类推。机器周期数越少的指令执行速度越快。51系列单片机除乘法、除法指令是4周期指令外，其余都是单周期指令和双周期指令。在编程时要尽可能选用具有相同功能而机器周期数少的指令。

各时序单位的相互关系如图2-18所示。若单片机外接晶振频率为12MHz，则各时序单位的大小如下：

时钟周期 $=1/f_{osc}=1/12\text{MHz}=0.0833\mu s$

机器周期 $=12/f_{osc}=12/12\text{MHz}=1\mu s$

指令周期 $=1\sim4$ 机器周期 $=1\sim4\mu s$

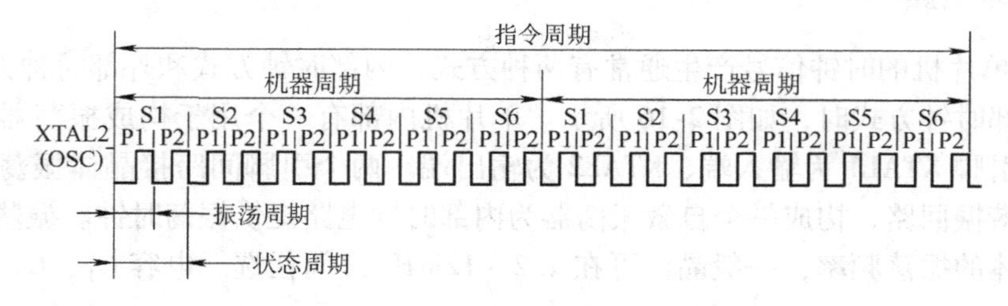


图2-18 51系列单片机时序单位的相互关系

## 2.6 复位和复位电路

**1. 复位操作**

复位操作完成单片机内部电路的初始化。除系统上电时进行复位操作外，系统出错处于死锁状态时，也需要执行复位操作，使单片机重新启动，这时只要单片机的复位引脚RST上出现两个机器周期以上的高电平，单片机就进行复位操作。

特殊功能寄存器和程序计数器（PC）复位后的状态如表2-5所示。

表2-5　51系列单片机复位状态表

| 寄存器 | 复位状态 | 寄存器 | 复位状态 |
|---|---|---|---|
| PC | 0000H | TMOD | 00H |
| A | 00H | TCON（T2CON） | 00H |
| B | 00H | TH0 | 00H |
| PSW | 00H | TL0 | 00H |
| SP | 07H | TH1 | 00H |
| DPTR | 0000H | TL1 | 00H |
| P0～P3 | FFH | SCON | 00H |
| IP | xxx00000B | SBUF | xxxxxxxxB |
| IE | 0xx00000B | PCON | 0xxx0 \0000B |

由于单片机内部的各功能模块均受特殊功能寄存器控制，而程序的运行由PC管理，所以表2-5所列各寄存器复位后的状态决定了单片机的初始状态。

PC＝0000H，程序的初始入口地址为0000H。

PSW＝00H，由于RS1(PSW.4)＝0，RS0(PSW.3)＝0，复位后工作寄存器选择为0组。

SP＝07H，复位后堆栈栈底在片内RAM的08H单元处建立。

TH1、TL1、TH0、TL0的内容为00H，定时器/计数器的初值为0。

TMOD＝00H，复位后定时器/计数器T0、T1为定时器方式0，非门控方式。

TCON＝00H，复位后定时器/计数器T0、T1停止工作，外部中断0、1为电平触发方式。

T2CON＝00H，复位后定时器/计数器T2停止工作。

SCON＝00H，复位后串行口工作在移位寄存器方式，且禁止串行口接收。

IE＝0xx00000B，复位后屏蔽所有中断。

IP＝xxx00000B，复位后所有中断源都设置为低优先级。

P0～P3端口锁存器为全1状态，复位后4个并行接口设置为输入口。

**2. 复位电路**

与其他计算机一样，51系列单片机系统通常有上电复位和按键复位两种方式。最简单的一种上电复位及按键复位电路如图2-19所示。上电后，由于电容充电，使RST持续一段时间的高电平，完成复位操作；当单片机处于运行中或死锁时，按下“复位”按钮，也可使单片机进入复位状态。通常选择 $C=10\sim30\mu F$，$R=100\sim1000\Omega$。

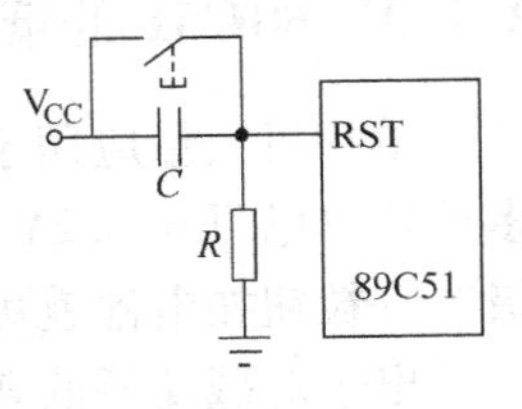


图2-19　复位电路

## 2.7　工作方式

51系列单片机中，8051及80C51的工作方式有复位方式、程序执行方式、掉电方式、低功耗方式以及EPROM编程和校验方式。不同的工作方式，代表单片机处于不同的状态。单片机工作方式的多少，是衡量单片机性能的一项重要指标。

### 2.7.1　程序执行方式

程序执行方式是单片机的基本工作方式，由于单片机复位后PC＝0000H，所以程序总是从地址0000H开始执行。程序执行方式又可分为连续执行和单步执行两种。

（1）连续执行方式　连续执行方式是从指定地址开始连续执行程序存储器（ROM）中存放的程序，每读一次程序，PC自动加1。

（2）单步运行方式　程序的单步运行方式是在单步运行键的控制下实现的，每按一次单步运行键，程序顺序执行一条指令。单步运行方式通常是用户采用仿真器调试程序时所用的一种特殊运行方式，主要用于观察每条指令的执行情况。

### 2.7.2　掉电保护方式

当CPU执行一条置PCON.1位（PD）为“1”的指令后，系统即进入掉电工作方式。

掉电的具体含义是指由于电源的故障使电源电压丢失或工作电压低于正常要求的范围值。掉电将使单片机系统不能运行，若不采取保护措施，会丢失RAM和寄存器中的数据，为此单片机设置有掉电保护措施，以进行掉电保护处理。具体做法是：检测电路一旦发现掉电，立即先把程序运行过程中的有用信息转存到RAM，然后启用备用电源维持RAM供电。

在掉电工作方式下，单片机内部振荡器停止工作。由于没有振荡时钟，因此，所有的功能部件都停止工作。但内部RAM区和特殊功能寄存器的内容被保留，端口的输出状态值都保存在对应的SFR中，ALE和$\overline{PSEN}$都为低电平。这种工作方式下的电流可降到15μA以下，最小可降到0.6μA。

退出掉电方式的唯一方法是硬件复位，复位时将所有的特殊功能寄存器的内容初始化，但不改变内部RAM区的数据。

在掉电工作方式下，$V_{CC}$可以降到2V，但在进入掉电方式之前，$V_{CC}$不能降低。准备退出掉电方式之前，$V_{CC}$必须恢复正常的工作电压值，并维持一段时间（约10ms），使振荡器重新启动并稳定后方可退出掉电方式。

### 2.7.3　80C51的低功耗方式

单片机大量应用于携带式产品和家用消费类产品，低电压和低功耗的特性尤为重要。许多单片机已可在2.2V的电压下运行，有的已能在1.2V或0.9V下工作；功耗降至为微安级，一粒钮扣电池就可以长期使用。

出于对低功耗的普遍要求，目前各大厂商推出的各类单片机产品都采用了CHMOS工艺。80C51系列单片机采用两种半导体工艺生产，一种是HMOS工艺，即高密度短沟道MOS工艺；另外一种是CHMOS工艺，即互补金属氧化物的HMOS工艺。CHMOS是CMOS和HMOS的结合，除保持了HMOS的高速度和高密度的特点之外，还具有CMOS低功耗的特点。例如，8051的功耗为630mW，而80C51的功耗只有120mW。在便携式、手提式和野外作业仪器设备上，低功耗是非常有意义的。因此，在这些产品中必须使用CHMOS的单片机芯片。下面具体介绍80C51的低功耗方式。

51系列单片机中有HMOS和CHMOS两种工艺芯片，它们的节电运行方式不同，HMOS单片机的节电工作方式只有掉电工作方式，CHMOS型80C51单片机有两种低功耗方式：待机方式和掉电方式。在低功耗方式，备用电源由 $V_{CC}$ 端输入，由电源控制寄存器PCON（87H）中的相关位来控制，PCON寄存器的控制格式如下：

| D7 | D6 | D5 | D4 | D3 | D2 | D1 | D0 |
|---|---|---|---|---|---|---|---|
| SMOD | — | — | — | GF1 | GF0 | PDWN | IDLE |

SMOD：波特率倍增位，在串行口的工作方式1、2、3下，当SMOD = 1时，波特率倍增。

D6 ~ D4：保留位，用户不能对它们进行写操作。

GF1和GF0：通用标志位，可由软件置位或清零，可用作用户标志。

PDWN：掉电方式位，当PDWN = 1时进入掉电方式。

IDLE：待机方式位，当IDLE = 1时进入待机方式。如果PDWN和IDLE同时等于1，则进入掉电方式。复位时PCON中有定义的位都清零，即0xxx0000B。

**1. 待机工作方式**

当程序将PCON的IDL位置“1”后，系统就进入了空闲工作方式。

空闲工作方式是在程序运行过程中，用户在不希望CPU执行程序时，进入的一种降低功耗的待机工作方式。在此工作方式下，单片机的工作电流可降低到正常工作方式时电流的15%左右。

在空闲工作方式时，振荡器继续工作，中断系统、串行口以及定时器模块由时钟驱动工作，但时钟不提供给CPU。也就是说，CPU处于待机状态，工作暂停。与CPU有关的SP、PC、PSW、ACC的状态以及全部工作寄存器的内容均保持不变，I/O引脚状态也保持不变。ALE和$\overline{PSEN}$保持逻辑高电平。

退出空闲方式的方法有两种，一种是中断退出，一种是按键复位退出。

任何的中断请求被响应都可以由硬件将PCON.0（IDL）清零，从而中止空闲工作方式。当执行完中断服务程序返回时，系统将从设置空闲工作方式指令的下一条指令继续执行程序。另外，PCON寄存器中的GF0和GF1通用标志可用来指示中断是在正常情况下还是在空闲方式下发生。例如，在执行设置空闲方式的指令前，先置标志位GF0（或GF1）为“1”；当空闲工作方式被中断中止时，在中断服务程序中可检测标志位GF0（或GF1），以判断出系统是在什么情况下发生的中断，如GF0（或GF1）为1，则是在空闲方式下进入的中断。

另一种退出空闲方式的方法是按键复位，由于在空闲工作方式下振荡器仍然工作，因此复位仅需两个机器周期便可完成。而RST端的复位信号直接将PCON.0（IDL）清零，从而退出空闲状态，CPU则从进入空闲方式的下一条指令开始重新执行程序。在内部系统复位开始，还可以有2 ~ 3个指令周期，在这一段时间里，系统硬件禁止访问内部RAM区，但允许访问I/O端口。一般地，为了防止对端口的操作出现错误，在设置空闲工作方式指令的下一条指令中，不应该是对端口或外部RAM写指令。

**2. 掉电工作方式**

掉电工作方式在掉电保护方式中已有详细的说明，在此不再重复。

# 习　题

1. 填空题

(1) 51系列单片机引脚信号中，信号名称带上画线的表示该信号________有效。

(2) 51系列单片机内部RAM的寄存器区共有________个单元，分为________组寄存器，每组________个单元，以________作为寄存器名称。

(3) 单片机系统复位后，(PSW)=00H，因此内部RAM寄存区的当前寄存器是________组，8个寄存器的单元地址为________~________。

(4) 通过堆栈操作实现子程序调用，首先要把________的内容入栈，以进行断点保护。调用返回时再进行出栈操作，把保护的断点送回________。

(5) 为寻址程序状态字的F0位，可使用的地址和符号有________、________、________和________。

(6) 51系列单片机的时钟电路包括两部分内容，即芯片内的____和芯片外跨接的____与____。

(7) 在51系列中，位处理器的数据存储空间是由________的可寻址位和内部RAM为寻址区的________个位。

(8) 51系列的4个I/O口中，P1是真正的双向口，而其他口则为准双向口，这一区别在口线电路结构中表现在________的不同上。

2. 选择题

在下列各题的(A)、(B)、(C)、(D) 4个选项中，只有一个是正确的，请选择。

(1) 单片机芯片内提供了一定数量的工作寄存器，这样做的好处不应包括(　　)。

(A) 提高程序运行的可靠性　　(B) 提高运行速度

(C) 为程序设计提供方便　　(D) 减少程序长度

(2) 内部RAM中的位寻址区定义的位是给(　　)。

(A) 位操作准备的　　(B) 移位操作准备的

(C) 控制转移操作准备的　　(D) 以上都对

(3) 对程序计数器(PC)的操作(　　)。

(A) 是自动进行的　　(B) 是通过传送进行的

(C) 是通过加"1"指令进行的　　(D) 是通过减"1"指令进行的

(4) 以下运算中对溢出标志OV没有影响或不受OV影响的运算是(　　)。

(A) 逻辑运算　　(B) 符号数加减法运算

(C) 乘法运算　　(D) 除法运算

(5) 单片机程序存储器的寻址范围是由程序计数器(PC)的位数决定的，51系列的PC为16位，因此其寻址范围是(　　)。

(A) 4KB　　(B) 64KB　　(C) 8KB　　(D) 128KB

(6) 在算术运算中，与辅助进位位AC有关的是(　　)。

(A) 二进制数　　(B) 八进制数　　(C) 十进制数　　(D) 十六进制数

(7) 以下有关PC和DPTR的结论错误的是(　　)。

(A) DPTR是可以访问的，而PC不能访问

(B) 它们都是16位的寄存器

(C) 它们都具有加"1"功能

(D) DPTR可以分为两个8位的寄存器使用，但PC不能

(8) PC的值是(　　)。

(A) 当前指令前一条指令的地址　　(B) 当前正在执行的地址

(C) 下一条指令的地址　　(D) 控制器中指令寄存器的地址

(9) 假定设置堆栈指针（SP）的值为37H，在进行子程序调用时把断点地址进栈保护后，SP的值为（　　）。

(A) 36H　　(B) 37H　　(C) 38H　　(D) 39H

(10) 在80C51中，可使用的堆栈最大深度为（　　）。

(A) 80个单元　　(B) 32个单元　　(C) 128个单元　　(D) 8个单元

(11) 位处理器是单片机面向控制应用的重要体现，下列不属于位处理资源的是（　　）。

(A) 位累加器CY　　(B) 通用寄存器的可寻址位

(C) 专用寄存器的可寻址位　　(D) 位操作指令集

(12) 在51系列单片机的运算电路中，不能为ALU提供数据的是（　　）。

(A) 累加器A　　(B) 暂存器　　(C) 寄存器B　　(D) 状态寄存器

3. 判断题（指出以下叙述是否正确）

(1) 用户构建单片机应用系统，只能使用芯片提供的信号引脚。　（　　）

(2) 程序计数器（PC）不能为用户使用，因此它没有地址。　（　　）

(3) 内部RAM的位寻址区，只能供位寻址使用而不能供字节寻址使用。　（　　）

(4) 在程序执行过程中，由PC提供数据存储器的读/写地址。　（　　）

(5) 80C51共有21个专用寄存器，它们的位都是可用软件设置的，因此是可以进行位寻址的。　（　　）

(6) 对单片机的复位操作就是初始化操作。　（　　）

4. 简答题

(1) 8051单片机芯片包含哪些主要逻辑功能部件？各有什么主要功能？

(2) 51系列单片机的$\overline{EA}$信号有何功能？在使用8031时$\overline{EA}$信号引脚如何处理？

(3) 51系列单片机有哪些信号需要芯片引脚以第二功能的方式提供？

(4) 内部RAM低128单元划分为哪3个主要部分？说明各部分的使用特点。

(5) 程序计数器（PC）作为不可寻址寄存器，有哪些特点？

(6) 堆栈有哪些功能？堆栈指示器（SP）的作用是什么？在程序设计时，为什么还要对SP重新赋值？

(7) 51系列单片机的4个I/O口在使用上有哪些分工和特点？试比较各口的特点。

(8) 51系列单片机运行出错或程序进入死循环，如何摆脱困境？

(9) 什么是指令周期、机器周期和时钟周期？如何计算机器周期的确切时间？

(10) 使单片机复位有几种方法？复位后机器的初始状态如何？

# 第3章　指令系统与汇编语言程序设计

## 3.1　指令概述

指令是使计算机内部执行的一种操作，是提供给用户编程使用的一种命令。计算机能够执行的指令的集合称为指令系统。

用二进制代码来描述指令功能的语言称为机器语言。由于机器语言不便被人们识别、记忆、理解和使用，因此常用助记符来表示每条机器语言指令。用助记符来描述指令功能的语言称为汇编语言。用助记符表示的机器指令称为汇编语言指令。所谓助记符就是帮助记忆的文字符号，由于单片机最初都是由西方国家的企业生产，因此助记符基本上是该命令语句的英文简略表达形式。在学习时记住这些助记符的英文含义将会事半功倍。

### 3.1.1　指令格式

指令系统中的指令描述了不同的操作，汇编语言指令由操作码和操作数两大部分组成。操作码表示计算机执行该指令将进行何种操作，操作数表示参加操作的数本身或操作数所在的地址。51系列单片机的指令有无操作数、单操作数、双操作数三种情况。汇编语言指令格式如下：

［标号:］　操作码助记符［目的操作数］［，源操作数1］［，源操作数2］［；注释］

［ ］表示依据指令不同，其内容可能有也可能无。操作码助记符和其后面的操作数必须由一个空隔隔开。

标号用在指令的前面，必须跟“:”，表示符号地址。一般在程序中有特定用途的地方加标号，如转移目标执行指令的前面需加标号，绝大多数指令前面都不需要加标号。

操作码助记符：助记符通常是采用某些相关的英文单词的缩写来编制的，51系列单片机汇编语言操作码与助记符可扫链3-1查看。它指示了指令所实现的操作功能。每一条指令都有操作码助记符。

操作数可以是一个数，也可以是一个数据所在的空间地址或符号。它指出了参与操作的数据来源和操作结果存放的目的单元。有些指令没有操作数，也有的指令有一个、两个或三个操作数。多个操作数之间用“,”分开。

链3-1　51系列单片机汇编语言操作码与助记符

注释部分是编写程序时对该条指令作的说明，便于阅读。注释前面必须有分号，且和操作数之间至少有一个空格。并不是每一条指令都需要加注释。

下面是一段汇编语言程序的4分段书写格式：

| 标号字段 | 操作码字段 | 操作数字段 | 注释字段 |
|---|---|---|---|
| START: | MOV | A，#00H | ；0→(A) |
| | MOV | R7，#10 | ；10→(R7) |

```
        MOV     R2, #00000011B     ; 3→(R2)
LOOP:   ADD     A, R2              ; (A)+(R2)→(A)
        DJNZ    R7, LOOP           ; R7的内容减1不为0则循环
        NOP
        SJMP    $
```

### 3.1.2 指令中用到的标识符

51系列单片机指令系统中除常用的操作码助记符外，在源操作数、目的操作数和注释字段中还使用了一些标识符号。为便于后面的学习，先对这些描述指令的标识符加以说明。

1) Rn（n=0~7）：当前选中的工作寄存器组R0~R7。

2) Ri（i=0或1）：当前选中的工作寄存器组中可作为地址寄存器的只有R0和R1。

3) #data8：8位立即数。

4) #data16：16位立即数。

5) Direct：8位片内RAM单元（包括SFR）的直接地址。

6) addr11：11位目的地址。

7) addr16：16位目的地址。目的地址必须在64KB程序存储器地址空间之内。

8) @：在间接寻址方式中，表示间接寄存器的符号。

9) rel：主要用在相对寻址的指令中，是程序转移时的相对位置。以补码形式表示的8位地址偏移量。

10) bit：片内RAM或SFR的直接寻址位地址。

11) /：在位操作指令中，表示对该位先取反再参与操作，但不影响该位原值。

12) (X)：表示X单元的内容。

13) ((X))：表示以X单元的内容为地址的存储器单元内容，即（X）作为地址，该地址单元的内容用((X))表示。

14) ←：指令操作流程，将箭头右边的内容送入箭头左边的单元。

15) →：指令操作流程，将箭头左边的内容送入箭头右边的单元。

16) C：进位标志位，是布尔运算的累加器。

17) $：本条指令的起始地址。

## 3.2 寻址方式

寻址方式实际上是指令中提供操作数的形式，即寻找操作数或操作数所在地址的方式。51系列单片机中，存放数据的存储器空间有4种：内部RAM、SFR、外部RAM和程序存储器。为了区别指令中操作数所处的地址空间，对于不同存储器中的数据操作，采用不同的寻址方式。

51系列单片机的寻址方式共有七种：立即寻址、直接寻址、寄存器寻址、寄存器间接寻址、变址寻址、相对寻址和位寻址。

### 3.2.1 立即寻址

指令中直接给出操作数的寻址方式称为立即寻址。立即数用一个前面加“#”的8位数（#data，如#40H）或16位数（#data，如#2008H）表示。它直接出现在指令中，紧跟在操作码的后面，作为指令的一部分与操作码一起存放在程序存储器中，可以立即得到并执行。

因此立即寻址的指令多为2字节或3字节指令。

例3-1 MOV A，#20H ；20H→（A）表示把8位立即数20H送给A，机器码为7420
MOV DPTR，#2009H；2009H→（DPTR）表示把16位立即数2009H送DPTR机
；器码为902009

执行指令后，A的内容为20H，立即数2009H送到DPTR，DPH的内容为20H，DPL的内容为09H。

### 3.2.2 直接寻址

指令中直接给出操作数地址（direct）的寻址方式称为直接寻址。由于直接寻址方式中只能使用8位二进制数表示地址，所以使用直接寻址只可访问片内RAM的128个单元以及所有的特殊功能寄存器（SFR）。对于特殊功能寄存器，既可以使用它们的地址，也可以使用它们的名字。指令MOV A，40H的源操作数采用直接寻址方式，其操作过程如图3-1所示。

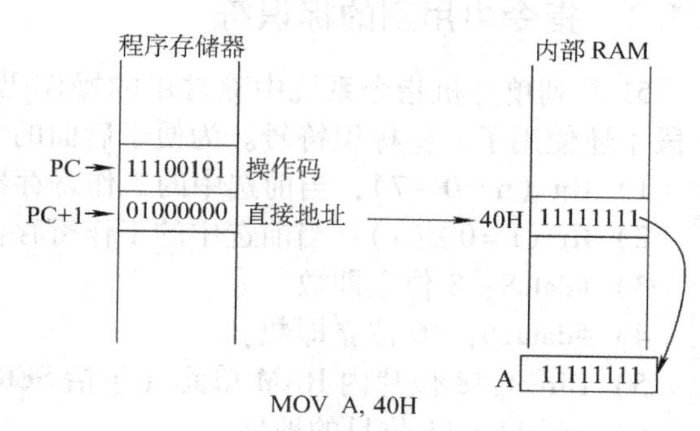


图3-1 直接寻址方式示意图

例3-2 MOV A，25H ；(25H)→(A)，表示把内部RAM中地址为25H单元的内容
；送给A，机器码为E525
MOV P0，#50H ；立即数50H→P0，P0为直接寻址的SFR，地址为80H，机
；器码为758050
MOV 80H，#50H ；与上一条指令相同，只是表达方式不一样，建议用上条指
；令格式
MOV 30H，20H ；（20H）→（30H），机器码为853020

若(A)=30H，(25H)=4DH，(P0)=3EH，(30H)=11H，(20H)=2FH，执行上述指令后，(A)=4DH，(25H)=4DH，(P0)=50H，(30H)=2FH，(20H)=2FH。

### 3.2.3 寄存器寻址

以通用寄存器的内容为操作数的寻址方式称为寄存器寻址。通用寄存器包括R0～R7、A、B和DPTR。其中B寄存器仅在乘、除法中为寄存器寻址，在其他指令中为直接寻址。A寄存器可以寄存器寻址，也可以直接寻址（此时写作ACC）。直接寻址和寄存器寻址的差别在于前者的操作数（包括R0～R7以及A、B、DPTR）是以字节形式（如A=E0H，B=F0H，R0=00H）直接出现在指令码中，而后者的操作数是以寄存器编码（如R0～R7分别对应000B～111B）形式出现在指令码中。由于使用寄存器寻址编码少（至多3位二进制数），通常操作码和寄存器编码合用一个字节，因此寄存器寻址的指令机器码短，占用空间小，执行快。除上面所指出的几个寄存器外，其他SFR均为直接寻址。寄存器寻址方式的工作过程如图3-2所示。

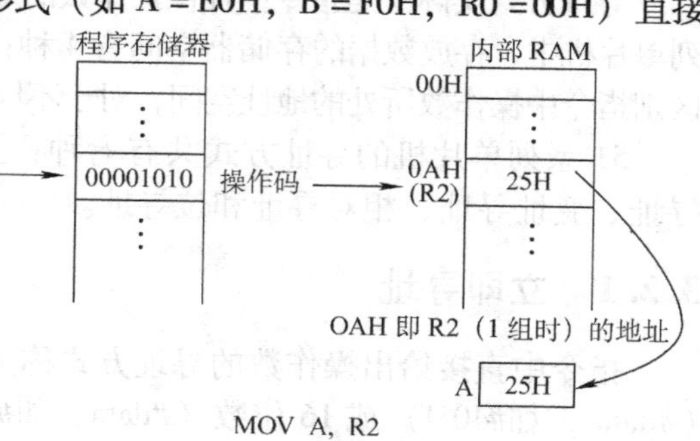


图3-2 寄存器寻址方式的工作过程

**例 3-3**

```
MOV  A, R0    ; (R0) → (A), 机器码为E8, 仅占一字节, A和R0均为寄存器寻址
MUL  AB       ; (A)×(B)→(B)(A), 机器码为A4, A和B均为寄存器寻址
MOV  B, R0    ; (R0)→(B), 机器码为88F0, 其第二字节F0为B的地址, B为直
              ; 接寻址, R0为寄存器寻址
PUAH  ACC     ; A的内容压入堆栈, 机器码为C0E0, 其第二字节E0为A的地址,
              ; A为直接寻址
```

### 3.2.4 寄存器间接寻址

以寄存器的内容作为操作数的地址的寻址方式称为寄存器间接寻址。能够进行寄存器间接寻址的寄存器有 R0、R1 和 DPTR。在寄存器前面加@表示寄存器间接寻址，如@R0、@R1和@DPTR。这里需要强调的是：寄存器的内容不是操作数本身，而是操作数的地址，到该地址单元中才能得到操作数，寄存器起地址指针的作用。用 R0 和 R1 作地址指针时，可寻址片内 RAM 的 256 个单元，但不能访问 SFR 块（注：52 子系列高 128 字节可用寄存器间接寻址访问）。也可用 R0 或 R1 间接寻址访问外部 RAM，由于外部 RAM 最大可达64KB，无法寻址整个空间，故需由 P2 口提供高 8 位地址，由 R0 或 R1 提供低 8 位地址。对于外部 RAM，最好用 16 位的 DPTR 寄存器间接寻址访问。访问外部 RAM 只有数据传送类指令，并且用 MOVX 作为操作码助记符。寄存器间接寻址方式的工作过程如图 3-3所示。

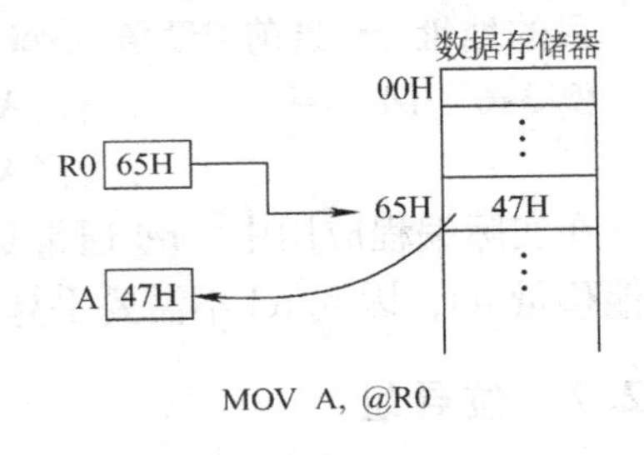


图 3-3 寄存器间接寻址方式的工作过程

**例 3-4**

```
MOV   @R0, A       ; (A)→((R0))
MOVX  A, @R1       ; 外部RAM (地址为P2: R1) 的内容→ (A)
MOVX  @DPTR, A     ; (A) → 以DPTR内容为地址的外部RAM
```

若(A)=3AH，(R0)=(R1)=74H，(74H)=21H，(DPTR)=2009H，执行上述指令后，(74H)=3AH，(A)=21H，(2009H)=21H。

### 3.2.5 变址寻址

基址寄存器加变址寄存器间接寻址方式称为变址寻址。基址寄存器是以数据指针寄存器 DPTR 或 PC 作为基址寄存器，累加器 A 作为变址寄存器，两者内容相加形成的 16 位地址作为操作数的 16 位程序存储器地址，再寻找该单元读取数据。这种寻址方式常用于访问程序存储器中的常数表。由于程序存储器是只读存储器，因此变址寻址只有读操作而无写操作，其操作码采用 MOVC 形式。变址寻址指令只有例 3-5 中所列的 3 条指令。变址寻址的操作过程如图 3-4 所示。

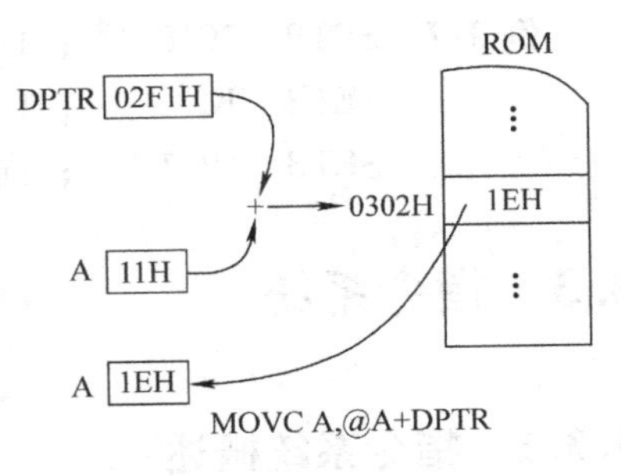


图 3-4 变址寻址的操作过程

**例 3-5**

```
MOVC  A, @A+DPTR    ; ((A)+(DPTR))→(A)
```

```
MOVC  A，@A+PC          ；((A)+(PC))→(A)
JMP   @A+DPTR           ；(A)+(DPTR)→(PC)
```

若(A)=24H，(DPH)=0FH，(DPL)=00H，即(DPTR)=0F00H，(0F24H)=88H，执行指令时，首先将DPTR的内容与A的内容相加，得到地址0F24H，将该地址的内容传送到A，执行指令后，(A)=88H。

### 3.2.6 相对寻址

以当前程序计数器（PC）值加上指令中给出的偏移量rel，构成实际操作数地址的寻址方式称为相对寻址。它用于访问程序存储器，只修改PC值，常出现在相对转移指令中。在使用相对寻址时要注意以下两点：

1）当前PC值是指相对转移指令的存储首地址加上该指令的字节数。

2）偏移量rel是有符号的单字节数。以补码表示其值是-128～+127（00～FFH），负数表示从当前地址向前转移，正数表示从当前地址向后转移。所以满足转移条件的目的地址为：

**目的地址 = 当前PC值+rel = 转移指令所在首地址+转移指令的字节数 + rel**

**例3-6**
```
JZ  rel        ；若(A)=0，则(PC)=(PC)+2+rel
               ；若(A)≠0，则(PC)=(PC)+2
```

在实际编程应用中，rel通常是用转移目的地址的标号来替代，由机器汇编程序自动计算偏移量rel，因此rel不需要手算。

### 3.2.7 位寻址

对于可位寻址的地址中的内容进行位操作的寻址方式称为位寻址。位寻址方式中位地址常用两种方式表示：

1）直接使用位地址。对于20H～2FH的16个单元，共128位的位地址。地址分布是00H～7FH。也可以用字节加“.X”来表示20H～2FH单元中的第X位，X=0～7，如20H.0=00H；20H.7=07H；2FH.7=7FH。

2）对于特殊功能寄存器，可以直接用寄存器名字加位数表示，如PSW.0、IE.7等，也可以用其对应的位地址符号如P、EA等表示。

编程时通常使用符号字节地址和符号位地址形式，而不用直接字节地址和位地址，这样做便于阅读和理解。

**例3-7**
```
SETB  20H     ；1→20H位
SETB  EA      ；1→EA位
SETB  IP.7    ；同上
```

## 3.3 指令系统

### 3.3.1 指令系统概述

51系列单片机的指令系统共有111条指令，51系列单片机的指令表可扫链3-2查看，表中每一个指令分别按指令助记符、功能、机器码、对标志位的影响、字节数和周期数进行罗列，说明这几项对指令来说是很重要的指标。

链 3-2　51 系列单片机的指令表

指令系统按指令在程序存储器所占字节可分为：

1）单字节指令 49 条。

2）双字节指令 45 条。

3）三字节指令 17 条。

按指令执行时间可分为：

1）1 个机器周期的指令 64 条。

2）2 个机器周期的指令 45 条。

3）4 个机器周期的指令（乘、除）2 条。

按指令的功能可分为：

1）数据传送类指令 29 条。

2）算术运算类指令 24 条。

3）逻辑运算类指令 24 条。

4）控制转移类指令 17 条。

5）位操作类指令 17 条。

比较指令系统中的操作数，可以看出：

1）A 寄存器使用频率最高。这说明正确掌握使用 A 寄存器的方法至关重要，同时 A 寄存器也成为程序设计的瓶颈。

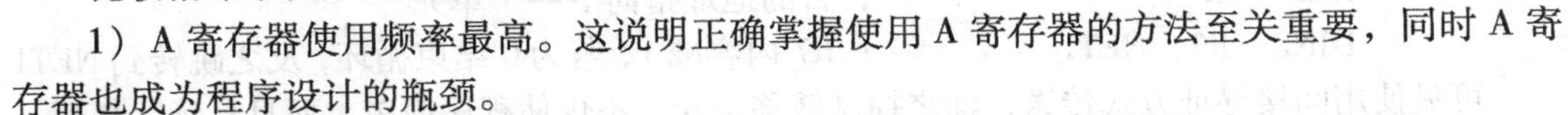

2）direct 的出现次数居第二。这表明正确掌握片内 RAM 和 SFR 的使用非常重要。

3）@ Ri 和#data 的出现次数居第三。立即数在程序初始化和参数设置方面的应用很广；寄存器间接寻址在程序设计中常常用到。

## 3.3.2　数据传送指令

数据传送指令是指令系统中最基本且使用最频繁的一类指令。数据传送操作覆盖了单片机可用的各种资源，如片内 RAM、SFR、ROM、外部 RAM 和 I/O 端口。传送指令必须指定传送数据的源地址和目的地址。数据传送指令的功能是将指令中的源操作数地址的内容送到目的地址中。传送指令执行后，源操作数不改变，而目的操作数修改为源操作数；对于交换指令，源操作数与目的操作数互相交换。这些指令都简单易懂，但在解决实际问题时如何合理选择相应指令来实现其功能往往是初学者的困惑之处。为此本节一方面介绍难以理解的指令，另一方面以例题的形式介绍指令的使用方法。

**例 3-8**　将 RAM 中 20H ~ 25H 单元内容传入 RAM 中 60 ~ 65H 单元。

分析：传送内容只有 6 次，查表知可使用 MOV　direct1，direct2 共 6 条指令即可完成。程序如下：

```
MOV   60H，20H
MOV   61H，21H
MOV   62H，22H
MOV   63H，23H
MOV   64H，24H
MOV   65H，25H
```

**例3-9**　将RAM中10H~35H单元内容传入RAM中50H~75H单元。

分析：(1) 需要传送的数据单元个数为35H－10H＋1＝26H＝38，如果仍使用上述指令，需要38条相同形式的指令，程序太长，可实现但不易读。

(2) 使用循环传送较好，循环次数为38次，查循环转移指令，共有DJNZ　Rn，rel和DJNZ　direct，rel两条指令，前者占用字节数少，故选前者。取Rn＝R7。

(3) 源操作数地址存入R0，目的操作数地址存入R1，查表知无MOV　@R1，@R0指令，因此需使用MOV　A，@R0和MOV　@R1，A两条指令间接实现一次数据传送，一次传送完成后，R0和R1分别加1，R7内容（循环次数）减1，若R7内容不等于0，则执行下一次传送，反之传送完成。

程序如下：

```
       MOV   R0，#10H        ；数据源起始地址送R0
       MOV   R1，#50H        ；目标单元起始地址送R1
       MOV   R7，#26H        ；循环次数送R7
NET1：MOV   A，@R0          ；要传送的数据送A
       MOV   @R1，A          ；通过A送入目标单元
       INC   R0              ；R0的内容加1送R0，即源地址指向下一个单元
       INC   R1              ；目的地址指向下一个单元
       DJNZ  R7，NET1        ；R7内容减1，若为0结束循环，反之跳转到NET1
```

可见使用间接寻址方式传送，辅之控制转移指令，不仅使程序简单，而且易读、合理。

**例3-10**　将片外RAM中2000H单元内容传入RAM中50H单元。

分析：查表知从片外RAM读取数据有两条指令：MOVX　A，@Ri和MOVX　A，@DPTR。后一条指令外部RAM的地址是直接放在DPTR中的，而前一条指令，由于Ri（即R0或R1）只是一个8位的寄存器，所以只提供低8位地址，需用P2口输出高8位地址。这时就应事先预置P2的值。使用后一条指令较简单，程序如下：

```
       MOV   DPTR，#2000H
       MOVX  A，@DPTR
       MOV   50H，A
```

**需要说明的是，对外部RAM的操作必须要经过累加器A才能完成。**

如果将片外RAM中19FFH~2030H单元的内容传送到内部RAM中30H~61H单元，程序应如何编制呢？

程序如下：

```
       MOV   DPTR，#19FFH
       MOV   R0，#30H
       MOV   R7，#32H        ；传送次数32H→（R7）
NET1：MOVX  A，@DPTR
       MOV   @R0，A
       INC   DPTR            ；指向源地址下一单元
       INC   R0              ；指向目的地址下一单元
       DJNZ  R7，NET1        ；R7内容减1，不为0则跳转到NET1
```

如果使用MOVX　A，@R0指令，程序应如何编写呢？读者不妨试一试。

堆栈操作主要用在子程序和中断服务子程序中，用来保护和恢复SFR和片内RAM中其他单元的内容。在片内RAM的128个单元中可以设定一个后进先出的区域作为堆栈区，堆栈区要足够大且不被破坏，以保证多重嵌套子程序的使用，否则会出现非正常状态。一般在程序初始化时给堆栈指针（SP）赋初值，此后栈顶由堆栈指针（SP）指出。堆栈操作有入栈和出栈，即压入和弹出数据。

入栈指令PUSH　direct用于保存片内RAM单元或SFR中需要保护的内容。操作时，先将堆栈指针（SP）内容加1，然后把直接地址单元的内容压入SP所指内部RAM单元内。

出栈指令POP　direct用于恢复片内RAM单元或特殊功能寄存器（SFR）的内容。操作时，先将堆栈指针（SP）所指内部RAM单元中的内容送入direct单元中，然后堆栈指针（SP）内容减1，指向新栈顶。

**例3-11**　堆栈操作指令的使用。设(SP)=60H，(A)=25H，(B)=40H，(20H)=80H，执行下列指令：

```
PUSH  20H       ；执行完此条指令后结果为：(SP)=61H,(61H)=(20H)=80H
PUSH  A         ；执行结果为：(SP)=62H,(62H)=(A)=25H
PUSH  B         ；执行结果为：(SP)=63H,(63H)=(B)=40H
MOV   A，#58H   ；执行结果为：(A)=58H
MOV   B，A      ；执行结果为：(B)=58H
MOV   20H，A    ；执行结果为：(20H)=58H
POP   B         ；执行结果为：(B)=(63H)=40H，(SP)=62H
POP   A         ；执行结果为：(A)=(62H)=25H，(SP)=61H
POP   20H       ；执行结果为：(20H)=(61H)=80H，(SP)=60H
```

分析执行结果可见：虽然在程序中对A、B和20H单元内容都有改变，但由于使用了PUSH和POP指令进行了现场保护和恢复，其内容并没有改变。

思考题：在本程序段，如果将POP B和POP A指令顺序颠倒一下，其运行结果为多少呢？如果将POP　20H指令改为RET指令构成一子程序，其运行结果又是怎样呢？

**需要说明的是，在程序中使用PUSH和POP指令保护和恢复现场必须配套使用，除非用户另有想法，否则会导致意想不到的麻烦。**

**例3-12**　半字节交换指令的使用。设(R0)=20H，(20H)=3AH，(A)=57H，执行程序：

```
XCHD  A，@R0    ；执行结果为：(20H)=37H，(A)=5AH。
SWAP  A         ；执行结果为：(20H)=37H，(A)=A5H。
```

XCHD　A，@Ri指令的功能是将Ri间接寻址的单元内容与累加器A中内容的低4位互换，各自的高4位内容保持不变。SWAP　A指令是将A的高4位与低4位交换。

**例3-13**

```
MOVC  A，@A+PC      ；(PC)←(PC)+1,(A)←((A)+(PC))
MOVC  A，@A+DPTR    ；(A)←((A)+(DPTR))
```

这两条指令用于读程序存储器中的数据表格，又称为查表指令，被查的数据表格存放在程序存储器中。对程序存储器只能读不能写，因此其数据的传送是单向的，即从程序存储器中读出数据到累加器中。

**例3-14**　根据累加器A的内容找出由伪指令DB所定义的四个值中的一个。

```
ppqq:            ADD  A，#01H
```

```
ppqq+2:          MOVC   A, @A+PC
ppqq+3:          RET
ppqq+4:  START:  DB     66H
                 DB     77H
                 DB     88H
                 DB     99H
```

CPU执行ADD A,#01H指令是为了加上偏移量:DIS=ppqq+4-(ppqq+2+1)=1。其中DB是伪指令,它的作用是把其后的值(如66H,77H)存入由标号开始的连续单元中。如设累加器原内容为02H,则执行上述程序后返回时累加器将变为88H。

MOVC A,@A+PC指令以PC作为基址寄存器,在CPU取完指令操作码时PC会自动加1,指向下一条指令的第一字节地址,所以这时作为基址寄存器的PC已不是原值,而是(PC)+1值。例如,设执行该指令时的地址是ppqq+2,执行完后基址寄存器的内容将变为ppqq+3。因为累加器中的内容为8位无符号整数,这就使得本指令查表范围只能在以PC当前值开始后的256个字节范围内,使表格地址空间分配受到限制,同时编程时还需要进行偏移量的计算,其公式如下:

偏移量: DIS=表首地址-(该指令所在地址+1)

**例3-15** 试编制根据累加器A中的数(0~9)查其平方表的子程序。

```
SQUARE1: PUSH   DPH
         PUSH   DPL
         MOV    DPTR, #TABLE       ; 赋表首地址→DPTR
         MOVC   A, @A+DPTR         ; 据A中内容查表
         POP    DPL                ; 恢复DPTR原内容
         POP    DPH
         RET                       ; 返回主程序
TABLE:   DB     00H, 01H, 04H, 09H, 10H    ; 数0~9的平方表
         DB     19H, 24H, 31H, 40H, 51H
```

在MOVC A,@A+DPTR指令中,由于DPTR的内容可通过赋不同的值予以改变,这就使得该指令应用范围较为广泛,表格常数可设置在64K程序存储器的任何地址空间,而不必像MOVC A,@A+PC指令只设在PC值以下的256个单元中。其缺点是若DPTR已有他用,在赋表首地址之前需保护现场,执行完查表后再予以恢复。

### 3.3.3 算术运算指令

算术运算指令包括加、减、乘、除基本四则运算,共有24条指令。算术运算的结果将对进位CY、半进位AC、溢出位OV三个标志位置位或复位,只有加1和减1指令不影响这些标志位。

**例3-16** (A)=45H,(R0)=10H,(10H)=2FH,执行指令:

ADD A,@R0

执行过程为:

```
   0100 0101
+) 0010 1111
-----------
   0111 0100
```

8 位二进制加法运算的一个加数固定在累加器 A 中，计算结果也固定存放于累加器 A 中。当和的第 3 位和第 7 位有进位时，分别将 AC、CY 标志位置“1”；否则为“0”。溢出标志 OV = CP⊕CS。其中 CP 是最高位的进位位，CS 是次高位的进位位。所以(A) = 74H，(CY) = 0，(AC) = 1，(OV) = 0。

**例 3-17**　(A) = 45H，(R0) = 10H，(10H) = 2FH，(CY) = 1，执行指令：

ADDC　A，@R0

执行过程为：

```
   0100 0101
   0010 1111
+)         1
-----------
   0111 0101
```

这条指令与不带进位加法指令的不同点是进位标志 CY 将参加运算，CY 的值要加到累加器 A 中。其结果也是存放于累加器 A 中。当运算结果第 3 位和第 7 位有进位时，分别将 AC、CY 标志位置“1”；否则为“0”。若产生溢出时，OV 置“1”。所以(A) = 75H，(CY) = 0，(AC) = 1，(OV) = 0。

**例 3-18**　(A) = A9H，(R2) = 24H，(CY) = 1，执行指令：

SUBB　A，R2

执行过程：

```
   1010 1001
   0010 0100
-)         1
-----------
   1000 0100
```

减法指令的功能是从累加器 A 中减去不同寻址方式的减数以及进位位 CY 的值，差的结果存放在累加器 A 中。所以(A) = 84H，(CY) = 0，(AC) = 0，(OV) = 0。

在 51 系列单片机指令系统中，由于没有不带借位的减法指令，因此若是要执行不带借位的减法，必须在“SUBB”指令前用“CLR C”指令将 CY 清零。同时，若第 3 位和第 7 位有借位时，AC 和 CY 需置位，否则清零。

**例 3-19**　(A) = 50H，(B) = A0H，执行指令：

MUL　AB

执行结果(A) = 00H，(B) = 32H，(OV) = 1，(CY) = 0。

这条指令功能是将 A 和 B 的两个 8 位无符号数相乘，16 位乘积的低 8 位存放在 A 中，高 8 位存放在 B 中。注意 A 和 B 中没有空格和逗号。乘法指令影响 PSW 的状态，若乘积结果大于 FFH，则 OV 置“1”；否则清零。其中进位标志 CY 总是清零。

**例 3-20**　(A) = FBH，(B) = 12H，执行指令：

DIV　AB

执行结果(A) = 0DH，(B) = 11H，(OV) = 0，(CY) = 0。

这条指令功能是用 A 中 8 位无符号数除以 B 中无符号数。商的结果存放在 A 中，余数存放在B中。进位标志CY和溢出标志OV均清零。若原来B中的内容为0时，用(OV)=1表示计算结果无效，CY仍为0。

**例3-21** (A)=C3H，(DPTR)=20FFH，执行指令：

```
INC   A
INC   DPTR
```

执行结果(A)=C4H，(DPTR)=2100H

指令的功能是将操作数所指定的单元内容加1，内容改变后又存放于同一单元。其操作不影响PSW。若单元内容为FFH，加1后溢出为00H，也不影响PSW标志。INC DPTR是指令集中唯一的一条16位算术运算指令。它是将DPTR中的内容加1。若低8位DPL执行加1操作产生溢出时，就对高8位DPH的内容加1，其结果不影响标志位。

**例3-22** (A)=C3H，执行指令：

```
DEC   A
```

执行结果(A)=C2H

这条指令的功能是将操作数所指定的单元内容减1，内容改变后又存放于同一单元。其操作不影响PSW。若单元内容为00H，减1需借位，其值溢出为FFH，其结果也不影响PSW标志。

二—十进制调整指令DA A是一条专用指令，用于对BCD码十进制数加法运算的结果进行修正。

前面讲过的ADD和ADDC指令都是二进制加法指令。但对于十进制数（BCD码）的加法运算，指令系统中并没有专门的指令，因此只能借助于二进制加法指令来完成。然而，二进制数的加法运算原则不能完全适用于十进制数的加法运算，有时会产生错误的结果。例如：

| (a) 6+3=9 | (b) 8+4=12 | (c) 8+9=17 |
|---|---|---|
| 1001 | 1000 | 1000 |
| + 0100 | + 0100 | + 1001 |
| 1001 | 1100 | 1←0001 |

其中：(a) 运算结果正确。9的BCD码就是1001。

(b) 运算结果不正确。因为十进制数的BCD码中没有1100这个编码。

(c) 运算结果不正确。因为8+9的正确结果应为17。

分析出错的原因：4位二进制编码一共有16个编码，但BCD码采用4位二进制编码，只用了其中的10个（0000~1001B）编码，剩余的6个编码（1010~1111B）没用，通常称之为无效码。在进行BCD码加法运算时，利用ADD或ADDC指令计算，其结果进入或跳过无效编码区时结果就会出现错误。

因此对于BCD码十进制数进行加法运算时需要进行调整，调整的方法是：

1）累加器低4位大于9或是（AC）=1，则将低4位加6进行修正。

2）累加器高4位大于9或是（CY）=1，则将高4位加6进行修正。

3）累加器高4位为9，低4位大于9，则将高4位和低4位分别加6进行修正。

DA　A指令不能简单地把累加器A中的16进制数变换成BCD码。它必须紧跟在加法指令之后。该指令也不能对十进制减法进行调整。

**例3-23**　(A)=01010110B，(R2)=01100111B，执行指令：

```
ADD   A, R2
DA    A
```

执行过程：

```
          0101 0110
       +) 0110 0111
      -------------
          1011 1101
调整:     0110 0110
结果:   1 0010 0011
```

所以，BCD码为123。

### 3.3.4　逻辑操作指令

逻辑操作指令可以对两个8位二进制数进行与、或、异或、清除、求反、移位等操作。在这类指令中，除以累加器A为目标寄存器指令外，其余指令均不影响标志位。

**例3-24**　(R0)=10H，(10H)=7AH，执行指令：

```
MOV   A,   #3EH
ANL   A,   @R0
```

执行过程为：

```
     0011 1110
   ∧ 0111 1010
   -----------
     0011 1010
```

指令功能是将累加器A的内容和源操作数所指的内容按位进行逻辑“与”，运算结果存放在累加器A中。在实际应用中，常用逻辑“与”从某个存储单元中取出某几位，而将其余位置“0”，如：

```
MOV   A,   #10001000B
ANL   3BH, A
```

若(3BH)=01111010B，执行指令后，(3BH)=00001000B。

**例3-25**　已知R1单元的内容为39H，为9的ASCII码，试通过编程将它变为9的BCD码（即高4位为0，低4位不变）。

分析：9的BCD码即是ASCII码的低4位，可考虑采用逻辑“与”。

```
ANL   R1, #0FH
```

执行过程为：

```
     0011 1001
   ∧ 0000 1111
   -----------
     0000 1001
```

**例3-26**　设(A)=AAH，P1=FFH，试通过编程把A的低4位送入P1口低4位，P1口高4位不变。

```
ANL   A, #0FH            ；取出A的低4位，高4位置“0”
```

```
ANL   P1, #0F0H        ; 取出P1口的高4位，低4位置“0”
ORL   P1, A            ; 字节装配
```

**例3-27** 编程使内部RAM中的30H单元内容的低2位清零，高2位置“1”，中间4位取反。

```
ANL  30H, #0FCH        ; 低2位清零
ORL  30H, #0C0H        ; 高2位置“1”
XRL  30H, #3CH         ; 中间4位取反
```

51系列单片机的移位指令只能对累加器A进行移位，移位指令示意图如图3-5所示。

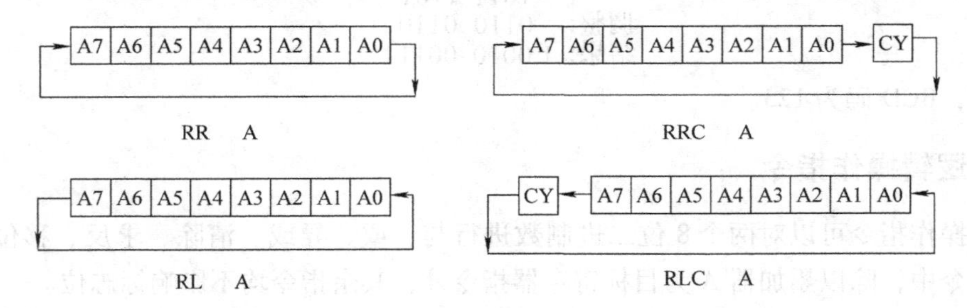


图3-5 移位指令示意图

**例3-28** 如(A)=01101100B，(CY)=1。

1）执行指令 RR A，结果为(A)=00110110B，CY不变。

2）执行指令 RRC A，结果为(A)=10110110B，(CY)=0。

3）执行指令 RL A，结果为(A)=11011000B，CY不变。

4）执行指令 RLC A，结果为(A)=11011001B，(CY)=0。

**例3-29** 已知2DH单元有一正数，试编程求其补码并传送到30H单元。

```
MOV  A, 2DH
CPL  A
INC  A
MOV  30H, A
```

### 3.3.5 控制转移指令

控制转移指令的功能是改变指令的顺序，转移到指令指示的新的PC地址执行。51系列单片机的控制转移指令有以下类型：

1）无条件转移：无需判断，执行该指令就转移到目的地址。

2）条件转移：需判断标志位是否满足条件，若满足条件，则转移到目的地址，否则顺序执行。

3）绝对转移：转移的目的地址用绝对地址指示，通常为无条件转移。

4）相对转移：转移的目的地址用相对于当前PC的偏差（偏移量）指示，通常为条件转移。

5）长转移或长调用：目的地址在距当前PC的64KB范围内。

6）短转移或短调用：目的地址在距当前PC的2KB范围内。

**例3-30** 比较下列3条指令

```
SJMP  SYSADR  ；相对转移，对应于指令表：SJMP  rel
AJMP  SYSADR  ；绝对转移，对应于指令表指令：AJMP  addr11
LJMP  SYSADR  ；长转移，对应于指令表：LJMP  addr16
```

分析：1）SYSADR是符号地址，位于程序中某一固定地址。

2）3条指令同属于无条件转移指令。

3）3条指令虽然转移地址都是SYSADR，但汇编时其计算方法不同。SJMP指令是相对寻址，通过计算偏移量直接写入机器指令，其值范围为-128～+127，超出此范围，汇编后的机器指令将是错误的。AJMP SYSADR指令在汇编时将SYSADR所代表绝对地址的低11位写入机器指令。同理，如果SYSADR和AJMP指令的地址差超出2KB范围，指令汇编后的机器指令将是错误的。LJMP指令汇编时将SYSADR所代表的地址直接写入机器指令，任何情况都不会发生汇编错误，该指令占用3个字节数，在不能完全确定指令转移范围时，建议使用LJMP指令。

**例3-31** 要求：当（A）=0转处理程序K0；当（A）=2转处理程序K1；当(A)=4转处理程序K2。

汇编程序如下：

```
        MOV   DPTR，#TABLE        ；表首地址送DPTR中
        JMP   @A+DPTR             ；以A中内容为偏移量跳转
TABLE： AJMP  K0                  ；(A)=0转K0执行
        AJMP  K1                  ；(A)=2转K1执行
        AJMP  K2                  ；(A)=4转K2执行
```

JMP @A+DPTR指令常用于键盘输入处理程序和命令解析程序中。

**例3-32** 查询P1口输入，若为48H程序向下执行，否则等待直至P1口出现48H。

分析：查表比较各种条件转移指令，以操作码为CJNE的指令最为合适。编程如下：

```
        MOV   A，P1
WAIT：  CJNE  A，#48H，WAIT
```

**例3-33** 软件延时。利用DJNZ指令可在一段程序中插入某些指令来实现软件延时。DJNZ指令执行时间为两个机器周期，这样循环一次可产生两个机器周期延时。设主频为12MHz，循环次数为24次，下段程序在P1.7引脚上输出一个50μs的脉冲。

```
        CLR   P1.7         ；P1.7输出变低电平
        MOV   R7，#18H     ；赋循环初值
HERE：  DJNZ  R7，HERE     ；(R7) -1→(R7)，不为0继续循环
        SETB  P1.7         ；P1.7输出高电平
```

循环转移指令每执行一次，就把第一操作数内容减1，结果送回到第一操作数中；然后判断第一操作数的内容是否为0，不为0转移，否则顺序执行。如果第一操作数内容初值为00H，则下溢得0FFH，不影响任何标志。由于第一操作数可为一个工作寄存器或直接寻址内部RAM，因此使用该指令可以很容易地构成循环。

**例3-34** 设（SP）=53H，子程序首址在3000单元，并以标号STR表示。在(PC)=2000H处执行指令：LCALL STR，将使(SP)=55H，(54H)=03H，(55H)=20H，

(PC)=3000H。

子程序调用有两条调用指令 LCALL（长调用）及 ACALL（绝对调用），其差别类似于 LJMP 和 AJMP。

**例 3-35** 设(SP)=55H，RAM 中(54H)=03H，(55H)=20H，则执行 RET 后，使(SP)=53H，(PC)=2003H，程序由 2003H 开始执行。

RET 表示子程序结束，返回主程序。执行该指令时，分别从栈中弹出调用子程序时压入的返回地址，使程序从调用指令（LCALL 或 ACALL）的下一条指令开始继续执行主程序。

RET 指令和 RETI 指令的区别在于：RET 是子程序的返回指令；RETI 是中断服务子程序的返回指令。

**例 3-36** 用 NOP 指令产生方波。程序如下：

```
SQU1:   CLR     P2.7        ; P2.7 清零输出
        NOP                 ; 空操作
        NOP
        SETB    P2.7        ; 置位 P2.7 高电平输出
        NOP
        NOP
        SJMP    SQU1
```

执行空操作指令 NOP 除 PC 加 1 外，不做任何操作，而转向下一条指令去执行，不影响任何寄存器和标志。NOP 是单周期指令，所以时间上只用一个机器周期，常用于精确延时或时间上的等待。

### 3.3.6 位操作指令

51 系列单片机的硬件结构中，有一个位处理器。在进行位操作时，使用进位标志 CY 作为位累加器。位存储器是片内 RAM 字节地址 20H～2FH 单元中连续 128 个位和特殊功能寄存器中字节地址能被 8 整除的部分寄存器。

**例 3-37** 若(CY)=1，(P3)=1100 0101B，(P1)=00110101B，执行指令

```
MOV   P1.3, C        ; (P1)=0011 1101B
MOV   C, P3.3        ; CY=0
MOV   P1.5, C        ; (P1)=0001 1101B
MOV   P3.6, C        ; (P3)=1000 0101B
```

**例 3-38** 在 P1 口的 P1.0、P1.1、P1.2 引脚上分别有变量 A、B、C，试编程实现表达式 $Y=\overline{A}B\overline{C}+A\overline{B}C$，Y 由 P1.7 输出。

若用硬件方式实现，其电路如图 3-6 所示。用软件编程可依照表达式先分别求 $\overline{A}B\overline{C}$、$A\overline{B}C$，再通过或运算来实现。程序如下：

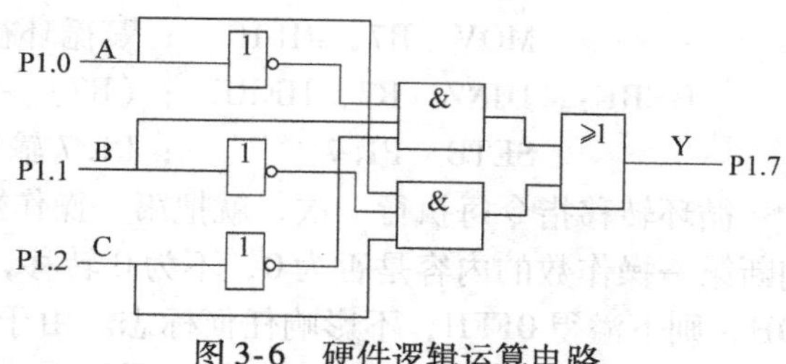


图 3-6 硬件逻辑运算电路

```
LSUB: MOV   A, P1                ; P1 口数送 A
```

```
ANL   A, #07H          ; 高位清零，低3位不变
MOV   C, ACC.1         ; ACC.1 即 P1.1，将变量 B 送 CY
ANL   C, /ACC.0        ; CY←(/A)∧B
ANL   C, /ACC.2        ; CY←(/A)∧B∧(/C)
MOV   PSW.5, C         ; 将 CY 暂存在 PSW.5，PSW.5 = A̅BC̅
MOV   C, ACC.0         ; CY←A
ANL   C, /ACC.1        ; CY←A∧(/B)
ANL   C, ACC.2         ; CY←A∧(/B)∧C
ORL   C, PSW.5         ; CY←(/A)∧B∧(/C) + A∧(/B)∧C
MOV   P1.7, C          ; 输出
```

比较两种方式，硬件电路实时性好，需要各种门电路；使用软件编程实现较容易，但实时性略差。

## 3.4　伪指令

用汇编语言编写的源程序计算机是不能执行的，必须编译成机器语言程序，这个翻译过程称为汇编。汇编有两种形式：手工汇编和机器汇编。当使用机器汇编时，必须为汇编程序提供一些信息，如哪些是指令，哪些是数据，数据是字节还是字，程序的起始点和结束点在何处等。这些控制汇编的指令称为伪指令。

伪指令之所以“伪”，是因为它不属于51系列单片机指令系统中的汇编语言指令，不是可执行指令，也无对应的机器码，在汇编时也不产生目标程序。但是，伪指令依然是指令，它主要用来对汇编过程进行某种控制，有利于简化汇编语言程序的编制和阅读。举例来说，如果期望一个应用程序分为三段，其汇编指令分别放在0000H～0003H、0030H～018FH和0300H～059FH中，那么在段与段之间应该写何指令呢？使用NOP指令填满，不便于阅读，使用ORG伪指令可解决此问题。

在实际应用中，指令和伪指令同等重要，从某种意义上来说，伪指令的应用水平基本能体现编程人员的汇编程序设计水平。现对常用的几条伪指令进行如下说明。

（1）汇编起始命令ORG　格式：ORG　16位地址

在汇编语言程序的开始，通常用一条ORG伪指令来实现规定程序的起始地址，即汇编后生成目标程序存放的起始地址。若默认，则汇编得到的目标地址将从0000H开始。在一段源程序中，可以多次使用ORG指令。但地址必须是从小到大，地址不能交叉也不能重叠。

（2）汇编终止命令END　格式：[标号:] END

该命令是汇编语言源程序的结束标志，用于终止源程序的汇编工作，位于程序的最后，且整个源程序中只能有一条END命令。其作用是告诉汇编程序将某一段源程序翻译成指令代码的工作到此为止。若后面还有程序段，也不再进行汇编。

（3）赋值命令EQU　格式：[标号:] EQU 数值表达式

其作用是给标号赋值。赋值以后，标号的值在整个程序内有效。字符名称所赋的值可以是一个8位二进制数或地址，也可以是一个16位二进制数或地址。赋值命令EQU用途很广，如在给定时器置定时常数时，可能在多个地方用到同一常数，如果使用EQU指令，则只需在EQU命令中修改数值表达式的值，且只需修改一次；反之则要在源程序修改多处，

如漏掉一处则会导致错误。

（4）定义字节命令DB　格式：［标号：］DB　项或项表

项或项表中的数可以是一个8位二进制数或是用逗号隔开的一串8位二进制数。DB的功能是从指定单元开始定义若干个字节。十进制则转换成十六进制，字母则转换成ASCⅡ码。

**例3-39**　ORG 1000H

DB 50H，60H，12，'C'

程序执行结果为：（1000H）=50H，（1001H）=60H，（1002H）=0CH，（1003H）=43H。

（5）定义数据字命令DW　格式：［标号：］　DW　项或项表

DW指令功能和DB类似。DB用于定义一个字节，而DW用于定义一个字。汇编后，按照高8位先存入，低8位后存入的格式排列。

**例3-40**　ORG 1000H

DW 3450H，60H，12，'C'

程序执行结果为：（1000H）=34H，（1001H）=50H，（1002H）=00H，（1003H）=60H，（1004H）=00H，（1005H）=0CH，（1006H）=00H，（1007H）=43H。

（6）预留存储空间DS　格式：［标号：］　DS　表达式

DS功能是从标号地址开始，保留若干个字节的内容空间以备存放数据。保留的字节单元数由表达式的值决定。

**例3-41**　ORG 1000H

DS 10H

程序汇编后，预留16个字节的内存单元。下面的程序从地址1010H处起执行。

（7）定义位地址BIT　格式：位名字　BIT　位地址

该指令功能是给一个可位寻址的位单元起一个名字。名字必须是未定义过的，是以字母开头的字母数字串。其作用是将位地址赋予BIT前面的位名字，经赋值后在后续的源程序编写中可用该名字代替BIT后面的位地址，便于阅读。

（8）定义字节DATA　格式：名字　DATA　直接字节地址

该指令是给一个8位内部RAM单元起一个名字。名字同BIT规定一样。

（9）定义字节XDATA　格式：名字　XDATA　直接字节地址

该指令是给一个8位外部RAM单元起一个名字。名字同DATA规定一样。

单片机A51汇编程序其他伪指令可扫链3-3查看。不同的A51汇编程序，其伪指令会略有不同。

链3-3　单片机A51汇编程序其他伪指令

## 3.5　汇编语言程序设计

任何大型的、复杂的程序都是由基本结构构成的，通常有顺序结构、分支结构、循环结构、子程序等形式。熟练掌握这些基本结构的编程方法和技巧，可以提高编程能力。

由于51系列单片机上电复位后PC=0000H，本节例题不涉及中断，所以各例均以ORG 0000H作为起始指令。所有例题均可在集成开发环境下编辑仿真调试运行。

汇编语言程序设计和调试的步骤如下：

1）分析任务，确定算法或解题思路。

2）按功能划分模块、确定各模块之间的相互关系及参数传递。

3）根据算法和解题思路画出程序流程图。

4）合理分配寄存器和存储器单元，编写汇编语言程序并进行必要的注释，以方便阅读、调试和修改。

### 3.5.1 编写汇编语言程序的基本格式

为了掌握编写汇编语言程序的基本格式，先看如下程序：

```
1.  ;*****************************************************************
2.  ;本程序是一个"求片内 RAM 连续三个单元存放的 8 位无符号二进制数中最大值的子程
3.  ;序"的测试程序
4.  ;*****************************************************************
5.  ADR1   DATA  50H   ;存放第一个数地址
6.  ADR2   DATA  51H   ;存放第二个数地址
7.  ADR3   DATA  52H   ;存放第三个数地址
8.    X    EQU  20H    ;第一个数的值
9.    Y    EQU  30H    ;第二个数的值
10.   Z    EQU  0FFH   ;第三个数的值
11. ;****************************************
12. ORG  0000H          ;规定程序起始地址
13. MOV  ADR1,#X        ;第一个数据送入 ADR1 单元
14. MOV  ADR2,#Y        ;第二个数据送入 ADR2 单元
15. MOV  ADR3,#Z        ;第三个数据送入 ADR3 单元
16. MOV  R0,#ADR1       ;将首地址送入 R0
17. ACALL  MAX          ;调用求最大值子程序
18. SJMP  $            ;等待查看结果
19. ;****************************************
20. ;功能:求片内 RAM 连续三个单元存放的 8 位无符号二进制数中的最大值。
21. ;入口参数:连续三个单元的最低字节地址放在 R0
22. ;出口参数:最大值送入 A 寄存器
23. ;使用寄存器:A、B、R0、PSW
24. MAX:  MOV  A,@ R0     ;((R0))→(A)
25.       MOV  B,A        ;B 暂存第一个数
26.       CLR   C         ;清进位标志
27.       INC    R0       ;地址值加 1
28.       SUBB  A,@ R0    ;第一个数和第二个数相比
29.       JNC   MAX1      ;没有进位表示第一个数大于第二个数
30.       MOV  A,@ R0     ;将两个数中最大值送 A
31.       JMP   MAX2
32. MAX1: MOV  A,B
33. MAX2: MOV  B,A        ;B 暂存两个数中较大的数
```

```
34.         INC   R0
35.         SUBB  A,@ R0 ;与第三个数进行比较
36.         JNC   MAX3
37.         MOV   A,@ R0 ;最大值送入 A
38.         RET
39. MAX3:   MOV   A,B
40.         RET
41.         END
```

分析上述程序，可将其划分为如下几个部分：

1）程序说明部分：用于介绍本程序的基本数据、功能等。

2）程序预处理部分：主要由伪指令构成，用于定义程序中使用的数据、变量等。

3）规定程序起始地址部分：由 ORG 0000H 完成，因为51系列单片机上电复位后（PC）=0000H。

4）主程序部分：该部分是整个程序的主体，它由系统初始化和循环体两个部分组成。

5）子程序部分：使用子程序有利于简化程序结构和模块化编程。子程序前必须加说明，以方便阅读。

6）结束部分：以 END 指令结束。

上述程序没有中断响应。对于51系列单片机来说，当考虑中断应用时，其编写汇编语言程序的基本格式如下：

```
          程序说明部分  ；
          程序预处理部分；
          主程序初始化部分 ；
MLOOP:    主程序执行部分
          LJMP   MLOOP
          中断服务子程序 1 ~6 部分
          子程序 1 ~ n 部分
          END
```

### 3.5.2 运算程序

**例3-42** 多字节无符号数加法运算。设被加数与加数分别在以 ADR1 与 ADR2 为初址的片内数据存储器区内，自低字节起，由低到高存放；它们的字节数为 L，要求相加后的和放回被加数的单元。

入口参数：被加数低字节地址在 R0，加数低字节地址在 R1，字节数在 R2。

出口参数：和的低字节地址在 R0，字节数在 R3。

使用寄存器：A、B、R0、R1、R2、R3。

分析：

1）多字节相加，字节数 L 未知，因此应采用循环结构。

2）多字节运算一般是从低字节到高字节的顺序依次进行，所以必须考虑低字节向高字节的进位情况，要使用 ADDC 指令。

3）当最低两位字节相加时，无低位的进位，在进入循环之前进位标志应清零。

4）最高两字节相加后，应退出循环，但此时还应考虑是否有进位，若有进位，应向和的最高字节地址写入01H，和数将比被加数多出一个字节，该字节存放在R3中。

5）多字节无符号数相加具有通用性，应编写为一个子程序，以便于调用。因此，本程序采用主程序加子程序调用的结构。

汇编程序可扫链3-4查看。

从本例可以看出：使用EQU指令便于参数修改，使用子程序便于模块化。

链3-4

**例3-43**　多字节无符号数减法运算。

入口参数：被减数低字节地址在R0中，减数低字节地址在R1中，字节数在R2。

出口参数：差的低字节地址在R0，字节数在R3。

分析：

1）主程序同例3-42的主程序，但调用的子程序不同。

2）将上例子程序中的ADDC换为SUBB指令，即可得到相应的减法运算程序。

3）差为正，将ADR1＋L单元清零，反之则置“1”。

汇编程序可扫链3-5查看。

链3-5

**例3-44**　将片内RAM中的21H和22H单元存放的无符号数乘以4放入20H、21H和22H单元中。

分析：

1）直观地看，应利用MUL　AB指令来进行计算，但由于乘数4刚好是$2^2$，一种简单的方法是采用左移指令左移两次来完成。

2）设21H单元存放的是原数据的高字节，22H单元为低字节。经计算后20H、21H和22H分别存放结果的高、中和低字节。

3）应初始化使(20H)＝00H。

4）应使用RLC　A指令完成移位，所以初始化应使(C)＝0。

本例较为简单，无须画流程图，汇编程序可扫链3-6查看。

编写完程序后发现重复指令较多，读者不妨使用循环转移指令再进行优化。

链3-6

## 3.5.3　数据的拼拆和转换

单片机只能识别和处理的是二进制数，然而实际应用中有多种形式的码制，如测温仪显示的数据是十进制数，和上位机通信数据可能采用ASCII码等。因此码制间需要相互转换。

**例3-45**　将一个8位二进制数转换为BCD码。设8位二进制数在A中，转换后高字节存入10H，低字节存入11H。

分析：

1）一个8位二进制的取值范围为00～FFH，对应的BCD码为0～255，所以采用BCD码表示需要两个字节。

2）二进制数转换为BCD码的一般算法是把二进制数除以1000、100、10等10的各次幂，所得的商即为千、百、十位数，余数为个位数。

汇编程序可扫链3-7查看。

链3-7

调试运行此程序，结果为：(10H) = 00H，(11H) = 48H。

本例中是一个 8 位二进制数，计算方法较为简单。如果是两个 8 位二进制数或更多位呢？采用上述一般算法需进行多字节除法，运算速度较慢，程序通用性较差。另一种方法是使用 DA　A 指令。

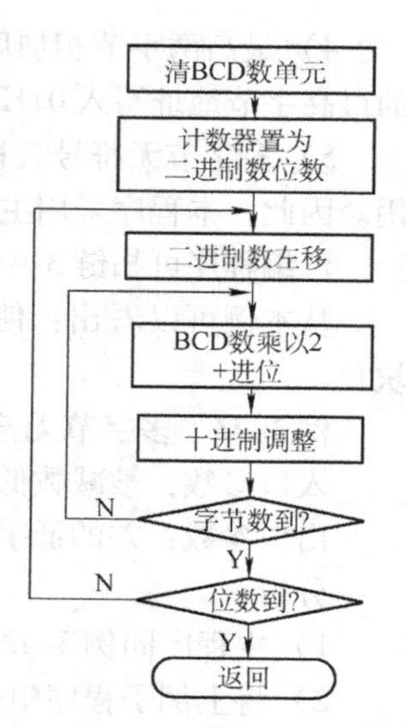


图 3-7　BINBCD2 算法框图

**例 3-46**　多字节二进制数转换为 BCD 数子程序 BINBCD2。程序流程图如图 3-7 所示。

汇编子程序可扫链 3-8 查看。

分析：1）当采用一个单元存放两个 BCD 数时，转换后的 BCD 数可能比二进制数多一个单元。

2）BCD 数乘以 2 没有用 RLC 指令，而是用 ADDC 指令对 BCD 数自身相加一次，其主要原因是 RLC 指令将破坏进位标志，且不能产生 DA　A 指令所需的 AC 和 CY 标志。

读者可尝试编写主程序来完成上述程序的调试。

**例 3-47**　试编写一个将一位十六进制数转换成 ASCⅡ码的子程序。

链 3-8

入口：一位十六进制数存放在 R1 中，且位于 R1 的低 4 位。

出口：ASCII 码存放在 R1 中。

方法一说明：当该十六进制数在 0 ~ 9 之间时，其对应的 ASCⅡ码为该十六进制数加 30H，在 A ~ F 之间时，其对应的 ASCII 码为该十六进制数加 37H。

方法一的汇编程序可扫链 3-9 查看。

方法二说明：采用计算法进行转换。按下式进行计算：

xH +90H→十进制调整→（xD +40H + 进位）→十进制调整→xD

其中，xH 为十六进制数；xD 为十进制数。当 xH 小于等于 9 时，第一次十进制调整的结果小于 99，无进位，当 xH 大于 9 时，有进位，在第二次调整前把它加进去，这样，累加器中的内容就是数 0 ~ F 的 ASCII 码，方法二的汇编程序可扫链 3-9 查看。

链 3-9

方法三说明：采用查表法进行转换，方法三的汇编程序可扫链 3-9 查看。

### 3.5.4　多分支转移程序

分支转移程序是根据程序中给定的条件进行判断，然后根据条件的“真”和“假”决定是否转移。

**例 3-48**　求符号函数的值。

分析：

1）符号函数定义如下：

$$y=\begin{cases}1 & \text{当 } x>0\\ 0 & \text{当 } x=0\\ -1 & \text{当 } x<0\end{cases}$$

2）设 $x$ 存放在 10H 单元，$y$ 存放在 11H 单元。

3）程序流程图如图 3-8 所示。

汇编程序可扫链 3-10 查看。

**例 3-49** 根据 R7 的内容转向相应的处理程序。

设 R7 的内容为 0 ~ N，对应的处理程序的入口地址为 PP0 ~ PPN。

汇编程序可扫链 3-11 查看。

链 3-10

链 3-11

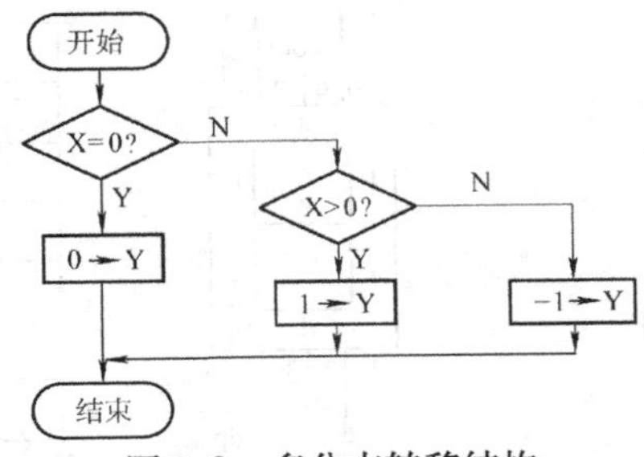


图 3-8 多分支转移结构

### 3.5.5 显示程序

在单片机应用系统中，常常使用发光二极管（LED）来指示系统运行状态，使用数码管显示检测参数和数据。显示程序涉及硬件电路的连接，显示结果最为直观，所以，学习单片机显示程序编写有利于提高读者的学习兴趣，同时也为后续调试较大程序提供了故障诊断的方法。

**例 3-50** 如图 3-9 所示，P1 接有 8 个 LED，试编写程序，使 8 个 LED 轮流点亮 1s 后，全亮 5s，全灭 5s，后续依次循环。设单片机晶振频率为 12MHz。

分析：

1）P1 口具有锁存功能，执行一条 MOV P1，A 指令后，P1 口状态会保持到下次再执行类似的指令为止。因此，执行此指令后，可用软件延时。依题意，应编写一个软件延时 1s 子程序和一个软件延时 5s 子程序。

2）要使某一个 LED 灯点亮，其对应的 P1. X 应为低电平。假设从 P1. 0 对应的 LED 开始轮流点亮，则 P1 的初值应为 FEH。

3）轮流点亮可使用 RL A 指令对初值进行循环得到，因此，需要确定循环次数初值，设循环初值存放于 R7，则 R7 = 8。

4）后续依次循环表明当一个流程完成后，应无条件地转移到程序开始处，可用 JMP 指令。

综上所述，系统流程图如图 3-10 所示。

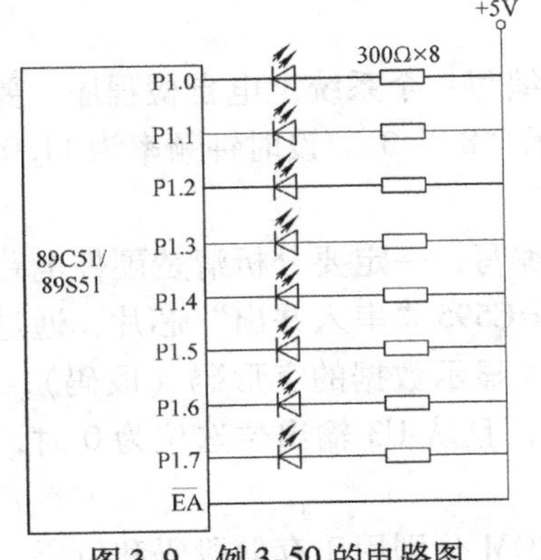


图 3-9 例 3-50 的电路图

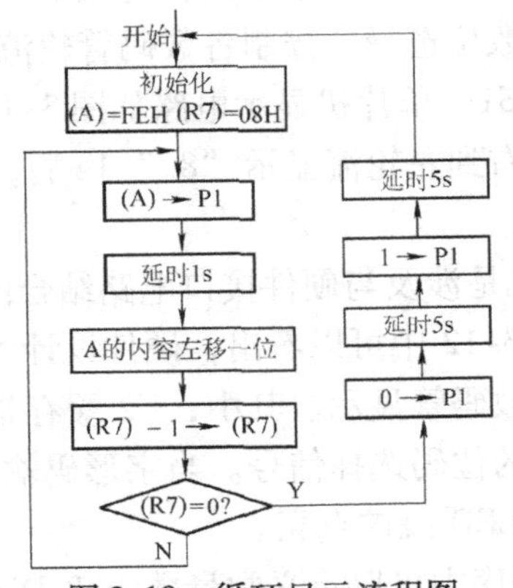


图 3-10 循环显示流程图

汇编程序可扫链3-12查看。

链3-12

单片机应用系统中，最常用的是七段式LED显示器，又称数码管。常见数码管的引脚排列如图3-11a所示，其中COM为公共端。根据内部发光二极管的接线形式，可分为共阴极型（见图3-11b）和共阳极型（见图3-11c）。

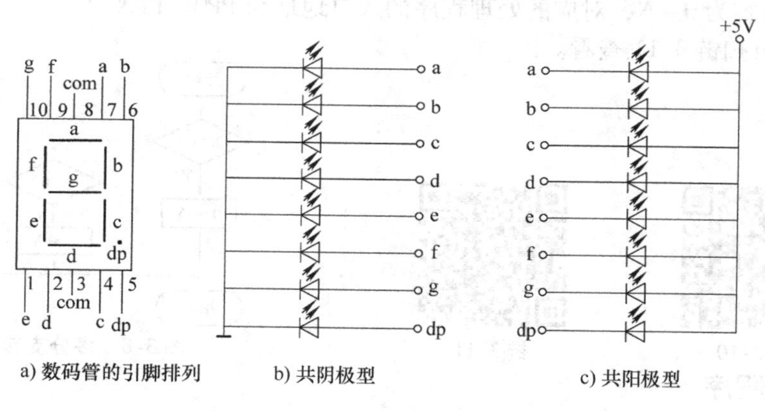


图3-11 LED显示器

LED数码管内部由7个条形发光二极管和一个小圆点发光二极管组成，这8个LED分别命名为a～g和dp。其工作原理和普通单个LED相同。不同亮暗的组合就能形成不同的字形，这种组合称为字形码。显然共阳极和共阴极的字形码是不同的，按照a～g、dp各段分别接数据线$D_0$～$D_7$，其字形码可扫链3-13查看，如果要显示小数点，只需在表中将dp位修改为“1”或“0”。LED数码管每段需10～20mA的驱动电流，可用TTL或CMOS器件驱动。

字形码的输出控制可采用硬件译码方式，如采用BCD－7段译码/驱动器74LS48、74LS49、CD4511（共阴极）或74LS46、74LS47、CD4513（共阳极），也可用软件查表方式将上述十六进制代码经接口输出。

链3-13 LED数码管字形码

数码管的接口有静态接口和动态接口。静态接口为固定显示方式，其优点是显示稳定、无闪烁，缺点是占用口线多。动态接口采用各数码管循环显示的方法，当循环显示的频率较高时，利用人眼的暂留特性，看不出闪烁现象。这种显示方式是各个数码管的段选并接在同一个接口上，该接口称为段选口，输出字形码，完成字形选择控制；各个数码管的公共端接在另一接口的不同位，完成数位选择，控制各数码管轮流点亮。

**例3-51** 单片机显示电路如图3-12所示，试编写一个系统上电自检程序。要求使6个数码管从右到左轮流显示“8.”1s后，再全部显示“8.”3s。设时钟频率为11.0592MHz。

分析：

1）凡是涉及与硬件接口电路结合的软件程序编写，一定要分析清楚硬件电路的工作原理。从图3-12中可以看出，硬件设计利用两个74HC595“串入并出”芯片，通过两根串行总线控制数码管显示。其中，U2缓存输出数码管要显示数据的字形码（段码），U3输出8个数码管的位码选择信号。当字形码输出某位为1，且从U3输出位选位为0时，所选数码管对应的LED段被点亮。

2）程序中可以定义常量数组T_Display和T_COM分别用于存储段码和位码，当需要控

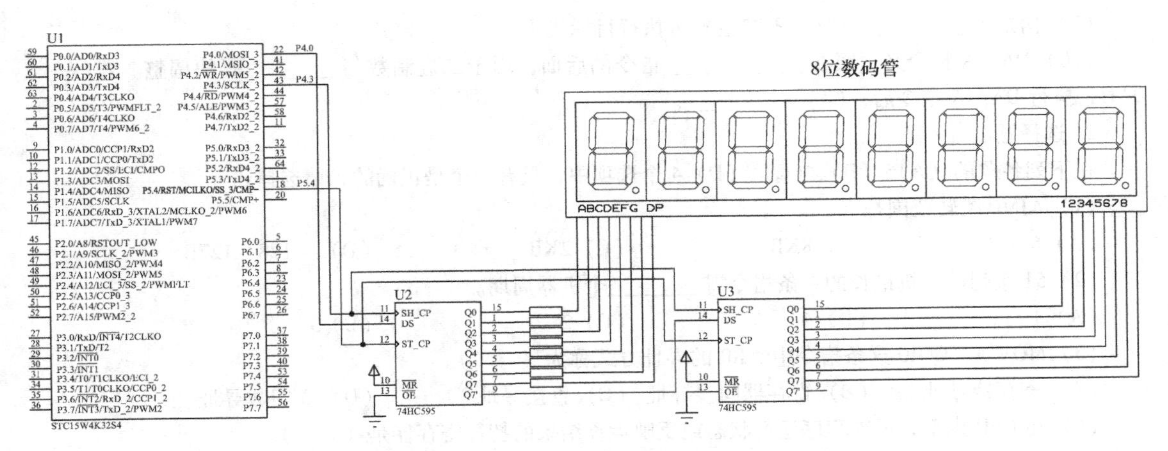


图3-12　接有6个共阴极数码管的动态显示电路

制某一位数码管显示时，只需在两个数组中索引要显示的段码和所在的位码，从U2和U3移位输出即可。

3）位与位之间应有相应的延时子程序，以保证显示不闪烁，亮度足够，其延时时间可在调试时观察比较后确定。

4）程序定义内部RAM空间地址区30H～37H为8个显示数据缓冲区，LED8标记为首地址标号。

5）在内部RAM的38H地址处定义位索引变量display_index。

综上所述，汇编程序可扫链3-14查看。

链3-14

显示程序是在单片机应用系统中经常用到的，本例主要介绍编程思路，其中编写的OUT_ DATA1后来没有使用，说明刚开始分析时考虑过细。在学习时，可根据自己的分析思路，针对这一具体问题进行简化，通过多练和上机调试才能真正掌握编程技巧。

## 习　题

1. 填空题

（1）在51系列单片机中有7种寻址方式，它们分别为________、________、________、________、________、________和________。

（2）汇编语言的指令格式为________________________________________。

（3）数据传送类指令执行完毕，源操作数的内容________（会/不会）丢失。

（4）51系列单片机内部RAM从20H～2FH既可________寻址，又可________寻址，位地址空间从________到________。

（5）51系列单片机指令系统中，指令长度有一字节、二字节和____字节，指令执行时间有一个机器周期、两个机器周期和____机器周期，乘法指令需____机器周期。

（6）MOV　A，20H中，20H的寻址方式称之为________；SETB　20H的寻址方式为________。

（7）关于堆栈类操作的两条指令分别是________、________；堆栈操作只能是________寻址。

（8）设(A)＝55H，(R5)＝AAH。执行ANL　A，R5指令后的结果是(A)＝________，(R5)＝________；执行ORL　A，R5指令后的结果是(A)＝________，(R5)＝________；执行XRL　A，R5指令后的结果是(A)＝________，(R5)＝________。

（9）伪指令________（产生/不产生）可执行目标代码。

（10）DA A指令必须跟在____________指令的后面，用于二进制数与________码的调整。若(A)=0AH，执行DA A指令后，(A)=________。

2. 选择题

在下列各题的（A）、（B）、（C）、（D）4个选项中，只有一个是正确的，请选择。

（1）AJMP跳转范围是（  ）。

（A）64KB （B）8KB （C）2KB （D）-128~127B

（2）51系列单片机最长的一条指令需________个机器周期。

（A）1 （B）4 （C）2 （D）3

（3）MOV A，@R0这条指令中@R0的寻址方式称为（  ）。

（A）寄存器寻址 （B）寄存器间接寻址 （C）直接寻址 （D）立即数寻址

（4）在CPU内部，反映程序运行状态或反映运算结果的特征寄存器是（  ）。

（A）PC （B）PSW （C）A （D）SP

（5）下列指令中正确的是（  ）。

（A）MOV P2.1，A （B）JBC TF0，L1

（C）MOVX B，@DPTR （D）MOV A，@R3

（6）下列指令中错误的是（  ）。

（A）SETB 50H.0 （B）MOV A，B （C）JNC LOOP （D）SUBB A，R0

（7）将累加器的值压入堆栈的正确指令是（  ）。

（A）PUSH ACC （B）PUSH A （C）PUSH E0H （D）POP ACC

（8）下列哪条减法指令是错误的？（  ）

（A）SUBB A，R7 （B）SUBB A，@R1 （C）SUBBC A，#30H （D）SUBB A 30H

（9）指令CJNE A，#00H，LOOP影响PSW的（  ）位。

（A）AC （B）OV （C）CY （D）P

（10）在MUL AB指令中，若积超过255，则（  ）。

（A）CY=1 （B）AC=1 （C）OV=1 （D）P=1

3. 问答题

（1）分别写出下列目的操作数和源操作数的寻址方式。

1）MOV A，Rn

2）MOV direct，@Ri

3）MOV direct，#data

4）MOVX A，@DPTR

5）MOV A，B

6）JZ 20H

7）MOV A，20H

8）PUSH B

9）POP ACC

10）INC @Ri

（2）下列哪些程序是非法指令？（  ）

1） CPL B 2） ADDC B，#20H

3） SETB 30H，0 4） MOV R1，R2

5） SUBB A，@R1 6） CJNE @R0，#64H，LABEL

7） MOVX @R0，20H 8） DJNZ @R0，LABEL

| | | | |
|---|---|---|---|
| 9) | PUSH　A | 10) | POP　@R1 |
| 11) | RL　B | 12) | MOV　R7，@R0 |
| 13) | RLC　A | 14) | MOV　R1，#1234H |
| 15) | ANL　R0，A | 16) | ORL　C，/ACC.5 |
| 17) | XRL　C，ACC.5 | 18) | DEC　DPTR |
| 19) | XCHD　A，R1 | 20) | SWAP　B |
| 21) | MOVX　A，@A+DPTR | 22) | MOVC　A，@A+DPTR |
| 23) | XCH　A，R1 | 24) | SUB　A，#12H |
| 25) | MUL　A，B | 26) | DIV　AB |
| 27) | DA　A | 28) | JMP　LABEL |
| 29) | LJMP　LABEL | 30) | RETI |

(3) 设位单元00H、01H中的内容为0，下列程序段执行后P1口的8条I/O线为何状态？位单元00H、01H的值是什么？

```
START：CLR   C
       MOV   A，#56H
       JC    LP1
       CPL   C
       SETB  01H
LP1：  MOV   ACC.0，C
       JB    ACC.2，
       SETB  00H
LP2：  MOV   P1，A
       RET
```

4. 编程题

(1) 编写一段程序，把外部RAM中1F00H～1F30H单元的内容传送到内部RAM的20H～50H单元中。

(2) 编写程序，实现双字节无符号数加法运算，要求（R1R0）+（R7R6）→（62H61H60H）。

(3) 若单片机的晶振频率是6MHz，试计算延时子程序的延时时间。

```
DELAY：MOV   R7，#0F6H
LP：   MOV   R6，#0FAH
       DJNZ  R6，$
       DJNA  R7，LP
       RET
```

(4) 编写程序，将累加器A中的二进制数变成3位BCD码，并将百、十、个位数分别写入内部RAM中的50H、51H、52H单元中。

(5) 编写程序，求内部RAM中的50H～5FH单元内容的平均值，并存放在60H单元。

(6) 求出无符号单字节数X、Y、Z中的最大数并存放在50H单元。

(7) 一批8位二进制数据存放在单片机内部RAM以10H单元开始的区域，数据长度为100个，编制程序统计该批数据中数值为65H的数据的个数，将统计结果存放在R7中。

(8) 假设U——P1.1，V——P1.2，W——P1.3，X——27H.1，Y——27H.0，Z——TF0，Q——P1.5，编制程序实现下列逻辑表达式：$Q=U\cdot(V+W)+\overline{X\,\overline{Y}}+\overline{Z}$。

(9) 试编写出一个多位二进制数转换为ASCII码的通用子程序。要求写出分析思路、子程序的入口和出口参数，并画出程序流程图。

# 第4章　C51语言程序设计

基于汇编语言对底层硬件控制的灵活性和汇编语言的高效性的优点，有些开发人员愿意采用单片机汇编语言来做项目开发，他们在用汇编语言编写应用程序方面积累了丰富的经验。但是，当应用系统比较复杂时，他们在面对每一个寄存器的功能定义、复杂的数据处理和复杂的事务性管理等问题时肯定有些头痛。而在这方面，C语言有着很明显的优势，建议在系统比较复杂的时候采用C51语言来编写应用程序，如果确实难以割舍汇编语言的优势，那么采用混合编程应当是最佳的选择。

## 4.1　C51语言简介

C语言是一种通用的高级程序设计语言，基本上能满足各种应用程序设计的要求，具有代码效率高、数据类型及运算符丰富、完全模块化的程序结构、编程调试方便、可移植性好及项目管理和维护方便等优点。

C51语言是支持符合ANSI标准的C语言，同时针对51系列单片机的特点做了一些特殊的扩展，可与汇编语言混合使用。采用C51编译器生成的代码遵循Intel目标文件格式，可以直接下载到单片机系统中运行。

与汇编语言相比，用C51语言编写应用程序具有如下优点：

1）无须深入了解系统硬件及单片机指令系统。

2）C51编译器自动完成内部寄存器分配、存储空间分配和数据类型处理等细节问题。

3）语言简洁、表达能力强、表达方式灵活。

4）程序由若干函数组成，具有完全的模块化结构。

5）有丰富的子程序库，可减少用户的编程工作量。

6）可显著缩短编程和调试时间，提高软件的开发效率。

7）程序具有良好的可读性和可维护性。

8）具有良好的可移植性，应用程序稍加修改就可以移植到其他系统中。

### 4.1.1　C51程序结构

为了理解C51程序结构，这里用一个“星星闪烁”程序来开启学习C51程序之旅。但在这之前需要做一个假设，即单片机系统中P1.0口连接了一个LED发光指示灯。要使这个指示灯按一定的时间间隔闪烁，编写如下程序：

```
1.  /*-----------------------------------------------------------
2.  ;说  明：这是一个学习 C51 的例程
3.  ;功  能：使 P1.0 口的 LED 按照设置的时间间隔闪烁
4.  ;设计者：李登峰
5.  ;设计日期：2008 年 3 月 12 日
```

```
6. ;修改日期: 2008年3月14日
7. ;版本序号: V1.0.0
8. ;-----------------------------------------------------*/
9. #include<reg52.h>                       //寄存器定义
10. #include<stdio.h>                      //一般I/O定义
11. /*----------------以下是全局变量定义-----------------*/
12. sbit LED=P1^0;  //LED灯连接在P1.0口线上
13. int data  i;       //定义一个整型数全局变量i
14. /*----------------主程序开始-----------------*/
15. void main(void)
16. {
17.     while(1)
18.          {
19.            LED=1;  /LED灯点亮
20.            for(i=0;i<1000;i++);//延时
21.            LED=0; /LED灯熄灭
22.          for(i=0;i<1000;i++);//延时
23.            }
24.  }
```

这个程序有24行之多，貌似复杂，但仔细分析就知道，其实这是一个非常简单的程序。可以把这个程序分解为4个部分：第1~8行为第一部分，第9~10行为第二部分，第11~13行为第三部分，第14~24行为第四部分。

第一部分是说明区，它包含了程序说明、功能说明、设计者、设计日期、修改日期、版本序号等说明，这部分不会生成任何目标代码，只是一个注释，如果把它去掉完全不会影响程序的功能。如果程序比较复杂，还是建议加入这些信息，这样有助于使用者迅速掌握这个程序的功能及编程思路，也可以了解程序的版本变化，还可以帮助使用者养成良好的编程习惯。

第二部分是预处理区，程序中的#include命令通知编译器在对程序进行编译时，将所需要的头文件读入后再一起进行编译。一般在“头文件”中包含了程序在编译时的一些必要信息，通常C语言编译器都会提供若干个不同用途的头文件。头文件的读入是在对程序进行编译时才完成的。

第三部分是全局变量定义区，第12行定义了一个全局位变量LED，它实际上是P1.0端口线的一个别名，当阅读程序看到LED时不是首先想到它是P1.0端口线，而是先想到它是LED灯的控制线，这样编写的程序更容易被理解，增强了程序的可阅读性。第13行定义了一个整型数全局变量i，它在主程序中作为循环变量来使用。

第四部分是真正能够生成目标代码的程序区，它包含了一个main()函数。main()函数是一个特殊的函数，程序的执行都是从main()函数开始的，也称为该程序的主函数。一个C51程序有且必须只能有一个名为main()的主函数。

main()的主函数中的程序实体是第17~23行，它是一个死循环。第19行实现LED灯的点亮，第21行实现LED灯的熄灭，第20行和22行是用软件实现的延时程序，延时的长短取决于循环的次数，即主函数实现了LED灯的点亮—等待—熄灭—等待的一个无限循环过程。

也许有读者会问为什么要加入延时等待，直接实现LED灯的点亮——熄灭的无限循环过程不是更简单吗？这样确实能够实现LED灯的点亮——熄灭，但是由于点亮——熄灭的交替过程非常短暂，而人的眼睛有视觉暂留现象，不可能看到LED灯的闪烁状态，所以必须加入延时等待程序，延时的长短决定了闪烁的效果。

C51程序的书写格式十分自由。一条语句可以写成一行，也可以写成几行，还可以在一行内写多条语句。但是需要注意的是，每条语句都必须以分号“;”作为结束符。另外，C51程序是对大小写字母敏感的，C51编译器在对程序进行编译时，会把程序中同一个字母的大小写作为不同的字符来处理。虽然C51程序不要求具有固定的格式，但在实际编写程序时还是应该遵守一定的规则，一般应按程序的功能以“缩格”形式来编写程序。

上面的程序中在几个地方都加入了注释，注释的目的是增强程序的可阅读性。单行的注释可以用注释标记符号“//”来标识注释开始，到这一行的末尾结束。对于整段的注释可以用“/ *”来标识下面整段都是注释，结束标识符号是“ * /”，使用方法如同第一部分程序说明区。注释对于比较大的程序来说是十分重要的，一个复杂的程序如果没有注释，在过了一段时间之后，恐怕连程序编制者自己也难以明白原来程序的内容，更不用说让其他人来阅读或修改程序。给程序加入恰当的注释是一个优秀程序员必须具备的编程习惯。

当有子程序时，在第四部分之前可以加入一个子程序说明区，这样子程序可以放在程序中的任何位置，也可以在任何位置调用子程序。子程序的问题在后续的介绍中会有更详细的说明。

### 4.1.2 C51程序的编辑和编译

目前，C51程序的开发通常采用Keil Software的μVision2集成开发环境，2003年，Keil Software公司在μVision2版本基础上，更新了集成的工具软件，推出了功能更强的μVision3，此后于2009年发布了Keil μVision4。2013年，Keil正式发布了Keil μVision5。在此简要介绍使用μVision5集成开发环境对C51程序的编辑和编译过程，μVision5集成开发环境的详细使用方法参见第14章的内容。

μVision5集成开发环境建立以后，C51程序的编辑、编译和调试过程如下：

**1. 新建一个工程文件**

在主菜单Project下，创建一个项目，从器件库中选择目标器件。比如创建一个StarBlink. prj工程文件。

**2. 新建一个C51程序文件**

在主菜单File下，建立一个新文件，这时会打开一个新的程序编辑窗口，输入上节所列的程序，并保存为StarBlink. C文件。

**3. 把C51程序文件添加到工程文件**

选中左边工程文件窗口中的“Target1”项，单击鼠标右键，在弹出菜单中选“add file to group”，再选中第二步中建立的StarBlink. C文件，即把它加入到工程中。

**4. 程序编译**

在主菜单选中Project下的build target（或F7）即可编译程序，编译完成之后会生成调试所需要的一系列文件，按照第14章中介绍的内容设置生成目标文件StarBlink. HEX。

**5. 运行和调试**

在主菜单选中 Debug 下的 go（F5）即可在模拟调试模式下调试程序了。可以设置观察窗口来监视程序运行的结果。如果程序没有错误，用仿真器连接目标板调试，或直接把目标文件 StarBlink. HEX 写入到单片机中运行，即可以看到 LED 发光管闪烁的效果。

## 4.2 C51 对 C 语言的扩展

C51 是支持符合 ANSI 标准的 C 语言，并针对 51 系列单片机的特点做了一些特殊的扩展，为了支持 51 系列单片机专门加入了一些扩展的内容。C51 对标准 C 语言扩展的内容主要包括：

1）特殊功能寄存器定义。
2）位变量。
3）数据存储空间的定义。
4）绝对地址访问。
5）中断函数。
6）汇编程序接口。
7）库函数。
8）关键字。

本节将重点介绍 C51 编程语言和标准 C 语言之间的区别。假设读者都具备 C 语言基础，如果此前从来没有接触过 C 语言，可以参考其他 C 语言的书籍。下面几节将重点介绍 C51 对标准 C 语言的扩展。

### 4.2.1 特殊功能寄存器的定义

51 系列单片机中，除了程序计数器（PC）和 4 组工作寄存器组外，一般在片内 RAM 区的高 128 字节中还有一些特殊功能寄存器（SFR），地址范围为 0x80H ~ 0xFFH，有些特殊的 51 系列单片机如 PHILIPS 80C51MX，还提供一个附加扩展的 SFR 空间，地址范围是 0x180 ~ 0x1FF。

为了能直接访问这些 SFR，C51 提供了一种自主形式的定义方法，这种定义方法与标准 C 语言不兼容，只适用于对 51 系列单片机进行 C 语言编程。C51 声明特殊功能寄存器的一般语法格式如下：

sfr 或 sfr16　特殊寄存器名 = 特殊寄存器地址；

sfr 和 C 变量声明一样，唯一的不同点是数据类型是特殊寄存器地址而不是 char 或 int。例如，把地址分别为 0x80、0x90、0xA0、0xA0 的端口寄存器分别声明为 P0、P1、P2、P3，可以用 sfr 分别声明如下：

```
sfr P0 = 0x80;          /* P0 口，地址为 0x80 */
sfr P1 = 0x90;          /* P1 口，地址为 0x90 */
sfr P2 = 0xA0;          /* P2 口，地址为 0xA0 */
sfr P3 = 0xB0;          /* P3 口，地址为 0xB0 */
```

51 系列单片机的特殊功能寄存器的数量与类型不尽相同，因此建议将所有特殊的“sfr”

定义放入一个头文件中，该文件应包括51单片机系列机型中的SFR定义。C51编译器的"reg51.h"文件就是这样一个头文件。

在新的51系列单片机芯片中，两个8位SFR在功能上经常组合为一个16位的SFR，它的高字节地址直接位于低字节之后，对16位SFR的值可以直接进行访问。可以用sfrl6把两个地址连续的8位特殊功能寄存器定义为一个16位特殊功能寄存器，它实际上定义了两个连续地址的特殊功能寄存器的首地址，对它的访问是一个二字节16位的操作，其中低位地址存放的是低位数据，高位地址存放的是高位数据。例如，8052的定时器/计数器2的低位和高位字节地址分别是0xCC和0xCD。用sfrl6声明为一个16位特殊寄存器为T2，并命名为一个T2的方法如下：

```
sfr16 T2 = 0xCC;   /* 定时器2，低位字节地址 = 0xCC，高位字节地址 = 0xCD */
```

sfr16和sfr的声明遵循相同的原则，任何可用的符号名都可以作为特殊寄存器名，等号（=）指定的地址必须是一个常数值，带操作数的表达式是不允许的。其中sfr16中地址必须是16位特殊寄存器的首地址，sfr16这种定义方法适用于所有新的16位SFR，但不能用于定时器/计数器0和1。

51系列单片机中，有一些特殊功能寄存器是可以位寻址的，为了便于使用这些可位寻址的特殊寄存器位，C51提供了特殊寄存器位定义方法，定义的一般语法格式如下：

sbit　特殊寄存器位名 = 位地址；

例如，0xAF位地址是总中断控制位，把它声明为EA的声明方法是：

```
sbit EA = 0xAF; /* 位地址0xAF定义为EA */
```

特别要注意的是：不是所有的SFR都是可位寻址的，SFR中有11个寄存器具有位寻址能力，它们的字节地址都能被8整除，即字节地址是以8或0为尾数的。例如，地址为0xA8和0xD0的SFR是可位寻址的，地址为0xC7和0xEB的SFR是不能位寻址的。SFR的位地址的计算方法是在SFR字节地址上加上对应的位。如地址为0xC8的可位寻址SFR第6位的位地址是0xC8+6，即0xCE。

sbit声明中可用任何可用标识符，等号（=）右边的表达式指定符号名的绝对位地址。指定绝对位地址的方式有三种，例如，溢出标志位OV和进位标志位CY的绝对位地址是0xD2和0xD7，可以这样指定绝对位地址：

```
sbit OV = 0xD2;     sbit CY = 0xD7;
```

同时，溢出标志位OV和进位标志位CY又是地址为0xD0可位寻址特殊寄存器的第2位和第7位，也可以这样来指定绝对位地址：

```
sbit OV = 0xD0^2;     sbit CY = 0xD0^7;
```

另外，0xD0可位寻址特殊寄存器实际上是程序状态寄存器，当然可以先声明这个特殊寄存器为程序状态寄存器，然后指定溢出标志位OV和进位标志位CY为程序状态寄存器的第二位和第七位。即：

```
sfr PSW = 0xD0;          /* 声明0xD0为程序状态寄存器PSW */
sbit OV = PSW^2;         /* 声明OV为PSW的第二位 */
sbit CY = PSW^7;         /* 声明CY为PSW的第七位 */
```

上述三种绝对位地址的表示方法都可以实现绝对位地址的指定，采用哪一种方法来指定绝对位地址完全取决于个人的爱好和编程习惯。另外，sbit还可以用于bdata存储类型位变量的声明。例如，x为bdata存储类型变量，Flag为x的第七位，可以这样定义：

bdata uchar sbit Flag = x^7;

### 4.2.2 数据类型

C51具有标准C语言的所有标准数据类型。除此之外，为了更加有效地利用51系列单片机的硬件结构，还加入了位变量数据类型，用关键字bit声明。

bit数据类型可以在变量声明、参数列表和函数返回值中使用，bit变量放在51系列单片机的片内位寻址寄存器中，由于片内位寻址寄存器只有16字节，占用寄存器地址空间为0x20H～0x2FH，所以最多只能同时声明128个位变量。一个bit变量的声明和标准C语言中数据类型的声明非常相似。位变量声明的一般格式如下：

bit 位变量名 [ =初值]

例如：

```
bit   High_ bit;          /* 把High_ bit定义为位变量 */
bit   High_ bit=0;        /* 把High_ bit定义为位变量，初值为0 */
```

特别要注意bit变量和bit声明有如下限制：

1）不能声明一个bit类型的数组。

2）不能声明一个位指针。

3）禁止中断的函数（#pragma disable）和用明确的寄存器组（using n）声明的函数不能返回一个位型值。当这样使用时，编译过程将返回一个bit类型错误信息。

### 4.2.3 数据存储空间的定义

51系列单片机的结构支持几个物理独立的程序和数据存储区，存储空间一般包括片内程序存储器、片内数据存储器、片外数据存储器、片外程序存储器等存储体。片内数据存储器可分为内部可直接寻址区、内部间接寻址区和特殊寄存器区；片外数据存储器可分为一般片外数据存储器和分页寻址片外数据存储器。针对51系列单片机这些存储结构的特点，C51也做了相关的扩展。

**1. 变量的存储类型**

C51可访问M51单片机的所有存储区，每个变量可以明确地定义其所在的存储空间。表4-1给出了数据存储类型和存储空间的对应关系。由于访问片内数据寄存器比访问片外数据存储器快得多，一般将频繁使用的变量放在内部数据寄存器，把占用存储单元较多、使用频率低的变量放在外部数据存储器中。

**表4-1 存储类型与存储空间对应关系**

| 存储类型 | 对应的存储空间说明 |
|---|---|
| code | 程序存储区（64KB），用MOVC @A+DPTR访问 |
| data | 直接寻址内部数据区，访问变量速度最快（128B） |
| idata | 间接寻址内部数据区，可访问片内全部地址空间（256B） |
| bdata | 位寻址内部数据区，支持位和字节混合访问（16B） |
| xdata | 外部数据区（64KB），由MOVX @DPTR访问 |

（续）

| 存储类型 | 对应的存储空间说明 |
| --- | --- |
| far | 扩展的RAM和ROM存储空间（最多16MB），由用户定义程序或特定的芯片扩展（PHILIPS 80C51MX，DALLAS 390）访问 |
| pdata | 分页（256B）外部数据区，由MOVX @Rn访问 |

C51中数据存储类型声明的一般格式为：

［数据类型］［存储类型］标识符　［=初值］

标识符是用户定义对象的命名，与标准C语言的命名规则相一致。标识符可以为任意长度，但外部名至少能由前8个字符唯一区分，内部名至少能由前31个字符唯一区分；标识符不能和C51的关键字相同，也不能和用户自己编制的函数或C51的库函数同名；此外，标识符有大、小写的区分，high、High和HIGH是三个不同的标识符号。

存储类型说明数据存放的存储空间，关键字见表4-1中的存储类型；数据类型表明数据在存储空间的存放方法和格式，与C语言基本一致；数据声明的同时可以对标识符赋值。

例如，要声明一个无符号字符型的变量High，并初始化为0x10，可以这样来声明：

unsigned char　High=0x10;

注意，这里并没有加存储类型标识，变量High的存储空间由编译器的存储模式来确定。如果期望High能够进行位操作，那么必须把它声明为bdata型，可以把变量High的声明改成：

unsigned char bdata High=0x10;

当程序比较复杂、使用的寄存器比较多时，可能导致寄存器不够用，若High变量使用的频率不是很高，且系统中有片外存储器，可以把High变量定义到片外存储器，变量High的声明可以改成：

unsigned char xdata High=0x10;

其他不同数据类型的声明除类型说明关键字不一样外，都可以采用上面相同的方法来声明一个用户定义的标识符。

**2. 编译器的存储模式选择**

如果在变量声明中省略了存储类型，编译器会自动选择默认或暗含的存储类型。默认存储类型与编译器的存储模式设置有关，C51编译器中有SMALL、COMPACT和LARGE三种存储模式可供选择，可以在C51编译器命令行中用SMALL、COMPACT和LARGE控制命令选项来选择，或在μVision环境的编译选项中选定编译模式。

1）SMALL模式：在该模式中，所有变量在默认的情况下定位于8051系统的内部数据寄存器（与使用data存储类型一样），因此访问十分方便，数据访问效率是最高的。另外，所有对象包括栈，都必须放在片内RAM。栈长很关键，因为实际栈长依赖于不同函数的嵌套层数。一般来说，如果连接/定位器配置为内部数据区变量可覆盖，SMALL模式是最好的模式。

2）COMPACT模式：在该模式中，所有变量在默认的情况下都放在外部数据存储区的一页中（与使用pdata声明一样），因此最多可同时声明256个字符型变量，这种限制是由于采用间接寻址寄存器R0和R1（@R0，@R1）带来的。采用这种模式，变量存于片外数据存储器，其访问效率不如SMALL模式。

当用COMPACT模式时，外部数据存储器的访问是采用@R0和@R1间接寻址的方式进行的，R0和R1作为间接寻址字节寄存器提供地址的低字节。如果COMPACT模式使用多于256个字节的外部存储区，高字节地址（或页地址）由8051的P2口提供。这种情况必须初始化P2口，以保证使用的外部存储页是正确的。对P2口的设置可以放在初始化程序中，同时必须为连接器指定PDATA的起始地址。

3）LARGE模式：在该模式中，所有未定义存储类型的变量放在外部数据存储区（64KB，与使用xdata存储类型一样）。外部数据存储器的访问是通过数据指针（DPTR）间接寻址来进行的。这种数据访问机制使用较多的机器指令周期，其效率是比较低的，并且比SMALL或COMPACT模式编译产生的目标代码要大很多。

### 4.2.4 绝对地址访问

由于51系列单片机资源有限，往往需要实现绝对地址访问，针对这个应用特点C51也进行了扩展，C51提供了三种访问绝对地址的方法。

**1. 绝对宏**

所谓绝对宏是利用C51提供的头文件absacc.h中定义的宏来访问绝对地址，absacc.h中定义的宏包括CBYTE、XBYTE、PWORD、DBYTE、CWORD、XWORD、PBYTE、DWORD，绝对宏的使用可以通过以下几个例子来理解。

```
rval = CBYTE [0x0002]; //指向程序存储区地址0x0002
rval = CWORD [0x0002];     //指向程序存储区地址0x0004
rval = DBYTE [0x0002]; //指向内部数据存储区地址0x0002
rval = DWORD [0x0002]; //指向内部数据存储区地址0x0004
rval = XBYTE [0x0002];    //指向外部数据存储区地址0x0002
rval = XWORD [0x0002]; //指向外部数据存储区地址0x0004
```

CWORD、DWORD、XWORD所用的索引不代表存储区地址的整数值。为了得到存储区地址，必须索引乘以一个整数（2字节）的大小。

**2. _at_关键字**

使用“_at_”关键字可以实现绝对地址访问，具体的格式如下所示：

[变量类型][存储类型]变量名 _at_ 地址常数;

若要指定text数组从片外数据存储器0xE000单元开始存放，可以这样来定义：

```
char xdata text [25] _at_ 0xE000;
```

在使用“_at_”关键字实现绝对地址访问时必须注意以下几点：

1）_at_后面的绝对地址必须在可用的实际存储空间内。

2）绝对变量不能初始化。

3）bit类型的函数和变量不能定位到一个绝对地址。

4）用_at_关键词声明一个变量来访问一个XDATA外围设备时，应使用volatile关键词，使C编译器不对它进行优化，确保可以访问到要访问的存储区。具体应用方法如下：

```
volatile unsigned char xdata rval _at_ 0x1000;
```

**3. 连接定位控制**

这种绝对地址方法是利用连接控制指令中 code xdata pdata data bdata，对“段”地址进行控制，如要指定某具体变量地址，则有很大的局限性，因此不做详细讨论。

### 4.2.5 函数的使用

**1. 函数声明**

C51 中对标准 C 语言的函数声明做了如下扩展：

1）可以指定一个函数为中断处理函数。

2）可以选择函数中所使用的寄存器组。

3）可选择函数中变量的默认存储模式。

4）可以指定函数为重入函数。

C51 中的函数声明语法格式如下：

返回值类型　函数名（函数参数）　［存储模式］　［reentrant］　［interrupt n］［using m］

其中，符号“［］”中间的部分为可选项，关键字“reentrant”代表声明的函数是可重入函数；关键字“interrupt”表示声明的函数是中断函数，“n”则代表中断源的编号；“using m”表示函数编译过程中使用第 m 组通用寄存器组。

**2. 中断函数**

使用 C51 编程语言可以直接编写中断程序。中断服务程序就是按规定语法格式定义的一个函数。中断函数定义的语法格式如下：

```
返回值  函数名（void）  interrupt  中断号［using 寄存器组号］
        {
            ……
        }
```

51 系列单片机和其派生系列芯片提供许多硬件中断，可用来计数、计时、检测外部事件及发送和接收串口数据。一个标准的 51 系列单片机标准中断和入口地址如表 4-2 所示。

**表 4-2　51 系列单片机的标准中断和入口地址**

| 中断号 | 中断说明 | 入口地址 |
|---|---|---|
| 0 | 外部中断 0 | 0003h |
| 1 | 定时器/计数器 0 | 000Bh |
| 2 | 外部中断 1 | 0013h |
| 3 | 定时器/计数器 1 | 001Bh |
| 4 | 串行口 | 0023h |

51 系列单片机的新型号加了更多的中断，C51 最多可以支持 32 个中断源，因此中断编号的范围是 0～31。表 4-3 中列出了各中断函数的中断号和入口地址。

表4-3 C51支持的中断函数中断号和入口地址

| 中断号 | 入口地址 | 中断号 | 入口地址 | 中断号 | 入口地址 |
|---|---|---|---|---|---|
| 0 | 0003h | 11 | 005Bh | 22 | 00B3h |
| 1 | 000Bh | 12 | 0063h | 23 | 00BBh |
| 2 | 0013h | 13 | 006Bh | 24 | 00C3h |
| 3 | 001Bh | 14 | 0073h | 25 | 00CBh |
| 4 | 0023h | 15 | 007Bh | 26 | 00D3h |
| 5 | 002Bh | 16 | 0083h | 27 | 00DBh |
| 6 | 0033h | 17 | 008Bh | 28 | 00E3h |
| 7 | 003Bh | 18 | 0093h | 29 | 00EBh |
| 8 | 0043h | 19 | 009Bh | 30 | 00F3h |
| 9 | 004Bh | 20 | 00A3h | 31 | 00FBh |
| 10 | 0053h | 21 | 00ABh | | |

下面的中断函数使用计数器0来实现计数功能，interruptcnt为计数变量，每中断一次加1，当加到4000时清零，second为第二计数器，用于记录加满到4000的次数。

```
1. unsigned int interruptcnt;
2. unsigned char second;
3. void timer0 (void) interrupt 1 using 2    /*中断函数1,使用寄存器组2*/
4. {
5.   if (++interruptcnt == 4000)
6.     {  second++;                          /* 第二计数器 */
7.     interruptcnt = 0;                     /* 中断计数器清零 */
8.   }
9. }
```

在使用中断函数时必须注意以下问题：

1）中断号是整型常数值，取值为0~31，不允许用带操作数的表达式。

2）编译器根据中断号自动产生中断矢量。

3）ACC、B、DPH、DPL和PSW的内容，在中断函数调用时保存在堆栈中。

4）中断函数中所用的R0~R7寄存器，如果不用using属性指定一个寄存器组则保存在堆栈中。

5）保存在堆栈中的寄存器和SFR在退出中断函数前恢复。

6）RETI指令终止中断函数的执行。

为了说明如何使用中断函数，同时说明进入和退出中断函数的过程，下面通过C51程序与编译器生成的汇编代码做一个对比来说明。

C51的源代码为：

```
1. extern bit alarm;          //定义位变量 alarm
2. int alarm_count;           //定义计数变量 alarm_count
```

```
3. void falarm (void) interrupt 1 using 3
4. {
5. alarm_count ++;              //alarm_count=alarm_count+1
6. alarm = 1;                   //告警信号有效, alarm=1
7. }
```

编译器生成的汇编代码为：

```
;FUNCTION falarm (BEGIN)
1.        PUSH ACC
2.        PUSH PSW
3.                ;SOURCE LINE #5
4.        MOV   A,alarm_count+01H
5.        ADD   A,ACC
6.        MOV   alarm_count+01H,A
7.        MOV   A,alarm_count
8.        RLC   A
9.        MOV   alarm_count,A
10.               ;SOURCE LINE #6
11.       SETB alarm
12.               ;SOURCE LINE #7
13.       POP   PSW
14.       POP   ACC
15.       RETI
;FUNCTION falarm (END)
```

从汇编代码中可以看出，ACC 和 PSW 寄存器在第 1 行和第 2 行中保存，在第 13 行和第 14 行中恢复，第 15 行中的 RETI 指令退出中断。

编写 C51 中断函数一般遵守以下规则：

1）中断函数不带函数参数。如果中断函数声明中带参数，编译时将产生错误信息。

2）中断函数声明不能定义返回值类型。必须声明为 VOID（参考上面的例子）。如果定义了返回值类型，编译后将产生一个错误，暗含的返回值为 int 型，编译时该值被忽略。

3）不允许直接对中断函数调用。对中断函数的直接调用是无意义的，因为退出程序指令 RETI 会影响单片机的中断系统，不存在硬件中断请求时，RET 指令执行的结果是不确定的，通常是致命的。不要试图用一个函数指针间接调用一个中断函数。

4）每个中断函数产生一个中断矢量，中断矢量是中断函数的起始地址。在编译器命令行可用 NOINTVECTOR 控制命令禁止产生中断矢量。在这种情况下，必须从单独的汇编模块提供中断矢量。

5）中断号为 0~31，参见表 4-3。

6）在中断函数中调用函数时，函数必须和中断函数使用相同的寄存器组，即用中断函数中 using 指定的寄存器组。当函数和中断函数指定的寄存器组不同时，将产生不可预知的结果。

**3. 重入函数**

C51 与标准 C 语言的区别还体现在对重入函数的处理上。所谓重入函数是指一个可以被多个任务调用的函数，在调用该函数的过程中又可以间接或直接地调用其本身。函数的重入又被称为递归调用。

在C语言中，一般使用堆栈传递函数参数，且静态变量以外的内部变量都在堆栈中；而C51使用寄存器传递参数，内部变量在数据存储器中，函数重入时会破坏上次调用的数据。因此在C51中如果不特别声明，所有函数都是默认非重入的。

可重入函数的定义形式为：

reentrant 函数类型　函数名（形式参数表）

例如，计算阶乘函数f（n）=n!，可以先计算f（n-1）=（n-1）!，而计算f（n-1）时又可以先计算f（n-2）=（n-2）!，这就是递归算法。其重入函数可以这样来编写：

```
1.  reentrant function1(int n)
2.  {
3.       if(n = =0 ||n = =1)
4.        return 1;                         //当n=0或1时返回1
5.          else
6.        return n* function1(n-1);         //否则递归调用,计算n!
7.  }
```

重入函数可被递归调用，无论何时，包括中断服务函数在内的任何函数都可调用重入函数。与非重入函数的参数传递和局部变量的存储分配方法不同，C51编译器为重入函数生成一个模拟栈，通过这个模拟栈来完成参数的传递和存放局部变量。当程序中包含有多种存储器模式的重入函数时，C51编译器为每种模式单独建立一个模拟栈并独立管理各自的栈指针。

重入函数在进行递归调用时，新的局部变量和参数在再入栈中重新分配存储单元，并以新的变量重新开始执行。每次递归调用返回时，前面压入的局部变量和参数会从再入栈中弹出，并恢复到上次调用自身的地方继续执行。

采用函数的递归调用可使程序的结构紧凑，但是递归调用要求采用重入函数，利用再入栈来保存有关的局部变量数据，要占用较大的内存空间。在递归调用时，函数的处理速度也比较慢，因此单片机编程中应尽量避免采用函数递归调用。

### 4.2.6　C51指针

C51中指针变量的存储结构也与标准C语言不同。C51支持两种指针：通用指针（Generic Pointer）和指定存储器指针（Memory_Specific Pointer）。

**1. 通用指针**

C51中的通用指针占用3个字节的存储空间，分别存储指针变量的存储类型、高位偏移量、低位偏移量。通用指针的声明和使用均与标准C语言相同，另外还可以说明指针变量的存储类型。例如：

```
long * state;
unsigned char * xdata ptr;
```

第一条语句声明一个指向长整型数据的指针，而指针变量state本身则根据编译器设置的默认存储模式存放在对应的数据单元中。

第二条语句声明一个指向无符号字符型数据的指针，指针变量ptr本身则根据变量声明时设定的存储模式存放于外部数据存储空间中。

**2. 指定存储器指针**

由于通用型指针变量本身要占用固定3个字节的存储空间，这对资源有限的单片机来说是一种负担。因此，C51还支持占用空间更小的指针变量，即指定存储器指针。

指定存储器指针实际上是在指针变量声明时，同时指明指针指向数据的存储类型。例如：

```
long data * state;
unsigned char xdata * ptr;
```

第一条语句声明的指针变量指向的数据存储在内部数据单元中，这样指针变量本身占用一个字节。第二条语句声明的指针变量指向的数据存储在外部数据存储空间，指针变量本身占用两个字节。

由于存储器类型是在编译时确定的，所以指定存储器指针变量本身的存储类型是不需要的。在C51中，指向idata、data、bdata、pdata中数据的指针本身占用一个字节存储单元；指向code、xdata中数据的指针本身占用两个字节存储单元。

使用指定存储区指针的好处是节省了存储空间，编译器不用为存储器的选择和操作指令产生代码，使代码更加简短；但使用时必须保证指针不指向所声明的存储区之外的地方，否则将产生错误。

通用指针产生的代码执行速度要比存储器指针慢，因为其存储区在运行前是未知的，编译器不能优化存储区访问，必须产生可以访问任何存储区空间的通用代码。如果优先考虑执行速度，应尽可能地使用指定存储器指针而不是通用指针。

**3. 指定存储器指针与通用指针比较**

指定存储器指针与通用指针的比较，如表4-4所示。

**表4-4 指定存储器指针与通用指针比较**

| 指针类型 | 通用指针 | xdata | idata | pdata | data | code |
|---|---|---|---|---|---|---|
| 字节 | 3 | 2 | 1 | 1 | 1 | 2 |

## 4.2.7 库函数

链4-1 C51编译库列表

C51编译器包含6个不同的编译库，这些库几乎支持所有的ANSI标准函数调用。C51中的编译库都有源代码，可进行与硬件相关的修改。用户通过改变现有硬件输入和输出结构的两个模块，就可修改库函数使之适用新的硬件结构。如重新构造“printf”和“puts”函数可以用于LCD显示。C51编译库列表可扫链4-1查看。

由于51系列单片机有许多特性，这使C51的库函数与ANSI C标准库有很大的区别，许多不能应用到嵌入应用中的ANSI C标准库被排除在C51库之外。C51的库函数与ANSI C标准库的差别可扫链4-2～链4-4查看。

其中，函数名称含有517的函数是专门针对80C517结构的CPU及其派生系列而设计的。因为80C517系列单片机中，专门设计了算术运算单元，并且针对算术运算做了相关的扩展设计，所以 C51 针对这样的特殊结构设计了专门的算术运算函数。

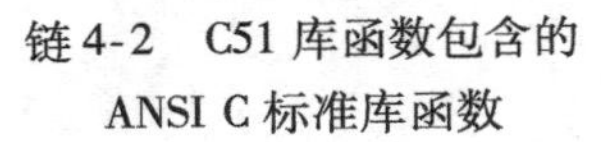

链 4-2　C51 库函数包含的 ANSI C 标准库函数

链 4-3　C51 库函数中不包含的 ANSI C 标准库函数

链 4-4　C51 库函数中包含在 ANSI C 标准库中没有的函数

### 4.2.8　关键字

C51 包含 ANSI C 关键字的同时，也针对 51 系列单片机扩展了一些关键字。C51 的扩展关键字从某种意义上体现了 C51 语言与标准 C 语言的不同。C51 的扩展关键字及其作用可扫链 4-5 查看。

链 4-5　C51 的扩展关键字及其作用

## 4.3　C51 使用技巧

本章前两节对 C51 编程语言做了重点介绍，本节将介绍使用 C51 开发单片机程序的一些使用技巧，掌握好这些技巧能帮助读者设计出高效率的单片机程序。

### 4.3.1　C51 与汇编程序接口

C51 的编译器能对 C51 源程序进行高效率的编译，生成高效简洁的目标代码，在绝大多数场合采用 C51 编程即可完成预期的任务。但对于一些特殊问题的处理还可能会用到汇编程序，C51 提供了两种与汇编程序接口的方法，即模块内接口和模块间接口方法。

**1. 模块内接口**

模块内接口方法是用#pragma 语句来实现的，其具体结构是：

```
#pragma asm
汇编语句行 1
汇编语句行 2
……
#pragma endasm
```

这种方法实质是通过 asm 与 endasm 告诉 C51 编译器中间行不用编译为汇编，并将这些汇编语句行直接存入编译后的汇编文件中。例如，在“星星闪烁”程序中，为了得到精确的延时，可以用汇编程序来实现延时，程序代码如下：

```
1.  #include <reg52.h>                    //寄存器定义
2.  #include <stdio.h>                    //一般 I/O 定义
3.  sbit LED = P1^0;                      //LED 灯连接在 P1.0 口线上
4.  /*---------------主程序开始----------------*/
5.  void main(void)
6.  {
```

```
7.    while(1)
8.       {
9.          LED =1;                         //LED 灯点亮
10.         #pragma asm
11.         MOV R7,#40
12.   DELAY1: MOV R6,#248
13.         DJNZ R6, $
14.         DJNZ R7,DELALY1
15.         #pragma endasm
16.         LED =0;                         //LED 灯熄灭
17.         #pragma asm
18.          MOV R7,#40
19.   DELAY2: MOV R6,#248
20.          DJNZ R6, $
21.          DJNZ R7,DELAY2
22.          #pragma endasm
23.      }
24. }
```

**2. 模块间接口**

C51 模块与汇编模块间的接口扩展，为实现 C51 程序模块和汇编程序模块之间的相互调用提供了一种机制。C51 程序与汇编程序的相互调用可以理解为函数的调用，只不过函数是采用不同语言来编写的。

当 C51 模块程序编译成目标文件后，其函数名依据其定义的性质不同会转换为不同的函数名，因此，在 C51 模块程序和汇编程序的相互调用中，要求汇编程序必须服从这种函数名的转换规则，否则将无法调用到所需的函数或出现错误。C51 中函数名的转换规则如表 4-5所示。

为了实现 C51 调用汇编模块，汇编程序中各种段的命名和安排、参数传递和返回等必须符合 C51 编译器的命名规则，同时还必须要清楚 C51 函数的参数传递、函数返回规则等才能实现正确调用。

**表 4-5　C51 中函数名的转换规则**

| C51 函数名 | 转换后的函数名 | 说明 |
| --- | --- | --- |
| Void func（void） | FUNC | 无参数传递或参数不通过寄存器传递的函数，其函数名不作改变转入目标文件中，名字转为大写形式 |
| Void func（char） | _FUNC | 带寄存器传递参数的函数，在其名字前加上前缀“_”字符以示区别，它表明这类函数包含寄存器内的参数传递 |
| Void func（void） reentrant | _? FUNC | 对于再入函数，在其名字前加上前缀“_ ?”字符以示区别，它包含堆栈内的参数传递 |

（1）C51 函数及其相关段的命名规则　一个 C51 源程序模块被编译后，其中的每一个函数以“？PR？函数名？模块名”为名的命名规则被分配到一个独立的 CODE 段。若一个函数包含有 data 和 bit 对象的局部变量，根据所使用的存储器模式不同，编译器将按“？函

数名？BYTE”和“？函数名？BIT”命名规则建立一个 data 和 bit 段。表4-6给出了不同存储模式下段名的命名规则。

**表4-6　各种存储模式下函数相关段名的命名规则**

| 数据 | 段类型 | 段名 |
|---|---|---|
| 程序代码 | CODE | ？PR？函数名？模块名（所有存储器模式） |
| 局部变量 | DATA | ？DT？函数名？模块名（SMALL 模式） |
| | PDATA | ？PD？函数名？模块名（COMPACT 模式） |
| | XDATA | ？XD？函数名？模块名（LARGE 模式） |
| 局部 bit 变量 | BIT | ？BI？函数名？模块名（所有存储器模式） |

例如，一个模块“FUNC1”内包含一个名为“func”的函数，则其 CODE 段的名字是“？PR ？FUNC？ FUNC1”，若 FUNC1 中包含有 data 和 bit 的局部变量，且存储模式为 SMALL，则 data 段的名字是“？FUNC1？BYTE”，bit 段名字是“？FUNC1？ bit”。它们代表所要传递参数的起始位置，其偏移值为零。这些段是公开的，因而它们的地址可被其他模块访问。另外，这些段被编译器赋予“OVERLAYABLE”标志，故可被 L51 连接/定位器作覆盖分析。

（2）通过寄存器传递函数参数　C51 函数最多可通过 CPU 寄存器传递三个参数，这种传递技术的优点是可产生与汇编语言相媲美的高效代码。表4-7所示是利用寄存器传递参数的规则。

**表4-7　利用寄存器传递参数的规则**

| 参数 | Char | int | long，float | 一般指针 |
|---|---|---|---|---|
| 第一个 | R7 | R6，R7 | R4 ~ R7 | R1，R2，R3 |
| 第二个 | R5 | R4，R5 | R4 ~ R7 | R1，R2，R3 |
| 第三个 | R3 | R2，R3 | 无 | R1，R2，R3 |

例如，func1（int a）：“a”在 R6、R7 中传递；func2（int a，int b，int　c）：“a”和“b”在 R6、R7 和 R4、R5 中传递，“c”在 R2、R3 中传递。

（3）通过固定存储区（Fixed Memory）传递函数参数　如果要传递的参数较多，使用寄存器传递参数不能满足要求时，部分参数可以在固定的存储区域内传送。这种混合的情况有时会令程序员在弄清每一个参数的传递方式时产生困难。为了避免这种困难，一般不采用这种混合使用的模式，而仅采用固定存储区传递参数的模式。

若编译时选择了控制命令“#pragma NOREGPARMS”，则所有参数传递都发生在固定的存储区域，所使用的地址空间依赖于所选择的存储器模式。这种参数传递技术的优点是传递途径非常清晰，缺点是代码效率不高，速度较慢。在固定存储区传递函数参数的方式中，传递的 bit 型参数传给段名为“？function_name？BIT”的一个存储段，其他类型参数均传给段名为“？function_name？BYTE”的存储段，且按照预定的顺序存放。至于这个固定存储区本身在何处，则由存储模式默认。

（4）函数的返回值　当函数具有返回值时也需传递参数，这种返回值参数的传递均是通过内部寄存器来完成的，其传递规则如表4-8所示。

表 4-8 函数的返回值传递规则

| 返回类型 | 寄存器 | 说明 |
|---|---|---|
| bit | 标志位 | 由具体标志位返回 |
| char/unsigned char 1_byte 指针 | R7 | 单字节由 R7 返回 |
| int/unsigned int 2_byte 指针 | R6 & R7 | 双字节由 R6 和 R7 返回，MSB 在 R6 |
| long&unsigned long | R4 ~ R7 | MSB 在 R4，LSB 在 R7 |
| float | R4 ~ R7 | 32Bit IEEE 格式 |
| 一般指针 | R1 ~ R3 | 存储类型在 R3，高位在 R2，低位在 R1 |

（5）SRC 控制 该编译控制指令将 C 文件编译生成汇编文件（. SRC），汇编文件改名后可生成汇编文件（. ASM），再用 A51 进行编译。

下面通过两个具体的例子来说明 C51 和汇编语言程序间的相互调用。

**例 4-1** 若“星星闪烁”程序中的延时为 20ms，要求主程序用 C51 来编写，延时子程序用汇编程序来编写。

分析：主程序用 C51 来编写，延时子程序用汇编程序来编写，并要实现延时子程序的调用，显然是一个典型的 C51 调用汇编程序的问题。延时程序固定为 20ms，无须传递参数。

链 4-6 用 C51 编写的主程序

链 4-7 用汇编语言编写的延时子程序

用 C51 编写的主程序可扫链 4-6 查看。

用汇编语言编写的延时子程序可扫链 4-7 查看。

说明：在 example4 – 1. a51 中，第 1 行的作用是在程序存储区中定义段，段名为 DELAY20MS,? PR? 表示段位于程序存储区内；第 2 行的作用是把函数 DELAY20MS 声明为公共函数；第 3 行表示函数 DELAY20MS 可被连接器放置在任何地方，RSEG 是段名的属性，段名的开头为 PR，是为了和 C51 内部命名转换兼容，命名转换规则如表 4-6 所示。

**例 4-2** 若“星星闪烁”程序中的延时可以根据设置参数改变，要求主程序用 C51 来编写，延时子程序用汇编程序来编写。

分析：与例 4-1 不同之处是延迟时间可以根据设置参数改变，需要传递参数。

链 4-8 用 C51 编写的主程序

链 4-9 用汇编语言编写的延时子程序

用 C51 编写的主程序可扫链 4-8 查看。

用汇编语言编写的延时子程序可扫链 4-9 查看。

说明：在 example4 – 2. a51 中，由于是有参数传递的函数调用，因此函数名前要加下画线。传递的参数有两个，第一个参数是字符型参数，第二个参数是整型数。根据表 4-7 利用寄存器传递参数的规则可知：当执行语句 DELAY（10，1000）时，10 会存入 R7 中，1000 高位会存入 R4 中，低位存入 R5 中，在汇编语句中从这几个寄存器中取数，然后再进行操作。

**例 4-3** 设 C51 函数的返回值是整型数，试根据这个返回值用汇编程序编写一个延时程序。

分析：根据表4-8函数返回值传递规则和C51函数的返回值是整型数，可以知道函数的返回值高位存放在R6中，低位存放在R5中。根据C51函数的返回值编写的延时程序可扫链4-10查看。

链4-10

### 4.3.2　C51程序的优化

由于51系列单片机本身资源有限，要想充分利用C51编程语言，编写程序的时候还需要注意以下几点：

**1. 尽量减小变量长度**

由于51系列单片机的字长是8位的，所以char型数据的操作要比int或long型数据操作的效率高。在使用C51语言编写程序时，应根据任务要求，尽可能使用长度较短的类型变量。例如，在循环结构中，如果循环次数在256以内，控制循环次数的变量则应使用占用一个字节的无符号字符型，避免使用占用两个字节的整形变量。

**2. 使用无符号类型**

51系列硬件不支持带符号数的运算。为了实现有符号数的运算，C51必须产生较无符号数运算更多的代码，即用软件实现有符号数运算。因此，为了压缩目标代码的长度，提高代码执行的速度，应尽量使用unsigned数据类型。

**3. 减少浮点变量的使用**

大多数51系列单片机内部没有支持浮点运算的硬件单元，因此程序中使用32位的浮点数会降低程序的执行速度，增大程序代码的空间占用。在需要小数运算时，尽量使用整型变量做定点运算，以提高程序代码的效率。

**4. 使用位变量**

当程序中需要使用布尔类型的位标志时，应该使用位变量，而不要使用像标准C语言中的unsigned char型变量。这将节省7位存储区，不仅节省了内存，而且由于访问内部RAM中的位变量只需要一个指令周期，也减小了单片机的处理时间。

**5. 尽量使用局部变量**

局部变量在编译器优化时，会尽可能将局部变量编译在内部寄存器中，对寄存器的访问速度要比访问数据存储器快得多，因此应该尽可能地使用局部变量。

**6. 为变量合理分配内部存储区**

一般把经常使用的变量放在内部RAM中，可使程序执行的速度得到提高并缩短程序代码，不频繁使用且占用较多存储单元的变量放在外部RAM中。

**7. 使用特定指针**

在程序中使用指针时，应该尽可能地使用指定存储器指针，避免使用通用指针，从而节省数据占用空间，减少代码长度。

**8. 使用宏代替函数**

对于小段的重复代码，可声明宏来代替函数。使用宏代替小段重复代码不仅增加了程序的可读性，同时也减少了重复使用函数造成的堆栈空间占用，省去了函数的调用与返回过程，加快了代码执行的速度。

## 4.4 C51程序设计方法

对于初学者来说，往往会出现令人困惑的情况：C51中各种语句的语法和语义以及程序的基本结构已经掌握了，对题目的要求似乎也都清楚，但就是不知道怎样写出一个满足题目要求的程序，或者是程序运行所产生的结果不对，或者是程序一运行就崩溃，或者有时感觉根本就无从下手。

出现这种情况是很正常的，写出一个满足要求的程序对初学者来说并不是一件简单的事情。C51程序设计是用C51语言描述可以在51系列单片机上准确执行的过程，以期实现要求的测量、控制和数据处理功能。要达到这个目标必须具备两方面的能力，一方面要有针对实际问题提出解决问题的思路和方案的能力，另一方面是使用C51语言对问题的解决方案进行准确的描述的能力。大部分初学者在学习过程中把注意力集中在对C51语言本身的学习上，还没有足够的时间和精力去学习和掌握从任务的要求入手构思一个合理的解决方案，也没有积累准确有效地实现这一方案和保证程序正确可靠运行的经验和技巧。

希望读者能通过本节学习到C51程序设计的基本过程、方案设计、编写代码、代码调试和测试等方面的知识，逐步提高从实际任务要求入手，构建合理解决方案的能力，以及逐步领悟、积累C51程序设计经验和技巧的方法。

### 4.4.1 C51程序设计的基本过程

C51程序设计过程实际上是一个面向问题的求解过程，与解决其他的问题一样，需要明确要解决的问题和已知的条件，只有在这两者都明确的情况下，才有可能找到通向目标的正确道路。在C51程序设计中，必须要明确以下问题：

1）硬件平台提供的条件和基础是什么，哪些硬件资源是可以利用的？

2）哪些条件、数据或信息是已知的，获取这些数据的方法和途径是什么？限制条件是什么？

3）程序需要完成的具体任务是什么？

4）根据任务的要求，解决这个问题的方法和步骤是什么？

5）如何把这些方法和步骤用C51语言来描述，转换为程序代码？

6）如何来检验代码的正确性？

7）如何保证所设计的程序确实很好地完成了规定的任务？

根据这些问题的要点，程序设计的基本过程可归纳为问题分析、方案设计、编写代码、代码调试和测试等几个阶段。问题分析阶段的主要目标是明确已知条件和所要解决的问题；设计阶段的主要目标是明确问题求解的方法和步骤，将任务目标细化为对程序的具体要求，并在此基础上确定实现技术的基本要素，如数据结构、算法、程序结构等；编写代码的目标是对解决问题的方法和步骤进行具体代码描述，转换为单片机编程语言；调试阶段的目标是发现和改正编写代码过程中的错误，保证从方案设计到程序的转换过程是正确的；测试阶段的目标是检查程序的功能和性能是否符合任务要求，能否满足所规定的各项指标。

程序设计工作一般都要经过这几个阶段，但不同规模的程序在每一个阶段所需完成任务和复杂程度是有很大差别的。例如，在大型应用系统软件设计中，问题分析工作比较复杂，对应的工作被称为需求分析，在需求分析结束后需要产生一份详细的需求分析报告。在大型软件方案设计中，设计工作被进一步细化分解为概要设计和详细设计，测试也被划分为单元测试、模块测试、功能测试、性能测试、回归测试等。对于只有几十行、上百行的程序设计过程来说，事情远不需要这么复杂，各个阶段的工作都要简单得多，在很多时候，这些阶段之间的分界并不是非常明确的，各阶段的工作也可能是交叉进行的。但是，即使是一个很小的程序，也仍然有许多问题需要仔细地考虑，分阶段地处理是解决 C51 程序设计问题的好方法。对于初学者来说，这有利于掌握有条有理、按部就班地分析和解决问题的方法，养成良好的习惯。

### 4.4.2 问题分析

问题分析是程序设计的第一步，其目的就是明确已知条件和准确把握题目的要求。问题分析的基本内容包括以下几个方面。

**1. 明确硬件平台提供的条件和基础以及可利用的硬件资源**

单片机应用系统由于完成的任务不同，其硬件平台会有比较大的差异。单片机程序设计与一般的计算机程序设计不同，它不是在操作系统之上编写应用程序，而往往是对底层的硬件设备进行直接的操作。因此，必须首先确定硬件平台的情况，明确与编程相关的硬件连接和逻辑关系，明确哪些资源是可以利用的。

**2. 输入信息的来源、内容、范围及其格式等**

对于一个实际的应用系统，信息的输入是必不可少的。输入的信息可能是一个数据、一组数据、电平信号或脉冲信号等，必须明确输入信息的来源、表现形式、输入的方法、内容、范围及格式等。

**3. 信息输出的方式、表达方式、去向、限制条件等**

从信息处理的角度来看，程序需要对输入的信息进行响应处理得到需要的结果，处理的结果可能是一组数据，也可以是一组控制信号。必须要明确处理结果的输出方式、表达方式、去向以及限制条件等。

**4. 人机交互要求**

许多单片机应用系统在实际运行过程中都需要人的参与，如设置系统参数、出现意外时终止程序运行、获取系统处理信息等。一个实际的单片机应用系统必须要明确人机交互设备、交互的方法、交互的规则和交互的内容等。

**5. 与其他设备的的关系和交互方式**

单片机往往与其他的设备连接在一起，完成测量和控制功能。必须明确单片机系统与其他设备的连接方式、控制逻辑关系和交互方式等。

**6. 确定程序的功能要求**

对于练习题一类的小程序来说，程序的功能要求会在程序的任务说明中很明确地给出。对于实际的应用系统，其主要功能可能会明确地给出，也可能会隐含地给出，辅助功能以及具体细节要求往往需要通过具体分析才能获得。有时程序的主要功能比较复杂，只凭文字的描述还不足以准确地界定，往往采用图示的方法来进一步阐述。对程序主要功能的理解是否全面、准确、具体，是后续工作能否正确和顺利进行的关键。所谓全面，就是要尽量考虑到问题涉及到的所有方面，以及所有可能出现的情况。所谓理解准确，就是要避免理解上的误差，特别要注意一些特殊情况的细节和边界条件。所谓具体，就是要尽量避免过于笼统含混的说法，尽量将程序的主要功能用具有可操作性的方式进行描述，以便于后续的工作。

**7. 确定程序的性能要求**

单片机应用程序的性能要求可以用程序执行的效率、实时性、代码长度、程序正常运行所需要的数据存储空间等来描述，可以根据实际情况进行估算，在实际工程应用中一般要留有足够的余量。

**8. 对扩展功能的要求**

用户对单片机应用系统的功能要求是一个逐步提升的过程，分析或预测用户会在哪些方面有进一步的要求，并在后续的方案设计中留出扩展的方法和接口是非常有必要的。

总之，在进行问题分析时，不但要理解题目字面的意思，更要深入分析题目字面中隐含的内容，要准确、完整、全面地理解题目的要求。

### 4.4.3 方案设计

方案设计是根据问题分析的结论来确定解决问题的方法和策略的过程，为后续编写程序代码提供依据。方案设计阶段的工作主要包括以下几个方面。

**1. 确定系统典型的状态**

系统运行的过程实际上是一个状态转换的过程，系统典型的状态包括初始状态、正常运行状态、异常状态、停机状态、异常停机状态等。

初始状态是单片机上电复位后即将进入正常工作时的状态，必须保证每一个与单片机系统相连的部件或设备处于一个确定的状态，程序运行过程中需要使用的数据单元也必须有确定的初始值。明确系统的初始化状态是保证单片机应用程序稳定、可靠运行的必要条件。

正常运行状态是单片机系统循环往复正常工作的状态，异常状态是相对于正常状态而言出现了意外的一种状态，停机状态是指完成正常工作后停机时的状态，异常停机状态是指出现严重的意外事件需要停机维护的状态，这些状态因系统的不同会有很大的差异，在此不做详细叙述。

**2. 确定程序的总体结构和模块规划**

稍微复杂一点的单片机应用程序一般采用模块化编程方法，即单片机应用程序由一个主程序和若干模块组成。根据问题分析可以把整个任务分解成若干个子任务，子任务与具体的功能模块相对应。合理规划模块、明确各模块之间的关系以及选择合理的程序结构是程序设计的关键内容。

**3. 确定各模块的功能和软件接口**

必须明确指明各功能模块实现的具体功能，各模块的功能往往通过子程序的调用来实现，子程序的调用涉及输入/输出参数的传递，即模块的软件接口，必须确定入口和出口参数的数量、类型和传递方法。

**4. 确定算法和数据结构**

算法和数据结构的确定不仅取决于任务的内容和性质，而且取决于任务的规模。同一个问题，如果所要处理的数据规模较小，则可以采用比较简单的算法和数据结构。但是当所要处理的数据规模较大时，则需要采用比较复杂的算法和数据结构，以便降低程序的复杂度，提高计算效率。

算法根据其复杂程度和应用领域的不同可以分为简单算法、专用算法和策略算法。所谓简单算法就是对这些解决问题的直观思路和常规方法的精确描述，一般不涉及复杂的数据结构和计算过程，如简单的加法和乘法运算。专用算法是对特定领域中的问题进行计算的算法，如线性代数中的高斯消元法、信号处理中的快速傅里叶变换（FFT）、数字滤波中的FIR 滤波算法等。策略算法是一类应用广泛的算法，它不局限于具体的问题和应用领域，重点描述的是问题求解的策略和步骤，一般根据具体的问题，确定对具体对象描述和操作的细节，如 A/D 转换器和打印机的控制方法等。熟练地掌握一些常用的策略算法，对于提高程序设计能力是很有帮助的。

无论使用哪类算法，一般应该满足以下几点：

1）算法的每一步都应是含义确定、可以计算的。

2）算法应该在有限的步骤之内产生所需要的计算结果。

3）算法应该在有限的步骤内停止。

算法和数据结构设计与实际的应用关系紧密，往往需要根据实际应用情况和设计人员的经验来确定。

单片机应用程序设计的结果一般用程序流程图来表示。

### 4.4.4　编写代码

方案设计完成并经过认真的检查之后，就可以进入编写代码阶段。编写代码是把程序流程图描述的步骤、算法和数据结构转换为程序代码的过程。编写代码不仅是对程序流程图的简单翻译，而且既要保证程序运行结果能完整正确地体现设计方案的思想，又要能充分利用编程语言的特点简洁有效地实现程序。编写代码时必须注意下面几个问题。

**1. 资源分配**

根据算法的要求合理地分配系统的资源，如存储器分配、输入/输出接口的分配等。在51 系列单片机系统中，程序和数据存储器分别编址，而存储器又分为内部和外部存储器，还有位寻址存储器，因此资源分配得合理，将会给编制程序带来方便，否则可能会增加麻烦，甚至使程序产生错误。

**2. 代码的结构**

代码编写是一个自顶向下的过程。保持良好程序结构的要点就是对程序的描述要自顶向下逐步细化，在每一个层面上只描述本层面直接使用到的计算步骤和控制机制，下一层面再进行细化的描述，即保持良好的层次性。逐级细化的过程一直要进行到所有的操作都转化为程序语句为止。

描述自顶向下的层次性是通过函数的调用和定义来实现的。如果一个处理过程比较复杂，使用简单的语句无法直接描述它的全部细节时，可以用若干个函数来表示这个计算步骤，然后对这些函数具体定义时再详细描述计算步骤的操作细节。使用函数时一般需要给它起一个名字来说明这个函数所要完成的任务，所需要的原始数据作为入口参数，函数的返回值或者以其他方式返回的计算结果作为出口参数。

在 C51 程序中，顶层函数是 main（）。在 main（）函数内的语句层面上，应该只描述处理的基本步骤，包括初始化、系统检查和错误处理以及对大程序模块的调用和控制。至于各个大模块步骤的细节，则需要留待下面的层次去逐步展开。这样既可以清晰准确地把握程序的结构和执行过程，又可以避免同时被过多的代码细节所困扰。

把全部或大量的代码放在一个函数中是很多初学编程的人常常选择的方法，然而却是一种不好的方法。这样做的最大问题是破坏了描述的层次结构和清晰程度，会把大量不分层次、不分步骤的细节同时展现出来。对于比较小的程序段，由于程序很短，分析和理解起来可能不会很困难。当程序的段落比较大时，会给准确地把握程序的结构和程序的执行过程带来较大的困难。特别是程序有问题需要调试或需要进行后期维护时，大量不分层次的代码堆积在一起会带来很多不利的影响，有可能使得程序难以理解，难以调试。这种不利的影响会随着程序规模的增大而迅速显现和增强。

从实际经验来看，一般人所能迅速理解和把握的程序段长度是有限的，越长的程序段理解起来越困难。把程序逐级分解成为较短小的函数，不仅有助于对程序的理解，而且有助于程序的调试、维护以及代码的重用。一般情况下，一个合理定义的函数应该是一个相对独立的程序段，其与外部的交互通过函数的入口参数和出口参数来完成。较短的函数可以使使用者对函数的整体一目了然，一般函数的长度最好不要超过显示器一屏所能显示的长度，也就是20~30行。当函数的长度超过这一长度时，就应该考虑把一些关系紧密、可以构成独立功能模块的语句集中在一起，构成新的函数。对于代码较长、代码内部耦合比较紧的函数，当拆分成若干个函数时，往往会由于大量的参数传递和频繁的函数调用而显著地降低程序的效率，较难分成较小的独立段落。对于这类函数，可以作为特例处理。

**3. 代码的质量**

代码的质量是编写代码时要考虑的重要问题，代码质量的基本指标是准确、完整和简洁。所谓准确，就是说代码应该严格地根据设计方案的规定，完整地描述实现的具体过程。如每一步骤的前后顺序是否正确、条件判断的内容和位置是否恰当等具体内容是否都在代码中得到正确的描述。所谓简洁，就是说代码的描述应该直截了当，避免使用不必要的语句。所谓完整，是指所有步骤以及相关的细节描述都在代码中得到有效的体现，没有遗漏。

**4. 代码的可维护性**

编写代码的过程中要重视程序代码的可维护性。所谓代码的可维护性，是指代码应该容易阅读、理解和修改，在一定的范围内适应合理的需求变动。合理使用函数和宏等程序结构是增加代码可维护性的重要方法。

**5. 代码中的注释**

编写代码的过程中要加入必要的注释。注释的作用是为了帮助编程者自己或可能的程序阅读者更好地理解程序。程序是用编程语言表达的内容，并不是很直观，对程序的理解会随着时间的流逝而逐渐淡忘，对程序重新理解的难度会随着程序规模的增加而增加。缺少注释的源代码，在经过一段时间之后，编写者都很难确定每一个段落的含义，以及一些关键的数据结构和算法的选择理由，更不必说第一次接触这些代码的人了。因此，必要的注释对于理解代码和增强程序的可维护性具有非常重要的作用。

**6. 代码的检查**

在代码编写完成后，由于疏忽和键入错误引起的语法错误是经常发生的事情，对编写的代码进行检查是必须要做的事。对代码的语法检查可以借助于编译系统，一般在一个复杂的函数或者一段较长的、具有相对完整功能的代码完成之后，就应该编译一次，检查一下是否有语法错误。编译器在发现了语法错误之后，会给出错误所在的行号、错误的类型以及错误的严重程度等信息，根据这些信息，可以很快地找到产生语法错误的地方。需要注意的是，不要被大量的错误信息所迷惑，这时应该做的是改正编译系统报出的前几个可以确定的语法错误，然后再调用编译系统重新对代码进行编译，很可能在改正了这些错误之后，大量的错误信息就一起消失了。

### 4.4.5　代码的调试和测试

通过了语法检查的程序代码，可生成目标代码，接着就要对程序整体或其中的某些部分进行调试。调试可以分为两个阶段：第一个阶段是对模块或子程序进行调试，目的是保证各个模块或子程序的代码可以正常运行并输出正确的结果；第二阶段是整体调试，目的是保证各模块或子程序的正确调用，保证程序控制逻辑的正确性，保证实现的功能满足题目中提出的各项要求。

程序的测试可以分为“黑盒测试”和“白盒测试”。所谓黑盒测试，是假设对程序内部的结构和执行机制没有任何的了解，只是根据任务对程序的要求生成测试数据，检查程序是否能产生预期的结果。白盒测试是根据对程序的结构和实现机制的了解，有针对性地生成测试数据，对程序结构的各个部分进行测试，检查程序各部分代码是否运行正确。编程人员在对程序的测试中，往往是交替使用这两种方法。在程序调试完成后，一般根据问题分析时确定的原则生成测试数据，对程序进行黑盒测试。然后，根据测试中发现的问题以及对程序结构的理解，有针对性地对特定的部分程序进行白盒测试。

代码调试和测试的具体手段参见第11章的有关内容。

### 4.4.6　C51程序设计范例

采用“冒泡法”对数据进行排序是C语言程序设计中的一个经典例子，LED数码管则经常作为单片机系统的人机接口使用。本小节将通过两个例子来详细说明C51程序的设计方法。

**例4-4**　设计算机通过串口每次向单片机发送5个整数，试用C51设计单片机采用“冒泡法”按照从小到大的顺序排序的程序，并把排序的结果发送给计算机。

（1）分析　这个题目的要求简单、明确，但对一些细节还是要做仔细的分析，以进一步明确解题的条件和要求解决的问题。

1）硬件平台：单片机系统是一个完整的系统，并且具有RS232标准接口可与计算机直接相连。

2）输入信息：计算机每次通过串口向单片机系统发送5个整型数。

3）信息输出：数据处理的结果是按照从小到大的顺序排序的数据。

4）人机交互：操作人员按照提示的信息，用上位机键盘输入数据，通过串口发送给单片机，单片机则把从小到大排序的数据发回给计算机，发回的数据通过计算机的显示屏显示。

5）与其他设备的关系和交互方式：与单片机系统相连的设备只有计算机，其作用就是实现人机交互。

6）要解决的问题：对接收到的5个整数按照从小到大的顺序排序。

（2）方案设计

1）系统典型状态：初始状态必须完成串口的初始化及数据缓冲区和变量的初始化；正常的工作状态是等待输入数据、排序、输出数据的一个循环过程。

2）程序的总体结构和模块规划：根据问题分析可把问题分解为数据输入、数据排序和数据输出3个小问题，因此程序由主程序、数据输入模块、数据排序模块和数据输出模块组成，由于程序比较简单可以不拆分为子程序，把数据输入模块、数据排序模块和数据输出模块均放在主程序中，所以程序总体结构如图4-1所示。

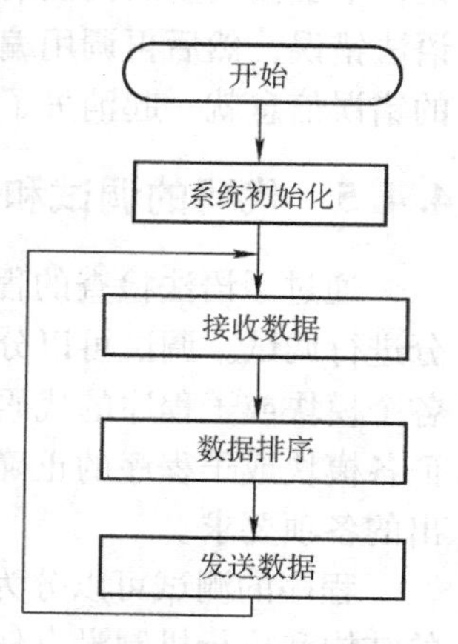

图4-1　例4-4的程序总体结构示意图

3）各模块的功能和软件接口：数据输入模块实现从串口接收数据并存入接收缓冲区的功能，其出口参数是保存在接收缓冲区的数据。数据排序模块实现数据排序功能，入口参数是接收缓冲区的数据，出口参数是按照从小到大排好序的数据，仍可以存放在接收缓冲区中。数据发送模块实现把数据缓冲区中的数据通过串口发送给计算机的功能，入口参数是数据缓冲区的数据。数据传递的方法是把数据缓冲区作为一个共用区，每一个模块都可以对数据缓冲区的数据进行处理操作，并把处理结果保存在这个数据缓冲区内，传递给下一个模块进行下一步的处理。

4）算法和数据结构：数据输入模块采用策略算法，先输入数据的数目，然后依次输入要排序的5个数据，数据结构采用数组。排序模块指定了“冒泡法”，排序后的数据放在数组中。数据输出模块也采用策略算法，把数组中已排好序的数据依次发送给计算机。各模块详细的程序流程图比较简单，读者可以自己画出。

（3）编写代码　按照绘制的详细流程图就可以编写代码了，本例的代码比较简单，在此仅对编写代码时要注意的问题做以下几点说明：

1）在计算机上无须编写专用的程序，通过串口调试器就可以实现数据的发送和接收。

2）单片机系统的初始化一般放在main（）函数之前完成。

3）关于单片机串行接口的原理与应用将在本书第6章详细讲解，读者在这里只需要了解串行口是单片机的一个基本输入/输出接口，在正常使用前，必须对串行口进行初始化。程序中initial_com函数就是单片机串行接口的初始化程序，串行接口经过初始化后就可以按设定的工作模式正常工作了。

4）C51的“标准输入输出库”是在标准C同名函数库基础上针对单片机的特点重新实现的，它以单片机串口代替PC的显示器和键盘，作为数据的输入设备和输出终端。可以使用C51标准库函数“scanf”从单片机的串口读入数据，使用库函数“printf”从串口输出数据。

5）程序中将占用空间大的输入缓冲区数组bufinput定义在单片机的外部数据存储空间，目的是节省内部数据存储空间。其他程序变量则声明在内部数据存储空间内，可以加快程序的运行速度。

6）对于51系列单片机来说，main（）函数作为程序的最底层函数是无法返回的，也就是说main（）函数不能结束，所以C51中的main（）函数中总有一个“死循环”使程序不断地执行任务。

实现以上功能要求的C51程序代码可扫链4-11查看。

**例4-5** 如图3-12所示电路，使用C51编程语言编写程序完成例3-51所要求的功能。

链4-11

链4-12

由于例3-51中已经对采用汇编语言编写程序的方法和思路做过详细的分析，采用C51来编写本例的程序基本思路是一致的，读者可以仿照例4-4的设计过程来理解本程序的设计过程。实现本例功能要求的C51程序代码可扫链4-12查看。

程序说明：

1）使用C51开发单片机程序时，将硬件接口用宏定义的方式定义一个能体现其功能的名称是一个非常良好的习惯。本例的开头，将有关接口、常量、数据端口等都用宏定义的方式进行定义，增强了程序的可读性。

2）在延时子程序中使用了C51专门设计的一个库函数“_nop_（）”，对该库函数的声明包含在头文件“intrins. h”中，其编译的结果直接对应一条汇编语言的“NOP”指令。通过它可以在C语言程序中实现一个机器周期的空操作。

3）与例3-51的汇编程序对比可以发现，使用C51编写的程序代码结构清晰、书写灵活、完全实现模块化编程，程序的可读性和可维护性很强。利用C51可以高效地完成单片机的应用程序设计。

4）例3-51中使用汇编语言编写的延时子程序，可以通过计算执行汇编语句的指令周期数得出准确的程序执行时间。C51编写的延时函数，由于编译器及其优化选项的不同，使其执行时间估算有一定难度，其延迟时间一般是不准确的。从这一点可以看出，C51编写延时程序在时间的准确性上与汇编语言程序相比有不足之处。

参照第14章有关内容，使用集成开发环境μVision编译程序，生成目标代码，可以对例4-4和例4-5的程序代码进行编译、仿真、调试和测试，或直接把生成的目标代码烧录到单片机教学实验板上运行，观察其运行结果。

## 习 题

1. 填空题

（1）C51对标准C语言的扩展内容主要包括：______、______、________、________、________、________、________、________。

（2）SFR称为________，SFR中有____个寄存器具有位寻址能力，它们的字节地址都能被______整除。

（3）存储类型______对应程序存储区；________对应直接寻址内部数据区；________对应间接寻址内部数据区；________对应位寻址内部数据区；________对应外部数据区；________对应扩展的RAM和ROM存储空间；________对应分页外部数据区。

（4）C51编译器中3种存储模式分别为：________、________、________。

（5）C51提供了3种访问绝对地址的方法，分别为：________、________、________。

（6）C51中的基本类型有：______、______、______、______、______、______。

（7）在C语言中字符串是作为字符数组来处理的，一维字符数组可以存放一个字符串，字符串的长度应该________字符数组的长度。C语言规定以______作为字符串结束标志。

（8）用数组名作为函数的参数，参数的传递过程采用的是______传递方式，这种传递方式具有

________传递的性质。

（9）指针只能进行________、________、________、________这4种运算操作。

（10）结构体与联合体都是________类型的数据结构，对于结构元素及联合元素的引用可以分别使用符号______和________来完成。

2. 简答题

（1）在C语言程序中进行算术运算时，需要注意数据类型的转换，转换的方式有两种：隐式转换、显示转换。请回答隐式转换的规则是什么？

（2）函数型指针与返回指针型数据的函数有什么区别？

（3）实际参数传递具有几种方式？各有什么特点？

（4）C51中的中断函数如何定义？应该注意哪些问题？

3. 编程题

（1）设data1数据段是起始地址为0x30h的16个存储单元，其值为0x01h～0x10h，data2数据段是起始地址为0x50h的16个存储单元，其值为未知。试编写一个参数传递子程序把data1数据段的数据传递给data2数据段对应的单元，要求采用指针的地址传递来实现参数的传递。

（2）设data1数据段是片外RAM起始地址为3000H的16字节，data2数据段是片内RAM起始地址为0x50h的16个存储单元。试编写把data2数据段的数据存入data1数据段对应的单元的程序，要求利用<absacc.h>头文件中的预定义宏。

（3）试编写求正整数1～100之和的程序。

（4）设计算机通过串口每次向单片机发送5个整数，试编写单片机程序，求取其中最大值，并把最大值发送给计算机。

# 第5章　单片机的中断与定时系统

中断是一项重要的计算机技术，这项技术在单片机中得到了充分的继承。中断系统提高了单片机对异步事件的处理能力和响应速度，在单片机应用系统中起着十分重要的作用，是单片机必备的功能之一。

定时器/计数器的工作方式灵活、编程简单、使用方便，常用来实现定时控制、延时、频率测量、脉宽测量、信号发生、信号检测、波特率发生器等，是单片机系统中非常重要的功能部件之一。

本章将对单片机中断和定时系统的基本原理进行详细介绍，并结合具体实例介绍中断和定时系统的使用方法。

## 5.1 中断系统

### 5.1.1 中断的基本概念

日常生活中也会经常出现类似中断的现象，比如在课堂教学中，当老师正在按备课教案给同学们讲课时，课堂中任何一个同学都可能突然间提出问题，如果老师认为有必要马上回答这个问题，他会暂停正在讲授的课程内容，解答同学的问题，问题解决后，老师接着刚才的内容继续讲授课程。这样一个过程实质上就是一个中断过程，可以这样来理解：老师按教案讲课是“主程序”；提问同学是“中断源”；提问打断老师正常授课的过程可称为“中断请求”；老师认为有必要马上回答这个问题，可称为是“中断允许”；暂停正在讲授的课程内容解答同学的疑问，可称为“中断响应”；解答疑问的过程可称为“中断处理”；解答完疑问继续讲授课程内容，可称为“中断返回”。

相应的，单片机的“中断”是指单片机在运行某一段程序过程中，由于单片机系统内、外的某种原因，有必要中止原程序的执行，而去执行相应的处理程序，待处理结束后，再返回来继续执行被中断程序的过程。一个完整的中断处理的基本过程应包括：中断请求、中断响应、中断处理和中断返回。

在上面课堂教学的例子中，如果把教学、答疑和了解教学效果都定义成课堂教学的任务，显然，按照一般的纯授课模式是没有办法完成的，逐个去问学生了解教学的效果或存在什么疑问虽然可行，但效率太低。通过引入课堂提问机制，可以实时地了解学生存在的疑问和教学的效果，完成教学、答疑和了解教学效果的任务。

对于单片机也是一样，有了中断机制，单片机在实际应用中将可以同时面对多项任务，快速响应并及时处理突发事件，使单片机具备实时处理的能力。尤其是当外部设备速度较慢时，如果不采用中断技术，CPU 将处于不断等待状态，效率极低；采用中断方式，CPU 将只在外部设备提出请求时才中断正在执行的任务，来执行外部设备请求任务，这样极大地提升了 CPU 的使用效率。

### 5.1.2 中断源及中断请求

向单片机发出中断请求的来源称为中断源。80C51 单片机的中断源共有 5 个，其中两个为外部中断源、两个定时中断源和一个串行中断源。

**1. 外部中断源**

外部中断是由外部原因（如打印机、键盘、控制开关、外部故障）引起的，可以通过 $\overline{\text{INT0}}$（P3.2）和$\overline{\text{INT1}}$（P3.3）两个固定引脚输入到单片机，分别称为外部中断 0（$\overline{\text{INT0}}$）和外部中断 1（$\overline{\text{INT1}}$）。

外部中断请求有两种信号方式，即电平方式和脉冲方式，可通过设置有关控制位进行定义。电平方式的中断请求是低电平有效，只要单片机在中断请求输入端上采样到有效的低电平时，就触发外部中断。脉冲方式的中断请求则是脉冲的下降沿有效，单片机在相邻两个机器周期对中断请求信号进行采样，如果第一个机器周期采样到高电平，第二个机器周期采样为低电平，即得到有效的中断请求，触发外部中断。

**2. 定时中断源**

定时中断是由定时器/计数器溢出引起的中断，当定时器对单片机内部定时脉冲进行计数而发生溢出时，表明定时时间到，由硬件自动触发中断。当定时器对单片机外部计数脉冲进行计数而发生溢出时，即表明计数次数到，由硬件自动触发中断。外部计数脉冲是通过 T0 和 T1 引脚输入到单片机内的，T0 输入端是 P3.4 的第二功能，T1 输入端是 P3.5 的第二功能。

**3. 串行中断源**

串行中断源是为串行数据传送的需要而设置的。每当串口接收或发送完一组串行数据时，就产生一个中断请求。因为串行中断请求是在单片机芯片内部自动发生的，所以不需要在芯片上设置引入端。

### 5.1.3 中断系统结构

为了保证系统安全可靠、使用灵活，51 系列单片机的中断系统采用了多级管理的机制。为了解决多级嵌套问题，51 系列单片机还设置了两级中断优先级。51 系列单片机的中断系统由中断源、中断请求标志位、中断允许寄存器（IE）、中断优先级寄存器（IP）及其他辅助电路组成，如图 5-1 所示。

### 5.1.4 中断控制

51 系列单片机的中断控制是通过对一系列特殊功能寄存器的相应位设置来实现的。与中断控制相关的特殊功能寄存器有 4 个，分别为定时器与外部中断控制寄存器（TCON）、中断优先级控制寄存器（IP）、中断允许控制寄存器（IE）和串行口控制寄存器（SCON）。

**1. 定时器与外部中断控制寄存器**

该寄存器用于控制外部中断和定时器的计数溢出中断。寄存器的地址是 88H，位地址是 88H ~ 8FH。寄存器的内容及各位如图 5-2 所示。

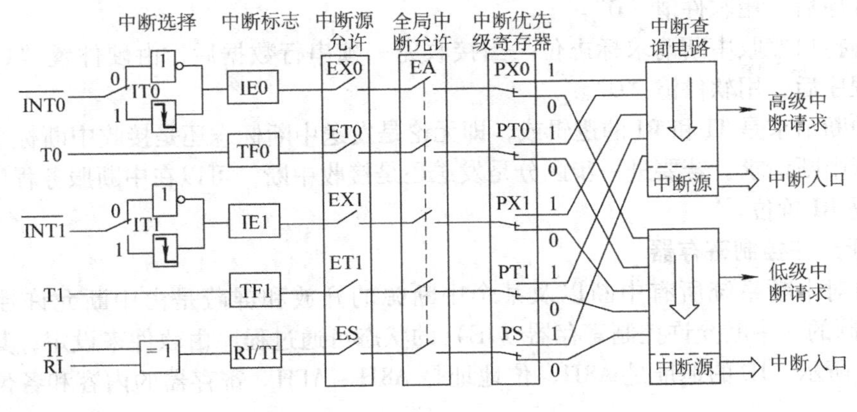


图5-1 中断系统结构图

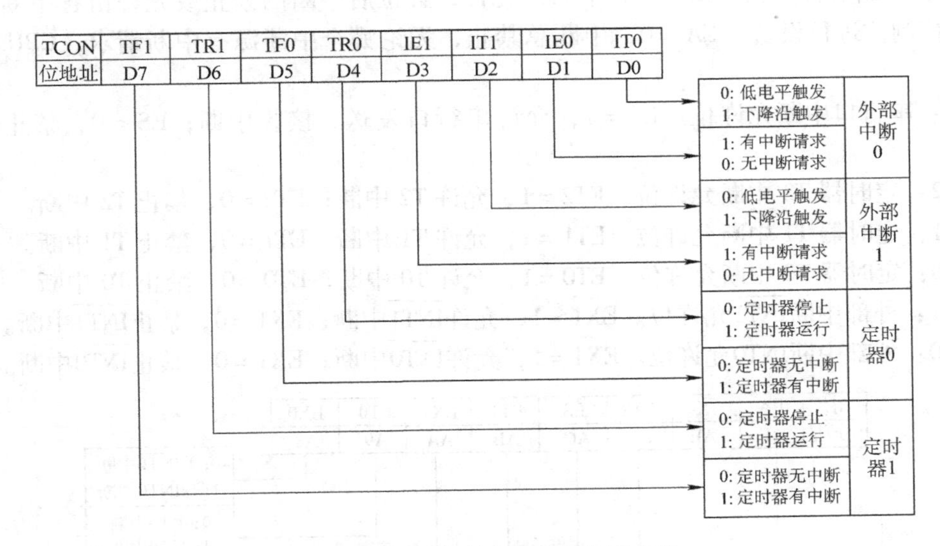

| TCON | TF1 | TR1 | TF0 | TR0 | IE1 | IT1 | IE0 | IT0 |
|---|---|---|---|---|---|---|---|---|
| 位地址 | D7 | D6 | D5 | D4 | D3 | D2 | D1 | D0 |



图5-2 定时器与外部中断控制寄存器

这个寄存器既有定时器/计数器的控制功能，又有中断控制功能，其中与中断有关的控制位共6位。外部中断请求标志位IE0和IE1在单片机采样到中断请求时由硬件置“1”，在中断响应完成转向中断服务时，由硬件自动清“0”。计数溢出标志TF0和TF1在计数器产生计数溢出时由硬件置“1”，转向中断服务时，由硬件自动清“0”。

工作时，CPU可随时查询和测试这些状态标志，也可用软件置“1”或清“0”，同硬件置“1”或清“0”的效果是相同的。

**2. 串行口控制寄存器**

寄存器的地址是98H，位地址是98H～9FH。寄存器的内容和各位标志如下。

| 位地址 | 9FH | 9EH | 9DH | 9CH | 9BH | 9AH | 99H | 98H |
|---|---|---|---|---|---|---|---|---|
| 位符号 | SM0 | SM1 | SM2 | REN | TB8 | RB8 | TI | RI |

其中与中断有关的控制位共两个：

TI：串行口发送中断请求标志位。当发送完一帧串行数据后，由硬件置“1”；在转向中断服务程序后，用软件清“0”。

RI：串行口接收中断请求标志位。当接收完一帧串行数据后，由硬件置“1”；在转向中断服务程序后，用软件清“0”。

串行中断请求是TI和RI的逻辑或，即无论是发送中断标志还是接收中断标志置位，都会产生串行中断请求。若要进一步区分是发送还是接收中断，可以在中断服务程序中判定是TI置位还是RI置位。

**3. 中断允许控制寄存器**

单片机对中断系统所有中断以及某个中断源的开放和屏蔽是由中断允许控制寄存器（IE）来控制的。中断允许控制寄存器（IE）的状态可通过程序由软件来设定，其各位的作用如图5-3所示。IE的地址是A8H，位地址是A8H～AFH。寄存器的内容和各位的具体含义如下。

EA：中断总控开关。EA＝1，中断总允许，置位后中断的禁止或允许由各中断源的中断允许控制位进行设置；EA＝0，中断总禁止，无论哪个中断源有中断请求，CPU都不予响应。

ES：串行口中断允许位。ES＝1，允许串行口发送、接收中断；ES＝0，禁止串行口中断。

ET2：定时器T2中断允许位。ET2＝1，允许T2中断；ET2＝0，禁止T2中断。

ET1：定时器T1中断允许位。ET1＝1，允许T1中断；ET1＝0，禁止T1中断。

ET0：定时器T0中断允许位。ET0＝1，允许T0中断；ET0＝0，禁止T0中断。

EX1：外部中断$\overline{INT1}$允许位。EX1＝1，允许$\overline{INT1}$中断；EX1＝0，禁止$\overline{INT1}$中断。

EX0：外部中断$\overline{INT0}$允许位。EX1＝1，允许$\overline{INT0}$中断；EX1＝0，禁止$\overline{INT0}$中断。

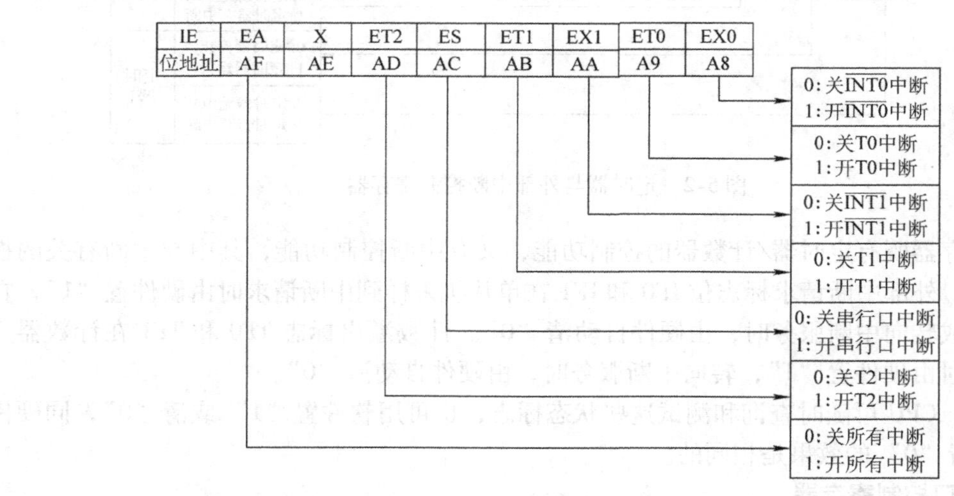


图5-3　中断允许控制寄存器

**4. 中断优先级控制寄存器**

51系列单片机有两个中断优先级，即可实现二级中断服务嵌套。每个中断源的中断优先级都是由中断优先级寄存器（IP）中的相应位的状态来规定的。IP寄存器的地址是B8H，位地址是B8H～BFH。寄存器的内容和各位定义如图5-4所示。

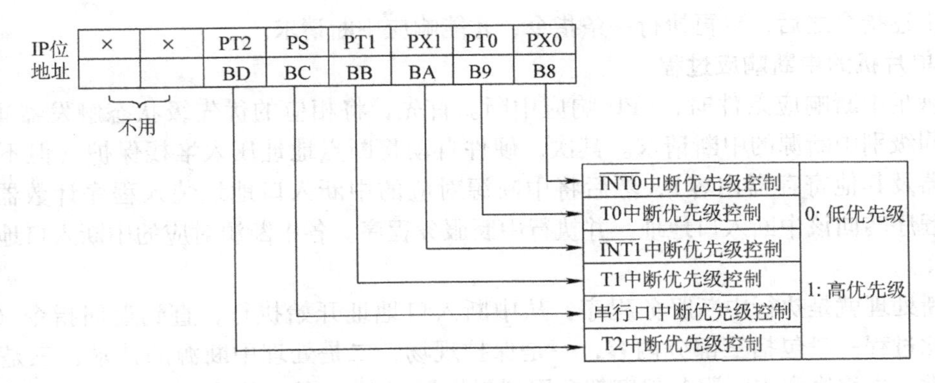


图5-4 中断优先级控制寄存器

当某几个中断源为同级时，由内部查询确定优先级，优先响应先查询的中断请求。

**5. 中断优先级控制原则和控制逻辑**

当CPU正在执行某个中断服务程序时，如果发生更高一级的中断源请求中断，CPU可以“中断”正在执行的低优先级中断，转而响应更高一级的中断，这就是中断嵌套。中断优先级是为中断嵌套服务的，因为51系列单片机具有两级优先级，所以具备两级中断服务嵌套的功能。中断优先级的控制原则是：

1）低优先级中断请求不能打断高优先级的中断服务，高优先级中断请求可以中断低优先级的中断服务，从而实现中断嵌套。

2）如果一个中断请求已被响应，则同级的其他中断服务将被禁止，即同级中断之间不能嵌套。

3）如果同级的多个中断请求同时出现，其中断响应次序按单片机查询次序确定。其查询次序为：外部中断0→定时中断0→外部中断1→定时中断1→串行中断。

单片机对中断优先级的控制，除了中断优先级控制寄存器之外，还有两个不可寻址的优先级状态触发器。其中一个用于指示某一高优先级中断正在进行服务，从而屏蔽其他高优先级中断；另一个用于指示某一低优先级中断正在进行服务，从而屏蔽其他低优先级中断，但不能屏蔽高优先级中断。此外，对于同级的多个中断请求查询的次序安排，也是通过专门的内部逻辑实现的。

## 5.1.5 中断处理过程

**1. 单片机的中断响应条件**

单片机响应中断必须首先满足以下必要条件。

1）有中断源发出中断请求。

2）中断源对应的中断允许位为1。

3）中断总允许位EA=1。

在满足以上条件的基础上，若有下列任何一种情况存在，中断响应都会受到阻断。

1）CPU正在执行一个同级或高优先级的中断服务程序。

2）正在执行的指令尚未执行完。

3）正在执行中断返回指令RETI或者对专用寄存器IE、IP进行读/写的指令。CPU在执行完上述指令之后，要再执行一条指令，才能响应中断请求。

**2. 单片机的中断响应过程**

在满足中断响应条件时，CPU 响应中断。首先，将相应的优先级状态触发器置“1”，以屏蔽同级别中断源的中断请求。其次，硬件自动将断点地址压入堆栈保护（但不保护状态寄存器及其他寄存器内容），然后将中断源对应的中断入口地址装入程序计数器（PC）中，使程序转向该中断入口地址，并执行中断服务程序。各中断源对应的中断入口地址如表5-1 所示。

中断处理就是执行中断服务程序，从中断入口地址开始执行，直到返回指令（RETI）为止。此过程一般包括三部分内容，一是保护现场，二是处理中断源的请求，三是恢复现场。通常，主程序和中断服务程序都会用到累加器（A）、状态寄存器（PSW）及其他一些寄存器。在执行中断服务程序时，CPU 若用到上述寄存器，就会破坏原先存在这些寄存器中的内容，中断返回后，将会造成主程序的混乱。因此，在进入中断服务程序后，一般要先保护现场，然后再执行中断处理程序，在返回主程序前恢复现场。

**表 5-1 51 系列单片机中断入口地址**

| 入口地址 | 用途 | 入口地址 | 用途 |
|---|---|---|---|
| 0000H | 复位操作后的程序入口 | 001BH | 定时器 1 中断服务程序入口 |
| 0003H | 外部中断 0 服务程序入口 | 0023H | 串行口中断服务程序入口 |
| 000BH | 定时器 0 中断服务程序入口 | 002BH | 定时器 2 中断服务程序入口 |
| 0013H | 外部中断 1 服务程序入口 | | |

在编写中断服务程序时要注意以下几个方面。

1）由于各中断源对应的中断入口地址之间预留的存储单元很少，一般在这些中断入口地址区存放一条无条件转移指令，转向中断服务程序的起始地址。

2）若要求禁止更高优先级中断源的中断请求，应先用软件关闭 CPU 中断或屏蔽更高级中断源的中断，在中断返回前再开放被关闭或被屏蔽的中断。

3）在保护现场和恢复现场时，为了不使现场数据受到破坏而造成混乱，在执行保护现场和恢复现场程序过程中要屏蔽中断。

**3. 中断返回**

中断返回是指中断服务完成后，CPU 返回到原程序的断点（即原来中断的位置），继续执行原来的程序。

中断返回通过执行中断返回指令（RETI）来实现，该指令首先将优先级状态触发器置“0”，以开放同级别中断源的中断请求；其次，从堆栈区把断点地址取出，送回到程序计数器（PC）中。注意，不能用 RET 指令代替 RETI 指令。

**4. 中断请求的撤除**

CPU 响应某中断请求后，在中断返回前，应该撤销该中断请求，否则会引起另一次中断。不同中断源中断请求的撤除方法是不一样的。

1）定时器溢出中断请求的撤除。CPU 在响应中断后，硬件会自动清除中断请求标志 TF0 或 TF1。

2）串行口中断的撤除。在 CPU 响应中断后，硬件不能清除中断请求标志 TI 和 RI，要由软件来清除相应的标志。

3）外部中断的撤除。外部中断为电平触发方式时，CPU 响应中断后，硬件会自动清除中断请求标志 IE0 或 IE1，但由于加到$\overline{\text{INT0}}$或$\overline{\text{INT1}}$引脚的外部中断请求信号并未撤除，中断请求标志 IE0 或 IE1 会再次被置“1”，所以在 CPU 响应中断后应立即撤除$\overline{\text{INT0}}$或$\overline{\text{INT1}}$引脚上的低电平。一般采用加一个 D 触发器和几条指令的方法来解决这个问题。

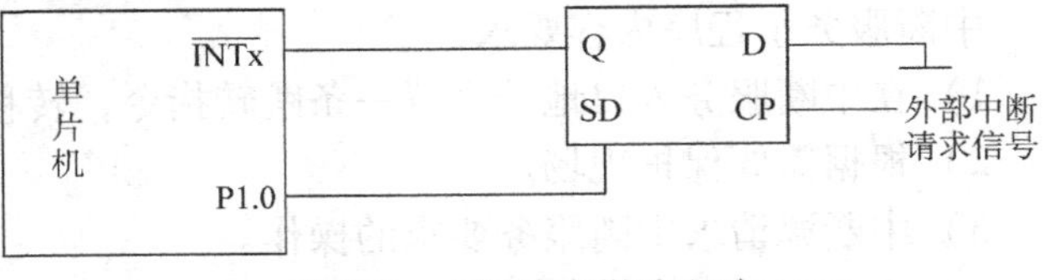


图 5-5　中断请求撤除电路

由图 5-5 可知，外部中断请求信号直接加到 D 触发器的 CP 端，当外部中断请求的低电平脉冲信号出现在 CP 端时，D 触发器的 Q 端置“0”，$\overline{\text{INT0}}$或$\overline{\text{INT1}}$引脚为低电平，发出中断请求。中断响应后，为了撤除中断请求，可将 SD 端接单片机的 P1.0 端，在中断服务程序中使 P1.0 端输出一个负脉冲就可以使 D 触发器置“1”，同时由软件来清除中断请求标志 IE0 或 IE1，就撤除了低电平的中断请求信号。

## 5.1.6　中断系统的应用

单片机响应中断及中断处理过程如图 5-6 所示。

**1. 中断初始化**

1）设置堆栈指针（SP）。

2）定义中断优先级。

3）定义外中断触发方式。

4）开放中断。

5）安排好等待中断或中断发生前主程序应完成的操作内容。

**2. 现场保护和现场恢复**

所谓现场是指中断时刻单片机中主要寄存器的数据或状态。为了使中断服务程序的执行

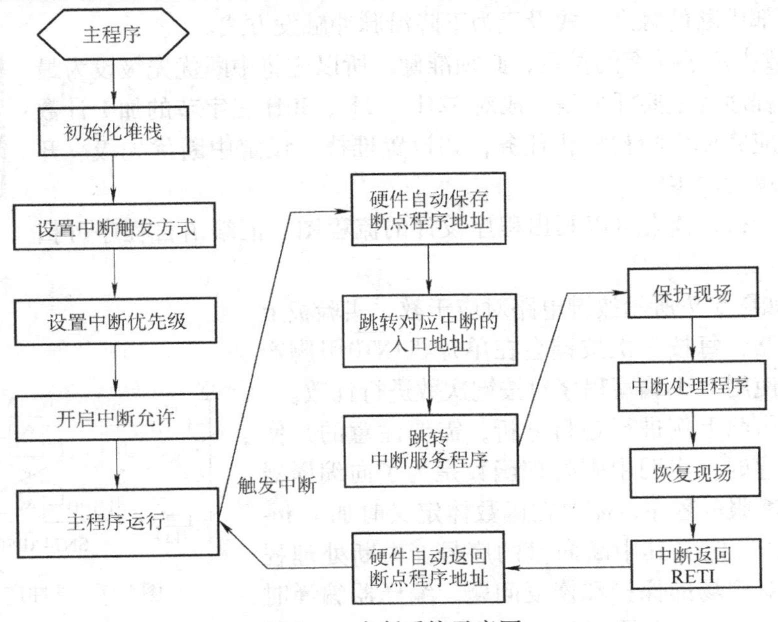


图 5-6　中断系统示意图

不破坏这些数据或状态，以免在中断返回后影响主程序的运行，因此要把它们送入堆栈中保存起来，这就是现场保护。中断服务结束后，在返回主程序前，则需把保存的现场内容从堆栈中弹出，以恢复那些寄存器的原有内容，这就是现场恢复。

**3. 中断服务主程序**

中断服务子程序内容要求：

1）在中断服务入口地址设置一条跳转指令，转移到中断服务程序的实际入口处。

2）根据需要保护现场。

3）中断源请求中断服务要求的操作。

4）恢复现场。

5）中断返回，最后一条指令必须是RETI。

**4. 中断系统的应用举例**

**例5-1**　出租车计价器计程方法是车轮每运转一圈产生2个负脉冲，从外中断（P3.2）引脚输入，行驶里程为轮胎周长×运转圈数，设轮胎周长为2m，试实时计算出租车行驶里程（单位：米），数据由高字节到低字节依次存放于32H、31H、30H。

分析：

1）编程序之前应先分析一下出租车计价器的使用方法。当客人搭乘出租车时，司机首先复位计价器，然后驶向目的地。计价器按国家规定标准，依据行驶里程、等待时间、计价时段等数据计算出乘客应缴纳的费用。计程方法是出租车计价器的一个重要组成部分。依题意，车轮每转一圈，产生两个负脉冲，行驶2m，所以每个脉冲代表1m。因此，计数脉冲的个数就是行驶里程数。

2）由32H、31H、30H三个字节存放计数结果，最大数值为$2^{24}-1=16777215$次，足以满足出租车计程的使用。程序在初始化时，应先将这些存放数据的内存单元清零。

3）由于题目并未明确说明负脉冲的宽度，并且硬件上也没有设计中断请求撤除电路，所以应该将外部中断的触发方式设置为下降沿脉冲触发方式。

4）里程数决定了乘客的付费，必须准确，所以应将中断优先级设为最高。中断服务程序的主要任务是完成对32H、31H、30H三字节的加1计数任务。主程序应完成中断初始化任务，如设置堆栈、设定中断优先级、开中断、对内存单元清零等。

链5-1

经过以上分析，读者可以画出程序设计的流程图，汇编语言程序可扫链5-1查看。

**例5-2**　如图5-7所示按键电路对应于教学实验板上的脉冲产生电路，每按一次按键会在单片机$\overline{INT0}$引脚产生一个脉冲，使用C51编写程序对按键次数进行计数。

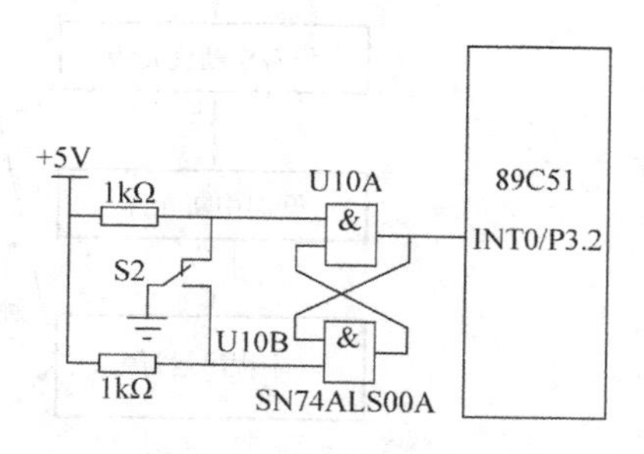


图5-7　脉冲产生电路

读者可以仿照上例进行题目分析，需要注意的是使用C51编写程序时，声明中断处理函数是为了向编译器表明函数是中断服务程序，需要在函数体定义时加上interrupt关键字，并定义其中断向量的序号。中断处理程序中不用考虑对现场的保护和恢复问题，编译器编译时会自动增加相关指令。为了使中断处理程序不破坏主程序中使用的通用寄存器，可以在中断处理函数的定义时再加上 using 关键字，定义函数使用的通用寄存器组。

C51 程序可扫链 5-2 查看。

链 5-2

## 5.2　定时器/计数器接口

### 5.2.1　定时器/计数器的主要特性

定时器/计数器是 51 系列单片机的重要功能模块之一。在检测、控制及智能仪器应用中，常用定时器作时钟，以实现定时检测、定时控制。还可用定时器产生宽度预先设定的脉冲信号，以驱动步进电动机一类的电器机械。计数器主要用于外部事件的计数。

51 系列单片机的定时器/计数器主要特性如下：

1）51 系列中，51 子系列有两个 16 位的可编程定时器/计数器：定时器/计数器 T0 和定时器/计数器 T1；52 子系列有三个，除了 T0 和 T1 外，还有一个定时器/计数器 T2。

2）每个定时器/计数器既可以对系统时钟计数实现定时，也可以对外部信号计数实现计数功能，通过编程设定初始值来实现。

3）每个定时器/计数器都有多种工作方式，其中 T0、T1 有 4 种工作方式；T2 有 3 种工作方式，可通过编程设定其工作于某种方式。

4）每一个定时器/计数器定时计数时间到时产生溢出，使相应的溢出位置位，溢出可通过查询或中断方式处理。

### 5.2.2　定时器/计数器 T0、T1 的结构

定时器/计数器由加法计数器、TMOD 寄存器、TCON 寄存器等组成，T0、T1 的结构如图 5-8 所示。

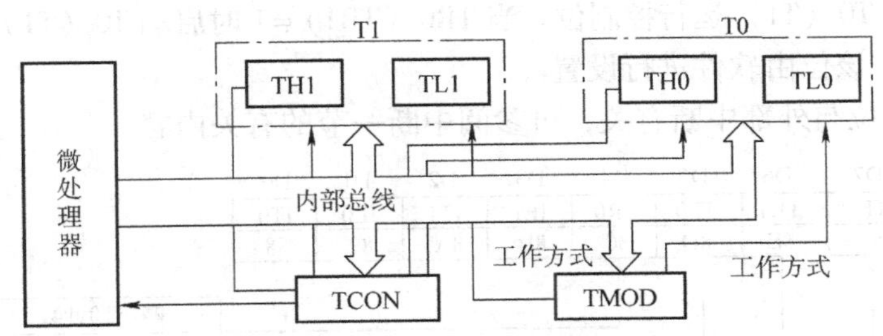


图 5-8　定时器/计数器 T0、T1 的结构框图

其中，寄存器 TH0、TL0 构成定时器/计数器 0，寄存器 TH1、TL1 构成定时器/计数器 1。寄存器 TMOD 用于选择 T0、T1 的工作模式和工作方式。寄存器 TCON 用于控制 T0、T1 的启动和停止计数，同时包含了 T0、T1 的状态。TMOD 和 TCON 两个寄存器的内容由软件设置，单片机复位时，两个寄存器的所有位都被清零。

### 5.2.3　定时器/计数器的控制寄存器

定时器/计数器的工作模式寄存器 TMOD 各位的作用和意义如图 5-9 所示。

定时器/计数器 T0、T1 都有 4 种工作方式，可通过程序对 TMOD 设置来选择。TMOD 的

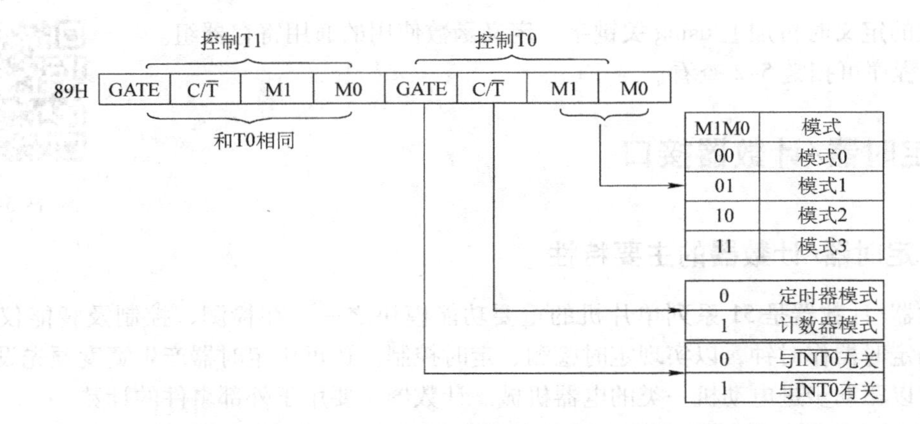


图5-9 定时器/计数器的工作模式寄存器TMOD各位的作用和意义

低4位用于定时器/计数器0，高4位用于定时器/计数器1。其位定义如下：

C/$\overline{T}$：定时或计数功能选择位，当C/$\overline{T}$=1时为计数方式；当C/$\overline{T}$=0时为定时方式。

M1、M0：定时器/计数器工作方式选择位，其值与工作方式的对应关系如图5-9所示。

GATE：门控位，用于控制定时器/计数器的启动是否受外部中断请求信号的影响。如果GATE=1，定时器/计数器0的启动受芯片引脚$\overline{INT0}$（P3.2）控制，定时器/计数器1的启动受芯片引脚$\overline{INT1}$（P3.3）控制；如果GATE=0，定时器/计数器的启动与引脚$\overline{INT0}$、$\overline{INT1}$无关。一般情况下GATE=0。

TCON控制寄存器各位的定义如图5-10所示。

TF0（TF1）：T0（T1）定时器/计数器溢出中断标志位。当T0（T1）计数溢出时，由硬件置位，并在允许中断的情况下，向CPU发出中断请求信号，CPU响应中断转向中断服务程序时，由硬件自动将该位清零。

TR0（TR1）：T0（T1）运行控制位。当TR0（TR1）=1时启动T0（T1）；TR0（TR1）=0时关闭T0（T1）。该位由软件进行设置。

TCON的低4位与外部中断有关，可参阅中断一节的有关内容。

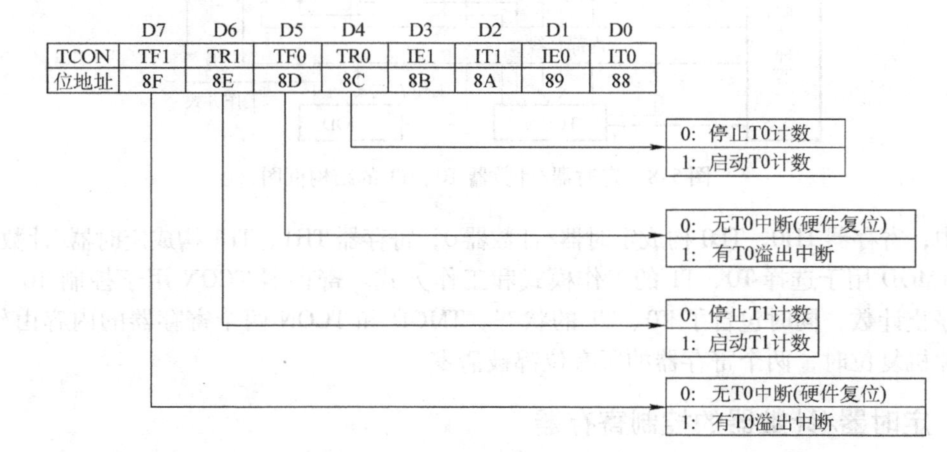


图5-10 TCON控制寄存器各位的定义

### 5.2.4 定时器/计数器的工作方式

51 系列单片机的定时器/计数器 T0 和 T1，可由软件对 TMOD 寄存器中的 M1 和 M0 位进行设置来选择不同的工作方式。T0 和 T1 在方式 0、方式 1 和方式 2 时功能相同；在方式 3 时功能不同。

**1. 方式 0**

当 M1M0 = 00 时，定时器/计数器设定为工作方式 0，构成 13 位定时器/计数器。其逻辑结构如图 5-11 所示（图中 x 取 0 或 1，分别代表 T0 或 T1 的有关信号）。THx 是高 8 位加法计数器，TLx 是低 5 位加法计数器，TLx 的高 3 位未用。TLx 加法计数溢出时向 THx 进位，THx 加法计数溢出时置 TFx = 1，最大计数值为 $2^{13}$。

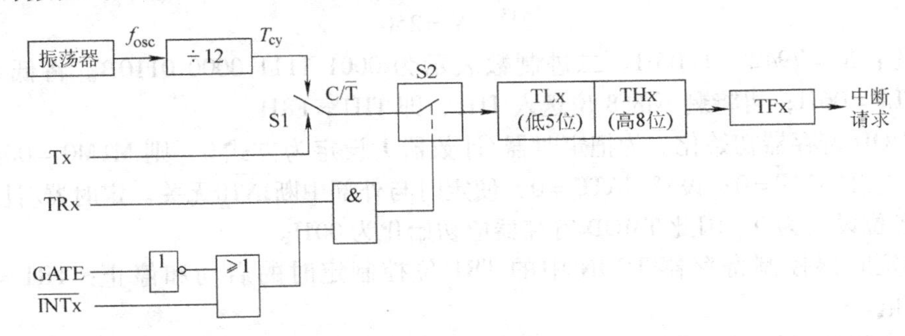


图 5-11　定时器/计数器 T1（T0）工作方式 0

可用程序将 0 ~ 8191（$2^{13}-1$）的某一数值送入 THx、TLx 作为定时或计数初值。THx、TLx 从初值开始加法计数，直至溢出。所以初值设置不同，定时时间或计数值就会不同。必须注意的是，加法计数器 THx 溢出后，必须用程序重新对 THx、TLx 设置初值，否则下一次 THx、TLx 将从 0 开始计数。

如果 $C/\overline{T}=1$，图 5-11 中开关 S1 自动地接在下面，定时器/计数器工作在计数状态，加法计数器对 Tx 引脚上的外部脉冲计数。计数值由下式确定：

$$N=2^{13}-x=8192-x$$

式中，$N$ 为计数值；x 是 THx、TLx 的初值。x = 8191 时为最小计数值 1，x = 0 时为最大计数值 8192，即计数范围为 1 ~ 8192。

定时器/计数器在每个机器周期的 S5P2 期间采样 Tx 脚的输入信号，若一个机器周期的采样值为 1，下一个机器周期的采样值为 0，则计数器加 1。由于识别一个高电平到低电平的跳变需两个机器周期，所以对外部计数脉冲的频率应小于 $f_{osc}/24$，且高电平与低电平的延续时间均不得小于一个机器周期。

$C/\overline{T}=0$ 时为定时器方式，开关 S1 自动地接在上面，加法计数器对机器周期脉冲 $T_{cy}$ 计数，每个机器周期 TLx 加 1。定时时间由下式确定：

$$T=N\times T_{cy}=(8192-x)T_{cy}$$

式中，$T_{cy}$ 为单片机的机器周期。如果振荡频率 $f_{osc}=12\text{MHz}$，则 $T_{cy}=12/12\times10^{-6}\text{s}=1\mu\text{s}$，定时范围为 1 ~ 8192μs。

定时器/计数器的启动或停止由 TRx 控制。当 GATE = 0 时，只要用软件置 TRx = 1，开关 S2 闭合，定时器/计数器就开始工作；置 TRx =0，S2 打开，定时器/计数器停止工作。

当 GATE =1 即门控方式时，仅当 TRx =1 且$\overline{INTx}$引脚上出现高电平（即无外部中断请求信号），S2 才闭合，定时器/计数器开始工作。如果$\overline{INTx}$引脚上出现低电平（即有外部中断请求信号），则停止工作。所以在门控方式下，定时器/计数器的启动受外部中断请求的影响，可用来测量$\overline{INTx}$引脚上出现正脉冲的宽度。

**例 5-3**　设单片机晶振频率为 12MHz，使用定时器/计数器 1 采用方式 0 产生周期为 500μs 的等宽正方波连续脉冲，并由 P1.0 输出，以查询方式完成。

1）计算计数初值。欲产生 500μs 的等宽正方波脉冲，只需在 P1.0 端以 250μs 为周期交替输出高低电平即可实现，为此定时时间应为 250μs。使用 12MHz 晶振，则一个机器周期为 1μs。方式 0 为 13 位计数结构。设待求的计数初值为 X，则：

$$2^{13} - X = 250$$

求解得：X = 7942 = 1F06H。二进制数表示为 0001 1111 0000 0110B。将低 5 位放入 TL1，即 TL1 =06H；再将剩下的 8 位送入 TH1，即 TH1 = F8H。

2）TMOD 寄存器初始化。为把定时器/计数器 1 设定为方式 0，则 M1M0 =00；为实现定时功能，应使 $C/\overline{T}=0$；设置 GATE =0，使定时与外部中断$\overline{INT0}$无关。定时器/计数器 0 不用，相关各位设定为 0。因此 TMOD 寄存器应初始化为 00H。

3）由定时器控制寄存器 TCON 中的 TR1 位控制定时的启动和停止：TR1 =1 启动，TR1 =0 停止。

4）程序设计可扫链 5-3 查看。

本例采用查询方式实现，其不足是单片机只能做此一项工作。如果采用中断方式，单片机可运行主程序，完成其他任务，利用中断服务子程序完成本项任务。

链 5-3

**2. 方式 1**

当 M1M0 =01 时，定时器/计数器设定为方式 1，构成了 16 位定时器/计数器。此时 THx、TLx 都是 8 位加法计数器，其逻辑结构如图 5-12 所示。其他与方式 0 相同。所不同的是组成计数器的位数。51 系列单片机之所以重复设置几乎完全一样的方式 0 和方式 1，是出于与 MCS -48 系列单片机兼容而设计的。因为 MCS -48 的定时器/计数器就是 13 位的计数结构。

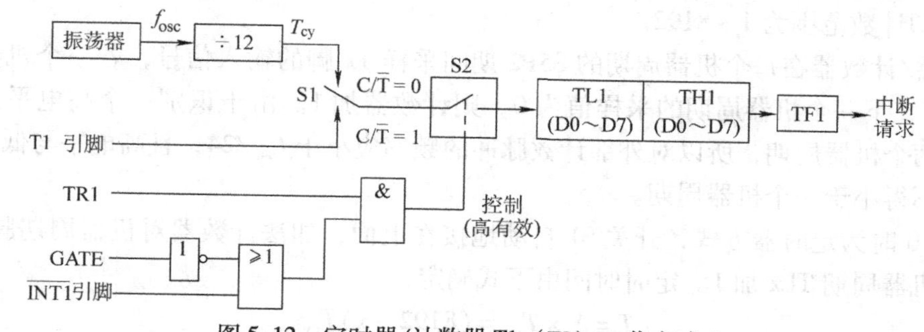


图 5-12　定时器/计数器 T1（T0）工作方式 1

在方式 1 时，计数器的计数值由下式确定：

$$N = 2^{16} - x = 65536 - x$$

计数范围为1～65536。

定时器的定时时间由下式确定：

$$T = N \times T_{cy} = (65536 - x)T_{cy}$$

如果$f_{osc}$ =12MHz，则$T_{cy}$ =1μs，定时范围为1～65536μs。

**例5-4**　题目同例5-3，但以中断方式完成。即单片机晶振频率为6MHz，使用定时器1以方式1产生周期为500μs的等宽连续正方波脉冲，并在P1.0端输出。

1）计算计数初值：

TH1 =0FFH　　TL1 =06H

2）TMOD寄存器初始化：

TMOD =10H

3）程序设计可扫链5-4查看。

链5-4

**3. 方式2**

前面所述方式0和方式1的最大特点是计数溢出后，计数器为全“0”。因此在循环定时或循环计数应用时存在反复设置计数初值的问题。这不但影响定时精度，而且也给程序设计带来麻烦。方式2就是为解决此问题而设置的，它具有自动重新装载计数初值的功能。

当M1M0 =10时，定时器/计数器设定为方式2。方式2是自动重装初值的8位定时器/计数器，其逻辑结构如图5-13所示。TLx作为8位加法计数器使用，THx作为初值寄存器使用。THx、TLx的初值都由软件设置。TLx计数溢出时，不仅置位TFx，而且发出重装载信号，使三态门打开，将THx中的初值自动送入TLx，并从初值开始重新计数。重装初值后，THx的内容保持不变。

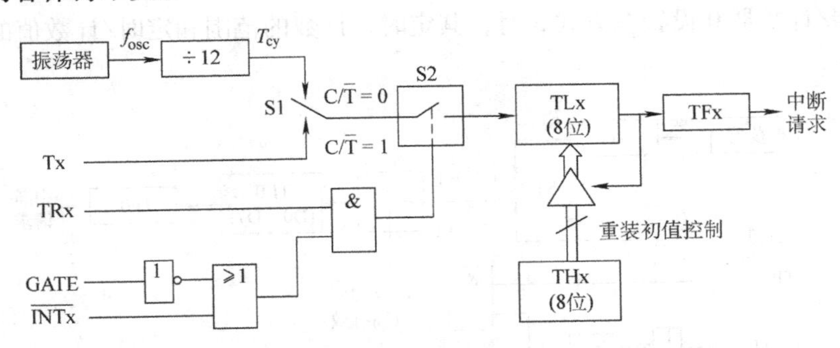


图5-13　定时器/计数器T1（T0）工作方式2

在工作方式2时，计数器的计数值由下式确定：

$$N = 2^8 - x = 256 - x$$

计数范围为1～256。

定时器的定时时间由下式确定：

$$T = N \times T_{cy} = (256 - x)T_{cy}$$

如果$f_{osc}$ =12MHz，则$T_{cy}$ =1μs，定时范围为1～256μs。

**例5-5**　使用定时器/计数器0采用方式2产生100μs定时，在P1.0输出周期为200μs的连续正方波脉冲。已知晶振频率$f_{osc}$ =12MHz。

（1）计算计数初值　在12MHz晶振下，一个机器周期为1μs，以TH0作重装载的预置寄存器，TL0 作 8 位计数器，假设计数初值为 X，则：

$$2^8 - X = 100$$

求解得：X = 10011100B = 9CH。

把 9CH 分别装入 TH0 和 TL0 中：TH0 = 9CH，TL0 = 9CH。

（2）TMOD 寄存器初始化　定时器/计数器 0 为方式 2，M1M0 = 10；为实现定时功能，$C/\overline{T} = 0$；为实现定时器/计数器 0 的运行，GATE = 0；定时器/计数器 1 不用，相关各位设定为 0。

链 5-5

综合上述情况，TMOD 寄存器的状态应为 02H。

（3）程序设计（查询方式）可扫链 5-5 查看

由于方式 2 具有自动重装载功能，因此计数初值只需设置一次，以后不再需要软件重置。

（4）程序设计（中断方式）可扫链 5-6 查看

链 5-6

**4. 方式 3**

方式 3 对定时器/计数器 0 和定时器/计数器 1 是完全不同的。

对于定时器/计数器 0 而言，当 M1M0 = 11 时，定时器/计数器 0 设为方式 3，其逻辑结构如图 5-14 所示。从图中可以看出：T0 工作在方式 3 时，TH0 和 TL0 被分成两个相互独立的 8 位计数器。其中 TL0 利用了定时器/计数器 0 本身的控制位：$C/\overline{T}$、GATE、TR0、$\overline{INT0}$ 和 TF0。其操作情况与方式 0 或方式 1 类同。TL0 既可作为定时器用，也可作为计数器使用。但 TH0 只能用作定时器，它借用了定时器/计数器 1 的控制位 TR1 和 TF1，此时 TH0 控制了定时器/计数器 1 的中断。

当定时器/计数器 0 设置在方式 3 时，其定时、计数的范围和定时/计数值的确定与方式 2 相同。

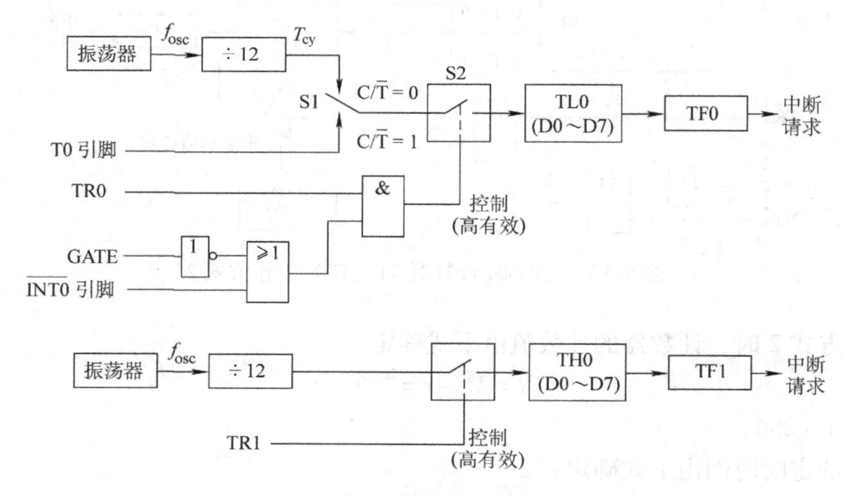


图 5-14　定时器/计数器 T1（T0）工作方式 3

对于定时器/计数器 1 而言，设置为方式 3 将使其保持原有的计数值不变，其作用如同使 TR1 = 0。

方式 3 适用于要求增加一个额外的 8 位定时器的应用场合。当 T0 工作在方式 3 时，定时器/计数器1（T1）仍可以设置为方式0~2，用在任何不需要中断控制的场合，典型应用是用作串行通信的波特率发生器。

### 5.2.5 定时器/计数器的初始化编程及应用

51系列单片机定时器/计数器初始化编程步骤如下：

1）根据要求选择方式，确定方式控制字，写入方式控制寄存器TMOD。

2）根据要求计算定时器/计数器的计数值，再由计数值求得初值，写入初值寄存器。

3）根据需要开放定时器/计数器中断（后面须编写中断服务程序）。

4）设置定时器/计数器控制寄存器TCON的值，启动定时器/计数器开始工作。

5）等待定时器/计数器时间到，则执行中断服务程序；如用查询处理则编写查询程序判断溢出标志，溢出标志等于1，则进行相应处理。

**例5-6** 使用C51语言编程实现对信号的频率测量。信号从单片机的$\overline{\mathrm{INT1}}$（P3.3）引脚引入。设单片机系统的晶振为12MHz。

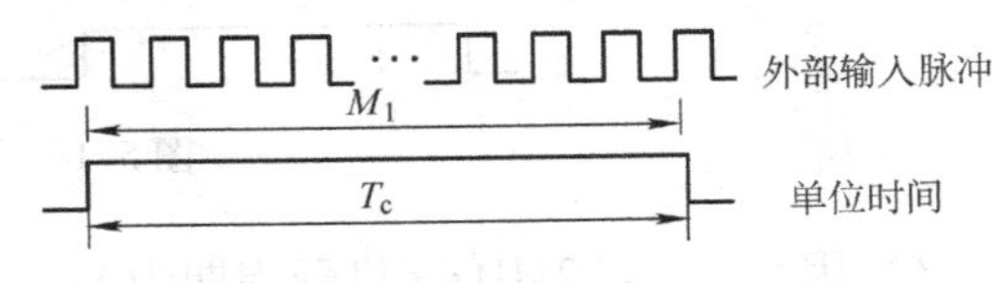


图5-15 测频法示意图

分析：

1）例5-2给出了利用单片机外部中断对外部信号的脉冲进行计数的方法。如果能够编写程序计算出单位时间内外部信号的脉冲数，就可以得到信号的频率。这就是通常所说的“测频法”（如图5-15所示）。测频法主要用于被测信号频率较高的场合。

2）设frq_data的值为单位时间（1s）的脉冲数，即信号频率。设其数据类型为无符号整型，其测频范围为0~65535。

3）由于$f_{osc}=12\mathrm{MHz}$，则$T_{cy}=1\mu\mathrm{s}$。利用定时器的工作方式1，可获得最大到65536μs的定时，为了便于计算，取每次50ms产生一次定时中断，当中断次数达到20次时，正好定时1s。计算20次定时中断时间内外部信号的脉冲数即得到信号的频率。

4）综上所述，程序需要使用两个中断，T0的溢出中断用于50ms的定时，外部中断1用来对P3.3引脚上的脉冲进行计数，由于程序的主要任务是对脉冲进行计数进而计算频率，因此外部中断1的优先级应最高。

5）外部中断服务子程序的主要任务是对外部脉冲计数，用frq_count表示，因为frq_count < = frq_data，其数据类型应为无符号整型，主程序初始化时将frq_count置“0”。

6）T0中断服务子程序的主要任务：一是重新给TL0和TH0赋初值，为下一次定时中断做准备；二是中断次数加1，中断次数用num1s来表示，由于实现1s定时只需记录中断次数到20即可，故其数据类型应为无符号字符型，主程序初始化时，置num1s为0；三是当1s定时到，应完成如下操作：

- 将frq_count的值送frq_data，供后续程序计算、处理和显示时使用；
- 置num1s为0；
- 置frq_count为0。

经上述分析，可画出其流程图。C51语言程序可扫链5-7查看。

链5-7

**例5-7** 使用C51语言编程实现对信号的周期测量。信号从单片机的$\overline{\mathrm{INT1}}$（P3.3）引脚引入。设单片机系统的晶振为12MHz，信号周期范围

50～500ms。

分析：

1）例5-6使用了测频法测量信号在1s内的脉冲数来计算信号的频率，实际应用中测频法普遍应用于对高频信号的测量。对于本题要求的低频信号，1s内的脉冲数很少（2～20个），如仍使用测频法将会产生较大的测量误差。

2）对于低频信号，应通过测量信号的周期来计算频率。通常使用定时器精确定时得到一个相对较小的基准时间，然后计算在外部信号连续两次相同跳变之间的基准时间的个数。因此，信号的周期＝基准时间个数×基准时间。这种测量信号周期的方法通常被称作“测周法”（如图5-16所示）。

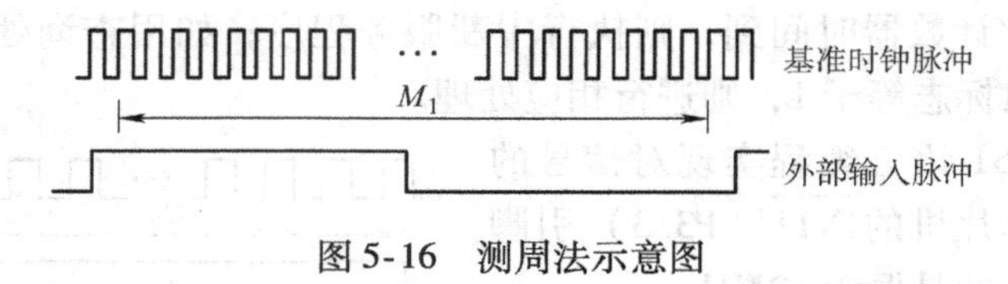


图5-16　测周法示意图

3）因为$f_{osc}=12MHz$，机器周期为1μs。为得到比较准确的较小基准时间，可以利用定时器的工作方式2即自动装入初值的计数方式进行定时。

4）因被测信号周期的范围是50～500ms，可利用T0工作在方式2，精确定时100μs。

5）由于下降沿可以触发外部中断，因此可以利用外部中断1捕获外部信号的两次下降沿，在两次下降沿中间单片机的计时总时间即为信号的周期。

6）程序中存在两个中断，由于需要精确定时，应设T0的中断优先级最高。

链5-8

C51语言程序可扫链5-8查看。

## 5.2.6　定时器/计数器T2

在52子系列增强型的8位单片机中，除了片内RAM和ROM增加一倍外，还增加了一个16位的定时器/计数器T2。寄存器TH2和TL2构成T2的计数单元。与T0、T1一样，T2既可以作为定时器也可以作为计数器工作，具有16位自动装载定时/计数模式、捕获模式、波特率发生器模式和可编程时钟输出模式4种工作方式。T2的操作也和T0、T1类似，由寄存器T2CON和T2MOD控制。

### 1. 定时器/计数器T2的相关寄存器

与定时器/计数器T2有关的寄存器有：TH2、TL2、RCAP2H、RCAP2L、T2CON（定时器T2控制寄存器）、T2MOD（增强型MCS－51新增的定时器T2工作模式寄存器）。

TH2和TL2构成了定时器/计数器T2的16位计数器：TH2是高8位，TL2是低8位。RCAP2L和RCAP2H构成了另一个16位寄存器，在自动重装初值方式下，RCAP2H、RCAP2L分别存放TH2和TL2的重装初值；在捕捉方式下，当P1.1（T2EX）引脚出现负跳变时，T2计数器高8位TH2、低8位TL2分别被捕捉到RCAP2H、RCAP2L寄存器中。

寄存器T2MOD（字节地址0C9H）的各位定义和作用如图5-17所示。

T2OE：P1.0/T2引脚功能选择位。T2OE＝0时，P1.0/T2引脚可以作为时钟输入端或

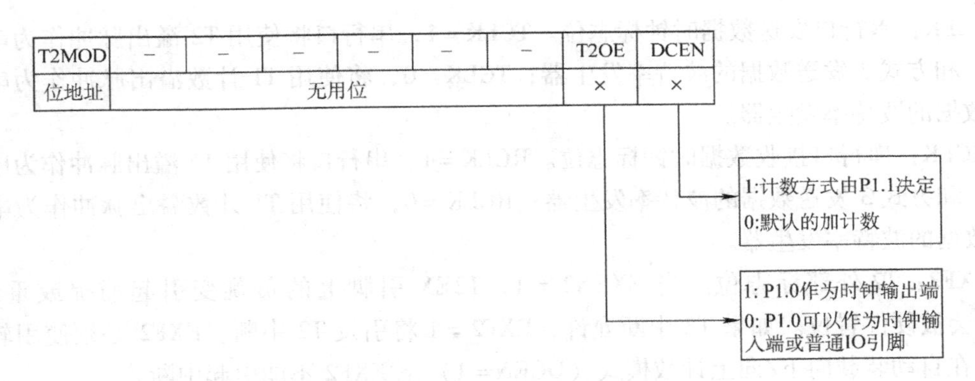


图 5-17 寄存器 T2MOD 的各位定义和作用

普通 I/O 引脚使用。T2OE＝1 时，P1.0 被设置为时钟输出端输出可编程的时钟信号。

DCEN：计数方式选择位。DCEN＝1，T2 在自动装入模式下的计数方式将由 P1.1/T2EX 引脚决定，T2EX＝1 时加计数；T2EX＝0 时减计数。DCEN＝0，计数方式为默认的加计数。

寄存器 T2CON（字节地址为 0C8H）的各位定义和作用如图 5-18 所示。

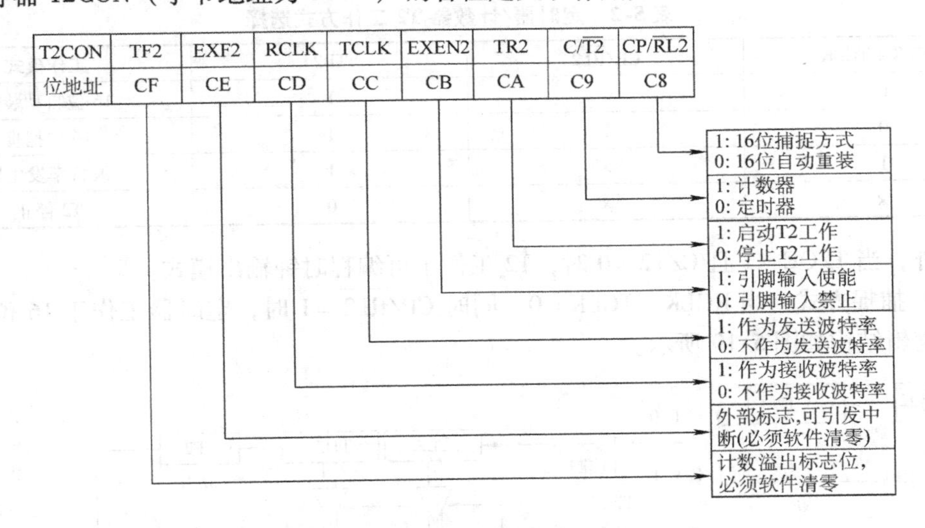


图 5-18 寄存器 T2CON 的各位定义和作用

$CP/\overline{RL2}$：捕捉/重载选择标志位。$CP/\overline{RL2}$＝1 时，T2 工作在捕捉模式，当 EXEN2＝1 且 T2EX 出现负脉冲时，引起捕捉操作；$CP/\overline{RL2}$＝0 时，T2 工作在自动装载模式，当 T2 计数溢出或 EXEN2＝1 且 T2EX 出现负跳变时，都会出现自动重载操作。当 RCKL＝1 或 TCKL＝1 时，此标志位无效，定时器 2 溢出时，强制做自动重载操作。

$C/\overline{T2}$：定时器 2 定时/计数选择标志位。$C/\overline{T2}$＝0，T2 为定时器模式；$C/\overline{T2}$＝1，T2 为计数模式，对外部事件计数（下降沿触发）。

TR2：T2 启动标志位。TR2＝1，T2 开始工作；TR2＝0，T2 停止工作。

EXEN2：T2 外部允许标志位。当 EXEN2＝1 时，如果 T2 没有用作串行时钟，T2EX（P1.1）的负跳变将引起 T2 捕捉或重载；当 EXEN2＝0 时，T2 将忽略 T2EX 端信号的作用。

TCLK：串行口发送数据时钟标志位。TCLK = 1，串行口将使用T2溢出脉冲作为串行口方式1和方式3发送数据的波特率发生器；TCLK = 0，将使用T1计数溢出脉冲作为串行口发送数据的波特率发生器。

RCLK：串行口接收数据时钟标志位。RCLK = 1，串行口将使用T2溢出脉冲作为串行口方式1和方式3发送数据的波特率发生器；RCLK = 0，将使用T1计数溢出脉冲作为串行口接收数据的波特率发生器。

EXF2：T2外部标志位。当EXEN2 = 1，T2EX引脚上的负跳变引起捕捉或重载时，EXF2会被硬件置位。如果T2中断允许，EXF2 = 1将引发T2中断。EXF2必须使用软件清"0"。在自动装载向下/向上计数模式（DCEN = 1）下EXF2不能引起中断。

TF2：T2溢出标志位。T2计数溢出时，TF2由硬件置位，必须使用软件清"0"。RCLK = 1或TCLK = 1时，TF2不会被置位。

**2. 定时器/计数器T2的工作方式**

定时器/计数器T2的前三种工作方式：捕捉方式、自动装载（向上/向下计数方式）和波特率发生器方式的选择由T2CON中的相关位确定，如表5-2所示。

表5-2 定时器/计数器T2工作方式选择

| RCLK + TCLK | $CP/\overline{RL2}$ | TR2 | 工作模式 |
|---|---|---|---|
| 0 | 0 | 1 | 16位自动装载 |
| 0 | 1 | 1 | 16位捕捉 |
| 1 | × | 1 | 波特率发生器 |
| × | × | 0 | T2停止 |

另外，当T2OE = 1且$C/\overline{T2}$ = 0时，T2工作于可编程时钟输出模式。

（1）捕捉方式　当RCLK + TCLK = 0，同时$CP/\overline{RL2}$ = 1时，定时器工作于16位捕捉方式。其逻辑结构如图5-19所示。

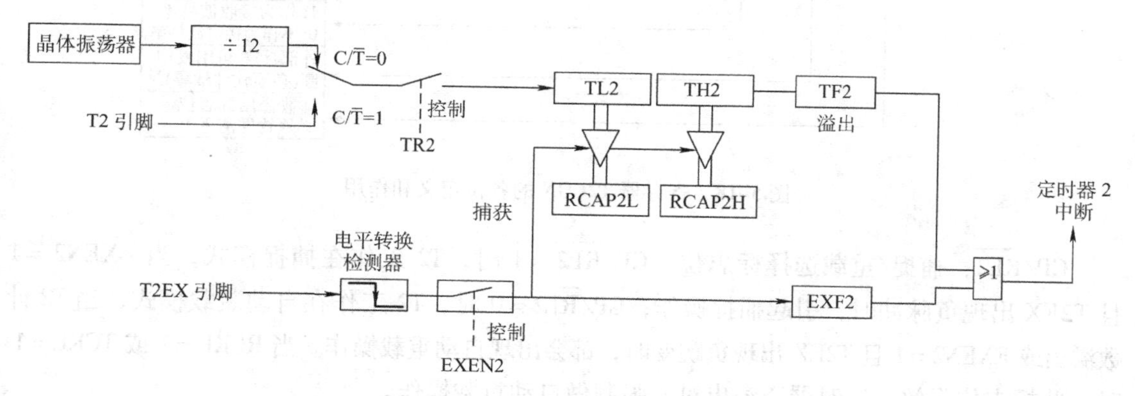


图5-19 定时器/计数器T2捕捉方式

在捕捉方式下，由位EXEN2决定两种方式。EXEN2 = 0时，T2作为一个16位定时器/计数器进行加计数，计数溢出后硬件置位TF2，同时产生中断请求。

EXEN2 = 1时，T2除完成上述定时/计数功能外，还增加了捕捉特性，即当外部引脚T2EX上产生从高到低的下降沿时，硬件将会把计数寄存器TH2和TL2中的内容对应捕捉到寄存器 RCAP2H 和 RCAP2L 中去，同时将 EXF2 位置位。而此状态下，EXF2 和 TF2 的置位都将触发中断。

（2）自动装载方式　当 RCLK + TCLK = 0，同时 CP/RL2 = 0 时，定时器工作于 16 位自动装载方式。其逻辑结构如图 5-20 所示。

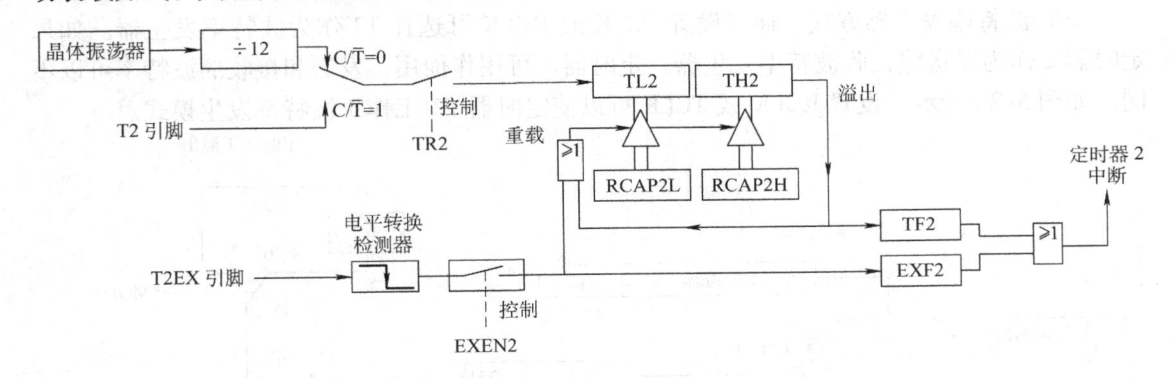


图 5-20　定时器/计数器 T2 自动装载方式（DCEN = 0 时）

在自动装载方式时，EXEN2 的状态也决定了两种方式。EXEN2 = 0 时，T2 计时完成将 TF2 置位，同时将用 RCAP2L 和 RCAP2H 的内容自动给计数寄存器 TL2 和 TH2 重新装载初值，其中寄存器 RCAP2L 和 RCAP2H 的内容需要软件预设。EXEN2 = 1 时，T2 除完成以上功能外，增加了捕捉特性，当引脚 T2EX 上产生从高到低的下降沿时，将 EXF2 置位，并使计数寄存器的内容自动装载。

T2 作为一个 16 位定时器/计数器，计数初值可以实现硬件自动装载。DCEN 置位可以实现向上或向下计数，由 T2EX 引脚的状态决定计数方向，这时电路逻辑结构如图 5-21 所示。

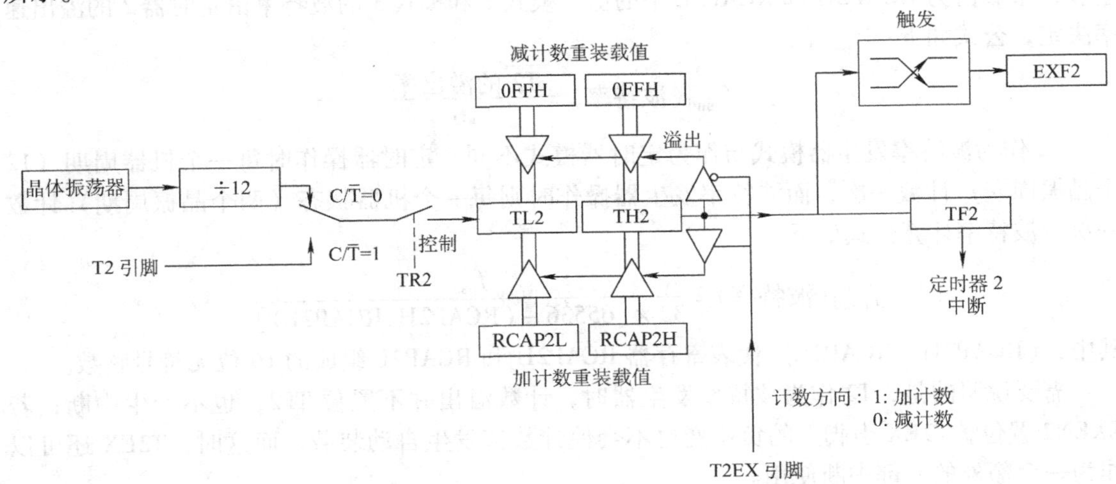


图 5-21　定时器/计数器 T2 自动装载方式（DCEN = 1 时）

T2EX 为高时，T2 向上计数，计数值达到 FFFFH 上溢时，硬件置位 TF2 产生中断请求，并自动将 RCAP2H 和 RCAP2L 中的内容装入 TH2 和 TL2 中。

T2EX 为低时，T2 向下计数，当 TH2 和 TL2 组成的计数值与 RCAP2H 和 RCAP2L 中的预设值相等，计数值下溢时，硬件置位 TF2 产生中断请求，并自动将 FFFFh 装载入计数寄存器中。

T2 上溢或下溢时，EXF2 位将被置位，但不会产生中断，这时 EXF2 位在实际中可以被用作第 17 位计数。

（3）波特率发生器方式　通过设置 TCLK 或 RCLK 可选择 T2 作为波特率发生器。如果定时器 2 作为发送或接收波特率发生器，定时器 1 可用作他用，发送和接收的波特率可以不同。如图 5-22 所示，设置 RCLK 或 TCLK 可以使定时器 T2 工作于波特率发生模式。

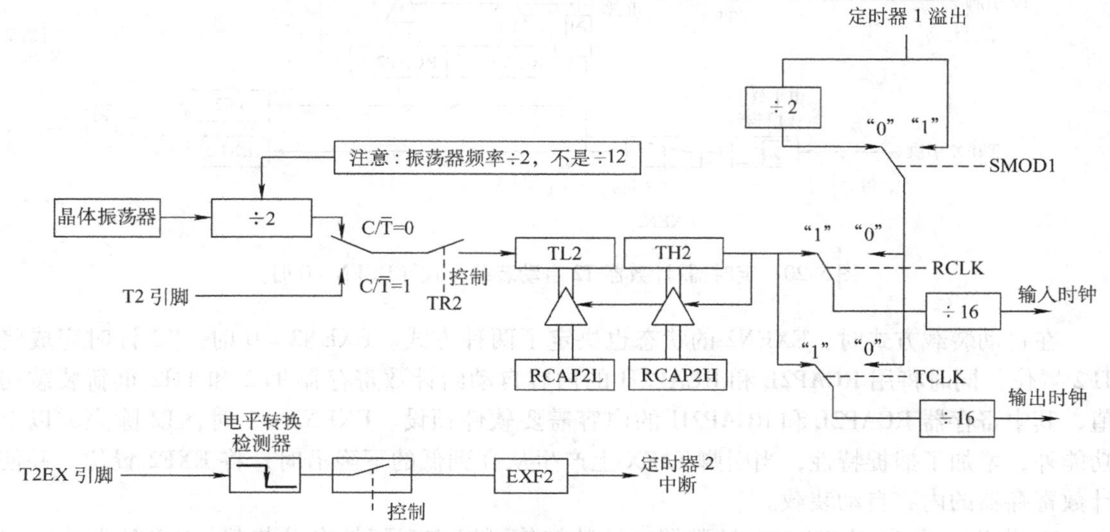


图 5-22　定时器/计数器 T2 波特率发生器方式

波特率发生工作模式与自动重载模式相似，因此，TH2 的翻转将使得定时器 T2 寄存器重载，重载值为 RCAP2H 和 RCAP2L 中的值。模式 1 和模式 3 的波特率由定时器 2 的溢出速率决定，公式如下：

$$f_{\mathrm{baud}}(\text{波特率}) = \frac{\text{T2 的溢出率}}{16}$$

T2 作为波特率发生器模式与作为定时器模式不同，定时器操作时每一个机器周期（12 个晶振周期）计数一次，而波特率发生器操作时则每一个机器状态（两个晶振周期）计数一次。波特率计算公式如下：

$$f_{\mathrm{baud}}(\text{波特率}) = \frac{f_{\mathrm{osc}}}{32 \times [65536 - (\mathrm{RCAP2H}, \mathrm{RCAP2L})]}$$

其中，（RCAP2H，RCAP2L）代表寄存器 RCAP2H 和 RCAP2L 组成的 16 位无符号整数。

需要说明的是，T2 作为波特率发生器时，计数溢出并不置位 TF2，也不产生中断；若 EXEN2 置位，T2EX 引脚上的负跳变也不会使计数值发生自动装载。而这时，T2EX 还可以作为一个额外的外部中断使用。

另外，在波特率发生器模式下，由于 T2 每一个机器状态（两个晶振周期）计数一次，这时对 TH2 和 TL2 的读/写操作就会不准确，所以应避免对 TH2 和 TL2 的读/写操作。而对 RCAP2H 和 RCAP2L 可以进行读操作但不能进行写操作，因为写操作可能与自动装载产生冲突而造成自动装载错误。因此，如果一定要对计数寄存器进行读/写操作，应该先关闭 T2 即将 TR2 清零。

（4）可编程时钟输出方式　T2 作为可编程时钟输出方式的逻辑结构图如图 5-23 所示，可以通过编程在 P1.0 引脚输出一个占空比为 50% 的时钟信号。这个引脚除了作为常规的 I/O引脚外，还有两种可选择功能。它可以通过编程作为 T2 的外部时钟输入或占空比为 50% 的时钟输出。当晶振频率为 16MHz 时，时钟输出频率范围为 61Hz（$f_{osc}/2^{16}$）~4MHz（$f_{osc}/4$）。时钟输出的频率取决于晶振频率和 T2 捕捉寄存器 RCAP2H 和 RCAP2L 中设置的自动装载值，公式如下：

$$f_{CLKout}=\frac{f_{osc}}{4\times[65536-(RCAP2H,RCAP2L)]}$$

可编程时钟输出模式与波特率发送器模式一样，T2 的溢出不会产生中断。T2 可以同时作为可编程时钟输出与波特率发生器，但是波特率和输出时钟的频率相互并不独立，都由 RCAP2H 和 RCAP2L 的预设值决定。

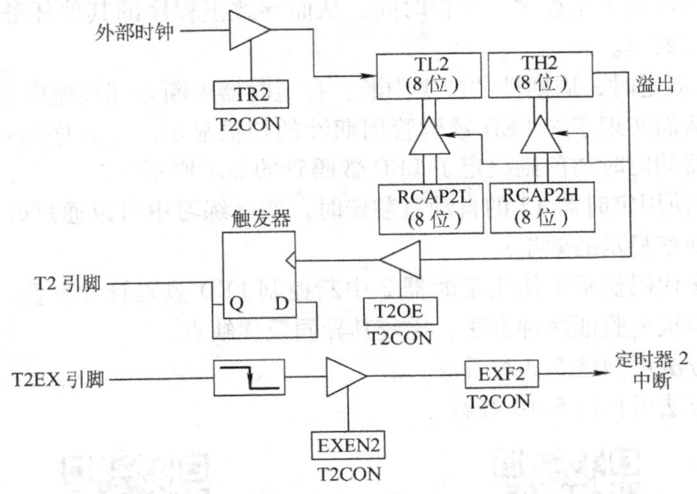


图 5-23　定时器/计数器 T2 可编程时钟输出方式逻辑结构图

**例 5-8**　利用定时器/计数器 T2 作为时钟发生器，从 P1.0 输出频率为 1kHz 的脉冲波，设 $f_{osc}=12MHz$。

分析：根据上述公式计算计数初值

$$1000=\frac{12\times10^6}{4\times[65536-(RCAP2H,RCAP2L)]}$$

$$(RCAP2H,RCAP2L)=62536=F448H$$

程序如下：

```
        ORG     0000H
        LJMP    START
        ORG     0030H
START:  MOV     T2MOD,      #02H     ;T2OE=1
        MOV     T2CON,      #00H     ;RCLK=TCLK=0，定时、自动重装
        MOV     RCAP2H,#0F4H         ;置自动重装值
        MOV     RCAP2L,     #48H
```

```
SETB    TR2                ;启动定时器
SJMP    $
END
```

## 5.3　中断及定时系统综合应用

中断系统与定时系统是单片机内部重要的系统资源，优秀的单片机系统设计来源于对这些资源充分、有效、合理的利用。本节将结合实例介绍中断与定时系统的具体应用。

**例5-9**　如第3章图3-12所示的LED数码管显示电路，使用C51语言利用单片机定时中断系统编写对LED数码管定时扫描控制程序。

分析：

1）在第3章曾介绍过单片机控制数码管显示利用软件延时轮询扫描的方法，这种方法的缺点是显示程序占用了主程序的执行时间，从而导致主程序的其他任务与显示程序冲突，降低了程序的执行效率。

2）采用定时器定时，周期性的产生中断，在定时器中断处理程序中完成驱动LED数码管显示的任务，从而实现了对LED数码管周期性的扫描显示。主程序则可以腾出时间完成其他任务。定时器的定时初值则决定了LED数码管的显示刷新频率。

3）在本例中使用定时器T2的自动重装定时，实际练习中可以通过改变T2的初值改变显示刷新频率，观察显示的效果。

以下两个程序代码显示了使用定时器2中断控制LED数码管动态显示的两种方法，请读者思考并在实验板上验证两种方法，比较其异同及优缺点。

第一种编程方法可扫链5-9查看。

第二种编程方法可扫链5-10查看。

链5-9　第一种编程方法

链5-10　第二种编程方法

**例5-10**　STC8H8K64U实验板原理图可扫链5-11查看，使用C51编程语言编写程序实现对按键的计数，并将计数的结果实时显示在数码管上。要求只显示有效位，无效位不显示。

链5-11　STC8H8K64U实验板原理图

分析：

1）在例5-9中，利用定时器T2中断实现了LED数码管的动态扫描显示，利用中断的目的是解决显示程序占用主程序资源的问题。在本例中，要求所显示的内容不再是固定的，而是动态变化的。

2）在例5-2中，利用外部中断实现对外部信号脉冲的计数，同样由于按键脉冲的宽度是随机的，为了确保准确捕获按键的次数，需要将外部中断设置成下降沿触发的方式。

3）编写程序时，需要定一个数组作为显示缓冲区。外部中断服务程序将实时计数结果分解成 LED 数码管对应位应显示的内容保存在显示缓冲区中。定时器 T2 中断服务程序每次刷新的时候，取出对应位应显示的数字并转换成数字对应的显示代码，驱动显示电路显示。

4）题目要求“只显示有效的位，无效位不显示”，因此在主程序中可以先设置显示缓冲区，让 8 个数码管都不选中，接着计数按键次数，按照要求填充数据缓冲区即可。

链 5-12

C51 程序代码可扫链 5-12 查看。

## 习　题

1. 填空题

（1）80C51 单片机共有____个中断源，其中外部中断源____个，定时中断源____个，串行中断源____个。

（2）当计数器产生记数溢出时，把定时器/计数器的 TF0（TF1）位置“ 1 ”。对计数器溢出的处理，在中断方式时，该位作为____位使用；在查寻方式时，该位作____位使用。

（3）定时器/计数器有多种工作方式，其中 T0 有____种工作方式，T1 有____种工作方式，T2 有____种工作方式。

（4）在定时器工作方式 0 下，计数器的宽度为 13 位，如果系统晶振频率为 3MHz，则最大定时时间为____。

（5）执行中断返回指令，要从堆栈弹出断点地址，以便去执行被中断的主程序。从堆栈弹出的断点地址送给______________。

（6）在中断流程中有“关中断”的操作，对于外部中断 0 ，要关中断应复位中断允许寄存器的____和____位。

2. 选择题

（1）下列有关 51 系列单片机中断优先级控制的叙述中，错误的是（　　）。

（A）低优先级不能中断高优先级，但高优先级能中断低优先级。

（B）同级中断不能嵌套

（C）同级中断请求按时间的先后顺序响应

（D）同时同级的多中断请求，将形成阻塞，系统无法响应

（2）外中断初始化的内容不包括（　　）。

（A）设置中断响应方式　　（B）设置外中断允许

（C）设置中断总允许　　（D）设置中断方式

（3）在 51 系列单片机中，需要外加电路实现中断撤除的是（　　）。

（A）定时中断　　（B）脉冲方式中断的外部中断

（C）串行中断　　（D）电平方式的外部中断

（4）中断查询，查询的是（　　）。

（A）中断请求信号　　（B）中断标志位

（C）外中断方式控制位　　（D）中断允许控制位

（5）在下列寄存器中，与定时/计数控制无关的是（　　）。

（A）TCON（定时控制寄存器）　　（B）TMOD（工作方式控制寄存器）

（C）SCON（串行控制寄存器）　　（D）IE（中断允许控制寄存器）

(6) 下列定时器/计数器硬件资源中，不是供用户使用的是（　　）。

(A) 高8位计数器 TH　　(B) 低8位计数器 TL

(C) 定时器/计数器控制逻辑　　(D) 用于定时/记数控制的相关寄存器

(7) 在工作方式0下，计数器是由 TH 的全部8位和 TL 的5位组成，因此其计数范围是（　　）。

(A) 1~8492　　(B) 0~8191　　(C) 1~8192　　(D) 1~4096

(8) 如果以查询方式进行定时应用，则应用程序中的初始化内容应包括（　　）。

(A) 系统复位、设置工作方式、设置计数初值

(B) 设置计数初值、设置中断方式、启动定时

(C) 设置工作方式、设置计数初值、打开中断

(D) 设置计数初值、设置计数初值、禁止中断

(9) 与定时工作方式0和1比较，定时工作方式2不具备的特点是（　　）。

(A) 计数溢出后能自动重新加载计数初值　　(B) 增加计数器位数

(C) 提高定时精度　　(D) 适于循环定时和循环计数应用

(10) 对于由8031构成的单片机应用系统，中断响应后，应转向（　　）。

(A) 外部程序存储器去执行中断服务程序

(B) 内部程序存储器去执行中断服务程序

(C) 外部数据存储器去执行中断服务程序

(D) 内部程序存储器去执行中断服务程序

(11) 中断查询确认后，在下列各种单片机运行情况中，能立即运行响应的是（　　）。

(A) 当前正在进行的高优先级中断处理

(B) 当前正在执行 RETI 指令

(C) 当前指令是 DIV 指令，且正处于取指令机器周期

(D) 当前指令是 MOV A, R0 指令

3. 简答题

(1) 51系列单片机提供了哪几种中断源？在中断管理上有什么特点？各个中断源中断优先级的高低如何确定？

(2) 51系列单片机响应中断的条件是什么？CPU响应中断时，对于不同的中断源，它们的中断处理的入口地址各是多少？

(3) 简述51系列单片机的中断响应过程。

(4) 在中断响应中，为什么需要保护现场？

(5) 51系列单片机有几个定时器/计数器？各由哪些寄存器组成？有哪几种工作方式？各有什么特点？

(6) 定时器/计数器的工作方式2有什么特点？适用于哪些应用场合？

4. 编程题

(1) 单片机用内部定时方法产生频率为100kHz等带宽矩形波，假定单片机的晶振频率为12MHz，试编程实现。

(2) 以定时器/计数器1进行外部事件计数。每计数1000个脉冲后，定时器/计数器转为定时工作方式，定时10μs后，又转为计数方式，如此循环不止。假定单片机的晶振频率为6MHz，试编程实现。

(3) 设单片机的晶振频率为12MHz，试编写一段程序，其功能为对定时器T0初始化，使之工作在方式2，产生200μs定时，并用查询T0溢出标志的方法，控制P1.0输出周期为2ms的方波。

(4) 设单片机的晶振频率为6MHz，请利用定时器T0定时中断的方法，使P1.0输出周期为400μs，占空比为10:1的矩形脉冲。

(5) 如图5-24所示，P1口为输出口，外接8个指示灯L0~L7。系统工作时，指示灯L0~L7逐个被点亮。在逐个点亮L0~L7的过程中，当开关S被扳动时，则暂停逐个点亮的操作，L0~L7全部点亮并闪

烁10次。闪烁完成后，从暂停前的灯位开始继续逐个点亮的操作。

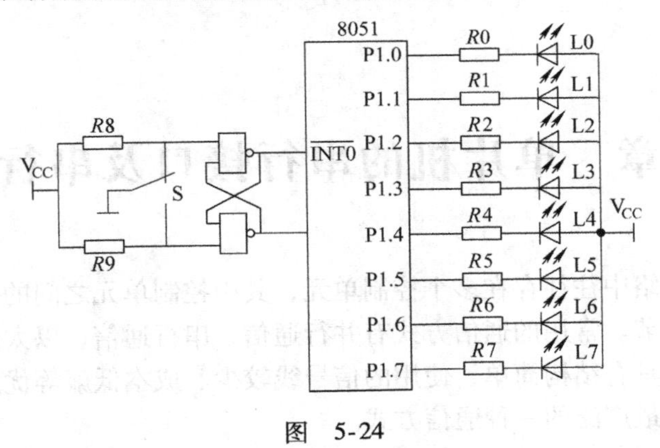


图　5-24

（6）若选用定时器T1作波特率发生器，设$f_{osc}=6MHz$，计数初值为0FDH，SMOD = 1，求波特率是多少？

# 第6章　单片机的串行接口及串行通信

在复杂的测控网络中往往存在多个控制单元，其中控制单元之间的通信无疑成为支撑整个测控网络的重要环节。常用的通信方式有并行通信、串行通信、以太网通信及现场总线通信等。由于串行通信具有结构简单、使用的信号线较少、成本低廉等优点，是工业现场测控网络中最简单、使用最广泛的一种通信方式。

## 6.1　串行通信基础

通常把控制器与外部设备或控制器与控制器之间的数据传送称为通信，串行通信就是数据按位顺序进行串行传送，最少只需一根传输线即可完成，一般成本低但速度较慢。串行通信可分为异步和同步两种方式。由于同步通信方式在单片机系统中使用较少，所以本节只介绍异步通信。

### 6.1.1　异步串行通信的字符格式

异步通信是指通信的发送与接收设备使用各自的时钟控制数据的发送和接收过程。异步串行通信在时钟控制下每次发送一位数据，若干个位组成字符帧，一个完整的字符帧完成一个字符的发送，一个字符接另一个字符的传送就实现了发送与接收设备间的数据通信。其中，字符与字符之间的间隙（时间间隔）是任意的，但每个字符中的各位是以固定的时间传送的。图6-1给出了一个字符帧的异步串行通信格式。

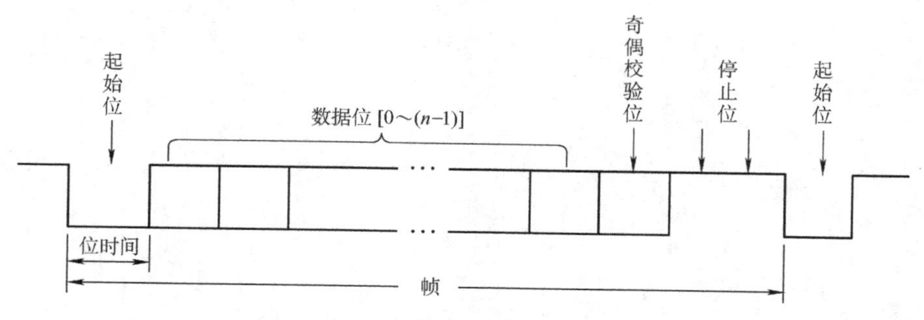


图6-1　异步串行通信的字符格式

对异步串行通信的字符帧格式做如下说明：

1）起始位——开始一个字符传送的标志位。位于字符帧的开头，逻辑低电平有效，其持续时间根据系统或设置的不同而不同，一般大于1位数据宽度。

2）数据位——起始位之后传送的数据信号位。在数据位中，低位在前（左），高位在后（右）。由于字符编码方式的不同，数据位可以是 5、6、7 或 8 位。

3）奇偶校验位——用于对字符的传送做正确性检查，因此奇偶校验位是可选择的，共有 3 种可能，即奇校验、偶校验和无校验，由用户根据需要选定。

4）停止位——用以标志一个字符的结束，位于字符帧的末尾，逻辑高电平有效，它可以是 1、1.5 或 2 位数据宽度，在实际中根据需要确定。

5）位时间——发送 1 位数据所需时间，也称 1 位数据宽度。

6）帧（Frame）——从起始位开始到停止位结束的全部内容称为一帧。帧是一个字符的完整通信格式，因此常把串行通信的字符帧格式简称为帧格式。

### 6.1.2　异步串行通信的信号形式

单片机的异步串行通信根据通信距离、抗干扰性能的要求，可选择 TTL 电平传输、RS - 232 电平传输、RS - 422A 或 RS - 485 差分传输等信号形式进行串行数据的传输。

单片机串行口控制器的输入、输出信号均为 TTL 电平。TTL 电平一般用于同一个系统内或同一块电路板上的单片机与单片机之间进行数据通信。这种信号传输形式受传输距离的限制，抗干扰性能差，不能进行远距离通信。

对于远距离的系统与系统之间的串行通信，通常将 TTL 电平变换为 RS - 232 电平或采用差分形式如 RS - 232、RS - 422A、RS - 485 等标准来实现。它们都是由美国电子工业协会（EIA）制定的异步串行通信接口标准。RS 是“Recommended Standard”的缩写，意为推荐标准，标准分别定义了各自的通信连接电缆、机械和电气特性、信号功能以及传送过程。这些推荐的标准接口由于在不同程度上提高了异步串行通信的数据传输速率、通信距离以及抗干扰能力，因此在工业现场被广泛使用。后面的小节中将进一步详细介绍。

### 6.1.3　串行通信的数据通路形式

数据通信系统一般由信源、信缩和数据通路构成，数据通信发送方称为信源，接收方称为信缩，连接信源和信缩的通道称为通信信道或数据通路。串行数据通信共有以下几种数据通路连接形式。

**1. 单工（Simplex）形式**

单工形式的数据传送是单向的，通信双方中一方固定为接收端，另一方固定为发送端。单工形式的串行通信只需要一条数据线，如图 6-2a 所示。

**2. 半双工（Half - duplex）形式**

半双工形式的数据传送是双向的，但任何时刻只能由其中的一方发送数据，另一方接收数据，发送和接收不能同时进行。因此半双工形式既可以使用一条数据线，也可以使用两条数据线，如图 6-2b 所示。

**3. 全双工（Full - duplex）形式**

全双工形式的数据传送是双向的，且可以同时发送和接收数据，因此全双工形式的串行通信需要两条数据线，如图 6-2c 所示。

### 6.1.4　串行通信的数据传输速率

度量一个数据通信系统通信能力的方法有两种，即波特率和数据传输速率。波特率指单

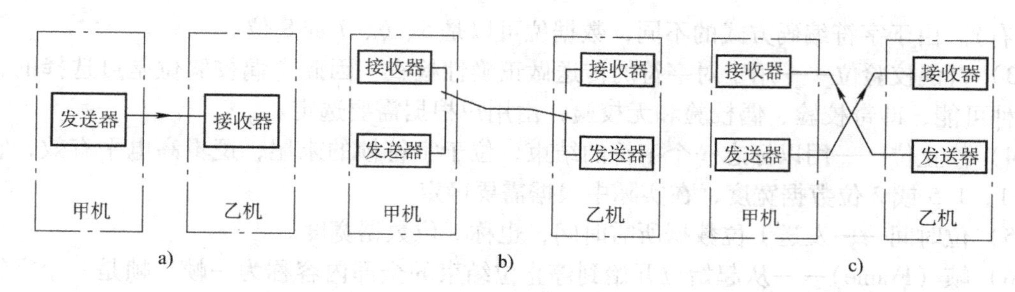


图6-2　串行通信的数据通路形式

位时间内线路的变化次数，反映了数据的调制信号波形变换的频繁程度，单位是“波特”（baud）。数据传输速率指单位时间内传送的信息量，以每秒钟传送格式位的数量来表示，单位是“位/秒”（bit/s）。波特率和数据传输速率两者相似但不等同，只有当采用基波传输时，两者的数值才相同。即

$$1\text{baud} = 1\text{bit/s}(\text{位/秒})$$

在串行通信中，格式位的发送和接收分别由发送时钟脉冲和接收时钟脉冲进行定时控制。时钟频率高，则波特率也高，通信速度就快；反之，时钟频率低，则波特率也低，通信速度就慢。串行通信可以使用的标准波特率在RS－232C标准中已有规定，使用时应根据速度需要、线路质量以及设备情况等因素选定。

## 6.2　串行口的结构与工作原理

在单片机芯片中，通用异步接收和发送器（Universal Asynchronous Receiver/Transmitter，UART）已作为一个功能部件集成在其中，构成一个串行通信口。51系列单片机的串行口是一个可编程的全双工串行通信接口，通过软件编程，其帧格式可设置为8位、10位和11位，数据传输速率可以灵活设置，使用起来非常方便。

### 6.2.1　串行口的结构

51系列单片机串行口的结构如图6-3所示，它主要由两个数据缓冲寄存器（SBUF）、一个输入移位寄存器、一个串行控制寄存器（SCON）和一个波特率发生器（由T1或内部时钟及分频器组成）组成。接收缓冲器与发送缓冲器逻辑上是一个寄存器，物理上是两个独立的寄存器，即它们占用同一个地址99H，其名称也同样为SBUF，但实际上是物理独立的两个不同的寄存器。数据接收采用输入位移寄存器和输入数据缓冲的双缓冲结构，这是为了避免在接收到第二帧数据之前，CPU未及时响应接收器的前一帧的中断请求而把前一帧数据读走，造成两帧数据重叠的错误。对于发送器，因为发送时CPU是主动的，不会产生写重叠问题，因此仅用了一个SBUF缓冲器。

特殊功能寄存器SCON用以存放串行口的控制和状态信息，波特率发生器的主要作用就是产生控制数据传输速率的时钟脉冲信号。51系列单片机波特率发生器的时钟源有两种：一种是来自系统时钟的分频值，由于系统时钟的频率是固定的，所以此种方式的波特率是固定的；另一种是由定时器1提供，波特率由T1的溢出率控制，T1的计数初值是可以用软件

改写的，因此是一种可由用户变更波特率的方式。波特率是否提高一倍，由PCON寄存器的SMOD值确定，SMOD = 1时波特率加倍。

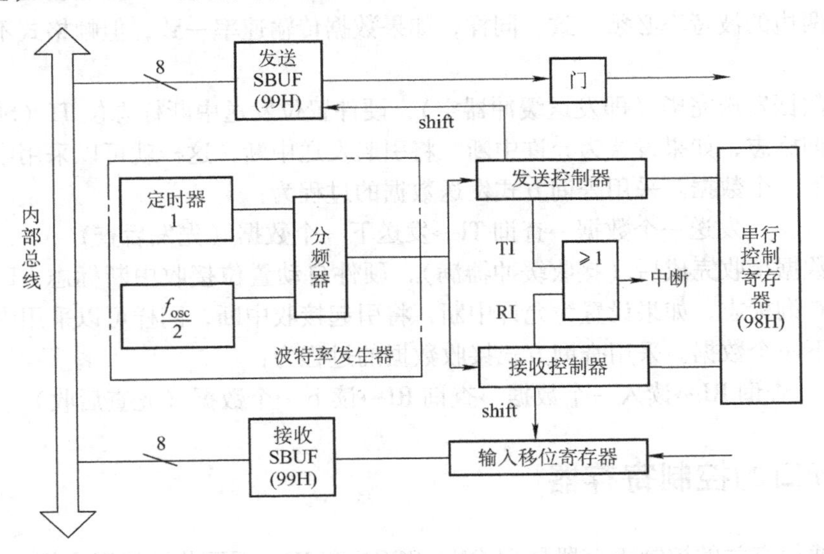


图6-3　51系列单片机串行口的结构图

## 6.2.2　串行口的工作原理

当发送数据时，CPU向输出缓冲器SBUF写入数据，同时启动数据串行发送，在波特率发生器产生的发送时钟控制下，按照预先设置的帧格式逐位由TXD端输出发送数据。

当接收数据时，UART通过对RXD引脚信号的采样来确认串行数据，若检测到数据发送起始位，则其后对RXD引脚每间隔一定时间进行采样，采样到的数据在接收时钟控制下以移位方式存入输入移位寄存器，当数据接收完成或检测到停止位时，则完成一个字符帧的接收，输入移位寄存器的内容被送入接收缓冲器SBUF，并置相应的标志位。

在串行通信中，收发双方的数据传输速率必须一致，否则接收方接收的数据会产生混乱。如图6-4所示，在串行通信过程中，甲机CPU向SBUF写入数据（MOV SBUF，A），启动发送过程。A中的并行数据送入SBUF，在发送控制器的控制下，按设定的波特率，每传来一个移位时钟，数据移出一位，由低位到高位一位一位地发送到电缆线上，移出的数据位通过电缆线直达乙机。乙机按设定的波特率，每来一个移位时钟即移入一位，由低位到高位

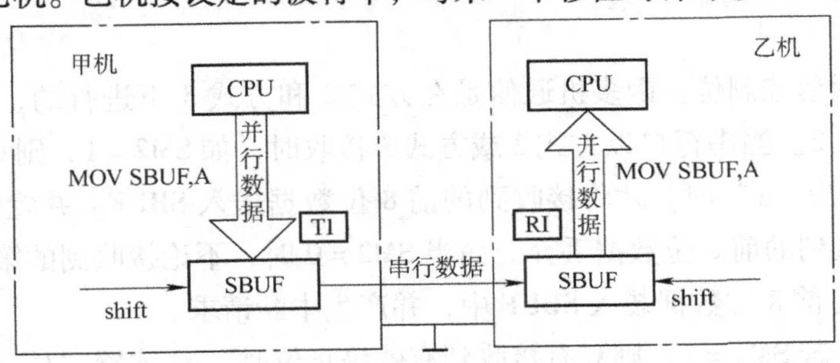


图6-4　串行传送数据的工作原理

一位一位地移入到SBUF。一个移出，一个移入，很显然，如果两边的移位速度一致，甲移出的数据位正好被乙移入，就能完成数据的正确传送；如果不一致，必然会造成数据位的丢失。因此，两边的波特率必须一致。同样，如果数据传输速率一致，但帧格式不一致也会产生混乱。

当一帧数据发送完毕（即发送缓冲器空），硬件置位发送中断标志位TI（SCON.1）。该位可作为查询标志，如果设置为允许中断，将引起发送中断，这样就可以采用中断或查询的方式来发送下一个数据。采用查询方式发送数据的过程为：

发送一个数据→查询TI→发送下一个数据（先发后查）

当一帧数据接收完成后（接收缓冲器满），硬件自动置位接收中断标志RI（SCON.0）。该位可作为查询标志，如果设置为允许中断，将引起接收中断，同样可以采用中断或查询的方式来接收下一个数据。采用查询方式接收数据的过程为：

查询RI→读入一个数据→查询RI→读下一个数据（先查后收）

## 6.3 串行口的控制寄存器

与串行通信有关的控制寄存器是SCON、PCON和IE。下面分别加以介绍。

### 6.3.1 串行控制寄存器

串行控制寄存器（SCON）是一个可位寻址的特殊功能寄存器，用于串行数据通信的控制。字节地址为98H，位地址为9FH ~98H。寄存器内容及位地址表示如下：

| 位地址 | 9FH | 9EH | 9DH | 9CH | 9BH | 9AH | 99H | 98H |
|---|---|---|---|---|---|---|---|---|
| 位符号 | SM0 | SM1 | SM2 | REN | TB8 | RB8 | TI | RI |

各位的功能说明如下：

SM0、SM1是串行口工作方式选择位，这两位的组合，决定了串行口的四种工作模式，其状态组合所对应的工作方式为：

| SM0 | SM1 | 工作方式 |
|---|---|---|
| 0 | 0 | 0 |
| 0 | 1 | 1 |
| 1 | 0 | 2 |
| 1 | 1 | 3 |

SM2是多机通信控制位。因多机通信是在方式2和方式3下进行的，所以SM2位主要用于方式2和方式3。当串行口以方式2或方式3接收时，如SM2 =1，则只有当接收到的第9位数据（RB8）为“1”时，才将接收到的前8位数据送入SBUF，并置位RI产生中断请求；否则，将接收到的前8位数据丢弃。而当SM2 =0时，不论接收到的第9位数据为“0”还是为“1”，都将前8位数据装入SBUF中，并产生中断请求。

在方式1时，若SM2 =1，则只有接收到有效停止位时，RI才置“1”，以便接收下一帧数据。在方式0时，SM2必须为0。

REN 是允许接收位。当 REN =1 时，允许接收数据；当 REN =0 时，禁止接收数据。该位由软件置位或复位。

TB8 是发送数据的第9位。在方式2、方式3时，其值由用户通过软件设置。在双机通信时，TB8 一般作为奇偶校验位使用；在多机通信中，常以 TB8 位的状态表示主机发送的是地址帧还是数据帧，且一般约定：TB8 =0 为数据帧，TB8 =1 为地址帧。

RB8 是接收数据的第9位。在方式2、方式3时，RB8 存放接收到的第9位数据，它代表接收到数据的特征，可能是奇偶校验位，也可能是地址/数据的标志位。

TI 是发送中断标志位。在方式0时，发送完第8位后，该位由硬件置位。在其他方式时，在发送停止位之前，由硬件置位。因此，TI = 1 表示帧发送结束，其状态既可供软件查询使用，也可用于请求中断。发送中断被响应后，TI 不会自动复位，必须由软件复位。

RI 是接收中断标志位。在方式0时，接收完第8位数据后，该位由硬件置位。在其他方式下，当接收到停止位时，该位由硬件置位。因此，RI = 1 表示帧接收结束。其状态既可供软件查询使用，也可用于请求中断。RI 也必须由软件清零。

### 6.3.2 电源控制寄存器

电源控制寄存器（PCON）是为 CHMOS 型单片机（如 80C51）的电源控制而设置的专用寄存器。字节地址为 87H，只能位寻址，不能字节寻址，其格式如下：

| 位序 | D7 | D6 | D5 | D4 | D3 | D2 | D1 | D0 |
|---|---|---|---|---|---|---|---|---|
| 位符号 | SMOD | × | × | × | GF1 | GF0 | PD | IDL |

对于 CHMOS 的单片机而言：

GF1、GF0 是通用标志位，可作为软件标志使用。

PD 是掉电方式位。当 PD =1 时，激活掉电工作方式。

IDL 是待机方式位。当 IDL =1 时，激活待机工作方式。

在 HMOS 型的单片机中，该寄存器中除最高位之外，其他位都没有定义。最高位（SMOD）是串行口波特率的倍增位，当 SMOD =1 时，串行口波特率加倍。系统复位时，SMOD =0。

### 6.3.3 中断允许寄存器

中断允许寄存器（IE）的格式如下：

| 位地址 | AFH | AEH | ADH | ACH | ABH | AAH | A9H | A8H |
|---|---|---|---|---|---|---|---|---|
| 位符号 | EA | — | — | ES | ET1 | EX1 | ET0 | EX0 |

这个寄存器已在中断一节介绍过，其中 ES 位为串行中断允许位。ES =0，禁止串行中断；ES =1，允许串行中断。

## 6.4 单片机串行通信的工作方式

MCS－51 单片机的串行口共有4种工作方式，其基本情况如表6-1所示。

表6-1 串行口的4种工作方式

| 工作方式 | 功能简述 | 波特率 | 引脚功能 | 应用 |
|---|---|---|---|---|
| 方式0 | 8位<br>移位寄存器 | 固定为$f_{osc}/12$ | TXD输出频率为$f_{osc}/12$的同步脉冲；<br>RXD作为数据的输入、输出端 | I/O接口扩展 |
| 方式1 | 10位<br>异步通信方式 | 波特率可变：<br>$\frac{2^{SMOD}}{32}\times$T1溢出率<br>$=\frac{2^{SMOD}}{32}\times\frac{f_{osc}}{12\times(256-X)}$ | TXD数据输出端<br>RXD数据输入端 | 双机通信 |
| 方式2 | 11位<br>异步通信方式 | 波特率固定：<br>$\frac{2^{SMOD}}{64}\times f_{osc}$ | TXD数据输出端<br>RXD数据输入端 | 多机通信 |
| 方式3 | 11位<br>异步通信方式 | 波特率可变：<br>$\frac{2^{SMOD}}{32}\times$T1溢出率<br>$=\frac{2^{SMOD}}{32}\times\frac{f_{osc}}{12\times(256-X)}$ | TXD数据输出端<br>RXD数据输入端 | 多机通信 |

### 6.4.1 串行口工作方式0

方式0是把串行口作为移位寄存器使用，这时以RXD（P3.0）端作为数据移位的入口和出口，而由TXD（P3.1）端提供移位时钟脉冲。移位数据的发送和接收以8位为一组，低位在前，高位在后。

**1. 工作方式说明**

发送过程以写SBUF开始，当8位数据传送完，TI被硬件自动置“1”，这时方可再发下一帧数据；接收时必须先置REN为“1”（允许接收），并且使RI=0，当8位数据接收完毕，RI被硬件置“1”，此时，可通过读SBUF指令，将串行数据读入。

移位操作（串入或串出）的波特率是固定的，为单片机晶振频率的1/12，如晶振频率以$f_{osc}$表示，即波特率=$f_{osc}/12$。按此波特率也就是一个机器周期进行一次移位，如$f_{osc}$=6MHz，则波特率为500kbit/s，即2μs移位一次。

方式0多用于接口的扩展。当用单片机构成系统时，在并行口不够用的情况下，可通过外接串入并出移位寄存器扩展输出接口；通过外接并入串出移位寄存器扩展输入接口。另外，方式0也可应用于短距离的单片机之间的通信。

**2. 应用举例**

**例6-1** 利用串行口，使接到CD4094输出端的8只发光二极管，从左向右依次点亮，并反复循环。

分析：使用串口方式0实现数据的移位输入/输出时，实际上是把串行口变为并行口使用。串行口作为并行口输出使用时，要有“串入并出”的移位寄存器（如CD4094或74LS164、74HC164等）配合，按此要求所设计的电路原理图如图6-5所示。

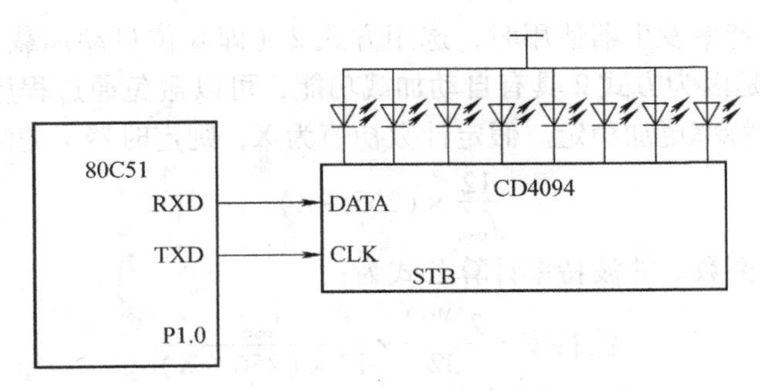


图 6-5 串行移位输出电路

发送过程可叙述如下：

数据预先写入串行口数据缓冲器，然后从串行口 RXD 端，在移位时钟脉冲（TXD）的控制下，逐位移入 CD4094。当 8 位数据全部移出后，SCON 寄存器的发送中断 TI 被自动置“1”。其后主程序就可用中断或查询的方法，通过设置 STB 状态的控制，把 CD4094 的内容并行输出。

链 6-1 C51 程序代码

使用 C51 编程语言编写的程序代码可扫链 6-1 查看。

## 6.4.2 串行口工作方式 1

**1. 方式 1 传送的数据格式**

方式 1 是 8 位异步串行通信方式，一帧数据共 10 位，包括 1 个起始位、8 个数据位和 1 个停止位。其帧格式为：

| 起始 | D0 | D1 | D2 | D3 | D4 | D5 | D6 | D7 | 停止 |
|---|---|---|---|---|---|---|---|---|---|

**2. 方式 1 数据的发送与接收**

方式 1 的数据发送由一条 CPU 写入发送缓冲器（SBUF）的指令启动。8 位数据在串行口由硬件自动加入起始位和停止位组成完整的帧格式。在内部移位脉冲作用下，由 TXD 端串行输出。一帧数据发送完后，TXD 输出线维持在“1”状态下，并将 SCON 寄存器的 TI 置“1”，通知 CPU 可发送下一个数据。

接收数据时，当 SCON 的 REN 位处于允许接收状态（REN = 1）时，串行口采样 RXD 端，当采样到从“1”向“0”的状态跳变时，就认定是接收到起始位。随后在移位脉冲的控制下，把接收到的数据位移入输入移位寄存器，直到停止位到来之后把停止位送入 RB8 中，输入移位寄存器的数据送入接收缓冲器（SBUF）中，并置位中断标志位 RI，通知 CPU 从 SBUF 取走接收到的一个字符。

**3. 波特率的设定**

方式 1 的波特率是可变的，以定时器 1 作波特率发生器使用，其值由定时器 1 的计数溢出率来决定，其公式为：

$$\text{波特率} = \frac{2^{SMOD}}{32} \times \text{T1 溢出率}$$

式中，SMOD 为 PCON 寄存器的最高位的值，其值为 1 或 0。

当定时器1作波特率发生器使用时，选用方式2（即8位自动加载方式）。定时器之所以选择工作方式2，是因为方式2具有自动加载功能，可以避免通过程序反复装入初值所引起的定时误差，使波特率更加稳定。假定计数初值为X，则定时器1的溢出周期为：

$$\frac{12}{f_{osc}} \times (265 - X)$$

溢出率为溢出周期的倒数。故波特率计算公式为：

$$波特率 = \frac{2^{SMOD}}{32} \times \frac{f_{osc}}{12 \times (256 - X)}$$

实际使用时，总是先确定波特率，再计算定时器1的计数初值，然后进行定时器的初始化。根据上述波特率计算公式，得出计数初值的计算公式为：

$$X = 256 - \frac{f_{osc} \times (2^{SMOD})}{32 \times 12 \times 波特率}$$

以定时器/计数器T1作波特率发生器是由系统决定的，硬件电路已经接好，无须用户在硬件上再做什么工作。用户所要做的只是根据通信要求的波特率计算出定时器1的计数初值，以便在程序中设置。常用波特率通常按规范取1200、2400、4800、9600……，若采用晶振频率为12MHz和6MHz，则计算得出的T1定时初值将不是一个整数，会产生波特率误差而影响串行通信的同步性能。解决方法是调整单片机的时钟频率 $f_{osc}$，通常采用11.0592MHz晶振，其常用波特率与T1定时初值的对应关系如表6-2所示。

**表6-2　常用波特率与T1定时初值的对应关系**

| 波特率/(bit/s) | $f_{osc}$/MHz | SMOD | 定时器1 | | |
|---|---|---|---|---|---|
| | | | $C/\overline{T}$ | 模式 | 初始值 |
| 1200 | 11.059 | 0 | 0 | 2 | E8H |
| 1200 | 11.059 | 1 | 0 | 2 | D0H |
| 2400 | 11.059 | 0 | 0 | 2 | F4H |
| 2400 | 11.059 | 1 | 0 | 2 | E8H |
| 4800 | 11.059 | 0 | 0 | 2 | FAH |
| 4800 | 11.059 | 1 | 0 | 2 | F4H |
| 9600 | 11.059 | 0 | 0 | 2 | FDH |
| 9600 | 11.059 | 1 | 0 | 2 | FAH |
| 19200 | 11.059 | 1 | 0 | 2 | FDH |

**4. 串口初始化程序设计**

方式1中串口初始化一般按以下步骤来编写：

1）设置串口工作方式。

2）确定定时器1的工作方式。

3）确定波特率倍增器的值。

4）确定定时器1的初值。

5）确定数据发送和接收方式。若采用中断方式，必须设置相应的中断控制位，若采用查询方式，则必须禁止串口中断。

6）启动定时器1。

**例6-2**　某51系列单片机系统的主频为11.0592MHz，现拟以工作方式1与外部设备进行串行数据通信，波特率为2400bit/s，试编写该单片机串口初始化程序。

分析：因串口采用方式1，不考虑多机通信，接收允许，则SCON控制字为50H；定时器1作为波特率发生器使用时，选用方式2，不考虑定时器0，则TMOD控制字应为20H；若波特率倍增器有效，即SMOD＝1，PCON＝80H；定时器的初值可以根据上述计算公式得到：

$$X=256-\frac{f_{osc}\times 2^{SMOD}}{32\times 12\times \text{波特率}}=256-\frac{11.0592\times 2^1}{32\times 12\times 2400}=232=\text{E8H}$$

用C51编写的采用查询方式接收和发送数据的初始化子程序可扫链6-2查看。

用C51编写的采用中断方式接收和发送数据的初始化子程序可扫链6-3查看。

链6-2 采用查询方式的C51程序代码

链6-3 采用中断方式的C51程序代码

**5. 串行通信接口调试**

串行口通信程序的调试相对比较复杂，只有当通信双方的硬件和软件都正确无误时，才能成功通信。当调试中出现无法正常通信的问题时，首先应检查硬件是否工作正常，通常可能表现为通信接口芯片损坏、通信线路接触不良等。为了迅速准确地查明故障点，可以采用编制测试程序的方法配合查找硬件问题，一般按照以下步骤进行检查。

（1）本机发送通路检查　本机发送通路检查一般断开串口连接线，编写测试程序连续发送字符“55H”或“AAH”，通过示波器检测发送引脚的信号是否正常，来确定本机数据发送通路是否工作正常。假设串口初始化程序与例6-2一致并采用查询发送方式，用C51编写的测试程序如下：

```
1.  #include <reg52.h>
2.  oid initial_model_check (void);
3.  void main(void)
4.  {
5.      initial_model_check ();              //调用串口初始化程序
6.      while(1)                             //程序不断发送 0xAA
7.      {
8.          SBUF =0xAA;
9.          while(TI! =1);
10.         TI =0;
11.     }
12. }
```

（注：为了减少篇幅，本程序直接调用了例6-2的串口初始化程序，后面举例采用同样的方法，不再做说明）

（2）本机回环自检　本机回环自检是指断开本机与外部设备的串口连接线，把本机的数据发送和数据接收端短接，即采用自发自收的方式来确认本机的收发通路是否正常。用

C51 编写的测试程序如下：

```
1.  #include <reg52.h>
2.  oid initial_mode1_check(void);
3.  void main(void)
4.  {
5.      initial_mode1_look();              //调用串口初始化程序
6.      while(1)
7.      {
8.          SBUF=0xAA;                     //发送 0xAA
9.          while(TI! =1);                 //等待发送完成
10.         TI=0;
11.         while(RI! =1);                 //等待接收数据
12.         while(SBUF ! = 0xAA );         //接收数据若不是 0xAA，则停止发送数据
13.         RI=0;
14.     }
25. }
```

（3）联机检查　联机检查是指两台设备串口连接线接好后的通信通路的检查，一般通过发送一个约定的检验字并要求对方有一个约定的回应方式，如果回应正确则表明通信信道顺畅。例如，约定检验字为 AAH，回应字也为 AAH，用 C51 编写的测试程序与本机回环自检的程序可以完全一致。

**6. 应用程序举例**

单片机间的串行通信通常可分为双机通信和多机通信两类。而串行口工作方式 1 适合于双机通信的工作方式，下面通过一个双机通信的例子来说明方式 1 的应用和编程方法。

**例 6-3**　设有甲、乙两台单片机系统，均采用 11.0592MHz 的晶振，采用串行口进行通信，数据传输速率为 2400bit/s。甲机将存储于外部 RAM 起始地址为 0100H 的 8 个数据发送给乙机，乙机把接收到的 8 个数据存储于一个定位于片内寄存器的数组中。乙机接收完数据后将存储于外部 RAM 起始地址为 0100H 的 8 个数据发送给甲机，甲机也将接收的 8 个数据存储在定位于片内寄存器的数组中，甲机再将存储于外部 RAM 起始地址为 0100H 的 8 个数据发送给乙机，实现循环往复的通信过程。为了保证通信数据的准确无误，需要在发送数据之前检查通信信道是否顺畅。

分析：单片机串行通信的程序设计，一般可采用查询方式或中断方式两种，这个例子相对任务单一，所以可以直接使用查询方式实现通信的编程方法。

通信双方均采用系统时钟频率 $f_{osc}=11.0592\text{MHz}$，数据传输速率为 2400bit/s。通信帧格式为 8 位数据位、1 位停止位，不带奇偶校验位，即对应于单片机串行工作方式 1。串口的初始化程序可以调用前面的 Void initial_mode1_look （void） 函数。

题目要求甲、乙机均有发送和接收功能，且发送缓冲区均为 0100H ~ 0107H，接收缓冲区均为定位于片内寄存器的数组，当发送和接收的数据量较大时，采用发送和接收缓冲区的方法是比较合理的。由于甲、乙机发送和接收缓冲器完全相同，故甲、乙机的发送和接收程序可以完全一致，即使甲、乙机发送接收缓冲不相同，也只需要改变一下发送和接收缓冲区的首地址即可。

题目要求在发送数据之前检查通信信道是否顺畅，可采用联机检查方式，约定检验字为AAH，回应字也为AAH。甲机先发送检验字AAH，若收到回应字也为AAH则可以发送数据，数据发送完成后则等待接收乙机发来的数据，接收完成后则继续发送数据，循环执行这一过程。乙机接收到甲机发来的检验字后，判断是否为约定的检验字，若是则回应一个约定的回应字AAH，然后等待接收甲机发来的数据，数据接收完成后，将乙机发送缓冲区的数据发送给甲机，发送完后再次等待接收甲机发来的数据，循环执行这一过程。

在详细地分析甲、乙机发送接收过程之后，甲机的程序执行流程为：

1）初始化串口。

2）等待乙机完成初始。

3）发送检验字AAH。

4）等待接收回应字。

5）若回应字不正确，停机。

6）若回应字正确，发送0100H~0107中的8个数据。

7）等待接收乙机发送的数据。

8）8个数据接收完则继续循环执行6）、7）。

乙机的程序执行流程为：

1）初始化串口。

2）接收检验字。

3）判断检验字是否正确。

4）不正确则停机。

5）检验字正确则接收甲机发送的数据。

6）8个数据接收完则发送乙机0100H~0107中的8个数据。

7）等待接收甲机发送的数据。

8）8个数据发送完则循环执行6）、7）。

甲机和乙机程序执行流程图如图6-6所示。

用C51编写的通信程序可扫链6-4查看。

链6-4　用C51编写的通信程序代码

说明：在这个程序的编写中，使用到了C51编程语言专门定义的宏“XBYTE [ ]”，它是在名为“ABSACC. H”的头文件中定义的。这个宏用来存取单片机外部数据存储器的一个字节数据。有了这样的宏定义，在编写存取外部数据存储器数据的程序时，就省去了定义指针变量的麻烦。另外，数据的发送可以采用printf函数来编写，读者可以参阅其他资料。

## 6.4.3　串行口工作方式2和方式3

### 1. 工作方式2

方式2是9位异步串行通信方式，一帧数据一般为11位，即1个起始位、9个数据位和1个停止位。其帧格式为：

| 起始 | D0 | D1 | D2 | D3 | D4 | D5 | D6 | D7 | D8 | 停止 |
|---|---|---|---|---|---|---|---|---|---|---|

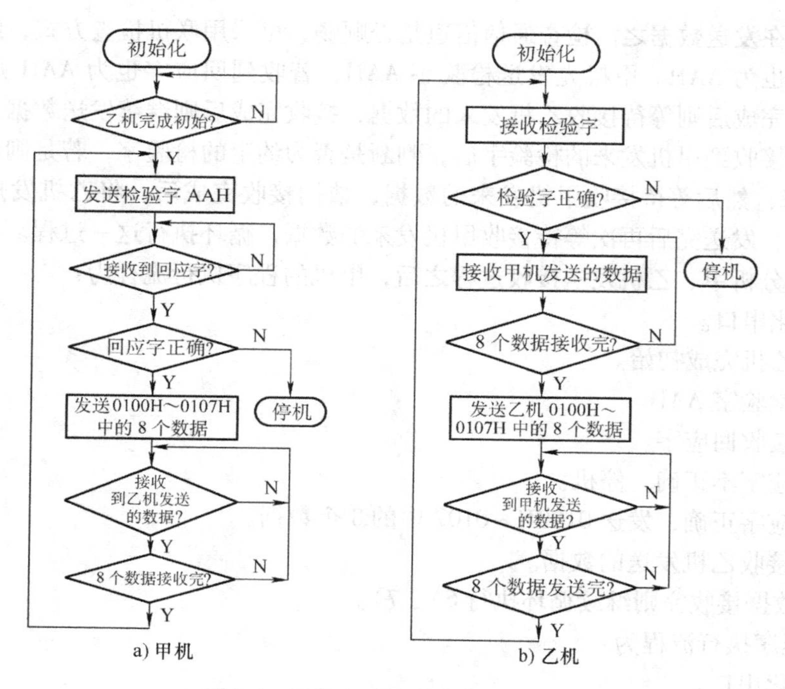


图6-6 甲机和乙机程序执行流程图

在方式2下，字符还是8个数据位，只不过增加了一个第九数据位（D8），而且其功能由用户确定，是一个可编程位。通常在双机通信时用来作为标识字节中1的位数为奇数还是偶数的奇偶校验位；或在多机通信时作为标识字节是地址还是数据的标志位。

在发送数据时，应预先在SCON的TB8位中把第九数据位的内容准备好。可使用如下指令完成：

```
SETB  TB8;TB8 位置"1"
CLR   TB8;TB8 位置"0"
```

发送数据（D0～D7）由MOV指令向SBUF写入，而D8位的内容则由硬件电路从TB8中直接送到发送移位寄存器的第九位，并以此来启动串行发送。一个字符帧发送完毕后，将TI位置“1”，其他过程与方式1相同。

方式2的接收过程与方式1基本相似，所不同的只在第九数据位上。方式1没有第九数据位，而方式2存在第九数据位，且这时串行口把接收到的前8个数据位送入SBUF，把第九数据位送入RB8。

方式2的波特率是固定的，只有两种，与PCON寄存器中SMOD位的值有关。当SMOD＝0时，波特率为$f_{osc}$的1/64；当SMOD＝1时，波特率为$f_{osc}$的1/32。用公式表示为：

$$波特率=\frac{2^{SMOD}}{64}\times f_{osc}$$

采用方式2查询方式发送接收数据的初始化程序非常简单，C51编写的初始化程序为：

```
1. Void initial_mode2_ check (void)
2. {
3.     PCON＝0x80;         //SMOD＝1，波特率为fosc的1/32
```

```
4.   SCON = 0x90;        //串口方式2、SM2 = 0、接收允许
5.   ES = 0;             //禁止串口中断
6.   }
```

**2. 工作方式3**

方式3也是9位异步串行通信方式，一帧数据一般为11位，其通信过程与方式2完全相同，所不同的仅在于波特率。方式2的波特率只有固定的两种，而方式3的波特率可由用户根据需要设定。其设定方法与方式1相同，即由定时器T1的溢出率决定，通过设置定时器T1的初值来设定波特率。

若单片机的主频为11.0592MHz，数据传输速率为9600bit/s，采用方式3以查询方式接收和发送数据的串口初始化子程序可用C51编写为：

```
1. Void initial_mode3_ check (void)
2. {
3.   SCON = 0xd0;       //串口方式3、SM2 = 0、接收允许
4.   TMOD = 0x20;       //定时器1设定为方式2
5.   PCON = 0x80;       //设置波特率为9600bit/s，SMOD = 1
6.   TH1 = 0Xfa;        //设置定时器1的初值
7.   TL1 = 0Xfa;        //设置定时器1重新装载值
8.   ES = 0;            //禁止串口中断
9.   TR1 = 1;           //启动定时器1，串口控制器开始工作
10. }
```

若采用中断方式，接收和发送数据的初始化子程序可用C51编写为：

```
1.  Void initial_mode3_int (void)
2.  {
3.      SCON = 0xd0;        //串口方式3、SM2 = 0、接收允许
4.      TMOD = 0x20;        //定时器1设定为方式2
5.      PCON = 0x80;        //设置波特率为9600bit/s，SMOD = 1，
6.      TH1 = 0Xfa;         //设置定时器1的初值
7.      TL1 = 0Xfa;         //设置定时器1重新装载值
8.      ES = 1;             //允许串口中断
9.      PS = 1;             //串口中断为高优先级
10.     TR1 = 1;            //启动定时器1，串口控制器开始工作
11. }
```

**3. 方式3应用举例**

下面通过一个双机通信的例子来说明方式3的应用和编程方法。

**例6-4** 设有甲、乙两台单片机系统，均采用11.0592MHz的晶振，采用串行口进行通信，数据传输速率为9600bit/s。甲机将存储于外部RAM起始地址为0100H的8个数据发送给乙机，乙机把接收到的8个数据存储于一个定位于片内寄存器的数组中，要求采用方式3，用中断方式发送和接收数据。

分析：通信双方均采用系统时钟频率$f_{osc}$ = 11.0592MHz，数据传输速率为9600bit/s。要求采用方式3，用中断方式发送和接收数据。串口初始化程序可以调用前面的Void initial_mode3_int (void) 函数。

链 6-5

题目要求甲机为发送方，采用中断的方式将发送缓冲区0100H~0107H中的8个数据发送给乙机。用C51编写的程序可扫链6-5查看。

程序中第一个数据送入SBUF后，数据发送完成后会产生中断。在中断服务程序中，tx_count既作为发送计数变量使用，也同时作为发送缓冲区的偏移量，若数据没有发送完时，则发送下一个数据XBYTE［TX_BASE + tx_count］；若8个数据已经发送完，则由于不再有数据送入SBUF，且TI已被清零，程序不会再进入中断服务程序。

链 6-6

题目要求乙机为接收方，采用中断接收的方式将数据存入一个定位于片内寄存器的数组中。用C51编写的程序可扫链6-6查看。

程序中定义了一个接收计数变量tx_count，它既作为接收数据计数变量使用，也作为数组rx_buffer的索引号使用。程序在初始化完成后进入等待状态，当接收到数据时就会产生中断，接收数据依次存入rx_buffer数组中。

## 6.5　单片机串行通信接口技术

由于单片机串行口的输入、输出均为TTL电平，而这种以TTL电平传输数据的方式，抗干扰性差，传输距离短。为了提高串行通信的可靠性，增大通信距离，在实际工业现场中一般采用RS－232C、RS－422A、RS－485等串行接口标准来进行串行通信。

### 6.5.1　常用的标准串行通信接口

**1. RS－232C接口**

RS－232C是异步串行通信中应用最广泛的标准总线，它包括了按位串行传输的电气和机械方面的规定，适用于数据终端设备（DTE）和数据通信设备（DCE）之间的接口。其中DTE主要包括计算机和各种串行通信中的终端机，而DCE的典型代表是调制解调器（MODEM）。

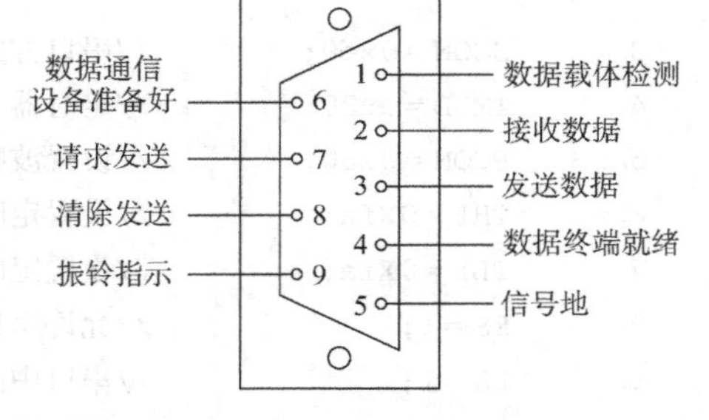


图6-7　“D”型9针插头引脚定义

RS－232C的机械标准规定：RS－232C接口通向外部的连接器（插针插座）是一种“D”型25针插头。在微机通信中，通常使用的RS－232接口信号只有9根引脚，而通常PC都带有9针“D”型的RS－232C连接器。其引脚定义如图6-7所示。

这9根引脚的定义见表6-3。

表6-3　微型计算机通信中常用的RS－232C接口信号

| 引脚号 | 符号 | 方向 | 功能 |
|---|---|---|---|
| 1 | DCD | 输入 | 数据载体检测 |
| 2 | RXD | 输入 | 接收数据 |
| 3 | TXD | 输出 | 发送数据 |
| 4 | DTR | 输出 | 数据终端准备好 |

（续）

| 引脚号 | 符号 | 方向 | 功能 |
| --- | --- | --- | --- |
| 5 | GND | | 信号地 |
| 6 | DSR | 输入 | 数据通信设备准备好 |
| 7 | RTS | 输出 | 请求发送 |
| 8 | CTS | 输入 | 清除发送 |
| 9 | RI | 输入 | 振铃指示 |

（1）电气特性　RS-232C规定的逻辑电平为：逻辑“1”：-3～-15V；逻辑“0”：+3～+15V。RS-232标准信号传输的最大电缆长度为30m，最高传输速率为20kbit/s。

（2）电平转换　电平转换芯片MAX232可以实现两组TTL电平与RS-232电平的双向转换。MAX232内部有电压倍增电路和转换电路，仅需要外接5个电容，在+5V电源下工作，使用十分方便。MAX232引脚图、MAX232内部结构及外部元件图可扫链6-7、链6-8查看。MAX232可以把TTL电平（0～5V）转换为RS-232的电平（-10～+10V），并送到传输线上；也可以把传输线上RS-232的电平转换成为TTL电平，并送到通信接口的TXD和RXD端。

链6-7　MAX232引脚图

链6-8　MAX232内部结构及外部元件图

**2. RS-422A接口**

RS-232C虽然应用很广，但因其推出较早，在对传输距离、传输速度要求更高的通信过程中存在数据传输速率低、通信距离短、容易产生串扰等缺点。鉴于此，EIA又制定了RS-422A标准。RS-232C既是一种电气标准，又是一种物理接口功能标准，而RS-422A仅仅是一种电气标准。

（1）电气特性　RS-422A标准规定了差分平衡的电气接口，它采用的是平衡驱动和差分接收的方法。这相当于两个单端驱动器。输入同一个信号时，其中一个驱动器的输出永远是另一个驱动器的反相信号。于是两条线上传输的信号电平，当一个表示逻辑“1”时，另一条一定为逻辑“0”。当干扰信号作为共模信号出现时，接收器接收差分输入电压，只要接收器有足够的抗共模电压工作范围，就能识别两个信号并正确接收传输的信息，使干扰和噪声相互抵消。因此，RS-422A能在长距离、高速率下可靠地传输数据。它的最大传输速率为10Mbit/s。在此速率下，电缆允许长度为12m，如果采用较低的传输速率，最大距离可达1200m。

RS-422A电路由发送器、平衡连接电缆、电缆终端负载、接收器四部分组成。在电路中规定只允许有一个发送器，可有多个接收器，因此，通常采用点对点通信方式。该标准允许驱动器输出电压为±2～±6V，接收器可以检测的输入信号电平可低到200mV。

（2）电平转换　可以把TTL电平转换成RS-422A电平的常用芯片有SN75172、SN75174、MC3487、AM26LS30、VI26IS31、UA9638等。器件特性为：最大电缆长度1.2km，最大数据传输速率为10Mbit/s，无负载输出电压≤6V，加负载输出电压≥2V，断电下输出阻抗≥4kΩ，短路输出电流≤150mA。

可以把 RS-422A 电平转换成 TTL 电平的常用芯片有 SN75173、SN75175、MC3486、AM26IS32、AM26LS33、UA9637 等。器件特性为：输入阻抗≥4kΩ，阈值为-0.2~+0.2V，最大输入电压为±12V。

**3. RS-485 接口**

（1）电气特性 RS-485 是 RS-422A 的变型，它与 RS-422A 的区别在于：RS-422A 为全双工，采用两对平衡差分信号线；而 RS-485 为半双工，采用一对平衡差分信号线。RS-485 专门用于多站互连，RS-485 标准允许最多并联 32 台驱动器和 32 台接收器。总线两端接匹配电阻（120Ω 左右），驱动器负载为 54Ω。驱动器输出电平在-1.5V 以下时为逻辑“1”，在+1.5V 以上时为逻辑“0”。接收器输入电平在-0.2V 以下时为逻辑“1”，在+0.2V 以上时为逻辑“0”。与 RS-422 相同，RS-485 传输速率最高为 10Mbit/s，最大电缆长度为 1200m。

（2）电平转换 在 RS-422A 标准中所用的驱动器和接收器芯片，在 RS-485 中均可使用。除了 RS-422A 电平转换中所列举的驱动器和接收器外，还有收发器 SN75176 芯片，该芯片集成了一个差分驱动器和一个差分接收器。

链 6-9 各种串行接口的性能比较

**4. 各种串行接口的性能比较**

RS-232C、RS-422A、RS-485 各串行接口的性能比较可扫链 6-9 查看。

## 6.5.2 单片机串行通信接口

单片机的通信根据其通信距离、抗干扰性能等的要求，可选择 TTL 电平传输、RS-232C、RS-422A、RS-485 等标准串行接口进行串行数据传输。

**1. TTL 电平通信接口**

在同一个电路内的两个单片机之间的通信通常直接选用 TTL 电平进行传输，通过将双方的 RXD 引脚与 TXD 引脚直接相连即可实现双机通信，接口电路如图 6-8 所示。

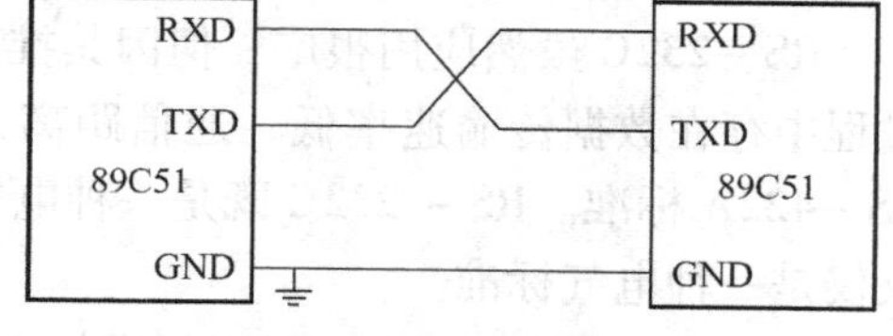


图 6-8 直接采用 TTL 电平实现的双机通信接口电路

**2. RS-232C 双机通信接口**

如果两个不同的单片机系统通信距离在 30m 之内，可利用 RS-232C 标准接口实现点对点的双机通信，接口电路如图 6-9 所示。

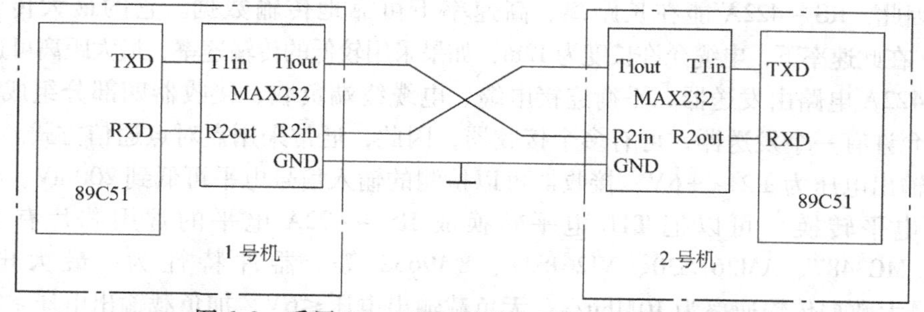


图 6-9 采用 RS-232C 实现的双机通信接口电路

**3. RS－422A 双机通信接口**

为了增加传输距离，减小线路上干扰造成的传输误码率，在距离较远的两个单片机系统之间的通信可以选择 RS－422A 通信接口，接口电路如图 6-10 所示。

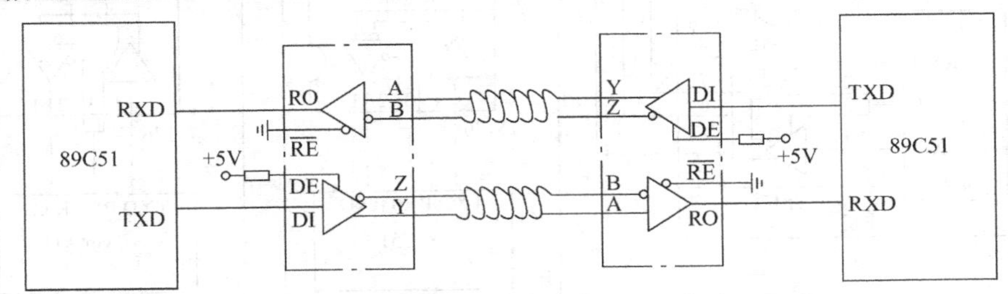


图 6-10　采用 RS－422A 实现的双机通信接口电路

**4. RS－485 双机通信接口**

RS－422A 双机通信需要四芯传输线，这对工业现场的长距离通信是很不经济的，故在工业现场，通常采用两芯双绞线传输的 RS－485 串行通信接口，而且这种接口很容易实现多机通信。图 6-11 给出了采用 RS－485 实现双机通信的接口电路。

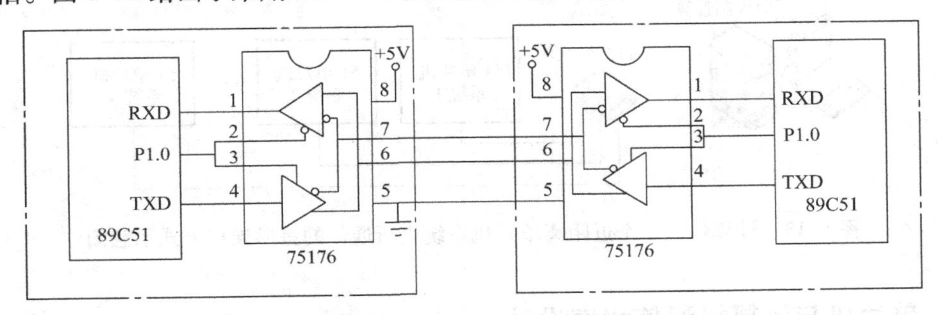


图 6-11　采用 RS－485 实现双机通信的接口电路

RS－485 以双向、半双工的方式实现了双机通信。在单片机系统发送或接收数据前，应先将 75176 的发送门或接收门打开，当 P1.0 输出为高电平时，发送门打开，接收门关闭；当 P1.0 输出低电平时，接收门打开，发送门关闭。

**5. RS－485 主从多机通信接口**

在工业现场中，多个单片机的通信使用最多的方式是利用 RS－485 构成的串行总线网络结构。其中，一台单片机为主机，其他单片机为从机，其接口电路如图 6-12 所示。

## 6.5.3　单片机与 PC 通信接口

在以单片机为基础的数据采集和实时控制系统中，经常以计算机为控制中心，各单片机系统组成采集和控制的智能单元构成小型分布式测控系统。其中，以单片机为核心的智能测量和控制仪表（从机）既能独立完成数据处理和控制任务，又可以将数据传送给计算机（主机）；计算机将从单片机系统接收到的数据进行处理、显示、打印，同时根据现场控制需要向各单片机系统发送命令，实现对整个系统的管理和控制。

在工业现场中，通常使用扩展多个串行接口分别与近距离的多个单片机系统进行通信的星形连接方式；而对于距离较远的单片机系统，通常采用 RS－485 通信接口标准，采用串

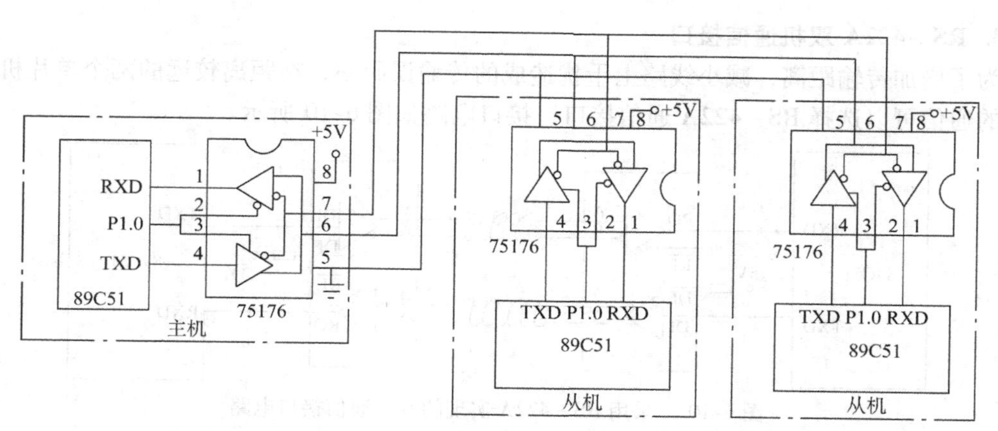


图6-12　采用RS-485构成的主从多机通信接口电路

行总线结构的方式与多个单片机系统组成通信网络。图6-13所示为计算机与多个近距离单片机系统进行通信的星形连接方式示意图。

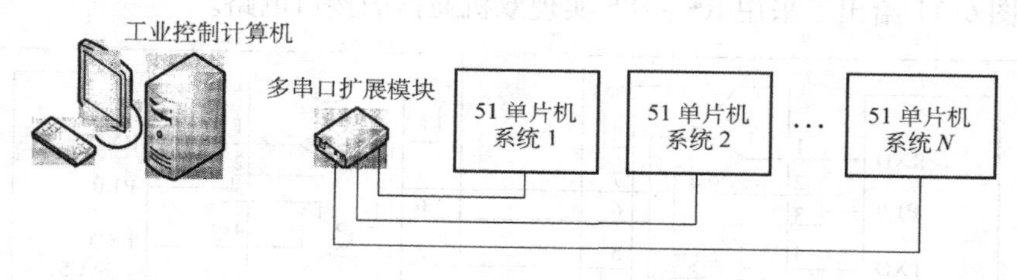


图6-13　计算机与多个近距离单片机系统进行通信的星形连接方式示意图

### 6.5.4　单片机与计算机通信程序设计

数据通信与电话通信不同，在工业现场，数据通信过程没有人直接参与，因此必须通过遵守相同的传输控制规程（通信协议规程）才可能使通信双方协调、可靠的工作。因此，主机要对通信网络中的多个智能仪器仪表单元进行控制，需要设计一套完善的通信协议。

通信协议一般对通信双方的接口标准、字符帧格式、命令帧格式、响应帧格式和数据帧格式进行约定。通信双方的接口标准必须一致，字符帧格式一般需约定数据传输速率、起始位个数、数据位个数、停止位个数。命令帧格式、响应帧格式和数据帧格式的一般格式为：

命令帧：[界定符号][地址][命令标识符][命令代码][校验和][结束符]

响应帧：[界定符号][地址][响应标识符][响应代码][校验和][结束符]

数据帧：[界定符号][地址][数据标识符][数据][校验和][结束符]

其中：

界定符号：通信帧起始标志。

地址：标明该通信帧要发往的从机地址。

命令标识：标明后续内容为命令代码，通常是ASCII码字符。

响应标识：标明后续内容为响应代码，通常是ASCII码字符。

数据标识：标明后续内容为数据，通常是ASCII码字符。

命令代码：系统中的命令编码。

响应代码：对所有命令的响应编码。

数据：主机和从机之间传递的参数或数据。

校验和：从地址字节开始到最后一个数据字节的所有字节的累加和，模除256的结果作为通信帧接收正确与否的判断依据。

结束符：通信帧结束标志。

常用智能仪器仪表的通信协议往往比较复杂，这里以智能汽车侧滑检测仪的通信协议为基础，以其中的一条指令为例，介绍单片机与计算机通信程序的设计方法。

以智能汽车侧滑检测仪的第一组通信命令为例，该命令为读侧滑表数据命令，主机发送的数据命令格式为#AAX（CR）。其中ASCII字符“#”为通信帧起始界定符；AA为一个接收从机的十六进制地址；X为命令代码，为ASCII码的“0”或没有。为“0”时表示检测结果精确到一位小数，命令字节不存在时表示检测结果不带小数；（CR）为ASC字符的回车符，代表通信帧结束符。

从机收到读侧滑表数据命令后，进行数据检测，检测完毕后将结果发送回主机，从机回送数据的格式为 >AA ±（data）（CR）。其中ASCII字符“ > ”为数据帧起始界定符；AA是从机的十六进制地址；ASCII字符“ + ”代表测量结果为正数，ASCII字符“ - ”代表测量结果为负数；（data）代表测量结果4位有效数字各位的ASCII码组合，高位在前，低位在后；（CR）为ASCII字符的回车符，代表通信帧结束符。

智能仪表需要执行很多任务，为了能够在执行任务期间还能接收主机发送的命令，通信应该使用中断方式而非查询方式。为了减少中断服务程序占用CPU的执行时间，从而使主程序能更迅速地执行任务，因此，在中断服务程序中不能做过于复杂的操作，只能做保存接收数据等简单的工作。通信帧指令解读的操作由主程序完成。

中断接收服务程序在每次收到一个字节数据后被自动调用一次，当接收到的第一个字符为界定符时，把接收计数器清零，同时指向接收缓冲区的下一个单元，后续接收到的数据则依次存入接收缓冲区，一旦收到结束符ASCII码回车符时，即表明接收完命令帧，将命令成功接收标志置“1”，指示主程序可以对接收缓冲区的内容进行处理。

中断发送服务程序在每次发送完一个字节数据时也被调用，同样在发送数据时设计了一个发送数据计数变量，当计数变量为0时，自然还没有发送过数据；当计数变量不为0时，则正处于发送通信帧状态，如果当前已经发送字节为结束符，则应将发送缓冲区清零并重新回到等待发送状态。

在智能汽车侧滑检测仪的程序中，中断服务程序代码如下：

```
1.  /* ------串行通信处理寄存器和位定义---*/
2.  uchar rxbuffer[8];                          //定义接收缓冲区
3.  uchar incount =0;                           //定义接收数据计数变量
4.  uchar txbuffer[8];                          //定义发送缓冲区
5.  uchar outcount =0;                          //定义发送数据计数变量
6.  bit commandok =0;                           //定义接收命令成功标志
7.  bit tx_data_finish =0;                      //定义发送数据完成标志
8.  /* ------------串行通信中断处理子程序-----------*/
9.  void SerialPort(void) interrupt 4 using 1
10. {
```

```
11.     uchar rev_temp;                       //串行中断接收数据临时存放变量
12.     if(RI = =1)                           //接收中断
13.     {
14.         RI =0;                            //清零 RI 标志
15.         rev_temp = SBUF;                  //将收到的数据暂存
16. //如果收到数据为 ASC 码的界定符，并且是一帧数据的起始字符则将数据保存于接收缓冲区
17.         if(((rev_temp = ='%')|(rev_temp = ='@')|(rev_temp = ='#'))&&(incount
    = =0))
18.         {
19.             rxbuffer[incount] = rev_temp;  //将接收数据存储与接收缓冲区中
20.             incount + +;
21.         }
22.         else if(incount >0)
23.         {
24.             rxbuffer[incount] = rev_temp;
25.             incount + +;                  //每收到一个字节则接收计数加 1
26.                                           //如果收到 ASCII 码的回车符，并且是一帧数据
                                              //的结束字节，则表明接收命令完毕.
27.             if(rev_temp = =0x0d) commandok =1;
28.         }
29. //如果超出接收缓冲区大小，则从接收缓冲区起始继续存储
30.         if(incount > =8) incount =0;
31. }
32.     else
33.     {
34.         if(TI = =1)                       //发送中断
35.         {
36.             TI =0;                        //清零 TI 标志
37.             outcount = outcount +1;       //每发送一个字节则发送计数加 1
38.                                           //如果发送了 ASCII 码的回车符，并且是一帧数
                                              //据的结束字节，则表明发送完毕.
39.             if((txbuffer[outcount -1] = =0x0d)&&(outcount >0))
40.             {
41.                 tx_data_finish =1;        //置位发送完毕标志
42.                 txbuffer[0] =0x00;        //发送缓冲区清零
43.                 txbuffer[1] =0x00;
44.                 txbuffer[2] =0x00;
45.                 txbuffer[3] =0x00;
46.                 txbuffer[4] =0x00;
47.                 txbuffer[5] =0x00;
48.                 txbuffer[6] =0x00;
49.                 txbuffer[7] =0x00;
50.                 txbuffer[8] =0x00;
```

```
51.                 outcount = 0;
52.           }
53. //如果没有发送完毕则持续将发送缓冲区内容送出
54.              else SBUF = txbuffer[outcount];
55.    }
56.       }
57. }
```

中断程序判断数据帧接收并存储于缓冲区之后，将全局位变量 commandok 置“1”。主程序不断查询这个位变量，当查到该位变量为1时，将接收缓冲区内容读取分析，根据命令及命令参数执行对应的处理程序。

命令分析程序首先分析接收缓冲区中存放的地址是否与本机地址相符，如果相符才能进一步判断，如果不符则退出程序等待下一次通信帧的接收。命令分析程序中通常设计一个多分支结构，根据不同界定符执行对应的分析处理程序。相关的命令分析程序如下：

```
1.  /*-----------命令分析处理程序----------------------*/
2.  void command_proccess(void)
3.  {
4.      commandok = 0;                         //清除接收命令成功位变量
5.      if(rxbuffer[1] = = set_address)        //判断接收地址是否与本机相符
6.      {
7.          switch(rxbuffer[0])                //判断起始界定符，转向对应分支
8.          {
9.              case '#':                      //起始界定符为 ASCII 码“#”
10.                 txbuffer[0] = '>';         //发送数据帧的起始界定符
11.                 txbuffer[1] = set_address; //发送数据帧的本机地址
12.                 measure_data_proccess(0x00); //启动检测程序
13.                 txbuffer[2] = LEDDATA1 + 0x30; //将检测结果变为 ASCII 码发送
14.                 txbuffer[3] = LEDDATA2 + 0x30;
15.                 txbuffer[4] = LEDDATA3&0x0f;
16.                 txbuffer[4] = txbuffer[4] + 0x30;
17.                 if(rxbuffer[2] = = '0')    //精度要求为一位小数
18.                 {
19.                     txbuffer[5] = '.';          //发送数据帧中加入小数点的
                                                     ASCII 码
20.                txbuffer[6] = LEDDATA4 + 0x30;//发送小数值 ASCII 码
21.                txbuffer[7] = 0x0d;         //发送结束符
22.                 }
23.                 else                       //精度要求为整数
24.                 {
25.                txbuffer[5] = LEDDATA4 + 0x30;//发送最后一位整数
26.                txbuffer[6] = 0x0d;         //发送结束符
27.                 }
28.                 outcount = 0x00;           //设置发送计数变量初始值
```

```
29.                 SBUF = txbuffer[0];                   //启动发送
30.                 tx_data_finish = 0;                   //清除发送结束标志变量
31.                 break;
32.             }
33.                                                       //分析处理执行结束,将相关变量清零
34.         commandok = 0;
35.         rxbuffer[0] = 0x00;
36.         rxbuffer[1] = 0x00;
37.         rxbuffer[2] = 0x00;
38.         rxbuffer[3] = 0x00;
39.         rxbuffer[4] = 0x00;
40.         rxbuffer[5] = 0x00;
41.         rxbuffer[6] = 0x00;
42.         rxbuffer[7] = 0x00;
43.         rxbuffer[8] = 0x00;
44.     }
45. }
```

## 习 题

1. 填空题

(1) 通常把控制器与______或控制器与______之间的数据传送称为通信。串行通信分为____和________两种方式。

(2) 异步串行近程通信时的传送信号是________电平信号。

(3) 串行数据通信有________、________和________数据通路连接形式。

(4) 帧格式为1个起始位、8个数据位和1个停止位的异步串行通信方式是方式________。

(5) 在串行通信中，收发双方对波特率的设定应该是________的。

(6) 51系列单片机的串行口工作方式中适合多机通信的是方式________。

2. 选择题

在下列各题的（A）、(B)、(C)、(D) 4个选项中，只有一个是正确的，请选择。

(1) 串行口工作方式1的的波特率是（　　）。

(A) 固定的，为$f_{osc}/32$

(B) 固定的，为$f_{osc}/16$

(C) 可变的，通过定时器/计数器T1的溢出率设定

(D) 固定的，为$f_{osc}/64$

(2) 串行口的移位寄存器方式为（　　）。

(A) 方式0　　(B) 方式1　　(C) 方式2　　(D) 方式3

(3) 以下所列的特点中，不属于串行工作方式2的是（　　）。

(A) 11位帧格式　　(B) 有第9数据位

(C) 使用一种固定的波特率　　(D) 使用两种固定的波特率

(4) 串行口每一次传送（　　）字符。

(A) 1个　　(B) 1串　　(C) 1帧　　(D) 1波特

(5) 串行通信的传送速率单位是波特，而波特的单位是（　　）。

(A) 字符/秒　　(B) 位/秒　　(C) 帧/秒　　(D) 帧/分

（6）某异步通信接口的波特率为 4800，则该接口每秒钟传送（　　）。

（A）4800 位　（B）4800 字节　（C）9600 位　（D）9600 字节

（7）串行口的控制寄存器 SCON 中，REN 的作用是（　　）。

（A）接收中断请求标志位　（B）发送中断请求标志位

（C）串行口允许接收位　（D）地址/数据位

（8）51 系列单片机串行口发送/接收中断源的工作过程是：当串行口接收或发送完一帧数据时，将 SCON 中的（　　）向 CPU 申请中断。

（A）RI 或 TI 置“1”　（B）RI 或 TI 置“0”

（C）RI 置“1”或 TI 置“0”　（D）RI 置“0”或 TI 置“1”

（9）89C51 单片机串行口用工作方式 0 时，（　　）。

（A）数据从 RDX 串行输入，从 TXD 串行输出

（B）数据从 RDX 串行输出，从 TXD 串行输入

（C）数据从 RDX 串行输入或输出，同步信号从 TXD 输出

（D）数据从 TXD 串行输入或输出，同步信号从 RXD 输出

3. 问答题

（1）串行数据传送的主要优点和用途是什么？

（2）简述串行口接收和发送数据的过程。

（3）串行口有几种工作方式？有几种帧格式？各种工作方式的波特率如何确定？

（4）简述 51 系列单片机多机通信的特点。

（5）假定异步串行通信的字符格式为 1 个起始位、8 个数据位、2 个停止位以及奇校验位，请画出传送字符“T”的桢格式。

（6）已知异步通信接口的桢格式由 1 个起始位、7 个数据位、1 个奇偶校验位和 1 个停止位组成。当该接口每分钟传送 3600 个字符时，计算其传送波特率。

4. 编程题

（1）试设计一个发送程序，将片内 RAM 20H～2FH 中的数据从串行口输出，要求将串行口定义为工作方式 2，TB8 作为奇偶校验位。

（2）以 89C51 串行口按工作方式 3 进行串行数据通信。假定波特率为 1200bit/s，第九数据位作奇偶校验位，以中断方式传送数据，请编写通信程序。

（3）现用两个 89C51 单片机系统作为甲机和乙机进行双机通信。假设甲机和乙机相距很近。

甲机发送：发送内部 RAM 以 50H 为首地址单元内的 10 个数据。

乙机接收：将接收到的数据存放在内部 RAM 40H 为首地址的单元内。

要求：画出双机通信的硬件电路（甲机画出复位电路和晶振电路），计算时间常数，并编写发送和接收的子程序。（$f_{osc}$ = 11.0592MHz，SMOD = 0，定时器 1 工作于方式 2，波特率为 2400bit/s）。

# 第 7 章　STC8H 系列单片机硬件结构

自 1978 年 Intel 公司推出 MCS－51 单片机以来，世界上很多知名厂家均生产兼容 51 系列的单片机。随着技术的发展，尤其是集成度的提高，原本很多由外围 IC 完成的部件功能也都集成到单片机内部。本章介绍最新国产 STC8H 系列单片机的硬件结构，可以结合第 2 章对照学习，有利于快速掌握其扩展功能，尤其是各类专用寄存器 SFR 的使用方法。

## 7.1　总体结构

STC8H 系列单片机总体架构如图 7-1 所示。以 STC8H8K64U 单片机为例，其主要功能和技术指标如下。

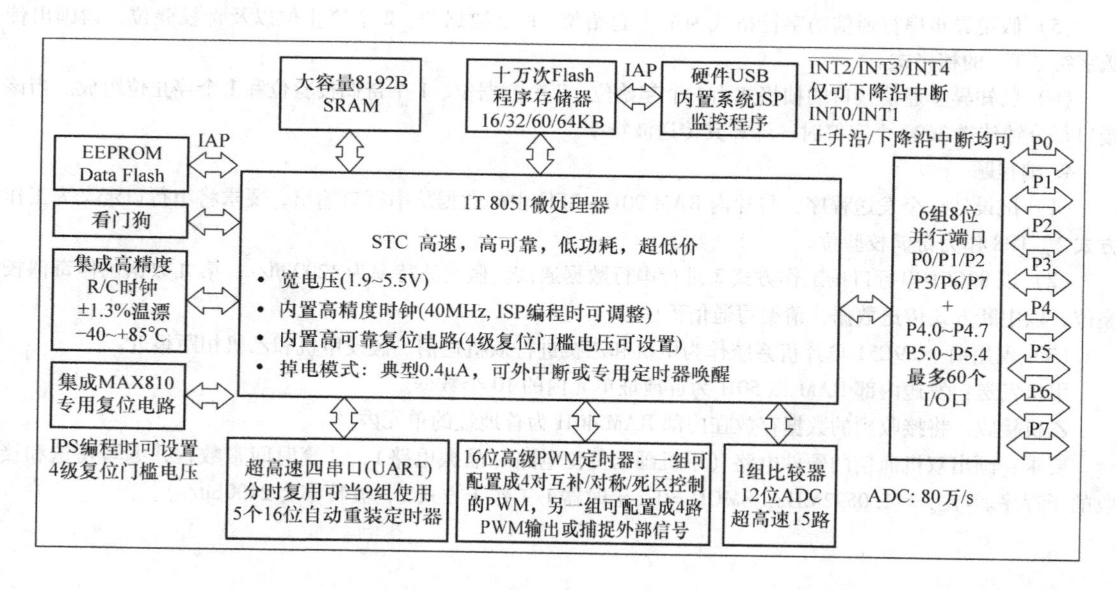


图 7-1　STC8H 系列单片机总体架构

（1）内核

1）超高速 8051 内核（1T），比传统 8051 快 12 倍以上。

2）指令代码完全兼容传统 8051。

3）22 个中断源，4 级中断优先级。

4）支持在线仿真。

（2）工作电压

1）1.9~5.5V。

2）内建LDO。

（3）工作温度　-40~+85℃。

（4）Flash存储器

1）最大64KB Flash程序存储器（ROM），用于存储用户代码。

2）支持用户配置EEPROM大小，512B单页擦除，擦写次数可达10万次以上。

3）支持在系统编程方式（ISP）更新用户应用程序，无须专用编程器。

4）支持单芯片仿真，无须专用仿真器，理论断点个数无限制。

（5）SRAM

1）128B内部直接访问RAM（DATA）。

2）128B内部间接访问RAM（IDATA）。

3）8192B内部扩展RAM（内部XDATA）。

4）1280B USB数据RAM。

（6）时钟控制　用户可自由选择下面的3种时钟源。

1）内部高精度IRC（ISP编程时可进行上下调整）。

误差：±0.3%（常温下25℃）；

误差：-1.35%~+1.30%（全温度范围，-40~+85℃）；

误差：-0.76%~+0.98%（温度范围，-20~+65℃）。

2）内部32kHz低速IRC（误差较大）。

3）外部晶振（4~33MHz）和外部时钟。

（7）复位　分为硬件复位和软件复位两种。

1）硬件复位，有下列4种复位方式：

◆上电复位：实测电压值为1.69~1.82V。上电复位电压是由一个上限电压和一个下限电压组成的电压范围，当工作电压从5V/3.3V向下掉到上电复位的下限门槛电压时，芯片处于复位状态；当电压从0V上升到上电复位的上限门槛电压时，芯片解除复位状态。

◆复位脚复位：出厂时P5.4默认为I/O口，ISP下载时可将P5.4引脚设置为复位脚。

注意：当设置P5.4引脚为复位脚时，复位电平为低电平。STC8H系列和51系列单片机使用外部引脚复位时电平刚好相反！

◆看门狗溢出复位：当单片机内部看门狗定时器作用时，超过看门狗定时时间则产生溢出复位。

◆低压检测复位：提供4级低压检测电压：1.9V、2.3V、2.8V、3.7V。每级低压检测电压都是由一个上限电压和一个下限电压组成的电压范围，当工作电压从5V/3.3V向下掉到低压检测的下限门槛电压时，低压检测生效。

2）软件复位，软件方式写复位触发寄存器。

（8）中断

1）提供22个中断源：INT0（支持上升沿和下降沿中断）、INT1（支持上升沿和下降沿中断）、INT2（只支持下降沿中断）、INT3（只支持下降沿中断）、INT4（只支持下降沿中断）、定时器0、定时器1、定时器2、定时器3、定时器4、串口1、串口2、串口3、串口4、ADC模数转换、LVD低压检测、SPI（Serial Peripheral Interface）、$I^2C$（Inter－Integrated Circuit）、比较器、PWM1、PWM2、USB。

2）提供4级中断优先级。

3）时钟停振模式下可以唤醒的中断：INT0（P3.2）、INT1（P3.3）、INT2（P3.6）、INT3（P3.7）、INT4（P3.0）、T0（P3.4）、T1（P3.5）、T2（P1.2）、T3（P0.4）、T4（P0.6）、RXD（P3.0/P3.6/P1.6/P4.3）、RXD2（P1.4/P4.6）、RXD3（P0.0/P5.0）、RXD4（P0.2/P5.2）、I2C_ SDA（P1.4/P2.4/P3.3），以及比较器中断、低压检测中断、掉电唤醒定时器唤醒。

（9）数字外设

1）5个16位定时器：定时器0、定时器1、定时器2、定时器3、定时器4，其中定时器0的模式3具有NMI（不可屏蔽中断）功能，定时器0和定时器1的模式0为16位自动重载模式。

2）4个高速串口：串口1、串口2、串口3、串口4，波特率时钟源最快可为$f_{osc}/4$。

3）8路/2组高级PWM，可实现带死区的控制信号，并支持外部异常检测功能，另外还支持16位定时器、8个外部中断、8路外部捕获测量脉宽等功能。

4）SPI：支持主机模式和从机模式以及主机/从机自动切换。

5）$I^2C$：支持主机模式和从机模式。

6）MDU16：硬件16位乘除法器（支持32位除以16位、16位除以16位、16位乘16位、数据移位以及数据规格化等运算）。

7）USB：USB2.0/USB1.1兼容全速USB，6个双向端点，支持4种端点传输模式（控制传输、中断传输、批量传输和同步传输），每个端点拥有64B的缓冲区。

（10）模拟外设

1）超高速ADC，支持12位高精度15通道（通道0～通道14）的模数转换，速度最快能达到80万/s（每秒进行80万次ADC转换）。

2）ADC的通道15用于测试内部1.19V参考信号源（芯片在出厂时，内部参考信号源已调整为1.19V）。

3）比较器：一组比较器（比较器的正端可选择CMP+端口和所有的ADC输入端口，所以比较器可当作多路比较器进行分时复用）。

4）DAC：8路高级PWM定时器可当8路DAC使用。

（11）GPIO

1）最多可达61个GPIO：P0.0～P0.7、P1.0～P1.7（无P1.2）、P2.0～P2.7、P3.0～P3.7、P4.0～P4.7、P5.0～P5.4、P6.0～P6.7、P7.0～P7.7。

2）所有的GPIO均支持4种模式：准双向口模式、强推挽输出模式、开漏输出模式、高阻输入模式。

3）除P3.0和P3.1外，其余所有I/O口上电后的状态均为高阻输入状态，用户在使用I/O口时必须先设置I/O口模式。另外，每个I/O口均可独立使能内部4kΩ上拉电阻。

（12）封装 封装有如下4种：LQFP64、QFN64、LQFP48、QFN48。

## 7.2　选型表

为满足不同应用的需求，STC8H 系列单片机有各种不同型号供用户选用。链 7-1 列出各种型号的主要功能。从链 7-1 可以看出：

1）所有芯片工作电压范围为：1.9～5.5V。

2）内置各类存储器：RAM、SRAM、Flash 程序存储器和 EEPROM 数据存储器，并根据该芯片功能进行配置，确保设计应用系统不再扩充存储器，图 2-5b 三总线结构基本不用，简化了应用系统硬件电路设计。

3）内部集成了增强型的双数据指针。通过程序控制，可实现数据指针自动递增或递减功能以及两组数据指针的自动切换功能。

4）配有串行口 4 个，并可掉电唤醒。

5）所有芯片都具有 SPI 和 $I^2C$ 串行总线扩展功能，便于外部电路的扩充。

6）定时器/计数器多达 5 个，PWM 输出多达 8 个。

7）所有芯片都有掉电唤醒专用定时器，具有看门狗和复位定时功能。

8）引脚从 20 脚到 64 脚可选，封装形式从 QFN20、TSSOP20 到 QFN64、LQFP64 可选。

## 7.3　引脚定义与功能

引脚定义和单片机的封装形式及扩展功能紧密相关。本节以 STC8H8K64U 单片机为例介绍。STC8H 系列其他型号单片机引脚定义与功能相对简单，更容易理解。

64 引脚的引脚功能图、48 引脚的引脚功能图、STC8H8K64U 引脚功能定义表可分别扫链 7-2、链 7-3、链 7-4 查看。将链 7-2、链 7-3 和 51 系列单片机 40 引脚定义相对比可以看出：

1）许多引脚所标注的英文定义功能很长，表明 STC8H 系列单片机引脚所具备的复用功能很多，1 个引脚最多可复用的功能达 6 个。因此，应用时机动性强，说明掌握 SFR 的配置很重要。

2）无原有的控制信号线，说明已在芯片内部集成。节余引脚可供扩充使用。

3）无复位和时钟信号线，说明已在芯片内部集成。但也提供备用功能供选用。

4）引脚定义功能很多，不易记忆。事实上，只要逐渐熟悉各应用部件的功能及使用方法，记住其也不难。

链 7-1　STC8H 系列单片机主要功能表

链 7-2　STC8H8K64U－64PIN 引脚功能定义

链 7-3　STC8H8K64U－48PIN 引脚功能定义

链 7-4　STC8H8K64U 引脚功能定义

## 7.4 功能脚切换

STC8H 系列单片机的特殊外设如串口、SPI、PWM、I²C 以及总线控制脚可以在多个I/O口直接进行切换，以实现一个外设可作多个设备进行分时复用。一个引脚多用可使单片机资源的运用更加灵活。

### 7.4.1 功能脚切换相关寄存器

表 7-1 所示为 STC8H 系列功能脚切换相关寄存器。一共使用了两个 SFR 和六个扩展 SFR。

表 7-1 功能脚切换相关寄存器

| 符号 | 描述 | 地址 | 位地址与符号 | | | | | | | | 复位值 |
|---|---|---|---|---|---|---|---|---|---|---|---|
| | | | B7 | B6 | B5 | B4 | B3 | B2 | B1 | B0 | |
| P_SW1 | 外设端口切换寄存器 1 | A2H | S1_S[1:0] | | — | — | SPI_S[1:0] | | 0 | — | nnxx,000x |
| P_SW2 | 外设端口切换寄存器 2 | BAH | EAXFR | — | I2C_S[1:0] | | CMPO_S | S4_S | S3_S | S2_S | 0x00,0000 |
| MCLKOCR | 主时钟输出控制寄存器 | FE05H | MCLKO_S | MCLKODIV [6:0] | | | | | | | 0000,0000 |
| PWM1_PS | PWM1 切换寄存器 | FEB2H | C4PS[1:0] | | C3PS[1:0] | | C2PS[1:0] | | C1PS[1:0] | | 0000,0000 |
| PWM2_PS | PWM2 切换寄存器 | FEB6H | C8PS[1:0] | | C7PS[1:0] | | C6PS[1:0] | | C5PS[1:0] | | 0000,0000 |
| PWM1_ETRPS | PWM1 的 ETR 选择寄存器 | FEB0H | — | — | — | — | — | BRK1PS | ETR1PS[1:0] | | xxxx,x000 |
| PWM2_ETRPS | PWM2 的 ETR 选择寄存器 | FEB4H | — | — | — | — | — | BRK2PS | ETR2PS[1:0] | | xxxx,x000 |
| T3T4PIN | T3/T4 选择寄存器 | FEACH | — | — | — | — | — | — | — | T3T4SEL | xxxx,xxx0 |

### 7.4.2 寄存器切换引脚功能位的定义

（1）P_SW1 外设端口切换寄存器 1 各功能位定义如下。

| S1_S[1:0]：串口 1 功能引脚选择位 | | | SPI_S[1:0]：SPI 功能引脚选择位 | | | | |
|---|---|---|---|---|---|---|---|
| S1_S[1:0] | RxD | TxD | SPI_S[1:0] | SS | MOSI | MISO | SCLK |
| 00 | P3.0 | P3.1 | 00 | P1.2/P5.4 | P1.3 | P1.4 | P1.5 |
| 01 | P3.6 | P3.7 | 01 | P2.2 | P2.3 | P2.4 | P2.5 |
| 10 | P1.6 | P1.7 | 10 | P5.4 | P4.0 | P4.1 | P4.3 |
| 11 | P4.3 | P4.4 | 11 | P3.5 | P3.4 | P3.3 | P3.2 |

(2) P_SW2 外设端口切换控制寄存器2 各功能位定义如下。

| 符号 | 地址 | B7 | B6 | B5 | B4 | B3 | B2 | B1 | B0 |
|---|---|---|---|---|---|---|---|---|---|
| P_SW2 | BAH | EAXFR | — | I$^2$C_S[1:0] | | CMPO_S | S4_S | S3_S | S2_S |

I$^2$C_S[1:0]：I$^2$C 功能引脚选择位

| I$^2$C_S[1:0] | SCL | SDA |
|---|---|---|
| 00 | P1.5 | P1.4 |
| 01 | P2.5 | P2.4 |
| 10 | — | — |
| 11 | P3.2 | P3.3 |

CMPO_S：比较器输出引脚选择位

| CMPO_S | CMPO |
|---|---|
| 0 | P3.4 |
| 1 | P4.1 |

EAXFR：扩展 RAM 区特殊功能寄存器(XFR) 访问控制寄存器

| EAXFR | 功能 |
|---|---|
| 0 | 禁止访问 XFR |
| 1 | 允许访问 XFR |
| 说明： | 当需要访问 XFR 时，必须先将 EAXFR 置“1”，才能对 XFR 进行正常的读写 |

S4_S：串口4功能引脚选择位

| S4_S | RxD4 | TxD4 |
|---|---|---|
| 0 | P0.2 | P0.3 |
| 1 | P5.2 | P5.3 |

S3_S：串口3功能引脚选择位

| S3_S | RxD3 | TxD3 |
|---|---|---|
| 0 | P0.0 | P0.1 |
| 1 | P5.0 | P5.1 |

S2_S：串口2功能引脚选择位

| S2_S | RxD2 | TxD2 |
|---|---|---|
| 0 | P1.0 | P1.1 |
| 1 | P4.6 | P4.7 |

(3) MCLKOCR 时钟选择寄存器 其中 MCLKO_S 位为主时钟输出引脚选择位。MCLKO_S = 0 时，主时钟输出 MCLKO 引脚为 P5.4；MCLKO_S = 1 时，引脚为 P1.6。

(4) T3T4PIN T3/T4 选择寄存器 其位 T3T4SEL 的引脚选择位有 T3、T3CLKO、T4、T4CLKO，定义如下。

| T3T4SEL | T3 | T3CLKO | T4 | T4CLKO |
|---|---|---|---|---|
| 0 | P0.4 | P0.5 | P0.6 | P0.7 |
| 1 | P0.0 | P0.1 | P0.2 | P0.3 |

(5) PWM1_PS PWM1 切换寄存器 各功能位定义如下。

| C1PS[1:0]：PWM 通道1输出引脚选择位 | | | C2PS[1:0]：PWM 通道2输出引脚选择位 | | |
|---|---|---|---|---|---|
| C1PS[1:0] | PWM1P | PWM1N | C2PS[1:0] | PWM2P | PWM2N |
| 00 | P1.0 | P1.1 | 00 | P1.2/P5.4 | P1.3 |
| 01 | P2.0 | P2.1 | 01 | P2.2 | P2.3 |
| 10 | P6.0 | P6.1 | 10 | P6.2 | P6.3 |
| 11 | — | — | 11 | — | — |
| 00 | P1.4 | P1.5 | 00 | P1.6 | P1.7 |
| 01 | P2.4 | P2.5 | 01 | P2.6 | P2.7 |
| 10 | P6.4 | P6.5 | 10 | P6.6 | P6.7 |
| 11 | — | — | 11 | P3.4 | P3.3 |

(6) PWM2_PS PWM2 切换寄存器 各功能位定义如下。

| C5PS[1:0]：PWM 通道5输出引脚选择位 | | C6PS[1:0]：PWM 通道6输出引脚选择位 | |
|---|---|---|---|
| C5PS[1:0] | PWM5P | C6PS[1:0] | PWM6P |
| 00 | P2.0 | 00 | P2.1 |
| 01 | P1.7 | 01 | P5.4 |
| 10 | P0.0 | 10 | P0.1 |
| 11 | P7.4 | 11 | P7.5 |

（续）

| C7PS[1:0]：PWM 通道 7 输出引脚选择位 | | C8PS[1:0]：PWM 通道 8 输出引脚选择位 | |
|---|---|---|---|
| C7PS[1:0] | PWM7P | C8PS[1:0] | PWM8P |
| 00 | P2.2 | 00 | P2.3 |
| 01 | P3.3 | 01 | P3.4 |
| 10 | P0.2 | 10 | P0.3 |
| 11 | P7.6 | 11 | P7.7 |

（7）PWM1_ETRPS、PWM2_ETRPS PWM 的 ETR 选择寄存器 各功能位定义如下。

| ETR1PS[1:0]：PWM1 的外部触发引脚 ERI1 选择位 | | ETR2PS[1:0]：PWM2 的外部触发引脚 ERI2 选择位 | | BRK1PS：PWM1 的刹车脚 PWMFLT1 选择位 | BRK2PS：PWM2 的刹车脚 PWMFLT2 选择位 |
|---|---|---|---|---|---|
| ETR1PS[1:0] | PWMETI1 | ETR2PS[1:0] | PWMETI2 | BRK1PS = 0 时，PWMFLT1 = P3.5；BRK1PS = 1 时，PWMFLT1 = 比较器输出 | BRK2PS = 0 时，PWMFLT2 = P3.5；BRK2PS = 1 时，PWMFLT2 = 比较器输出 |
| 00 | P3.2 | 00 | P3.2 | | |
| 01 | P4.1 | 01 | P0.6 | | |
| 10 | P7.3 | 10 | — | | |
| 11 | — | 11 | — | | |

## 7.5 存储器配置

STC8H 系列单片机的程序存储器和数据存储器是各自独立编址的，其内部集成了大容量的程序存储器和数据存储器。内部的数据存储器在物理和逻辑上都分为两个地址空间：内部 RAM（256 个字节）和内部扩展 RAM。其中内部 RAM 的高 128 字节的数据存储器与特殊功能寄存器（SFR）地址重叠，实际使用时通过不同的寻址方式加以区分。

### 7.5.1 程序存储器

STC8H 系列单片机片内能够提供最多 64KB Flash 程序存储器，足够应用系统的使用，因此没有提供访问外部程序存储器的总线，不能进行外部程序存储器的访问。

### 7.5.2 数据存储器

STC8H 系列单片机内部 RAM 共 256 个字节，其使用方法参见第 2 章。

STC8H 系列单片机还集成了内部扩展 RAM，最多达 8KB。访问内部扩展 RAM 的方法和 51 系列单片机访问外部扩展 RAM 的方法相同，但是不影响 P0 口（数据总线和高八位地址总线）、P2 口（低八位地址总线）以及读、写等端口上的信号。

在汇编语言中，内部扩展 RAM 通过 MOVX 指令访问：

```
MOVX  A,@DPTR
MOVX  @DPTR,A
MOVX  A,@Ri
MOVX  @Ri,A
```

在 C 语言中，可使用 xdata/pdata 声明存储类型。如：

```
unsigned char xdata i;
unsigned int pdata j;
```

注意：pdata 即为 xdata 的低 256 字节，在 C 语言中订阅变量为 pdata 类型后，编译器会自动将变量分配在 xdata 的 0000H ~ 00FFH 区域，并使用 MOVX @ Ri，A 和 MOVX A@ Ri 进行访问。

单片机内部扩展 RAM 是否可以访问，受辅助寄存器 AUXR（地址：8EH）中的 EXTRAM 位控制。EXTRAM = 0，允许访问内部扩展 RAM；EXTRAM = 1，禁止访问内部扩展 RAM。

STC8H 系列单片机允许扩展外部 RAM，由于其内部 RAM 足够多，一般不建议扩展。

### 7.5.3　特殊功能寄存器

特殊功能寄存器（Special Function Registers，SFR），也称为专用寄存器。单片机功能越强大，其 SFR 数量也就越多。STC8H 系列单片机 SFR 的符号、名称、地址一览表可扫链 7-5查看。虽然 SFR 数量众多，一时难以记住，但正是因为有了如此众多的 SFR，才使得单片机应用系统开发时的硬件电路设计变得简单。从某种意义上来说，SFR 使硬件电路设计软件化。

扩展 SFR 的符号、名称、地址一览表可扫链 7-6 查看。其逻辑地址位于 xdata 区域，访问前需要将 P_SW2（BAH）寄存器的最高位（EAXFR）置“1”，然后使用 MOVX A，@ DPTR和 MOVX @ DPTR，A 指令进行访问。

STC8H8K64U - 64PIN/48PIN USB 系列 SFR 和扩展 SFR 的符号与地址一览简表可扫链 7-7查看。从表中可以直观地看出该系列所使用的 SFR 和扩展 SFR 的符号与地址的对应关系，也可看出各种功能部件如 PWM 组件所对应的 SFR 群集合。

链 7-5　STC8H 系列单片机 SFR 的符号、名称、地址一览表

链 7-6　扩展 SFR 的符号、名称、地址一览表

链 7-7　STC8H8K64U - 64PIN/48PIN USB 系列 SFR 和扩展 SFR 的符号与地址一览简表

## 7.6　输入/输出接口

STC8H 系列单片机的 I/O 口结构更多，数量更大，配置更为灵活。

### 7.6.1　I/O 口结构图

STC8H 系列单片机所有的 I/O 口均有 5 种工作模式：准双向口（标准 8051 输出口模式）、推挽输出/强上拉、高阻输入、开漏输出和新增 4.1kΩ 上拉电阻准双向口。可使用软件对 I/O 口的工作模式进行配置。

注意：除 P3.0 和 P3.1 外，其余所有的 I/O 口上电后的状态均为高阻输入状态，用户在使用I/O口时必须先设置I/O口模式。硬件电路设计时，必须保证输出量在复位后状态的一致性。

**1. 准双向口**

准双向口输出类型（如图7-2所示）可用作输出和输入功能而不需重新配置端口的输出状态。这是因为当端口输出为1时驱动能力很弱，允许外部装置将其拉低。当引脚输出为低时，它的驱动能力很强，可吸收相当大的电流。准双向口的3个上拉场效应晶体管可以适应不同的需要。

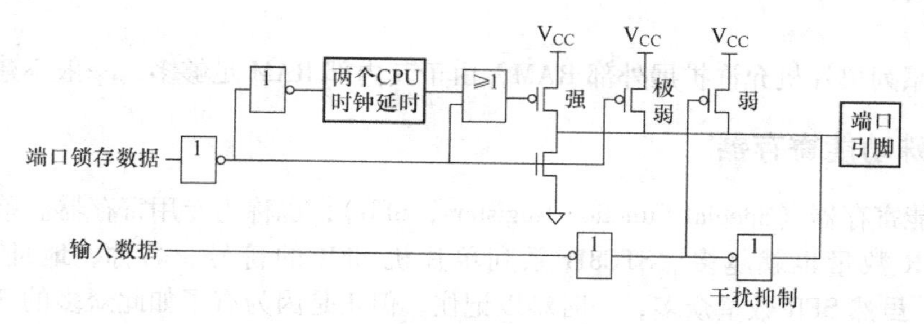


图7-2 准双向口位结构原理图

第一个上拉场效应管称为“弱上拉”，当端口寄存器为1且引脚本身也为1时打开。此上拉提供基本驱动电流使准双向口输出为1。如果一个引脚输出为1而由外部装置下拉到低电平时，“弱上拉”关闭而“极弱上拉”维持打开状态，为了把这个引脚强拉为低电平，外部装置必须有足够的灌电流能力使引脚上的电压降到门槛电压以下。对于5V单片机，“弱上拉”场效应晶体管的电流约为250μA；对于3.3V单片机，“弱上拉”场效应晶体管的电流约为150μA。

第二个上拉场效应晶体管称为“极弱上拉”，当端口锁存为1时打开。当引脚悬空时，这个极弱的上拉源产生很弱的上拉电流将引脚上拉为高电平。对于5V单片机，“极弱上拉”场效应晶体管的电流约为18μA；对于3.3V单片机，“极弱上拉”场效应晶体管的电流约为5μA。

第三个上拉场效应晶体管称为“强上拉”。当端口锁存器由0跳变到1时，此上拉用来加快准双向口由逻辑0到逻辑1的转换。当发生这种情况时，强上拉打开约两个时钟以使引脚能够迅速上拉到高电平。

准双向口（弱上拉）带有一个施密特触发输入以及一个干扰抑制电路。准双向口（弱上拉）读外部状态前，要先锁存为“1”，才可读到外部正确的状态。

**2. 推挽输出**

推挽输出位结构如图7-3所示，其下拉结构与开漏输出以及准双向口的下拉结构相同，但当端口锁存器为1时提供持续的强上拉。推挽模式一般用于需要更大驱动电流的情况。

**3. 高阻输入**

高阻输入位结构如图7-4所示，顾名思义，由于是高阻输入，因此电流既不能流入也不能流出。端口引脚信号通过一个干扰抑制电路和一个施密特触发器接入输入数据位。

**4. 开漏输出**

开漏输出模式（如图7-5所示）既可读外部状态，也可对外输出（高电平或低电平）。如要正确读外部状态或需要对外输出高电平，则需外加上拉电阻。

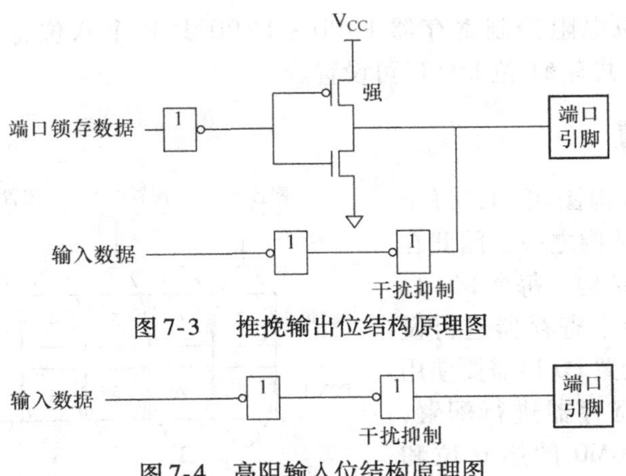


图 7-3　推挽输出位结构原理图

图 7-4　高阻输入位结构原理图

当端口锁存器为 0 时，开漏输出关闭上拉场效应晶体管。当作为一个逻辑输出高电平时，这种配置方式必须有外部上拉，一般通过电阻外接到 $V_{CC}$。如果外部有上拉电阻且开漏的 I/O 口还可读外部状态，则此时被配置为开漏模式的 I/O 口还可作为输入 I/O 口。这种方式的下拉与准双向口相同。

端口引脚信号通过一个干扰抑制电路和一个施密特触发器接入输入数据端。

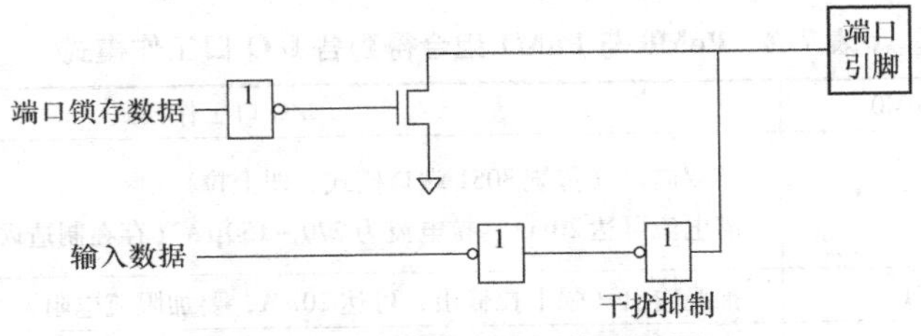


图 7-5　开漏输出位结构原理图

**5. 新增 4.1kΩ 上拉电阻准双向口**

为解决 I/O 口用作准双向口时需外接上拉电阻的问题，STC8H 系列所有的 I/O 口内部均可使能一个大约 4.1kΩ 的上拉电阻（由于制造误差，上拉电阻的范围可能为 3 ~ 5kΩ），如图 7-6 所示。当 PxPU = 0，则禁止端口内部的 4.1kΩ 上拉电阻接入；当 PxPU = 1，则场效应晶体管导通，允许端口内部的 4.1kΩ 上拉电阻接入。

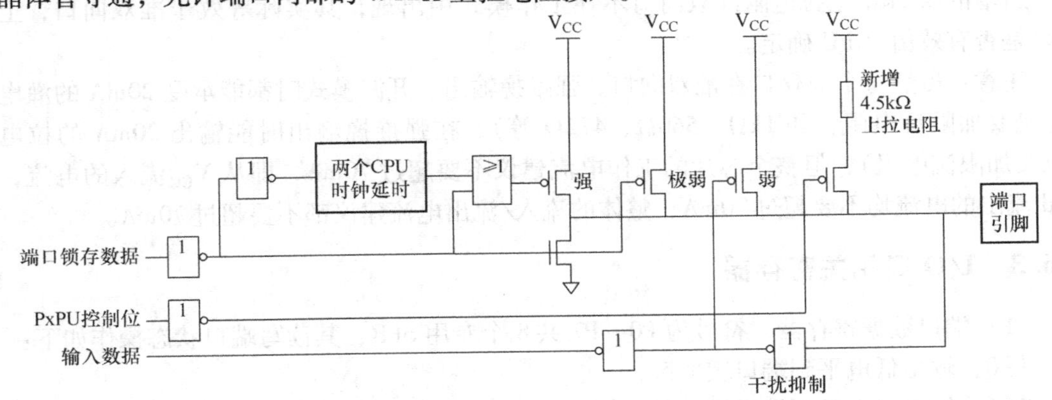


图 7-6　新增 4.1kΩ 上拉电阻准双向口位结构原理图

PxPU是端口上拉电阻控制寄存器P0PU～P7PU共8个八位寄存器中的1位，由于P5.5～P5.7未用，故共有61位I/O口可设置。

### 7.6.2　I/O口配置

从上述I/O口结构图可知，每个I/O口位可以是五种结构之一，因此在使用时首先应配置其结构。每个I/O口的配置都需要使用两个寄存器进行设置。以P0口为例，配置P0口需要使用P0M0和P0M1两个寄存器进行配置，如图7-7所示。即P0M0的第0位和P0M1的第0位组合起来配置P0.0口的模式；P0M0的第1位和P0M1的第1位组合起来配置P0.1口的模式；其他所有I/O口的配置都与此类似。

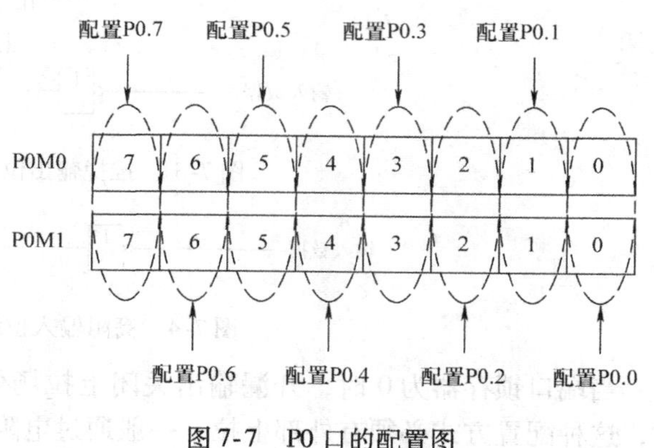


图7-7　P0口的配置图

PnM0与PnM1的组合可得出各I/O口的工作模式，如表7-2所示，其中n＝0，1，2，3，4，5，6，7。

表7-2　PnM0与PnM1组合得到各I/O口工作模式

| PnM1 | PnM0 | I/O口工作模式 |
|---|---|---|
| 0 | 0 | 准双向口（传统8051端口模式，弱上拉）<br>灌电流可达20mA，拉电流为270～150μA（存在制造误差） |
| 0 | 1 | 推挽输出（强上拉输出，可达20mA，要加限流电阻） |
| 1 | 0 | 高阻输入（电流既不能流入也不能流出） |
| 1 | 1 | 开漏输出（Open－Drain），内部上拉电阻断开<br>开漏模式既可读外部状态也可对外输出（高电平或低电平）。如要正确读外部状态或需要对外输出高电平，则需外加上拉电阻，否则读不到外部状态，也不能对外输出高电平 |

新增的4.1kΩ上拉电阻准双向口不在工作模式中出现，其实际等效于准双向口，上拉电阻是否有效由PxPU确定。

注意：虽然每个I/O口在准双向口、强推挽输出、开漏模式时都能承受20mA的灌电流（还是要加限流电阻，如1kΩ、560Ω、472Ω等），在强推挽输出时能输出20mA的拉电流（也要加限流电阻），但整个芯片的工作电流建议不要超过70mA，即从$V_{CC}$流入的电流，从Gnd流出的电流均不要超过70mA，整体的流入/流出电流建议都不要超过70mA。

### 7.6.3　I/O口相关寄存器

（1）端口数据寄存器　符号为P0～P7共8个专用SFR，其读写端口状态操作如下：

写0：输出低电平到端口缓冲区；

写1：输出高电平到端口缓冲区；

读：直接读端口引脚上的电平。

（2）端口模式配置寄存器　符号为P0M0～P7M0、P0M1～P7M1共16个扩展SFR，其功能参见7.5.2节。

注意：当有I/O口被选择为ADC输入通道时，必须设置PxM0/PxM1寄存器，将I/O口模式设置为输入模式。此外，如果MCU进入掉电模式/时钟停振模式后，仍需要使能ADC通道，则需要设置PxIE寄存器关闭数字输入，才能保证不会有额外的耗电。

（3）端口上拉电阻控制寄存器　符号为P0PU～P7PU共8个扩展SFR，其数据位作用如下：

0：禁止端口内部的4.1kΩ上拉电阻接入；

1：允许端口内部的4.1kΩ上拉电阻接入。

（4）端口施密特触发控制寄存器　符号为P0NCS～P7NCS共8个扩展SFR，其数据位作用如下：

0：使能端口的施密特触发功能（上电复位后默认使能施密特触发）；

1：禁止端口的施密特触发功能。

（5）端口电平转换速度控制寄存器　符号为P0SR～P7SR共8个扩展SFR，其数据位作用如下：

0：电平转换速度快，相应的上下冲会比较大；

1：电平转换速度慢，相应的上下冲比较小（上电复位后默认值）。

（6）端口驱动电流控制寄存器　符号为P0DR～P7DR共8个扩展SFR，其数据位作用如下：

0：增强驱动能力；

1：一般驱动能力（上电复位后默认值）。

（7）端口数字信号输入使能控制寄存器　符号为P0IE、P1IE、P3IE共3个扩展SFR，其数据位作用如下：

0：禁止数字信号输入。若I/O口被当作比较器输入口、ADC输入口或者触摸按键输入口等模拟口时，进入时钟停振模式前，必须设置为“0”，否则会有额外的耗电。

1：使能数字信号输入。若I/O口被当作数字口时，必须设置为“1”，否则MCU无法读取外部端口的电平。

综上所述，经分析比较可得出如下结论：

1）涉及I/O口设置的寄存器共有59个，其中8个为SFR，51个为扩展SFR。数量不少，但易记。

2）涉及I/O口设置的寄存器的前两位均以P0～P7开头，后续字母代表其不同功能。

3）增加这些寄存器使得单片机的I/O口功能更为强大，原来需要通过扩展硬件才能完成的功能，现在可通过对I/O口寄存器的设置轻松实现。

## 7.7　时钟、复位与电源管理

51系列单片机是利用外部晶体振荡器产生的时钟信号供单片机使用。由于STC8H系列单片机内部集成了时钟电路，减少了所需的外围电路，为此需要介绍其内部时钟电路、复位与电源管理的功能。

### 7.7.1　系统时钟控制

系统时钟控制器为单片机的CPU和所有外设系统提供时钟源（如图7-8所示）。系统时钟有3个时钟源可供选择：内部高速高精度IRC、内部32kHz的IRC（误差较大）、外部晶振，用户可通过程序分别使能和关闭各个时钟源。单片机进入掉电模式后，时钟控制器将会关闭所有的时钟源。从图7-8可以看出，共用4个扩展SFR控制着STC8H系列单片机的时钟。

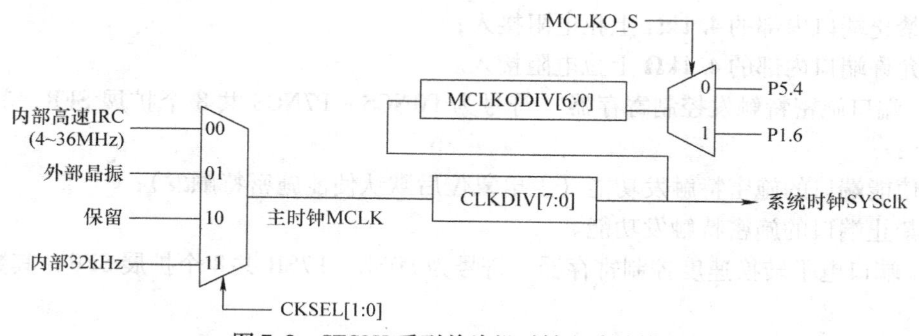


图7-8　STC8H系列单片机时钟电路结构图

事实上，与时钟电路相关的扩展SFR有6个，各扩展SFR的功能说明如下：

1）时钟选择寄存器（CKSEL，地址：FE00H）：顾名思义，CKSEL就是用来选择主时钟源，只用到CKSEL的低2位，如图7-8所示。其余位无意义。

2）时钟分频寄存器（CLKDIV，地址：FE01H）：CLKDIV是主时钟分频系数（如图7-8所示）。当CLKDIV =0时，系统时钟SYSclk = 主时钟MCLK；否则，SYSclk = MCLK/CLKDIV。

3）内部高速振荡器控制寄存器（HIRCCR）：该SFR各位定义如下。

| 符号 | 地址 | B7 | B6 | B5 | B4 | B3 | B2 | B1 | B0 |
|---|---|---|---|---|---|---|---|---|---|
| HIRCCR | FE02H | ENHIRC | — | — | — | — | — | — | HIRCST |

ENHIRC：内部高速高精度IRC使能位。ENHIRC =0，关闭内部高精度IRC；ENHIRC =1，使能内部高精度IRC。

HIRCST：内部高速高精度IRC频率稳定标志位（只读位）。当内部的IRC从停振状态开始使能后，必须经过一段时间，振荡器的频率才会稳定。当振荡器频率稳定后，时钟控制器会自动将HIRCST标志位置“1”。所以当用户程序需要将时钟切换到使用内部IRC时，首先必须设置ENHIRC =1使能振荡器，然后一直查询振荡器稳定标志位HIRCST，直到标志位变为1时，才可进行时钟源切换。

4）外部晶振控制寄存器（XOSCCR）：用于外部时钟设置。由于有内部时钟可用，此SFR可暂不考虑。

5）内部32K振荡器控制寄存器（IRC32KCR）：该SFR各位定义如下。

| 符号 | 地址 | B7 | B6 | B5 | B4 | B3 | B2 | B1 | B0 |
|---|---|---|---|---|---|---|---|---|---|
| IRC32KCR | FE04H | ENIRC32K | — | — | — | — | — | — | IRC32KST |

ENIRC32K：内部32K低速IRC使能位。ENIRC32K＝0，关闭内部32K低速IRC；ENIRC32K＝1，使能内部32K低速IRC。

IRC32KST：内部32K低速IRC频率稳定标志位（只读位）。当内部32K低速IRC从停振状态开始使能后，必须经过一段时间，振荡器的频率才会稳定，当振荡器频率稳定后，时钟控制器会自动将IRC32KST标志位置“1”。所以当用户程序需要将时钟切换到使用内部32K低速IRC时，首先必须设置ENIRC32K＝1使能振荡器，然后一直查询振荡器稳定标志位IRC32KST，直到标志位变为1时，才可进行时钟源切换。

6）主时钟输出控制寄存器（MCLKOCR）：该SFR各位定义如下。

| 符号 | 地址 | B7 | B6 | B5 | B4 | B3 | B2 | B1 | B0 |
|---|---|---|---|---|---|---|---|---|---|
| MCLKOCR | FE05H | MCLKO_S | MCLKODIV[6:0] | | | | | | |

参见图7-10，可以看出：

MCLKO_S：系统时钟输出引脚选择。MCLKO_S＝0，系统时钟分频输出到P5.4口；MCLKO_S＝1，系统时钟分频输出到P1.6口。

MCLKODIV［6:0］：主时钟输出分频系数（注意：主时钟分频输出的时钟源是经过CLKDIV分频后的系统时钟SYSclk）。当MCLKODIV［6:0］＝0时，引脚不输出时钟；否则，引脚输出时钟＝SYSclk/ MCLKODIV［6:0］。有了这一功能，单片机能为应用系统直接提供时钟源。

思考题：系统复位后，单片机系统时钟处在何种输出状态？

### 7.7.2 内部IRC频率调整

STC8H系列单片机内部均集成一个高精度内部IRC振荡器。当用户使用ISP软件进行下载时，ISP下载软件会根据用户所选择/设置的频率进行自动调整，一般频率值可调整到±0.3%以下，调整后的频率在全温度范围内（－40～85℃）的温漂可达－1.35%～1.30%。

思考题：在全温度范围内，如果定时器定时1min，其实际值的变化范围是多少？

STC8H系列内部IRC有两个频段，频段的中心频率分别为20MHz和35MHz，20MHz频段的调节范围约为15.5～27MHz，35MHz频段的调节范围约为27.5～47MHz（注意：不同的芯片以及不同的生成批次可能会有约5%的制造误差）。经实际测试，部分芯片的最高工作频率只能为39.5MHz，所以为了安全起见，建议用户在ISP下载时设置的IRC频率值不高于35MHz。

注意：一般来说，内部IRC频率的调整可以不用关心，因为频率调整的工作在进行ISP下载时已经自动完成，所以若用户不需要自行调整频率，那么下面相关的4个寄存器也不能随意修改，否则可能会导致工作频率的变化。

内部IRC频率主要使用4个寄存器进行调整，其中时钟分频寄存器（CLKDIV）已做介绍，现将其余3个说明如下：

1）IRCBAND：IRC频段选择SFR（地址：9DH），只有最低位SEL可用。SEL＝0，选择20MHz频段；SEL＝1，选择35MHz频段。

2）LIRTRIM：IRC频率微调SFR（地址：9EH），其中只有LIRTRIM［1:0］两位有意

义。它可对IRC频率进行3个等级的调整，调整方式如下：

| LIRTRIM［1:0］ | 调整频率范围 | LIRTRIM［1:0］ | 调整频率范围 |
|---|---|---|---|
| 00 | 不微调 | 01 | 调整约0.10% |
| 10 | 调整约0.04% | 11 | 调整约0.10% |

3）IRTRIM：IRC频率调整SFR（地址：9FH），8位数据均有效。IRTRIM可对IRC频率进行255个等级的调整，每个等级所调整的频率值在整体上呈线性分布，局部会有波动。宏观上，每一级所调整的频率约为0.24%，即IRTRIM为$n+1$时的频率比IRTRIM为$n$时的频率约快0.24%。但由于IRC频率调整并非每一级都是0.24%（每一级所调整频率的最大值约为0.55%，最小值约为0.02%，整体平均值约为0.24%），所以会造成局部波动。

STC8H系列内部的两个频段的可调范围分别为15.5～27MHz和25.3～43.6MHz。虽然35MHz频段的上限可调到40MHz以上，但芯片内部的程序存储器无法运行到40MHz以上的速度，所以用户在ISP下载时设置的内部IRC频率不能高于40MHz，一般建议用户设置为35MHz以下。若用户需要较低的工作频率时，可使用CLKDIV寄存器对调节后的频率进行分频。例如，用户需要11.0592MHz的频率，使用内部IRC直接调整是无法得到这个频率的，但可将内部IRC调整到22.1184MHz，再使用CLKDIV进行2分频即可得到11.0592MHz。

### 7.7.3 系统复位

STC8H系列单片机的复位分为硬件复位和软件复位两种。

硬件复位时，所有寄存器的值会复位到初始值，系统会重新读取所有的硬件选项。同时，根据硬件选项所设置的上电等待时间进行上电等待。硬件复位主要包括：

1）上电复位，POR，1.7V附近。

2）低压复位，LVD-RESET（2.0V、2.4V、2.7V、3.0V附近）。

3）复位脚复位（低电平复位）。

4）看门狗复位。

软件复位时，除与时钟相关的寄存器保持不变外，其余的所有寄存器的值会复位到初始值，软件复位不会重新读取所有的硬件选项。软件复位主要包括写IAP_CONTR的SWRST所触发的复位。

与系统复位相关的SFR共有3个。各自的功能定义如下：

1）WDT_CONTR：看门狗控制寄存器，其功能定义如下。

| 符号 | 地址 | B7 | B6 | B5 | B4 | B3 | B2 | B1 | B0 |
|---|---|---|---|---|---|---|---|---|---|
| WDT_CONTR | C1H | WDT_FLAG | — | EN_WDT | CLR_WDT | IDL_WDT | WDT_PS[2:0] | | |

WDT_FLAG：看门狗溢出标志。看门狗发生溢出时，硬件自动将此位置“1”，需要软件清零。

EN_WDT：看门狗使能位。EN_WDT=0，对单片机无影响；EN_WDT=1，启动看门狗定时器。

CLR_WDT：看门狗定时器清零。CLR_WDT=0，对单片机无影响；CLR_WDT=1，清零看门狗定时器，硬件自动将此位复位。

IDL_WDT：IDLE模式时的看门狗控制位。IDL_WDT=0，IDLE模式时看门狗停止计数；IDL_WDT=1，IDLE模式时看门狗继续计数。

WDT_PS［2:0］：看门狗定时器时钟分频系数，分频功能如下。

| WDT_PS[2:0] | 分频系数 | 12M主频时的溢出时间 | 20M主频时的溢出时间 |
|---|---|---|---|
| 000 | 2 | ≈65.5ms | ≈39.3ms |
| 001 | 4 | ≈131ms | ≈78.6ms |
| 010 | 8 | ≈262ms | ≈157ms |
| 011 | 16 | ≈524ms | ≈315ms |
| 100 | 32 | ≈1.05s | ≈629ms |
| 101 | 64 | ≈2.10s | ≈1.26s |
| 110 | 128 | ≈4.20s | ≈2.52s |
| 111 | 256 | ≈8.39s | ≈5.03s |

看门狗溢出时间计算公式如下：

$$\text{看门狗溢出时间}=\frac{12\times 32768\times 2^{(WDT\_PS+1)}}{SYSclk}$$

2）IAP_CONTR：IAP控制寄存器，其功能定义如下。

| 符号 | 地址 | B7 | B6 | B5 | B4 | B3 | B2 | B1 | B0 |
|---|---|---|---|---|---|---|---|---|---|
| IAP_CONTR | C7H | IAPEN | SWBS | SWRST | CMD_FAIL | — | — | — | — |

SWBS：软件复位启动选择。SWBS=0时，软件复位后从用户程序区开始执行代码，用户数据区的数据保持不变；SWBS=1，软件复位后从系统ISP区开始执行代码，用户数据区的数据会被初始化。

SWRST：软件复位触发位。SWRST=0，对单片机无影响；SWRST=1，触发软件复位。

3）RSTCFG：复位配置寄存器，其功能定义如下。

| 符号 | 地址 | B7 | B6 | B5 | B4 | B3 | B2 | B1 | B0 |
|---|---|---|---|---|---|---|---|---|---|
| RSTCFG | FFH | — | ENLVR | — | P54RST | — | — | LVDS［1:0］ | |

ENLVR：低压复位控制位。ENLVR=0，禁止低压复位，当系统检测到低压事件时，会产生低压中断；ENLVR=1，使能低压复位，当系统检测到低压事件时，自动复位。

P54RST：RST引脚功能选择。P54RST=0，RST引脚用作普通I/O口（P5.4）；P54RST=1，RST引脚用作复位脚（低电平复位）。

LVDS［1:0］：低压检测门槛电压设置，其位定义如下。

| LVDS［1:0］ | 低压检测门槛电压/V（适用于STC8H其他系列芯片） | 低压检测门槛电压/V（适用于STC8H8K64U系列） |
|---|---|---|
| 00 | 2.0 | 1.9 |
| 01 | 2.4 | 2.3 |
| 10 | 2.7 | 2.8 |
| 11 | 3.0 | 3.7 |

### 7.7.4 时钟停振/省电模式与系统电源管理

系统电源管理由电源控制寄存器（PCON）决定，其功能定义如下。

| 符号 | 地址 | B7 | B6 | B5 | B4 | B3 | B2 | B1 | B0 |
|---|---|---|---|---|---|---|---|---|---|
| PCON | 87H | SMOD | SMOD0 | LVDF | POF | GF1 | GF0 | PD | IDL |

参考第2章2.7.3节，可见其增加了相应功能位的定义。各位功能定义如下：

LVDF：低压检测标志位。当系统检测到低压事件时，硬件自动将此位置“1”，并向CPU提出中断请求。此位需要用户软件清零。

POF：上电标志位。硬件自动将此位置“1”。

PD：时钟停振模式/掉电模式/停电模式控制位。PD＝0，无影响；PD＝1，单片机进入时钟停振模式/掉电模式/停电模式，CPU以及全部外设均停止工作。唤醒后硬件自动清零。（注：时钟停振模式下，CPU和全部的外设均停止工作，但SRAM和XRAM中的数据是一直维持不变的）

IDL：IDLE（空闲）模式控制位。IDL＝0，无影响；IDL＝1，单片机进入IDLE模式，只有CPU停止工作，其他外设依然在运行。唤醒后硬件自动清零。

## 7.8　IAP/EEPROM

STC8H系列单片机内部集成了大容量的EEPROM。利用ISP/IAP技术可将内部Data Flash用作EEPROM，擦写次数在10万次以上。EEPROM可分为若干个扇区，每个扇区包含512个字节。

注意：EEPROM的写操作只能将EEPROM字节中的1写为0，当需要将EEPROM字节中的0写为1时，则必须执行扇区擦除操作。

EEPROM的读/写操作是以1个字节为单位进行，而EEPROM擦除操作是以1个扇区（512个字节）为单位进行，在执行擦除操作时，如果目标扇区中有需要保留的数据，则必须预先将这些数据保存到RAM中，待擦除完成后再将保存的数据和需要更新的数据一起再写回EEPROM。所以在使用EEPROM时，建议同一次修改的数据放在同一个扇区，不是同一次修改的数据放在不同的扇区，不一定要用满。数据存储器的擦除操作是按扇区进行的。

EEPROM可用于保存一些需要在应用过程中修改并且掉电不丢失的数据。在用户程序中，可以对EEPROM进行字节读/字节编程/扇区擦除操作。在工作电压偏低时，建议不要进行EEPROM操作，以免出现发送数据丢失的情况。

### 7.8.1　EEPROM相关的SFR

与EEPROM相关的SFR共有6个，下面逐一介绍其功能。

1）IAP_DATA：EEPROM数据寄存器，其功能定义如下。

| 符号 | 地址 | B7 | B6 | B5 | B4 | B3 | B2 | B1 | B0 |
|---|---|---|---|---|---|---|---|---|---|
| IAP_DATA | C2H | | | | | | | | |

在进行EEPROM的读操作时，命令执行完成后读出的EEPROM数据保存在IAP_DATA寄存器中。在进行EEPROM的写操作时，在执行写命令前，必须将待写入的数据存放在IAP_DATA寄存器中，再发送写命令。EEPROM的擦除命令与IAP_DATA寄存器无关。

2）IAP_ADDRH、IAP_ADDRL：EEPROM地址寄存器，其功能定义如下。

| 符号 | 地址 | B7 | B6 | B5 | B4 | B3 | B2 | B1 | B0 |
|---|---|---|---|---|---|---|---|---|---|
| IAP_ADDRH | C3H | | | | | | | | |
| IAP_ADDRL | C4H | | | | | | | | |

EEPROM 进行读、写、擦除操作的目标地址寄存器，IAP_ADDRH 保存地址的高字节，IAP_ADDRL 保存地址的低字节。

3）IAP_CMD：EEPROM 命令寄存器，其功能定义如下。

| 符号 | 地址 | B7 | B6 | B5 | B4 | B3 | B2 | B1 | B0 |
|---|---|---|---|---|---|---|---|---|---|
| IAP_CMD | C5H | — | — | — | — | — | — | CMD[1:0] | |

CMD [1:0]：发送 EEPROM 操作命令。CMD [1:0] =00，空操作；CMD [1:0] =01，读 EEPROM 命令，读取目标地址所在的1字节；CMD [1:0] = 10，写 EEPROM 命令，写目标地址所在的1字节（注意：写操作只能将目标字节中的1写为0，而不能将0写为1，一般当目标字节不为 FFH 时，必须先擦除）；CMD [1:0] =11，擦除 EEPROM，擦除目标地址所在的1页（1扇区/512字节）。注意：擦除操作会一次擦除1个扇区（512字节），整个扇区的内容全部变成 FFH。

4）IAP_TRIG：EEPROM 触发寄存器，其功能定义如下。

| 符号 | 地址 | B7 | B6 | B5 | B4 | B3 | B2 | B1 | B0 |
|---|---|---|---|---|---|---|---|---|---|
| IAP_TRIG | C6H | | | | | | | | |

设置完成 EEPROM 读、写、擦除的命令寄存器、地址寄存器、数据寄存器以及控制寄存器后，需要向触发寄存器 IAP_TRIG 依次写入5AH、A5H（顺序不能交换）两个触发命令来触发相应的读、写、擦除操作。操作完成后，EEPROM 地址寄存器 IAP_ADDRH、IAP_ADDRL 和 EEPROM 命令寄存器 IAP_CMD 的内容不变。如果接下来要对下一个地址的数据进行操作，需手动更新地址寄存器 IAP_ADDRH 和 IAP_ADDRL 的值。

注意：每次 EEPROM 操作时，都要对 IAP_TRIG 先写入5AH，再写入 A5H，相应的命令才会生效。写完触发命令后，CPU 会处于 IDLE 等待状态，直到相应的 IAP 操作执行完成后，CPU 才会从 IDLE 状态返回正常状态继续执行 CPU 指令。

5）IAP_CONTR：EEPROM 控制寄存器，其功能定义如下。

| 符号 | 地址 | B7 | B6 | B5 | B4 | B3 | B2 | B1 | B0 |
|---|---|---|---|---|---|---|---|---|---|
| IAP_CONTR | C7H | IAPEN | SWBS | SWRST | CMD_FAIL | — | — | — | — |

IAPEN：EEPROM 操作使能控制位。IAPEN =0，禁止 EEPROM 操作；IAPEN =1，使能 EEPROM 操作。

SWBS：软件复位选择控制位（需要与 SWRST 配合使用）。SWBS =0，软件复位后从用户代码开始执行程序；SWBS =1，软件复位后从系统 ISP 监控代码区开始执行程序。

SWRST：软件复位控制位。SWRST =0，无动作；SWRST =1，产生软件复位。

CMD_FAIL：EEPROM 操作失败状态位，需要软件清零。CMD_FAIL =0，EEPROM 操作正确；CMD_FAIL =1，EEPROM 操作失败。

6）IAP_TPS：EEPROM 擦除等待时间控制寄存器，其功能定义如下。

| 符号 | 地址 | B7 | B6 | B5 | B4 | B3 | B2 | B1 | B0 |
|---|---|---|---|---|---|---|---|---|---|
| IAP_TPS | F5H | — | — | IAP_TPS [5: 0] | | | | | |

其值需要根据工作频率进行设置。若工作频率为 12MHz，则需要将 IAP_TPS 设置为 12；若工作频率为 24MHz，则需要将 IAP_TPS 设置为 24，其他频率以此类推。

### 7.8.2　EEPROM 的大小及地址

STC8H 系列单片机内部均有用于保存用户数据的 EEPROM。内部的 EEPROM 有 3 种操作方式：读、写和擦除，其中擦除操作是以扇区为单位进行的，每个扇区为 512 个字节，即每执行一次擦除命令，就会擦除一个扇区，而读数据和写数据都是以字节为单位进行操作的，即每执行一次读或者写命令，只能读出或者写入一个字节。

STC8H 系列单片机内部的 EEPROM 的访问方式有两种：IAP 方式和 MOVC 方式。IAP 方式可对 EEPROM 执行读、写、擦除操作，但 MOVC 只能对 EEPROM 进行读操作，而不能进行写和擦除操作。无论是使用 IAP 方式还是 MOVC 方式访问 EEPROM，首先都需要设置正确的目标地址。IAP 方式时，目标地址与 EEPROM 实际的物理地址是一致的，均是从地址 0000h 开始访问，但若要使用 MOVC 指令进行读取 EEPROM 数据时，目标地址必须是 EEPROM 实际的物理地址加上程序大小的偏移。下面以 STC8H1K16 型号（如图 7-9 所示）为例，对目标地址进行详细说明。

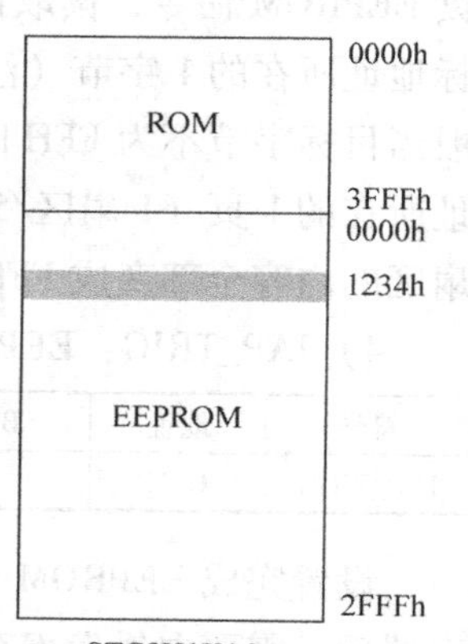


图 7-9　EEPROM 位置图

STC8H1K16 的程序空间为 16KB（0000h ~ 3FFFh），EEPROM 空间为 12KB（0000h ~ 2FFFh）。当需要对 EEPROM 物理地址 1234h 的单元进行读、写、擦除时，若使用 IAP 方式进行访问，设置的目标地址为 1234h，即 IAP_ADDRH 设置 12h，IAP_ADDRL 设置 34h，然后设置相应的触发命令即可对 1234h 单元进行正确操作。但若是使用 MOVC 方式读取 EEPROM 的 1234h 单元，则必须在 1234h 的基础上加上 ROM 空间的大小 4000h，即必须将 DPTR 设置为 5234h，然后才能使用 MOVC 指令进行读取。

注意：由于擦除是以 512 个字节为单位进行操作的，所以执行擦除操作时所设置的目标地址的低 9 位是无意义的。例如，执行擦除命令时，设置地址 1234H/1200H/1300H/13FFH，最终执行擦除的动作都是相同的，都是擦除 1200H ~ 13FFH 这 512 个字节。

不同型号的内部 EEPROM 的大小及访问地址会存在差异，各个型号 EEPROM 的详细大小及读、写、擦除地址可扫链 7-8 查看。

链 7-8　STC8H 系列单片机 EEPROM 的详细大小及读、写、擦除地址分配表

用户可以根据自己的需要在整个 Flash 空间中任意规划出不超过 Flash 大小的 EEPROM 空间，但需要注意，EEPROM 总是从后向前进行规划的。

例如，STC8H1K28 这个型号的 Flash 为 28KB，此时若用户想分出其中的 8KB 作为 EEPROM 使用，则 EEPROM 的物理地址则为 28KB 的最后 8KB，物理地址为 5000h ~ 6FFFh，当

然，用户若使用IAP的方式进行访问，目标地址仍然从0000h开始，到1FFFh结束，当使用MOVC读取则需要从5000h开始，到6FFFh结束。

## 习题

1. 填空题

（1）STC8H系列单片机复位可分为________和________。

（2）以STC8H8K64U单片机为例，QFN48封装的第14引脚名称为________________。其表示该引脚有________种复用功能，其功能可以通过________来设置。

（3）单片机内部扩展RAM是否可以访问，受__________中的________位控制。________=0，允许访问内部扩展RAM；________=1，禁止访问内部扩展RAM。

（4）扩展SFR的逻辑地址位于________区域，访问前需要将SFR的（BAH）________寄存器的最高位（________）置1，然后使用MOVX A，@DPTR和MOVX @DPTR，A指令进行访问。

（5）EEPROM的写操作只能将EEPROM字节中的1写为________，当需要将EEPROM字节中的0写为________，则必须执行________操作。

（6）STC8H系列单片机内部的EEPROM的访问方式有两种：________方式和________方式。

（7）GPIO是________接口的简称，其对应英文单词是________。

2. 选择题

在下列各题的（A）、（B）、（C）、（D）4个选项中，只有一个是正确的，请选择出来。

（1）除________外，其余所有I/O口上电后的状态均为高阻输入状态，用户在使用I/O口时必须先设置I/O口模式。另外每个I/O口均可独立使能内部4kΩ上拉电阻。

（A）P0.0和P0.1　（B）P1.0和P1.1　（C）P2.0和P2.1　（D）P3.0和P3.1

（2）STC8H系列单片机的扩展SFR位于（　）。

（A）程序存储器　（B）EEPROM

（C）SRAM　（D）逻辑地址XDATA

（3）下列SFR与I/O设置无关的是（　）。

（A）P6M1　（B）IAP_CONTR　（C）P0　（D）P7NCS

（4）下列哪种时钟源不是系统时钟源（　）。

（A）外部时钟　（B）内部高速高精度IRC

（C）外部晶振　（D）内部32kHz的IRC

（5）以STC8H8K64U单片机QFN48封装为例，下列哪个名称不属于第22引脚具有的功能（　）。

（A）MISO_4　（B）PWM7_2　（C）MOSI_3　（D）PWM4N_4

3. 判断题（指出以下叙述是否正确）

（1）硬件复位有四种方式：上电复位、复位脚复位、看门狗溢出复位和低压检测复位。（　）

（2）STC8H系列单片机的时钟频率是由用户使用ISP下载软件时选择/设置的频率决定的，ISP下载软件会根据用户需要自动进行调整，一般频率值可调整到±0.3%以下。（　）

（3）STC8H系列和51系列单片机的程序工作方式不同。（　）

（4）STC8H系列单片机内部的EEPROM的访问方式有两种。两种方式都需要设置正确的目标地址，其目标地址是不同的。（　）

（5）STC8H系列单片机内部的EEPROM实际上是从作为程序存储器的Flash中划出来的一部分，所以其可以用MOVC指令来读写。（　）

（6）凡是和输入/输出相关的SFR和扩展SFR其名称的第一个字母一定是P。（　）

4. 简答题

（1）简述STC8H系列单片机的主要特点。

（2）STC8H系列和51系列单片机的掉电保护方式有何不同？

（3）STC8H系列和51系列单片机的I/O口结构各有何特点？请结合I/O口位结构图加以说明。

（4）参见图2-7，试画出STC8H系列单片机存储器结构图。

（5）简述EEPROM读、写和擦除的操作流程并编制相应软件程序。

（6）简述看门狗复位的工作流程。

（7）软件复位要使用哪些SFR和扩展SFR？软件复位的主要作用是什么？

（8）STC8H系列单片机的时钟频率是多少？它是如何设置？为什么要这样做？

# 第8章　STC8H系列的中断与定时系统

中断和定时系统是MCU的重要组成部分。有关单片机中断和定时系统的基本原理已在第5章介绍，本章重点介绍STC8H系列中断与定时系统的扩展功能，尤其是各类SFR的功能及应用。

## 8.1　中断系统

STC8H中断结构图可扫链8-1查看，它主要由外部中断源、中断请求、中断允许控制、中断优先级控制和中断输出五部分组成。

链8-1　STC8H中断结构图

**外部中断源**是引起中断的根源，它在链8-1的左侧标注，一共有21个。用户可根据应用系统的需求选择外部中断源。

**中断请求**接收外部中断源的信号，经相应处理后输出处理结果供后级使用。以INT0中断源为例，当TCON.0/IT0 =0时，输入的INT0信号只要有上升沿或下降沿，就申请产生中断，也就是置IE0 =1，如果允许中断，则应在中断处理程序结束时，由软件编程使IE0 =0；当TCON.0/IT0 =1时，输入的INT0信号只在下降沿产生中断，也就是置IE0 =1，如果允许中断，则应在中断处理程序结束时，由软件编程使IE0 =0。和原有的51系列单片机相比，将原来TCON.0/IT0 =0时的低电平触发改为同时支持上升沿和下降沿触发，这样做更加便于测量一个脉冲的宽度。

从链8-1中的中断请求这一列可以看到：INT1信号处理方式和INT0相同；INT2、INT3、INT4经过下降沿处理；UART1 ~ UART4都是通过或门直接产生中断请求信号。除串口外，所有的中断都有中断标志位。上电复位后，所有的中断标志位清零，外部产生中断后置“1”；响应中断后，除定时器T0、T1、外部中断INT0、INT1对应的中断标志TF0、TF1、IE0、IE1在执行中断服务程序中硬件自动清零外，其余中断请求标志需要软件清零，因为这些中断标志位没有硬件清零功能。

**中断允许控制**接收中断请求信号，经相应处理后输出给中断优先级控制级。

从链8-1中的中断允许控制这一列可以看到：除CMP和PWM两个中断源外，其他中断源的中断允许控制都是由中断允许总控开关EA和中断源位控允许开关组成。

对于外部中断CMP而言，参照链8-1，当CMPIF =0时，输出到EA输入端的信号为0，不可能产生中断；当CMPIF =1时，只要PIE或NIE中有一个为1，则输出到EA输入端的信号为1，当EA =1时，则产生中断。

对于外部中断PWM，可按其逻辑功能进行分析。

**中断优先级控制**确定每一个中断响应的级别。中断优先级有4个级别：最低优先级、较

低优先级、较高优先级、最高优先级。从图中可以看出：INT2、INT3、INT4、Timer2、Timer3、Timer4、UART3、UART4 均固定为最低优先级；其余均可通过 SFR 中对应的两位进行选择。

STC8H 中断结构图系统地说明了中断系统的构成和参数设置，有助于从总体上掌握中断系统的应用，某种意义上说其就是应用中断的密电码。

思考题：假如你是 STC8H 系列单片机的设计者，拟再增加某一新功能所引起的中断，请构思这一外部中断源如何引入中断系统。

### 8.1.1　STC8H 系列中断列表

STC8H 系列中断列表可扫链 8-2 查看，该表列出了每个外部中断源所对应的中断向量、中断号、中断请求位、中断允许位、优先级设置 SFR 和对应优先级，简洁明了，便于程序设计时快速查阅。

链 8-2　STC8H 系列中断列表

在 C 语言编程时，如无对应的外部中断可以不声明；如果有该外部中断，则可按如下格式声明对应的中断服务程序，以便于阅读：

```
1.  void  INT0_Routine(void)   interrupt  0;
2.  void  TM0_Rountine(void)   interrupt  1;
3.  void  INT1_Routine(void)   interrupt  2;
4.  void  TM1_Rountine(void)   interrupt  3;
5.  void  UART1_Routine(void)  interrupt  4;
6.  void  ADC_Routine(void)    interrupt  5;
7.  void  LVD_Routine(void)    interrupt  6;
8.  void  PCA_Routine(void)    interrupt  7;
9.  void  UART2_Routine(void)  interrupt  8;
10. void  SPI_Routine(void)    interrupt  9;
11. void  INT2_Routine(void)   interrupt  10;
12. void  INT3_Routine(void)   interrupt  11;
13. void  TM2_Routine(void)    interrupt  12;
14. void  INT4_Routine(void)   interrupt  16;
15. void  UART3_Routine(void)  interrupt  17;
16. void  UART4_Routine(void)  interrupt  18;
17. void  TM3_Routine(void)    interrupt  19;
18. void  TM4_Routine(void)    interrupt  20;
19. void  CMP_Routine(void)    interrupt  21;
20. void  I2C_Routine(void)    interrupt  24;
21. void  USB_Routine(void)    interrupt  25;
22. void  PWM1_Routine(void)   interrupt  26;
23. void  PWM2_Routine(void)   interrupt  27;
24. void  TKSU_Routine(void)   interrupt  35;
25. void  RTC_Routine(void)    interrupt  36;
26. void  P0Int_Routine(void)  interrupt  37;
27. void  P1Int_Routine(void)  interrupt  38;
```

```
28. void    P2Int_Routine(void) interrupt    39;
29. void    P3Int_Routine(void) interrupt    40;
30. void    P4Int_Routine(void) interrupt    41;
31. void    P5Int_Routine(void) interrupt    42;
32. void    P6Int_Routine(void) interrupt    43;
33. void    P7Int_Routine(void) interrupt    44;
```

中断号超过31的C语言中断服务程序不能直接用interrupt声明，请参考产品手册的处理方法，汇编语言不受影响。

## 8.1.2 中断相关寄存器

链8-3和链8-4分别列出了STC8H系列中断相关的SFR和扩展SFR，给出了其符号、名称、位地址符号和复位值等，有助于编程时使用。它主要包括中断请求、中断允许和优先级设置三类寄存器。

链8-3 STC8H系列中断相关SFR

链8-4 STC8H系列中断相关扩展SFR

## 8.1.3 中断允许控制寄存器

中断允许控制寄存器是由一系列设置中断允许控制位的SFR和扩展SFR组成，其主要功能是完成是否允许各中断源中断的设置。中断允许控制寄存器对应链8-1中中断允许控制部分。

1）IE：中断使能寄存器，其定义如下所示。

| 符号 | 地址 | B7 | B6 | B5 | B4 | B3 | B2 | B1 | B0 |
|---|---|---|---|---|---|---|---|---|---|
| IE | A8H | EA | ELVD | EADC | ES | ET1 | EX1 | ET0 | EX0 |

EA：总中断允许控制位。EA的作用是使中断允许形成多级控制，即各中断源首先受EA控制，其次还受各中断源自己的中断允许控制位控制。EA=0，CPU屏蔽所有的中断申请；EA=1，CPU开放中断。

ELVD：低压检测中断允许位。ELVD=0，禁止低压检测中；ELVD=1，允许低压检测中断。

EADC：A/D转换中断允许位。EADC=0，禁止A/D转换中断；EADC=1，允许A/D转换中断。

ES：串行口1中断允许位。ES=0，禁止串行口1中断；ES=1，允许串行口1中断。

ET1：定时器/计数器T1的溢出中断允许位。ET1=0，禁止T1中断；ET1=1，允许T1中断。

EX1：外部中断1中断允许位。EX1=0，禁止INT1中断；EX1=1，允许INT1中断。

ET0：定时器/计数器T0的溢出中断允许位。ET0=0，禁止T0中断；ET0=1，允许T0

中断。

EX0：外部中断0中断允许位。EX0 = 0，禁止INT0中断；EX0 = 1，允许INT0中断。

2）IE2：中断使能寄存器2，其定义如下所示。

| 符号 | 地址 | B7 | B6 | B5 | B4 | B3 | B2 | B1 | B0 |
|---|---|---|---|---|---|---|---|---|---|
| IE2 | AFH | EUSB | ET4 | ET3 | ES4 | ES3 | ET2 | ESPI | ES2 |

EUSB：USB中断允许位。EUSB = 0，禁止USB中断；EUSB = 1，允许USB中断。

ET4：定时器/计数器T4的溢出中断允许位。ET4 = 0，禁止T4中断；ET4 = 1，允许T4中断。

ET3：定时器/计数器T3的溢出中断允许位。ET3 = 0，禁止T3中断；ET3 = 1，允许T3中断。

ES4：串行口4中断允许位。ES4 = 0，禁止串行口4中断；ES4 = 1，允许串行口4中断。

ES3：串行口3中断允许位。ES3 = 0，禁止串行口3中断；ES3 = 1，允许串行口3中断。

ET2：定时器/计数器T2的溢出中断允许位。ET2 = 0，禁止T2中断；ET2 = 1，允许T2中断。

ESPI：SPI中断允许位。ESPI = 0，禁止SPI中断；ESPI = 1，允许SPI中断。

ES2：串行口2中断允许位。ES2 = 0，禁止串行口2中断；ES2 = 1，允许串行口2中断。

3）INTCLKO：外部中断与时钟输出控制寄存器，其定义如下所示。

| 符号 | 地址 | B7 | B6 | B5 | B4 | B3 | B2 | B1 | B0 |
|---|---|---|---|---|---|---|---|---|---|
| INTCLKO | 8FH | — | EX4 | EX3 | EX2 | — | T2CLKO | T1CLKO | T0CLKO |

EX4：外部中断4中断允许位。EX4 = 0，禁止INT4中断；EX4 = 1，允许INT4中断。

EX3：外部中断3中断允许位。EX3 = 0，禁止INT3中断；EX3 = 1，允许INT3中断。

EX2：外部中断2中断允许位。EX2 = 0，禁止INT2中断；EX2 = 1，允许INT2中断。

4）CMPCR1：比较器控制寄存器1，其定义如下所示。

| 符号 | 地址 | B7 | B6 | B5 | B4 | B3 | B2 | B1 | B0 |
|---|---|---|---|---|---|---|---|---|---|
| CMPCR1 | E6H | CMPEN | CMPIF | PIE | NIE | PIS | NIS | CMPOE | CMPRES |

PIE：比较器上升沿中断允许位。PIE = 0，禁止比较器上升沿中断；PIE = 1，允许比较器上升沿中断。

NIE：比较器下降沿中断允许位。NIE = 0，禁止比较器下降沿中断；NIE = 1，允许比较器下降沿中断。

5）I2CMSCR、I2CSLCR：I2C控制寄存器，其定义如下所示。

| 符号 | 地址 | B7 | B6 | B5 | B4 | B3 | B2 | B1 | B0 |
|---|---|---|---|---|---|---|---|---|---|
| I2CMSCR | FE81H | EMSI | — | — | — | MSCMD［2:0］ | | | |
| I2CSLCR | FE83H | — | ESTAI | ERXI | ETXI | ESTOI | — | — | SLRST |

EMSI：$I^2C$主机模式中断允许位。EMSI = 0，禁止$I^2C$主机模式中断；EMSI = 1，允许$I^2C$主机模式中断。

ESTAI：$I^2C$ 从机接收 START 事件中断允许位。ESTAI = 0，禁止 $I^2C$ 从机接收 START 事件中断，ESTAI = 1，允许 $I^2C$ 从机接收 START 事件中断。

ERXI：$I^2C$ 从机接收数据完成事件中断允许位。ERXI = 0，禁止 $I^2C$ 从机接收数据完成事件中断；ERXI = 1，允许 $I^2C$ 从机接收数据完成事件中断。

ETXI：$I^2C$ 从机发送数据完成事件中断允许位。ETXI = 0，禁止 $I^2C$ 从机发送数据完成事件中断；ETXI = 1，允许 $I^2C$ 从机发送数据完成事件中断。

ESTOI：$I^2C$ 从机接收 STOP 事件中断允许位。ESTOI = 0，禁止 $I^2C$ 从机接收 STOP 事件中断；ESTOI = 1，允许 $I^2C$ 从机接收 STOP 事件中断。

6）PWM1_IER：PWM1 中断使能寄存器，其定义如下所示。

| 符号 | 地址 | B7 | B6 | B5 | B4 | B3 | B2 | B1 | B0 |
|---|---|---|---|---|---|---|---|---|---|
| PWM1_IER | FEC4H | BIE | TIE | COMIE | CC4IE | CC3IE | CC2IE | CC1IE | UIE |

BIE：PWM1 刹车中断允许位。BIE = 0，禁止 PWM1 刹车中断；BIE = 1，允许 PWM1 刹车中断。

TIE：PWM1 触发中断允许位。TIE = 0，禁止 PWM1 触发中断；TIE = 1，允许 PWM1 触发中断。

COMIE：PWM1 比较中断允许位。COMIE = 0，禁止 PWM1 比较中断；COMIE = 1，允许 PWM1 比较中断。

CC4IE：PWM1 捕获比较通道 4 中断允许位。CC4IE = 0，禁止 PWM1 捕获比较通道 4 中断；CC4IE = 1，允许 PWM1 捕获比较通道 4 中断。

CC3IE：PWM1 捕获比较通道 3 中断允许位。CC3IE = 0，禁止 PWM1 捕获比较通道 3 中断；CC3IE = 1，允许 PWM1 捕获比较通道 3 中断。

CC2IE：PWM1 捕获比较通道 2 中断允许位。CC2IE = 0，禁止 PWM1 捕获比较通道 2 中断；CC2IE = 1，允许 PWM1 捕获比较通道 2 中断。

CC1IE：PWM1 捕获比较通道 1 中断允许位。CC1IE = 0，禁止 PWM1 捕获比较通道 1 中断；CC1IE = 1，允许 PWM1 捕获比较通道 1 中断。

UIE：PWM1 更新中断允许位。UIE = 0，禁止 PWM1 更新中断；UIE = 1，允许 PWM1 更新中断。

7）PWM2_IER：PWM2 中断使能寄存器，其定义如下所示。

| 符号 | 地址 | B7 | B6 | B5 | B4 | B3 | B2 | B1 | B0 |
|---|---|---|---|---|---|---|---|---|---|
| PWM2_IER | FEE4H | BIE | TIE | COMIE | CC8IE | CC7IE | CC6IE | CC5IE | UIE |

BIE：PWM2 刹车中断允许位。BIE = 0，禁止 PWM2 刹车中断；BIE = 1，允许 PWM2 刹车中断。

TIE：PWM2 触发中断允许位。TIE = 0，禁止 PWM2 触发中断；TIE = 1，允许 PWM2 触发中断。

COMIE：PWM2 比较中断允许位。COMIE = 0，禁止 PWM2 比较中断；COMIE = 1，允许 PWM2 比较中断。

CC8IE：PWM2 捕获比较通道 8 中断允许位。CC8IE = 0，禁止 PWM2 捕获比较通道 8 中断；CC8IE = 1，允许 PWM2 捕获比较通道 8 中断。

CC7IE：PWM2 捕获比较通道 7 中断允许位。CC7IE =0，禁止 PWM2 捕获比较通道 7 中断；CC7IE =1，允许 PWM2 捕获比较通道 7 中断。

CC6IE：PWM2 捕获比较通道 6 中断允许位。CC6IE =0，禁止 PWM2 捕获比较通道 6 中断；CC6IE =1，允许 PWM2 捕获比较通道 6 中断。

CC5IE：PWM2 捕获比较通道 5 中断允许位。CC5IE =0，禁止 PWM2 捕获比较通道 5 中断；CC5IE =1，允许 PWM2 捕获比较通道 5 中断。

UIE：PWM2 更新中断允许位。UIE =0，禁止 PWM2 更新中断；UIE =1，允许 PWM2 更新中断。

8）PnINTE：端口中断使能寄存器，其定义如下所示。

| 符号 | 地址 | B7 | B6 | B5 | B4 | B3 | B2 | B1 | B0 |
|---|---|---|---|---|---|---|---|---|---|
| P0INTE | FD00H | P07INTE | P06INTE | P05INTE | P04INTE | P03INTE | P02INTE | P01INTE | P00INTE |
| P1INTE | FD01H | P17INTE | P16INTE | P15INTE | P14INTE | P13INTE | P12INTE | P11INTE | P10INTE |
| P2INTE | FD02H | P27INTE | P26INTE | P25INTE | P24INTE | P23INTE | P22INTE | P21INTE | P20INTE |
| P3INTE | FD03H | P37INTE | P36INTE | P35INTE | P34INTE | P33INTE | P32INTE | P31INTE | P30INTE |
| P4INTE | FD04H | P47INTE | P46INTE | P45INTE | P44INTE | P43INTE | P42INTE | P41INTE | P40INTE |
| P5INTE | FD05H | — | — | — | P54INTE | P53INTE | P52INTE | P51INTE | P50INTE |
| P6INTE | FD06H | P67INTE | P66INTE | P65INTE | P64INTE | P63INTE | P62INTE | P61INTE | P60INTE |
| P7INTE | FD07H | P77INTE | P76INTE | P75INTE | P74INTE | P73INTE | P72INTE | P71INTE | P70INTE |

PnINTE. x：端口中断使能控制位（n =0 ~7，x =0 ~7）。PnINTE. x =0，关闭 Pn. x 口中断功能；PnINTE. x =1，使能 Pn. x 口中断功能。

### 8.1.4 中断请求寄存器

中断请求寄存器由一系列具有中断标志位的 SFR 和扩展 SFR 组成，其主要功能是放置各中断源中断请求标志。除定时器 T0、T1、外部中断 INT0、INT1 对应中断标志在执行中断服务程序中硬件自动清零外，其余中断请求标志需要软件清零。为简化功能定义说明，在后续对中断请求标志需要软件清零标志的不再重复写。中断请求标志寄存器对应链 8-1 中中断请求部分。

1）TCON：定时器控制寄存器，其定义如下。

| 符号 | 地址 | B7 | B6 | B5 | B4 | B3 | B2 | B1 | B0 |
|---|---|---|---|---|---|---|---|---|---|
| TCON | 88H | TF1 | TR1 | TF0 | TR0 | IE1 | IT1 | IE0 | IT0 |

TF1：定时器 1 溢出中断标志。中断服务程序中，硬件自动清零。

TF0：定时器 0 溢出中断标志。中断服务程序中，硬件自动清零。

IE1：外部中断 1 中断请求标志。中断服务程序中，硬件自动清零。

IE0：外部中断 0 中断请求标志。中断服务程序中，硬件自动清零。

2）AUXINTIF：中断标志辅助寄存器，其定义如下。

| 符号 | 地址 | B7 | B6 | B5 | B4 | B3 | B2 | B1 | B0 |
|---|---|---|---|---|---|---|---|---|---|
| AUXINTIF | EFH | — | INT4IF | INT3IF | INT2IF | — | T4IF | T3IF | T2IF |

INT4IF：外部中断 4 中断请求标志。

INT3IF：外部中断 3 中断请求标志。

INT2IF：外部中断 2 中断请求标志。

T4IF：定时器 4 溢出中断标志。

T3IF：定时器 3 溢出中断标志。

T2IF：定时器 2 溢出中断标志。

所有中断请求标志上电清零，外部中断有效置“1”，执行中断服务子程序需要软件清零。余下同上。

3）SCON、S2CON、S3CON、S4CON：串口控制寄存器，其定义如下。

| 符号 | 地址 | B7 | B6 | B5 | B4 | B3 | B2 | B1 | B0 |
|---|---|---|---|---|---|---|---|---|---|
| SCON | 98H | SM0/FE | SM1 | SM2 | REN | TB8 | RB8 | TI | RI |
| S2CON | 9AH | S2SM0 | — | S2SM2 | S2REN | S2TB8 | S2RB8 | S2TI | S2RI |
| S3CON | ACH | S3SM0 | S3ST3 | S3SM2 | S3REN | S3TB8 | S3RB8 | S3TI | S3RI |
| S4CON | 84H | S4SM0 | S4ST4 | S4SM2 | S4REN | S4TB8 | S4RB8 | S4TI | S4RI |

TI：串口 1 发送完成中断请求标志。

RI：串口 1 接收完成中断请求标志。

S2TI：串口 2 发送完成中断请求标志。

S2RI：串口 2 接收完成中断请求标志。

S3TI：串口 3 发送完成中断请求标志。

S3RI：串口 3 接收完成中断请求标志。

S4TI：串口 4 发送完成中断请求标志。

S4RI：串口 4 接收完成中断请求标志。

4）PCON：电源管理寄存器，其定义如下。

| 符号 | 地址 | B7 | B6 | B5 | B4 | B3 | B2 | B1 | B0 |
|---|---|---|---|---|---|---|---|---|---|
| PCON | 87H | SMOD | SMOD0 | LVDF | POF | GF1 | GF0 | PD | IDL |

LVDF：低压检测中断请求标志。

5）ADC_CONTR：ADC 控制寄存器，其定义如下。

| 符号 | 地址 | B7 | B6 | B5 | B4 | B3 | B2 | B1 | B0 |
|---|---|---|---|---|---|---|---|---|---|
| ADC_CONTR | BCH | ADC_POWER | ADC_START | ADC_FLAG | ADC_EPWMT | ADC_CHS[3:0] | | | |

ADC_FLAG：ADC 转换完成中断请求标志。

6）SPSTAT：SPI 状态寄存器，其定义如下。

| 符号 | 地址 | B7 | B6 | B5 | B4 | B3 | B2 | B1 | B0 |
|---|---|---|---|---|---|---|---|---|---|
| SPSTAT | CDH | SPIF | WCOL | — | — | — | — | — | — |

SPIF：SPI 数据传输完成中断请求标志。

7）CMPCR1：比较器控制寄存器 1，其定义如下。

| 符号 | 地址 | B7 | B6 | B5 | B4 | B3 | B2 | B1 | B0 |
|---|---|---|---|---|---|---|---|---|---|
| CMPCR1 | E6H | CMPEN | CMPIF | PIE | NIE | PIS | NIS | CMPOE | CMPRES |

CMPIF：比较器中断请求标志。

8）I2CMSST、I2CSLST：I2C 状态寄存器，其定义如下。

| 符号 | 地址 | B7 | B6 | B5 | B4 | B3 | B2 | B1 | B0 |
|---|---|---|---|---|---|---|---|---|---|
| I2CMSST | FE82H | MSBUSY | MSIF | — | — | — | — | MSACKI | MSACKO |
| I2CSLST | FE84H | SLBUSY | STAIF | RXIF | TXIF | STOIF | TXING | SLACKI | SLACKO |

MSIF：$I^2C$ 主机模式中断请求标志。

STAIF：$I^2C$ 从机接收 START 事件中断请求标志。

RXIF：$I^2C$ 从机接收数据完成事件中断请求标志。

TXIF：$I^2C$ 从机发送数据完成事件中断请求标志。

STOIF：$I^2C$ 从机接收 STOP 事件中断请求标志。

9）PWM1_SR1、PWM1_SR2：PWM1 状态寄存器，其定义如下。

| 符号 | 地址 | B7 | B6 | B5 | B4 | B3 | B2 | B1 | B0 |
|---|---|---|---|---|---|---|---|---|---|
| PWM1_SR1 | FEC5H | BIF | TIF | COMIF | CC4IF | CC3IF | CC2IF | CC1IF | UIF |
| PWM1_SR2 | FEC6H | — | — | — | CC4OF | CC3OF | CC2OF | CC1OF | — |

BIF：PWM1 刹车中断请求标志。

TIF：PWM1 触发中断请求标志。

COMIF：PWM1 比较中断请求标志。

UIF：PWM1 更新中断请求标志。

CC4IF、CC3IF、CC2IF、CC1IF：分别对应 PWM1 通道 4、3、2、1 发生捕获比较中断请求标志。

CC4OF、CC3OF、CC2OF、CC1OF：分别对应 PWM1 通道 4、3、2、1 发生重复捕获中断请求标志。

10）PWM2_SR1、PWM2_SR2：PWM2 状态寄存器，其定义如下。

| 符号 | 地址 | B7 | B6 | B5 | B4 | B3 | B2 | B1 | B0 |
|---|---|---|---|---|---|---|---|---|---|
| PWM2_SR1 | FEE5H | BIF | TIF | COMIF | CC8IF | CC7IF | CC6IF | CC5IF | UIF |
| PWM2_SR2 | FEE6H | — | — | — | CC8OF | CC7OF | CC6OF | CC5OF | — |

BIF：PWM2 刹车中断请求标志。

TIF：PWM2 触发中断请求标志。

COMIF：PWM2 比较中断请求标志。

UIF：PWM2 更新中断请求标志。

CC8IF、CC7IF、CC6IF、CC5IF：分别对应 PWM2 通道 8、7、6、5 发生捕获比较中断请求标志。

CC8OF、CC7OF、CC6OF、CC5OF：分别对应 PWM2 通道 8、7、6、5 发生重复捕获中断请求标志。

11）PnINTF：端口中断标志寄存器，其定义如下。

| 符号 | 地址 | B7 | B6 | B5 | B4 | B3 | B2 | B1 | B0 |
|---|---|---|---|---|---|---|---|---|---|
| P0INTF | FD10H | P07INTF | P06INTF | P05INTF | P04INTF | P03INTF | P02INTF | P01INTF | P00INTF |
| P1INTF | FD11H | P17INTF | P16INTF | P15INTF | P14INTF | P13INTF | P12INTF | P11INTF | P10INTF |

（续）

| 符号 | 地址 | B7 | B6 | B5 | B4 | B3 | B2 | B1 | B0 |
|---|---|---|---|---|---|---|---|---|---|
| P2INTF | FD12H | P27INTF | P26INTF | P25INTF | P24INTF | P23INTF | P22INTF | P21INTF | P20INTF |
| P3INTF | FD13H | P37INTF | P36INTF | P35INTF | P34INTF | P33INTF | P32INTF | P31INTF | P30INTF |
| P4INTF | FD14H | P47INTF | P46INTF | P45INTF | P44INTF | P43INTF | P42INTF | P41INTF | P40INTF |
| P5INTF | FD15H | — | — | — | P54INTF | P53INTF | P52INTF | P51INTF | P50INTF |
| P6INTF | FD16H | P67INTF | P66INTF | P65INTF | P64INTF | P63INTF | P62INTF | P61INTF | P60INTF |
| P7INTF | FD17H | P77INTF | P76INTF | P75INTF | P74INTF | P73INTF | P72INTF | P71INTF | P70INTF |

PnINTF. x：端口中断请求标志位（n = 0 ~ 7，x = 0 ~ 7）。PnINTF. x = 0，Pn. x 口没有中断请求；PnINTF. x = 1，Pn. x 口有中断请求，若使能中断，则会进入中断服务程序。

## 8.1.5　中断优先级寄存器

对照链 8-1 可知：INT2、INT3、定时器 2、定时器 3、定时器 4 以及全部的端口中断均固定为最低优先级，其他外部中断均有 4 级中断优先级可设置。中断优先级控制寄存器如表 8-1 所示。从表 8-1 可以看出：IP 和 IPH 是一组，IP2 和 IP2H 是一组，IP3 和 IP3H 是一组。每组相同位如 IPH 和 IP 组的第 6 位 PLVDH、PLVD 组成低压检测中断优先级控制位，其数值所确定的中断优先级如下：

00：LVD 中断优先级为 0 级（最低级）；

01：LVD 中断优先级为 1 级（较低级）；

10：LVD 中断优先级为 2 级（较高级）；

11：LVD 中断优先级为 3 级（最高级）。

其他组中断优先级依次类推。

**表 8-1　中断优先级控制寄存器**

| 符号 | 地址 | B7 | B6 | B5 | B4 | B3 | B2 | B1 | B0 |
|---|---|---|---|---|---|---|---|---|---|
| IP | B8H | — | PLVD | PADC | PS | PT1 | PX1 | PT0 | PX0 |
| IPH | B7H | — | PLVDH | PADCH | PSH | PT1H | PX1H | PT0H | PX0H |
| IP2 | B5H | PUSB | PI2C | PCMP | PX4 | PPWM2 | PPWM1 | PSPI | PS2 |
| IP2H | B6H | PUSBH | PI2CH | PCMPH | PX4H | PPWM2H | PPWM1H | PSPIH | PS2H |
| IP3 | DFH | — | — | — | — | — | PRTC | PS4 | PS3 |
| IP3H | EEH | — | — | — | — | — | PRTCH | PS4H | PS3H |

PX0H、PX0：外部中断 0 中断优先级控制位。

PT0H、PT0：定时器 0 中断优先级控制位。

PX1H、PX1：外部中断 1 中断优先级控制位。

PT1H、PT1：定时器 1 中断优先级控制位。

PSH、PS：串口 1 中断优先级控制位。

PADCH、PADC：ADC 中断优先级控制位。

PS2H、PS2：串口 2 中断优先级控制位。

PS3H、PS3：串口 3 中断优先级控制位。

PS4H、PS4：串口 4 中断优先级控制位。

PSPIH、PSPI：SPI 中断优先级控制位。

PPWM1H、PPWM1：高级 PWM1 中断优先级控制位。

PPWM2H、PPWM2：高级 PWM2 中断优先级控制位。

PX4H、PX4：外部中断 4 中断优先级控制位。

PCMPH、PCMP：比较器中断优先级控制位。

PI2CH、PI2C：$I^2C$ 中断优先级控制位。

PUSBH、PUSB：USB 中断优先级控制位。

PRTCH、PRTC：RTC 中断优先级控制位

## 8.2 定时器/计数器接口

STC8H 系列单片机内部设置了 5 个 16 位定时器/计数器。5 个 16 位定时器 T0、T1、T2、T3 和 T4 都具有计数方式和定时方式两种工作方式。定时器/计数器的核心部件是一个加法计数器，其本质是对脉冲进行计数。若计数脉冲来自系统时钟，则为定时方式，此时定时器/计数器每 12 个时钟或者每 1 个时钟得到一个计数脉冲，计数值加 1；若计数脉冲来自单片机外部引脚，则为计数方式，每来一个脉冲加 1。计数脉冲来源由 SFR 的设置确定。

定时器/计数器 0 有如下 4 种工作模式：

1）模式 0：16 位自动重装载模式。

2）模式 1：16 位不可重装载模式。

3）模式 2：8 位自动重装模式。

4）模式 3：不可屏蔽中断的 16 位自动重装载模式。

定时器/计数器 1 除模式 3 外，其他工作模式与定时器/计数器 0 相同。T1 在模式 3 时无效，停止计数。

定时器 2 的工作模式固定为 16 位自动重装载模式。T2 可以当定时器使用，也可以当串口的波特率发生器和可编程时钟输出。

定时器 3、定时器 4 与定时器 2 一样，它们的工作模式固定为 16 位自动重装载模式。T3、T4 可以当定时器使用，也可以当串口的波特率发生器和可编程时钟输出。

### 8.2.1 定时器的相关寄存器

链 8-5 列出了 STC8H 系列单片机与定时相关的 SFR。和 51 系列单片机相比，其相应的 SFR 如 TCON、TMOD、TL0、TH0、TL1、TH1 保持不变，增加了 T2、T3、T4 和掉电唤醒定时所需要的 SFR。

链 8-5 定时器的相关寄存器

### 8.2.2 定时器 0/1

1）TCON：定时器 0/1 控制寄存器，其定义如下。

| 符号 | 地址 | B7 | B6 | B5 | B4 | B3 | B2 | B1 | B0 |
|---|---|---|---|---|---|---|---|---|---|
| TCON | 88H | TF1 | TR1 | TF0 | TR0 | IE1 | IT1 | IE0 | IT0 |

TCON 中各位的定义参见 5.2.3 节。

2）TMOD：定时器 0/1 模式寄存器，其定义如下。

| 符号 | 地址 | B7 | B6 | B5 | B4 | B3 | B2 | B1 | B0 |
|---|---|---|---|---|---|---|---|---|---|
| TMOD | 89H | T1_GATE | T1_C/T | T1_M1 | T1_M0 | T0_GATE | T0_C/T | T0_M1 | T0_M0 |

TMOD 各位功能和 51 系列单片机的完全一样。为区别定时器是 T0 还是 T1，在各位前分别加了 T0_或 T1_以示区别。

T1_GATE：定时器 1 门控位。其逻辑结构参见图 5-12。

T0_GATE：定时器 0 门控位。其逻辑结构参见图 5-12。

T1_C/T：定时器 1 工作方式选择位。T1_C/T = 1 时为计数方式，对引脚 T1/P3.5 外部脉冲进行计数；T1_C/T = 0 时为定时方式，对内部系统时钟进行计数。

T0_C/T：定时器 0 工作方式选择位。T0_C/T = 1 时为计数方式，对引脚 T0/P3.4 外部脉冲进行计数；T0_C/T = 0 时为定时方式，对内部系统时钟进行计数。

T1_M1、T1_M0：定时器 1 工作模式选择位。

00：16 位自动重载模式。当［TH1，TL1］中的 16 位计数值溢出时，系统会自动将内部 16 位重载寄存器中的重载值装入［TH1，TL1］中。该方式和 52 系列单片机 T2 的自动装载方式相同。这是对原 51 系列单片机方式模式 0 的改进。

01：16 位不自动重载模式。当［TH1，TL1］中的 16 位计数值溢出时，定时器 1 将从 0 开始计数，和 51 系列单片机模式 1 完全相同。

10：8 位自动重载模式。当 TL1 中的 8 位计数值溢出时，系统会自动将 TH1 中的重载值装入 TL1 中，和 51 系列单片机模式 2 完全相同。

11：T1 停止工作，和 51 系列单片机模式 3 完全不同，其主要原因是 STC8H 系列有足够多的定时计数器。

T0_M1、T0_M0：定时器 0 工作模式选择位。

00：16 位自动重载模式，和 T1 的功能相同。

01：16 位不自动重载模式，和 T1 的功能相同。

10：8 位自动重载模式，和 T1 的功能相同。

11：16 位自动重载模式，与工作模式 0 相同，不可屏蔽中断，中断优先级最高，高于其他所有中断的优先级，并且不可关闭，可用作操作系统的系统节拍定时器，或者系统监控定时器。唯一可停止的方法是关闭寄存器 TCON 中的 TR0 位，停止给定时器 0 供应时钟。51 系列单片机无此工作方式。

3）TL0 、TH0：定时器 0 计数寄存器。

当定时器/计数器 0 工作在 16 位模式（模式 0、模式 1、模式 3）时，TL0 和 TH0 组合成为一个 16 位寄存器，TL0 为低字节，TH0 为高字节。若为 8 位模式（模式 2）时，TL0 和 TH0 为两个独立的 8 位寄存器。

4）TL1、TH1：定时器 1 计数寄存器，其应用同上。

5）AUXR：辅助寄存器 1，其定义如下。

| 符号 | 地址 | B7 | B6 | B5 | B4 | B3 | B2 | B1 | B0 |
|---|---|---|---|---|---|---|---|---|---|
| AUXR | 8EH | T0x12 | T1x12 | UART_M0x6 | T2R | T2_C/T | T2x12 | EXTRAM | S1ST2 |

T0x12：定时器 0 时钟分频控制位。T0x12 = 0，12T 模式，即 CPU 时钟 12 分频（$f_{osc}$/12）；T0x12 = 1，1T 模式，即 CPU 时钟不分频（$f_{osc}$/1）。

T1x12：定时器1时钟分频控制位。T1x12=0，12T模式，即CPU时钟12分频（$f_{osc}$/12）；T1x12=1，1T模式，即CPU时钟不分频（$f_{osc}$/1）。

6）INTCLKO：中断与时钟输出控制寄存器，其定义如下。

| 符号 | 地址 | B7 | B6 | B5 | B4 | B3 | B2 | B1 | B0 |
|---|---|---|---|---|---|---|---|---|---|
| INTCLKO | 8FH | — | EX4 | EX3 | EX2 | — | T2CLKO | T1CLKO | T0CLKO |

T0CLKO：定时器0时钟输出控制。T0CLKO=0，关闭时钟输出；T0CLKO=1，使能P3.5口的是定时器0时钟输出功能。当定时器0计数发生溢出时，P3.5口的电平自动发生翻转。

T1CLKO：定时器1时钟输出控制。T1CLKO=0，关闭时钟输出；T1CLKO=1，使能P3.4口的是定时器1时钟输出功能。当定时器1计数发生溢出时，P3.4口的电平自动发生翻转。

### 8.2.3　定时器2

1）AUXR：辅助寄存器1，其定义如下。

| 符号 | 地址 | B7 | B6 | B5 | B4 | B3 | B2 | B1 | B0 |
|---|---|---|---|---|---|---|---|---|---|
| AUXR | 8EH | T0x12 | T1x12 | UART_M0x6 | TR2 | T2_C/T | T2x12 | EXTRAM | S1ST2 |

TR2：定时器2的运行控制位。TR2=0，定时器2停止计数；TR2=1，定时器2开始计数。

T2_C/T：定时器2工作方式选择位。当T2_C/T=0时，定时器2工作在定时方式；当T2_C/T=1时，定时器2工作在计数方式，对引脚T2/P1.2外部脉冲进行计数。

T2x12：定时器2时钟分频控制位。T2x12=0，12T模式，即CPU时钟12分频（$f_{ocs}$/12）；T2x12=1，1T模式，即CPU时钟不分频（$f_{ocs}$/1）。

2）INTCLKO：中断与时钟输出控制寄存器，其定义如下。

| 符号 | 地址 | B7 | B6 | B5 | B4 | B3 | B2 | B1 | B0 |
|---|---|---|---|---|---|---|---|---|---|
| INTCLKO | 8FH | — | EX4 | EX3 | EX2 | — | T2CLKO | T1CLKO | T0CLKO |

T2CLKO：定时器2时钟输出控制。T2CLKO=0，关闭时钟输出；T2CLKO=1，使能P1.3口的是定时器2时钟输出功能。当定时器2计数发生溢出时，P1.3口的电平自动发生翻转。

3）T2L、T2H：定时器2计数寄存器。

定时器/计数器2的工作模式固定为16位重载模式，T2L和T2H组合成为一个16位寄存器，T2L为低字节，T2H为高字节。当［T2H，T2L］中的16位计数值溢出时，系统会自动将内部16位重载寄存器中的重载值装入［T2H，T2L］中。

### 8.2.4　定时器3/4

1）T4T3M：定时器4/3控制寄存器，其定义如下。

| 符号 | 地址 | B7 | B6 | B5 | B4 | B3 | B2 | B1 | B0 |
|---|---|---|---|---|---|---|---|---|---|
| T4T3M | D1H | T4R | T4_C/T | T4x12 | T4CLKO | T3R | T3_C/T | T3x12 | T3CLKO |

T4R：定时器 4 的运行控制位。T4R = 0，定时器 4 停止计数；T4R = 1，定时器 4 开始计数。

T4_C/T：定时器 4 工作方式选择位。当 T4_C/T = 0 时，定时器 4 工作在定时方式，对内部系统时钟进行计数；当 T4_C/T = 1 时，定时器 4 工作在计数方式，对引脚 T4/P0.6 外部脉冲进行计数。

T4x12：定时器 4 时钟分频控制位。T4x12 = 0，12T 模式，即 CPU 时钟 12 分频（$f_{osc}$/12）；T4x12 = 1，1T 模式，即 CPU 时钟不分频（$f_{osc}$/1）。

T4CLKO：定时器 4 时钟输出控制。T4CLKO = 0，关闭时钟输出；T4CLKO = 1，使能 P0.7 口的是定时器 4 时钟输出功能。当定时器 4 计数发生溢出时，P0.7 口的电平自动发生翻转。

T3R：定时器 3 的运行控制位。T3R = 0，定时器 3 停止计数；T3R = 1，定时器 3 开始计数。

T3_C/T：定时器 3 工作方式选择位。当 T3_C/T = 0 时，定时器 3 工作在定时方式，对内部系统时钟进行计数；当 T3_C/T = 1 时，定时器 3 工作在计数方式，对引脚 T3/P0.4 外部脉冲进行计数。

T3x12：定时器 3 时钟分频控制位。T3x12 = 0，12T 模式，即 CPU 时钟 12 分频（$f_{osc}$/12）；T3x12 = 1，1T 模式，即 CPU 时钟不分频（$f_{osc}$/1）。

T3CLKO：定时器 3 时钟输出控制。T3CLKO = 0，关闭时钟输出；T3CLKO = 1，使能 P0.5 口的是定时器 3 时钟输出功能。当定时器 3 计数发生溢出时，P0.5 口的电平自动发生翻转。

2）T3L、T3H：定时器 3 计数寄存器。

定时器/计数器 3 的工作模式固定为 16 位重载模式，T3L 和 T3H 组合成为一个 16 位寄存器，T3L 为低字节，T3H 为高字节。当［T3H，T3L］中的 16 位计数值溢出时，系统会自动将内部 16 位重载寄存器中的重载值装入［T3H，T3L］中。

3）T4L、T4H：定时器 4 计数寄存器。

定时器/计数器 4 的工作模式固定为 16 位重载模式，T4L 和 T4H 组合成为一个 16 位寄存器，T4L 为低字节，T4H 为高字节。当［T4H，T4L］中的 16 位计数值溢出时，系统会自动将内部 16 位重载寄存器中的重载值装入［T4H，T4L］中。

### 8.2.5　掉电唤醒定时器

内部掉电唤醒定时器是一个 15 位的计数器（由｛WKTCH［6:0］，WKTCL［7:0］｝组成 15 位），用于唤醒处于掉电模式的 MCU。内部掉电唤醒定时器定义如下：

| 符号 | 地址 | B7 | B6 | B5 | B4 | B3 | B2 | B1 | B0 |
|---|---|---|---|---|---|---|---|---|---|
| WKTCL | AAH | | | | | | | | |
| WKTCH | ABH | WKTEN | | | | | | | |

WKTEN：掉电唤醒定时器的使能控制位。WKTEN = 0，停用掉电唤醒定时器；WKTEN = 1，启用掉电唤醒定时器。

如果 STC8H 系列单片机内置掉电唤醒专用定时器被允许（通过软件将 WKTCH 寄存器

中的 WKTEN 位置“1”），当 MCU 进入掉电模式/停机模式后，掉电唤醒专用定时器开始计数，当计数值与用户所设置的值相等时，掉电唤醒专用定时器将 MCU 唤醒。MCU 唤醒后，程序从上次设置单片机进入掉电模式语句的下一条语句开始往下执行。掉电唤醒之后，可以通过读 WKTCH 和 WKTCL 中的内容获取单片机在掉电模式中的睡眠时间。

注意：用户在寄存器｛WKTCH［6:0］，WKTCL［7:0］｝中写入的值必须比实际计数值少 1。如用户需计数 10 次，则将 9 写入寄存器｛WKTCH［6:0］，WKTCL［7:0］｝中。同样，如果用户需计数 32767 次，则应在｛WKTCH［6:0］，WKTCL［7:0］｝中写入 7FFEH（即 32766）。计数值 0 和计数值 32767 为内部保留值，用户不能使用。

内部掉电唤醒定时器有自己的内部时钟，掉电唤醒定时器计数一次的时间由该时钟决定。内部掉电唤醒定时器的时钟频率约为 32kHz，误差较大。用户可以通过读 RAM 区 F8H 和 F9H 的内容（F8H 存放频率的高字节，F9H 存放低字节）来获取内部掉电唤醒专用定时器出厂时所记录的时钟频率。

掉电唤醒专用定时器计数时间的计算公式如下（$f_{wt}$为从 RAM 区 F8H 和 F9H 获取到的内部掉电唤醒专用定时器的时钟频率）：

$$掉电唤醒定时器定时时间 = \frac{10^6 \times 16 \times 计数次数}{f_{wt}}$$

假设$f_{wt}$ = 32kHz，则有：

| ｛WKTCH[6:0]，WKTCL[7:0]｝ | 掉电唤醒专用定时器计数时间 |
|---|---|
| 1 | $10^6 \div 32K \times 16 \times (1+1) \approx 1ms$ |
| 9 | $10^6 \div 32K \times 16 \times (1+9) \approx 5ms$ |
| 99 | $10^6 \div 32K \times 16 \times (1+99) \approx 50ms$ |
| 999 | $10^6 \div 32K \times 16 \times (1+999) \approx 0.5s$ |
| 4095 | $10^6 \div 32K \times 16 \times (1+4095) \approx 2s$ |
| 32766 | $10^6 \div 32K \times 16 \times (1+32766) \approx 16s$ |

## 8.3 综合应用举例

这一节重点介绍涉及 I/O 口和计数定时常用的实验程序，程序可到 STC 公司网站上查到，为便于理解，在此增加了相应的注解。这些程序可在 STC 公司所提供的实验板上完成。实验板原理图也可在 STC 公司网站上查到，请仔细阅读。

### 8.3.1 跑马灯程序

所谓“跑马灯”是指一组 LED 指示灯，通常 8 个为一组。其显示顺序如下：8 个指示灯中 1 个点亮，其余指示灯熄灭；亮若干秒后，下一个指示灯点亮，其余指示灯熄灭；周而复始，看起来像马在跑一样，故而称之为跑马灯。思考：例 3-50 和跑马灯有何差别？

查阅实验板电路图可知：P4.0 是 8 个 LED 指示灯的电源总开关，当 P4.0 = 0 时，Q11 才具备导通的基本条件；如果 P4.0 = 1，则 8 个 LED 指示灯都不可能点亮。

P6.0 控制 LED 4，当 P4.0 = 0 且 P6.0 = 0 时，LED 4 点亮；其余状态 LED 4 熄灭。同理，P6.1 ~ P6.7 分别控制 LED 11 ~ LED 17。

**例8-1** 要求如下：上电复位后，所有LED灯全灭。接下来，每次1个LED灯亮，其余LED灯灭，时间为0.5s；亮灯顺序按照LED4→LED11→LED12→LED13→LED14→LED15→LED16→LED17，周而复始依次循环。

样例程序可扫链8-6查看。

链8-6

要读懂这个程序，既要了解实验板电路的原理，也要熟悉STC8H的基本原理。在此基础上，编写程序并不难。请自行尝试简化上述程序，编写一个最简跑马灯程序。

## 8.3.2 电子钟程序

电子钟程序是实验教学中的一个典型实验。这里所讲的电子钟本质上是一个计时器，当起动程序运行时，显示时间从0时0分0秒开始计时，只不过是用时、分、秒来显示计时时间罢了。要实现日常使用的电子钟表计时功能，还需要增加初始化设置功能。

要编写电子钟程序，必须先了解实验板的硬件资源。从后文中图15-9所示的电路图可以看出：

1）数码管共有8个，U12和U13分别集成4个数码管。每个数码管的a、b、c、d、e、f、g、h引脚连接在一起，各自串联一个300Ω的电阻后，分别与P6口的P6.0~P6.7相连。可见P6口输出的是每个数码管的段选信号，其字形码可参照链3-13。

2）每个数码管的公共端COM0~COM7分别和晶体管Q3~Q10的发射极相连，分别由P7口的P7.0~P7.7控制。举例来说，当P7.0=0时，晶体管Q3导通，COM0输出高电平，8个数码管中位于最右侧的数码管被选中，其公共端为高电平。可见数码管都是共阳极，从左至右8个数码管的位选信号分别对应P7口的P7.7~P7.0。

分析清楚上述显示电路，就可构思电子钟程序。其基本要求如下：

1）从左至右，前两位显示小时，第三位显示“-”，第四位、第五位显示分钟，第六位显示“-”，第七位、第八位显示秒。

2）上电复位后8个LED数码管全灭。此后，8个LED数码管全部显示“8.”5s。

3）自检后开始计时，8个LED数码管全部用来显示时间。计时按24h制，考虑到显示的完整性和实用性，当计时时间小于10h，最高位消隐。因此其显示时间的格式有两种：hh-mm-ss和h-mm-ss。

按照基本要求构思电子钟的程序设计，其主要思路如下：

1）P6口输出字形码。字形码存放在t_display［］数组中。

2）P7口输出位选信号。位选信号存放在T_COM［］数组中。

3）系统主时钟可在11.0592MHz、12MHz、20MHz和24MHz中选择，可根据编程喜好确定。

4）电子钟肯定涉及定时，加之数码管是动态扫描方式，为保证其显示亮度一致，可选用定时器0（Timer0），中断定时时间初步思考可以在1ms、5ms、10ms、50ms、100ms中选择。定时时间过小，则中断次数多；定时时间过大，有可能影响数码管显示亮度的一致性，具体时间可通过理论计算或做实验确定。因此，需要编制void timer0（void）interrupt 1 中断服务子程序及其初始化程序。中断服务子程序要做两件事：一是定时时间到，置标志位。以1ms定时为例，可设置位标志B_1ms，供主程序使用；二是动态刷新8个数码管中的1位显示数据，并将位选信号循环移动，需要1个DisplayScan（void）子程序来完成。

5）需要全局变量存储时、分、秒和毫秒，可用hour、minute、second和msecond表示。由于1s=1000ms，因此msecond要用无符号整型数定义。

6）时分秒是60进制，需要1个子程序RTC（void）完成其转换。

有了上述分析，电子钟的实验程序的雏形形成，不妨自行编制程序并实验调试完成。在此基础上再看样例程序并进行对比，收获就更大。**记住：千万要自己先做一遍！**

**例8-2** 电子钟程序。基本要求：上电复位后8个LED数码管全灭。此后，8个LED数码管显示“01234567”5s；自检后开始计时，8个LED数码管全部用来显示时间。计时按24h制，考虑到显示的完整性和实用性，当计时时间小于10h，最高位消隐。因此其显示时间的格式有两种：hh－mm－ss和h－mm－ss。样例程序有个别与要求不一致，请自行修改。

链8-7

实验样例程序可扫链8-7查看。

在读完上述样例程序并调试完成后，请做如下思考：

1）自编程序和样例程序在变量命名上有何不同？如何合理命名？

2）自编程序和样例程序初始化有何不同？

3）样例程序子程序的功能是如何划分的？和自编程序有何不同？

4）自编程序和样例程序各自有哪些优缺点？哪些是自己需要学习的？

5）如果在本样例程序初始化时加入P40=0语句，显示结果有何变化？

6）如果将样例程序中定时器T0改为定时器T4，程序应做哪些修改？请修改后调试运行。

### 8.3.3 方波信号发生器程序

**例8-3** 方波信号发生器程序。使用定时器T0～T4产生5路固定频率的方波信号。固定频率分别为500Hz、1000Hz、1500Hz、2000Hz、2500Hz，对应输出引脚为P6.7、P6.6、P6.5、P6.4、P6.3。试设计该程序。

链8-8

样例程序可扫链8-8查看。

整个程序看起来很长，但只要认真阅读，理解起来非常容易。程序一开始就是初始化功能，设置5个定时器为16位自动重装载功能，允许中断。主程序就是一个死循环。5个定时器的初始化功能是相同的，搞清楚其中1个，其他的迎刃而解。5个中断服务子程序功能也相同，都是将方波输出引脚电平取反。

调试运行时，可通过对应LED灯的闪烁来看，但要准确测量还是要使用示波器来看对应引脚的波形。

思考题：如果期望输出方波的固定频率分别为0.1Hz、1Hz、10Hz、50Hz、500Hz，对应输出引脚为P6.7、P6.6、P6.5、P6.4、P6.3。试设计该程序并调试运行。

### 8.3.4 开关次数计数程序

**例8-4** 开关次数计数程序。使用实验板上的按键SW21和SW22作为开关，设置单片机的定时器T0和T1为计数方式，计数最大值为255。采用8位数码管显示按键开关次数，显示格式为“XXX——YYY”，其中XXX是SW21按键开关的动作次数，YYY是SW22按键开关的动作次数。

样例程序可扫链 8-9 查看。

链 8-9

整个程序有如下特点：

1）主程序较长，主要是 T0 和 T1 的初始化。

2）电子钟的数组定义、显示程序和延时程序在本程序中占很大篇幅且重复。建议尝试用多文件的编程方式，这样就可避免重复，同时有利于后续大型应用程序的编写和调试。

3）按键开关为机械弹性式开关，由于机械弹性的作用，开关触点有一定的抖动，会导致多次导通与截止，引起误动作。本实验板未加硬件去抖动电路，并直接用于计数，软件去抖也行不通。好在实验的主要目的是使初学者掌握计数器的使用方法。为精益求精，可尝试不用计数方式，直接用 I/O 读取方式，采用软件去抖方法重新编制该程序。

## 习 题

1. 填空题

（1）STC8H8K64U 单片机共有________个中断源，其中外部中断源________个，定时中断源________个，串行中断源________个。

（2）Timer0 的中断优先级是由名称为________的 SFR 中的________、________这两位确定的。

（3）外部中断 INT4 的中断向量地址是________，中断号是________，中断请求位是________，中断允许位是________。

（4）上电复位后，所有的中断请求位均为________。

（5）定时器/计数器都有多种工作模式，其中 T0 有________种工作模式，T1 有________种工作模式，T2 有________种工作模式，T3 有________种工作模式，T4 有________种工作模式。

2. 选择题

（1）下列有关 STC8H8K64U 单片机中断优先级控制的叙述中，错误的是（　　）。

（A）低优先级不能中断高优先级，但高优先级能中断低优先级。

（B）同级中断不能嵌套。

（C）同级中断请求按时间的先后顺序响应。

（D）所有中断都有 4 个优先级。

（2）STC8H8K64U 单片机外中断初始化的内容不包括（　　）。

（A）设置中断响应方式　　（B）设置外中断允许

（C）设置中断总允许　　（D）设置中断方式

（3）STC8H8K64U 单片机中断查询，查询的是（　　）。

（A）中断请求信号　　（B）中断请求标志位

（C）外中断方式控制位　　（D）中断允许控制位

（4）STC8H8K64U 单片机中，下列寄存器与定时/计数控制无关的是（　　）。

（A）TCON（定时控制寄存器）　　（B）INTCLKO（中断与时钟输出控制寄存器）

（C）SCON（串行控制寄存器）　　（D）S4CON（串口 4 控制寄存器）

3. 简答题

（1）认真阅读中断相关寄存器一节，观察各寄存器及其位的名称，分析其名称定义有何特点。

（2）STC8H 系列单片机中断系统为定时器 T0、T1，外部中断 INT0、INT1 对应中断标志 TF0、TF1、IE0、IE1，在执行中断服务程序中硬件自动清零功能，简化了软件编程。为何对其他外部中断不提供硬件自动清零功能？

（3）试比较 STC8H 系列和 51 系列单片机中中断使能寄存器 IE 的区别，并说明在何种条件下其软件能做到向下兼容。

（4）外部中断请求标志上电后清零，事件发生后置“1”，转入执行中断服务子程序，试问软件清零放在中断服务子程序一开始，还是放在中断返回前一句？二者有何差别？

（5）低压检测中断请求标志（LVDF）为何放在电源管理寄存器 PCON 中？

（6）定时器 T2、T3 有哪几种工作方式？适用于哪些应用场合？

（7）仿照 51 系列单片机 T0、T1 和 T2 的逻辑结构图，参照定时器的相关寄存器，试画出 STC8H 系列单片机定时系统的逻辑结构图，并做必要的解释。

（8）STC8H 系列单片机定时器 0 工作在模式 3，请问其中断服务子程序入口地址是多少？

（9）掉电唤醒定时器的主要作用是什么？简述其工作过程。

（10）试说明 STC8H 系列单片机定时器 0 的工作模式中，为何将原 51 系列单片机中 T0 的工作方式 0 删除？

4. 编程题

（1）为简化说明，现将应用系统需求整理成为对单片机输入/输出的如下要求：

1）2 路外部事件计数，经计算后将每分钟的脉冲数存放在浮点数 Vel1 和 Vel2 中。

2）1 路外部事件计数，每计数 1000 个脉冲后，控制 1 路开关量输出，使 LED 信号指示灯亮，同时该计数器转为定时器工作，定时 10s，定时时间到时，使 LED 指示灯熄灭；再转为计数方式，如此循环不止。

3）1 路输出，输出周期为 2ms 的方波。

4）1 路输出，输出周期为 400μs、占空比为 10:1 的矩形脉冲。

假设所使用的单片机是 STC8H 系列，系统时钟频率为 24MHz，试画出相应的电路原理图，合理选择所使用的引脚，确定其所使用的定时器和中断，完成整个程序的编制。

（2）在电子钟程序的基础上，设计电子钟表程序。要求具有时、分、秒的初值设置功能，使其显示时钟与日常用的手表、钟表等显示一致。调试完成后试运行，测量计时 2h 的计时误差。

（3）利用实验板的资源，设计输出 1 路方波信号，信号的频率由程序中的某个常数决定，该常数变化应使方波的脉冲宽度在 0.1～5000ms 间改变。将该信号引入定时器 T1，测量该方波的脉冲宽度并在 8 位数码管上显示。

# 第9章 单片机的接口扩展技术

在由单片机构成的实际测控系统中，最小应用系统往往不能满足项目要求。因此，经常需要在片外连接相应的外围芯片以满足应用系统的要求，这个过程就叫作系统扩展。

单片机有很强的外部拓展能力，大部分常规芯片都可作为单片机的外围扩展电路。通常可进行的外围扩展有程序存储器扩展、数据存储器扩展、I/O 接口扩展等。通过外围接口技术，单片机实现对 LED 数码管、键盘、LCD 显示屏等外部设备的控制；通过 ADC 接口实现传感器信息的采集；通过 DAC 接口为执行机构输出控制信号。各种接口扩展技术可以使单片机应用在更为广泛的领域。

STC8H 系列单片机还集成了重要的 PWM 和 ADC 接口。本章以 STC8H8K64U 单片机为例，介绍单片机系统的接口扩展技术。

## 9.1 脉冲宽度调制技术

脉冲宽度调制（PWM）是一种对模拟信号电平进行数字编码的方法。通过高分辨率计数器的使用，方波的占空比被调制用来对一个具体模拟信号的电平进行编码。PWM 信号仍然是数字，因为在给定的任何时刻，满幅值的直流供电要么完全有（ON），要么完全无（OFF）。电压或电流源是以一种通（ON）或断（OFF）的重复脉冲序列被加到模拟负载上去的。通的时候即是直流供电被加到负载上的时候，断的时候即是供电被断开的时候。只要带宽足够，任何模拟值都可以使用 PWM 进行编码。

### 9.1.1 脉冲宽度调制技术原理

脉冲宽度调制（Pulse Width Modulation，PWM）是通过对一系列脉冲的宽度进行调制，等效出所需要的波形（包含形状以及幅值），对模拟信号电平进行数字编码，也就是说通过调节占空比的变化来调节信号、能量等的变化。占空比就是指在一个周期内，信号处于高电平的时间占据整个信号周期的百分比，如方波的占空比就是50%。

STC8H 系列的单片机内部集成了两组高级 PWM 定时器，两组 PWM 的周期可不同，可分别单独设置。第一组可配置成 4 对互补/对称/死区控制的 PWM，第二组可配置成 4 路 PWM 输出或捕捉外部信号。两组 PWM 定时器内部的计数器时钟频率的分频系数为 1 ~ 65535 之间的任意数值。

第一组 PWM 定时器有 4 个通道（PWM1P/PWM1N、PWM2P/PWM2N、PWM3P/PWM3N、PWM4P/PWM4N），每个通道都可独立实现 PWM 输出（可设置带死区的互补对称 PWM 输出）、捕获和比较功能；第二组 PWM 定时器有 4 个通道（PWM5、PWM6、PWM7、PWM8），每个通道也可独立实现 PWM 输出、捕获和比较功能。两组 PWM 定时器唯一的区别是第一组可输出带死区的互补对称 PWM，而第二组只能输出单端的 PWM，其他功能完全相同。下面关于高级 PWM 定时器的介绍只以第一组为例进行说明。

当使用第一组 PWM 定时器输出 PWM 波形时，可单独使能 PWM1P、PWM2P、PWM3P、PWM4P 输出，也可单独使能 PWM1N、PWM2N、PWM3N、PWM4N 输出，若单独使能了 PWMxP 输出后，则不能再独立使能 PWMxN 输出，除非是输出互补对称输出才可以；反之，若单独使能了 PWMxN 输出后，也不能再独立使能 PWMxP 的输出。若需要使用第一组 PWM 定时器进行捕获功能或者测量脉宽时，输入信号只能从每路的正端输入，即只有 PWM1P、PWM2P、PWM3P、PWM4P 才有捕获功能和测量脉宽功能。另外，两组高级 PWM 定时器对外部信号进行捕获时，可选择上升沿捕获或者下降沿捕获，但不能同时既捕获上升沿又捕获下降沿。

下面的说明中，PWM1 代表第一组 PWM 定时器，PWM2 代表第二组 PWM 定时器。

PWM1 的特性包括：

1）16 位向上、向下、向上/下自动装载计数器。

2）允许在指定数目的计数器周期之后更新定时器寄存器的重复计数器。

3）16 位可编程（可以实时修改）预分频器，计数器时钟频率的分频系数为 1 ~65535 之间的任意数值。

4）同步电路，用于使用外部信号控制定时器以及定时器互联。

多达 4 个独立通道可以配置成：

1）输入捕获。

2）输出比较。

3）PWM 输出（边缘或中间对齐模式）。

4）六步 PWM 输出。

5）单脉冲模式输出。

6）支持 4 个死区时间可编程的通道上互补输出。

刹车输入信号（PWMFLT）可以将定时器输出信号置于复位状态或者一个确定状态。外部触发输入引脚（PWMETI）。

产生中断的事件包括：

1）更新：计数器向上溢出/向下溢出，计数器初始化（通过软件或者内部/外部触发）。

2）触发事件（计数器启动、停止、初始化或者由内部/外部触发计数）。

3）输入捕获，测量脉宽。

4）外部中断。

5）输出比较。

6）刹车信号输入。

## 9.1.2　STC8H 系列单片机的 PWM 寄存器

### 1. 输出使能寄存器

输出使能寄存器 PWM1_ENO、PWM2_ENO，各位定义如下所示。两个寄存器地址分别为 FEB1H、FEB5H。

| 符号 | B7 | B6 | B5 | B4 | B3 | B2 | B1 | B0 |
|---|---|---|---|---|---|---|---|---|
| PWM1_ENO | ENO4N | ENO4P | ENO3N | ENO3P | ENO2N | ENO2P | ENO1N | ENO1P |
| PWM2_ENO | — | ENO8P | — | ENO7P | — | ENO6P | — | ENO5P |

ENO8P：PWM8 输出控制位。当 ENO8P 为 0 时，禁止 PWM8 输出；当 ENO8P 为 1 时，使能 PWM8 输出。

ENO7P：PWM7 输出控制位。当 ENO7P 为 0 时，禁止 PWM7 输出；当 ENO7P 为 1 时，使能 PWM7 输出。

ENO6P：PWM6 输出控制位。当 ENO6P 为 0 时，禁止 PWM6 输出；当 ENO6P 为 1 时，使能 PWM6 输出。

ENO5P：PWM5 输出控制位。当 ENO5P 为 0 时，禁止 PWM5 输出；当 ENO5P 为 1 时，使能 PWM5 输出。

ENO4N：PWM4N 输出控制位。当 ENO4N 为 0 时，禁止 PWM4N 输出；当 ENO4N 为 1 时，使能 PWM4N 输出。

ENO4P：PWM4P 输出控制位。当 ENO4P 为 0 时，禁止 PWM4P 输出；当 ENO4P 为 1 时，使能 PWM4P 输出。

ENO3N：PWM3N 输出控制位。当 ENO3N 为 0 时，禁止 PWM3N 输出；当 ENO3N 为 1 时，使能 PWM3N 输出。

ENO3P：PWM3P 输出控制位。当 ENO3P 为 0 时，禁止 PWM3P 输出；当 ENO3P 为 1 时，使能 PWM3P 输出。

ENO2N：PWM2N 输出控制位。当 ENO2N 为 0 时，禁止 PWM2N 输出；当 ENO2N 为 1 时，使能 PWM2N 输出。

ENO2P：PWM2P 输出控制位。当 ENO2P 为 0 时，禁止 PWM2P 输出；当 ENO2P 为 1 时，使能 PWM2P 输出。

ENO1N：PWM1N 输出控制位。当 ENO1N 为 0 时，禁止 PWM1N 输出；当 ENO1N 为 1 时，使能 PWM1N 输出。

ENO1P：PWM1P 输出控制位。当 ENO1P 为 0 时，禁止 PWM1P 输出；当 ENO1P 为 1 时，使能 PWM1P 输出。

**2. 输出附加使能寄存器**

输出附加使能寄存器 PWM1_IOAUX、PWM2_IOAUX，各位定义如下所示。两个寄存器地址分别为 FEB3H、FEB7H。

| 符号 | B7 | B6 | B5 | B4 | B3 | B2 | B1 | B0 |
|---|---|---|---|---|---|---|---|---|
| PWM1_IOAUX | AUX4N | AUX4P | AUX3N | AUX3P | AUX2N | AUX2P | AUX1N | AUX1P |
| PWM2_IOAUX | — | AUX8P | — | AUX7P | — | AUX6P | — | AUX5P |

AUX8P：PWM8 输出附加控制位。当 AUX8P 为 0 时，PWM8 的输出直接由 ENO8P 控制；当 AUX8P 为 1 时，PWM8 的输出由 ENO8P 和 PWM2_BKR 共同控制。

AUX7P：PWM7 输出附加控制位。当 AUX7P 为 0 时，PWM7 的输出直接由 ENO7P 控制；当 AUX7P 为 1 时，PWM7 的输出由 ENO7P 和 PWM2_BKR 共同控制。

AUX6P：PWM6 输出附加控制位。当 AUX6P 为 0 时，PWM6 的输出直接由 ENO6P 控制；当 AUX6P 为 1 时，PWM6 的输出由 ENO6P 和 PWM2_BKR 共同控制。

AUX5P：PWM5 输出附加控制位。当 AUX5P 为 0 时，PWM5 的输出直接由 ENO5P 控制；当 AUX5P 为 1 时，PWM5 的输出由 ENO5P 和 PWM2_ BKR 共同控制。

AUX4N：PWM4N 输出附加控制位。当 AUX4N 为 0 时，PWM4N 的输出直接由 ENO4N 控制；当 AUX4N 为 1 时，PWM4N 的输出由 ENO4N 和 PWM1_BKR 共同控制。

AUX4P：PWM4P 输出附加控制位。当 AUX4P 为 0 时，PWM4P 的输出直接由 ENO4P 控制；当 AUX4P 为 1 时，PWM4P 的输出由 ENO4P 和 PWM1_BKR 共同控制。

AUX3N：PWM3N 输出附加控制位。当 AUX3N 为 0 时，PWM3N 的输出直接由 ENO3N 控制；当 AUX3N 为 1 时，PWM3N 的输出由 ENO3N 和 PWM1_BKR 共同控制。

AUX3P：PWM3P 输出附加控制位。当 AUX3P 为 0 时，PWM3P 的输出直接由 ENO3P 控制；当 AUX3P 为 1 时，PWM3P 的输出由 ENO3P 和 PWM1_BKR 共同控制。

AUX2N：PWM2N 输出附加控制位。当 AUX2N 为 0 时，PWM2N 的输出直接由 ENO2N 控制；当 AUX2N 为 1 时，PWM2N 的输出由 ENO2N 和 PWM1_BKR 共同控制。

AUX2P：PWM2P 输出附加控制位。当 AUX2P 为 0 时，PWM2P 的输出直接由 ENO2P 控制；当 AUX2P 为 1 时，PWM2P 的输出由 ENO2P 和 PWM1_BKR 共同控制。

AUX1N：PWM1N 输出附加控制位。当 AUX1N 为 0 时，PWM1N 的输出直接由 ENO1N 控制；当 AUX1N 为 1 时，PWM1N 的输出由 ENO1N 和 PWM1_BKR 共同控制。

AUX1P：PWM1P 输出附加控制位。当 AUX1P 为 0 时，PWM1P 的输出直接由 ENO1P 控制；当 AUX1P 为 1 时，PWM1P 的输出由 ENO1P 和 PWM1_BKR 共同控制。

**3. 控制寄存器 1**

控制寄存器 1PWM1_CR1、PWM2_CR1，各位定义如下所示。两个寄存器地址分别为 FEC0H、FEE0H。

| 符号 | B7 | B6 | B5 | B4 | B3 | B2 | B1 | B0 |
|---|---|---|---|---|---|---|---|---|
| PWM1_CR1 | ARPE1 | CMS1［1:0］ | | DIR1 | OPM1 | URS1 | UDIS1 | CEN1 |
| PWM2_CR1 | ARPE2 | CMS2［1:0］ | | DIR2 | OPM2 | URS2 | UDIS2 | CEN2 |

ARPEn：自动预装载允许位（n＝1，2）。当 ARPEn 为 0 时，PWMn_ARR 寄存器没有缓冲，它可以被直接写入；当 ARPEn 为 1 时，PWMn_ nARR 寄存器由预装载缓冲器缓冲。

CMSn［1:0］：选择对齐模式（n＝1，2）。

| CMSn［1:0］ | 对齐模式 | 说 明 |
|---|---|---|
| 00 | 边沿对齐模式 | 计数器依据方向位（DIR）向上或向下计数 |
| 01 | 中央对齐模式 1 | 计数器交替地向上和向下计数。配置为输出的通道的输出比较中断标志位，只在计数器向下计数时被置“1” |
| 10 | 中央对齐模式 2 | 计数器交替地向上和向下计数。配置为输出的通道的输出比较中断标志位，只在计数器向上计数时被置“1” |
| 11 | 中央对齐模式 3 | 计数器交替地向上和向下计数。配置为输出的通道的输出比较中断标志位，在计数器向上和向下计数时均被置“1” |

注：①在计数器开启时（CEN＝1），不允许从边沿对齐模式转换到中央对齐模式。

②在中央对齐模式下，编码器模式（SMS＝001，010，011）必须被禁止。

DIRn：计数器的计数方向（n＝1，2）。当 DIRn 为 0 时，计数器向上计数；当 DIRn 为 1 时，计数器向下计数。

注：当计数器配置为中央对齐模式或编码器模式时，该位为只读。

OPMn：单脉冲模式（n=1，2）。当 OPMn 为 0 时，在发生更新事件时，计数器不停止；当 OPMn 为 1，在发生下一次更新事件时，清除 CEN 位，计数器停止。

URSn：更新请求源（n=1，2）。当 URSn 为 0 时，如果 UDIS 允许产生更新事件，则下述任一事件将产生一个更新中断：

- 寄存器被更新（计数器上溢/下溢）；
- 软件设置 UG 位；
- 时钟/触发控制器产生的更新。

当 URSn 为 1 时，如果 UDIS 允许产生更新事件，则只有当下列事件发生时才产生更新中断，并 UIF 置“1”：寄存器被更新（计数器上溢/下溢）。

UDISn：禁止更新（n=1，2）。当 UDISn 为 0 时，一旦下列事件发生，产生更新（UEV）事件：

- 计数器溢出/下溢；
- 产生软件更新事件；
- 时钟/触发模式控制器产生的硬件复位被缓存的寄存器装入它们的预装载值。

当 UDISn 为 1 时，不产生更新事件，影子寄存器（ARR、PSC、CCRx）保持它们的值。如果设置了 UG 位或时钟/触发控制器发出了一个硬件复位，则计数器和预分频器被重新初始化。

CENn：允许计数器（n=1，2）。当 CENn 为 0 时，禁止计数器；当 CENn 为 1 时，使能计数器。

注：在软件设置了 CEN 位后，外部时钟、门控模式和编码器模式才能工作。然而触发模式可以自动地通过硬件设置 CEN 位。

#### 4. 控制寄存器 2

本节介绍控制寄存器 2 PWM1_CR2、PWM2_CR2，各位定义如下所示。两个寄存器地址分别为 FEC1H、FEE1H。

| 符号 | B7 | B6 | B5 | B4 | B3 | B2 | B1 | B0 |
|---|---|---|---|---|---|---|---|---|
| PWM1_CR2 | TI1S | MMS1 [2:0] | | | — | COMS1 | — | CCPC1 |
| PWM2_CR2 | TI2S | MMS2 [2:0] | | | — | COMS2 | — | — |

TI1S：TI1 选择。当 TI1S 为 0 时，PWM1P 输入引脚连到 TI1（数字滤波器的输入）；当 TI1S 为 1 时，PWM1P、PWM2P 和 PWM3P 引脚经异或后连到 TI1。

TI2S：TI2 选择。当 TI2S 为 0 时，PWM5P 输入引脚连到 TI2（数字滤波器的输入）；当 TI2S 为 1 时，PWM5P、PWM6P 和 PWM7P 引脚经异或后连到 TI2。

MMS1 [2:0]：PWM1 主模式选择。

| MMS1 [2:0] | 主模式 | 说　明 |
|---|---|---|
| 000 | 复位 | PWM1_EGR 寄存器的 UG 位用于作为触发输出（TRGO）。如果触发输入（时钟/触发控制器配置为复位模式）产生复位，则 TRGO 上的信号相对实际的复位会有一个延迟 |
| 001 | 使能 | 计数器使能信号用于作为触发输出（TRGO）。其用于启动 ADC，以便控制在一段时间内使能 ADC。计数器使能信号是通过 CEN 控制位和门控模式下的触发输入信号的逻辑或产生。除非选择了主/从模式，当计数器使能信号受控于触发输入时，TRGO 上会有一个延迟 |

（续）

| MMS1［2:0］ | 主模式 | 说 明 |
| --- | --- | --- |
| 010 | 更新 | 更新事件被选为触发输出（TRGO） |
| 011 | 比较脉冲 | 一旦发生一次捕获或一次比较成功，当CC1IF标志被置“1”时，触发输出送出一个正脉冲（TRGO） |
| 100 | 比较 | OC1REF信号用于作为触发输出（TRGO） |
| 101 | 比较 | OC2REF信号用于作为触发输出（TRGO） |
| 110 | 比较 | OC3REF信号用于作为触发输出（TRGO） |
| 111 | 比较 | OC4REF信号用于作为触发输出（TRGO） |

MMS2［2:0］：PWM2主模式选择。

| MMS2［2:0］ | 主模式 | 说 明 |
| --- | --- | --- |
| 000 | 复位 | PWM2_EGR寄存器的UG位用于作为触发输出（TRGO）。如果触发输入（时钟/触发控制器配置为复位模式）产生复位，则TRGO上的信号相对实际的复位会有一个延迟 |
| 001 | 使能 | 计数器使能信号用于作为触发输出（TRGO）。其用于启动多个PWM，以便控制在一段时间内使能从PWM。计数器使能信号是通过CEN控制位和门控模式下的触发输入信号的逻辑或产生。除非选择了主/从模式，当计数器使能信号受控于触发输入时，TRGO上会有一个延迟 |
| 010 | 更新 | 更新事件被选为触发输出（TRGO） |
| 011 | 比较脉冲 | 一旦发生一次捕获或一次比较成功，当CC2IF标志被置“1”时，触发输出送出一个正脉冲（TRGO） |
| 100 | 比较 | OC5REF信号用于作为触发输出（TRGO） |
| 101 | 比较 | OC6REF信号用于作为触发输出（TRGO） |
| 110 | 比较 | OC7REF信号用于作为触发输出（TRGO） |
| 111 | 比较 | OC8REF信号用于作为触发输出（TRGO） |

注：① 只有PWM1的TRGO可用于触发启动ADC。

② 只有PWM2的TRGO可用于PWM1的ITR2。

COMSn：捕获/比较控制位的更新控制选择（n=1，2）。当COMSn为0且CCPC为1时，只有在COMG位置“1”时，这些控制位才被更新；当COMSn为1且CCPC为1时，只有在COMG位置“1”或TRGI发生上升沿时，这些控制位才被更新。

CCPC1：捕获/比较预装载控制位。当CCPC1为0时，CCIE、CCINE、CCiP、CCiNP和OCIM位不是预装载的；当CCPC1为1时，CCIE、CCINE、CCiP、CCiNP和OCIM位是预装载的。设置该位后，它们只在设置了COMG位后被更新。

注：该位只对具有互补输出的通道起作用。

**5. 从模式控制寄存器**

从模式控制寄存器PWM1_SMCR、PWM2_SMCR，各位定义如下所示。两个寄存器地址分别为FEC2H、FEE2H。

| 符号 | B7 | B6 | B5 | B4 | B3 | B2 | B1 | B0 |
|---|---|---|---|---|---|---|---|---|
| PWM1_CR2 | MSM1 | TS1 [2:0] | | | — | SMS1 [2:0] | | |
| PWM2_CR2 | MSM2 | TS2 [2:0] | | | — | SMS2 [2:0] | | |

MSMn：主/从模式（n＝1，2）。当 MSMn 为 0 时，无作用；当 MSMn 为 1 时，触发输入（TRGI）上的事件被延迟，以允许 PWMn 与它的从 PWM 间的完美同步（通过 TRGO）。

TS1［2:0］：触发源选择。

| TS1 [2:0] | 触发源 |
|---|---|
| 000 | — |
| 001 | — |
| 010 | 内部触发 ITR2 |
| 011 | — |
| 100 | TI1 的边沿检测器（TI1F_ ED） |
| 101 | 滤波后的定时器输入 1（TI1FP1） |
| 110 | 滤波后的定时器输入 2（TI2FP2） |
| 111 | 外部触发输入（ETRF） |

TS2［2:0］：触发源选择。

| TS2 [2:0] | 触发源 |
|---|---|
| 000 | — |
| 001 | — |
| 010 | — |
| 011 | — |
| 100 | TI1 的边沿检测器（TI1F_ED） |
| 101 | 滤波后的定时器输入 1（TI1FP1） |
| 110 | 滤波后的定时器输入 2（TI2FP2） |
| 111 | 外部触发输入（ETRF） |

注：这些位只能在 MS＝000 时被改变，以避免在改变时产生错误的边沿检测。

SMSn［2:0］：时钟/触发/从模式选择（n＝1，2）。

| SMSn [2:0] | 功能 | 说　明 |
|---|---|---|
| 000 | 内部时钟模式 | 如果 CEN＝1，则预分频器直接由内部时钟驱动 |
| 001 | 编码器模式 1 | 根据 TI1FP1 的电平，计数器在 TI2FP2 的边沿向上/下计数 |
| 010 | 编码器模式 2 | 根据 TI2FP2 的电平，计数器在 TI1FP1 的边沿向上/下计数 |
| 011 | 编码器模式 3 | 根据另一个输入的电平，计数器在 TI1FP1 和 TI2FP2 的边沿向上/下计数 |
| 100 | 复位模式 | 在选中的触发输入（TRGI）的上升沿时重新初始化计数器，并且产生一个更新寄存器的信号 |
| 101 | 门控模式 | 当触发输入（TRGI）为高时，计数器的时钟开启。一旦触发输入变为低，则计数器停止（但不复位）。计数器的启动和停止都是受控的 |
| 110 | 触发模式 | 计数器在触发输入 TRGI 的上升沿启动（但不复位），只有计数器的启动是受控的 |
| 111 | 外部时钟模式 1 | 选中的触发输入（TRGI）的上升沿驱动计数器<br>注：如果 TI1F_ED 被选为触发输入（TS＝100）时，不要使用门控模式。这是因为 TI1F_ED 在每次 TI1F 变化时只是输出一个脉冲，然而门控模式是要检查触发输入的电平 |

**6. 外部触发寄存器**

外部触发寄存器 PWM1_ETR、PWM2_ETR，各位定义如下所示。两个寄存器地址分别为 FEC3H、FEE3H。

| 符号 | B7 | B6 | B5 | B4 | B3 | B2 | B1 | B0 |
|---|---|---|---|---|---|---|---|---|
| PWM1_ETR | ETP1 | ECE1 | ETPS1 [1:0] | | ETF1 [3:0] | | | |
| PWM2_ETR | ETP2 | ECE2 | ETPS2 [1:0] | | ETF2 [3:0] | | | |

ETPn：外部触发 ETR 的极性（n=1，2）。当 ETPn 为 0 时，高电平或上升沿有效；当 ETPn 为 1 时，低电平或下降沿有效。

ECEn：外部时钟使能（n=1，2）。当 ECEn 为 0 时，禁止外部时钟模式 2；当 ECEn 为 1 时，使能外部时钟模式 2，计数器的时钟为 ETRF 的有效沿。

注：① ECE 置“1”的效果与选择把 TRGI 连接到 ETRF 的外部时钟模式 1 相同（PWMn_SMCR 寄存器中，SMS=111，TS=111）。

② 外部时钟模式 2 可与下列模式同时使用：触发标准模式、触发复位模式、触发门控模式。但是，此时的 TRGI 决不能与 ETRF 相连（PWMn_SMCR 寄存器中，TS 不能为 111）。

③ 外部时钟模式 1 与外部时钟模式 2 同时使能时，外部时钟输入为 ETRF。

ETPSn：外部触发预分频器外部触发信号 EPRP 的频率最大不能超过 $f_{MASTER}/4$，可用预分频器来降低 ETRP 的频率（n=1，2）。

当 EPRP 的频率很高时，它非常有用：ETPSn=00，预分频器关闭；ETPSn=01，EPRP 的频率/2；ETPSn=02，EPRP 的频率/4；ETPSn=03，EPRP 的频率/8。

ETFn [3:0]：外部触发滤波器选择，该位域定义了 ETRP 的采样频率及数字滤波器长度（n=1，2）。

| ETFn [3:0] | 时钟数 | ETFn [3:0] | 时钟数 |
|---|---|---|---|
| 0000 | 1 | 1000 | 48 |
| 0001 | 2 | 1001 | 64 |
| 0010 | 4 | 1010 | 80 |
| 0011 | 8 | 1011 | 96 |
| 0100 | 12 | 1100 | 128 |
| 0101 | 16 | 1101 | 160 |
| 0110 | 24 | 1110 | 192 |
| 0111 | 32 | 1111 | 256 |

**7. 中断使能寄存器**

中断使能寄存器 PWM1_IER、PWM2_IER，具体介绍请参见本书 8.1 节。

**8. 状态寄存器 1**

状态寄存器 1 PWM1_SR1、PWM2_SR1，各位定义如下所示。两个寄存器地址分别为 FEC5H、FEE5H。

| 符号 | B7 | B6 | B5 | B4 | B3 | B2 | B1 | B0 |
|---|---|---|---|---|---|---|---|---|
| PWM1_SR1 | BIF1 | TIF1 | COMIF1 | CC4IF | CC3IF | CC2IF | CC1IF | UIF1 |
| PWM2_SR1 | BIF2 | TIF2 | COMIF2 | CC8IF | CC7IF | CC6IF | CC5IF | UIF2 |

BIFn：刹车中断标记。一旦刹车输入有效，由硬件对该位置“1”；如果刹车输入无效，

则该位可由软件清零（n=1，2）。当BIFn为0时，无刹车事件产生；当BIFn为1时，刹车输入上检测到有效电平。

TIFn：触发器中断标记。当发生触发事件时由硬件对该位置“1”，由软件清零（n=1，2）。当TIFn为0时，无触发器事件产生；当TIFn为1时，触发中断等待响应。

COMIFn：COM中断标记。一旦产生COM事件，该位由硬件置“1”，由软件清零（n=1，2）。当COMIFn为0时，无COM事件产生；当COMIFn为1时，COM中断等待响应。

如果通道CC1配置为输出模式：当计数器值与比较值匹配时该位由硬件置“1”，但在中心对称模式下除外，它由软件清零。当CC1IF为0时，无匹配发生；当CC1IF为1时，PWM1_CNT的值与PWM1_CCR1的值匹配。

注：在中心对称模式下，当计数器值为0时，向上计数，当计数器值为ARR时，向下计数（它从0向上计数到ARR-1，再由ARR向下计数到1）。因此，对所有的SMS位值，这两个值都不置标记。但是，如果CCR1>ARR，则当CNT达到ARR值时，CC1IF置“1”。

如果通道CC1配置为输入模式：当捕获事件发生时该位由硬件置“1”，它由软件清零或通过读PWM1_CCR1L清零；当CC1IF为0时，无输入捕获产生；当CC1IF为1时，计数器值已被捕获至PWM1_CCR1。

UIFn：更新中断标记当产生更新事件时该位由硬件置“1”，它由软件清零（n=1，2）。当UIFn为0时，无更新事件产生；当UIFn为1时，更新事件等待响应。当寄存器发生下列更新时，该位由硬件置“1”：

1）若PWMn_CR1寄存器的UDIS=0，当计数器上溢或下溢时。

2）若PWMn_CR1寄存器的UDIS=0、URS=0，当设置PWMn_EGR寄存器的UG位软件对计数器CNT重新初始化时。

3）若PWMn_CR1寄存器的UDIS=0、URS=0，当计数器CNT被触发事件重新初始化时。

**9. 状态寄存器2**

状态寄存器2 PWM1_SR2、PWM2_SR2，各位定义如下所示。两个寄存器地址分别为FEC6H、FEE6H。

| 符号 | B7 | B6 | B5 | B4 | B3 | B2 | B1 | B0 |
|---|---|---|---|---|---|---|---|---|
| PWM1_SR2 | — | — | — | CC4OF | CC3OF | CC2OF | CC1OF | — |
| PWM2_SR2 | — | — | — | CC8OF | CC7OF | CC6OF | CC5OF | — |

CC1OF：捕获/比较1重复捕获标记。仅当相应的通道被配置为输入捕获时，该标记可由硬件置“1”。写0可清除该位。当CC1OF为0时，无重复捕获产生；当CC1OF为1时，计数器的值被捕获到PWM1_CCR1寄存器时，CC1IF的状态已经为1。

**10. 事件发生寄存器**

事件发生寄存器PWM1_EGR、PWM2_EGR，各位定义如下所示。两个寄存器地址分别为FEC7H、FEE7H。

| 符号 | B7 | B6 | B5 | B4 | B3 | B2 | B1 | B0 |
|---|---|---|---|---|---|---|---|---|
| PWM1_EGR | BG1 | TG1 | COMG1 | CC4G | CC3G | CC2G | CC1G | UG1 |
| PWM2_EGR | BG2 | TG2 | COMG2 | CC8G | CC7G | CC6G | CC5G | UG2 |

BGn：产生刹车事件。该位由软件置“1”，用于产生一个刹车事件，由硬件自动清零（n=1，2）。当BGn为0时，无动作；当BGn为1时，产生一个刹车事件，此时MOE=0、BIF=1，若开启对应的中断（BIE=1），则产生相应的中断。

TGn：产生触发事件。该位由软件置“1”，用于产生一个触发事件，由硬件自动清零（n=1，2）。当TGn为0时，无动作；当TGn为1时，TIF=1，若开启对应的中断（TIE=1），则产生相应的中断。

COMGn：捕获/比较事件，产生控制更新。该位由软件置“1”，由硬件自动清零（n=1，2）。当COMGn为0时，无动作；当COMGn为1时，CCPC=1，允许更新CCIE、CCINE、CCiP、CCiNP、OCIM位。

注：该位只对拥有互补输出的通道有效。

CC8G：产生捕获/比较8事件。参考CC1G描述。

CC7G：产生捕获/比较7事件。参考CC1G描述。

CC6G：产生捕获/比较6事件。参考CC1G描述。

CC5G：产生捕获/比较5事件。参考CC1G描述。

CC4G：产生捕获/比较4事件。参考CC1G描述。

CC3G：产生捕获/比较3事件。参考CC1G描述。

CC2G：产生捕获/比较2事件。参考CC1G描述。

CC1G：产生捕获/比较1事件。该位由软件置“1”，用于产生一个捕获/比较事件，由硬件自动清零。当CC1G为0时，无动作；当CC1G为1时，在通道CC1上产生一个捕获/比较事件。

若通道CC1配置为输出：设置CC1IF=1，若开启对应的中断，则产生相应的中断。

若通道CC1配置为输入：当前的计数器值被捕获至PWM1_CCR1寄存器，设置CC1IF=1，若开启对应的中断，则产生相应的中断；若CC1IF已经为1，则设置CC1OF=1。

UGn：产生更新事件。该位由软件置“1”，由硬件自动清零（n=1，2）。当UGn为0时，无动作；当UGn为1时，重新初始化计数器，并产生一个更新事件。

注意：预分频器的计数器也被清零（但是预分频系数不变）。若在中心对称模式下或DIR=0（向上计数），则计数器被清零；若DIR=1（向下计数），则计数器取PWMn_ARR的值。

**11. 捕获/比较模式寄存器1**

事件捕获/比较模式寄存器1 PWM1_CCMR1、PWM2_ CCMR1，两个寄存器地址分别为FEC8H、FEE8H。

通道可用于捕获输入模式或比较输出模式，通道的方向由相应的CCnS位定义。该寄存器其他位的作用在输入和输出模式下不同。OCxx描述了通道在输出模式下的功能，ICxx描述了通道在输入模式下的功能。因此必须注意，同一个位在输出模式和输入模式下的功能是不同的。

通道配置为比较输出模式时，寄存器各位含义如下所示。

| 符号 | B7 | B6 | B5 | B4 | B3 | B2 | B1 | B0 |
|---|---|---|---|---|---|---|---|---|
| PWM1_CCMR1 | OC1CE | OC1M [2:0] | | | OC1PE | OC1FE | CC1S [1:0] | |
| PWM2_CCMR1 | OC5CE | OC5M [2:0] | | | OC5PE | OC5FE | CC5S [1:0] | |

OCnCE：输出比较n清零使能（n=1，5）。该位用于使能使用PWMETI引脚上的外部事件来清通道n的输出信号OCnREF。当OCnCE为0时，OCnREF不受ETRF输入的影响；当OCnCE为1时，一旦检测到ETRF输入高电平，OCnREF=0。

OCnM［2:0］：输出比较n模式（n=1，5）。该3位定义了输出参考信号OCnREF的动作，而OCnREF决定了OCn的值。OCnREF是高电平有效，而OCn的有效电平取决于CCnP位。

| OCnM［2:0］ | 模式 | 说　明 |
|---|---|---|
| 000 | 冻结 | PWMn_CCR1与PWMn_CNT之间的比较，OCnREF不起作用 |
| 001 | 匹配时设置通道n的输出为有效电平 | 当PWMn_CCR1=PWMn_CNT时，OCnREF输出高电平 |
| 010 | 匹配时设置通道n的输出为无效电平 | 当PWMn_CCR1=PWMn_CNT时，OCnREF输出低电平 |
| 011 | 翻转 | 当PWMn_CCR1=PWMn_CNT时，翻转OCnREF |
| 100 | 强制为无效电平 | 强制OCnREF为低电平 |
| 101 | 强制为有效电平 | 强制OCnREF为高电平 |
| 110 | PWM模式1 | 在向上计数时，当PWMn_CNT<PWMn_CCR1时，OCnREF输出高电平，否则OCnREF输出低电平；在向下计数时，当PWMn_CNT>PWMn_CCR1时OCnREF输出低电平，否则OCnREF输出高电平 |
| 111 | PWM模式2 | 在向上计数时，当PWMn_CNT<PWMn_CCR1时，OCnREF输出低电平，否则OCnREF输出高电平；在向下计数时，当PWMn_CNT>PWMn_CCR1时，OCnREF输出高电平，否则OCnREF输出低电平 |

注：①一旦LOCK级别设为3（PWMn_BKR寄存器中的LOCK位）并且CCnS=00（该通道配置成输出），则该位不能被修改。

②在PWM模式1或PWM模式2中，只有当比较结果改变了或在输出比较模式中从冻结模式切换到PWM模式时，OCnREF电平才改变。

③在有互补输出的通道上，这些位是预装载的。如果PWMn_CR2寄存器的CCPC=1，OCM位只有在COM事件发生时，才从预装载位取新值。

OCnPE：输出比较n预装载使能（n=1，5）。当OCnPE为0时，禁止PWMn_CCR1寄存器的预装载功能，可随时写入PWMn_CCR1寄存器，并且新写入的数值立即起作用；当OCnPE为1时，开启PWMn_CCR1寄存器的预装载功能，读写操作仅对预装载寄存器操作，PWMn_CCR1的预装载值在更新事件到来时被加载至当前寄存器中。

注：①一旦LOCK级别设为3（PWMn_BKR寄存器中的LOCK位）并且CCnS=00（该通道配置成输出），则该位不能被修改。

②为了操作正确，在PWM模式下必须使能预装载功能。但在单脉冲模式下（PWMn_CR1寄存器的OPM=1），它不是必须的。

OCnFE：输出比较n快速使能（n=1，5）。该位用于加快CC输出对触发输入事件的响应。当OCnFE为0时，根据计数器与CCRn的值，CCn正常操作，即使触发器是打开的。当触发器的输入有一个有效沿时，激活CCn输出的最小延时为5个时钟周期。当OCnFE为

1时，输入到触发器的有效沿的作用就像发生了一次比较匹配。因此，OC被设置为比较电平而与比较结果无关。采样触发器的有效沿和CC1输出间的延时被缩短为3个时钟周期。OCnFE只在通道被配置成PWM1或PWM2模式时起作用。

CC1S [1:0]：捕获/比较1选择。这两位定义通道的方向（输入/输出）及输入脚的选择。

| CC1S [1:0] | 方向 | 输入脚 |
|---|---|---|
| 00 | 输出 | — |
| 01 | 输入 | IC1映射在TI1FP1上 |
| 10 | 输入 | IC1映射在TI2FP1上 |
| 11 | 输入 | IC1映射在TRC上。此模式仅工作在内部触发器输入被选中时（由PWM1_SMCR寄存器的TS位选择） |

CC5S [1:0]：捕获/比较5选择。这两位定义通道的方向（输入/输出）及输入脚的选择。

| CC5S [1:0] | 方向 | 输入脚 |
|---|---|---|
| 00 | 输出 | — |
| 01 | 输入 | IC5映射在TI5FP5上 |
| 10 | 输入 | IC5映射在TI6FP5上 |
| 11 | 输入 | IC5映射在TRC上。此模式仅工作在内部触发器输入被选中时（由PWM5_SMCR寄存器的TS位选择） |

注：① CC1S仅在通道关闭时（PWM1_CCER1寄存器的CC1E=0）才是可写的。

② CC5S仅在通道关闭时（PWM5_CCER1寄存器的CC5E=0）才是可写的。

通道配置为捕获输入模式时，寄存器各位含义如下所示。

| 符号 | B7 | B6 | B5 | B4 | B3 | B2 | B1 | B0 |
|---|---|---|---|---|---|---|---|---|
| PWM1_CCMR1 | IC1F [3:0] | | | | IC1PSC [1:0] | | CC1S [1:0] | |
| PWM2_CCMR1 | IC5F [3:0] | | | | IC5PSC [1:0] | | CC5S [1:0] | |

ICnF [3:0]：输入捕获n滤波器选择。该位域定义了TIn的采样频率及数字滤波器长度（n=1，5）。

| ICnF [3:0] | 时钟数 | ICnF [3:0] | 时钟数 |
|---|---|---|---|
| 0000 | 1 | 1000 | 48 |
| 0001 | 2 | 1001 | 64 |
| 0010 | 4 | 1010 | 80 |
| 0011 | 8 | 1011 | 96 |
| 0100 | 12 | 1100 | 128 |
| 0101 | 16 | 1101 | 160 |
| 0110 | 24 | 1110 | 192 |
| 0111 | 32 | 1111 | 256 |

注：即使对于带互补输出的通道，该位域也是非预装载的，并且不会考虑 CCPC（PWMn_CR2 寄存器）的值。

ICnPSC [1:0]：输入/捕获 n 预分频器（n=1，5）。这两位定义了 CCn 输入（IC1）的预分频系数。ICnPSC[1:0]=00，无预分频器，捕获输入口上检测到的每一个边沿都触发一次捕获；ICnPSC[1:0]=01，每两个事件触发一次捕获；ICnPSC[1:0]=10，每4个事件触发一次捕获；ICnPSC[1:0]=11，每8个事件触发一次捕获。

CC1S[1:0]：捕获/比较1选择。这两位定义通道的方向（输入/输出）及输入脚的选择。

| CC1S [1:0] | 方向 | 输入脚 |
|---|---|---|
| 00 | 输出 | — |
| 01 | 输入 | IC1 映射在 TI1FP1 上 |
| 10 | 输入 | IC1 映射在 TI2FP1 上 |
| 11 | 输入 | IC1 映射在 TRC 上。此模式仅工作在内部触发器输入被选中时（由 PWM1_SMCR 寄存器的 TS 位选择） |

CC5S [1:0]：捕获/比较5选择。这两位定义通道的方向（输入/输出）及输入脚的选择。

| CC5S [1:0] | 方向 | 输入脚 |
|---|---|---|
| 00 | 输出 | — |
| 01 | 输入 | IC5 映射在 TI5FP5 上 |
| 10 | 输入 | IC5 映射在 TI6FP5 上 |
| 11 | 输入 | IC5 映射在 TRC 上。此模式仅工作在内部触发器输入被选中时（由 PWM5_SMCR 寄存器的 TS 位选择） |

注：① CC1S 仅在通道关闭时（PWM1_CCER1 寄存器的 CC1E=0）才是可写的。

② CC5S 仅在通道关闭时（PWM5_CCER1 寄存器的 CC5E=0）才是可写的。

**12. 捕获/比较模式寄存器2**

事件捕获/比较模式寄存器2 PWM1_CCMR2、PWM2_ CCMR2，两个寄存器地址分别为 FEC9H、FEE9H。

与捕获/比较模式寄存器1相同，通道可用于捕获输入或比较输出两种模式。

通道配置为比较输出模式时，寄存器各位含义如下所示。

| 符号 | B7 | B6 | B5 | B4 | B3 | B2 | B1 | B0 |
|---|---|---|---|---|---|---|---|---|
| PWM1_CCMR2 | OC2CE | OC2M [2:0] | | | OC2PE | OC2FE | CC2S [1:0] | |
| PWM2_CCMR2 | OC6CE | OC6M [2:0] | | | OC6PE | OC6FE | CC6S [1:0] | |

OCnCE：输出比较 n 清零使能。该位用于使能使用 PWMETI 引脚上的外部事件来清通道 n 的输出信号 OCnREF（n=2，6）。当 OCnCE 为0时，OCnREF 不受 ETRF 输入的影响；当 OCnCE 为1时，一旦检测到 ETRF 输入高电平，OCnREF=0。

OCnM [2:0]：输出比较2模式（n=2，6）。参考 OC1M。

OCnPE：输出比较2预装载使能（n=2，6）。参考OP1PE。

CC2S［1:0］：捕获/比较2选择。这两位定义通道的方向（输入/输出）及输入脚的选择。

| CC2S［1:0］ | 方向 | 输入脚 |
|---|---|---|
| 00 | 输出 | — |
| 01 | 输入 | IC2映射在TI2FP2上 |
| 10 | 输入 | IC2映射在TI1FP2上 |
| 11 | 输入 | IC2映射在TRC上 |

CC6S［1:0］：捕获/比较6选择。这两位定义通道的方向（输入/输出）及输入脚的选择。

| CC6S［1:0］ | 方向 | 输入脚 |
|---|---|---|
| 00 | 输出 | — |
| 01 | 输入 | IC6映射在TI6FP6上 |
| 10 | 输入 | IC6映射在TI5FP6上 |
| 11 | 输入 | IC6映射在TRC上 |

通道配置为捕获输入模式时，寄存器各位含义如下所示。

| 符号 | B7 | B6 | B5 | B4 | B3 | B2 | B1 | B0 |
|---|---|---|---|---|---|---|---|---|
| PWM1_CCMR2 | IC2F［3:0］ | | | | IC2PSC［1:0］ | | CC2S［1:0］ | |
| PWM2_CCMR2 | IC6F［3:0］ | | | | IC6PSC［1:0］ | | CC6S［1:0］ | |

ICnF［3:0］：输入捕获n滤波器选择（n=2，6）。参考IC1F。

ICnPSC［1:0］：输入/捕获n预分频器（n=2，6）。参考IC1PSC。

CC2S［1:0］：捕获/比较2选择。这两位定义通道的方向（输入/输出）及输入脚的选择，同比较输出模式。

CC6S［1:0］：捕获/比较6选择。这两位定义通道的方向（输入/输出）及输入脚的选择，同比较输出模式。

**13. 捕获/比较模式寄存器3**

事件捕获/比较模式寄存器3 PWM1_CCMR3、PWM2_ CCMR3，两个寄存器地址分别为FECAH、FEEAH。

与捕获/比较模式寄存器1相同，通道可用于捕获输入或比较输出两种模式。

通道配置为比较输出模式时，寄存器各位含义如下所示。

| 符号 | B7 | B6 | B5 | B4 | B3 | B2 | B1 | B0 |
|---|---|---|---|---|---|---|---|---|
| PWM1_CCMR3 | OC3CE | OC3M［2:0］ | | | OC3PE | OC3FE | CC3S［1:0］ | |
| PWM2_CCMR3 | OC7CE | OC7M［2:0］ | | | OC7PE | OC7FE | CC7S［1:0］ | |

OCnCE：输出比较n清零使能。该位用于使能使用PWMETI引脚上的外部事件来清通道n的输出信号OCnREF。（n=3，7）当OCnCE为0时，OCnREF不受ETRF输入的影响；

当OCnCE为1时，一旦检测到ETRF输入高电平，OCnREF=0。

OCnM [2:0]：输出比较2模式（n=3，7）。参考OC1M。

OCnPE：输出比较2预装载使能（n=3，7）。参考OP1PE。

CC3S [1:0]：捕获/比较3选择。这两位定义通道的方向（输入/输出）及输入脚的选择。

| CC3S [1:0] | 方向 | 输入脚 |
|---|---|---|
| 00 | 输出 | — |
| 01 | 输入 | IC3 映射在 TI3FP3 上 |
| 10 | 输入 | IC3 映射在 TI4FP3 上 |
| 11 | 输入 | IC3 映射在 TRC 上 |

CC7S [1:0]：捕获/比较7选择。这两位定义通道的方向（输入/输出），及输入脚的选择。

| CC7S [1:0] | 方向 | 输入脚 |
|---|---|---|
| 00 | 输出 | — |
| 01 | 输入 | IC7 映射在 TI7FP7 上 |
| 10 | 输入 | IC7 映射在 TI8FP7 上 |
| 11 | 输入 | IC7 映射在 TRC 上 |

通道配置为捕获输入模式时，寄存器各位含义如下所示。

| 符号 | B7 | B6 | B5 | B4 | B3 | B2 | B1 | B0 |
|---|---|---|---|---|---|---|---|---|
| PWM1_CCMR3 | IC3F [3:0] | | | | IC3PSC [1:0] | | CC3S [1:0] | |
| PWM2_CCMR3 | IC7F [3:0] | | | | IC7PSC [1:0] | | CC7S [1:0] | |

ICnF [3:0]：输入捕获n滤波器选择（n=3，7）。参考IC1F。

ICnPSC [1:0]：输入/捕获n预分频器（n=3，7）。参考IC1PSC。

CC3S [1:0]：捕获/比较3选择。这两位定义通道的方向（输入/输出）及输入脚的选择，同比较输出模式。

CC7S [1:0]：捕获/比较7选择。这两位定义通道的方向（输入/输出）及输入脚的选择，同比较输出模式。

**14. 捕获/比较模式寄存器4**

事件捕获/比较模式寄存器4 PWM1_CCMR4、PWM2_ CCMR4，两个寄存器地址分别为FECBH、FEEBH。

与捕获/比较模式寄存器1相同，通道可用于捕获输入或比较输出两种模式。

通道配置为比较输出模式时，寄存器各位含义如下所示。

| 符号 | B7 | B6 | B5 | B4 | B3 | B2 | B1 | B0 |
|---|---|---|---|---|---|---|---|---|
| PWM1_CCMR4 | OC4CE | OC4M [2:0] | | | OC4PE | OC4FE | CC4S [1:0] | |
| PWM2_CCMR4 | OC8CE | OC8M [2:0] | | | OC8PE | OC8FE | CC8S [1:0] | |

OCnCE：输出比较n清零使能（n=4，8）。该位用于使能使用PWMETI引脚上的外部事件来清通道n的输出信号OCnREF。当OCnCE为0时，OCnREF不受ETRF输入的影响；当OCnCE为1时，一旦检测到ETRF输入高电平，OCnREF=0。

OCnM［2:0］：输出比较2模式（n=4，8）。参考OC1M。

OCnPE：输出比较2预装载使能（n=4，8）。参考OP1PE。

CC4S［1:0］：捕获/比较4选择。这两位定义通道的方向（输入/输出）及输入脚的选择。

| CC4S［1:0］ | 方向 | 输入脚 |
| --- | --- | --- |
| 00 | 输出 | — |
| 01 | 输入 | IC4映射在TI4FP4上 |
| 10 | 输入 | IC4映射在TI3FP4上 |
| 11 | 输入 | IC4映射在TRC上 |

CC8S［1:0］：捕获/比较8选择。这两位定义通道的方向（输入/输出）及输入脚的选择。

| CC8S［1:0］ | 方向 | 输入脚 |
| --- | --- | --- |
| 00 | 输出 | — |
| 01 | 输入 | IC8映射在TI8FP8上 |
| 10 | 输入 | IC8映射在TI7FP8上 |
| 11 | 输入 | IC8映射在TRC上 |

通道配置为捕获输入模式时，寄存器各位含义如下所示。

| 符号 | B7 | B6 | B5 | B4 | B3 | B2 | B1 | B0 |
| --- | --- | --- | --- | --- | --- | --- | --- | --- |
| PWM1_CCMR4 | IC4F［3:0］ | | | | IC4PSC［1:0］ | | CC4S［1:0］ | |
| PWM2_CCMR4 | IC8F［3:0］ | | | | IC8PSC［1:0］ | | CC8S［1:0］ | |

ICnF［3:0］：输入捕获n滤波器选择（n=4，8）。参考IC1F。

ICnPSC［1:0］：输入/捕获n预分频器（n=4，8）。参考IC1PSC。

CC4S［1:0］：捕获/比较4选择。这两位定义通道的方向（输入/输出）及输入脚的选择，同比较输出模式。

CC8S［1:0］：捕获/比较8选择。这两位定义通道的方向（输入/输出）及输入脚的选择，同比较输出模式。

**15. 捕获/比较使能寄存器1**

捕获/比较使能寄存器1 PWM1_CCER1、PWM2_CCER1，各位含义如下所示。两个寄存器地址分别为FECCH、FEECH。

| 符号 | B7 | B6 | B5 | B4 | B3 | B2 | B1 | B0 |
| --- | --- | --- | --- | --- | --- | --- | --- | --- |
| PWM1_CCER1 | CC2NP | CC2NE | CC2P | CC2E | CC1NP | CC1NE | CC1P | CC1E |
| PWM2_CCER1 | — | — | CC6P | CC6E | — | — | CC5P | CC5E |

CC6P：OC6 输入捕获/比较输出极性。参考 CC1P。

CC6E：OC6 输入捕获/比较输出使能。参考 CC1E。

CC5P：OC5 输入捕获/比较输出极性。参考 CC1P。

CC5E：OC5 输入捕获/比较输出使能。参考 CC1E。

CC2NP：OC2N 比较输出极性。参考 CC1NP。

CC2NE：OC2N 比较输出使能。参考 CC1NE。

CC2P：OC2 输入捕获/比较输出极性。参考 CC1P。

CC2E：OC2 输入捕获/比较输出使能。参考 CC1E。

CC1NP：OC1N 比较输出极性。当 CC1NP 为 0 时，高电平有效；当 CC1NP 为 1 时，低电平有效。

注：① 一旦 LOCK 级别（PWM1_BKR 寄存器中的 LOCK 位）设为 3 或 2 且 CC1S = 00（通道配置为输出），则该位不能被修改。

② 对于有互补输出的通道，该位是预装载的。如果 CCPC = 1（PWM1_CR2 寄存器），只有在 COM 事件发生时，CC1NP 位才从预装载位中取新值。

CC1NE：OC1N 比较输出使能。当 CC1NE 为 0 时，关闭比较输出；当 CC1NE 为 1 时，开启比较输出，其输出电平依赖于 MOE、OSSI、OSSR、OIS1、OIS1N 和 CC1E 位的值。

注：对于有互补输出的通道，该位是预装载的。如果 CCPC = 1（PWM1_CR2 寄存器），只有在 COM 事件发生时，CC1NE 位才从预装载位中取新值。

CC1P：OC1 输入捕获/比较输出极性。

CC1 通道配置为输出时：当 CC1P 为 0 时，高电平有效；当 CC1P 为 1 时，低电平有效。

CC1 通道配置为输入或者捕获时：当 CC1P 为 0 时，捕获发生在 TI1F 或 TI2F 的上升沿；当 CC1P 为 1 时，捕获发生在 TI1F 或 TI2F 的下降沿。

CC1E：OC1 输入捕获/比较输出使能。当 CC1E 为 0 时，关闭输入捕获/比较输出；当 CC1E 为 1 时，开启输入捕获/比较输出。

注：① 一旦 LOCK 级别（PWM1_BKR 寄存器中的 LOCK 位）设为 3 或 2，则该位不能被修改。

② 对于有互补输出的通道，该位是预装载的。如果 CCPC = 1（PWM1_CR2 寄存器），只有在 COM 事件发生时，CC1P 位才从预装载位中取新值。

**16. 捕获/比较使能寄存器 2**

捕获/比较使能寄存器 2 PWM1_CCER2、PWM2_CCER2，各位含义如下所示。两个寄存器地址分别为 FECDH、FEEDH。

| 符号 | B7 | B6 | B5 | B4 | B3 | B2 | B1 | B0 |
|---|---|---|---|---|---|---|---|---|
| PWM1_CCER2 | CC4NP | CC4NE | CC4P | CC4E | CC3NP | CC3NE | CC3P | CC3E |
| PWM2_CCER2 | — | — | CC8P | CC8E | — | — | CC7P | CC7E |

CC8P：OC8 输入捕获/比较输出极性。参考 CC1P。

CC8E：OC8 输入捕获/比较输出使能。参考 CC1E。

CC7P：OC7 输入捕获/比较输出极性。参考 CC1P。

CC7E：OC7 输入捕获/比较输出使能。参考 CC1E。

CC4NP：OC4N 比较输出极性。参考 CC1NP。

CC4NE：OC4N 比较输出使能。参考 CC1NE。

CC4P：OC4 输入捕获/比较输出极性。参考 CC1P。

CC4E：OC4 输入捕获/比较输出使能。参考 CC1E。

CC3NP：OC3N 比较输出极性。参考 CC1NP。

CC3NE：OC3N 比较输出使能。参考 CC1NE。

CC3P：OC3 输入捕获/比较输出极性。参考 CC1P。

CC3E：OC3 输入捕获/比较输出使能。参考 CC1E。

**17. 计数器寄存器高 8 位**

计数器寄存器高 8 位 PWM1_CNTRH、PWM2_CNTRH，各位含义如下所示。两个寄存器地址分别为 FECEH、FEEEH。

| 符号 | B7 | B6 | B5 | B4 | B3 | B2 | B1 | B0 |
|---|---|---|---|---|---|---|---|---|
| PWM1_CNTRH | CNT1 [15:8] | | | | | | | |
| PWM2_CNTRH | CNT2 [15:8] | | | | | | | |

CNTn [15:8]：计数器的高 8 位值（n=1，2）。

**18. 计数器寄存器低 8 位**

计数器寄存器低 8 位 PWM1_CNTRL、PWM2_CNTRL，各位含义如下所示。两个寄存器地址分别为 FECFH、FEEFH。

| 符号 | B7 | B6 | B5 | B4 | B3 | B2 | B1 | B0 |
|---|---|---|---|---|---|---|---|---|
| PWM1_CNTRL | CNT1 [7:0] | | | | | | | |
| PWM2_CNTRL | CNT2 [7:0] | | | | | | | |

CNTn [7:0]：计数器的低 8 位值（n=1，2）。

**19. 预分频器寄存器高 8 位**

预分频器寄存器高 8 位 PWM1_PSCRH、PWM2_ PSCRH，各位含义如下所示。两个寄存器地址分别为 FED0H、FEF0H。

| 符号 | B7 | B6 | B5 | B4 | B3 | B2 | B1 | B0 |
|---|---|---|---|---|---|---|---|---|
| PWM1_PSCRH | PSC1 [15:8] | | | | | | | |
| PWM2_PSCRH | PSC2 [15:8] | | | | | | | |

PSCn [15:8]：预分频器的高 8 位值（n=1，2）。

预分频器用于对 CK_PSC 进行分频。计数器的时钟频率 $f_{CK\_CNT} = f_{CK\_PSC}/(PSCR[15:0]+1)$。

PSCR 包含了当更新事件产生时装入当前预分频器寄存器的值（更新事件包括计数器被 TIM_EGR 的 UG 位清零或被工作在复位模式的从控制器清零）。这意味着为了使新的值起作用，必须产生一个更新事件。

**20. 预分频器寄存器低 8 位**

预分频器寄存器低 8 位 PWM1_PSCRL、PWM2_ PSCRL，各位含义如下所示。两个寄存器地址分别为FED1H、FEF1H。

| 符号 | B7 | B6 | B5 | B4 | B3 | B2 | B1 | B0 |
|---|---|---|---|---|---|---|---|---|
| PWM1_PSCRL | PSC1 [7:0] | | | | | | | |
| PWM2_PSCRL | PSC2 [7:0] | | | | | | | |

PSCn [7:0]：预分频器的低8位值（n=1，2）。

**21. 自动重装载寄存器高8位**

自动重装载寄存器高8位PWM1_ARRH、PWM2_ ARRH，各位含义如下所示。两个寄存器地址分别为FED2H、FEF2H。

| 符号 | B7 | B6 | B5 | B4 | B3 | B2 | B1 | B0 |
|---|---|---|---|---|---|---|---|---|
| PWM1_ARRH | ARR1 [15:8] | | | | | | | |
| PWM2_ARRH | ARR2 [15:8] | | | | | | | |

ARRn [15:8]：自动重装载高8位值（n=1，2）。

ARR包含了将要装载入实际的自动重装载寄存器的值。当自动重装载的值为0时，计数器不工作。

**22. 自动重装载寄存器低8位**

自动重装载寄存器低8位PWM1_ARRL、PWM2_ ARRL，各位含义如下所示。两个寄存器地址分别为FED3H、FEF3H。

| 符号 | B7 | B6 | B5 | B4 | B3 | B2 | B1 | B0 |
|---|---|---|---|---|---|---|---|---|
| PWM1_ARRL | ARR1 [7:0] | | | | | | | |
| PWM2_ARRL | ARR2 [7:0] | | | | | | | |

ARRn [7:0]：自动重装载低8位值（n=1，2）。

**23. 重复计数器寄存器**

重复计数器寄存器PWM1_RCR、PWM2_ RCR，各位含义如下所示。两个寄存器地址分别为FED4H、FEF4H。

| 符号 | B7 | B6 | B5 | B4 | B3 | B2 | B1 | B0 |
|---|---|---|---|---|---|---|---|---|
| PWM1_ RCR | REP1 [7:0] | | | | | | | |
| PWM2_ RCR | REP2 [7:0] | | | | | | | |

REPn [7:0]：重复计数器值（n=1，2）。

开启了预装载功能后，这些位允许用户设置比较寄存器的更新速率（即周期性地从预装载寄存器传输到当前寄存器）；如果允许产生更新中断，则会同时影响产生更新中断的速率。每次计数器REP_CNT向下到达0，会产生一个更新事件并且计数器REP_CNT重新从REP值开始计数。由于REP_CNT只有在周期更新事件U_RC发生时才重载REP值，因此对PWMn_RCR寄存器写入的新值只在下次周期更新事件发生时才起作用。这意味着在PWM模式中，（REP+1）对应着：

- 在边沿对齐模式下，PWM周期的数目；

- 在中心对称模式下，PWM 半周期的数目。

**24. 捕获/比较寄存器1高8位**

捕获/比较寄存器1高8位PWM1_CCR1H、PWM2_ CCR1H，各位含义如下所示。两个寄存器地址分别为FED5H、FEF5H。

| 符号 | B7 | B6 | B5 | B4 | B3 | B2 | B1 | B0 |
|---|---|---|---|---|---|---|---|---|
| PWM1_CCR1H | CCR1［15:8］ | | | | | | | |
| PWM2_CCR1H | CCR5［15:8］ | | | | | | | |

CCRn［15:8］：捕获/比较n的高8位值（n=1，5）。

若CCn通道配置为输出：CCRn包含了装入的当前比较值（预装载值）。如果在PWMn_CCMR1寄存器（OCnPE位）中未选择预装载功能，写入的数值会立即传输至当前寄存器中；否则只有当更新事件发生时，此预装载值才传输至当前捕获/比较n寄存器中。当前比较值与计数器PWMn_CNT的值相比较，并在OCn端口上产生输出信号。

若CCn通道配置为输入：CCRn包含了上一次输入捕获事件发生时的计数器值（此时该寄存器为只读）。

**25. 捕获/比较寄存器1低8位**

捕获/比较寄存器1低8位PWM1_CCR1L、PWM2_ CCR1L，各位含义如下所示。两个寄存器地址分别为FED6H、FEF6H。

| 符号 | B7 | B6 | B5 | B4 | B3 | B2 | B1 | B0 |
|---|---|---|---|---|---|---|---|---|
| PWM1_CCR1L | CCR1［7:0］ | | | | | | | |
| PWM2_CCR1L | CCR5［7:0］ | | | | | | | |

CCRn［7:0］：捕获/比较n的低8位值（n=1，5）。

**26. 捕获/比较寄存器2高8位**

捕获/比较寄存器2高8位PWM1_CCR2H、PWM2_ CCR2H，各位含义如下所示。两个寄存器地址分别为FED7H、FEF7H。

| 符号 | B7 | B6 | B5 | B4 | B3 | B2 | B1 | B0 |
|---|---|---|---|---|---|---|---|---|
| PWM1_CCR2H | CCR2［15:8］ | | | | | | | |
| PWM2_CCR2H | CCR6［15:8］ | | | | | | | |

CCRn［15:8］：捕获/比较n的高8位值（n=2，6）。

**27. 捕获/比较寄存器2低8位**

捕获/比较寄存器2低8位PWM1_CCR2L、PWM2_ CCR2L，各位含义如下所示。两个寄存器地址分别为FED8H、FEF8H。

| 符号 | B7 | B6 | B5 | B4 | B3 | B2 | B1 | B0 |
|---|---|---|---|---|---|---|---|---|
| PWM1_CCR2L | CCR2［7:0］ | | | | | | | |
| PWM2_CCR2L | CCR6［7:0］ | | | | | | | |

CCRn［7:0］：捕获/比较n的低8位值（n=2，6）。

**28. 捕获/比较寄存器3高8位**

捕获/比较寄存器3高8位PWM1_CCR3H、PWM2_ CCR3H，各位含义如下所示。两个寄存器地址分别为FED9H、FEF9H。

| 符号 | B7 | B6 | B5 | B4 | B3 | B2 | B1 | B0 |
|---|---|---|---|---|---|---|---|---|
| PWM1_CCR3H | CCR3 [15:8] | | | | | | | |
| PWM2_CCR3H | CCR7 [15:8] | | | | | | | |

CCRn [15:8]：捕获/比较n的高8位值（n=3，7）。

**29. 捕获/比较寄存器3低8位**

捕获/比较寄存器3低8位PWM1_CCR3L、PWM2_ CCR3L，各位含义如下所示。两个寄存器地址分别为FEDAH、FEFAH。

| 符号 | B7 | B6 | B5 | B4 | B3 | B2 | B1 | B0 |
|---|---|---|---|---|---|---|---|---|
| PWM1_CCR3L | CCR3 [7:0] | | | | | | | |
| PWM2_CCR3L | CCR7 [7:0] | | | | | | | |

CCRn [7:0]：捕获/比较n的低8位值（n=3，7）。

**30. 捕获/比较寄存器4高8位**

捕获/比较寄存器4高8位PWM1_CCR4H、PWM2_ CCR4H，各位含义如下所示。两个寄存器地址分别为FEDBH、FEFBH。

| 符号 | B7 | B6 | B5 | B4 | B3 | B2 | B1 | B0 |
|---|---|---|---|---|---|---|---|---|
| PWM1_CCR4H | CCR4 [15:8] | | | | | | | |
| PWM2_CCR4H | CCR8 [15:8] | | | | | | | |

CCRn [15:8]：捕获/比较n的高8位值（n=4，8）。

**31. 捕获/比较寄存器4低8位**

捕获/比较寄存器4低8位PWM1_CCR4L、PWM2_ CCR4L，各位含义如下所示。两个寄存器地址分别为FEDCH、FEFCH。

| 符号 | B7 | B6 | B5 | B4 | B3 | B2 | B1 | B0 |
|---|---|---|---|---|---|---|---|---|
| PWM1_CCR4L | CCR4 [7:0] | | | | | | | |
| PWM2_CCR4L | CCR8 [7:0] | | | | | | | |

CCRn [7:0]：捕获/比较n的低8位值（n=4，8）。

**32. 刹车寄存器**

刹车寄存器PWM1_BRK、PWM2_ BRK，各位含义如下所示。两个寄存器地址分别为FEDDH、FEFDH。

| 符号 | B7 | B6 | B5 | B4 | B3 | B2 | B1 | B0 |
|---|---|---|---|---|---|---|---|---|
| PWM1_BRK | MOE1 | AOE1 | BKP1 | BKE1 | OSSR1 | OSSI1 | LOCK1 [1:0] | |
| PWM2_BRK | MOE2 | AOE2 | BKP2 | BKE2 | OSSR2 | OSSI2 | LOCK2 [1:0] | |

MOEn：主输出使能（n=1，2）。一旦刹车输入有效，该位被硬件异步清零。根据 AOE 位的设置值，该位可以由软件置“1”或被自动置“1”。它仅对配置为输出的通道有效。当 MOEn 为0时，禁止 OC 和 OCN 输出或强制为空闲状态；当 MOEn 为1时，如果设置了相应的使能位（PWMn_CCERX 寄存器的 CCIE 位），则使能 OC 和 OCN 输出。

AOEn：自动输出使能（n=1，2）。当 AOEn 为0时，MOE 只能被软件置“1”；当 AOEn 为1时，MOE 能被软件置“1”或在下一个更新事件被自动置“1”（如果刹车输入无效）。

注：一旦 LOCK 级别（PWMn_BKR 寄存器中的 LOCK 位）设为1，则该位不能被修改。

BKPn：刹车输入极性（n=1，2）。当 BKPn 为0时，刹车输入低电平有效；当 BKPn 为1时，刹车输入高电平有效。

注：一旦 LOCK 级别（PWMn_BKR 寄存器中的 LOCK 位）设为1，则该位不能被修改。

BKEn：刹车功能使能（n=1，2）。当 BKEn 为0时，禁止刹车输入；（BRK）当 BKEn 为1时，开启刹车输入。（BRK）

注：一旦 LOCK 级别（PWMn_BKR 寄存器中的 LOCK 位）设为1，则该位不能被修改。

OSSRn：运行模式下“关闭状态”选择。该位在 MOE=1 且通道设为输出时有效（n=1，2）。当 OSSRn 为0且 PWM 不工作时，禁止 OC/OCN 输出（OC/OCN 使能输出信号置“0”）；当 OSSRn 为1且 PWM 不工作时，一旦 CCiE=1 或 CCiNE=1，首先开启 OC/OCN 并输出无效电平，然后 OC/OCN 使能输出信号置“1”。

注：一旦 LOCK 级别（PWMn_BKR 寄存器中的 LOCK 位）设为2，则该位不能被修改。

OSSIn：空闲模式下“关闭状态”选择。该位在 MOE=0 且通道设为输出时有效（n=1，2）。当 OSSIn 为0且 PWM 不工作时，禁止 OC/OCN 输出（OC/OCN 使能输出信号置“0”）；当 OSSIn 为1且 PWM 不工作时，一旦 CCiE=1 或 CCiNE=1，OC/OCN 首先输出其空闲电平，然后 OC/OCN 使能输出信号置“1”。

注：一旦 LOCK 级别（PWMn_BKR 寄存器中的 LOCK 位）设为2，则该位不能被修改。

LOCKn［1:0］：锁定设置（n=1，2）。该位为防止软件错误而提供的写保护措施。

| LOCKn［1:0］ | 保护级别 | 保护内容 |
|---|---|---|
| 00 | 无保护 | 寄存器无写保护 |
| 01 | 锁定级别1 | 不能写入 PWMn_BKR 寄存器的 BKE、BKP、AOE 位和 PWMn_OISR 寄存器的 OISI 位 |
| 10 | 锁定级别2 | 不能写入锁定级别1中的各位，也不能写入 CC 极性位以及 OSSR/OSSI 位 |
| 11 | 锁定级别3 | 不能写入锁定级别2中的各位，也不能写入 CC 控制位 |

注：由于 BKE、BKP、AOE、OSSR、OSSI 位可被锁定（依赖于 LOCK 位），因此在第一次写 PWMn_BKR 寄存器时必须对它们进行设置。

**33. 死区寄存器**

死区寄存器 PWM1_DTR、PWM2_ DTR，各位含义如下所示。两个寄存器地址分别为 FEDEH、FEFEH。

| 符号 | B7 | B6 | B5 | B4 | B3 | B2 | B1 | B0 |
|---|---|---|---|---|---|---|---|---|
| PWM1_ DTR | DTG1［7:0］ | | | | | | | |
| PWM2_ DTR | DTG2［7:0］ | | | | | | | |

DTGn［7:0］：死区发生器设置（n=1，2）。

这些位定义了插入互补输出之间的死区持续时间（$t_{CK_PSC}$为PWMn的时钟脉冲）。

| DTGn［7:0］ | 死区时间 |
|---|---|
| 000 | DTGn[7:0]×$t_{CK\_PSC}$ |
| 001 | |
| 010 | |
| 011 | |
| 100 | (64+DTGn[6:0])×2×$t_{CK\_PSC}$ |
| 101 | |
| 110 | (32+DTGn[5:0])×8×$t_{CK\_PSC}$ |
| 111 | (32+DTGn[4:0])×16×$t_{CK\_PSC}$ |

**34. 输出空闲寄存器**

输出空闲寄存器PWM1_OISR、PWM2_ OISR，各位含义如下所示。两个寄存器地址分别为FEDFH、FEFFH。

| 符号 | B7 | B6 | B5 | B4 | B3 | B2 | B1 | B0 |
|---|---|---|---|---|---|---|---|---|
| PWM1_OISR | OIS4N | OIS4 | OIS3N | OIS3 | OIS2N | OIS2 | OIS1N | OIS1 |
| PWM2_OISR | — | OIS8 | — | OIS7 | — | OIS6 | — | OIS5 |

OIS8：空闲状态时OC8输出电平。

OIS7：空闲状态时OC7输出电平。

OIS6：空闲状态时OC6输出电平。

OIS5：空闲状态时OC5输出电平。

OIS4N：空闲状态时OC4N输出电平。

OIS4：空闲状态时OC4输出电平。

OIS3N：空闲状态时OC3N输出电平。

OIS3：空闲状态时OC3输出电平。

OIS2N：空闲状态时OC2N输出电平。

OIS2：空闲状态时OC2输出电平。

OIS1N：空闲状态时OC1N输出电平。当OIS1N为0时，若此时MOE=0，则在一个死区时间后，OC1N=0；当OIS1N为1时，若此时MOE=0时，则在一个死区时间后，OC1N=1。

OIS1：空闲状态时OC1输出电平。当OIS1为0时，若此时MOE=0时，如果OC1N使能，则在一个死区后，OC1=0；当OIS1为1时，若此时MOE=0时，如果OC1N使能，则在一个死区后，OC1=1。

### 9.1.3　PWM时基单元

PWM1时基单元包含：16位向上/向下计数器、16位自动重载寄存器、重复计数器和预分频器，如图9-1所示。

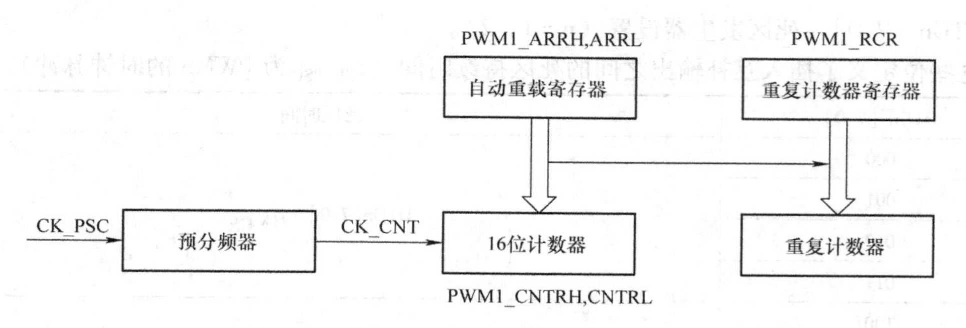


图9-1 PWM1 时基单元

16位计数器、预分频器、自动重载寄存器和重复计数器寄存器都可以通过软件进行读写操作。自动重载寄存器由预装载寄存器和影子寄存器组成。

可在两种模式下写自动重载寄存器：

• 自动预装载已使能（PWM1_CR1 寄存器的 ARPE 位为1）。在此模式下，写入自动重载寄存器的数据将被保存在预装载寄存器中，并在下一个更新事件（UEV）时传送到影子寄存器。

• 自动预装载已禁止（PWM1_CR1 寄存器的 ARPE 位为0）。在此模式下，写入自动重载寄存器的数据将立即写入影子寄存器。

更新事件的产生条件：

• 计数器向上或向下溢出。

• 软件置位了 PWM1_EGR 寄存器的 UG 位。

• 时钟/触发控制器产生了触发事件。

在预装载使能时（ARPE=1），如果发生了更新事件，预装载寄存器中的数值（PWM1_ARR）将写入影子寄存器中，并且 PWM1_PSCR 寄存器中的值将写入预分频器中。置位 PWM1_CR1 寄存器的 UDIS 位将禁止更新事件（UEV）。预分频器的输出 CK_CNT 驱动计数器，而 CK_CNT 仅在 PWM1_CR1 寄存器的计数器使能位（CEN）被置位时才有效。

注意：实际的计数器在 CEN 位使能的一个时钟周期后才开始计数。

**1. 读写16位计数器**

写计数器的操作没有缓存，在任何时候都可以写 PWM1_CNTRH 和 PWM1_CNTRL 寄存器，因此为避免写入了错误的数值，一般建议不要在计数器运行时写入新的数值。

读计数器的操作带有8位的缓存。用户必须先读定时器的高字节，在用户读了高字节后，低字节将被自动缓存，缓存的数据将会一直保持，直到16位数据的读操作完成。读取流程如图9-2所示。

**2. 16位 PWM1_ARR 寄存器的写操作**

预装载寄存器中的值将写入16位的 PWM1_ARR 寄存器中，此操作由两条指令完成，每条指令写入1个字节。必须先写高字节，后写低字节。

影子寄存器在写入高字节时被锁定，并保持到低字节写完。

**3. 预分频器**

PWM1 的预分频器是基于一个由16位寄存器（PWM1_PSCR）控制的16位计数器。由

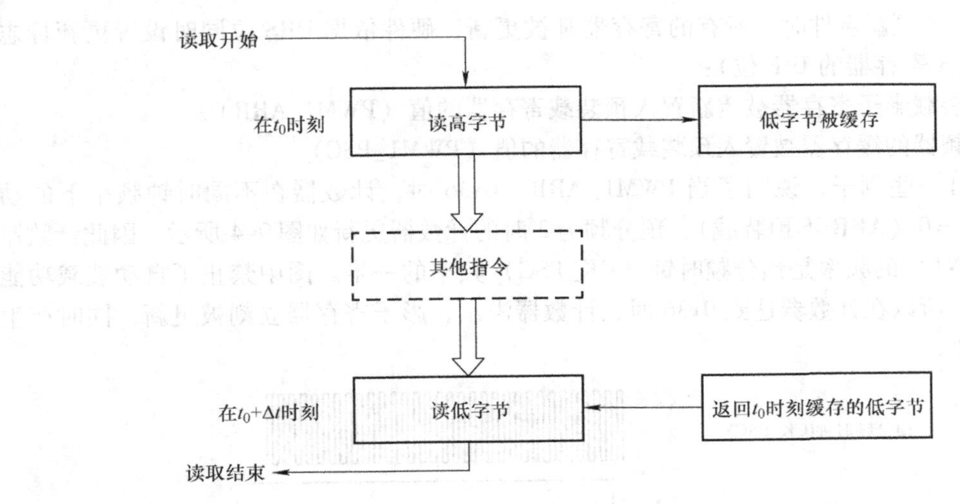


图 9-2　读取流程图

于这个控制寄存器带有缓冲器，因此它能够在运行时被改变。预分频器可以将计数器的时钟频率按 1 ~65536 之间的任意值分频。预分频器的值由预装载寄存器写入，保存了当前使用值的影子寄存器在低字节写入时被载入。由于需两次单独的写操作来写 16 位寄存器，因此必须保证高字节先写入。新的预分频器的值在下一次更新事件到来时被采用。对 PWM1_PSCR 寄存器的读操作通过预装载寄存器完成。

计数器的频率计算公式：　$f_{CK\_CNT}=\dfrac{f_{CK\_PSC}}{(PSCR[15:0]+1)}$

**4. 向上计数模式**

在向上计数模式中，计数器从 0 计数到用户定义的比较值（PWM1_ARR 寄存器的值），然后重新从 0 开始计数并产生一个计数器溢出事件。此时如果 PWM1_CR1 寄存器的 UDIS 位是 0，将会产生一个更新事件（UEV）。向上计数模式如图 9-3 所示。

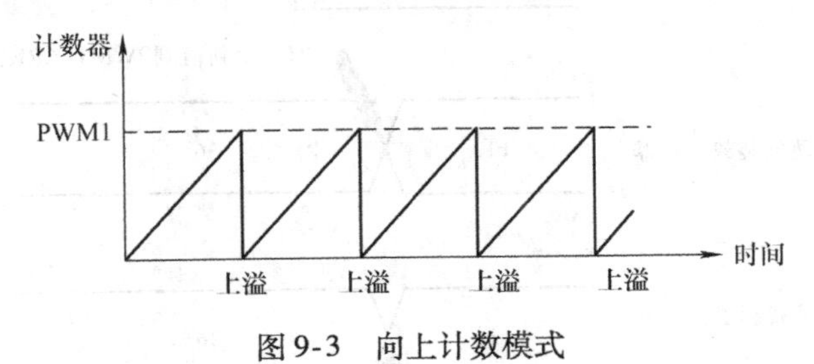


图 9-3　向上计数模式

通过软件方式或者通过使用触发控制器置位 PWM1_EGR 寄存器的 UG 位同样也可以产生一个更新事件。使用软件置位 PWM1_CR1 寄存器的 UDIS 位，可以禁止更新事件，这样可以避免在更新预装载寄存器时更新影子寄存器。在 UDIS 位被清除之前，将不产生更新事件。但是在应该产生更新事件时，计数器仍会被清零，同时预分频器的计数也被清零（但预分频器的数值不变）。此外，如果设置了 PWM1_CR1 寄存器中的 URS 位（选择更新请求），设置 UG 位将产生一个更新事件（UEV），但硬件不设置 UIF 标志（即不产生中断请求），这是为了避免在捕获模式下清除计数器时，同时产生更新和捕获中断。

当发生一个更新事件时，所有的寄存器都被更新，硬件依据URS位同时设置更新标志位（PWM1_SR寄存器的UIF位）：

- 自动装载影子寄存器被重新置入预装载寄存器的值（PWM1_ARR）。
- 预分频器的缓存器被置入预装载寄存器的值（PWM1_PSC）。

以下给出一些例子，说明了当PWM1_ARR = 0x36时，计数器在不同时钟频率下的动作。当ARPE = 0（ARR不预装载），预分频为2时的计数器更新如图9-4所示。因此计数器时钟（CK_CNT）的频率是预分频时钟（CK_PSC）频率的一半。图中禁止了自动装载功能（ARPE = 0），所以在计数器达到0x36时，计数器溢出，影子寄存器立刻被更新，同时产生一个更新事件。

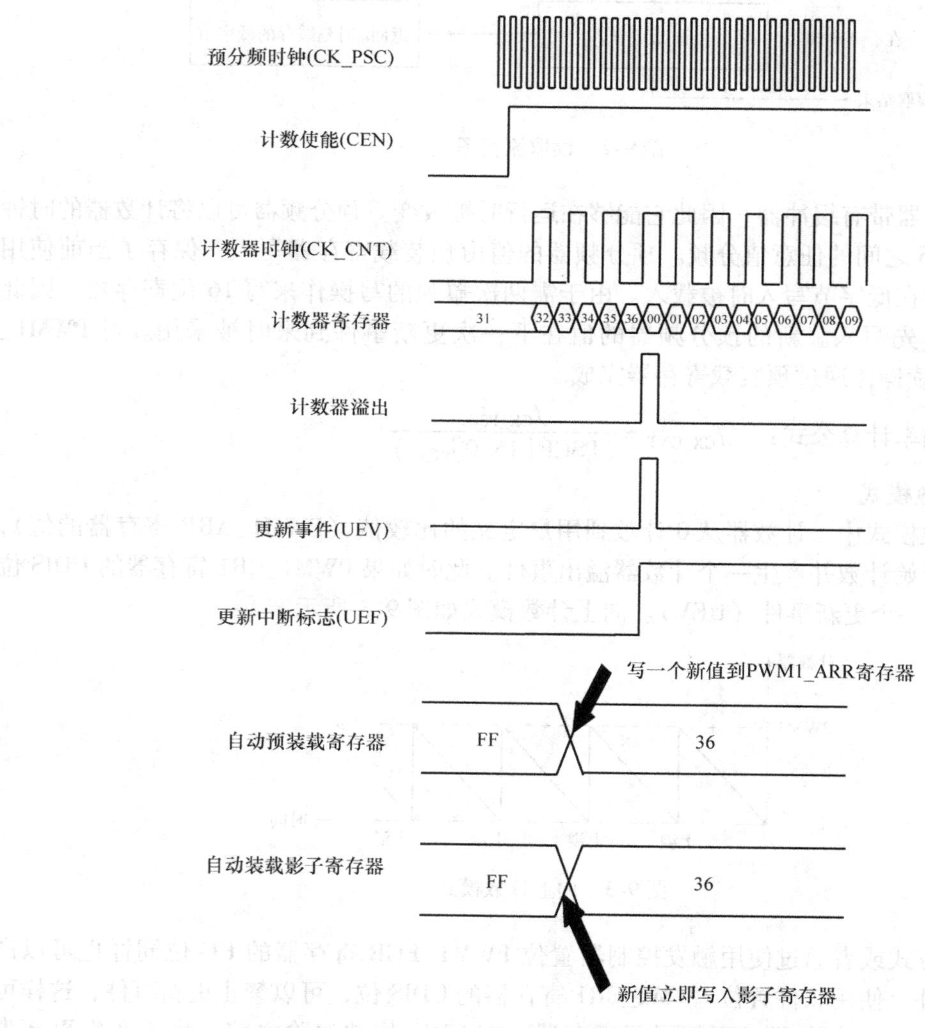


图9-4 当ARPE = 0，预分频为2时的计数器更新

当ARPE = 1（PWM1_ARR预装载），预分频为1时的计数器更新如图9-5所示。因此CK_CNT的频率与CK_PSC一致。图中使能了自动重载（ARPE = 1），所以在计数器达到0xFF时产生溢出。0x36将在溢出时被写入，同时产生一个更新事件。

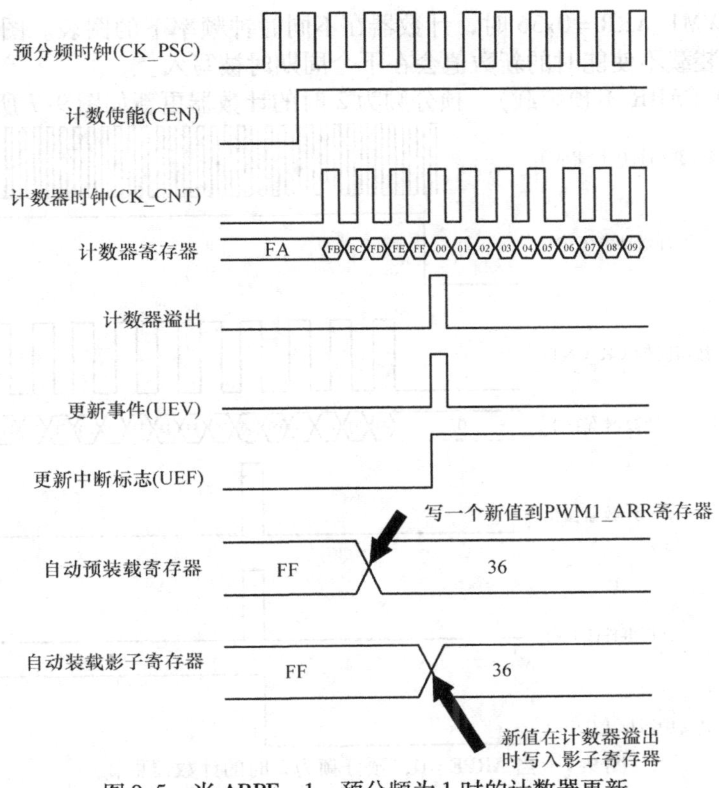


图9-5　当 ARPE = 1，预分频为1时的计数器更新

**5. 向下计数模式**

在向下计数模式中，计数器从自动装载的值（PWM1_ARR 寄存器的值）开始向下计数到0，然后再从自动装载的值开始重新计数，并产生一个计数器向下溢出的事件。如果 PWM1_CR1 寄存器的 UDIS 位被清除，还会产生一个更新事件（UEV）。向下计数模式如图9-6所示。

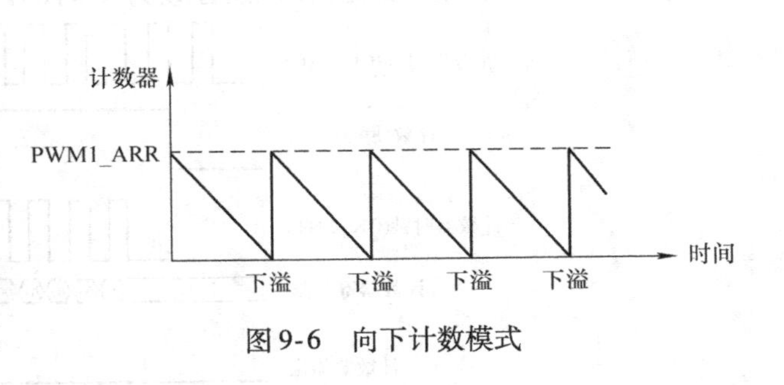


图9-6　向下计数模式

通过软件方式或者通过使用触发控制器置位 PWM1_EGR 寄存器的 UG 位同样也可以产生一个更新事件。置位 PWM1_CR1 寄存器的 UDIS 位可以禁止 UEV 事件，这样可以避免在更新预装载寄存器时更新影子寄存器。因此，UDIS 位清除之前不会产生更新事件。然而，计数器仍会从当前的自动加载值开始重新计数，并且预分频器的计数器重新从0开始（但预分频器不能被修改）。此外，如果设置了 PWM1_CR1 寄存器中的 URS 位（选择更新请求），设置 UG 位将产生一个更新事件（UEV），但不设置 UIF 标志（因此不产生中断），这是为了避免在发生捕获事件并清除计数器时，同时产生更新和捕获中断。

当发生更新事件时，所有的寄存器都被更新，硬件依据 URS 位同时设置更新标志位（PWM1_SR 寄存器的 UIF 位）：

- 自动装载影子寄存器被重新置入预装载寄存器的值（PWM1_ARR）。
- 预分频器的缓存器被置入预装载寄存器的值（PWM1_PSC）。

以下是当 PWM1_ARR＝0x36 时，计数器在不同时钟频率下的图表。图中描述了在向下计数模式下，预装载不使能时的新数值会在下个周期时被写入。

当 ARPE＝0（ARR 不预装载），预分频为 2 时的计数器更新如图 9-7 所示。

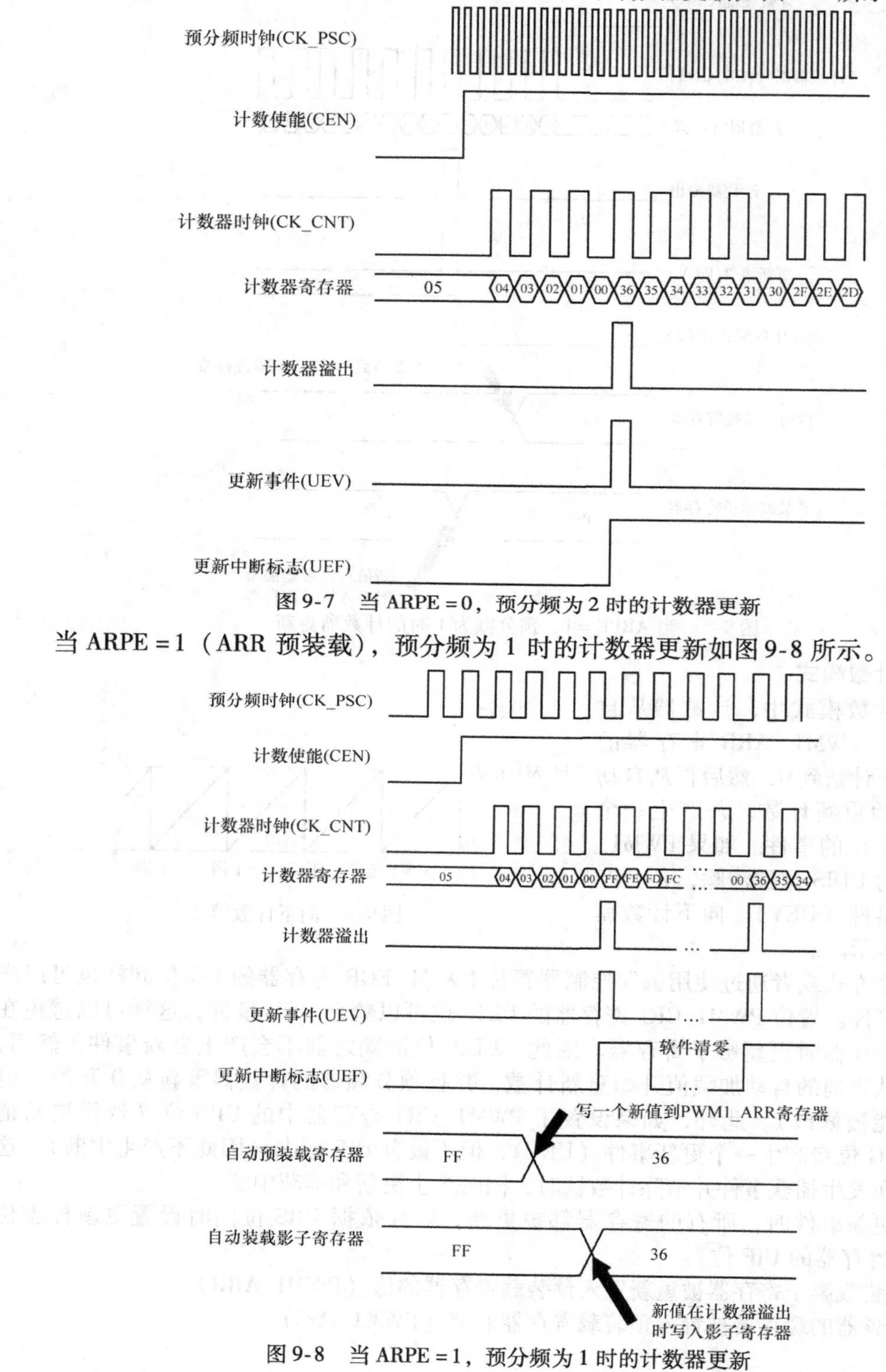


图 9-7 当 ARPE＝0，预分频为 2 时的计数器更新

当 ARPE＝1（ARR 预装载），预分频为 1 时的计数器更新如图 9-8 所示。

图 9-8 当 ARPE＝1，预分频为 1 时的计数器更新

**6. 中央对齐模式**（向上/向下计数）

在中央对齐模式，计数器从0开始计数到PWM1_ARR寄存器的值，产生一个计数器上溢事件，然后从PWM1_ARR寄存器的值向下计数到0，并且产生一个计数器下溢事件；然后再从0开始重新计数。在此模式下，不能写入PWM1_CR1中的DIR方向位。它是由硬件更新并指示当前的计数方向。中央对齐模式如图9-9所示。

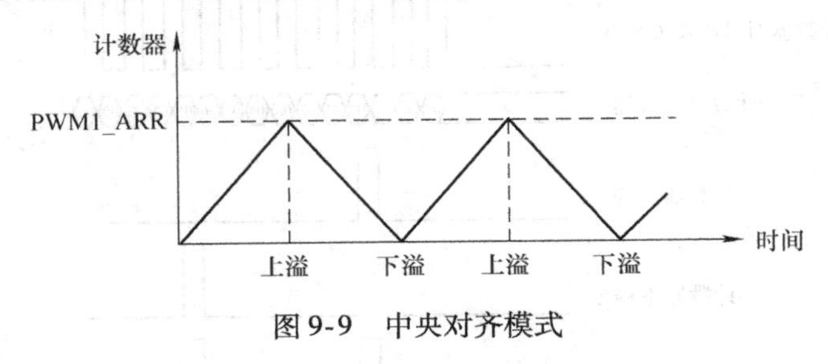


图9-9　中央对齐模式

如果定时器带有重复计数器，在重复了指定次数（PWM1_RCR的值）的向上和向下溢出之后会产生更新事件（UEV）。否则，每一次的向上、向下溢出都会产生更新事件。通过软件方式或者通过使用触发控制器置位PWM1_EGR寄存器的UG位同样也可以产生一个更新事件。此时，计数器重新从0开始计数，预分频器也重新从0开始计数。设置PWM1_CR1寄存器中的UDIS位可以禁止UEV事件，这样可以避免在更新预装载寄存器时更新影子寄存器。因此，UDIS位被清零之前不会产生更新事件，然而，计数器仍会根据当前自动重加载的值，继续向上或向下计数。如果定时器带有重复计数器，由于重复寄存器没有双重的缓冲，新的重复数值将立刻生效，因此在修改时需要小心。此外，如果设置了PWM1_CR1寄存器中的URS位（选择更新请求），设置UG位将产生一个更新事件（UEV），但不设置UIF标志（因此不产生中断），这是为了避免在发生捕获事件并清除计数器时，同时产生更新和捕获中断。

当发生更新事件时，所有的寄存器都被更新，硬件依据URS位更新标志位（PWM1_SR寄存器中的UIF位）：

- 预分频器的缓存器被加载为预装载的值（PWM1_PSCR）。
- 当前的自动加载寄存器被更新为预装载值（PWM1_ARR）。

注意：如果因为计数器溢出而产生更新，自动重装载寄存器将在计数器重载入之前被更新，因此下一个周期才是预期的值（计数器被装载为新的值）。

如图9-10所示是计数器在不同时钟频率下操作的例子，其中内部时钟分频因子为1，PWM1_ARR = 0x6，ARPE = 1。

使用中央对齐模式的提示：

• 启动中央对齐模式时，计数器将按照原有的向上/向下的配置计数。也就是说，PWM1_CR1寄存器中的DIR位将决定计数器是向上还是向下计数。此外，软件不能同时修改DIR位和CMS位的值。

• 不推荐在中央对齐模式下，计数器正在计数时写计数器的值，这将导致不能预料的后果。具体地说：

■ 向计数器写入了比自动装载值更大的数值时（PWM1_CNT > PWM1_ARR），计数器

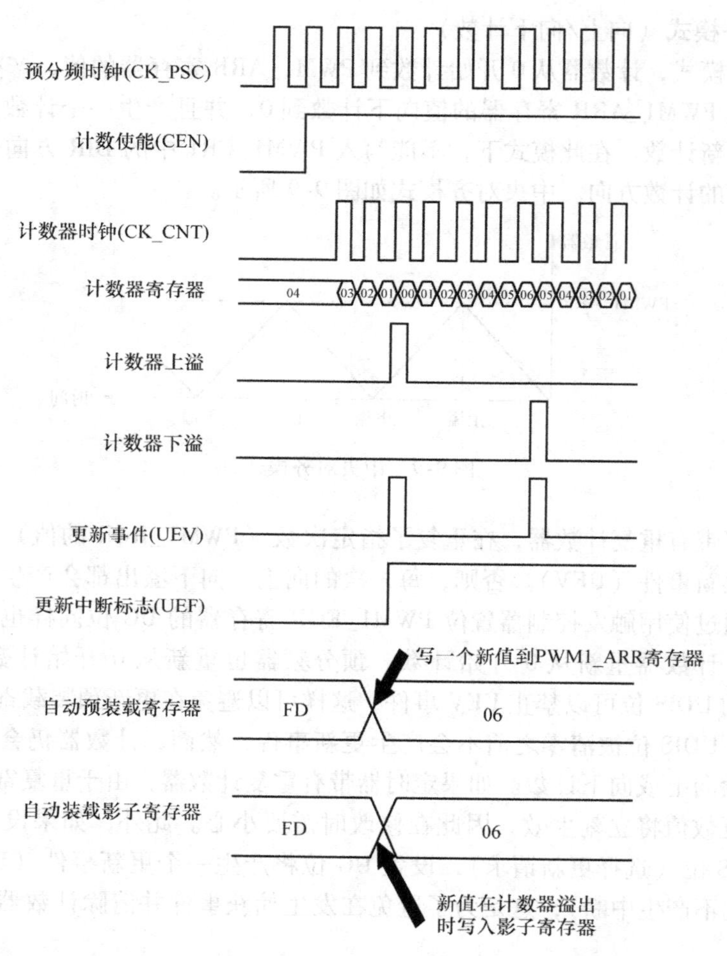


图 9-10 内部时钟分频因子为 1，PWM1_ARR = 0x6，ARPE = 1

的计数方向不发生改变。例如，计数器已经向上溢出，但计数器仍然向上计数。

■ 向计数器写入了 0 或者 PWM1_ARR 的值，更新事件不发生。

• 安全使用中央对齐模式的计数器的方法是在启动计数器之前先用软件（置位 PWM1_EGR 寄存器的 UG 位）产生一个更新事件，并且不在计数器计数时修改计数器的值。

**7. 重复计数器**

时基单元解释了计数器向上/向下溢出时更新事件（UEV）是如何产生的，然而，事实上它只能在重复计数器的值达到 0 的时候产生。这个特性对产生 PWM 信号非常有用。这意味着在每 $N$ 次计数上溢或下溢时，数据从预装载寄存器传输到影子寄存器（PWM1_ARR 自动重载入寄存器，PWM1_PSCR 预装载寄存器，还有在比较模式下的捕获/比较寄存器 PWM1_CCRx），$N$ 是 PWM1_RCR 重复计数器寄存器中的值。

重复计数器在下述任一条件成立时递减：

• 向上计数模式下，每次计数器向上溢出时。

• 向下计数模式下，每次计数器向下溢出时。

• 中央对齐模式下，每次上溢和每次下溢时。虽然这样限制了 PWM 的最大循环周期为

128，但它能够在每个 PWM 周期两次更新占空比。在中央对齐模式下，因为波形是对称的，如果每个 PWM 周期中仅刷新一次比较寄存器，则最大分辨率为 $2 \times t_{CK\_PSC}$。

重复计数器是自动加载的，重复速率由 PWM1_RCR 寄存器的值定义。当更新事件由软件产生或者通过硬件的时钟/触发控制器产生，则无论重复计数器的值是多少，立即发生更新事件，并且 PWM1_RCR 寄存器中的内容被重载入到重复计数器。

不同模式下的更新速率及 PWM1_RCR 的寄存器设置如图 9-11 所示。

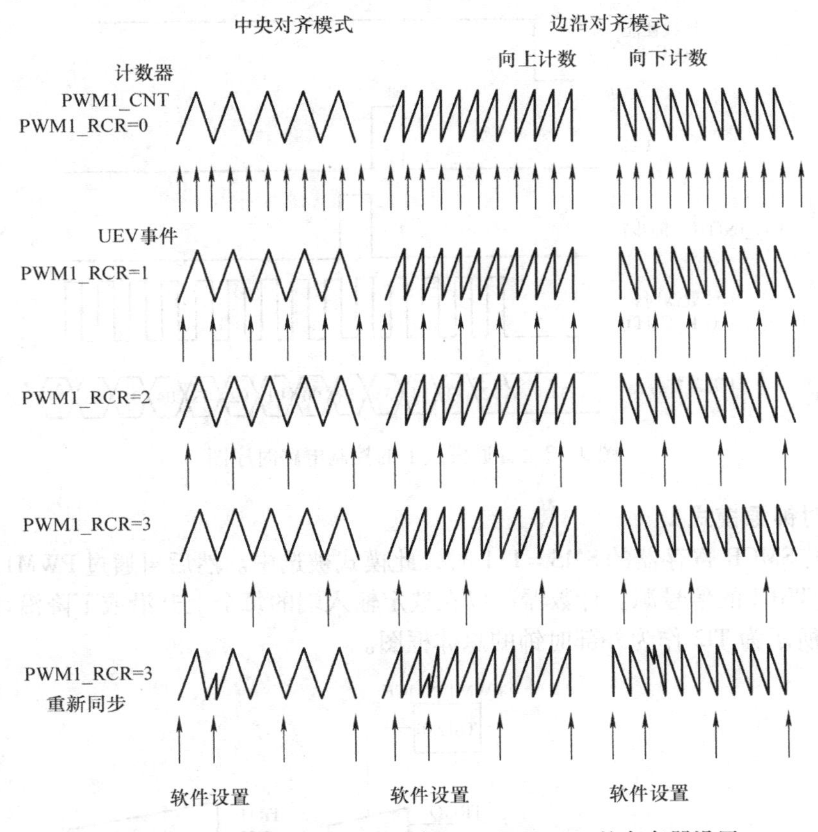


图 9-11　不同模式下的更新速率及 PWM1_RCR 的寄存器设置

## 9.1.4　PWM 时钟/触发控制器

时钟/触发控制器允许用户选择计数器的时钟源、输入触发信号和输出信号。

**1. 预分频时钟**（CK_PSC）

时基单元的预分频时钟（CK_PSC）可以由以下源提供：

- 内部时钟（$f_{MASTER}$）。
- 外部时钟模式 1：外部时钟输入（TIx）。
- 外部时钟模式 2：外部触发输入（ETR）。
- 内部触发输入（ITRx）：使用一个 PWM 的 TRGO 作为另一个 PWM 的预分频时钟。

**2. 内部时钟源**（$f_{MASTER}$）

如果同时禁止了时钟/触发模式控制器和外部触发输入（PWM1_SMCR 寄存器的 SMS =

000，PWM1_ETR 寄存器的 ECE = 0），则 CEN、DIR 和 UG 位是实际上的控制位，并且只能被软件修改（UG 位仍被自动清除）。一旦 CEN 位被写成 1，预分频器的时钟就由内部时钟提供。图 9-12 描述了控制电路和向上计数器在普通模式下，不带预分频器时的操作。

普通模式下的控制电路时序图如图 9-12 所示，$f_{MASTER}$分频因子为 1。

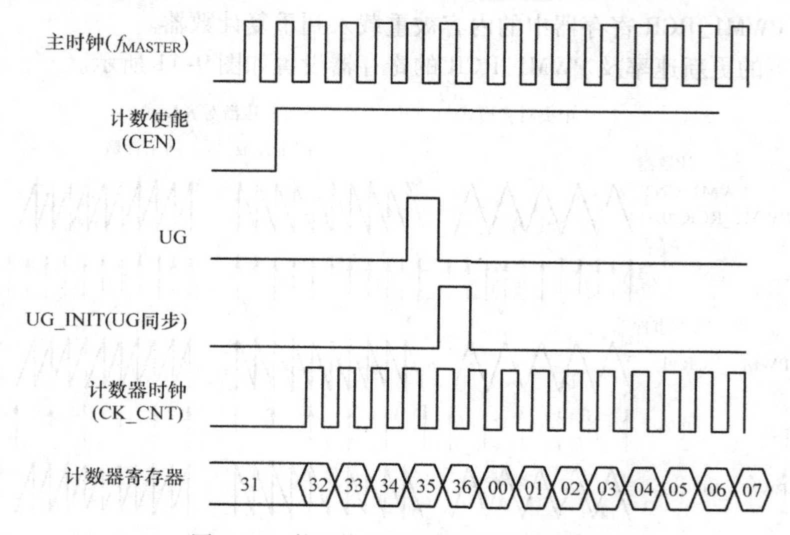


图 9-12　普通模式下的控制电路时序图

**3. 外部时钟源模式 1**

当 PWM1_SMCR 寄存器的 SMS = 111 时，此模式被选中。然后再通过 PWM1_SMCR 寄存器的 TS 选择 TRGI 的信号源。计数器可以在选定输入端的每个上升沿或下降沿计数。

图 9-13 所示为 TI2 作为外部时钟的总体框图。

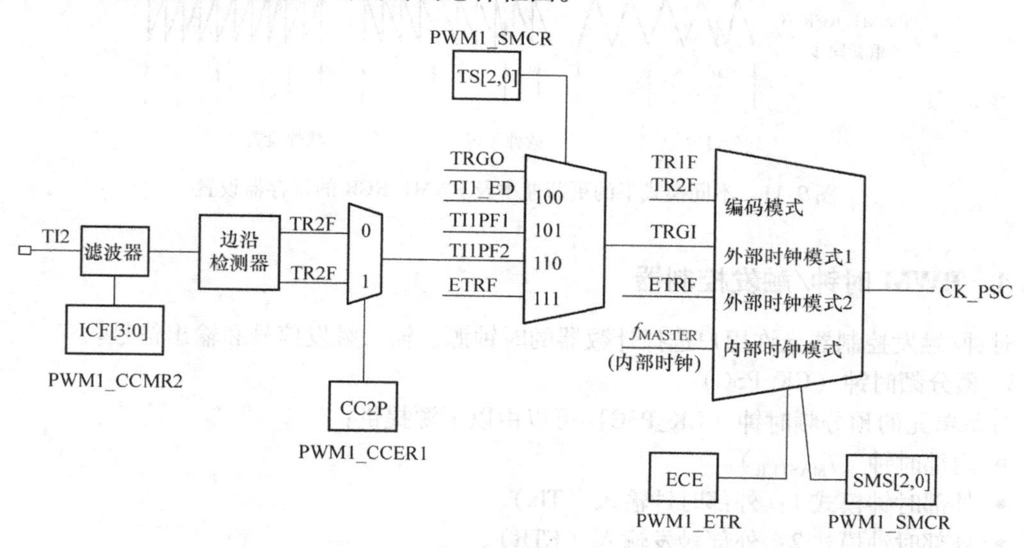


图 9-13　TI2 作为外部时钟的总体框图

例如，要配置向上计数器在 TI2 输入端的上升沿计数，使用下列步骤：

1）配置 PWM1_CCMR2 寄存器的 CC2S = 01，使用通道 2 检测 TI2 输入的上升沿。

2）配置 PWM1_CCMR2 寄存器的 IC2F［3:0］位，选择输入滤波器带宽。

3）配置 PWM1_CCER1 寄存器的 CC2P = 0，选定上升沿极性。

4）配置 PWM1_SMCR 寄存器的 SMS = 111，配置计数器使用外部时钟模式 1。

5）配置 PWM1_SMCR 寄存器的 TS = 110，选定 TI2 作为输入源。

6）设置 PWM1_CR1 寄存器的 CEN = 1，启动计数器。

当上升沿出现在 TI2，计数器计数一次，且触发标识位（PWM1_SR1 寄存器的 TIF 位）被置“1”，如果使能了中断（在 PWM1_IER 寄存器中配置）则会产生中断请求。

在 TI2 的上升沿和计数器实际时钟之间的延时取决于 TI2 输入端的重同步电路。

外部时钟模式 1 下的控制电路时序图如图 9-14 所示。

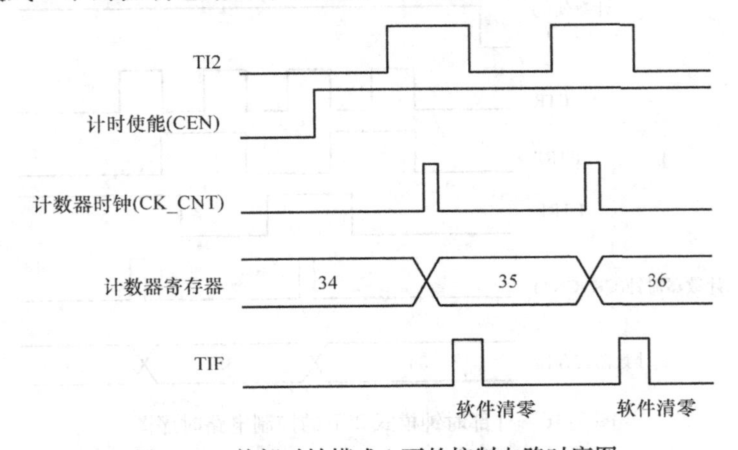


图 9-14　外部时钟模式 1 下的控制电路时序图

**4. 外部时钟源模式 2**

计数器能够在外部触发输入（ETR）信号的每一个上升沿或下降沿计数。将 PWM1_ETR 寄存器的 ECE 位写“1”，即可选定此模式（PWM1_SMCR 寄存器的 SMS = 111 且 PWM1_SMCR 寄存器的 TS = 111 时，也可选择此模式）。

外部触发输入的总体框图如图 9-15 所示。

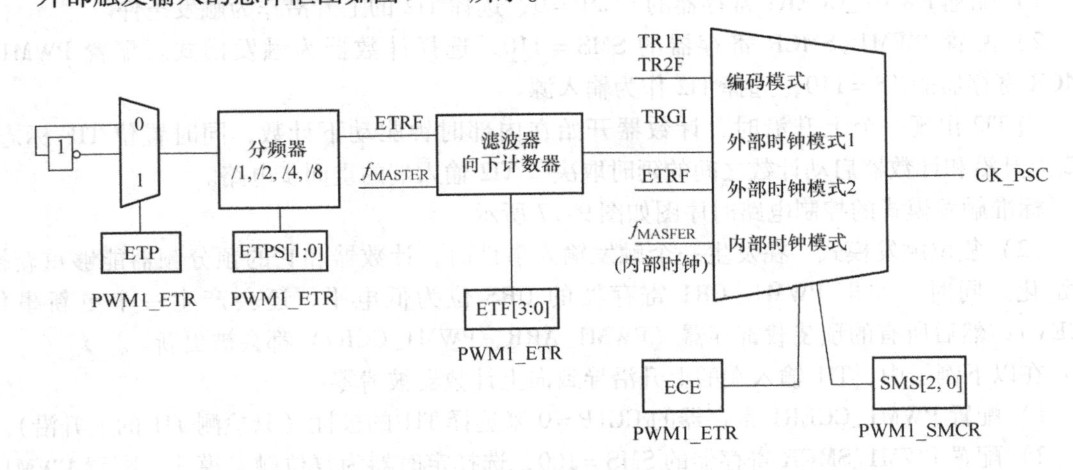


图 9-15　外部触发输入的总体框图

例如，要配置计数器在ETR信号的每两个上升沿时向上计数一次，需使用下列步骤：

1）本例中不需要滤波器，配置PWM1_ETR寄存器的ETF［3:0］=0000。

2）设置预分频器，配置PWM1_ETR寄存器的ETPS［1:0］=01。

3）选择ETR的上升沿检测，配置PWM1_ETR寄存器的ETP=0。

4）开启外部时钟模式2，配置PWM1_ETR寄存器中的ECE=1。

5）启动计数器，写PWM1_CR1寄存器的CEN=1。

计数器在每两个ETR上升沿时计数一次。

外部时钟模式2下的控制电路时序图如图9-16所示。

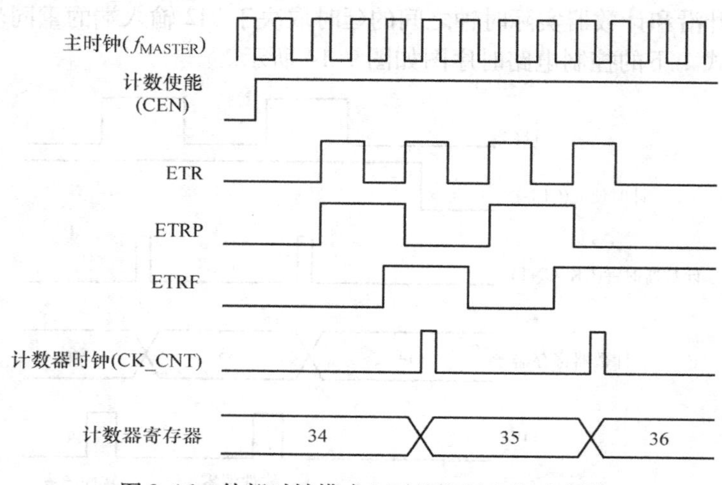


图9-16　外部时钟模式2下的控制电路时序图

**5. 触发同步**

PWM1的计数器使用三种模式与外部的触发信号同步：标准触发模式、复位触发模式、门控触发模式。

（1）标准触发模式　计数器的使能（CEN）依赖于选中的输入端上的事件。

在下面的例子中，计数器在TI2输入的上升沿开始向上计数：

1）配置PWM1_CCER1寄存器的CC2P=0，选择TI2的上升沿作为触发条件。

2）配置PWM1_SMCR寄存器的SMS=110，选择计数器为触发模式。配置PWM1_SMCR寄存器的TS=110，选择TI2作为输入源。

当TI2出现一个上升沿时，计数器开始在内部时钟驱动下计数，同时置位TIF标志。TI2上升沿和计数器启动计数之间的延时取决于TI2输入端的重同步电路。

标准触发模式的控制电路时序图如图9-17所示。

（2）复位触发模式　在发生一个触发输入事件时，计数器和它的预分频器能够重新被初始化。同时，如果PWM1_CR1寄存器的URS位为低电平，还会产生一个更新事件（UEV），然后所有的预装载寄存器（PWM1_ARR，PWM1_CCRx）都会被更新。

在以下例子中，TI1输入端的上升沿导致向上计数器被清零：

1）配置PWM1_CCER1寄存器的CC1P=0来选择TI1的极性（只检测TI1的上升沿）。

2）配置PWM1_SMCR寄存器的SMS=100，选择定时器为复位触发模式。配置PWM1_

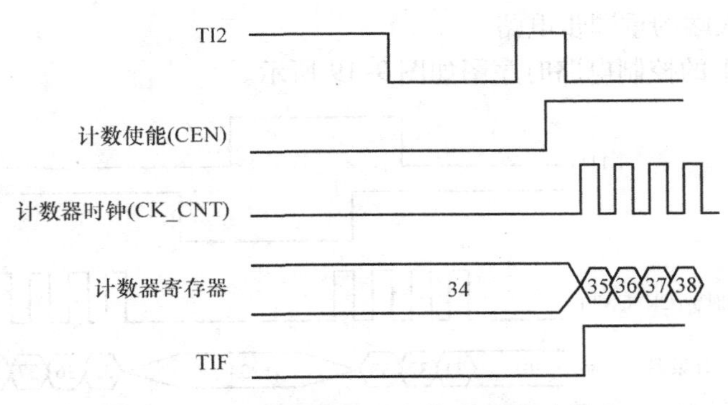


图9-17　标准触发模式的控制电路时序图

SMCR 寄存器的 TS = 101，选择 TI1 作为输入源。

3）配置 PWM1_CR1 寄存器的 CEN = 1，启动计数器。

计数器开始依据内部时钟计数，然后正常计数直到 TI1 出现一个上升沿。此时，计数器被清零然后从 0 重新开始计数。同时，触发标志（PWM1_SR1 寄存器的 TIF 位）被置位，如果使能了中断（PWM1_IER 寄存器的 TIE 位），则产生一个中断请求。

复位触发模式下的控制电路时序图如图 9-18 所示。图中显示了当自动重装载寄存器 PWM1_ARR = 0x36 时的动作。在 TI1 上升沿和计数器的实际复位之间的延时取决于 TI1 输入端的重同步电路。

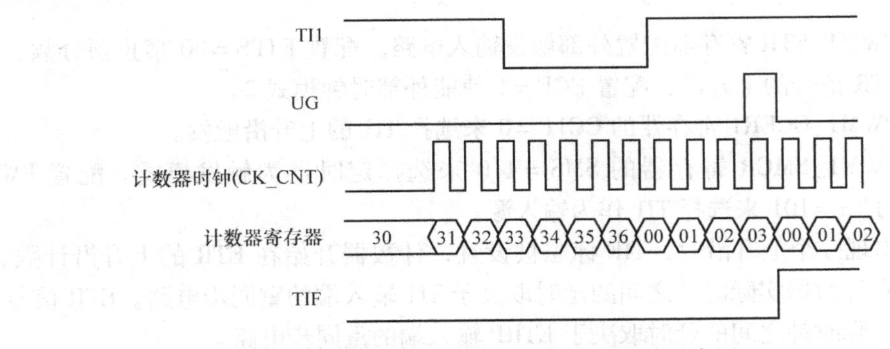


图9-18　复位触发模式下的控制电路时序图

（3）门控触发模式　计数器由选中的输入端信号的电平使能。

在下面的例子中，计数器只在 TI1 为低电平时向上计数：

1）配置 PWM1_CCER1 寄存器的 CC1P = 1 来确定 TI1 的极性（只检测 TI1 上的低电平）。

2）配置 PWM1_SMCR 寄存器的 SMS = 101，选择定时器为门控触发模式，配置 PWM1_SMCR 寄存器中的 TS = 101，选择 TI1 作为输入源。

3）配置 PWM1_CR1 寄存器的 CEN = 1，启动计数器（在门控模式下，如果 CEN = 0，则计数器不能启动，不论触发输入电平如何）。

只要 TI1 为低电平，计数器开始依据内部时钟计数，一旦 TI1 变为高电平则停止计数。当计数器开始或停止计数时，TIF 标志位都会被置位。TI1 上升沿和计数器实际停止之间的延时取决于 TI1 输入端的重同步电路。

门控触发模式下的控制电路时序图如图 9-19 所示。

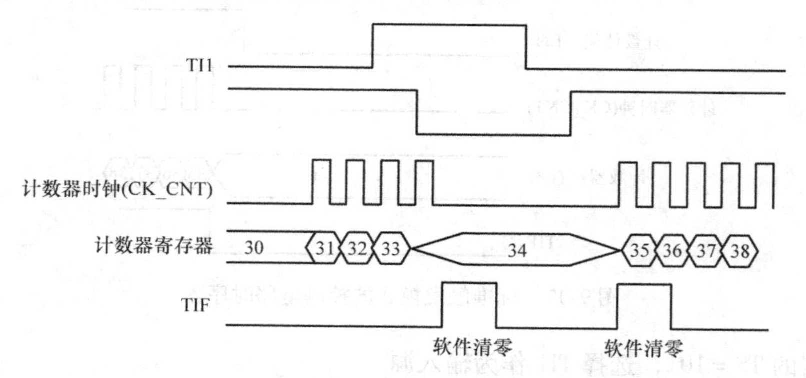


图 9-19　门控触发模式下的控制电路时序图

（4）外部时钟模式 2 联合触发模式　外部时钟模式 2 可以与另一个输入信号的触发模式一起使用。例如，ETR 信号被用作外部时钟输入时，另一个输入信号可用作触发输入（支持标准触发模式、复位触发模式和门控触发模式）。注意，不能通过 PWM1_SMCR 寄存器的 TS 位把 ETR 配置成 TRGI。

在下面的例子中，一旦在 TI1 上出现一个上升沿，计数器即在 ETR 的每一个上升沿向上计数一次：

1）通过 PWM1_ETR 寄存器配置外部触发输入电路。配置 ETPS = 00 禁止预分频，配置 ETP = 0 监测 ETR 信号的上升沿，配置 ECE = 1 使能外部时钟模式 2。

2）配置 PWM1_CCER1 寄存器的 CC1P = 0 来选择 TI1 的上升沿触发。

3）配置 PWM1_SMCR 寄存器的 SMS = 110 来选择定时器为触发模式。配置 PWM1_SMCR 寄存器的 TS = 101 来选择 TI1 作为输入源。

当 TI1 上出现一个上升沿时，TIF 标志被设置，计数器开始在 ETR 的上升沿计数。TI1 信号的上升沿和计数器实际时钟之间的延时取决于 TI1 输入端的重同步电路。ETR 信号的上升沿和计数器实际时钟之间的延时取决于 ETRP 输入端的重同步电路。

外部时钟模式 2 + 触发模式下的控制电路时序图如图 9-20 所示。

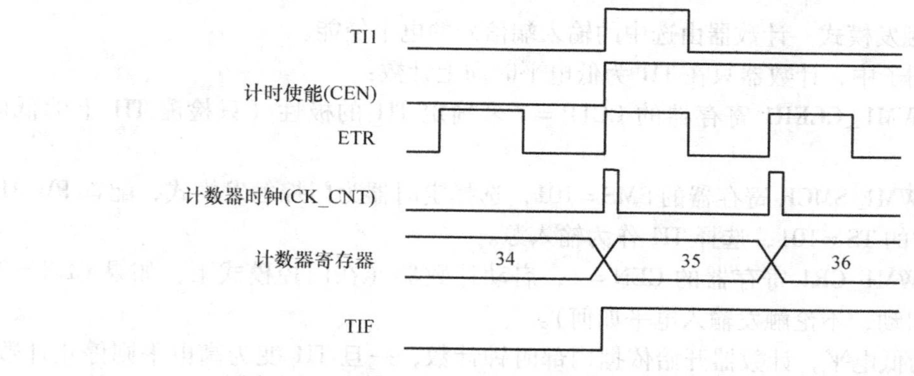


图 9-20　外部时钟模式 2 + 触发模式下的控制电路时序图

**6. 与PWM2同步**

在芯片中，定时器在内部互相联结，用于定时器的同步或链接。当某个定时器配置成主模式时，可以输出触发信号（TRGO）到配置为从模式的定时器来完成复位操作、启动操作、停止操作或者作为定时器的驱动时钟。

（1）使用PWM2的TRGO作为PWM1的预分频时钟　例如，用户可以配置PWM2作为PWM1的预分频时钟，需进行如下配置：

1）配置PWM2为主模式，使得在每个更新事件（UEV）时输出周期性的触发信号。配置PWM2_CR2寄存器的MMS=010，使每个更新事件时TRGO能输出一个上升沿。

2）PWM2输出的TRGO信号链接到PWM1。PWM1需要配置成触发从模式，使用ITR2作为输入触发信号。以上操作可以通过配置PWM1_SMCR寄存器的TS=010实现。

3）配置PWM1_SMCR寄存器的SMS=111，将时钟/触发控制器设置为外部时钟模式1。此操作将使PWM2输出的周期性触发信号（TRGO）的上升沿驱动PWM1时钟。

4）最后，置位PWM2的CEN位（PWM2_CR1寄存器中），使能两个PWM。

主触发从模式如图9-21所示。

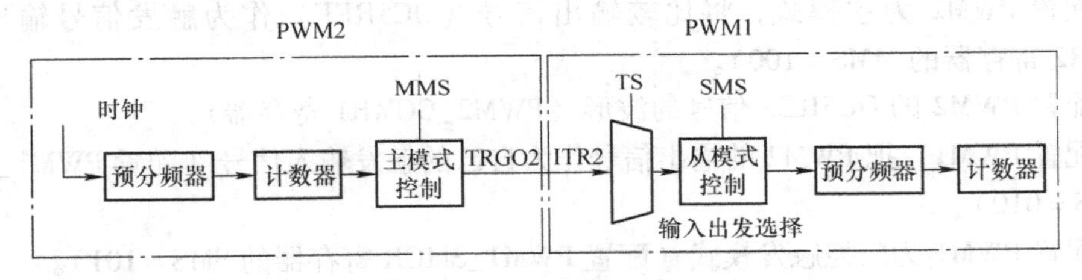


图9-21　主触发从模式

（2）使用PWM2使能PWM1　在本例中，用PWM2的比较输出使能PWM1。PWM1仅在PWM2的OC1REF信号为高时按照自己的驱动时钟计数。两个PWM都使用4分频的$f_{MASTER}$作为驱动时钟（$f_{CK\_CNT}=f_{MASTER}/4$）。

1）配置PWM2为主模式，将比较输出信号（OC5REF）作为触发信号输出（配置PWM2_CR2寄存器的MMS=100）。

2）配置PWM2的OC5REF信号的波形（PWM2_CCMR1寄存器）。

3）配置PWM1，把PWM2的输出作为自己的触发输入信号（配置PWM1_SMCR寄存器的TS=010）。

4）配置PWM1为门控触发模式（配置PWM1_SMCR寄存器的SMS=101）。

5）置位CEN位（PWM1_CR1寄存器），使能PWM1。

6）置位CEN位（PWM2_CR1寄存器），使能PWM2。

注意：两个PWM的时钟并不同步，但仅影响PWM1的使能信号。

PWM2的输出门控触发PWM1时序图如图9-22所示。图中，PWM1的计数器和预分频器都没有在启动前初始化，所以都是从现有值开始计数的。如果在启动PWM2之前复位两个定时器，用户就可以写入期望的数值到PWM1的计数器，使之从指定值开始计数。对PWM1的复位操作可以通过软件写PWM1_EGR寄存器的UG位来实现。

在下面的例子中，使PWM2和PWM1同步。PWM2为主模式，并从0启动计数；PWM1

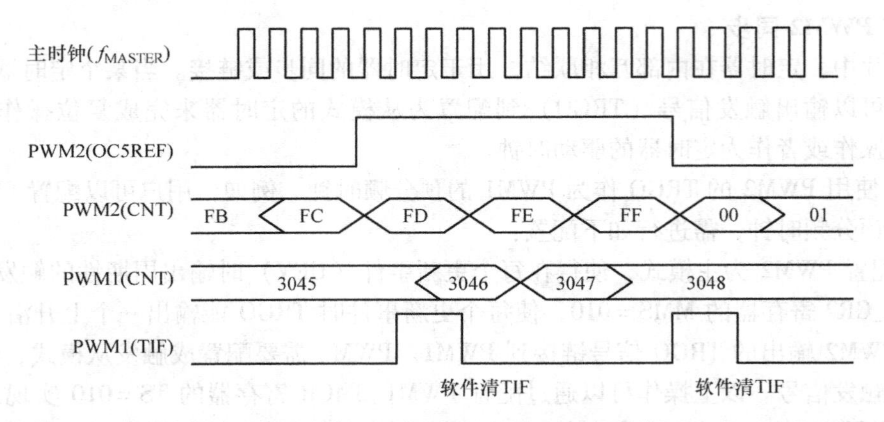

图 9-22 PWM2 的输出门控触发 PWM1 时序图

为触发从模式，并从 0xE7 启动计数。两个 PWM 采用相同的分频系数。当清除 PWM2_CR1 寄存器的 CEN 位时，PWM2 被禁止，同时 PWM1 停止计数。

1）配置 PWM2 为主模式，将比较输出信号（OC5REF）作为触发信号输出（配置 PWM2_CR2 寄存器的 MMS = 100）。

2）配置 PWM2 的 OC5REF 信号的波形（PWM2_CCMR1 寄存器）。

3）配置 PWM1，把 PWM2 的输出信号作为自己的触发输入信号（配置 PWM1_SMCR 寄存器的 TS = 010）。

4）配置 PWM1 为门控触发模式（配置 PWM1_SMCR 寄存器的 SMS = 101）。

5）通过对 UG 位（PWM2_EGR 寄存器）写 1，复位 PWM2。

6）通过对 UG 位（PWM1_EGR 寄存器）写 1，复位 PWM1。

7）将 0xE7 写入 PWM1 的计数器中（PWM1_CNTRL），初始化 PWM1。

8）通过对 CEN 位（PWM1_CR1 寄存器）写 1，使能 PWM1。

9）通过对 CEN 位（PWM2_CR1 寄存器）写 1，启动 PWM2。

10）通过对 CEN 位（PWM2_CR1 寄存器）写 0，停止 PWM2。

PWM2 和 PWM1 同步时序图如图 9-23 所示。

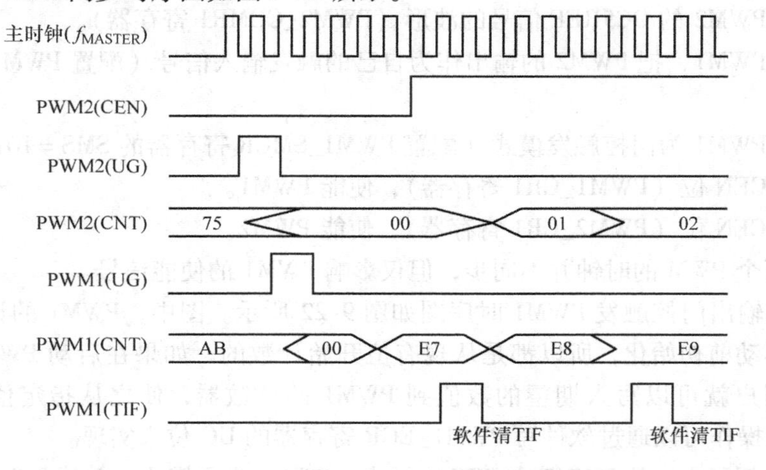

图 9-23 PWM2 和 PWM1 同步时序图

(3) 使用PWM2启动PWM1　在本例中使用PWM2的更新事件来启动PWM1。

PWM1在PWM2发生更新事件时，按照PWM1自己的驱动时钟从它的现有值开始计数(可以是非0值)。PWM1在收到触发信号后自动使能CEN位，并开始计数，一直持续到用户向PWM1_CR1寄存器的CEN位写0。两个PWM都使用4分频的$f_{MASTER}$作为驱动时钟($f_{CK\_CNT}=f_{MASTER}/4$)。

1）配置PWM2为主模式，输出更新信号（UEV）（配置PWM2_CR2寄存器的MMS=010）。

2）配置PWM2的周期（PWM2_ARR寄存器）。

3）配置PWM1，用PWM2的输出信号作为输入的触发信号（配置PWM1_SMCR寄存器的TS=010）。

4）配置PWM1为触发模式（配置PWM1_SMCR寄存器的SMS=110）。

5）置位CEN位（PWM2_CR1寄存器），启动PWM2。

PWM2的更新事件（PWM2-UEV）触发PWM1时序图如图9-24所示。

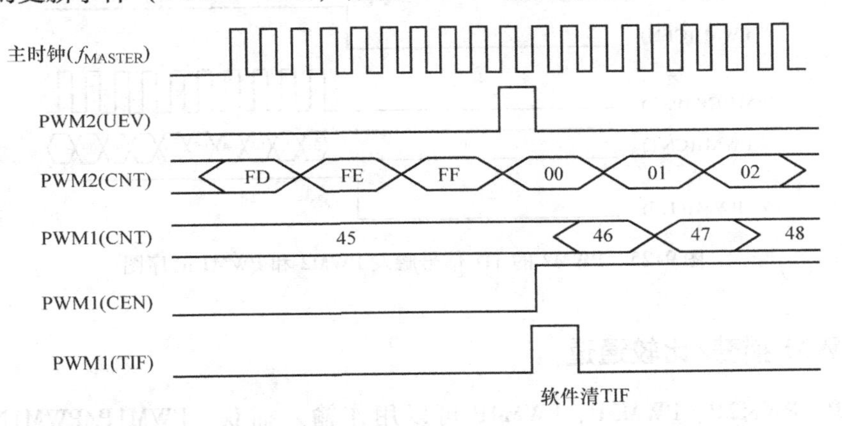


图9-24　PWM2的更新事件（PWM2-UEV）触发PWM1时序图

如同前面的例子，用户也可以在启动计数器前对它们进行初始化。

(4) 用外部信号同步地触发两个PWM　在本例中，使用TI1的上升沿使能PWM2，并同时使能PWM1。为了保持定时器的对齐，PWM2需要配置成主/从模式（对于TI1信号为从模式，对于PWM1为主模式）。

1）配置PWM2为主模式，以输出使能信号作为PWM1的触发信号（配置PWM2_CR2寄存器的MMS=001）。

2）配置PWM2为从模式，把TI1信号作为输入的触发信号（配置PWM2_SMCR寄存器的TS=100）。

3）配置PWM2的触发模式（配置PWM2_SMCR寄存器的SMS=110）。

4）配置PWM2为主/从模式（配置PWM2_SMCR寄存器的MSM=1）。

5）配置PWM1，以PWM2的输出信号为输入触发信号（配置PWM1_SMCR寄存器的TS=010）。

6）配置PWM1的触发模式（配置PWM1_SMCR寄存器的SMS=110）。

当TI1上出现上升沿时，两个定时器同步开始计数，并且TIF位都被置起。

注意：在本例中，两个定时器在启动前都进行了初始化（设置UG位），所以它们都从0开始计数，但是用户也可以通过修改计数器寄存器（PWM1_CNT）来插入一个偏移量，这样的话，在PWM2的CK_PSC信号和CNT_EN信号间会插入延时。

PWM2的TI1信号触发PWM2和PWM1时序图如图9-25所示。

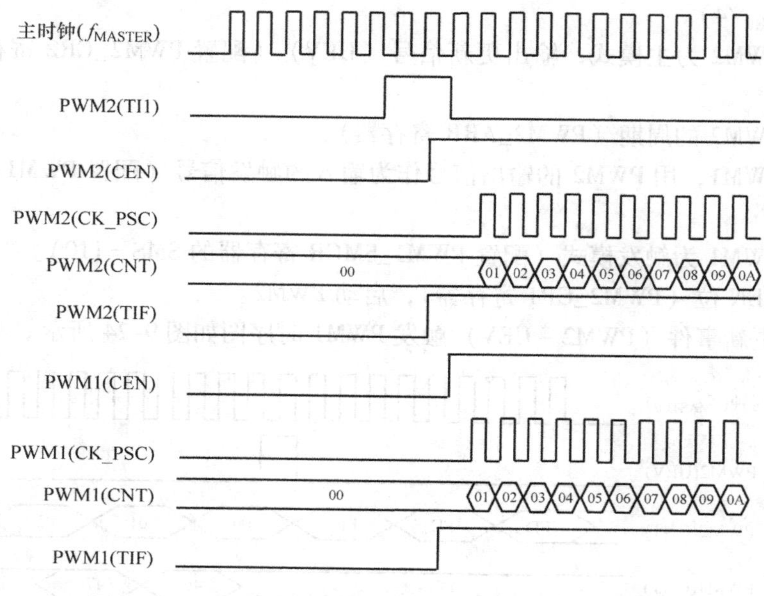


图9-25　PWM2的TI1信号触发PWM2和PWM1时序图

## 9.1.5　PWM捕获/比较通道

PWM1P、PWM2P、PWM3P、PWM4P可以用作输入捕获，PWM1P/PWM1N、PWM2P/PWM2N、PWM3P/PWM3N、PWM4P/PWM4N可以用作输出比较，这个功能可以通过配置捕获/比较通道模式寄存器（PWM1_CCMRi）的CCiS通道选择位来实现，此处的i代表1～4的通道数。

每一个捕获/比较通道都是围绕着一个捕获/比较寄存器（包含影子寄存器）来构建的，包括捕获的输入部分（数字滤波、多路复用和预分频器）和输出部分（比较器和输出控制）。

捕获/比较模块由一个预装载寄存器和一个影子寄存器组成。读写过程仅操作预装载寄存器。在捕获模式下，捕获发生在影子寄存器中，然后再复制到预装载寄存器中。在比较模式下，预装载寄存器的内容被复制到影子寄存器中，然后影子寄存器的内容和计数器进行比较。

当通道被配置成输出模式时，可以随时访问PWM1_CCRi寄存器。

当通道被配置成输入模式时，对PWM1_CCRi寄存器的读操作类似于计数器的读操作。当捕获发生时，计数器的内容被捕获到PWM1_CCRi影子寄存器，随后再复制到预装载寄存器中。在读操作进行中，预装载寄存器是被冻结的。

图9-26描述了16位CCRi寄存器的读操作流程，被缓存的数据将保持不变直到读流程

结束。在整个读流程结束后，如果仅仅读了 PWM1_CCRiL 寄存器，则返回计数器数值的低位。如果在读了低位数据以后再读高位数据，将不再返回同样的低位数据。

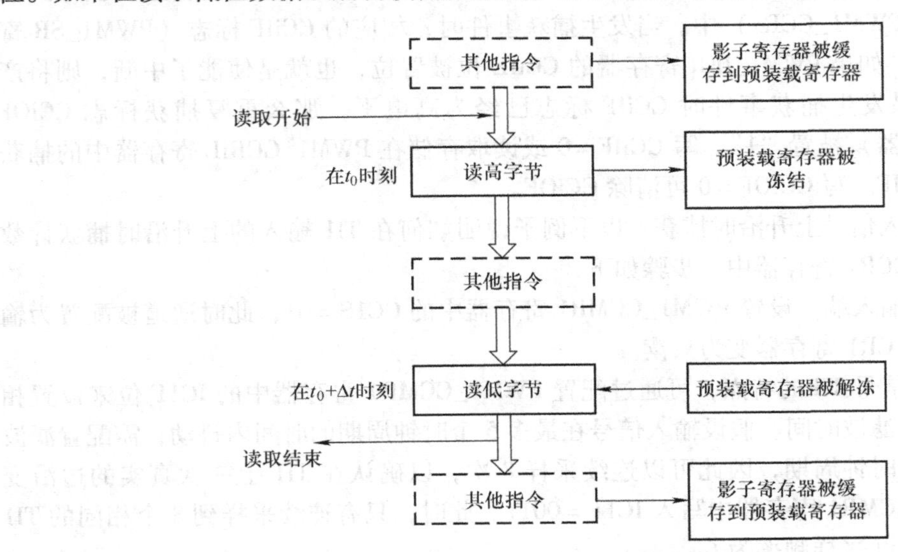


图 9-26　16 位的 CCRi 寄存器的读操作流程图

**1. 16 位 PWM1_CCRi 寄存器的写流程**

16 位 PWM1_CCRi 寄存器的写操作通过预装载寄存器完成。必须使用两条指令来完成整个流程，一条指令对应一个字节。必须先写高位字节。在写高位字节时，影子寄存器的更新被禁止直到低位字节的写操作完成。

**2. 输入模块**

如图 9-27 所示为输入模块框图，输入部分为相应的 TIx 输入信号采样，并产生一个滤波后的信号 TIxF。然后，一个带极性选择的边缘监测器产生一个信号（TIxFPx），它可以作为触发模式控制器的输入触发或者作为捕获控制。该信号通过预分频后进入捕获寄存器（ICxPS）。

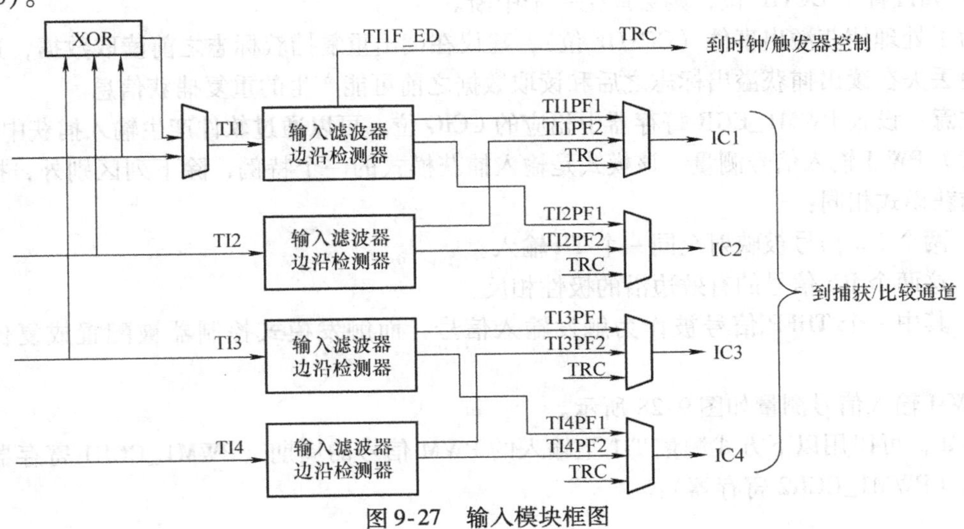


图 9-27　输入模块框图

**3. 输入捕获模式**

在输入捕获模式下，当检测到ICi信号上相应的边沿后，计数器的当前值被锁存到捕获/比较寄存器（PWM1_CCRx）中。当发生捕获事件时，相应的CCiIF标志（PWM1_SR寄存器）被置“1”。如果PWM1_IER寄存器的CCiIE位被置位，也就是使能了中断，则将产生中断请求。如果发生捕获事件时CCiIF标志已经为高电平，那么重复捕获标志CCiOF（PWM1_SR2寄存器）被置“1”。写CCiIF=0或读取存储在PWM1_CCRiL寄存器中的捕获数据都可清除CCiIF。写CCiOF=0可清除CCiOF。

（1）PWM输入信号上升沿时捕获　以下例子说明如何在TI1输入的上升沿时捕获计数器的值到PWM1_CCR1寄存器中，步骤如下：

1）选择有效输入端，设置PWM1_CCMR1寄存器中的CC1S=01，此时通道被配置为输入，并且PWM1_CCR1寄存器变为只读。

2）根据输入信号TIi的特点，可通过配置PWM1_CCMR1寄存器中的IC1F位来设置相应的输入滤波器的滤波时间。假设输入信号在最多5个时钟周期的时间内抖动，需配置滤波器的带宽长于5个时钟周期，因此可以连续采样8次，以确认在TI1上一次真实的边沿变换，即在PWM1_CCMR1寄存器中写入IC1F=0011。此时，只有连续采样到8个相同的TI1信号，信号才有效（采样频率为$f_{MASTER}$）。

3）选择TI1通道的有效转换边沿，在PWM1_CCER1寄存器中写入CC1P=0（上升沿）。

4）配置输入预分频器。在本例中，希望捕获发生在每一个有效的电平转换时刻，因此预分频器被禁止（写PWM1_CCMR1寄存器的IC1PS=00）。

5）设置PWM1_CCER1寄存器的CC1E=1，允许捕获计数器的值到捕获寄存器中。

6）如果需要，通过设置PWM1_IER寄存器中的CC1IE位，允许相关中断请求。

当发生一个输入捕获时：

- 当产生有效的电平转换时，计数器的值被传送到PWM1_CCR1寄存器。
- CC1IF标志被设置。当发生至少两个连续的捕获，而CC1IF未曾被清除时，CC1OF也被置“1”。
- 如设置了CC1IE位，则会产生一个中断。

为了处理捕获溢出事件（CC1OF位），建议在读出重复捕获标志之前读取数据，这是为了避免丢失在读出捕获溢出标志之后和读取数据之前可能产生的重复捕获信息。

注意：设置PWM1_EGR寄存器中相应的CCiG位，可以通过软件产生输入捕获中断。

（2）PWM输入信号测量　该模式是输入捕获模式的一个特例，除下列区别外，操作与输入捕获模式相同：

- 两个ICi信号被映射至同一个TIi输入。
- 这两个ICi信号的有效边沿的极性相反。
- 其中一个TIiFP信号被作为触发输入信号，而触发模式控制器被配置成复位触发模式。

PWM输入信号测量如图9-28所示。

例如，可以用以下方式测量TI1上输入的PWM信号的周期（PWM1_CCR1寄存器）和占空比（PWM1_CCR2寄存器）：

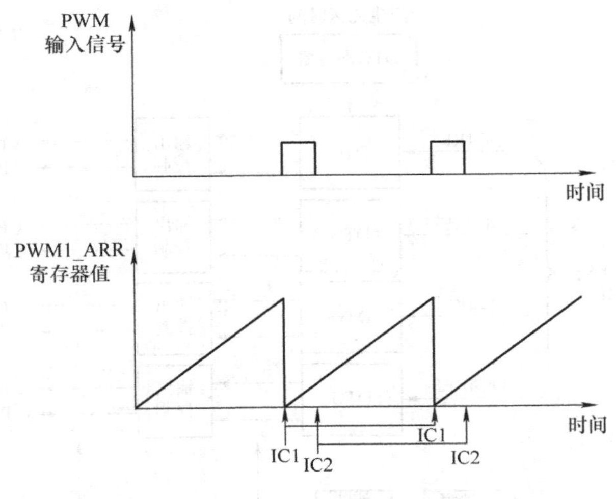


图 9-28 PWM 输入信号测量

1）选择 PWM1_CCR1 的有效输入：置 PWM1_CCMR1 寄存器的 CC1S = 01（选中 TI1FP1）。

2）选择 TI1FP1 的有效极性：置 CC1P = 0（上升沿有效）。

3）选择 PWM1_CCR2 的有效输入：置 PWM1_CCMR2 寄存器的 CC2S = 10（选中 TI1FP2）。

4）选择 TI1FP2 的有效极性（捕获数据到 PWM1_CCR2）：置 CC2P = 1（下降沿有效）。

5）选择有效的触发输入信号：置 PWM1_SMCR 寄存器中的 TS = 101（选择 TI1FP1）。

6）配置触发模式控制器为复位触发模式：置 PWM1_SMCR 中的 SMS = 100。

7）使能捕获：置 PWM1_CCER1 寄存器中 CC1E = 1、CC2E = 1。

PWM 输入信号测量实例如图 9-29 所示。

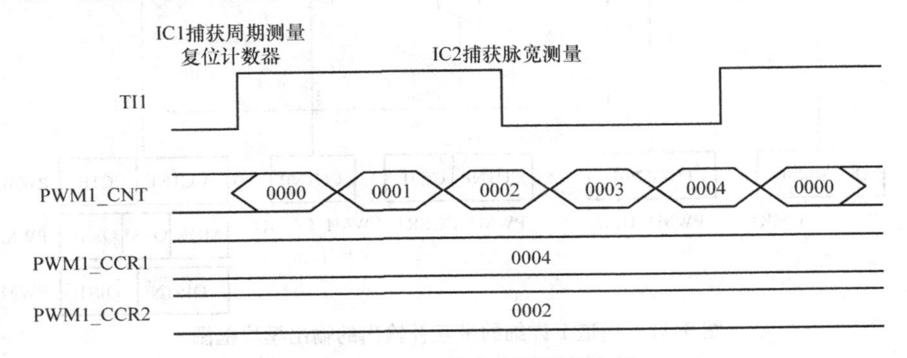


图 9-29 PWM 输入信号测量实例

**4. 输出模块**

输出模块会产生一个用来作参考的中间波形，称为 OCiREF（高电平有效）。刹车功能和极性的处理都在模块的最后处理。输出模块框图如图 9-30 所示。通道 1 详细的带互补输出的输出模块框图如图 9-31 所示。

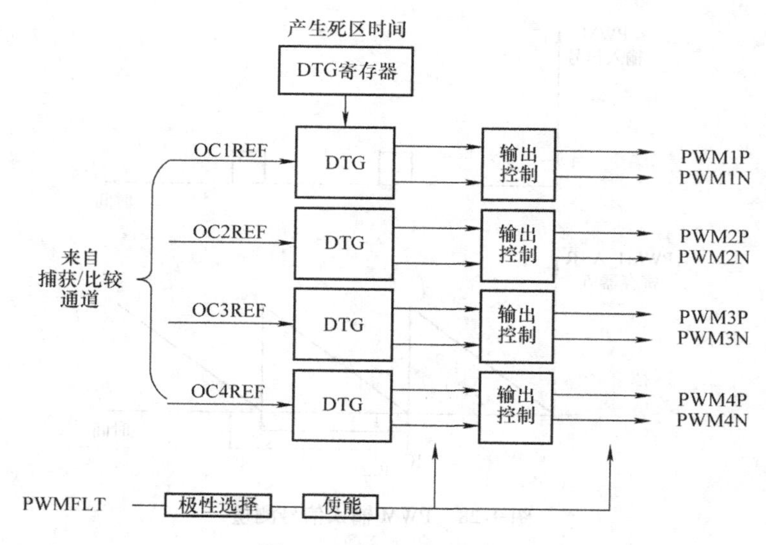


图 9-30 输出模块框图

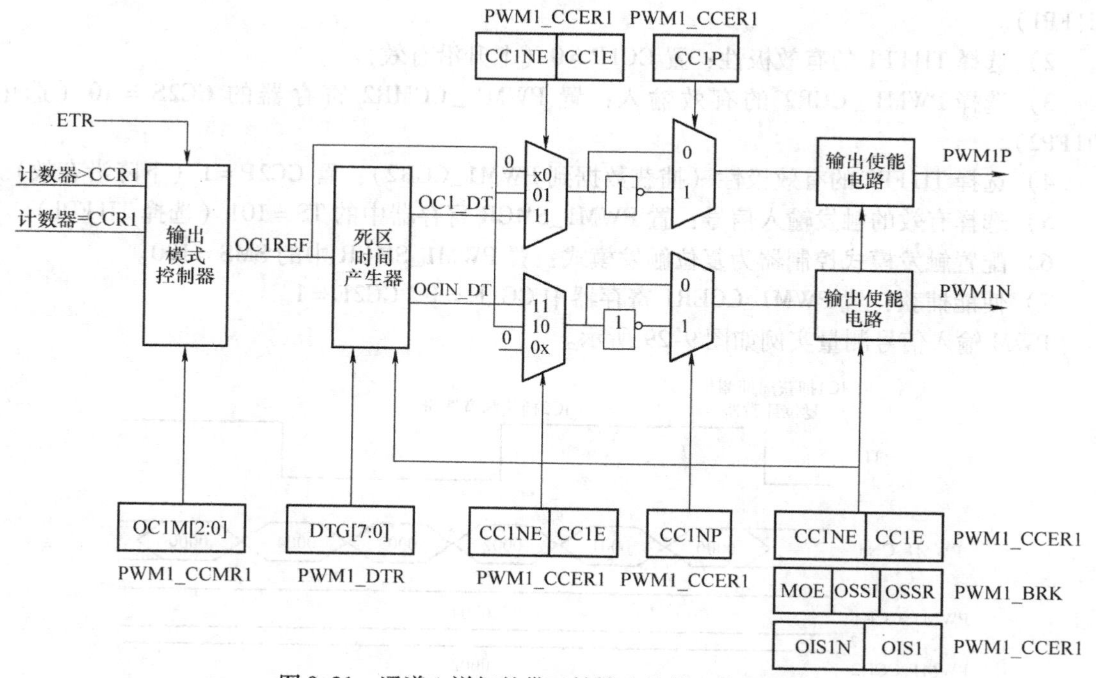


图 9-31 通道 1 详细的带互补输出的输出模块框图

**5. 强制输出模式**

在强制输出模式下，输出比较信号能够直接由软件强制为高或低电平状态，而不依赖于输出比较寄存器和计数器间的比较结果。

置 PWM1_CCMRi 寄存器的 OCiM = 101，可强制 OCiREF 信号为高电平。

置 PWM1_CCMRi 寄存器的 OCiM = 100，可强制 OCiREF 信号为低电平。

OCi/OCiN 的输出是高电平还是低电平则取决于 CCiP/CCiNP 极性标志位。

该模式下，在PWM1_CCRi影子寄存器和计数器之间的比较仍然在进行，相应的标志也会被修改，也仍然会产生相应的中断。

**6. 输出比较模式**

输出比较模式用来控制一个输出波形或者指示一段给定的时间已经达到。

当计数器与捕获/比较寄存器的内容相匹配时，有如下操作：

- 根据不同的输出比较模式，相应的OCi输出信号：

■ 保持不变（OCiM=000）；

■ 设置为有效电平（OCiM=001）；

■ 设置为无效电平（OCiM=010）；

■ 翻转（OCiM=011）。

- 设置中断状态寄存器中的标志位（PWM1_SR1寄存器中的CCiIF位）。
- 若设置了相应的中断使能位（PWM1_IER寄存器中的CCiIE位），则产生一个中断。

PWM1_CCMRi寄存器的OCiM位用于选择输出比较模式，而PWM1_CCMRi寄存器的CCiP位用于选择有效和无效的电平极性。PWM1_CCMRi寄存器的OCiPE位用于选择PWM1_CCRi寄存器是否需要使用预装载寄存器。在输出比较模式下，更新事件（UEV）对OCiREF和OCi输出没有影响。时间精度为计数器的一个计数周期。输出比较模式也能用来输出一个单脉冲。

输出比较模式的配置步骤如下：

1）选择计数器时钟（内部、外部或者预分频器）。

2）将相应的数据写入PWM1_ARR和PWM1_CCRi寄存器中。

3）如果要产生一个中断请求，设置CCiIE位。

4）选择输出模式步骤：

① 设置OCiM=011，在计数器与CCRi匹配时翻转OCiM引脚的输出；

② 设置OCiPE=0，禁用预装载寄存器；

③ 设置CCiP=0，选择高电平为有效电平；

④ 设置CCiE=1，使能输出；

⑤ 设置PWM1_CR1寄存器的CEN位来启动计数器。

PWM1_CCRi寄存器能够在任何时候通过软件进行更新以控制输出波形，条件是未使用预装载寄存器（OCiPE=0），否则PWM1_CCRi的影子寄存器只能在发生下一次更新事件时被更新。

输出比较模式时序图如图9-32所示，翻转OC1。

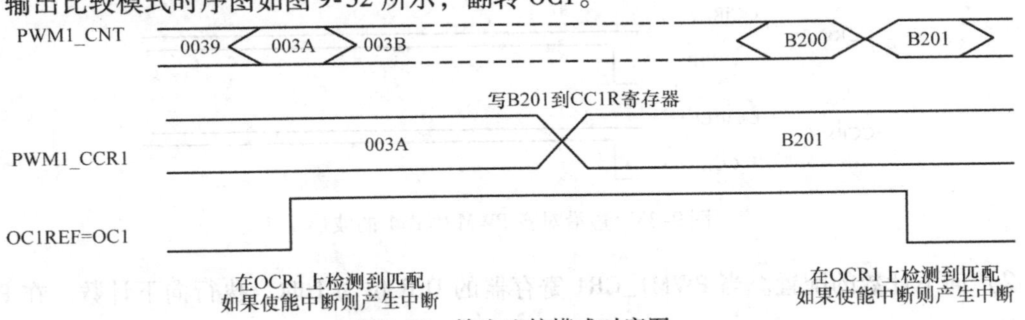


图9-32 输出比较模式时序图

**7. PWM 模式**

脉冲宽度调制（PWM）模式可以产生一个由 PWM1_ARR 寄存器确定频率、由 PWM1_CCRi 寄存器确定占空比的信号。

在 PWM1_CCMRi 寄存器中的 OCiM 位写入 110（PWM 模式 1）或 111（PWM 模式 2）时，能够独立地设置每个 OCi 输出通道产生一路 PWM。必须设置 PWM1_CCMRi 寄存器的 OCiPE 位使能相应的预装载寄存器，也可以设置 PWM1_CR1 寄存器的 ARPE 位使能自动重装载的预装载寄存器（在向上计数模式或中央对称模式中）。

由于仅当发生一个更新事件时，预装载寄存器才能被传送到影子寄存器，因此在计数器开始计数之前，必须通过设置 PWM1_EGR 寄存器的 UG 位来初始化所有的寄存器。

OCi 的极性可以通过软件在 PWM1_CCERi 寄存器中的 CCiP 位设置，它可以设置为高电平有效或低电平有效。OCi 的输出使能通过 PWM1_CCERi 和 PWM1_BKR 寄存器中的 CCiE、MOE、OISi、OSSR 和 OSSI 位的组合来控制。

在 PWM 模式（模式 1 或模式 2）下，PWM1_CNT 和 PWM1_CCRi 始终在进行比较，（依据计数器的计数方向）以确定是否符合 PWM1_CCRi≤PWM1_CNT 或者 PWM1_CNT≤PWM1_CCRi。

根据 PWM1_CR1 寄存器中 CMS 位域的状态，定时器能够产生边沿对齐的 PWM 信号或中央对齐的 PWM 信号。

（1）PWM 边沿对齐模式

1）向上计数配置。当 PWM1_CR1 寄存器中的 DIR 位为 0 时，执行向上计数。下面是一个 PWM 模式 1 的例子。当 PWM1_CNT < PWM1_CCRi 时，PWM 参考信号 OCiREF 为高电平，否则为低电平。如果 PWM1_CCRi 中的比较值大于自动重装载值（PWM1_ARR），则 OCiREF 保持为高电平。如果比较值为 0，则 OCiREF 保持为低电平。边沿对齐 PWM 模式 1 的波形（ARR = 8）如图 9-33 所示。

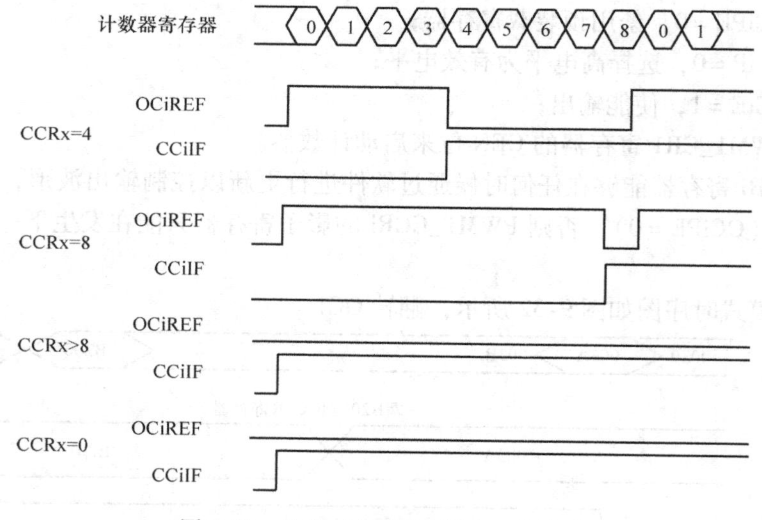


图 9-33 边沿对齐 PWM 模式 1 的波形

2）向下计数的配置。当 PWM1_CR1 寄存器的 DIR 位为 1 时，执行向下计数。在 PWM

模式1时，当 PWM1_CNT > PWM1_CCRi 时，参考信号 OCiREF 为低电平，否则为高电平。如果 PWM1_CCRi 中的比较值大于 PWM1_ARR 中的自动重装载值，则 OCiREF 保持为高电平。该模式下不能产生占空比为0%的 PWM 波形。

（2）PWM 中央对齐模式　当 PWM1_CR1 寄存器中的 CMS 位不为00时为中央对齐模式（所有其他的配置对 OCiREF/OCi 信号都有相同的作用）。

根据不同的 CMS 位的设置，比较标志可以在计数器向上计数、向下计数或向上和向下计数时被置“1”。PWM1_CR1 寄存器中的计数方向位（DIR）由硬件更新，不要用软件修改它。

下面给出了一些中央对齐的 PWM 波形的例子：

- PWM1_ARR =8。
- PWM 模式1。
- 标志位在以下三种情况下被置位：

■ 只有在计数器向下计数时（CMS =0b01）；

■ 只有在计数器向上计数时（CMS =0b10）；

■ 在计数器向上和向下计数时（CMS =0b11）。

■ 中央对齐的 PWM 模式波形（ARR =8）如图9-34所示。

（3）单脉冲模式　单脉冲模式（OPM）是前述众多模式中的一个特例。这种模式允许计数器响应一个激励，并在一个程序可控的延时之后产生一个脉宽可控的脉冲。

可以通过时钟/触发控制器启动计数器，在输出比较模式或者 PWM 模式下产生波形。设置 PWM1_CR1 寄存器的 OPM 位，选择单脉冲模式，此时计数器自动地在下一个更新事件（UEV）时停止。仅当比较值与计数器的初始值不同时，才能产生一个脉冲。启动之前（当定时器正在等待触发），必须进行如下配置：

- 向上计数方式：计数器 CNT < CCRi≤ARR。
- 向下计数方式：计数器 CNT > CCRi。

如图9-35所示单脉冲模式图例，在从 TI2 输入脚上检测到一个上升沿之后延迟 $t_{\mathrm{DELAY}}$，在 OC1 上产生一个 $t_{\mathrm{PULSE}}$ 宽度的正脉冲：（假定 IC2 作为触发1通道的触发源）

- 置 PWM1_CCMR2 寄存器的 CC2S =01，把 IC2 映射到 TI2。
- 置 PWM1_CCER1 寄存器的 CC2P =0，使 IC2 能够检测上升沿。
- 置 PWM1_SMCR 寄存器的 TS =110，使 IC2 作为时钟/触发控制器的触发源（TRGI）。
- 置 PWM1_SMCR 寄存器的 SMS =110（触发模式），IC2 被用来启动计数器。OPM 的波形由写入比较寄存器的数值决定（要考虑时钟频率和计数器预分频器）。
- $t_{\mathrm{DELAY}}$ 由 PWM1_CCR1 寄存器中的值定义。
- $t_{\mathrm{PULSE}}$ 由自动装载值和比较值之间的差值定义（PWM1_ARR - PWM1_CCR1）。
- 假定当发生比较匹配时要产生从0到1的波形，当计数器达到预装载值时要产生一个从1到0的波形，首先要置 PWM1_CCMR1 寄存器的 OCiM =111，进入 PWM 模式2，根据需要有选择地设置 PWM1_CCMR1 寄存器的 OC1PE =1，置位 PWM1_CR1 寄存器中的 ARPE，使能预装载寄存器，然后在 PWM1_CCR1 寄存器中填写比较值，在 PWM1_ARR 寄存器中填写自动装载值，设置 UG 位来产生一个更新事件，然后等待在 TI2 上的一个外部触发事件。

在这个例子中，PWM1_CR1 寄存器中的 DIR 和 CMS 位应该置低。

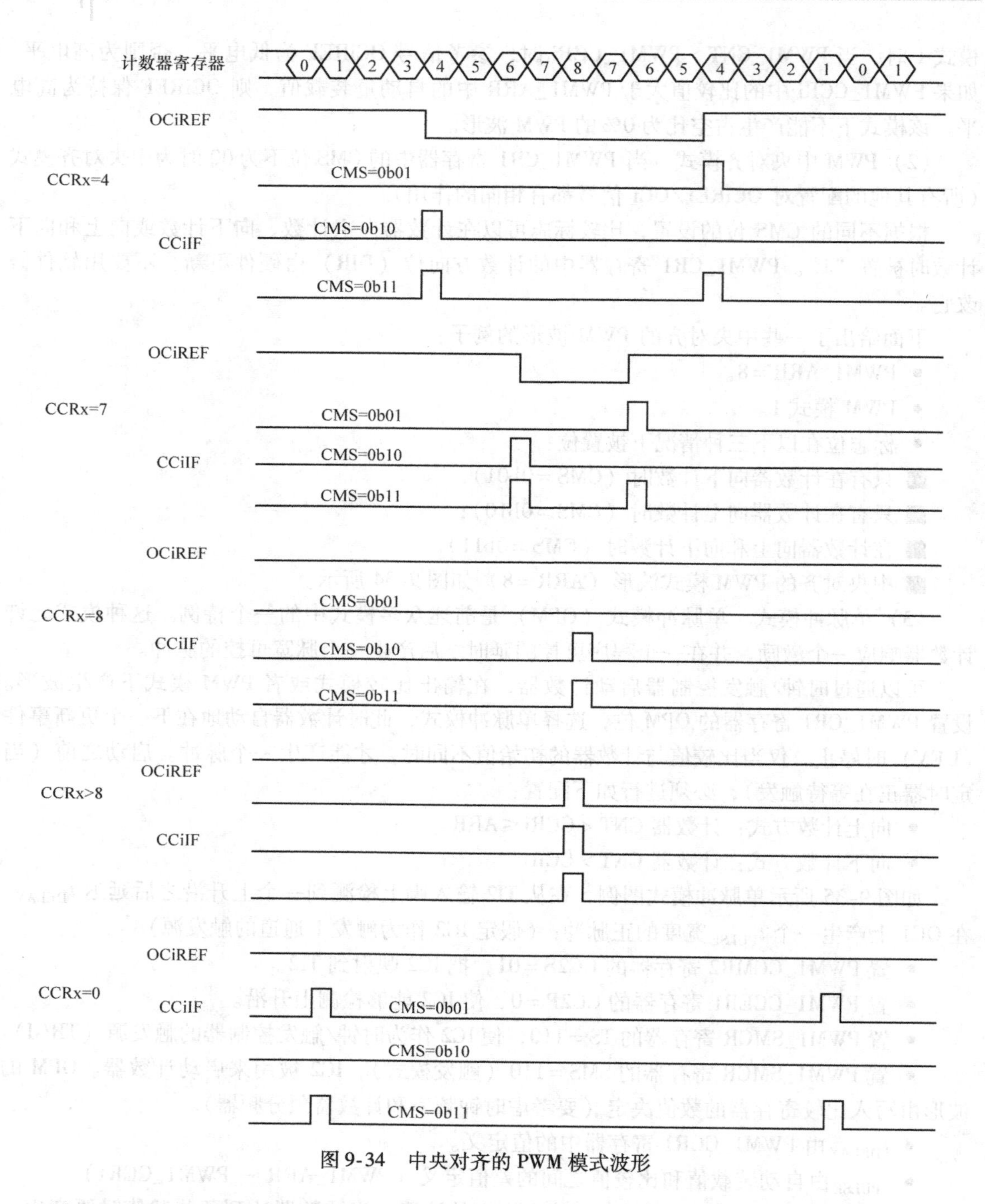


图9-34 中央对齐的PWM模式波形

因为只需要一个脉冲，所以设置PWM1_CR1寄存器中的OPM=1，在下一个更新事件（当计数器从自动装载值翻转到0）时停止计数。

（4）OCx快速使能（特殊情况） 在单脉冲模式下，对TIi输入脚的边沿检测会设置CEN位以启动计数器，然后计数器和比较值间的比较操作产生了单脉冲的输出。但是这些操作需要一定的时钟周期，因此它限制了可得到的最小延时$t_{DELAY}$。

如果要以最小延时输出波形，可以设置PWM1_CCMRi寄存器中的OCiFE位，此时强制

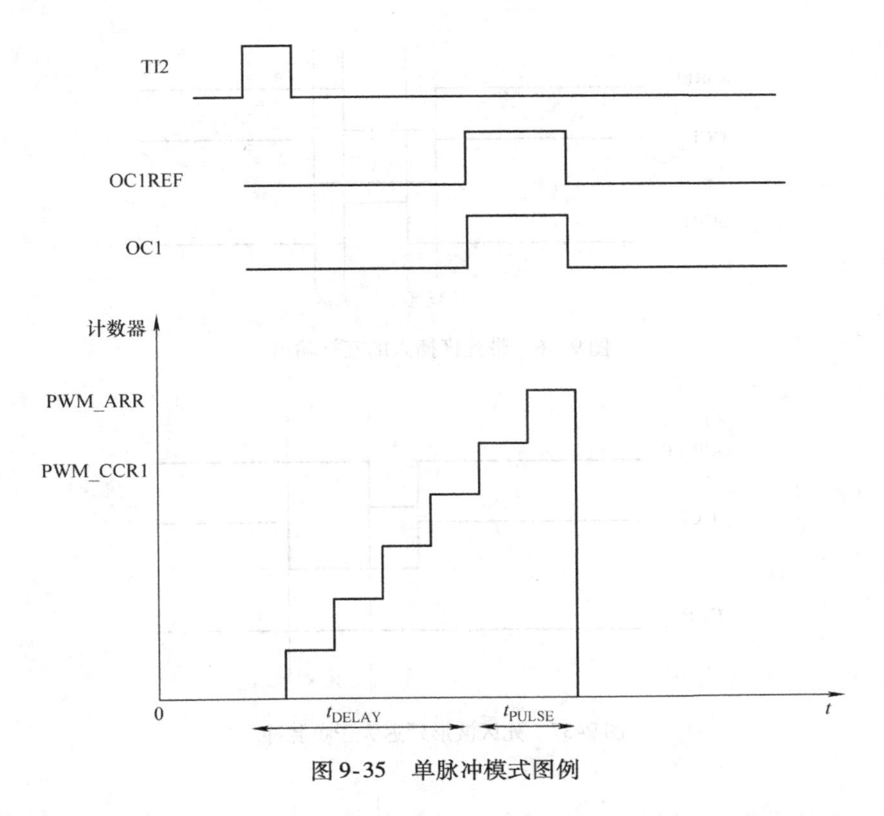


图 9-35 单脉冲模式图例

OCiREF（和 OCx）直接响应激励而不再依赖比较的结果，输出的波形与比较匹配时的波形一样。OCiFE 只在通道配置为 PWM1 和 PWM2 模式时起作用。

（5）互补输出和死区插入 PWM1 能够输出两路互补信号，并且能够管理输出的瞬时关断和接通，这段时间通常被称为死区。用户应该根据连接的输出器件和它们的特性（电平转换的延时、电源开关的延时等）来调整死区时间。

配置 PWM1_CCERi 寄存器中的 CCiP 和 CCiNP 位，可以为每一个输出独立地选择极性（主输出 OCi 或互补输出 OCiN）。互补信号 OCi 和 OCiN 通过下列控制位的组合进行控制：PWM1_CCERi 寄存器的 CCiE 和 CCiNE 位，PWM1_BKR 寄存器中的 MOE、OISi、OISiN、OSSI 和 OSSR 位。特别的是，在转换到 IDLE 状态时（MOE 下降到 0），死区控制被激活。

同时设置 CCiE 和 CCiNE 位将插入死区，如果存在刹车电路，则还要设置 MOE 位。每一个通道都有一个 8 位的死区发生器。

如果 OCi 和 OCiN 为高电平有效：

- OCi 输出信号与 OCiREF 相同，只是它的上升沿相对于 OCiREF 的上升沿有一个延迟。
- OCiN 输出信号与 OCiREF 相反，只是它的上升沿相对于 OCiREF 的下降沿有一个延迟。

如果延迟大于当前有效的输出宽度（OCi 或者 OCiN），则不会产生相应的脉冲。

图 9-36 ~ 图 9-38 显示了死区发生器的输出信号和当前参考信号 OCiREF 之间的关系（假设 CCiP = 0、CCiNP = 0、MOE = 1、CCiE = 1 且 CCiNE = 1）。

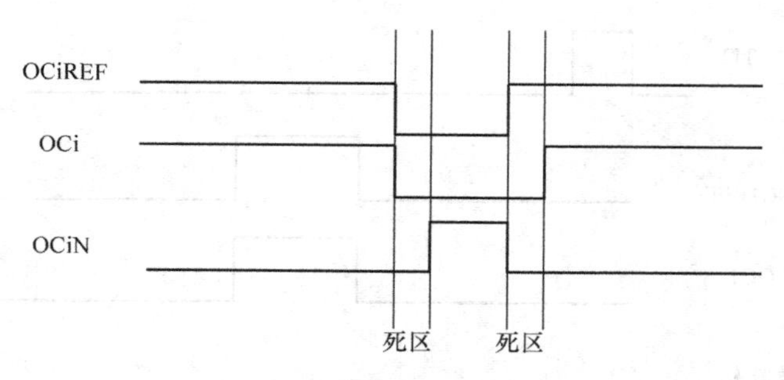


图9-36　带死区插入的互补输出

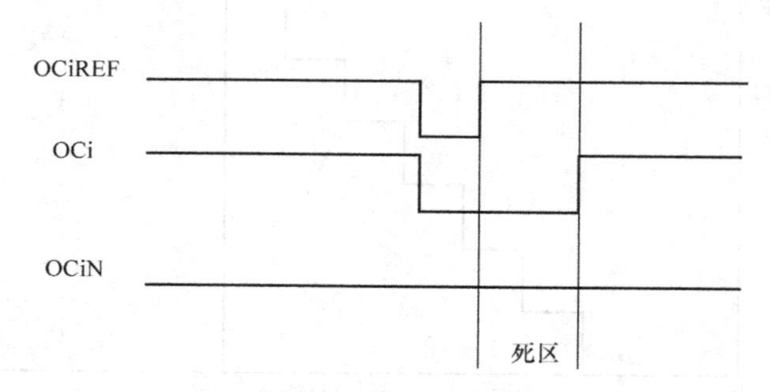


图9-37　死区波形延迟大于负脉冲

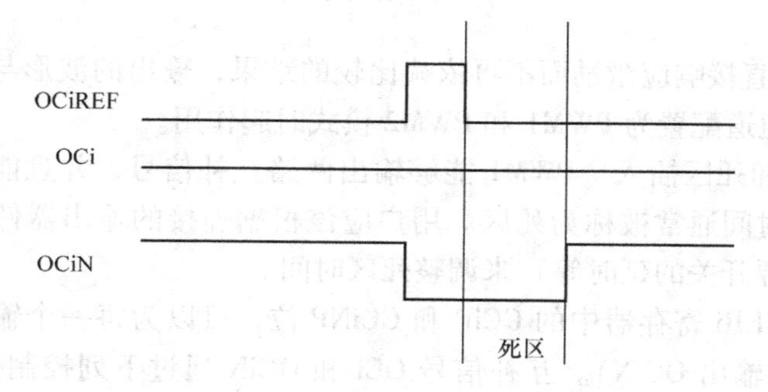


图9-38　死区波形延迟大于正脉冲

每一个通道的死区延时都是相同的，是由 PWM1_DTR 寄存器中的 DTG 位编程配置。

（6）重定向 OCiREF 到 OCi 或 OCiN　在输出模式下（强制输出、输出比较或 PWM 输出），通过配置 PWM1_CCERi 寄存器的 CCiE 和 CCiNE 位，OCiREF 可以被重定向到 OCi 或者 OCiN 的输出。

这个功能可以在互补输出处于无效电平时，在某个输出上送出一个特殊的波形（如 PWM 或者静态有效电平）。另一个作用是，让两个输出同时处于无效电平，或同时处于有效电平（此时仍然是带死区的互补输出）。

注：当只使能 OCiN（CCiE = 0，CCiNE = 1）时，它不会反相，而当 OCiREF 变高电平时立即有效。例如，如果 CCiNP = 0，则 OCiN = OCiREF。另一方面，当 OCi 和 OCiN 都被使能时（CCiE = CCiNE = 1），当 OCiREF 为高电平时 OCi 有效；而 OCiN 相反，当 OCiREF 低电平时 OCiN 有效。

（7）针对电机控制的六步 PWM 输出　当在一个通道上需要互补输出时，预装载位有 OCiM、CCiE 和 CCiNE。在发生 COM 换相事件时，这些预装载位被传送到影子寄存器位，这样就可以预先设置好下一步骤配置，并在同一个时刻更改所有通道的配置。COM 可以通过设置 PWM1_EGR 寄存器的 COMG 位由软件产生，或在 TRGI 上升沿由硬件产生。

**8. 使用刹车功能**（PWMFLT）

刹车功能常用于电机控制中。当使用刹车功能时，依据相应的控制位（PWM1_BKR 寄存器中的 MOE、OSSI 和 OSSR 位），输出使能信号和无效电平都会被修改。

系统复位后，刹车电路被禁止，MOE 位为低电平。设置 PWM1_BKR 寄存器中的 BKE 位可以使能刹车功能。刹车输入信号的极性可以通过配置同一个寄存器中的 BKP 位选择。BKE 和 BKP 可以被同时修改。

MOE 下降沿相对于时钟模块可以是异步的，因此在实际信号（作用在输出端）和同步控制位（在 PWM1_BKR 寄存器中）之间设置了一个再同步电路。这个再同步电路会在异步信号和同步信号之间产生延迟，特别的，如果当它为低电平时写 MOE = 1，则读出它之前必须先插入一个延时（空指令）才能读到正确的值，这是因为写入的是异步信号，而读的是同步信号。

当发生刹车时（在刹车输入端出现选定的电平），有下述动作：

• MOE 位被异步清除，将输出置于无效状态、空闲状态或者复位状态（由 OSSI 位选择）。这个特性在 MCU 的振荡器关闭时依然有效。

• 一旦 MOE = 0，每一个输出通道的输出由 PWM1_OISR 寄存器的 OISi 位设定电平。如果 OSSI = 0，则定时器不再控制输出使能信号，否则输出使能信号始终为高电平。

• 当使用互补输出时：

■ 输出首先被置于复位状态即无效的状态（取决于极性）。这是异步操作，即使定时器没有时钟时，此功能也有效。

■ 如果定时器的时钟依然存在，死区生成器将会重新生效，在死区之后根据 OISi 和 OISiN 位指示的电平驱动输出端口。即使在这种情况下，OCi 和 OCiN 也不能被同时驱动到有效的电平［注：因为重新同步 MOE，死区时间比通常情况下长一些（大约两个时钟周期）］。

• 如果设置了 PWM1_IER 寄存器的 BIE 位，当刹车状态标志（PWM1_SR1 寄存器中的 BIF 位）为 1 时，产生一个中断。

• 如果设置了 PWM1_BKR 寄存器中的 AOE 位，在下一个更新事件（UEV）时，MOE 位被自动置位，这可以用来进行波形控制；否则，MOE 始终保持低电平直到被再次置“1”。这个特性可以被用在安全方面，可以把刹车输入连到电源驱动的报警输出、热敏传感器或者其他安全器件上。

刹车响应的输出波形如图 9-39 所示。

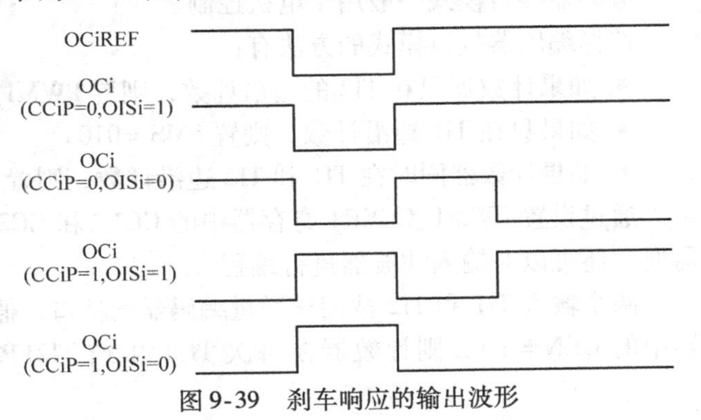

图 9-39　刹车响应的输出波形

注意：刹车输入为电平有效，所

以当刹车输入有效时，不能同时（自动地或通过软件）设置 MOE。同时，状态标志 BIF 不能被清除。刹车由 BRK 输入产生，它的有效极性是可编程的，且由 PWM1_BKR 寄存器的 BKE 位开启或禁止。除了刹车输入和输出管理，刹车电路中还实现了写保护以保证应用程序的安全。它允许用户冻结几个配置参数（OCi 极性和被禁止时的状态、OCiM 配置、刹车使能和极性）。用户可以通过 PWM1_BKR 寄存器的 LOCK 位，从三种级别的保护中选择一种。在 MCU 复位后，LOCK 位域只能被修改一次。

**9. 在外部事件发生时清除 OCiREF 信号**

对于一个给定的通道，在 ETRF 输入端（设置 PWM1_CCMRi 寄存器中对应的 OCiCE 位为“1”）的高电平能够把 OCiREF 信号拉低，OCiREF 信号将保持为低电平直到发生下一次更新事件（UEV）。该功能只能用于输出比较模式和 PWM 模式，而不能用于强制模式。

例如，OCiREF 信号可以连到一个比较器的输出，用于控制电流。这时，ETR 必须进行如下配置：

1）外部触发预分频器必须处于关闭状态：PWM1_ETR 寄存器中的 ETPS［1:0］=00。

2）必须禁止外部时钟模式 2：PWM1_ETR 寄存器中的 ECE =0。

3）外部触发极性（ETP）和外部触发滤波器（ETF）可以根据需要进行配置。

图 9-40 显示了当 ETRF 输入变为高电平时对应的不同 OCiCE 值和 OCiREF 信号的动作。在这个例子中，定时器 PWM1 被置于 PWM 模式。ETR 清除 PWM1 的 OCiREF 信号。

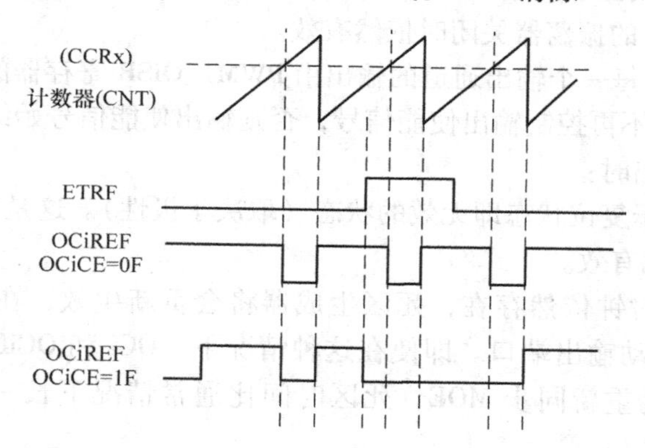


图 9-40 ETRF 输入变为高电平时对应的不同 OCiCE 值和 OCiREF 信号的动作

**10. 编码器接口模式**

编码器接口模式一般用于电机控制。

选择编码器接口模式的方法有：

- 如果计数器只在 TI2 的边沿计数，则置 PWM1_SMCR 寄存器中的 SMS =001。
- 如果只在 TI1 边沿计数，则置 SMS =010。
- 如果计数器同时在 TI1 和 TI2 边沿计数，则置 SMS =011。

通过设置 PWM1_CCER1 寄存器中的 CC1P 和 CC2P 位，可以选择 TI1 和 TI2 极性；如果需要，还可以对输入滤波器进行编程。

两个输入 TI1 和 TI2 被用作增量编码器的接口。假定计数器已经启动（PWM1_CR1 寄存器中的 CEN =1），则计数器在每次 TI1FP1 或 TI2FP2 上产生有效跳变时计数。TI1FP1 和

TI2FP2 是 TI1 和 TI2 在通过输入滤波器和极性控制后的信号。如果没有滤波和极性变换，则 TI1FP1 = TI1，TI2FP2 = TI2。根据两个输入信号的跳变顺序，产生计数脉冲和方向信号，计数器向上或向下计数，同时硬件对 PWM1_CR1 寄存器的 DIR 位进行相应的设置。不管计数器是依靠 TI1 计数、TI2 计数或同时依靠 TI1 和 TI2 计数，在任一输入端（TI1 或 TI2）的跳变都会重新计算 DIR 位。

编码器接口模式基本上相当于使用了一个带有方向选择的外部时钟。这意味着计数器只在 0 到 PWM1_ARR 寄存器的自动装载值之间连续计数（根据方向，或是 0 到 ARR 计数，或是 ARR 到 0 计数），所以在开始计数之前必须配置 PWM1_ARR。在这种模式下捕获器、比较器、预分频器、重复计数器、触发输出特性等仍正常工作。编码器模式和外部时钟模式 2 不兼容，因此不能同时操作。

编码器接口模式下，计数器依照增量编码器的速度和方向被自动修改，因此计数器的内容始终指示着编码器的位置，计数方向与相连的传感器旋转的方向对应。

下表 9-1 列出了所有可能的组合（假设 TI1 和 TI2 不同时变换）。

表 9-1

| 有效边沿 | 相对信号的电平（TI1FP1 对应 TI2，TI2FP2 对应 TI1） | TI1FP1 信号 | | TI2FP2 信号 | |
|---|---|---|---|---|---|
| | | 上升 | 下降 | 上升 | 下降 |
| 仅在 TI1 计数 | 高 | 向下计数 | 向上计数 | 不计数 | 不计数 |
| | 低 | 向上计数 | 向下计数 | 不计数 | 不计数 |
| 仅在 TI2 计数 | 高 | 不计数 | 不计数 | 向上计数 | 向下计数 |
| | 低 | 不计数 | 不计数 | 向下计数 | 向上计数 |
| 在 TI1 和 TI2 上计数 | 高 | 向下计数 | 向上计数 | 向上计数 | 向下计数 |
| | 低 | 向上计数 | 向下计数 | 向下计数 | 向上计数 |

一个外部的增量编码器可以直接与 MCU 连接而不需要外部接口逻辑。但是，一般使用比较器将编码器的差分输出转换成数字信号，这大大增加了抗噪声干扰能力。编码器输出的第三个信号表示机械零点，可以把它连接到一个外部中断输入并触发一个计数器复位。

图 9-41 所示为编码器模式下的计数器操作实例。它显示了计数信号的产生和方向控制，还显示了当选择双边沿时，输入抖动是如何被抑制的；抖动可能会在传感器的位置靠近一个转换点时产生。在这个例子中，假定配置如下：

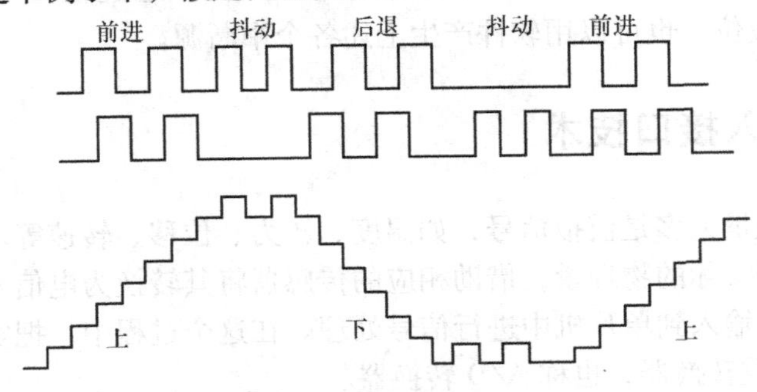


图 9-41 编码器模式下的计数器操作实例

- CC1S=01（PWM1_CCMR1 寄存器，IC1FP1 映射到 TI1）。
- CC2S=01（PWM1_CCMR2 寄存器，IC2FP2 映射到 TI2）。
- CC1P=0（PWM1_CCER1 寄存器，IC1 不反相，IC1=TI1）。
- CC2P=0（PWM1_CCER1 寄存器，IC2 不反相，IC2=TI2）。
- SMS=011（PWM1_SMCR 寄存器，所有的输入均在上升沿和下降沿有效）。
- CEN=1（PWM1_CR1 寄存器，计数器使能）。

IC1 反相的编码器接口模式实例（CC1P=1，其他配置与上例相同）如图 9-42 所示。

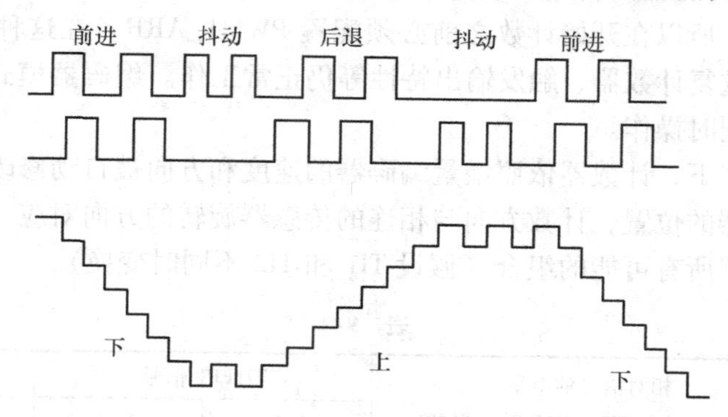


图 9-42 IC1 反相的编码器接口模式实例

当定时器配置成编码器接口模式时，可提供传感器当前位置的信息。使用另外一个配置，在捕获模式下的定时器可测量两个编码器事件的间隔，获得动态的信息（速度、加速度、减速度），指示机械零点的编码器输出可被用作此目的。根据两个事件的间隔，可以按照一定的时间间隔读出计数器。如果可能的话，可以把计数器的值锁存到第三个输入捕获寄存器中（捕获信号必须是周期的并且可以由另一个定时器产生）。

### 9.1.6 PWM 中断

PWM1/PWM2 各有 8 个中断请求源：刹车中断、触发中断、COM 事件中断、输入捕捉/输出比较 4 中断、输入捕捉/输出比较 3 中断、输入捕捉/输出比较 2 中断、输入捕捉/输出比较 1 中断、更新事件中断（如计数器上溢、下溢及初始化）。

为了使用中断特性，对每个被使用的中断通道设置 PWM_IER/PWM2_IER 寄存器中相应的中断使能位，即 BIE、TIE、COMIE、CCiIE、UIE 位。通过设置 PWM1_EGR/PWM2_EGR 寄存器中的相应位，也可以用软件产生上述各个中断源。

## 9.2 模拟量输入接口技术

自然界中的物理量大多是模拟信号，如温度、压力、位移、转速等。单片机在采集模拟信号时，一般先根据实际的物理量，借助相应的传感器将其转换为电信号，然后再将电信号转换为对应的数字量输入到单片机中进行信号处理。在这个过程中，把实现模拟量转换为数字量的器件称为模/数转换器，也称 A/D 转换器。

### 9.2.1　A/D 转换原理

A/D 转换器（Analog to Digital Converter），也称作 ADC 是一种用来将连续的模拟信号转换成二进制数字量的器件。模拟量可以是电压、电流等电信号，也可以是声、光、压力、温度、湿度等随时间连续变化的非电量的物理量。非电量的模拟量可以通过合适的传感器（如光电传感器、压力传感器、温度传感器）转换成电信号。模拟量只有被转换成数字量才能被计算机采集、分析和计算。

一般的 A/D 转换过程包括三部分：采样保持、量化和编码。首先对输入的模拟电压信号采样，即将模拟信号在时间上离散化，结束后进入保持时间，在这段时间内将采样的模拟量转化为数字量，即在幅度上离散化，最后将每个量化后的样值用一定的二进制码来表示转换结果。

A/D 转换器的种类很多，按转换原理可分为以下四种：计数式 A/D 转换器、双积分式 A/D 转换器、逐次逼近式 A/D 转换器和并行式 A/D 转换器。目前最常用的是双积分式 A/D 转换器和逐次逼近式 A/D 转换器。双积分式 A/D 转换器的主要优点是转换精度高、抗干扰性能好、价格便宜；但转换速度较慢。因此，这种转换器主要用于速度要求不高的场合。另一种常用的 A/D 转换器是逐次逼近式，逐次逼近式 A/D 转换器是一种速度较快、精度较高的转换器，其转换时间大约在几微秒到几百微秒之间。

A/D 转换器的主要技术指标有：

（1）分辨率　A/D 转换器的分辨率以输出二进制（或十进制）数的位数来表示。它说明了 A/D 转换器对输入信号的分辨能力。从理论上讲，$n$ 位输出的 A/D 转换器能区分 $2^n$ 个不同等级的输入模拟电压，能区分输入电压的最小值为满量程输入的 1/2n。在输入电压范围一定时，输出位数愈多，分辨率愈高。例如，A/D 转换器的输出为 8 位二进制数，输入信号范围为 0～5V，那么这个转换器应能区分出输入信号的最小电压约为 20mV。

（2）量化误差　A/D 转换器把模拟量转换为数字量的过程称为量化。量化误差通常是以输出误差的最大值形式给出，是指一个实际的 A/D 转换器量化值与一个理想的 A/D 转换器量化值之间的最大偏差，通常以最低有效位的倍数来表示。量化误差和分辨率一起描述 A/D 转换器的转换精度。分辨率高的 A/D 转换器具有较小的量化误差，转换精度也更高。

（3）转换时间与转换速率　A/D 转换器完成一次转换所需要的时间为 A/D 转换时间，其倒数为转换速率，即 1s 完成转换的次数。

### 9.2.2　STC8H 系列单片机 A/D 接口原理

STC8H8K64S4U 单片机内部集成了一个 12 位高速 A/D 转换器，其内部结构如图 9-43 所示。ADC 的时钟频率为系统频率 2 分频后再经过用户设置的分频系数进行再次分频（ADC 的工作时钟频率范围为 SYSclk/2/1～SYSclk/2/16）。

ADC 相关的寄存器有：

（1）ADC 控制寄存器　ADC 控制寄存器 ADC_CONTR 各位定义如下所示。该寄存器位于 STC 单片机特殊功能寄存器地址为 BCH 的位置。当复位后，该寄存器的值为 000x0000。

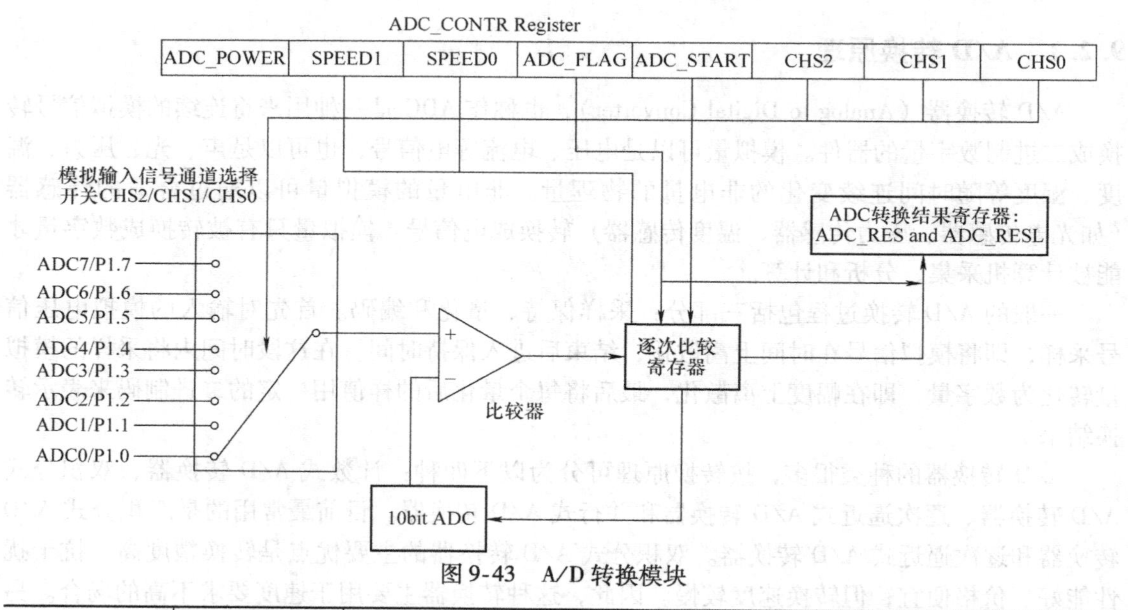


图 9-43 A/D 转换模块

| 符号 | B7 | B6 | B5 | B4 | B3 | B2 | B1 | B0 |
|---|---|---|---|---|---|---|---|---|
| ADC_CONTR | ADC_POWER | ADC_START | ADC_FLAG | ADC_EPWMT | ADC_CHS [3:0] | | | |

ADC_POWER：ADC 电源控制位。当 ADC_POWER 为 0 时，关闭 ADC 电源；当 ADC_POWER 为 1 时，打开 ADC 电源。建议进入空闲模式和掉电模式前将 ADC 电源关闭，以降低功耗。

ADC_START：ADC 转换启动控制位。写入 1 后开始 A/D 转换，转换完成后硬件自动将此位清零。当 ADC_START 为 0 时，无影响，即使 ADC 已经开始转换工作，写 0 也不会停止 A/D 转换；当 ADC_START 为 1 时，开始 A/D 转换，转换完成后硬件自动将此位清零。

ADC_FLAG：ADC 转换结束标志位。当 ADC 完成一次转换后，硬件会自动将此位置"1"，并向 CPU 提出中断请求。此标志位必须软件清零。

ADC_EPWMT：使能 PWM 同步触发 ADC 功能。

ADC_CHS [3:0]：ADC 模拟通道选择位。

注意：被选择为 ADC 输入通道的 I/O 口，必须设置 PxM0/PxM1 寄存器将 I/O 口模式设置为高阻输入模式。另外，如果 MCU 进入掉电模式/时钟停振模式后，仍需要使能 ADC 通道，则需要设置 PxIE 寄存器关闭数字输入通道，以防止外部模拟输入信号忽高忽低而产生额外的功耗。

| ADC_CHS [3:0] | ADC 通道 | ADC_CHS [3:0] | ADC 通道 |
|---|---|---|---|
| 0000 | P1.0/ADC0 | 1000 | P0.0/ADC8 |
| 0001 | P1.1/ADC1 | 1001 | P0.1/ADC9 |
| 0010 | P5.4/ADC2 | 1010 | P0.2/ADC10 |
| 0011 | P1.3/ADC3 | 1011 | P0.3/ADC11 |
| 0100 | P1.4/ADC4 | 1100 | P0.4/ADC12 |
| 0101 | P1.5/ADC5 | 1101 | P0.5/ADC13 |
| 0110 | P1.6/ADC6 | 1110 | P0.6/ADC14 |
| 0111 | P1.7/ADC7 | 1111 | 测试内部 1.19V |

（2）ADC 配置寄存器　ADC 配置寄存器 ADCCFG，各位含义如下所示。该寄存器位于 STC 单片机特殊功能寄存器地址为 DEH 的位置。当复位后，该寄存器的值为 xx0x0000。

| 符号 | B7 | B6 | B5 | B4 | B3 | B2 | B1 | B0 |
|---|---|---|---|---|---|---|---|---|
| ADCCFG | — | — | RESFMT | — | SPEED［3:0］ | | | |

RESFMT：ADC 转换结果格式控制位。当 RESFMT 为 0 时，转换结果左对齐。ADC_RES 保存结果的高 8 位，ADC_RESL 保存结果的低 4 位，A/D 转换结果格式如图 9-44 所示。

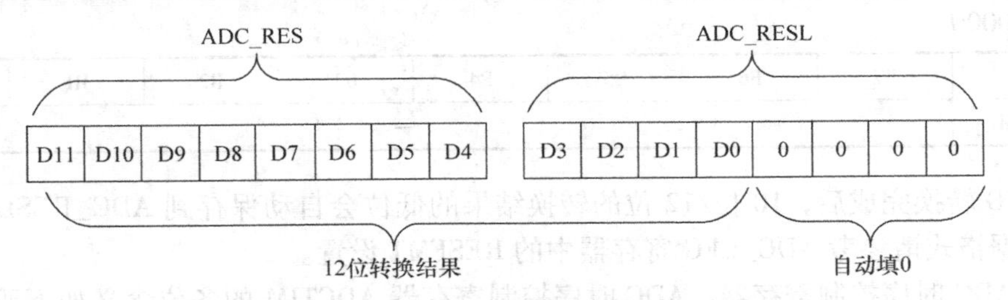


图 9-44　RESFMT = 0 时，A/D 转换结果格式

当 RESFMT 为 1 时，转换结果右对齐。ADC_RES 保存结果的高 4 位，ADC_RESL 保存结果的低 8 位，A/D 转换结果格式如图 9-45 所示。

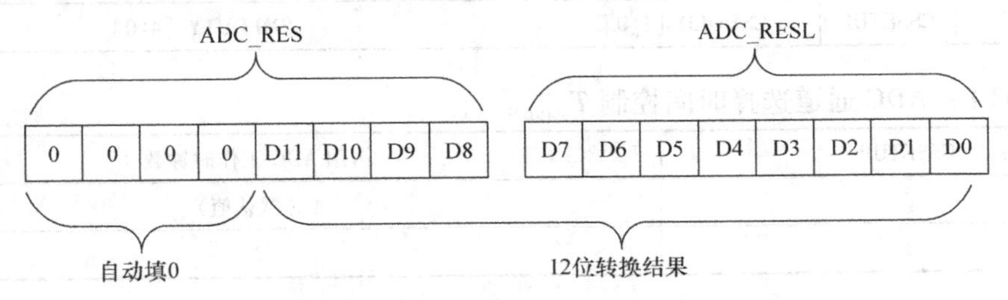


图 9-45　RESFMT = 1 时 A/D 转换结果格式

SPEED［3:0］：设置 ADC 工作时钟频率[$f_{ADC}$ = SYSclk/2/(SPEED + 1)]。

| SPEED［3:0］ | 给 ADC 的工作时钟频率 | SPEED［3:0］ | 给 ADC 的工作时钟频率 |
|---|---|---|---|
| 0000 | SYSclk/2/1 | 1000 | SYSclk/2/9 |
| 0001 | SYSclk/2/2 | 1001 | SYSclk/2/10 |
| 0010 | SYSclk/2/3 | 1010 | SYSclk/2/11 |
| 0011 | SYSclk/2/4 | 1011 | SYSclk/2/12 |
| 0100 | SYSclk/2/5 | 1100 | SYSclk/2/13 |
| 0101 | SYSclk/2/6 | 1101 | SYSclk/2/14 |
| 0110 | SYSclk/2/7 | 1110 | SYSclk/2/15 |
| 0111 | SYSclk/2/8 | 1111 | SYSclk/2/16 |

（3）ADC 转换结果高位寄存器　ADC 转换结果高位寄存器 ADC_RES 的各位含义如下所示。该寄存器位于 STC 单片机特殊功能寄存器地址为 BDH 的位置。当复位后，该寄存器的值为 00000000。

| 符号 | B7 | B6 | B5 | B4 | B3 | B2 | B1 | B0 |
|---|---|---|---|---|---|---|---|---|
| ADC_RES | — | | | | | | | |

当 A/D 转换完成后，10 位/12 位的转换结果的高位会自动保存到 ADC_RES 中。保存结果的数据格式请参考 ADC_CFG 寄存器中的 RESFMT 设置。

（4）ADC 转换结果低位寄存器　ADC 转换结果低位寄存器 ADC_RESL 的各位含义如下所示。该寄存器位于 STC 单片机特殊功能寄存器地址为 BEH 的位置。当复位后，该寄存器值为 00000000。

| 符号 | B7 | B6 | B5 | B4 | B3 | B2 | B1 | B0 |
|---|---|---|---|---|---|---|---|---|
| ADC_RESL | — | | | | | | | |

当 A/D 转换完成后，10 位/12 位的转换结果的低位会自动保存到 ADC_RESL 中。保存结果的数据格式请参考 ADC_CFG 寄存器中的 RESFMT 设置。

（5）ADC 时序控制寄存器　ADC 时序控制寄存器 ADCTIM 的各位含义如下所示。该寄存器位于 STC 单片机特殊功能寄存器地址为 A8H 的位置。当复位后，该寄存器值为 00101010。

| 符号 | B7 | B6 | B5 | B4 | B3 | B2 | B1 | B0 |
|---|---|---|---|---|---|---|---|---|
| ADCTIM | CSSETUP | CSHOLD［1:0］ | | SMPDUTY［4:0］ | | | | |

CSSETUP：ADC 通道选择时间控制 $T_{setup}$。

| CSSETUP | 占用 ADC 工作时钟数 |
|---|---|
| 0 | 1（默认值） |
| 1 | 2 |

CSHOLD［1:0］：ADC 通道选择保持时间控制 $T_{hold}$。

| CSHOLD［1:0］ | 占用 ADC 工作时钟数 |
|---|---|
| 00 | 1 |
| 01 | 2（默认值） |
| 10 | 3 |
| 11 | 4 |

SMPDUTY［4:0］：ADC 模拟信号采样时间控制 $T_{duty}$（注意：SMPDUTY 一定不能设置小于 01010B）。

| SMPDUTY［4:0］ | 占用 ADC 工作时钟数 |
|---|---|
| 00000 | 1 |
| 00001 | 2 |
| … | … |
| 01010 | 11（默认值） |
| … | … |
| 11110 | 31 |
| 11111 | 32 |

ADC数/模转换时间：$T_{convert}$。12位ADC的转换时间固定为12个ADC工作时钟。一个完整的ADC转换时间为$T_{setup}+T_{duty}+T_{hold}+T_{convert}$，ADC整体转换时序图如图9-46所示。

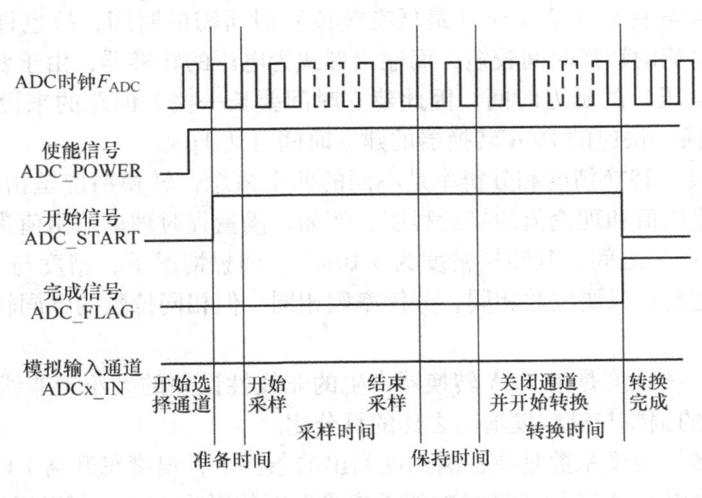


图9-46　ADC整体转换时序图

# 9.3　模拟量输出接口技术

在单片机运行中，它向外界输出的信号是数字量，即高电平（1）或者低电平（0）。但在实际的应用中，如用单片机控制电动机的转动，就需要将数字量转换为模拟量。D/A转换器是一种将数字信号转换成模拟信号的器件，它为计算机系统的数字信号与模拟环境的连续信号之间提供了一种转换接口。

D/A转换器主要用于数据传输系统、自动测试设备、医疗信息处理、电视信号的数字化、图像信号的处理和识别、数字通信和语音信息处理等。

## 9.3.1　D/A转换原理

D/A转换器（Digital to Analog Converter），也称作DAC，输入的是数字量，然后经转换后得到对应的模拟输出量。转换过程是先将数据中各位二进制数按其权的大小转换为相应的模拟分量，然后再以叠加的方法把各模拟分量相加，其和就是D/A转换的结果。

有关D/A转换器的技术性能指标很多，如绝对精度、相对精度、线性度、输出电压范围、温度系数等。下面主要介绍几个与接口有关的技术性能指标。

（1）分辨率　分辨率是指D/A转换器能分辨的最小输出模拟量，取决于输入数字量的二进制位数，是输出对输入量变化敏感程度的描述，通常定义为输出满刻度值与$2^n$之比（$n$为D/A转换器的二进制位数）。显然，二进制位数越多，分辨率越高，即D/A转换器对输入量变化的敏感程度越高。例如，某8位（$n=8$）DAC，若满量程为10V，根据分辨率定义，分辨率为10V/256 = 39.1mV，即二进制数低位的变化可引起模拟电压变化39.1mV，该值占满量程的0.391%，常用符号1LSB表示。

同理：10位D/A转换，1LSB = 9.77mV = 0.1%满量程；12位D/A转换，1LSB =

2.44mV = 0.024%满量程；14位D/A转换，1LSB = 0.61mV = 0.006%满量程。

（2）建立时间　建立时间是描述D/A转换速度快慢的一个参数，是指从输入数字量变化到输出达到终值误差±(1/2)LSB（最低有效位）时所需的时间，故也称转换时间。转换器的输出形式为电流的转换时间较短，而输出形式为电压的转换器，由于要加上完成I/V转换（电流变换成电压）的延迟时间，因此建立时间要长一些。但总的来说，D/A转换的速度远高于A/D转换，快速的D/A转换器的建立时间可达1μs。

（3）转换精度　转换精度和分辨率是不同的两个概念，转换精度是指满量程时D/A转换器的实际模拟输出值和理论值的接近程度。例如，满量程时理论输出值为10V，实际输出值是在9.99～10.01V之间，其转换精度为±10mV。理想情况下，精度与分辨率基本一致，位数越多，精度越高。只要位数相同，分辨率则相同，但相同位数的不同转换器的精度会有所不同。

（4）线性度　线性度是指D/A转换器产生的非线性误差的大小。非线性误差就是理想的输入/输出特性的偏差与满刻度输出之比的百分比。

（5）温度系数　温度系数是指在满刻度输出的条件下，温度每升高1℃时输出变化的百分数。通常系统要求D/A转换器转换的值不应受温度的影响太大，所以温度系数越小越好。

（6）输出电平　电压输出型D/A转换器的输出电平一般在5～10V之间，有的则可以在24～30V之间。电流输出型D/A转换器的输出范围很大，低的从几毫安到几十毫安，最大的可达3A。

## 9.3.2　STC8H系列单片机PWM实现D/A输出

STC8H系列单片机的高级PWM定时器可输出16位的PWM波形，再经过两级低通滤波即可产生16位的DAC信号，通过调节PWM波形的高电平占空比即可实现DAC信号的改变。应用电路图如图9-47所示，输出的DAC信号可输入到MCU的ADC进行反馈测量。

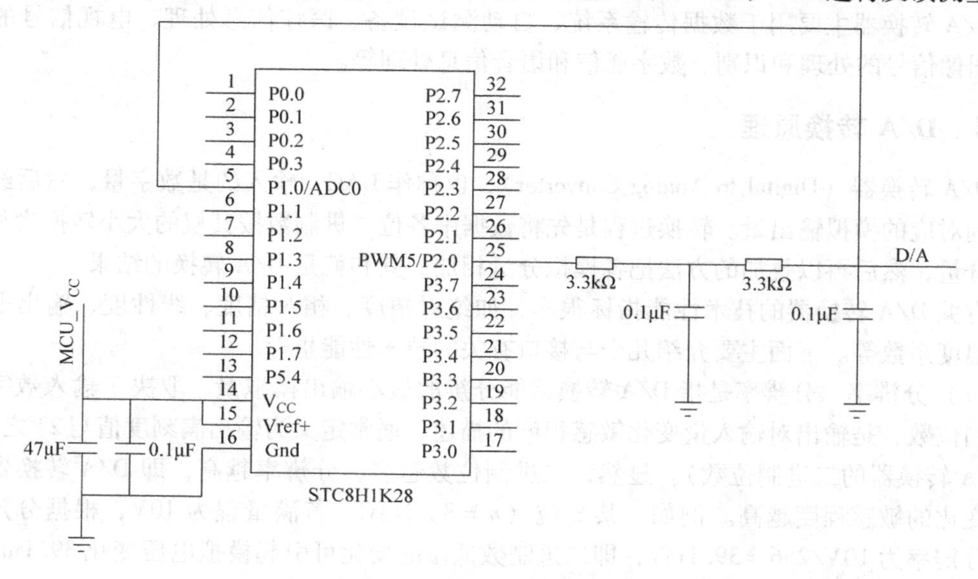


图9-47　PWM实现D/A转换电路图

**1. PWM 实现 D/A 转换输出的理论分析**

应用周期一定而高、低电平的占空比可以调制的 PWM 方波信号，实现 PWM 信号到 D/A转换器的理想方法是：采用模拟低通滤波器滤掉 PWM 输出的高频部分，保留低频的直流分量，即可得到对应的 D/A 转换输出，低通滤波器的带宽决定了 D/A 转换器的带宽的范围。实际电路的典型 PWM 波形，如图 9-48 所示。

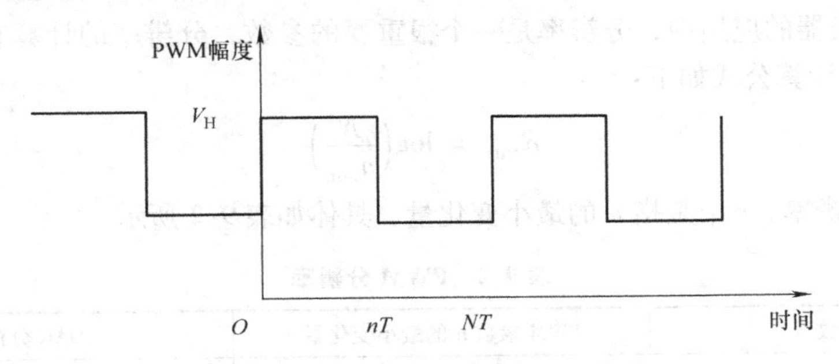


图 9-48　实际电路的典型 PWM 波形

针对 PWM 的波形进行以下分析：

1）高电平阶段：计数器当前值从 0 ~ CCRx 阶段（总时间 = CCRx × 每两个计数之间的间隔时间）。

2）低电平阶段：计数器当前值从 CCRx ~ ARR - 1 阶段［总时间 =（ARR - 1 - CCRx）× 每两个计数之间的间隔时间）］。

根据 PWM 波形，可以用分段函数进行表示：

$$f(t) = \begin{cases} V_H & kNT \leqslant t \leqslant nT + kNT \\ V_L & kNT + nT \leqslant t \leqslant NT + kNT \end{cases} \tag{9-1}$$

其中，$T$ 是 STC8H8K64S4U 单片机 STM32 中计数脉冲的基本周期，也就是 STC8H8K64S4U 定时器的计数频率的倒数；$N$ 是 PWM 波一个周期的计数脉冲个数，也就是 STM32 的 ARR - 1 的值；$n$ 是 PWM 波一个周期中高电平的计数脉冲个数，也就是 STC8H8K64S4U 的 CCRx 的值；$V_H$ 和 $V_L$ 分别是 PWM 波的高低电平电压值；$k$ 为谐波次数；$t$ 为时间。

将分段函数式（9-1）展开成傅里叶级数，得到如下公式：

$$f(t) = \left[\frac{n}{N}(V_H - V_L) + V_L\right] + 2\frac{V_H - V_L}{\pi}\sin\left(\frac{n}{N}\pi\right)\cos\left(\frac{2\pi}{NT}t - \frac{n\pi}{N}k\right) + \sum_{k=2}^{8} 2\frac{V_H - V_L}{k\pi}\left|\sin\left(\frac{n\pi}{N}k\right)\right|\cos\left(\frac{2\pi}{NT}kt - \frac{n\pi}{N}k\right) \tag{9-2}$$

从式（9-2）可以看出，式中第一个方括弧为直流分量，第二项为一次谐波分量，第三项为大于一次的高次谐波分量。

式（9-2）中的直流分量与 $n$ 成线性关系，并随着 $n$ 从 0 到 $N$，直流分量从 $V_L$ 到 $V_H$ 之间变化。而 STM32 的 DAC 功能也就是电压输出，这正是电压输出的 DAC 所需要的。

因此，如果能把式（9-2）中除直流分量外的谐波过滤掉，则可以得到从 PWM 波到电压输出 DAC 的转换，即 PWM 波可以通过一个低通滤波器进行解调。式（9-2）中的第二项

的幅度和相角与 $n$ 有关，频率为 $1/NT$，其实就是PWM的输出频率。该频率是设计低通滤波器的依据。如果能把一次谐波很好地过滤掉，则高次谐波就基本不存在了。

**2. 转换器分辨率及误差分析**

PWM到D/A转换器输出的误差来源受两方面制约：决定D/A转换器分辨率的PWM信号的基频和没有被低通滤波器滤除的纹波。

在D/A转换器的应用中，分辨率是一个很重要的参数，分辨率的计算直接与 $N$ 和 $n$ 的可能变化有关，计算公式如下：

$$R_{\text{Bits}} = \log\left(\frac{N}{n_{\min}}\right) \tag{9-3}$$

式中，$R_{\text{Bits}}$是分辨率；$n_{\min}$是指 $n$ 的最小变化量，具体如表9-2所示。

表9-2　PWM分辨率

| PWM参数 $N$ | PWM参数 $n$ 的最小变化量 | DAC分辨率/位 |
|---|---|---|
| 256 | 1 | 8 |
| 1024 | 1 | 10 |
| 4096 | 1 | 14 |
| 65536 | 2 | 15 |

可以看出，$N$ 越大，D/A转换器的分辨率越高，但是 $NT$ 也越大，PWM的周期也就越大，即PWM的基频降低。但是，基频降低，式（9-3）中的1次谐波周期也就越大，相当于1次谐波的频率也越低，也就会有更多的谐波通过相同带宽的低通滤波器，需要截止频率很低的低通滤波器，造成输出的直流分量的波纹更大，导致D/A转换器转换的分辨率降低，D/A转换器的输出滞后也将增加。所以，单纯降低PWM信号的频率也不能获得较高的分辨率。一种解决方法就是使 $T$ 减小，即减小单片机的计数脉冲宽度（这往往需要提高单片机的工作频率），在不降低1次谐波频率的前提下提高精度。在实际中，较小的 $T$ 值受到单片机时钟和PWM后续电路开关特性的限制。如果在实际中需要微秒级的 $T$，则后续电路需要选择开关特性很好的器件，以减小PWM波形的失真。

通过以上分析可知，基于PWM输出的D/A转换器转换输出的误差，取决于通过低通滤波器的高频分量所产生的纹波和PWM信号的高电平稳定度这两个方面。为获得最佳的D/A转换器转换效果，在选取PWM信号频率时要适当的折中。因为分辨率高，滤波器需要更低的截止频率，同时也限制了输入PWM信号的变化频率；但若频率太低，又造成分辨率下降。

这里假设 $n$ 的最小变化量为1，当 $N=256$ 时，分辨率就是8位。而STC8H单片机中的定时器都是16位的，可以很容易得到更高的分辨率，分辨率越高，速度就越慢。在本章要设计的DAC分辨率要求为8位。

在8位分辨率条件下，一般要求1次谐波对输出电压的影响不要超过1个位的精度，也就是$(3.3/256)\text{V}=0.01289\text{V}$。假设 $V_H$ 为3.3V，$V_L$ 为0V，那么一次谐波的最大值是$(2\times 3.3/\pi)\text{V}=2.1\text{V}$，这就要求RC滤波电路提供至少 $-20\lg(2.1/0.01289)\text{dB}=-44\text{dB}$ 的衰减。

## 9.4　综合应用举例

这一节重点介绍涉及 PWM 和 A/D、D/A 转换的实验程序，程序可在 STC 公司网站上查到。为便于理解，在此增加了相应注解。这些程序在 STC 公司所提供的实验板上完成。实验板原理图也可在 STC 公司网站上查到，请仔细阅读。

### 9.4.1　带死区控制的 PWM 互补输出

死区（Deadband）有时也称为中性区（Deutral Zone）或不作用区，是指控制系统的传递函数中，对应输出为零的输入信号范围。

STC8H 系列单片机的 PWM1 能够输出两路互补信号，并且能够管理输出的瞬时关断和接通，这段时间通常称为死区，用户应该根据连接的输出器件和它们的特性（电平转换的延时、电源开关的延时等）来调整死区时间，从而实现带死区控制的 PWM 互补输出。

下面以其中一路为例，介绍实现带死区的 PWM 互补输出所需的相关寄存器设置。

配置 PWM1_CCER1 寄存器中的 CC1P 和 CC1NP 位，可以为每一个输出独立地选择极性（主输出 OC1 或互补输出 OC1N）。互补信号 OC1 和 OC1N 通过下列控制位的组合进行控制：PWM1_CCER1 寄存器的 CC1E 和 CC1NE 位，PWM1_BKR 寄存器中的 MOE1、OSSI1 和 OSSR2 位，PWM1_OISR 寄存器的 OIS1、OIS1N 位。

特别是，在转换到 IDLE 状态时（MOE1 下降到 0），死区控制被激活。同时设置PWM1_CCER1 寄存器中的 CC1E 和 CC1NE 位将插入死区。如果存在刹车电路，则还要设置 MOE 位。每一个通道都有一个 8 位的死区发生器。

当 OC1 和 OC1N 为高电平有效时，OC1 输出信号与参考信号 OC1REF 相同，只是它的上升沿相对于参考信号 OC1REF 的上升沿有一个延迟；OC1N 输出信号与参考信号 OC1REF 相反，只是它的上升沿相对于参考信号 OC1REF 的下降沿有一个延迟。

当 OC1 和 OC1N 为低电平有效时，OC1 输出信号与参考信号 OC1REF 相同，只是它的下降沿相对于参考信号 OC1REF 的下降沿有一个延迟；OC1N 输出信号与参考信号 OC1REF 相反，只是它的下降沿相对于参考信号 OC1REF 的上升沿有一个延迟。

带死区插入的互补输出如图 9-49 所示。

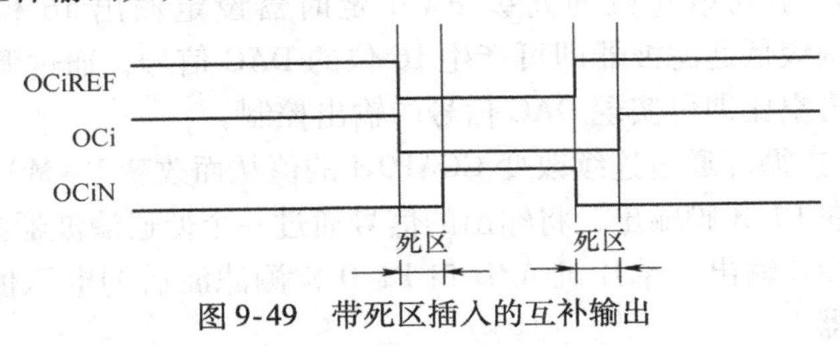


图 9-49　带死区插入的互补输出

**例 9-1**　带死区控制的 PWM 互补输出程序可扫链 9-1 查看。

链 9-1

### 9.4.2　利用 ADC 第 15 通道测量外部电压或电池电压

STC8H 系列 ADC 的第 15 通道用于测量内部参考信号源，由于内部参考信号源很稳定，约为1.19V，且不会随芯片的工作电压的改变而变化，因此可以通过测量内部1.19V参考信号源，根据ADC的值反推出外部电压或外部电池电压。

参考电路图如图9-50所示。

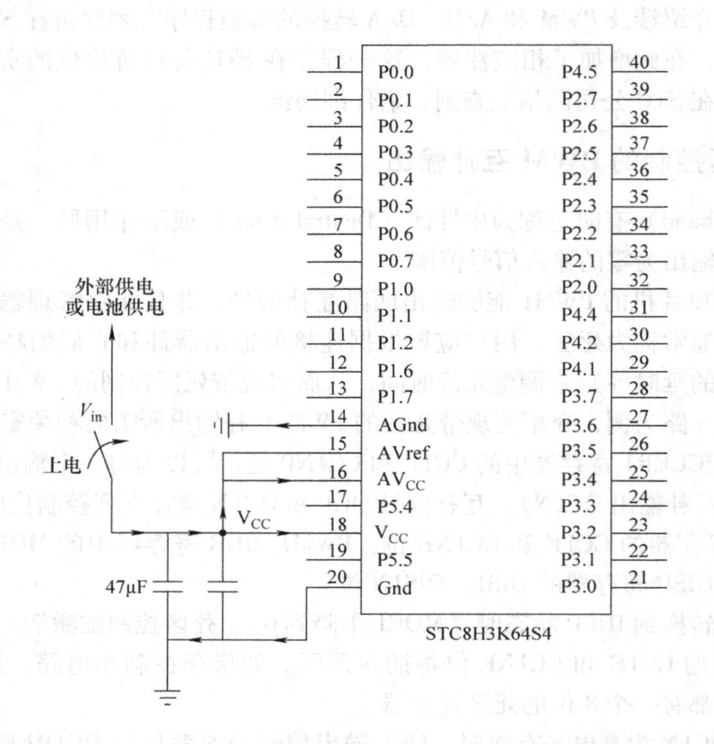


图9-50 利用ADC第15通道测量外部电压或电池电压的参考电路图

**例9-2** 利用ADC第15通道测量外部电压或电池电压程序可扫链9-2查看。

链9-2

### 9.4.3 利用PWM实现16位DAC

本例利用STC8H系列单片机的高级PWM定时器设定输出16位的PWM波形，再经过两级低通滤波器即可产生16位的DAC信号，通过调节PWM波形的高电平占空比即可实现DAC信号的输出控制。

在范例程序中，主循环通过连续改变CCAP0H的值从而改变PWM0输出的PWM信号的占空比。PWM信号在P1.3脚输出，将输出的信号通过一个低通滤波器滤去其他频段后，剩下的直流成分实现DAC输出。单片机A/D口P1.0检测滤波后的电压值，将电压值显示在LCD_1602液晶显示器上。

LCD_1602液晶显示器是广泛使用的一种字符型液晶显示模块。它是由字符型液晶显示屏（LCD）、控制驱动主电路HD44780及其扩展驱动电路HD44100以及少量电阻、电容元件和结构件等装配在PCB板上组成的。LCD引脚功能如表9-3所示。

表 9-3　LCD 引脚功能表

| 编号 | 符号 | 引脚说明 | 编号 | 符号 | 引脚说明 |
|---|---|---|---|---|---|
| 1 | VSS | 电源地 | 9 | D2 | 数据 |
| 2 | VDD | 电源正极 | 10 | D3 | 数据 |
| 3 | VL | 液晶显示偏差 | 11 | D4 | 数据 |
| 4 | RS | 数据/命令选择 | 12 | D5 | 数据 |
| 5 | R/W | 读/写选择 | 13 | D6 | 数据 |
| 6 | E | 使能信号 | 14 | D7 | 数据 |
| 7 | D0 | 数据 | 15 | BLA | 背光源正极 |
| 8 | D1 | 数据 | 16 | BLK | 背光源负极 |

**例 9-3**　利用 PWM 实现 16 位 DAC 程序可扫链 9-3 查看。

链 9-3

## 习　题

1. 填空题

(1) STC 增强型单片机中一般集成了________、________、________、________、存储器等计算机系统构成所需的基本部件。

(2) 只要________足够，任何模拟值都可以使用 PWM 进行编码。

(3) STC8H 系列单片机内部集成了两组高级 PWM 定时器，第一组可配置成 4 对________控制的 PWM，第二组可配置成________路 PWM 输出或捕捉外部信号。

(4) PWM1 的计数器使用三种模式与外部的触发信号同步：________、________、________。

(5) 脉冲宽度调制（PWM）模式可以产生一个由________寄存器确定频率、由 P________寄存器确定占空比的信号。

(6) A/D 转换器的种类很多，按转换原理可分为以下四种：____________、____________、________、________。

2. 选择题

在下列各题的（A）、(B)、(C)、(D) 4 个选项中，只有一个是正确的，请选择出来。

(1) PWM 变换器的作用是把恒定的直流电压调制成（　　）。

(A) 频率和宽度可调的脉冲列　　(B) 频率可调的脉冲列

(C) 宽度可调的脉冲列　　(D) 频率固定、宽度可调的脉冲列

(2) PWM 定时器不包含哪个通道？（　　）

(A) PWM4　　(B) PWM5

(C) PWM6　　(D) PWM7

(3) A/D 转化器的主要技术指标不包括（　　）。

(A) 分辨率　　(B) 量化误差

(C) 转换精确度　　(D) 转换时间

(4) PWM 的输出引脚不包括（　　）。

(A) PWM2　　(B) PWM3

(C) PWM4　　(D) PWM5

3. 判断题（指出以下叙述是否正确）

(1) PWM 是一种对模拟信号电平进行数字编码的方法。通过高分辨率计数器的使用，方波的占空比被调制用来对一个具体模拟信号的电平进行编码。（　　）

（2）STC8H系列单片机内部集成了两组高级PWM定时器，两组PWM的周期可不同，可分别单独设置。（　　）

（3）刹车输入信号（PWMFLT）不可以将定时器输出信号置于复位状态或者一个确定状态。（　　）

（4）模拟量只有被转换成数字量才能被计算机采集、分析、计算。（　　）

（5）从理论上讲，$n$位输出的A/D转换器能区分$2^n$个不同等级的输入模拟电压，能区分输入电压的最小值为满量程输入的$1/2n$。（　　）

4. 简答题

（1）简述脉冲宽度调制（PWM）技术原理。

（2）PWM1代表第一组PWM定时器，其特性有哪些？

（3）简述A/D转换的过程。

（4）建立时间是D/A转换的一个重要指标，请简述。

（5）D/A转换器的分辨率与转换器的位数有什么关系？

（6）简述STC8H单片机高级PWM功能。

# 第 10 章　单片机串行总线扩展技术

单片机内部一般集成了 CPU、I/O 口、定时器、中断系统、存储器等计算机的基本部件，外加电源、复位和时钟等简单的辅助电路即构成一个能够正常工作的最小系统，如图 10-1所示是一个传统 STC 单片机的最小系统电路原理图。

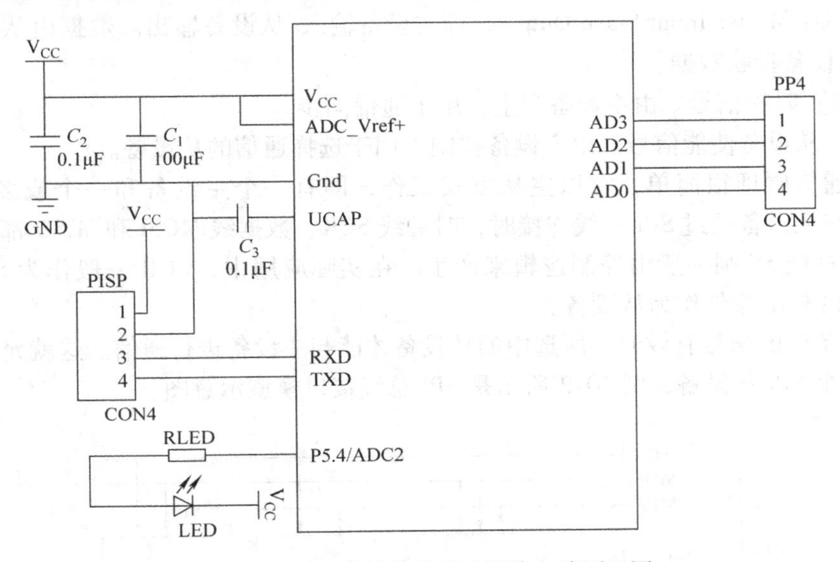


图 10-1　STC 单片机的最小系统电路原理图

单片机除了需要控制外部设备完成特定功能以外，在很多应用中还需要完成单片机与单片机之间、单片机与外部设备之间以及单片机和微型计算机之间的数据交换和指令的传输，这就涉及单片机的通信功能。

单片机的通信方式分为并行通信和串行通信，但并行通信仅传输一个字节就需要 8 根数据线，且一般来讲，除了数据线外，单片机通信时还需要状态、应答等控制线，由于单片机引脚有限，且当传送激励过远时成本过高，所以这种方法并不实用。目前，单片机接口常用的还是串行通信。

常用的串行扩展总线有 SPI 和 $I^2C$ 两种。其中 SPI 总线是以同步串行三线方式进行通信（一条串行数据线 SCK、一条主出从入线 MOSI、一条主入从出线 MISO），而 $I^2C$ 总线是以同步串行二线方式进行通信（一条时钟线 CLK、一条数据线 DATA）。

## 10.1　SPI 总线接口技术

SPI 是 Serial Peripheral Interface 的缩写，即串行外围设备接口，是 Motorola 首先在其 MC68HCXX 系列处理器上定义的。SPI 是一种高速的、全双工、同步的串行总线接口，主要应用在 EEPROM、FLASH、实时时钟、A/D 转换器和 D/A 转换器等芯片中。SPI 接口在芯片的引脚上只占用四根线，减少了芯片的引脚数，同时为PCB的布局节省了空间，简化了设计过程。正是由于这些特性，现在越来越多的芯片集成了这种通信协议。

### 10.1.1 SPI总线原理

SPI使用3条通信总线和1条片选线。SPI总线双向传输数据时至少需要4根线，单向传输数据时至少需要3根线。各信号定义及功能如下：

1）MOSI：Master Output Slave Input，即主设备输出/从设备输入。数据从主设备输出到从设备，主设备发送数据。

2）MISO：Master Input Slave Output，即主设备输入/从设备输出。数据由从设备输出到主设备，主设备接收数据。

3）SCK：时钟信号。由主设备产生，用于通信同步。

4）SS：从设备使能信号。由主设备控制，用于选择通信的从设备。

SPI的通信原理很简单，它以主从方式工作，即有一个主设备和一个或多个从设备。SPI主设备与从设备通过SPI总线连接时，时钟线SCK、数据线MOSI和MISO都是同名端相连，从机选择线SS则一般由控制逻辑来产生。在实际应用中，MCU一般作为SPI主设备，带SPI接口的外围器件作为从设备。

当从设备使能信号有效时，所选中的从设备才能与主设备进行通信。这就允许在同一总线上连接多个SPI从设备，图10-2所示是SPI总线接口模型示意图。

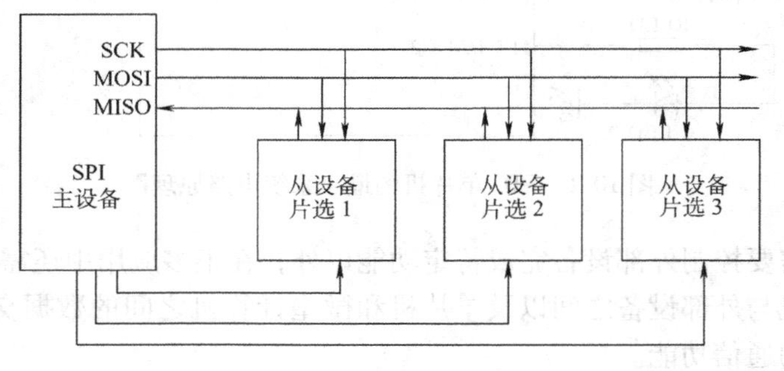


图10-2 SPI总线接口模型示意图

SPI的数据通信是在SCK时钟脉冲信号控制下一位一位传输的。主设备数据的输出是通过MOSI线，数据在时钟上升沿或下降沿时改变，在紧接着的下降沿或上升沿被读取，完成一位数据传输；主设备数据的输入是通过MISO线，也是用同样的原理。因此，8次时钟信号的改变（上沿和下沿为一次）就可以完成8位数据的传输。从设备发送的数据是通过MISO线，接收的数据是通过MOSI线，从设备数据发送和接收的原理与主设备的原理完全一致。

要注意的是，SCK信号线只由主设备控制，从设备不能控制该信号。因此，一个基于SPI的系统至少要有一个主设备。SPI的传输方式与普通的串行通信不同，普通的串行通信一次连续传送至少8位数据，而SPI允许数据一位一位地传送，甚至允许暂停。因为SCK时钟线由主控设备控制，当没有时钟跳变时，从设备不采集或传送数据。也就是说，主设备通过对SCK时钟线的控制可以完成对通信的控制。SPI还是一个数据交换协议，因为SPI的数据输入和输出线相对独立，所以允许同时完成数据的输入和输出。同时还要注意，SPI 传送数据时规定高位在前，低位在后。

若用$\overline{CS}$表示从机选通信号，DO 表示输出信号，DI 表示输入信号，SPI 串行总线典型时序图如图 10-3 所示。

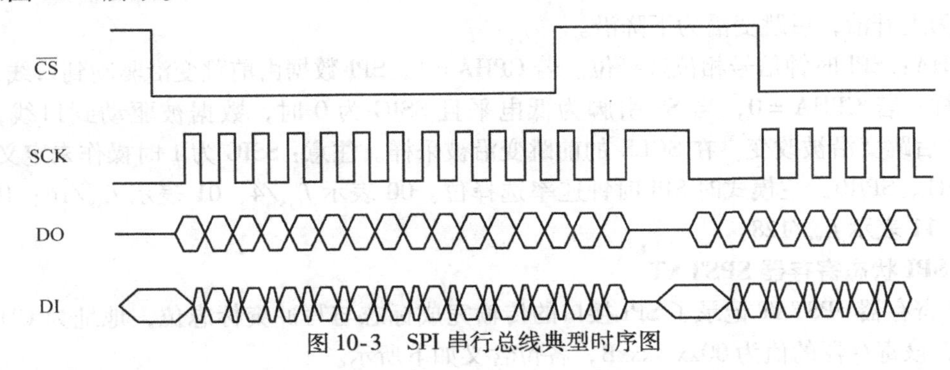


图 10-3　SPI 串行总线典型时序图

STC8H8K 系列单片机内部都集成了 SPI 接口，SPI 接口提供了两种操作模式：主模式和从模式。

链 10-1　SPI 模块内部结构

SPI 模块内部结构可扫链 10-1 查看。从图中可以看出，SPI 模块的核心是一个 8 位移位寄存器和数据缓冲器，可以同时接收和发送数据。在数据传输的过程中，将接收和发送的数据保存在数据缓冲器。

对于主模式来说，如果要发送一个字节的数据，只需要将该数据写到 SPDAT 寄存器中，在该模式下，SS 信号不是必须的；但是，在从模式下，必须在 SS 信号变为有效并接收到合适的时钟信号后，才可以开始进行数据传输。在从模式下，如果完成一个字节的数据传输，则 SS 信号为高电平，这个字节立刻被硬件逻辑标记为接收完成。随后，SPI 接口准备接收下一个数据。

## 10.1.2　SPI 相关的寄存器

与 SPI 接口有关的特殊功能寄存器有 SPI 控制寄存器 SPCTL、SPI 状态寄存器 SPSTAT、SPI 数据寄存器 SPDAT、中断允许寄存器、中断优先级寄存器。下面详细介绍各寄存器的功能含义。

### 1. SPI 控制寄存器 SPCTL

SPI 控制寄存器 SPCTL 的每一位都有控制含义，地址为 CEH。当复位后，该寄存器的值为 00000100，各位含义如下所示。

| 比特位 | B7 | B6 | B5 | B4 | B3 | B2 | B1 | B0 |
|---|---|---|---|---|---|---|---|---|
| 位名称 | SSIG | SPEN | DORD | MSTR | CPOL | CPHA | SPR1 | SPR0 |

SSIG：SS 引脚忽略控制位。若 SSIG = 1，由 MSTR 确定器件是主机还是从机。SS 引脚被忽略，并可配置为 I/O 功能；若 SSIG =0，由 SS 引脚的输入信号确定器件是主机还是从机。

SPEN：SPI 使能位。若 SPEN = 1，使能 SPI 功能；若 SPEN = 0，关闭 SPI 功能，所有 SPI 信号引脚用作 I/O 功能。

DORD：SPI 数据发送与接收顺序的控制位。若 DORD = 1，SPI 数据的传送顺序为由低到高；若 DORD=0，SPI 数据的传送顺序为由高到低。

MSTR：SPI 主/从模式位。若 MSTR=1，主机模式；若 MSTR=0，从机模式。

CPOL：SPI 时钟信号极性选择位。若 CPOL=1，SPI 空闲时 SCLK 为高电平，SCLK 的前跳变沿为下降沿，后跳变沿为上升沿；若 CPOL=0，SPI 空闲时 SCLK 为低电平，SCLK 的前跳变沿为上升沿，后跳变沿为下降沿。

CPHA：SPI 时钟信号相位选择位。若 CPHA=1，SPI 数据由前跳变沿驱动到口线，后跳变沿采样；若 CPHA=0，当 SS 引脚为低电平且 SSIG 为 0 时，数据被驱动到口线，并在 SCLK 的后跳变沿被改变，在 SCLK 的前跳变沿被采样。注意：SSIG 为 1 时操作未定义。

SPR1、SPR0：主模式时 SPI 时钟速率选择位。00 表示 $f_{sys}/4$；01 表示 $f_{sys}/16$；10 表示 $f_{sys}/64$；11 表示 $f_{sys}/128$。

**2. SPI 状态寄存器 SPSTAT**

SPI 寄存器 SPSTAT 记录了 SPI 接口的传输完成标志与写冲突标志位，地址为 CDH。当复位后，该寄存器的值为 00xx xxxxB，各位含义如下所示。

| 比特位 | B7 | B6 | B5 | B4 | B3 | B2 | B1 | B0 |
|---|---|---|---|---|---|---|---|---|
| 位名称 | SPIF | WCOL | — | — | — | — | — | — |

SPIF：SPI 传输完成标志。当一次传输完成时，SPIF 置位。此时，如果 SPI 中断允许，则向 CPU 申请中断。当 SPI 处于主模式且 SSIG=0 时，如果 SS 为输入且为低电平，则 SPIF 也将置位，表示“模式改变”（由主机模式变为从机模式）。

SPIF 标志通过软件向其写“1”而清零。

WCOL：SPI 写冲突标志。当 1 个数据还在传输，又向数据寄存器 SPDAT 写入数据时，WCOL 被置位以指示数据冲突。在这种情况下，当前发送的数据继续发送，而新写入的数据将丢失。

WCOL 标志通过软件向其写“1”而清零。

**3. SPI 数据寄存器 SPDAT**

该寄存器位于 STC 单片机特殊功能寄存器地址为 CFH 的位置，用于保存通信数据字节。当复位后，该寄存器的值为 00000000。各位含义如下所示。

| 比特位 | B7 | B6 | B5 | B4 | B3 | B2 | B1 | B0 |
|---|---|---|---|---|---|---|---|---|
| 位名称 | 8 位数据 | | | | | | | |

**4. 中断允许寄存器 IE2**

该寄存器位于 STC 单片机特殊功能寄存器地址为 AFH 的位置。当复位后，该寄存器的值为 x0000000。各位含义如下所示。

| 比特位 | B7 | B6 | B5 | B4 | B3 | B2 | B1 | B0 |
|---|---|---|---|---|---|---|---|---|
| 位名称 | EUSB | ET4 | ET3 | ES4 | ES3 | ET2 | ESPI | ES2 |

ESPI：位于 IE2 寄存器的 B1 位，SPI 中断允许控制位。ESPI=1，允许 SPI 中断；ESPI=0，禁止 SPI 中断。

如果允许 SPI 中断，发生 SPI 中断时，CPU 就会跳转到中断服务程序的入口地址 004BH

处执行中断服务程序。注意，在中断服务程序中，必须把SPI中断请求标志清零（通过写“1”实现）。

**5. 中断优先级寄存器IP2**

该寄存器位于STC单片机特殊功能寄存器地址为B5H的位置。当复位后，该寄存器的值为xxx00000。各位定义如下所示。

| 比特位 | B7 | B6 | B5 | B4 | B3 | B2 | B1 | B0 |
|---|---|---|---|---|---|---|---|---|
| 位名称 | PUSH | PI2C | PCMP | PX4 | PPWMFD | PPWM2 | PSPI | PS2 |

PSPI：PSPI位于IP2的B1位，SPI中断优先级控制器。利用PSPI可以将SPI中断设置为两个优先级。

## 10.1.3　SPI接口的数据通信方式

SPI的通信方式通常有3种：单主单从（一个主机设备连接一个从机设备）、互为主从（两个设备连接，设备互为主机和从机）、单主多从（一个主机设备连接多个从机设备）。

**1. 单一主设备和单一从设备方式**

两个设备相连，其中一个设备固定作为主机，另外一个固定作为从机。

主机设置：SSIG设置为“1”，MSTR设置为“1”，固定为主机模式。主机可以使用任意端口连接从机的SS引脚，拉低从机的SS引脚即可使能从机。

从机设置：SSIG设置为“0”，SS引脚作为从机的片选信号。

单一主设备和单一从设备的通信方式如图10-4所示。

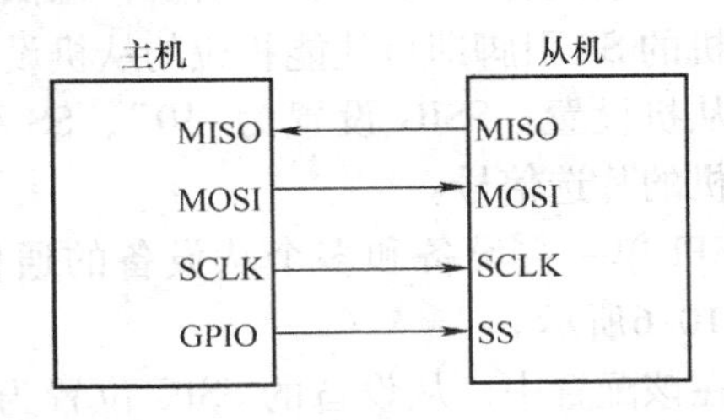

图10-4　SPI单一主设备和单一从设备的通信方式

在这种通信配置模式中，从设备的SSIG位设置为“0”，SS用于选择从设备。SPI主设备可以使用任何引脚，包括SS引脚来驱动SS信号。主设备的SPI接口和从设备的SPI的8位移位寄存器构成一个循环的16位移位寄存器。

当主设备向SPDAT寄存器写入一个字节时，立即启动一个连续的8位移位数据传输过程，即主设备的SCLK引脚向从设备的SCLK引脚发出时钟信号。在此时钟信号的驱动下，主设备SPI接口的8位移位寄存器中的数据通过MOSI信号线进入到从设备SPI接口的8位寄存器中。同时，从设备8位移位寄存器中的数据通过MISO信号又移动到了主设备的8位移位寄存器中。因此，在该模式下，主设备既可以向从设备发送数据，又可以读取从设备发来的数据。

**2. 互为主从设备方式**

两个设备相连，主机和从机不固定。

**设置方法1**：两个设备初始化时，SSIG都设置为“0”，MSTR都设置为“1”，且将SS引脚设置为双向口模式输出高电平。此时两个设备都是不忽略SS引脚的主机模式。当其中一个设备需要启动传输时，可将自己的SS引脚设置为输出模式并输出低电平，拉低对方的SS引脚，这样另一个设备就被强行设置为从机模式了。

**设置方法2**：两个设备初始化时都将自己设置成忽略SS的从机模式，即将SSIG设置为

“1”，MSTR 设置为“0”。当其中一个设备需要启动传输时，先检测 SS 引脚的电平，如果是高电平，就将自己设置成忽略 SS 的主模式，即可进行数据传输了。

SPI 互为主从设备的通信方式如图 10-5 所示。

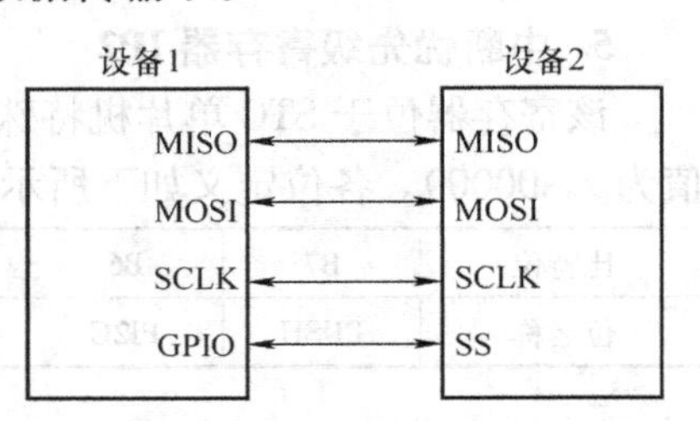

图 10-5 SPI 互为主从设备的通信方式

在该配置模式中，当没有 SPI 数据传输时，两个设备均可作为主机，将 SSIG 清零并将 SS 引脚配置为准双向模式。当其中一个器件启动传输时，它将 SS 配置为输出并驱动为低电平，这样就将另一个设备变成从设备。

双方初始化时，将自己配置成忽略 SS 引脚的从模式。当一方要主动发送数据时，先检测 SS 引脚的电平。如果 SS 引脚为高电平，就将自己设置为忽略 SS 引脚的主模式。在平时，通信双方将自己配置成没有选中的从模式。在该模式下，MISO、MOSI、SCLK 信号均为输入。当多个单片机的 SPI 接口以该模式并联时不会发生总线冲突。

注意：在这种模式下，双方的 SPI 速度必须相同。如果使用外部的晶体振荡器，则双方晶体振荡器的频率也要相同。

**3. 单一主设备和多个从设备方式**

多个设备相连，其中一个设备固定作为主机，其他设备固定作为从机。

主机设置：SSIG 设置为“1”，MSTR 设置为“1”，固定为主机模式。主机可以使用任意端口分别连接各个从机的 SS 引脚，拉低其中一个从机的 SS 引脚即可使能相应的从机设备。

从机设置：SSIG 设置为“0”，SS 引脚作为从机的片选信号。

SPI 单一主设备和多个从设备的通信方式如图 10-6所示。

在该配置中，从设备的 SSIG 位置为“0”，通过 SS 引脚信号，选择对应的从设备。主设备的 SPI 接口可以使用任何端口来驱动 SS 引脚。

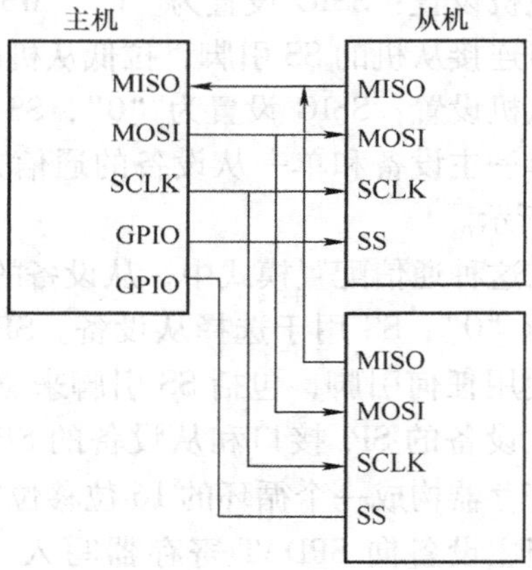

图 10-6 SPI 单一主设备和多个从设备的通信方式

## 10.1.4 SPI 模块配置

SPI 接口的工作状态还与 SPEN 位、SSIG 位、SS 引脚和 MSTR 位有关，具体选择方法如表 10-1 所示。

**表 10-1 SPI 接口的主从工作模式选择**

| 控制位 | | | 通信端口 | | | | 说 明 |
|---|---|---|---|---|---|---|---|
| SPEN | SSIG | MSTR | SS | MISO | MOSI | SCLK | |
| 0 | x | x | x | 输入 | 输入 | 输入 | 关闭 SPI 功能，SS/MOSI/MISO/SCLK 引脚均为普通 I/O 口 |
| 1 | 0 | 0 | 0 | 输入 | 输入 | 输入 | 从机模式，且被选中 |
| 1 | 0 | 0 | 1 | 高阻 | 输入 | 输入 | 从机模式，但未被选中 |

（续）

| 控制位 | | | 通信端口 | | | | 说　明 |
|---|---|---|---|---|---|---|---|
| SPEN | SSIG | MSTR | SS | MISO | MOSI | SCLK | |
| 1 | 0 | 1→0 | 0 | 输出 | 输入 | 输入 | 从机模式，不忽略 SS 引脚且 MSTR 为“1”的主机模式，当 SS 为低电平时，MSTR 将被硬件自动清零，工作模式将被被动设置为从机模式 |
| 1 | 0 | 1 | 1 | 输入 | 高阻 | 高阻 | 主机模式，空闲状态 |
| | | | | | 输出 | 输出 | 主机模式，激活状态 |
| 1 | 1 | 0 | x | 输出 | 输入 | 输入 | 从机模式 |
| 1 | 1 | 1 | x | 输入 | 输出 | 输出 | 主机模式 |

**1. 从设备模式注意事项**

当 CPHA 为 0 时，SSIG 必须为 0，即不能忽略 SS 引脚。在每次串行字节开始发送前，SS 引脚必须设置为低电平，并且在每个连续的串行字节发送完后必须重新设置为高电平，SS 引脚为低电平时不能对 SPDAT 寄存器执行写操作，否则将导致一个写冲突错误。CPHA 为 0 且 SSIG 为 1 时的操作未定义。

当 CPHA 为 1 时，SSIG 可以置“1”，即可以忽略 SS 引脚。如果 SSIG 为 0，SS 引脚可在连续传输之间保持低电平有效，即一直固定为低电平。这种方式适用于具有单个固定主设备和单个固定从设备之间驱动 MISO 数据线的系统。

**2. 主设备模式注意事项**

在 SPI 中，传输总是由主机启动的。如果 SPI 使能，并选择作为主设备时，主设备对 SPI 数据寄存器 SPDAT 的写操作将启动 SPI 时钟发生器和数据的传输。在数据写入 SPDAT 之后的 0.5～1 个 SPI 比特位时间后，数据将出现在 MOSI 引脚。写入主机 SPDAT 寄存器的数据从 MOSI 引脚移出发送到从机的 MOSI 引脚，同时从机 SPDAT 寄存器的数据从 MISO 引脚移出发送到主机的 MISO 引脚。

传输完一个字节后，SPI 时钟发生器停止，传输完成标志 SPIF 置“1”，如果 SPI 中断使能，则会产生一个 SPI 中断。主设备和从设备 CPU 的两个移位寄存器可以看作是一个 16 位循环移位寄存器。当数据从主机移位传送到从机时，数据也以相反的方向移入，这意味着在一个移位周期中，主机和从机的数据相互交换。

**3. 通过 SS 引脚改变模式**

如果 SPEN 为 1，SSIG 为 0 且 MSTR 为 1，SPI 使能为主设备模式，并可将 SS 引脚配置为输入模式或准双向口模式。这种情况下，另外一个主机可将该引脚驱动为低电平，从而将该器件选择为 SPI 从设备并向其发送数据。为了避免争夺总线，SPI 执行以下操作：

1）SPI 系统将该从设备的 MSTR 清零，MOSI 和 SCLK 强制变为输入模式，而 MISO 则变为输出模式。

2）SPI 系统将 SPSTAT 的 SPIF 标志位置“1”。如果已经使能 SPI 中断，则产生 SPI 中断。

用户必须一直用软件对 MSTR 位进行检测，如果该位被一个从机选择动作而被动清零，而用户想继续将 SPI 作为主设备，则必须重新置 MSTR 位为“1”，否则将一直处于从机模式。

**4. 写冲突**

SPI 在发送时为单缓冲，在接收时为双缓冲，这样在前一次发送尚未完成之前，不能将新的数据写入移位寄存器。当发送过程中对数据寄存器SPDAT进行写操作时，WCOL位将被置“1”以指示发生数据写冲突错误。在这种情况下，当前发送的数据继续发送，而新写入的数据将丢失。

当对主机或从机进行写冲突检测时，主机发生写冲突的情况是很罕见的，因为主机拥有数据传输的完全控制权。但从机有可能发生写冲突，因为当主机启动传输时，从机无法进行控制。

接收数据时，接收到的数据传送到一个并行读数据缓冲区，这样将释放移位寄存器以进行下一个数据的接收。但必须在下个字符完全移入之前从数据寄存器中读出接收到的数据，否则，前一个接收数据将丢失。

WCOL可通过软件向其写入“1”清零。

### 10.1.5　数据模式时序

通过时钟相位控制位CPHA，允许用户设置采样和改变数据的时钟边沿。此外，时钟极性比特控制位CPOL允许用户设置时钟的极性，如图10-7～图10-10所示。

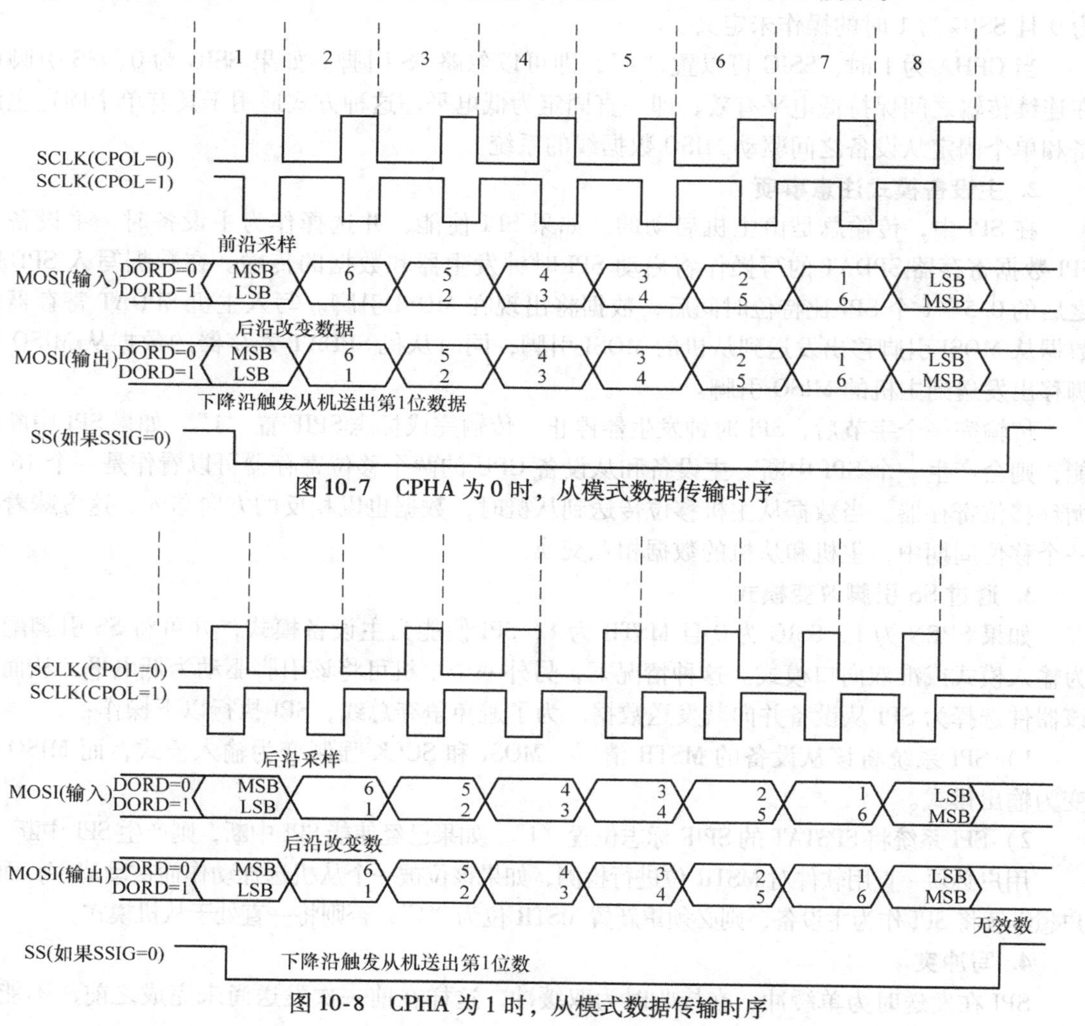


图10-7　CPHA为0时，从模式数据传输时序



图10-8　CPHA为1时，从模式数据传输时序

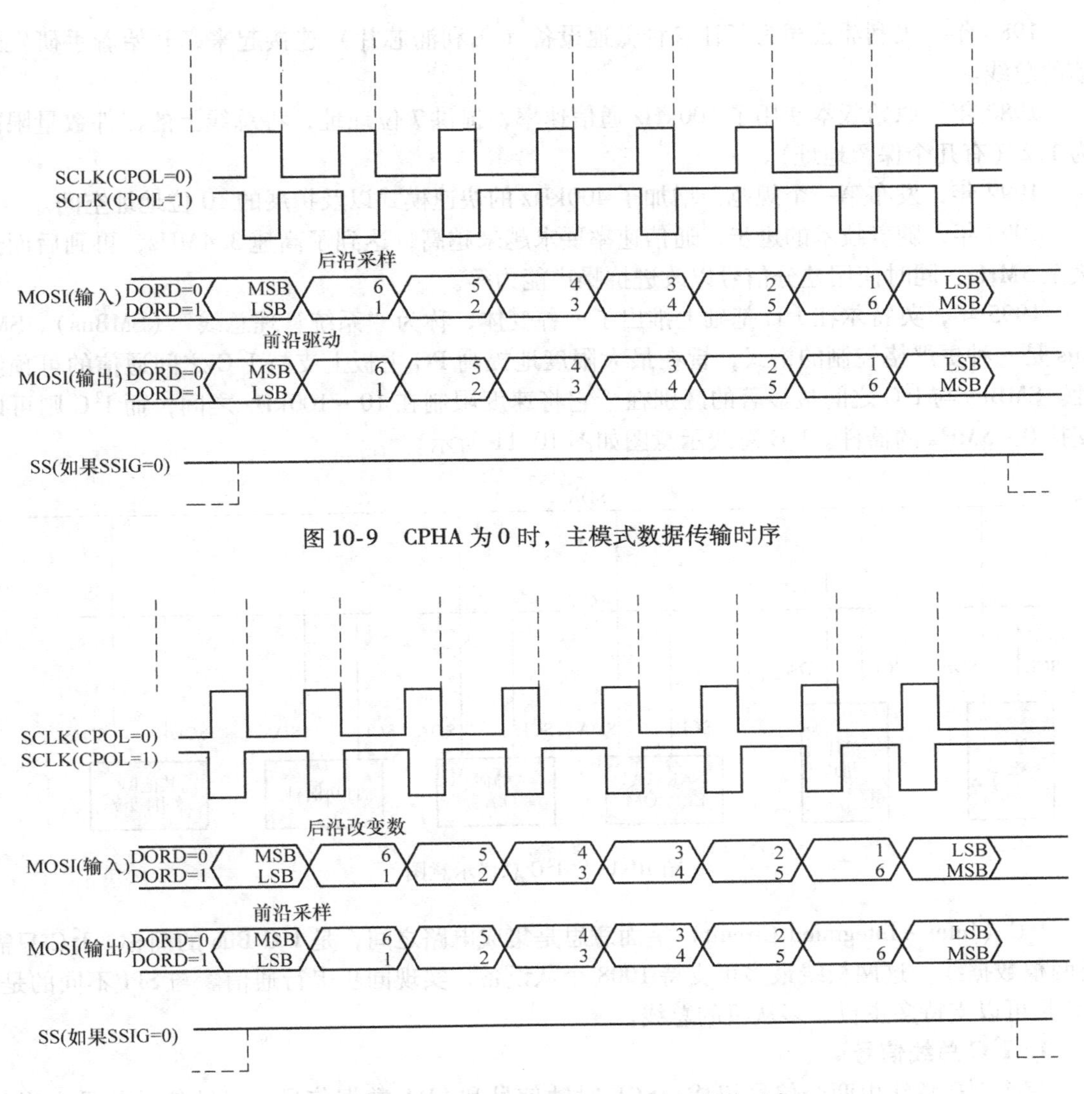


图 10-9　CPHA 为 0 时，主模式数据传输时序

图 10-10　CPHA 为 1 时，主模式数据传输时序

从图中可以看出，当 CPOL 为 0 时，在空闲状态下 SCLK 为低电平；当 CPOL 为 1 时，在空闲状态下 SCLK 为高电平。

注意：从空闲状态到活动状态的变化称为 SCLK 前沿，从活动状态到空闲状态的变化称为 SCLK 后沿。前沿和后沿组合成一个 SCLK 周期，一个 SCLK 周期传输一个数据位。

## 10.2　I²C 总线接口技术

I²C 是由飞利浦公司推出的芯片间同步串行传输总线，是具备多主机系统所需的包括总线裁决和高低速器件同步功能的高性能串行总线。它支持多主控，其中任何能够进行发送和接收的设备都可以成为主设备。I²C 总线只需要两根双向信号线，就能实现总线上各器件的全双工同步数据传送，一根是数据线 SDA，另一根是时钟线 SCL。

1980年，飞利浦公司为了让各种低速设备（飞利浦芯片）连接起来，开始着手研发通信的总线。

1982年，原始版本使用了100kHz通信速率，提供7位地址，将总线上的器件数量限制为112（有几个保留地址）。

1992年，发布第一个规范，增加了400kHz的快速模式以及扩展的10位地址空间。

1998年，随着技术的进步，通信速率要求越来越高，达到了高速3.4MHz，再到后面升级至5MHz，同时使用差分信号以改进抗噪声能力等。

1995年，英特尔在$I^2C$基础上推出了一种变体，称为“系统管理总线”（SMBus）。SMBus是一种更严格控制的格式，旨在最大限度地提高PC主板上支持$I^2C$之间通信的可预测性。SMBus与$I^2C$之间最显著的区别在于它将速度限制在10~100kHz之间，而$I^2C$则可以支持0~5MHz的器件。$I^2C$总线示意图如图10-11所示。

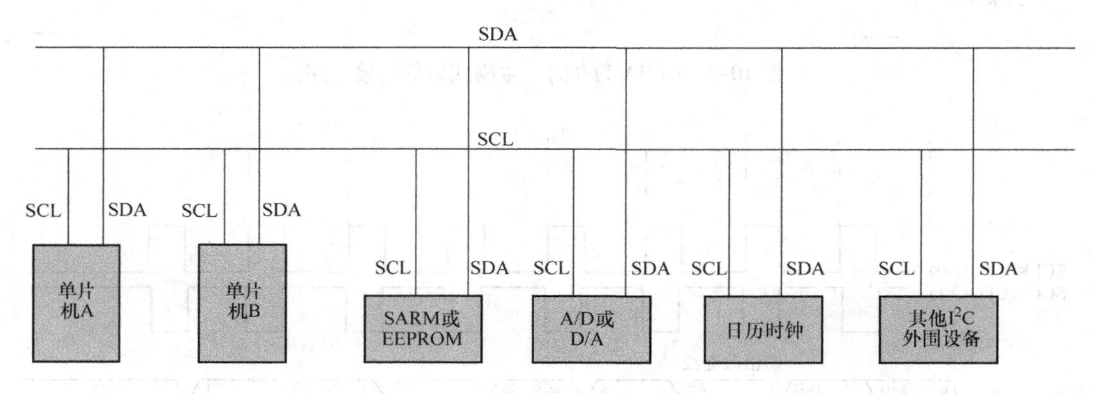


图10-11 $I^2C$总线示意图

$I^2C$（Inter－Integrated Circuit）字面意思是集成电路之间，是$I^2C$ Bus的简称。$I^2C$只需要两根数据线，这两根线最多可支持1008个从设备，实现同步串行通信。与SPI不同的是，$I^2C$是可以支持多主机、多从机的总线。

**1. $I^2C$总线信号**

每个$I^2C$总线由两个信号组成：SCL时钟信号和SDA数据信号。时钟信号总是由当前的总线主机产生。与UART、SPI不同，$I^2C$总线驱动器是开漏，意思是它们可以将相应的信号线拉低，但不能将其驱动为高电平。每条信号线上都有一个上拉电阻，当没有器件将其置为低电平时，信号将恢复为高电平。

**2. 信号电平**

通常，$I^2C$总线信号电平为5V、3.3V居多，如果总线上器件兼容这两种电平，则可以直接使用。如果信号电压相差很大（如5V和2.5V）或者电平不兼容，则需要进行电平转换才行。

## 10.2.1 $I^2C$总线原理

当执行数据传送时，启动数据发送并产生时钟信号的器件称为主器件，被寻址的任何器件都可看作从器件；发送数据到总线上的器件称为发送器，从总线上接收数据的器件称为接收器。$I^2C$总线是多主机总线，可以有两个或更多的主器件与总线连接，同时$I^2C$总线还具有仲裁功能，当一个以上的主器件试图同时控制总线时，只允许一个有效，从而保证数据不被破坏。

$I^2C$ 总线的寻址采用纯软件的寻址方法。主机在发送完启动信号后，立即发送寻址字节来寻址被控器件，并规定数据的传送方向。寻址字节由7位从机地址（D7～D1）和1位方向位（D0，0/1，读/写）组成。当主机发送寻址字节时，总线上所有的器件都将该寻址字节中的高7位地址与自己器件的地址比较，若两者相同，则该器件认为被主机寻址，并根据方向位D0来确定是从发送器还是从接收器。

### 10.2.2　$I^2C$ 协议

$I^2C$ 对于初学者来说，难点在于理解其中协议，下面从几个角度简单说明一下。

（1）收发基本原理　$I^2C$ 总线的两个信号：SCL时钟信号和SDA数据信号。SCL时钟信号由主机产生，SDA数据信号由主机或者从机产生。$I^2C$ 是同步串行通信，同时也属于半双工，也就是说同一时间SDA只能由一个设备发送信号。这样就会发现，SDA上的信号（数据）有时是主机的，有时是从机的。

（2）基本协议　7/10位地址　$I^2C$ 支持7位地址和10位地址，消息主要分为地址和数据两种。除了地址和数据，还有开始条件、停止条件、读写以及应答信息。

（3）开始和停止　SDA数据线由高变低时为总线开始条件；SDA数据线由低变高时为总线结束条件；

（4）应答（ACK）和非应答（NACK）　应答和非应答发生在每个字节之后，是由接收方向发送方发出确认信号，表明“数据”已成功接收，并且可以继续发送下一个字节数据。

$I^2C$ 总线的通信规则如下：

$I^2C$ 运用主/从双向通信。主器件（通常为微控制器）和从器件皆可工作于接收器和发送器状态。总线必须由主器件控制，主器件产生串行时钟（SCL时钟信号）以控制总线的传送方向，并产生开始和停止条件。无论是主控器件，还是从控器件，接收一个字节后必须发出一个确认信号。

$I^2C$ 总线的时钟线SCL和数据线SDA都是双向传输线。总线备用时SDA和SCL都必须保持高电平状态，只有关闭 $I^2C$ 总线时才使SCL相位在低电平。$I^2C$ 总线数据传送时，在SCL高电平期间，SDA上必须保持有稳定的逻辑电平状态，高电平为数据1，低电平为数据0；在SCL为低电平时，允许SDA上的电平状态发生变化，其总线信号时序如图10-12所示。

SDA线上传送的数据均以起始信号（S）开始，停止信号（P）结束。在SCL保持高电平期间，SDA出现由高电平向低电平的变化，即为起始信号（S），启动 $I^2C$ 总线工作。若在SCL保持高电平期间，SDA上出现由低到高的电平变化，即为停止信号（P），终止 $I^2C$ 总线的数据传送。起始信号和停止信号均由主控器发出，并由挂接在 $I^2C$ 总线上的从机检测。

$I^2C$ 总线上传输的数据和地址字节均为8位，且高位在前，低位在后。传送的格式为：起始位以后，主器件送出8位控制字节，以选择从器件并控制总线传送的方向。其后传送数据，数据传送字节数没有限制。发送器每发送一个字节后，接收器都必须发出一位确认信号（低电平为应答信号ACK，高电平为非应答信号NACK），待发送器确认后，再发下一数据，

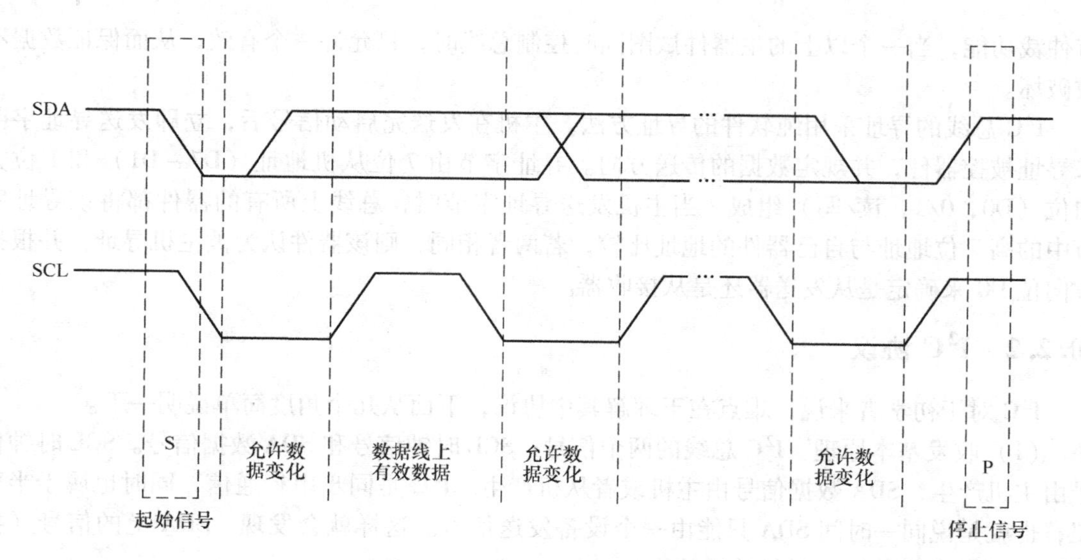


图 10-12 $I^2C$ 总线信号的时序

在全部数据传送结束后主控制器发送终止信号（P）。$I^2C$ 总线数据传送字节格式如图 10-13 所示。

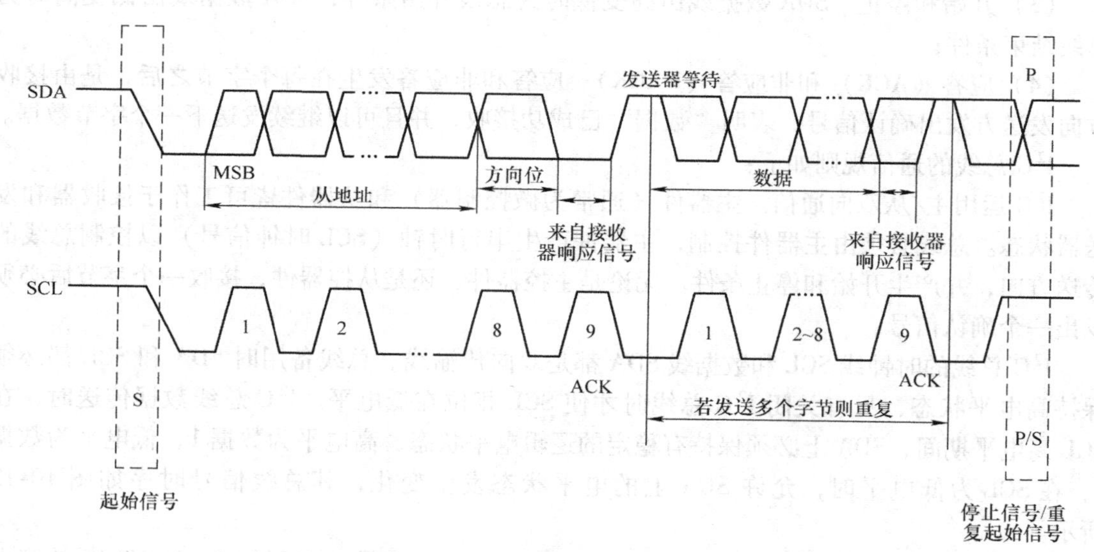


图 10-13 $I^2C$ 总线数据传送字节格式

## 10.2.3 STC8H 系列单片机 $I^2C$ 接口原理

STC8H 系列单片机内部集成了一个 $I^2C$ 串行总线控制器。对于 SCL 和 SDA 的端口分配，STC8H 系列单片机提供了切换模式，可将 SCL 和 SDA 切换到不同的 I/O 口上，以方便用户将一组 $I^2C$ 总线当作多组进行分时复用。

与标准 $I^2C$ 协议相比较，忽略了如下两种机制：

1）发送起始信号（START）后不进行仲裁。

2）SCL时钟信号停留在低电平时不进行超时检测。

STC8H系列单片机的$I^2C$总线提供了两种操作模式：主机模式（SCL为输出口，发送同步时钟信号）和从机模式（SCL为输入口，接收同步时钟信号）

STC创新：STC的$I^2C$串行总线控制器工作在从机模式时，SDA引脚的下降沿信号可以唤醒进入掉电模式的单片机。

注意：由于$I^2C$传输速度比较快，MCU唤醒后第一包数据一般是不正确的。

**1. $I^2C$相关的寄存器**

与$I^2C$有关的寄存器包括$I^2C$配置寄存器、$I^2C$主机控制寄存器、$I^2C$主机状态寄存器、$I^2C$从机控制寄存器、$I^2C$从机状态寄存器、$I^2C$从机地址寄存器、$I^2C$数据发送寄存器、$I^2C$数据接收寄存器和$I^2C$主机辅助控制寄存器。

（1）$I^2C$配置寄存器　$I^2C$配置寄存器I2CCFG各位含义如下所示。该寄存器位于STC单片机特殊功能寄存器地址为FE80H的位置。当复位后，该寄存器的值为00000000。

| 比特位 | B7 | B6 | B5 | B4 | B3 | B2 | B1 | B0 |
|---|---|---|---|---|---|---|---|---|
| 位名称 | ENI2C | MSSL | MSSPEED［5:0］ | | | | | |

ENI2C：$I^2C$功能使能控制位。当ENI2C为0时，禁止$I^2C$功能；当ENI2C为1时，允许$I^2C$功能。

MSSL：$I^2C$工作模式选择位。当MSSL为0时，从机模式；当MSSL为1时，主机模式。

MSSPEED［5:0］：$I^2C$总线速度（等待时钟数）控制。$I^2C$总线速度$=(f_{osc}/2)/(MSSPEED\times2+4)$，如下所示。

| MSSPEED［5:0］ | 对应的等待时钟数 | MSSPEED［5:0］ | 对应的等待时钟数 |
|---|---|---|---|
| 0 | 4 | $x$ | $2x+4$ |
| 1 | 6 | … | … |
| 2 | 8 | 62 | 128 |
| … | … | 63 | 130 |

只有当$I^2C$模块工作在主机模式时，MSSPEED参数设置的等待参数才有效。此等待参数主要用于主机模式的以下几个信号：

$T_{SSTA}$：起始信号的建立时间（Setup Time of START）。

$T_{HSTA}$：起始信号的保持时间（Hold Time of START）。

$T_{SSTO}$：停止信号的建立时间（Setup Time of STOP）。

$T_{HSTO}$：停止信号的保持时间（Hold Time of STOP）。

$T_{HCKL}$：时钟信号的低电平保持时间（Hold Time of SCL Low）。

$T_{HCKH}$：时钟信号的高电平保持时间（Hold Time of SCL High）。

$I^2C$总线时序图如图10-14所示。

例1：当MSSPEED值为10时，$T_{SSTA}=T_{HSTA}=T_{SSTO}=T_{HSTO}=T_{HCKL}=24/f_{osc}$。

例2：当24MHz的工作频率下需要400kHz的$I^2C$总线速度时，MSSPEED$=[(24MHz/400kHz)/2-4)]/2=13$。

（2）$I^2C$主机控制寄存器　$I^2C$主机控制寄存器I2CMSCR，各位含义如下所示。该寄存

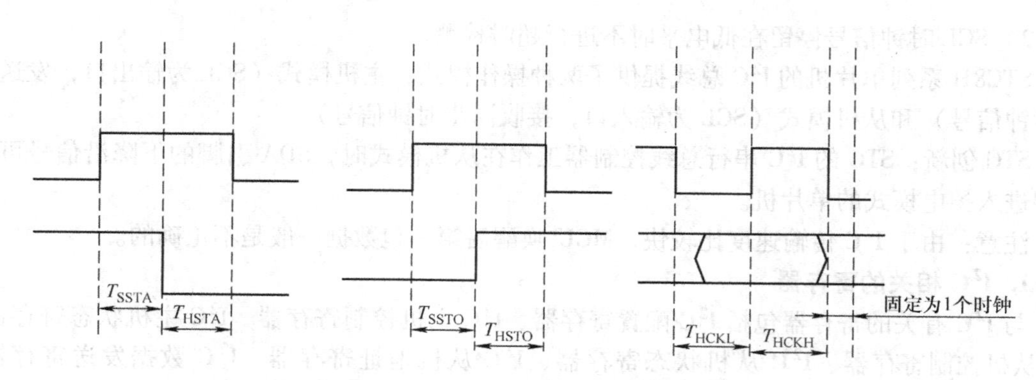


图 10-14 I²C 总线时序图

器位于 STC 单片机特殊功能寄存器地址为 FE81H 的位置。当复位后，该寄存器的值为 0xxx0000。

| 比特位 | B7 | B6 | B5 | B4 | B3 | B2 | B1 | B0 |
|---|---|---|---|---|---|---|---|---|
| 位名称 | EMSI | — | — | — | MSCMD［3:0］ | | | |

EMSI：主机模式中断使能控制位。当 EMSI 为 0 时，关闭主机模式的中断；当 EMSI 为 1 时，允许主机模式的中断。

MSCMD［3:0］：产生主机命令。控制主机执行相应操作。

0000：待机，无动作。

0001：起始命令。发送 START 信号。如果当前 I²C 控制器处于空闲状态，即 MSBUSY（I2CMSST.7）为 0 时，写此命令会使控制器进入忙状态，硬件自动将 MSBUSY 状态位置“1”，并开始发送 START 信号；若当前 I²C 控制器处于忙状态，写此命令可触发发送 START 信号。发送的 START 信号波形如图 10-15 所示。

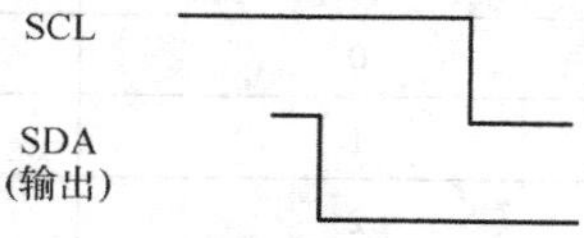

SCL

SDA（输出）

图 10-15 START 信号波形

0010：发送数据命令。写此命令后，I²C 总线控制器会在 SCL 引脚上产生 8 个时钟信号，并将 I2CTXD 寄存器中的数据按位发送到 SDA 引脚上（先发送高位数据）。发送的数据波形如图 10-16 所示。

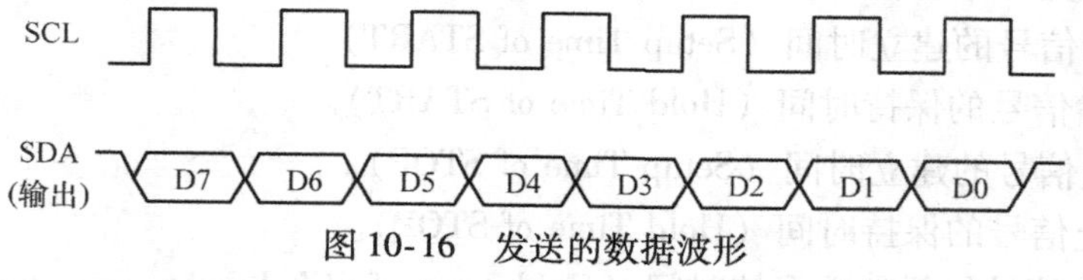


图 10-16 发送的数据波形

0011：接收 ACK 命令。写此命令后，I²C 总线控制器会在 SCL 引脚上产生 1 个时钟信号，并将从 SDA 端口上读取的数据保存到 MSACKI（I2CMSST.1）。接收的 ACK 波形如图 10-17 所示。

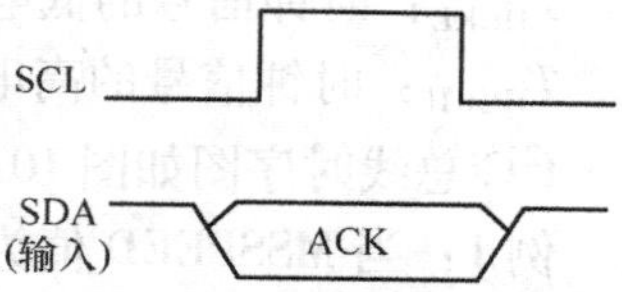

SCL

SDA（输入） ACK

图 10-17 接收 ACK 波形

0100：接收数据命令。写此命令后，I²C 总线控制器会在 SCL 引脚上产生 8 个时钟信号，并将从 SDA 端口上读取的数据依次左移到 I2CRXD 寄存器

（先接收高位数据）。接收的数据波形如图10-18所示。

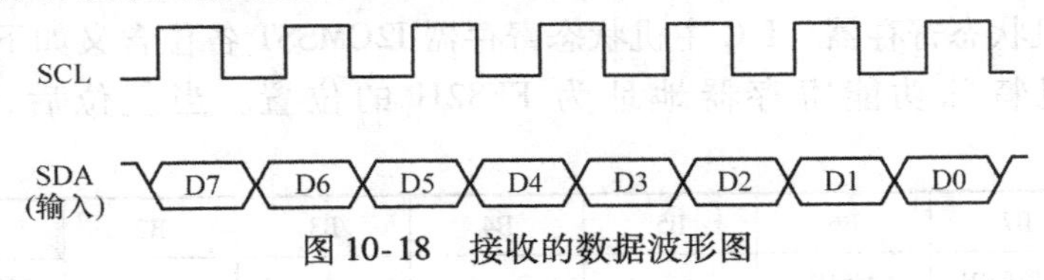


图10-18 接收的数据波形图

0101：发送ACK命令。写此命令后，$I^2C$总线控制器会在SCL引脚上产生1个时钟，并将MSACKO（I2CMSST.0）中的数据发送到SDA端口。发送的ACK波形如图10-19所示。

0110：停止命令。发送STOP信号。写此命令后，$I^2C$总线控制器开始发送STOP信号。信号发送完成后，硬件自动将MSBUSY状态位清零。发送的STOP信号波形如图10-20所示。

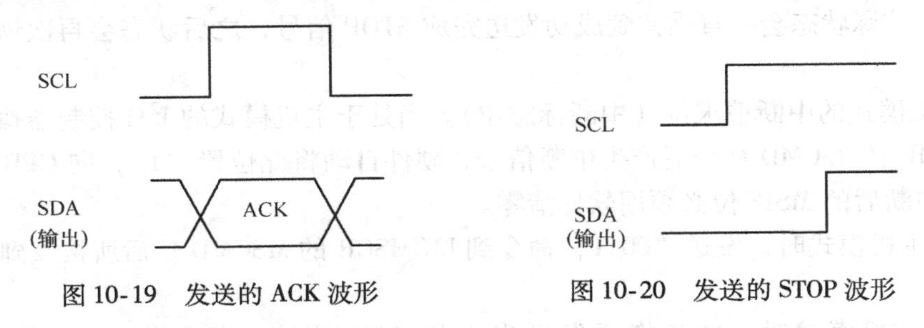


图10-19 发送的ACK波形 图10-20 发送的STOP波形

0111：保留。

1000：保留。

1001：起始命令+发送数据命令+接收ACK命令。此命令为0001、0010、0011三个命令的组合，下此命令后控制器会依次执行这三个命令。

1010：发送数据命令+接收ACK命令。此命令为0010、0011两个命令的组合，下此命令后控制器会依次执行这两个命令。

1011：接收数据命令+发送ACK（0）命令。此命令为0100、0101两个命令的组合，下此命令后控制器会依次执行这两个命令。

注意：此命令所返回的应答信号固定为ACK（0），不受MSACKO位的影响。

1100：接收数据命令+发送NACK（1）命令。此命令为0100、0101两个命令的组合，下此命令后控制器会依次执行这两个命令。

注意：此命令所返回的应答信号固定为NACK（1），不受MSACKO位的影响。

（3）$I^2C$主机辅助控制寄存器 $I^2C$主机辅助控制寄存器I2CMSAUX各位含义如下所示。该寄存器位于STC单片机特殊功能寄存器地址为FE88H的位置。当复位后，该寄存器的值为xxxxxxx0。

| 比特位 | B7 | B6 | B5 | B4 | B3 | B2 | B1 | B0 |
|---|---|---|---|---|---|---|---|---|
| 位名称 | — | — | — | — | — | — | — | WDTA |

WDTA：主机模式时，$I^2C$数据自动发送允许位。当WDTA为0时，禁止数据自动发送；当WDTA为1时，允许数据自动发送。

若自动发送功能被允许，当MCU执行完成对I2CTXD数据寄存器的写操作后，$I^2C$控制器会自动触发“1010”命令，即自动发送数据并接收ACK信号。

（4）$I^2C$ 主机状态寄存器 $I^2C$ 主机状态寄存器I2CMSST各位含义如下所示。该寄存器位于STC单片机特殊功能寄存器地址为FE82H的位置。当复位后，该寄存器的值为0xxx0000。

| 比特位 | B7 | B6 | B5 | B4 | B3 | B2 | B1 | B0 |
|---|---|---|---|---|---|---|---|---|
| 位名称 | MSBUSY | MSIF | — | — | — | — | MSACKI | MSACKO |

MSBUSY：主机模式时 $I^2C$ 控制器状态位（只读位）。当MSBUSY为0时，控制器处于空闲状态；当MSBUSY为1时，控制器处于忙碌状态。

当 $I^2C$ 控制器处于主机模式时，在空闲状态下，发送完成START信号后，控制器便进入到忙碌状态，忙碌状态会一直维持到成功发送完成STOP信号，之后状态会再次恢复到空闲状态。

MSIF：主机模式的中断请求位（中断标志位）。当处于主机模式的 $I^2C$ 控制器执行完成寄存器I2CMSCR中MSCMD命令后产生中断信号，硬件自动将此位置“1”，向CPU发出中断请求，响应中断后的MSIF位必须用软件清零。

MSACKI：主机模式时，发送“0011”命令到I2CMSCR的MSCMD位后所接收到的ACK数据。

MSACKO：主机模式时，准备将要发送出去的ACK信号。当发送“0101”命令到I2CMSCR的MSCMD位后，控制器会自动读取此位的数据当作ACK发送到SDA。

（5）$I^2C$ 从机控制寄存器 $I^2C$ 从机控制寄存器I2CSLCR各位含义如下所示。该寄存器位于STC单片机特殊功能寄存器地址为FE83H的位置。当复位后，该寄存器的值为x0000xx0。

| 比特位 | B7 | B6 | B5 | B4 | B3 | B2 | B1 | B0 |
|---|---|---|---|---|---|---|---|---|
| 位名称 | — | ESTAI | ERXI | ETXI | ESTOI | — | — | SLRST |

ESTAI：从机模式时接收到START信号后的中断允许位。当ESTAI为0时，禁止从机模式时接收到START信号后产生中断；当ESTAI为1时，允许从机模式时接收到START信号后产生中断。

ERXI：从机模式时接收到1个字节数据后的中断允许位。当ERXI为0时，禁止从机模式时接收到数据后产生中断；当ERXI为1时，允许从机模式时接收到1个字节数据后产生中断。

ETXI：从机模式时发送完成1个字节数据后的中断允许位。当ETXI为0时，禁止从机模式时发送完成数据后产生中断；当ETXI为1时，允许从机模式时发送完成1个字节数据后产生中断。

ESTOI：从机模式时接收到STOP信号后的中断允许位。当ESTOI为0时，禁止从机模式时接收到STOP信号后产生中断；当ESTOI为1时，允许从机模式时接收到STOP信号后产生中断。

SLRST：复位从机模式。

（6）$I^2C$ 从机状态寄存器 $I^2C$ 从机状态寄存器I2CSLST各位含义如下所示。该寄存器位于 STC 单片机特殊功能寄存器地址为 FE84H 的位置。当复位后，该寄存器的值为 00000000。

| 比特位 | B7 | B6 | B5 | B4 | B3 | B2 | B1 | B0 |
| --- | --- | --- | --- | --- | --- | --- | --- | --- |
| 位名称 | SLBUSY | STAIF | RXIF | TXIF | STOIF | — | SLACKI | SLACKO |

SLBUSY：从机模式时 $I^2C$ 控制器状态位（只读位）。当 SLBUSY 为 0 时，控制器处于空闲状态；当 SLBUSY 为 1 时，控制器处于忙碌状态。

当 $I^2C$ 控制器处于从机模式时，在空闲状态下，接收到主机发送的 START 信号后，控制器会继续检测之后的设备地址数据，若设备地址与当前 I2CSLADR 寄存器中所设置的从机地址相同时，控制器便进入到忙碌状态，忙碌状态会一直维持到成功接收到主机发送的 STOP 信号，之后状态会再次恢复到空闲状态。

STAIF：从机模式时接收到 START 信号后的中断请求位。从机模式的 $I^2C$ 控制器接收到 START 信号后，硬件会自动将此位置“1”，并向 CPU 发出中断请求，响应中断后的 STAIF 位必须用软件清零。

RXIF：从机模式时接收到 1 个字节数据后的中断请求位。从机模式的 $I^2C$ 控制器接收到 1 个字节数据后，在第 8 个时钟的下降沿时硬件会自动将此位置“1”，并向 CPU 发出中断请求，响应中断后的 RXIF 位必须用软件清零。

TXIF：从机模式时发送完成 1 个字节数据后的中断请求位。从机模式的 $I^2C$ 控制器发送完成 1 个字节数据并成功接收到 1 位 ACK 信号后，在第 9 个时钟的下降沿时硬件会自动将此位置“1”，并向 CPU 发出中断请求，响应中断后的 TXIF 位必须用软件清零。

STOIF：从机模式时接收到 STOP 信号后的中断请求位。从机模式的 $I^2C$ 控制器接收到 STOP 信号后，硬件会自动将此位置“1”，并向 CPU 发出中断请求，响应中断后的 STOIF 位必须用软件清零。

SLACKI：从机模式时，接收到的 ACK 数据。

SLACKO：从机模式时，准备将要发送出去的 ACK 信号。

（7）$I^2C$ 从机地址寄存器　$I^2C$ 从机地址寄存器 I2CSLADR 各位含义如下所示。该寄存器位于 STC 单片机特殊功能寄存器地址为 FE85H 的位置。当复位后，该寄存器的值为 00000000。

| 比特位 | B7 | B6 | B5 | B4 | B3 | B2 | B1 | B0 |
| --- | --- | --- | --- | --- | --- | --- | --- | --- |
| 位名称 | I2CSLADR［7:1］ | | | | | | | MA |

I2CSLADR［7:1］：从机设备地址。当 $I^2C$ 控制器处于从机模式时，控制器在接收到 START 信号后，会继续检测接下来主机发送出的设备地址数据以及读/写信号。当主机发送出的设备地址与 I2CSLADR［7:1］中所设置的从机设备地址相同时，控制器才会向 CPU 发出中断请求，请求 CPU 处理 $I^2C$ 事件；否则，若设备地址不同，则 $I^2C$ 控制器继续监控，等待下一个起始信号，对下一个设备地址继续进行比较。

MA：从机设备地址比较控制。当 MA 为 0 时，设备地址必须与 I2CSLADR［7:1］相同；当 MA 为 1 时，忽略 I2CSLADR［7:1］中的设置，接收所有的设备地址。

$I^2C$ 总线协议规定 $I^2C$ 总线上最多可挂载 128 个（理论值）$I^2C$ 设备，不同的 $I^2C$ 设备用不同的$I^2C$从机设备地址进行识别。$I^2C$主机发送完成起始信号后，发送的第一个数据（DATA0）的高7位即为从机设备地址（DATA0［7:1］为$I^2C$设备地址），最低位为读写信号。当$I^2C$从机设备地址比较控制MA为1时，表示$I^2C$从机能够接收所有的设备地址，此时主机发送的任何设备地址，即DATA0［7:1］为任何值，从机都能响应。当$I^2C$从机设备地址比较控制MA为0时，主机发送的设备地址DATA0［7:1］必须与从机的设备地址I2CSLADR［7:1］相同时才能访问此从机设备。

（8）$I^2C$发送数据寄存器 $I^2C$发送数据寄存器I2CTXD各位含义如下所示。该寄存器位于STC单片机特殊功能寄存器地址为FE86H的位置。当复位后，该寄存器的值为00000000。

| 比特位 | B7 | B6 | B5 | B4 | B3 | B2 | B1 | B0 |
| --- | --- | --- | --- | --- | --- | --- | --- | --- |
| 位名称 | 8位数据 | | | | | | | |

I2CTXD是$I^2C$发送数据寄存器，用于存放将要发送的$I^2C$数据。

（9）$I^2C$接收数据寄存器 $I^2C$接收数据寄存器I2CRXD各位含义如下所示。该寄存器位于STC单片机特殊功能寄存器地址为FE87H的位置。当复位后，该寄存器的值为00000000。

| 比特位 | B7 | B6 | B5 | B4 | B3 | B2 | B1 | B0 |
| --- | --- | --- | --- | --- | --- | --- | --- | --- |
| 位名称 | 8位数据 | | | | | | | |

I2CRXD是$I^2C$接收数据寄存器，用于存放将要接收的$I^2C$数据。

**2. $I^2C$总线数据传输协议**

（1）寻址字节 主机产生起始条件后，发送的第一个字节为寻址字节。该字节的头7位（高7位）为从机地址，最后一位决定了数据传送的方向：0表示主机写信息到从机，1表示主机读从机中的信息。当发送了一个地址后，系统中的每个器件都将头7位与它自己的地址比较。如果一样，器件会应答主机的寻址，至于从机是作为接收器还是发送器由$R/\overline{W}$位决定。

从机地址由固定和可编程两部分构成。例如，某些器件有4个固定的位（高4位）和3个可编程地址位（低3位），那么同一总线上最多可以连接8个同类的器件。$I^2C$总线委员会协调$I^2C$地址的分配，保留了两组8位地址（0000××××和1111××××），这两组地址的用途可查阅有关资料。

挂接到总线上的所有外围器件、外设接口都是总线上的节点。在任何时刻总线上只有一个主控器件（主节点）实现总线的控制操作、节点寻址、点对点的数据传送。总线上每个节点都有一个固定的节点地址。

$I^2C$总线上的单片机都可以成为主节点，也可以成为从节点。其器件地址由软件给定，存放在$I^2C$总线的地址寄存器中，称为主器件的从地址。单片机作为从节点时，其从地址才有意义。

$I^2C$总线上所有的外围器件都有规范的器件地址。器件地址由7位组成，它和1位方向位构成了$I^2C$总线器件的寻址字节SLA。SLA的格式如下：

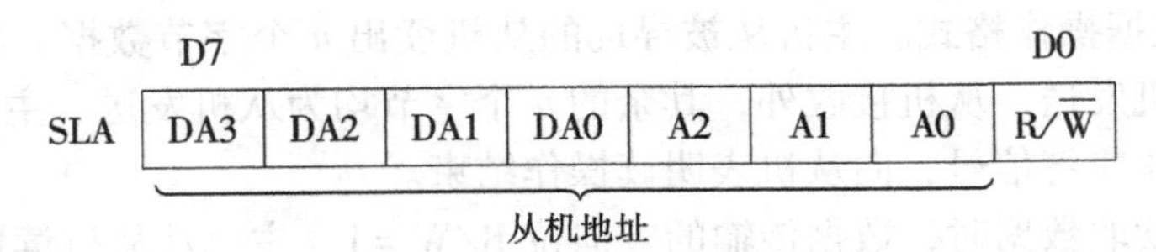


其中，器件地址（DA3、DA2、DA1 和 DA0）是 $I^2C$ 总线外围接口器件固有的地址编码，器件出厂时就已给定，例如，$I^2C$ 总线 $E^E$ PROM AT24CXX 的器件地址为 1010，4 位 LED 驱动器 SAA1064 的器件地址为 0111；引脚地址（A2、A1 和 A0）由芯片引脚 A2、A1 和 A0 所接高低电平确定；数据方向（$R/\overline{W}$）规定了总线上主节点对从节点的数据传送方向，R 为接收，$\overline{W}$为发送。

（2）$I^2C$ 总线数据传输的格式　$I^2C$ 总线传输数据时必须遵循规定的数据传输格式，图 10-21所示为 $I^2C$ 总线进行一次完整的数据传输时序和逻辑关系图。

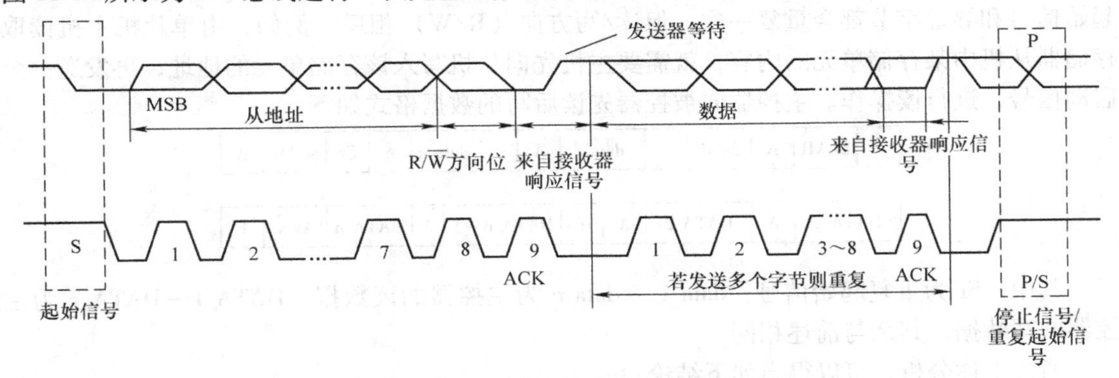


图 10-21　$I^2C$ 完整数据传输时序和逻辑关系图

图 10-21 中，起始信号表明一次数据传送的开始，其后为被控器的地址字节，高位在前，低位在后，第8 位为 $R/\overline{W}$方向位。方向位 $R/\overline{W}$表明主控器和被控器间数据传输的方向，若 $R/\overline{W}=0$，表明数据由主控器写入数据到被寻址的从机；若 $R/\overline{W}=1$，表明数据从被寻址的从机读入主控器。方向位后面是被控器发出的应答位 ACK。地址字节传输完成后是数据字节，数据字节仍是高位在前，低位在后，然后是应答位。若有多个数据字节需要传送，则每个数据字节的格式相同。数据字节传送完成后，被寻址从机发回一个非应答信号A（高电平有效），主控器据此发送停止信号，以结束这次数据的传输。如果主机仍希望进行数据通信，可以再次产生起始信号（S）并寻址另一个从机，可不产生一个停止信号。

总线上的数据传输有多种组合方式，现以图解方式分别介绍以下 3 类数据传输格式。

1）主机写数据操作格式。主机向被寻址的从机写入 $n$ 个字节数据，整个过程均为主机发送、从机接收，先发数据高位，再发低位，从机发送应答位号（ACK）。

主机向从机发送数据时，数据的方向位（$R/\overline{W}=0$）是不会改变的。传输 $n$ 个字节的数据格式如下：

| S | SLA $\overline{W}$ | A | data1 | A | data2 | A | … | data n－1 | A | data n | A/$\overline{A}$ | P |
|---|---|---|---|---|---|---|---|---|---|---|---|---|

其中，阴影框为主控器发送，被控器接收；空白框为被控器发送，主控器接收；A 为应答信号，$\overline{A}$为非应答信号；S 为起始信号；P 为停止信号；SLA $\overline{W}$为寻址字节（写）；data 1 ~ data n 为被传输的 $n$ 个字节数据。

2）主机读数据操作格式。主机从被寻址的从机读出 $n$ 个字节数据。在传输过程中，除了寻址字节为主机发送、从机接收外，其余的 $n$ 个字节均为从机发送、主机接收。主机接收完数据后，发送非应答信号，向从机表明读操作结束。

主机从从机读取数据时，数据传输的方向位 $R/\overline{W}=1$。主机从从机读取 $n$ 个字节的数据格式为：

| S | SLAR | A | data1 | A | data2 | A | … | data n－1 | A | data n | $\overline{A}$ | P |
|---|---|---|---|---|---|---|---|---|---|---|---|---|

其中，SLAR 为寻址字节（读）；其余与前述相同。主控器在发送停止信号前，应先给被控器发送一个非应答信号，向被控器表明读操作结束。

3）主机读/写数据操作格式。读/写操作时，在一次数据传输过程中需要改变数据的传送方向，即主机在一段时间内为读操作，在另一段时间内为写操作。由于读/写方向有变化，起始信号和寻址字节都会重复一次，但读/写方向（$R/\overline{W}$）相反。例如，由单片机主机读取存储器从机中某存储单元的内容，就需要主机先向从机写入该存储单元的地址，再发送一个启动信号，进行读操作。主控器向被控器先读后写的数据格式如下：

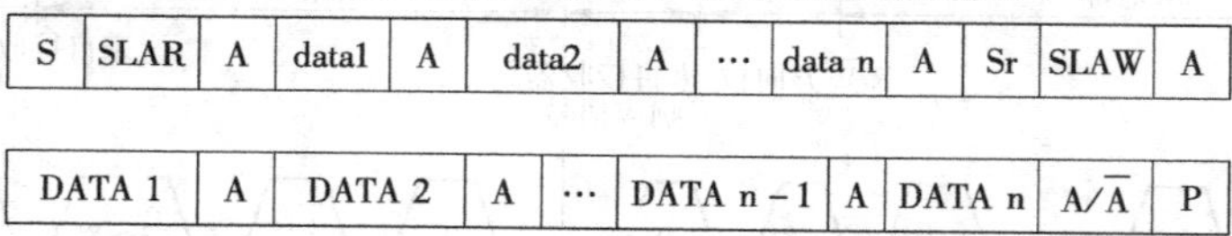

| S | SLAR | A | data1 | A | data2 | A | … | data n | A | Sr | SLAW | A |
|---|---|---|---|---|---|---|---|---|---|---|---|---|

| DATA 1 | A | DATA 2 | A | … | DATA n－1 | A | DATA n | $A/\overline{A}$ | P |
|---|---|---|---|---|---|---|---|---|---|

其中，Sr 为重复起始信号；data 1 ~data n 为主控器的读数据；DATA 1 ~ DATA n 为主控器的写数据；其余与前述相同。

通过上述分析，可以得出如下结论：

1）无论总线处于何种方式，起始信号、终止信号和寻址字节均由主控器发送和从机接收。

2）寻址字节中，7 位地址是分配给从机的地址，$R/\overline{W}$方向位用于指定 SDA 线上数据传送的方向。$R/\overline{W}=0$ 为主控器发出和被控器接收，$R/\overline{W}=1$ 为主控器接收和被控器发出。

3）每个器件（主控器或被控器）内部都有一个数据存储器（RAM），RAM 的地址是连续的，并能自动加/减 1。$n$ 个被传送数据的 RAM 地址可由系统设计者规定，通常作为数据放在上述数据传输格式中，即第一个数据字节 data 1 或 DATA 1。

4）总线上传输的每个字节后必须跟一个应答或非应答信号（$A/\overline{A}$）。

## 10.3　综合应用举例

这一节重点介绍涉及 SPI 和 $I^2C$ 的综合应用，程序可在 STC 公司网站上查到，为便于理解，在此增加了相应注解。这些程序可在 STC 官方发布的实验板上完成，实验板原理图也可在 STC 公司网站上查到。

### 10.3.1　SPI 单主单从系统（中断方式）

STC8H 系列单片机 SPI 接口的数据通信方式有 3 种：单主单从方式、互为主从方式、单主多从方式。这里主要介绍 SPI 单主单从系统，根据前文的介绍，在此模式下，主机既可主动向从机发送数据，又可主动读取从机的数据，从机既可接收主机所发送的数据，也可在接收主机所发数据的同时，向主机发送数据，但这个过程不可由从机主动发送。此方式电路连接如图 10-5 所示。寄存器相关设置如下：主机将 SPCTL 寄存器的 SSIG 位和 MSTR 位设置为“1”，选择为主机模式；从机将 SPCTL 寄存器的 SSIG 位和 MSTR 位设置为“0”，选择从机模式。

**例 10-1**　SPI 单主单从数据通信。

本例实现两个单片机通过 SPI 总线的通信，一个单片机作为通信主机，使用 P1.0 引脚与从机的片选信号 SS 引脚连接，控制从机在总线上的使能状态。

SPI 单主单从系统主机样例程序可扫链 10-2 查看。

SPI 单主单从系统从机样例程序可扫链 10-3 查看。

链 10-2　SPI 单主单从系统主机样例程序

链 10-3　SPI 单主单从系统从机样例程序

### 10.3.2　$I^2C$ 主机模式访问 PCF8563

PCF8653 是低功耗的 CMOS 实时时钟日历芯片。它提供一个可编程的时钟输出、一个中断输出和掉电检测器所有的地址和数据，通过 $I^2C$ 总线接口传递的最大总线速度为400kbit/s，每次读写数据后内嵌的字地址寄存器会自动产生增量。

链 10-4

**例 10-2**　$I^2C$ 主机模式访问 PCF8563 程序可扫链 10-4 查看。

## 习　　题

1. 填空题

(1) 51 系列单片机的最小系统一般应该包括：________、________、________、________。

(2) 单片机的通信方式分为________和________，且并行通信仅传输一个字节就需要________根数据线。

(3) SPI 主设备与从设备通过 SPI 总线连接时，________、________和 MISO 都是同名端相连，_从机选择线__。

(4) 与 SPI 接口有关的特殊功能寄存器有________、________、SPI 数据寄存器 SPDAT、________、________。

(5) $I^2C$ 总线需要________根双向信号线。一根是________，另一根是________，来实现总线上各器件的全双工同步数据传送。

(6) $I^2C$ 总线的寻址采用________的寻址方法。主机在发送完启动信号后，立即发送________来寻址被控器件，并规定________。

2. 选择题

在下列各题的（A）、（B）、（C）、（D）4 个选项中，只有一个是正确的，请选择出来。

(1) STC8H 系列单片机内部都集成了 SPI 接口，SPI 接口提供了___种操作模式。

（A）1 （B）2 （C）3 （D）4

（2）与SPI相关的寄存器不包括（ ）。

（A）SPCTL （B）SPATAT

（C）SPI定时器 （D）中断允许寄存器

（3）STC8H系列单片机内部集成了一个 $I^2C$ 串行总线控制器，与标准 $I^2C$ 协议相比较，忽略了________机制。

（A）每个通信周期都由一个起始位开始通信，由一个结束位结束通信，中间部分是传递的数据。

（B）同一时刻，主设备、从设备只能有一个设备发送数据。

（C）时钟信号（SCL）停留在低电平时不进行超时检测。

（D）在通信中时序是通信线上按时间顺序发生的电平变化。

3. 判断题（指出以下叙述是否正确）

（1）SPI的数据通信是在SCK时钟脉冲信号控制下一位一位传输的，并且SCK信号线只由主设备控制，从设备不能控制该信号。 （ ）

（2）SPI模块在从模式下，必须在SS引脚信号变为有效并接收到合适的时钟信号后，才可以开始进行数据传输。 （ ）

（3）与UART、SPI不同，$I^2C$ 总线驱动器是开漏的。 （ ）

（4）如果信号电压相差很大（如5V和2.5V），或者电平不兼容，$I^2C$ 总线不需要进行电平转换就可使用。 （ ）

（5）$I^2C$ 是同步串行通信，同时它属于半双工，SDA上的信号有时是主机的，有时是从机的。（ ）

4. 简答题

（1）说明 $I^2C$ 总线主机、从机数据传输过程。

（2）SPI总线有几种工作模式，各模式的区别是什么？

（3）SPI总线与 $I^2C$ 总线在扩展多个外部器件时有何不同？

（4）$I^2C$ 总线如何扩展两个以上相同的外部芯片？

（5）简述单总线的操作原理。

# 第 11 章　项目一　温度控制系统设计实例

本章以单片机应用为主线，以单片机实验教学板为实验条件，以实验原理性样机开发为目标，着重介绍单片机应用系统设计开发的主要流程，之后以温度自动控制系统为例进行介绍。

## 11.1　单片机应用系统的开发过程

通常开发一个单片机应用系统需要经历以下过程：

1）可行性分析。

2）系统方案设计。

3）系统详细设计与制作。

4）系统调试与修改。

5）生产样机。

6）生成正式系统或产品。

各阶段的详细工作内容在后续部分会分别介绍。

## 11.2　可行性分析的主要内容

在进行可行性分析之前，首先需要进行系统需求分析和方案调研。系统需求分析主要是明确该产品的主要功能和技术指标，确定该产品主要解决什么问题。系统需求分析主要是通过对市场、用户和专家进行调查来完成的。对调查市场而言，主要了解在市场上有无类似的产品。如果有，则应该进一步了解其市场的销量、价格以及对应的功能和技术指标。调查用户时，应主要了解目前的应用状况及存在的不足；该产品应具有何种功能，期望如何操作，主要期望解决什么问题等。请教专家时，主要咨询该产品开发有哪些技术难点，有何解决办法。总之，在进行系统需求分析时，需要进行广泛的调查，问的问题越多，调查工作做的越细致，其可行性分析报告的价值越高。

方案调研主要是收集整理资料，确定解决问题的技术方案。它主要包括如下几个方面：

1）研究和开发的目的和意义。

2）国内外同类产品的应用状况、目前在应用中急需解决的问题和未来的发展趋势。

3）国内外同类产品的开发水平、开发环境和器材供应状况；对接受委托的研制项目还应了解合作方所具备的技术条件。

4）比较各种可行方案，确定拟采用的技术线路。可行方案不一定局限于单片机应用系统，应依据所要解决的问题而定。对各种方案应进行技术经济分析，合理选择实施方案。

5）分析拟实施方案的技术难点，明确技术主攻方向。

可行性分析是以系统需求分析和方案调研为基础，它主要为投资者进行决策提供依据，其目的是通过技术经济效益分析确定是否有必要对该产品进行研制。如果决策不当，势必造成人力、物力和财力的损失。可行性分析通常从如下几个方面进行论证：

1）市场或用户需求情况。

2）经济效益和社会效益。

3）技术支持和开发环境。

4）现在的竞争力和未来的生命力。

根据主要功能和技术指标进行的研制能否达到预期目标，与设计人员的工作经历、技术水平和开发环境（包括投入资金、工作时间等）密切相关。如果没有足够的技术储备与良好的开发环境作支持，很难在短时间内设计出高水平的产品。因此，在可行性分析中如果能够给出与要研制产品相类似的工程案例或研制成功的产品，将会深受投资人的欢迎。

在可行性分析中，应列出参与研制的人员名单及其具体负责的工作、计划进度安排和经费预算。

可行性分析的最终成果是可行性报告。可行性报告一般由经验丰富的设计人员撰写，通常是有针对性地将上述内容合并在一起来写。对于初学者而言，掌握可行性报告的主要内容有利于了解其产品开发的全过程。

## 11.3 系统设计方案

项目通过可行性评审进入实施阶段的第一项工作就是系统方案设计。系统方案设计是后续产品开发的纲领性文件，具有重要的指导意义。进入系统方案设计阶段，标志着开发合同和技术协议已经签订，同时也意味着设计者对该项目已经进行了较深入的研究和探讨，总体上无重大技术难度。对于有重大技术难度的科研项目属于科技攻关。

系统方案设计的最终成果是系统方案设计报告。方案设计将对可行性报告中拟采用的技术方案进一步细化。系统方案设计主要依据市场或用户的需求、应用系统的环境状况和关键技术支持等设计系统的功能、结构及其实现方法。

系统功能设计包括系统总体目标的确定及系统软、硬件模块功能的划分与协调关系。系统结构设计包括硬件结构设计和软件结构设计。硬件结构设计主要包括单片机系统扩展方案和外围设备的配置及其接口电路方案。软件结构设计主要完成系统软件功能模块的划分及各功能模块的程序实现的技术方法。

### 11.3.1 系统的主要功能与性能

系统的主要功能有数据采集、数据处理、输出控制等，每一个功能又可细分为若干个子功能。如数据采集可分为模拟信号采样与数字信号采样；数据处理可分为预处理、功能性处理、抗干扰处理等子功能，而功能性处理还可以继续划分为各种信号处理；输出控制按控制对象的不同可分为各种控制功能，如继电器控制、D/A 转换输出控制、PWM 输出控制等。

系统性能主要由精度、速度、功耗、体积、重量、价格、可靠性等技术指标来衡量。系统研制前，要根据需求调查结果给出上述各指标的定额。一旦这些指标被确定下来，整个系统将在这些指标限定下进行设计。系统的技术指标会左右系统软、硬件功能的划分。系统功能尽可能用硬件完成，这样可提高系统的工作速度，但相应的成本、功耗、体积等增加。用软件来实现可反之。因此在进行系统软、硬件功能划分时，一定要依据系统性能指标进行综合考虑。

系统需求往往是根据所要解决的问题提出的设计目标，系统的主要功能和性能是由系统需求来决定的，对于经验丰富的设计人员来说，还可以依情况增加一些辅助功能。本小节主要介绍如何将系统需求转换成对单片机应用系统各功能模块设计的选择和性能指标要求。

在进行系统需求分析时，有时所提出的功能和性能指标是非常具体的，例如，设计一个 1 路温度显示仪，其测温范围在 0 ~ 150℃，测量精度为 ±0.1℃，每秒采样 1 次并显示，使用 Pt - 100 温度传感器，AC220V 供电，数码管显示，外包装采用标准仪表机壳。从提供的主要功能和指标来分析，可知其实际上就是 1 路模拟信号的数据采集和显示，所选取的 A/D 转换器的位数应不小于 11 位（因为 $2^{11}=2048>1500$），加之采样速度为 1 次/s，所以可选双积分 A/D 转换器如 ICL7107。显示范围为 0 ~ 150℃，应选用 4 位数码管来显示。Pt - 100 温度传感器将实测温度值转换为电阻值，而 A/D 转换器输入的信号通常是电压，因此需要信号调理模块将电阻值转换为对应的电压。通常每隔一段时间要在应用现场对仪表进行标定，往往需要 3 个按键按标定要求步骤设置数据，所设置数据应放在 EEPROM 中，便于保存。为保证可靠性，应加入看门狗电路。此外，还可增加故障诊断这一辅助功能，如对传感器电路断路和短路进行提示等。当然电源电路必不可少。

通过上述分析很容易确定温度显示仪的硬件构成和功能。

在进行系统需求分析时，有时所提出的功能和性能指标是不具体的，如功能需求“人机界面友好、操作方便”就不具体，只能具体问题具体分析。广泛了解用户的需求，最好深入到现场掌握第一手材料，在此基础上结合新技术的应用研究解决方案。

对于单片机应用系统而言，不论系统需求的具体程度如何，只要按照其一般组成框图来进行分析，合理选择功能模块并对其功能和指标具体化，其设计目标总是可以实现的。根据图 11-1 所示的典型单片机应用系统方案设计流程，较常用的方法如下：

1）确定开关量输入（DI）的路数。

2）确定脉冲量输入（PI）的路数。

3）确定模拟量输入（AI）的路数。

4）确定开关量输出（DO）的路数。

5）确定脉冲量输出（PO）的路数。

6）确定模拟量输出（AO）的路数。

上述通道都是和生产现场有关的信号，对于输入信号，要掌握每路所选传感器的主要性能指标、安装方式并设计配套的信号调理电路；对于输出信号，要掌握每路所选执行机构的主要性能指标、安装方式并设计配套的驱动电路。

7）确定人机接口方式。确定显示方式是用 LED 指示、多少位的数码管显示还是多大的液晶显示屏显示，需要多少个按键或采用触摸屏。

8）确定通讯信号接口及传输协议。

上述这些参数通常可通过系统需求直接决定。系统需求中的主要性能指标也可以分解到各功能模块。

9）预估软件程序量的大小、所需 RAM 和其他辅助功能，确定单片机的选型和功能扩展方案。

10）在设计初期，尽可能不考虑以软代硬的方案，在样机研制成功后再考虑也不迟，除非硬件不可能完成。

上述方法实际上就是面向对象解决问题的方法，从外部需求出发，来思考系统内部的构成方式。

在确定了系统的全部功能后，就应确定每种功能的实现途径，即哪些功能由硬件完成，哪些功能由软件完成。这就是系统软、硬件功能的划分。

系统总体方案设计流程如图11-1所示。总体方案选定以后，系统软、硬件设计工作可分开进行或同时并进。

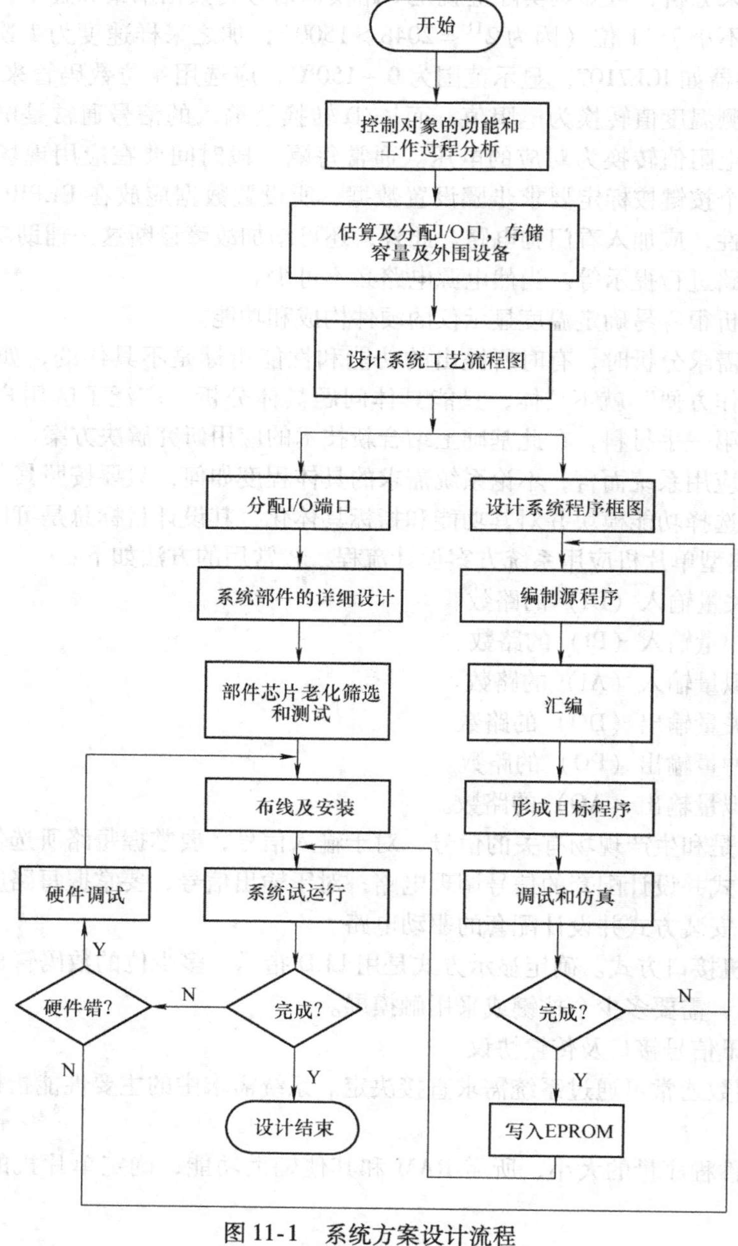


图11-1　系统方案设计流程

## 11.3.2　硬件结构设计

通过上述功能和性能分析可将总体设计目标分解到各功能模块。系统所需前向通道、后向通道、人机接口和通信接口所需的配置功能和性能指标都已经非常清楚，剩下的工作是如何对单片机系统进行扩展以满足上述外部需求。

单片机应用系统扩展的核心内容是单片机的选型。不同系列、同一系列不同型号的单片机的内部结构、外部总线特征均不同。单片机的选型将直接影响到应用系统中存储器分配、通道配置、输入/输出方式及系统中硬软件功能的划分。

**1. 单片机选型原则**

单片机选型主要考虑如下几个因素：

1）根据应用领域的不同，选择在该领域应用最广的单片机系列产品。

2）根据功能要求确定单片机的型号。如大多数应用中需要程序存储器、看门狗等功能，如果选用内含 EEPROM 和看门狗的单片机，不仅可以简化硬件电路的设计，而且可以提高系统的可靠性。如在工业控制应用中需要 4 路 12 位 A/D 和 2 路 12 位 D/A 转换，选用 AD 公司生产的与 51 系列单片机兼容的 ADμC812 芯片较好。由此可见，了解各大公司生产的单片机的性能和特点对于单片机应用系统开发也很重要。从某种意义上来说，单片机的应用重在选型，选型得当将事半功倍，因此，在学习过程中，可上网查阅各大半导体生产厂家所生产的单片机的性能指标。

3）尽可能选择技术成熟、有较多软件支持、具有相应单片机的开发工具、比较熟悉的机型。这样可借鉴很多现成的技术，移植一些成熟的软件，以节省人力、物力，缩短开发周期，降低开发成本。

总之，单片机型号的选择绝不是传统意义上的器件选择，它关系到应用系统的总体方案、技术指标、功耗、可靠性等。所以设计人员必须反复推敲、慎重选择。

**2. I/O 通道划分**

应用系统中通道的数目及类型直接决定系统结构，设计中应根据被控对象所要求的输入/输出信号的数目及类型，确定整个应用系统的通道数目及类型。

**3. I/O 方式确定**

在单片机应用系统中，常用的 I/O 方式主要有无条件传送方式、查询方式和中断方式三种。这三种方式对硬件和软件的要求各不相同。在一个实际应用系统中，选择哪一种方式要根据具体的外设工作情况和应用系统的性能指标综合考虑。一般来说，无条件传送方式只适用于数据变化非常缓慢的外设，这种外设的数据可视为常态数据；中断方式处理器的效率较高，但硬件结构稍微复杂一些；而查询方式硬件结构较简单，但速度较慢。在一般小型的应用系统中，由于速度不高，控制的对象也较少，因而大多采用查询方式。

**4. 软硬件功能划分**

软件和硬件功能的划分如同人的思想和躯干功能的划分一样。一方面，在实际应用中，一旦系统功能确定，其硬件和软件的功能基本确定，相互是不能替代的。另一方面，具有相同功能的单片机应用系统，其软、硬件功能可以在很宽的范围内变化；一些硬件电路的功能可以由软件来实现，反之亦然。硬件替代软件，会增加成本，提高处理速度。因此在总体设计时，必须仔细划分软、硬件的功能。

### 11.3.3 软件结构设计

单片机软件程序设计常用的办法有如下三种：

1）自下向上设计。这种方法适用于一些较简单的应用程序的编写。所谓自下向上就是根据硬件电路原理，先从最底层的基本输入/输出程序开始，确定子程序的功能、输入和输出参数，编制应用子程序，再根据系统的功能，逐步向上画流程图，编写应用程序，直到完成应用系统所需的功能。这种设计方法特别适用于初学者的练习和实验。

2）自顶向下设计。当所设计软件程序规模较大、结构较复杂时，要预先画出一个完整的流程图是十分困难的，在这种情况下，应采用自顶向下的设计方法，也就是结构化程序方法。所谓自顶向下设计就是把总的编程过程逐步细分成一个个的子过程，直到所导出的子过程能直接用编程语言来实现为止。结构化程序设计是把注意力集中到编程中最容易出错的一点，即程序的逻辑结构，只要总体逻辑结构是正确的，再复杂的程序也可以按划分出来的逻辑功能模块逐个设计出来。

3）两头凑设计。其目的是先易后难，把能从下向上设计的一部分成熟的程序流程图和程序先做出来，同时根据系统所需的功能从上向下也做一部分，逐步向整体目标转移，如有差异，再进行变更，直至任务完成。其特点是编程快速，但要做相应的修改。适用于有一定复杂程度但不太难的应用程序的编写。

**1. 自顶向下设计**

自顶向下设计的实质是一个逐步求精的方法。自上向下设计就是把整个问题划分为若干个大问题，每个大问题又分为若干小问题，这样一层一层地分下去，直到底层的每一个问题都可以分别予以处理时为止。这是程序设计的一种规范化形式，也是其他学科中复杂系统的传统设计方法。例如，在单片机应用系统硬件设计时，总是先画出总框图，逐层分为更细的框图，直到最后能用一个单元电路来实现的小框图为止。

软件设计中自顶向下设计的要领有如下几点：

1）对于每一模块应明确规定其输入、输出和功能。说明要清楚，规定要明确。

2）一旦已认定一部分问题能够纳入一个模块之内，就暂时不必进一步去想如何具体地实现它，即不必纠缠于编程的一些细节问题。

3）不论在哪一个层次，不管表示方法是编码形式还是流程图形式，每一个模块的具体规定或说明不要过分庞大（例如不要超出1张纸，如果过分庞大就应该考虑做进一步细分）。

4）对于数据的设计，应与过程或算法的设计同样被重视，在许多情况下，数据是模块之间的接口，必须予以仔细的规定。

关于每一模块的详细规定，IBM公司曾提出一种所谓分层输入、处理、输出图表的设计方法。逐层划分问题，给出结构图，列出每一模块的内容概要，然后就其中每一项内容再列出其细目。

**2. 模块化编程**

稍有编程经验的人都有这样的概念：若程序中某一段落内的任何逻辑部分可以任意更改而不影响程序的其余部分，这样的一个程序段可以看作一个可调用的子程序，这就是一个程序模块。把整个程序按照自顶向下的设计来分层，一层一层地分下去，一直分到最下一层的每一个模块能够容易编程为止，这就是所谓的模块化编程，也称之为积木式编程法。其优点是：

1）较之整个程序，单个模块容易编程、调试、排除差错和检验、维修。

2）一个模块往往可用于整个程序的多个地方，甚至其他程序。

3）便于程序设计任务的划分，困难的模块让有经验的编程员来编写，较容易的模块分给经验较少的新手来编写，并且可利用以前编写好的程序模块。

4）遇到出错时，能够十分方便地诊断出出错的模块。

在进行模块化编程时应遵循两个原则：

1）模块的独立性，即一个模块应尽可能独立于其他模块，一个模块内部的更改不影响其他模块，应尽量使模块只有一个输入和一个输出。

2）一个模块应具有解决一个问题的完整算法，具有允许输入值的范围和允许输出值的范围。当出错时应能给出一个对应的出错信息。

模块化编程也有一些缺点。例如，设计时常常需要多方考虑，因此需要额外做不少工作，程序执行时往往占有较多的内存空间和需要较多的 CPU 时间，其原因是通用化的子程序必然比专用子程序的效率低；其次，由于模块独立性的要求，可能使相互独立的各模块间具有重复的功能。此外，由于模块划分时考虑不周，容易使各模块汇编在一起时发生连接上的困难，特别是当各模块分别由不同人员编程时尤为常见。

**3. 结构化编程**

结构化程序设计有三种基本结构：顺序结构、选择结构和循环结构。从理论上来说采用这三种结构可设计出任意复杂的程序。但在实际编程时可以适当地做一些扩充，如在编制键盘监控程序时经常采用查表散转的方法，这实际上是有限地使用了任意转移语句。GOTO 语句是用在非结构化程序中的形式，在结构化编程中有限地使用 GOTO 语句是允许的，而绝对不允许利用 GOTO 语句将程序转移到该模块以外的任何地方。

## 11.4　系统调试

单片机应用系统调试是系统开发的重要环节，系统调试的主要目的是要查出应用系统设计中软、硬件设计与制作中存在的错误及出现的问题，以便修改，最终能使应用系统正常运行。

系统调试贯穿于整个产品开发过程，它主要包括硬件调试、软件调试和软硬件（或系统）联调。根据调试环境不同又可分为实验室模拟调试与现场调试。各种调试所起的作用各不相同，其时间段也不同，但都是为了查出应用系统潜在的错误。

系统调试前，应准备好调试大纲，调试时应有测试记录、出现的故障现象、故障分析及排障方法。

### 11.4.1　调试工具

单片机应用系统调试中，最常用的调试工具有如下几种：

1）仿真器和编程器（在第 1 章已介绍）。

2）万用表。万用表主要用在未通电时测量硬件电路的通断和两点间的阻值；通电后测量测试点的稳态电压值。

万用表在借用和归还时，可通过如下两种简易方法组合检测其是否工作正常：一个是将档位开关拔向蜂鸣器档，将红、黑表笔短接，如正常则应有蜂鸣声；另一个是将档位开关拨向交流750V档，测量市电如在AC220V左右则正常。正常使用时应确保电池电量充足，并根据所测试信号的类型，合理选择档位和插孔。万用表通常很少测量电流，如果要测量电流，应将红表笔插头从多功能插孔中取出并插入电流档位对应的电流插孔。

3）逻辑脉冲发生器与模拟信号发生器。逻辑脉冲发生器能够产生不同宽度、幅度及频率的脉冲信号，它可以作为数字电路的输入源。模拟信号发生器可产生不同频率的方波、正弦波、三角波和锯齿波等模拟信号，它可作为模拟电路的输入源。这些信号源在实验室模拟调试中非常有用。

4）双踪示波器。示波器可以测量电平、模拟信号波形及频率，还可以同时观察两个信号的波形及它们之间的相位差。它既可以对静态信号进行测试，也可以对动态信号进行测试，而且准确性好。示波器是任何电子系统硬件调试维修的一种必备工具。

5）逻辑分析仪。逻辑分析仪能够以单通道或多通道实时获取与触发事件有关的逻辑信号，供操作者随时观察，并作为软、硬件分析的依据，以便快捷有效地查出软、硬件中存在的错误。逻辑分析仪主要用在动态调试中信号的捕获，对于单片机应用系统来说，当扩展三总线时，如总线出现故障可使用逻辑分析仪，但其价格昂贵。

6）自制模拟信号发生器。这里所讲的模拟实质上是模仿的意思。单片机应用系统中，来自传感器的信号多种多样，其转换成的电信号也各不相同。如果要在实验室建立相应的实验测控对象，其难度很大，同时也是没有必要的。通常只需根据传感器电信号的特征制作模拟信号发生器，按测控对象的工作流程，相应调整自制模拟信号发生器所输出的信号，就可以完成基本生产现场的绝大部分调试工作。举例来说，系统采用Pt－100温度传感器测量水箱水温，温度范围为10～150℃。根据Pt－100温度传感器的特性可知：被测对象温度为0℃时，其对应的输出电阻为100.00Ω，被测对象温度为150℃时，其对应的输出电阻为157.31Ω，且其输出电阻值随温度值线性变化。基于这一特性，可采用100Ω固定电阻和100Ω精密电位器串联来模拟Pt－100温度传感器，根据水箱控温过程手动调整电位器来模仿水箱温度的变化过程。其他传感器的模拟也可与此类比，当然要完全模拟生产现场信号的变化过程还可以采用计算机控制仿真现场来完成，那是后话。

总之，自制模拟信号发生器是实验室调试的重要组成部分，使用它可排除在现场可能出现的绝大多数问题，从而缩短现场的调试时间。

在单片机应用系统调试中，万用表、示波器和仿真器（或ISP编程器）是最基本的必备工具。

### 11.4.2 硬件调试

硬件调试的目的是确保硬件电路正常工作，为软件调试打下良好的基础。硬件调试分为静态调试和动态调试两步。

**1. 静态调试**

静态调试是在应用系统不工作时的一种硬件检查。很多常见的故障可通过静态调试排除。静态调试分为如下三个步骤：

(1) 断电检查 通过断电检查可以查出一些明显的线路、器件和设备故障，便于及时排除。

目测是断电检查的第一步。目测首先检查印制电路板（PCB板）的质量。检查PCB板有无断线、有无桥接（不应该有的线路短接）、有无毛刺、焊盘有无脱落、过孔是否有未金属化现象等。其次是元器件的质量，检查其包装是否完好，生产日期、引脚是否光亮等，如果有对应的元器件测试设备能对其功能进行检查则更好。第三是检查元器件的焊接质量，焊点是否有毛刺、是否与其他印制线或焊盘连接、焊点有无虚焊和元器件有无装反等。

万用表测试是断电检查的第二步。首先用万用表复核目测中认为可疑的连接或接点，检查它们的通断状态是否与设计规定相符。其次是检查电源线和地线。电源是电子系统的动力，如果相互之间出现短路现象将会造成元器件损坏等严重的后果。此外，也应检查各个元器件上的电源和地是否连接正常，如果不正常，则该元器件不会工作。因此，对电源线路的断电检查应引起足够的重视。

对于初学者而言，对照电路原理图，利用万用表的通断档对线路逐一进行通断检查，有利于了解电路原理图和PCB板的相互关系，为后续排除故障提供依据。

(2) 通电检查 必须在断电检查完毕后才能进行通电检查。通电检查可以查出电源、逻辑电路、部分功能模块中存在的故障。

对于样机测试，首先检查电源模块。安装好电源模块所需的元器件后，先进行断电检查；无误后通电，用万用表的直流电压档测量输出电压，电压值应在合理的范围之内，如给单片机和TTL电路所供5V电压，其值应在4.75～5.25V范围内。如不正常，由于此时未安装其他的功能模块，容易检查其故障和排障。如正常，则进一步测量各元器件上的电源电压是否在合理范围之内。在有条件的情况下，应测量电源模块的最大电流、纹波系数和负载率等参数。有时电源功率较小，可能带不动仿真器，此时，应使用外部功率较大的电源来替代完成后续的调试。

接下来按功能模块的难易程度，从易到难分别进行通电检查。首先安装功能最简单的模块元器件，经断电检查后，通电检查该模块。上电时，要注意观察芯片是否出现打火、过热、变色、冒烟和异味等现象，如出现这些现象，应立即断电，仔细检查电源加载等情况，找出产生异常的原因并加以解决。若该功能模块各元器件的电源和地电压均正常，则可以对该功能部件进行功能测试。

进行模块功能测试时，通常需要在模块输入端加模拟信号，在输出端用示波器或万用表测对应的输出信号。模拟信号应和实际应用中的现场信号相一致。对于逻辑门电路组成的模块，其输出可反映在静态状况下的功能是否正常，若静态都不正常，动态就不可能正确。对于模拟电路模块，应根据需要测量增益、截止频率、零漂等参数。

通电检查时，只有在检查出故障要进行排障时，才会单独对逻辑门电路的功能进行测试，通常是按模块功能进行测试，这样做便于提高效率。

在样机调试阶段，元器件的安装和调试通常是按功能模块进行的，这样做的主要优点是便于检查和发现问题，尤其是对复杂线路和表贴元器件多的情况更是如此。

在安装完所有元器件后，还应测量各元器件接地端的电压，其接地端电压应接近于0V。有的初学者在设计PCB板时，其地线很细，在PCB板很大时，导致电源地和元器件接地端电压大于0.8V，很显然，其逻辑电路是不可能工作正常的。这种现象出现极少，但故障极难查找，故建议在通电检查时，应测试电源地和元器件之间的电压以避免此问题的出现。

（3）联机检查　必须在通电检查完毕确认正常后才能进行联机检查。所谓联机检查就是将目标板和仿真器、计算机连接起来对硬件电路进行检查。对于ISP编程而言，联机检查就是保证执行代码能准确下载到目标板。

联机检查首先需确保开发系统正常工作，它是动态调试的基本保证。此外，可充分利用开发系统的资源，对基本电路进行测试。

**2. 动态调试**

动态调试是在用户系统正在工作时，也就是仿真器在模拟单片机运行程序的情况下，对硬件电路进行的一种检查。因为开发系统在工作，故称之为动态调试。由于其是在开发系统支持下完成的，故又称之为联机仿真。对于ISP编程方式，动态调试是通过下载在计算机上仿真调试好的软件程序来完成的。

动态调试的一般方法是由近及远、由分到合。

由近及远指的是调试电路和单片机之间的关系。如目标板上的复位电路、外接振荡器电路等应先调试完好，再调试外部RAM和EPROM，接下来才是外围接口电路。

由分到合指的是先将硬件电路按功能划分为几个模块，如存储器模块、A/D转换模块、D/A转换模块、显示模块等，按模块先分别独立调试，分块调试完成后再逐渐合并进行调试。在经历这样一个调试过程后，硬件电路的故障基本可以排除，剩余的故障大多只有在现场调试时才可能出现。

在分块调试某一模块电路时，最好将与该模块无关的元器件全部从系统中去掉，这样可将故障范围局限在某个局部电路上，便于查找故障。当各模块电路调试无故障后，将各电路模块逐块加入到系统中，再对模块间可能存在的相互联系进行测试，此时若出现故障，则最大可能是在各电路协调关系上出现了问题，如交互信息的联络是否正确、时序是否达到要求等。直到所有模块加入到系统仍能正常工作，由分到合的调试宣告完成。

动态调试应充分利用开发系统提供的资源和友好的人机界面，有效地对用户系统的各部分电路进行访问和控制，使系统在运行中暴露问题，从而发现故障。典型有效的访问、控制各部分电路的方法是对电路进行循环读或写操作（时钟等特殊电路除外，这些电路在系统上电后会自动运行），使得电路中主要测试点的状态能用示波器测量。

需要指出的是，动态调试过程中，需要编制大量测试程序，这些程序应以文件的形式放在一个文件夹中，供后续调试使用。千万不要用一个编一个，调试完一个就丢掉。

编制测试程序时，最好将其编写成调用子程序的方式。如测试A/D转换模块时，可编写一个读A/D转换值的子程序，由测试A/D转换的主程序来调用。对于D/A转换模块、开关量模块、键盘和显示模块都可仿效。这样做可使其子程序在未来的软件程序中使用，形成应用系统的基本输入/输出系统（BIOS）软件。

到此为止，作为目标板可以移交软件设计人员进行软件调试，硬件调试告一段落。由此可见，编制测试程序既是软件人员的工作，也是硬件人员必须掌握的基本技能。

### 11.4.3　软件调试

软件调试是通过对用户程序的编译、连接、执行来发现程序中存在的语法错误与逻辑错误并加以排除纠正的过程。

软件调试的一般方法是先独立后联机、先分块后组合、先单步后连续。

(1) 先独立后联机 从宏观来说，单片机应用系统的硬件与软件是密切相关、相辅相成的。软件是硬件的灵魂，没有软件，系统将无法工作；同时，大多数软件的运行又依赖于硬件，没有相应的硬件支持，软件的功能便无法发挥作用。因此，将两者完全独立开来是不可能的。然而，并不是用户程序的全部都依赖于硬件，当软件对测试参数进行加工处理或做某项事务处理时往往是与硬件无关的，这样，就可以通过多用户程序的仔细分析，把与硬件无关的、功能相互独立的程序段抽取出来，形成与硬件无关和依赖硬件的两大类用户程序块。这一划分工作在软件设计时就应充分考虑。

在具有交叉编译软件的主机或与主机联机的仿真机上，此时与硬件无关的程序块调试就可以与硬件同步进行，以提高软件调试的速度。

当与硬件无关的程序块全部调试完成且用户系统的调试已完成后，可将仿真机与主机、用户系统连接起来，进行系统联调，先对依赖于硬件的调试块进行调试，调试成功后，再进行两大程序块的有机结合与总调试。

(2) 先分块后组合 如果用户系统规模较大，任务较多，在先行将用户程序分为与硬件无关和依赖于硬件的两部分后，这两部分程序仍然较为庞大，而采用笼统的方法从头至尾调试，既浪费时间又不容易进行错误定位，所以常规的调试方法是分别对两类程序块进一步采用分模块调试，以提高软件调试的有效性。

在调试时所划分的程序模块已基本保持与设计时的功能模块或任务一致，除非某些程序功能模块或任务较多才将其再细分为若干子模块。但要注意的是，子模块的划分与一般模块的划分应一致。

每个程序模块调试完毕后，将其相关联的程序模块逐块组合起来加以调试，用于解决在程序模块连接中可能出现的逻辑错误。对所有模块的整体组合是在系统联调中进行的。由于各个程序模块通过调试已排除了内部错误，所以软件总体调试的错误将大大减少，而调试成功的可能性也就大大提高了。

(3) 先单步后连续 调试程序的关键是实现对错误的正确定位。准确发现程序（或硬件电路）中错误的最有效的方法是采用单步加断点的运行调试程序。单步运行可以了解被调试程序中每条指令的执行情况，分析指令的运行结果可以知道指令的正确性，并进一步确定是由于硬件电路错误、数据错误、还是程序设计错误等引起该指令的执行错误，从而发现、排除错误。但是，所有的程序模块都是以单步查找错误的话，实在是一件既费时又费力的工作，而且对于一个好的设计人员来说，设计错误率是较低的，所以为了提高调试效率，一般先使用断点运行方式来精确定位错误所在，这样就可以做到调试的快捷与准确。

有些实时性操作（如中断）利用单步运行方式无法调试，必须采用连续运行方法进行调试。为了准确对错误进行定位，可使用连续加断点方式调试这类程序，即利用断点定位的改变一步步缩小故障范围，直到最终确定错误位置并加以排除。

常见的软件错误类型如下：

1）程序失控：这种错误的现象是当以断点或连续方式运行时，目标系统没有按照规定的功能进行操作或什么结果也没有。这是由于程序转移到没有预料到的地方或在某处死循环所造成的。这类错误的原因有：程序中转移地址错误、堆栈溢出、工作寄存器冲突等。在采用实时多任务操作时，错误可能在操作系统中，没有完成正确的任务调度；也可能在高优先级任务程序中，该任务不能释放处理机，使CPU在该任务中死循环。

2）不响应中断错误：CPU 不响应任何中断或不响应某一中断。这种错误的现象是连续运行时不执行中断服务程序的规定操作，当断点设在中断入口或中断服务程序中时碰不到断点。错误的原因有：中断控制寄存器（IE，IP）的初值设置不正确，使 CPU 没有开放中断或不允许某个中断源请求；或者对片内的定时器、串行口等特殊功能寄存器的扩展的 I/O 编程有错误，造成中断没有被激活；或者某一中断服务子程序不是以 RETI 指令作为返回主程序的指令。CPU 虽已返回到主程序，但其内部中断状态寄存器没有被清除，从而不响应中断；或是由于外部中断的硬件故障使外部中断请求无效。

3）循环响应中断错误：CPU 循环响应某一中断，使 CPU 不能正常地执行主程序或其他的中断服务子程序。这种错误大多发生在外部中断中。若外部中断以电平触发方式请求中断，当中断服务没有有效清除外部中断源，或由于硬件故障使中断一直有效并使 CPU 连续响应该中断。

4）输入/输出错误：这种错误包括输入操作杂乱无章或根本不动作。错误的原因有：输出程序没有和 I/O 硬件协调好，如地址错误、写入的控制字和规定的 IO 操作不一致等，时间上没有同步，硬件中还存在故障。

5）结果不正确：目标系统基本上已能正常工作，但控制有误动作或输出结果不正确。这类错误大多是由于计算程序中的错误引起的。

### 11.4.4　模拟调试

所谓模拟调试就是在实验室条件下，利用信号发生器或自制模拟器等模仿应用系统在现场条件下运行的调试，有时也称之为实验室调试。模拟调试的主要目的是让用户系统应用软件在其硬件上实际运行，进行软、硬件联合调试，从而发现硬件故障或软、硬件设计错误。所以模拟调试有时也称之为联机调试。这是对用户系统检验的重要一关。

系统联机调试主要解决以下问题：

1）软、硬件是否按预定要求配合工作？如果不能，问题何在？如何解决？

2）系统运行中是否有潜在的设计时难以预料的错误？如硬件延时过长造成的工作时序不符合要求，布线不合理造成的信号串扰等。

3）系统的动态性能（包括精度、速度参数等）是否满足要求？

### 11.4.5　现场调试

现场调试是应用系统投入实际运行的最后一关，也是系统能否进入产品定型的最后考验。和实验室条件相比，应用系统除了要面对恶劣的现场运行环境（如干扰较为严重、有腐蚀性气体等）外，还要面对真实系统。虽然在进行系统方案设计时已做考虑，但对于一个新产品开发来说，其所面临的现场条件和对象总是不相同的，特别是对于机电结合的产品开发，其机械部分的工作状态直接影响到应用系统的运行。因此，为避免疏漏之处，有很多涉及整个设备运行的问题只有通过现场调试来解决。

现场调试基本步骤如下：

1）向用户进一步了解现场应用的基本情况。

2）测试应用系统所用的现场电源，检查其电源质量。再次重申：电源是单片机应用系统的动力。电源质量不好，就如同人的心脏有故障，单片机应用系统是不可能通过现场调试这一关。加之生产现场的电源种类多种多样，用电设备千变万化，其对单片机应用系统的影响也不同。因此，现场调试的第一步必须是检查提供给应用系统的电源质量。

如果电源质量太差，可考虑先加净化电源调试应用系统的其他功能，同时考虑在应用系统中采取何种措施来解决此问题。

如果电源质量符合要求，才可以将应用系统接上电源，同时检查目标板上提供给元器件上的电源是否符合要求。若符合要求，可将应用系统接通电源，进行自检，自检完成则说明电源系统正常。

3）电磁干扰检查也是一项很重要的工作。检测电磁干扰需要大量贵重的仪器设备，这对于一般的工业产品开发是难以做到的，因此大多采用较简便的方法。一是在样机设计和制作时采取电磁屏蔽措施，减少电磁干扰；二是接通所有用电设备，看对应用系统的影响。

电磁干扰的检查贯穿于整个现场调试过程中，要引起我们足够的重视。但也不要因调试有问题或故障，就认为是电磁干扰的影响，要从功能上判断原因所在。

4）功能模块测试。现场调试中的功能模块测试有别于其他调试中的模块测试，它是以前向通道和后向通道来进行划分的。像人机接口、RAM自检等属于应用系统内部的功能模块应在现场调试之前完成测试，不应存在问题，在现场调试时不再考虑。

对单片机应用系统而言，前向通道有开关量输入（DI）、模拟量输入（AI）和脉冲量输入（PI）三种。以1路DI输入为例，前向通道包括传感器、连接线路、目标板上信号调理电路等。传感器可能是光电开关、行程开关等，线路长度从1m到上百米不等。传感器的选型是否合理、安装位置是否合理、线路长度以及传感器与板上信号调理电路是否配套都直接影响到这1路DI检测的稳定性和有效性。因此在现场进行调试时，一方面要反复在不同状态下进行测试，另一方面还要根据实际情况进行理论计算加以验证。

对于1路模拟量输入而言，它也是由传感器、连接线路和目标板上的信号处理电路构成。开关量输入中存在的问题在模拟量输入中依然存在，不同的是模拟量输入传输的信号大多是微弱信号，很容易受到干扰。为保证信号传输的准确性，连接线路多采用屏蔽线，信号处理时除放大外，还应做抗干扰处理。

对于模拟量输入通道，标定也是一项重要的工作。所谓标定就是指规定以某个数值或型号为标准。

对于单片机应用系统而言，如果其功能仅仅是用于测量，经过反复测试没有故障，各项性能指标符合要求，现场调试到此结束。如果具有控制功能，还应对后向输出通道进行测试和标定，其方法和前向通道类似。此外还需进行整机运行测试。

5）整机运行测试。整机运行测试分为手动和自动两种运行方式。通常是先进行手动运行控制，来自传感器的各种信号直接显示在显示器上供调试时观察，操作员根据实际运行步骤控制执行机构的动作，整个运行过程按生产工艺流程进行。若不正常，应分析故障原因何在，直到将问题解决后才可进行下一步工作。

一般在手动投运成功后，才考虑自动运行。其控制器的相关参数应通过理论计算或经验公式计算后置入系统的参数区，再自动投入运行。如果不正常，应在仔细观察和分析手动运行过程的基础上，对参数做相应调整，再投入运行。

现场调试和其他调试的不同之处在于大多数现场调试需要耗费大量材料、人力和物力。因此，其调试时间不宜太长，次数不宜太多。从这一点来说，模拟调试至关重要，只有在模拟调试时，把各种因素都考虑得足够细致，现场调试才会顺利。

系统调试的最终结果应该是产品样机的成功开发。如果确有技术难点未能解决，应请教专家协助解决。学习和掌握系统调试过程对初学者相当重要！只有掌握正确的工具使用方法和调试方法，在调试过程中才会少出问题或不出问题。在系统调试的每一个阶段，都应在调试前写好调试大纲。通常调试前要精心准备，调试时要认真观察和记录，调试完成后要仔细分析。系统调试完成后应撰写调试报告。

## 11.5　温度控制系统设计

本实例是为初学者掌握单片机应用系统开发流程而设计的，其目标不是做一个产品，但具有产品原理性样机开发的基本过程。围绕这一目标和需求，确定本设计的主要任务。

**1. 设计任务及要求**

设计并制作一个温度自动控制系统，控制对象为透明有机玻璃制成的箱体，箱体长×宽×高为20mm×20mm×25mm。箱体内部温度可以在一定范围内由人工设定，并能在环境温度降低时实现自动控制，以保持设定的温度基本不变。

基本要求如下：

1）温度设定范围为室温~室温+10℃，最小区分度为1℃，标定温度≤1℃。

2）环境温度降低时（例如用电风扇降温）温度控制的静态误差≤2℃。

3）用LCD分别显示温度设定值和温度实际值，保留1位小数。

4）当实测温度超过设定值时声光报警。

发挥部分如下：

1）在LCD上显示温度随时间变化的曲线。

2）温度控制的静态误差≤1.0℃。

3）采用适当的控制方法，减小系统的调节时间和超调量。

**2. 硬件结构设计**

（1）单片机选型　本设计直接使用实验板CPU，不存在问题。

（2）电源电路的确定　本设计直接使用实验板CPU，不存在问题。

（3）I/O通道划分

1）开关量输入：采用4×4动态矩阵键盘。此部分电路采用实验板现有矩阵键盘电路。

2）显示电路：采用LCD液晶显示屏（型号：1602），此部分电路实验板已预留接口，将液晶屏接入即可。

3）开关量输出：三色灯、继电器、直流电机和蜂鸣器，此部分电路需要外接。

4）模拟量输入/输出：采用DS18B20进行温度采集。此部分电路采用实验板已预留接口，将DS18B20传感器接入即可。

（4）I/O方式确定　全部采用查询方式。

（5）软、硬件功能划分　本设计中不存在此问题。

本系统采用的是艾克姆科技进取者STC15开发板，主要用到的部分有：矩阵键盘、LCD1602、DS18B20温度传感器、蜂鸣器、RGB三色灯、直流电机及驱动（选用3~6V直流电机，此开发板未自带电机驱动模块，需外接ULN2003电机驱动模块）、继电器（选用5V控制220V交流继电器）及灯泡（选用220V白炽灯）。温度控制系统硬件电路原理图及实物图分别如图11-2、图11-3所示。

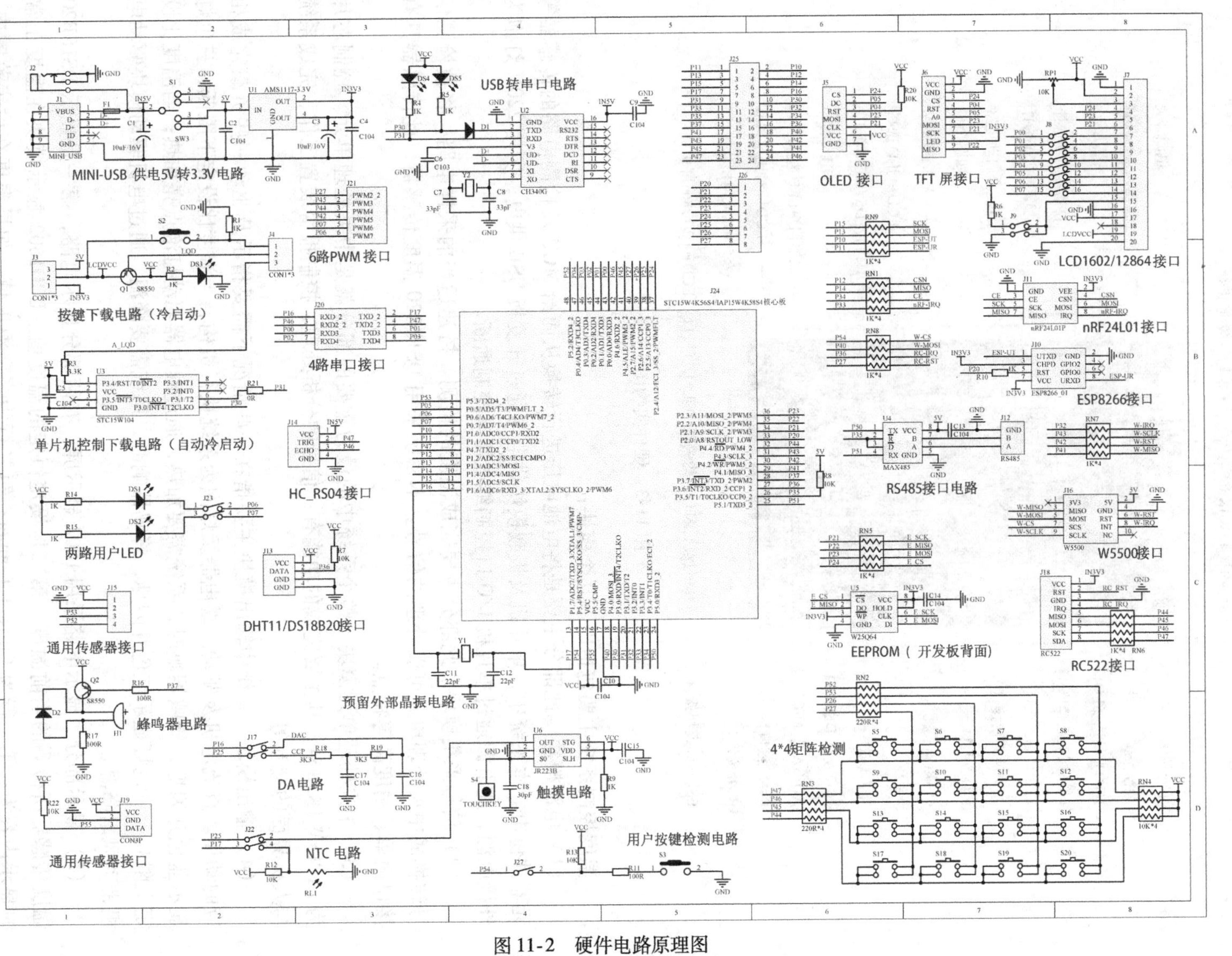


图 11-2　硬件电路原理图

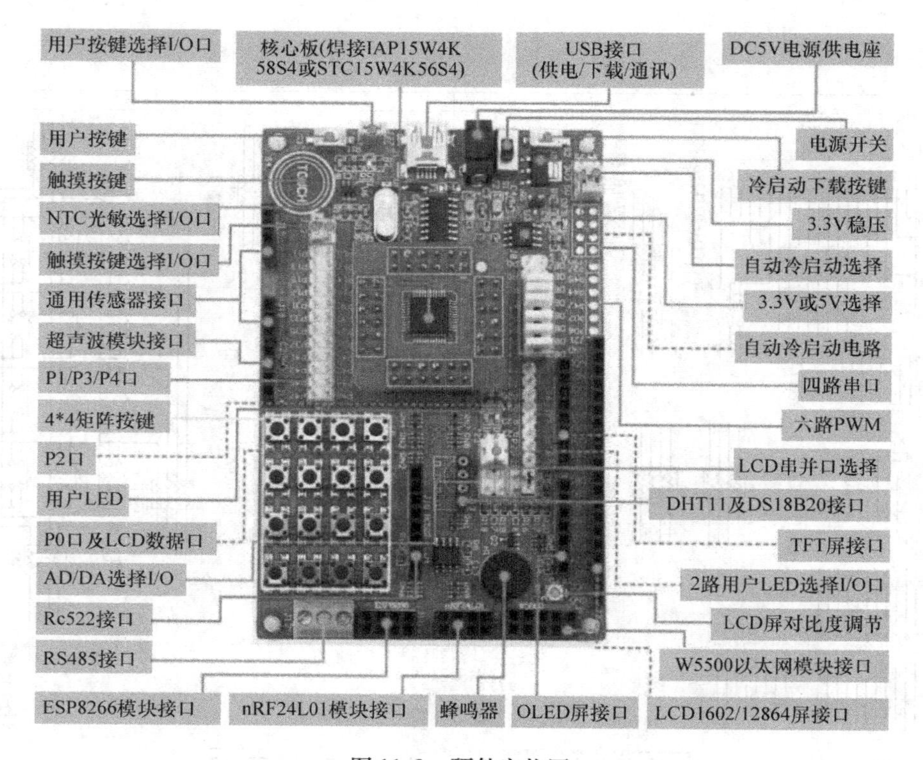


图 11-3 硬件实物图

温度控制系统主要包括以下几个模块：

（1）电源模块 此部分主要是将电池电压进行转换从而给 MCU 及检测电路的传感器等元器件供电。本系统中，单片机及板载模块供电均通过开发板 USB 供电，所用 220V 灯泡为外接电源，此电源通过单片机 I/O 口控制继电器来控制通断。

（2）信号采集模块 此部分主要完成温度的检测。搭建适当的采样电路，将被检测信号转换成中央处理单元可以处理的信号。本系统采用 DS18B20 温度传感器，此传感器具有接口简单、精度高等特点。

（3）中央处理单元模块 整个系统中的最为重要的部分就是中央处理单元。控制芯片为 IAP15W4K58S4，其主要完成的功能有：信号的分析处理、控制报警装置工作、完成系统与人机界面的交互等。

（4）输出模块 系统中输出模块主要指在一些情况下需要指示及驱动一些负载完成相应的动作。直流电机及驱动、继电器及灯泡为系统执行机构，当温度比设定下限低，三色灯显示蓝色并闪烁，蜂鸣器响时，系统需要加热，通过继电器驱动灯泡点亮加热；当温度比设定上限高，三色灯显示红色并闪烁，蜂鸣器响时，系统需要降温，通过电机驱动模块驱动电机带动风扇降温。

（5）显示部分 显示电路采用 1602 显示屏。有两部分显示电路，第一是显示 DS18B20 温度传感器所检测的当前温度，第二是设定恒定的温度值。LCD1602 显示模块在温度正常时显示内容为：第一行为 Current Temper；第二行为当前温度值，如果温度在设定范围内，则在温度值后方显示 Normal，如果温度比设定上限高，则在温度值后方显示 Too high，如果温度比设定下限低，则在温度值后方显示 Too low。此外，在对温度上限/下限设定时，LCD1602 显示模块显示内容为：第一行为 HighTemper/LowTemper；第二行为当前温度值。

（6）按键控制部分　由五个按键来调节温度的恒定限值，起到预设调节作用。五个按键分别是第一行的4个以及第二行的第一个按键，具体按键对应功能为：第一行第一列为温度上限设定按键；第一行第二列为温度下限设定按键；第一行第三列为温度值增加按键；第一行第四列为温度值降低按键；第二行第一列为温度设定确认按键。当需要对温度上下限进行设置时，首先需要按下温度上限/下限设定按键，调节至所需温度值后，按下温度设定确认按键即可完成温度上下限设定功能。

**3. 软件结构设计**

软件结构设计取决于系统的功能需求。本设计程序通电初始化后检测阈值，系统默认设一温度值，此值可通过按键更改。当确认阈值后，单片机发送指令给 DS18B20，使其开始测量温度，DS18B20 测量完温度后将未处理的温度信息发送给单片机，单片机通过转换为摄氏温度制，将温度显示到 LCD1602 上，同时进行温度与阈值的比较。如果该温度大于阈值，系统报警并且控制小风扇降温；如果温度小于阈值，系统报警并控制灯泡电量加热。系统软件流程图如图 11-4 所示。

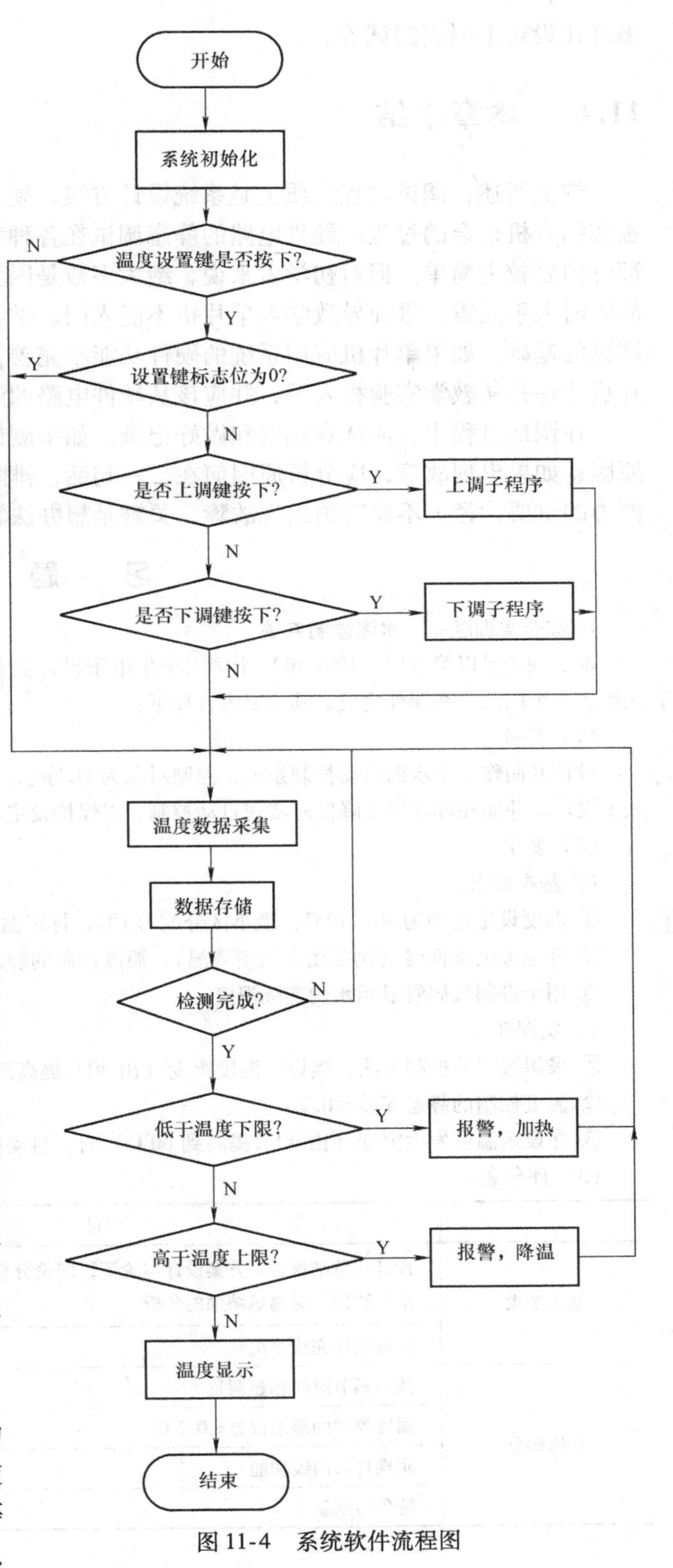

图 11-4　系统软件流程图

**4. 系统测试**

温度控制系统测试中主要进行功能测试，具体包括：温度上下限设定测试、温度在正常范围时系统显示等功能测试、温度比设定下限低测试、温度比设定上限高测试等。

## 11.6 本章小结

综上所述，调试过程实质上是系统设计方案、硬件电路设计、软件程序设计和教学实验板实物有机结合的过程。硬件电路的静态调试在各种教科书上很少讲到，其原因可归结为这部分内容较为简单。但对初学者来说，绝大多数是因为不知道硬件如何检查和调试，在出现故障时束手无策，进而导致学习单片机不能入门。学习和掌握硬件电路的调试方法是单片机调试的基础，如果单片机应用系统的硬件功能不完善，软件不可能工作正常，所以，学习单片机往往是从教学实验板入手，并应该从硬件电路的测试和故障诊断开始。

在调试过程中，应认真观察和做好记录。如果测试结果与理论分析不一致，应想法找出原因；如果出现故障，应分析原因何在。一句话，排除故障是提高综合分析问题和解决问题能力的重要途径，不要害怕出现故障，关键是想办法解决故障。

## 习 题

1. 综合实训题——**水温控制系统**

本实训项目以第三届（1997年）全国大学生电子设计竞赛C题《水温控制系统》为例，要求学生3人组成一个团队，在课外完成。其主要内容如下：

（1）任务

设计并制作一个水温自动控制系统，控制对象为1L净水，容器为搪瓷器皿。水温可以在一定范围内由人工设定，并能在环境温度降低时实现自动控制，以保持设定的温度基本不变。

（2）要求

1）基本要求。

① 温度设定范围为40～90℃，最小区分度为1℃，标定温度≤1℃。

② 环境温度降低时（例如用电风扇降温），温度控制的静态误差≤1℃。

③ 用十进制数码管显示水的实际温度。

2）发挥部分。

① 采用适当的控制方法，当设定温度突变（由40℃提高到60℃）时，减小系统的调节时间和超调量。

② 温度控制的静态误差≤0.2℃。

③ 在设定温度发生突变（由40℃提高到60℃）时，自动打印水温随时间变化的曲线。

（3）评分意见

| | 项目 | 得分 |
|---|---|---|
| 基本要求 | 设计与总结报告：方案设计与论证，理论分析与计算，电路图，测试方法与数据，对测试结果的分析 | 50 |
| | 实际制作完成情况 | 50 |
| 发挥部分 | 减小调节时间和超调量 | 20 |
| | 温度控制的静态误差≤0.2℃ | 10 |
| | 实现打印曲线功能 | 10 |
| | 特色与创新 | 10 |

附录：程序代码可扫码查看

链 11-1

2. 填空题

(1) 开发一个单片机应用系统需要经历________、________、________、________、________、________过程。

(2) 可行性分析通常从________、________、________、________几个方面进行论证。

(3) 系统的主要功能有________、________、________等。

(4) 在单片机应用系统中，常用的 I/O 方式主要有________、________和________三种。

(5) 单片机软件程序设计常用的办法有________、________、________三种。

3. 判断题（指出以下叙述是否正确）

(1) 在进行可行性分析之前，首先需要进行系统需求分析和方案调研。（　）

(2) 输出控制按控制对象不同可分为各种控制功能，如继电器控制、D/A 转换输出控制、PWM 输出控制等。（　）

(3) 当所设计软件程序规模较大、结构较复杂时选用自顶向下设计。（　）

(4) 结构化程序设计有三种基本结构：顺序结构、选择结构和循环结构。（　）

(5) 进行模块功能测试时，不需要在模块输入端加模拟信号。（　）

4. 简答题

(1) 简述单片机应用系统的开发过程。

(2) 简述单片机中 I/O 方式的确定。

(3) 简述如何选择单片机的软件设计。

(4) 单片机的调试有静态调试和动态调试，动态调试是如何工作的？

(5) 系统联机调试主要是解决什么问题？

# 第 12 章　项目二　基于 STC8H8K64 的两轮自平衡车设计

近年来，两轮自平衡电动车以其行走灵活、便利、节能等特点得到了很大的发展。为了提高全国大学生智能汽车竞赛的创新性和趣味性，智能汽车竞赛组委会引入两轮自平衡车模直立行走比赛，要求仿照两轮自平衡电动车的行进模式，让车模以两个车轮驱动进行直立行走。本章基于 STC8H8K64 单片机的两轮自平衡车设计实例，分别从两轮自平衡车的结构、控制原理、硬件设计、软件设计和平衡车系统调试等方面对两轮自平衡车设计做了全方位的介绍，期望能对采用单片机设计实际应用系统提供一些有用的参考。

## 12.1　两轮自平衡车的基本构造

### 12.1.1　两轮自平衡车的机体结构

随着电子行业以及机电自动控制的发展，人们正在研究如何使用机器人来代替人类从事繁重的劳动力工作，由于机器人可以周而复始地运动，效率更高，更加可靠，因此正逐渐出现在生活、物流、工业等各个领域中。目前，移动机器人受到广泛的关注。移动机器人根据其应用环境、行进机构的不同可以分为轮式、腿式和履带式三种形式。

两轮自平衡车既属于结构性仿生机器人系统，又属于原理性仿生机器人系统。结构上，两轮自平衡车模拟人的直立姿态；原理上，两轮自平衡车模拟人的平衡技能。

如图 12-1 所示，两轮自平衡车的机体结构通常包含：

（1）机体　置于底盘之上，可装载各种电子设备，如机载工控机、数字信号处理器（Digital Signal Processor，DSP）、惯性测量单元（Inertial Measurement Unit，IMU）、GPS 机体导航定位系统、电子眼等。

（2）底盘　主要用于安装或连接机体与轮系，携带和固定驱动系统，包括电机及其伺服机构。

（3）轮系　由左轮、右轮、轮轴或传动机构组成。左轮和右轮通过轮轴或传动轮系机构安装在底盘的左右两侧，分别由左电机和右电机驱动。

图 12-1　两轮自平衡车结构示意图

两轮自平衡车的重心一般位于轮系轴线之上，因而形成了内在固有的不稳定动力学特性。

### 12.1.2　车模简介

这里所使用的平衡车是一款由逐飞科技为全国大学生智能汽车竞赛直立节能组所设计的

样车，是以 D 车模为载体搭建的、以 STC8H8K64 芯片为主控的自平衡节能小车。本文使用的 D 车模参数规格如表 12-1 所示。

表 12-1　D 车模参数规格

| 产品名称 | D 型模型车 |
|---|---|
| 产品材质 | 底盘采用 2.5mm 厚的黑色玻纤板 |
| 产品尺寸 | 18mm × 20mm × 6.5mm |

逐飞科技的 D 车模样车搭载使用 RS380 电机，有着坚固耐撞、不易变形、编码器安装方便等优点。RS380 电机额定工作电压为 DC7.2V，空载电流小于 630mA，最大功率大于 20W，空载转速为 15000 ± 3000r/min。车模实物如图 12-2 所示。

图 12-2　D 车模实物图

## 12.1.3　测速传感器的安装

自平衡车采用 1024 线带方向迷你编码器，该编码器信号稳定、精度高，为程序控制提供精准的实时速度数据，不论是平衡控制、速度控制还是停车控制，都依赖于 1024 线带方向迷你编码器对电机进行的测速。该编码器的实物如图 12-3 所示。

编码器的安装过程主要包括两个步骤：由于车模自带迷你编码器安装支架，可以先将编码器固定在支架上，然后将齿轮套在编码器 D 型轴上，并将该齿轮与电机齿轮相啮合。

安装完毕后，了解编码器每一根线所代表的功能，才能准确地与单片机进行连接。编码器的引脚接口定义如图 12-4 所示。引脚名称及引脚功能如表 12-2 所示。

图 12-3　1024 线带方向迷你编码器

零位　5　6　NC
步进脉冲　3　4　方向信号
GND　1　2　$V_{CC}$

图 12-4　编码器引脚接口定义

表 12-2　编码器引脚名称及功能

| 序号 | 引脚 | 引脚功能 |
|---|---|---|
| 1 | GND | 接地 |
| 2 | $V_{CC}$ | 电源 |
| 3 | LSB | 步进脉冲 |
| 4 | DIR | 旋转方向 |
| 5 | Z 相 | 机械零位（悬空） |
| 6 | NC | 悬空 |

### 12.1.4 陀螺仪的安装

两轮自平衡车使用的是逐飞科技的六轴陀螺仪（三轴陀螺仪 + 三轴加速度计）ICM－20602 模块，主要用于车模姿态检测。将传感器安装在整个平衡车质心的位置上，可以最大程度减少平衡车运行时前后振动对于测量倾角的干扰，且安装时要注意尽量使陀螺仪传感器水平安装。

陀螺仪的使用参考该传感器模块的引脚功能，表 12-3 介绍了该陀螺仪模块引脚功能。

表 12-3 陀螺仪模块引脚功能

| 序号 | 引脚 | 引脚功能 |
|---|---|---|
| 1 | $V_{CC}$ | 电源 3.3～5V |
| 2 | GND | 电源地 |
| 3 | SCL/SPC | $I^2C$ 时钟引脚 |
| 4 | SDA/SDI | $I^2C$ 数据引脚/从机输入引脚 |
| 5 | SAO/SDO | $I^2C$ 地址/SPI 从机输出 |
| 6 | CS | SPI 片选 |
| 7 | INT | 中断 |
| 8 | FSY | 同步 |

## 12.2 两轮自平衡车的控制原理

两轮自平衡车可以看成放置在可以左右移动平台上倒立着的单摆，如图 12-5 所示。当倒立摆模型的顶部向左倾斜时，为维持系统的平稳竖立，底部也会加速向左边移动，速度要快于顶部。当倒立摆的顶部倒向右边时，倒立摆的底部也必须快速向右边移动。其实可以从日常生活经验理解控制倒立摆平衡的方法，想让一个直木棒在手指尖上保持直立，需要满足两个条件：一个是托着木棒的手指可以自由移动；另一个是眼睛可以观察到木棒的倾斜角度和倾斜趋势（角速度）。通过手掌移动抵消木棒的倾斜角度和趋势，从而保持木棒的直立。在两轮自平衡车系统中，检测传感器就充当了我们的眼睛，驱动电机则是我们的手指。稍有不同的是，两轮自平衡车只在平面内摆动。维持车模直立运行的动力都来自于车模的两个驱动轮，且分别由两个直流电机驱动。因此，从控制角度来看，车模作为一个控制对象，它的控制输入量是两个电机的转动速度。车模运动控制任务可以分解成以下三个基本控制任务。

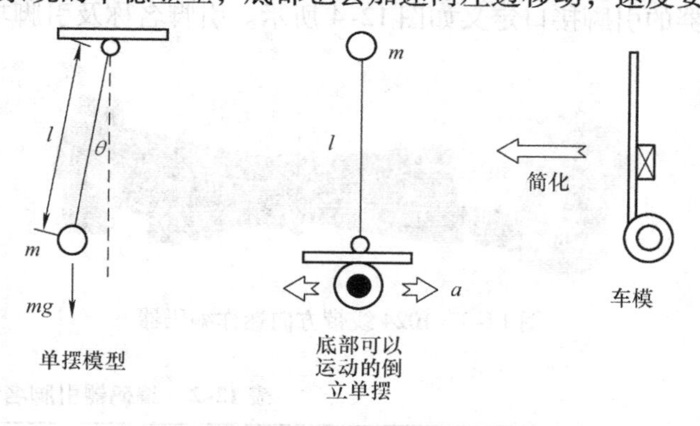


图 12-5 车模简化成倒立的单摆

1）车模直立控制：通过控制两个电机的正反向运动保持车模直立平衡状态。

2）车模速度控制：通过调节车模的倾角来实现车模的速度控制，实际上最后还是演变成通过控制电机的转速来实现车模速度的控制。

3）车模转向控制：通过控制两个电机之间的转速差来实现车模的转向控制。

车模直立和转向控制任务都是直接通过控制车模的两个驱动电机完成的。在实际控制中，是将控制车模直立和方向的控制信号叠加在一起加载到电机控制上，只要电机处于线性状态就可以同时完成上面两个任务。车模的速度是通过调节车模倾角来完成的。车模不同的倾角会引起车模的加减速，从而达到对于速度的控制。三个分解后的任务各自独立进行控制，但自平衡车体保持直立平衡、调速与转向的最终实现都是通过对同一个控制对象（车模驱动电机的转速）进行控制，所以它们之间存在着耦合。为了方便分析，在分析其中之一时假设其他控制对象都已经达到稳定。比如在速度控制时，需要车模已经能够保持直立控制；在转向控制时，需要车模能够保持平衡和速度恒定；同样，在车模直立控制时，需要速度和转向控制也已经达到平稳。这三个任务中，保持车模平衡是关键。由于车模同时受到三种控制的影响，从车模直立控制的角度来看，其他两个控制就成为它的干扰。因此对车模速度、方向的控制应该尽量保持平滑，以减少对于直立控制的干扰。以速度调节为例，需要通过改变车模直立控制中车模倾角设定值，从而改变车模行进速度。为了避免影响车模直立控制，这个车模倾角的改变需要非常缓慢的进行。下面分别分析车模三个控制任务的控制原理。

### 12.2.1　直立控制原理

直立控制的研究对象是车身倾角，作用对象是两个驱动电机，通过改变驱动电机的输出转速来达到改变倾角的目的。当车体重心处在两车轮连线的中垂线上时，MCU 停止输出 PWM 信号给车轮直流电机的驱动模块，减小产生电压的占空比，进而达到减小驱动电流的目的。当车体重心发生前倾时，MCU 会根据传感器测量到的倾角与倾角角速度的变化信息，及时产生相应的 PWM 值给驱动模块，进而产生驱动电流来使电机加速向前转动，使得车体的重心落在两车轮的中垂线上。同理，当车体重心后仰时，驱动电机加速向后转动。直立控制原理如图 12-6 所示。

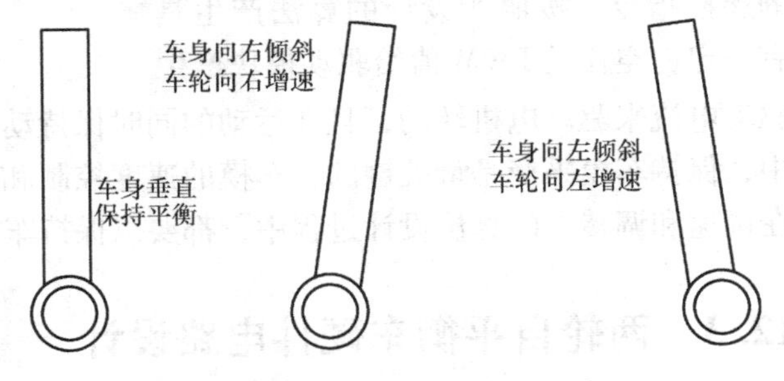


图 12-6　直立控制原理示意图

### 12.2.2　速度控制原理

通常情况下对速度控制都采用负反馈控制，当需要改变车轮速度时，所采取的操作就是直接将速度设定值增大或减小，最后依靠负反馈来消除偏差。本设计中两轮自平衡车体的速度控制采用的是正反馈控制。当需要对自平衡车增大速度时，采取的操作是先使车轮按相反方向滚动，使车身与车轮连线的中垂线产生一定的倾角。受到直立控制的影响，车轮会去试图消除倾角，进而会与速度控制产生耦合，最后在直立前行的同时会保持一定的速度。速度控制原理如图 12-7 所示。

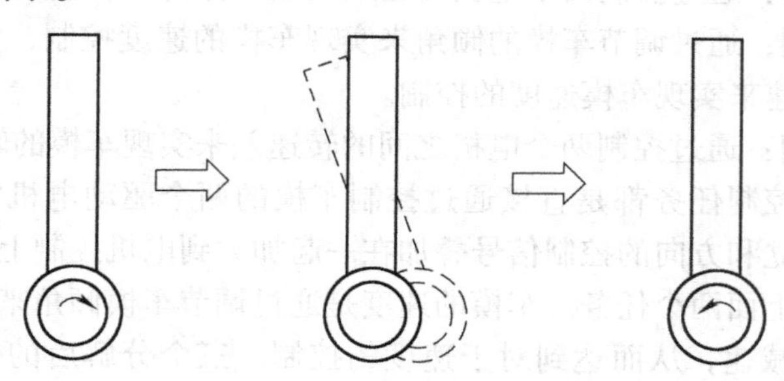

图 12-7 速度控制原理示意图

### 12.2.3 转向控制原理

自平衡车是通过控制输出给两驱动电机不同的 PWM 值来达到对转向的控制，速度差越大，转向速度越快。本设计为了保证车体能够绕着两车轮连线中垂线进行旋转，对两车轮驱动电机的驱动量分别增大和减小相同的 PWM 信号量。转向控制原理如图 12-8 所示。

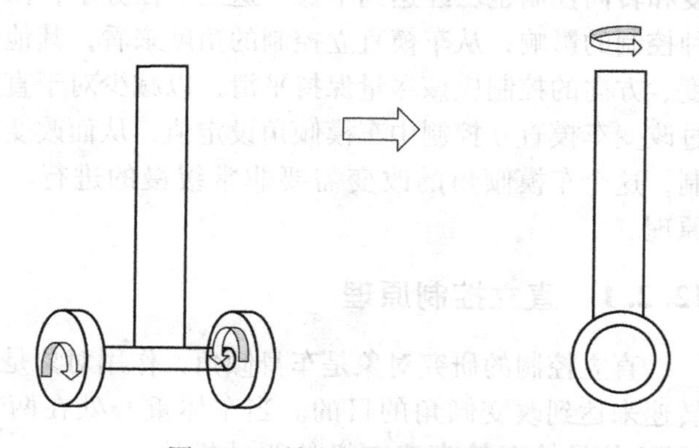

图 12-8 转向控制原理示意图

综上所述，两轮自平衡车运行过程的基本思想是：当姿态传感器检测到平衡车有倾角产生时，控制系统会根据传感器检测到车身的倾角变化值和接收到的遥控指令，按照所设计的算法产生具有一定占空比的 PWM 值给驱动模块产生驱动电流来驱动电机转动，且在运动的同时保持动态平衡。在直立、调速与转向的三个任务中，保持车模平衡是最关键的，车模的速度控制和转向控制对于直立控制来说都是干扰量。在调速和调转向的算法设计过程中，都要以保持车体的平衡稳定性为前提。

## 12.3 两轮自平衡车硬件电路设计

两轮自平衡车硬件设计主要包括主控模块、电源模块、角度检测单元、速度检测单元和电机驱动模块 5 个部分。

### 12.3.1 控制核心板介绍

两轮自平衡车的主控芯片采用宏晶科技的 STC8H8K64 单片机。STC8H 系列单片机是不需要外部晶振和外部复位的单片机，它体积小、功耗低、运行速度快、抗干扰能力强，非常适合控制车模运行。在相同的工作频率下，STC8H 系列单片机比传统的 8051 约快 12 倍，指令代码完全兼容传统的 8051。STC8H8K64 单片机具有丰富的外设模块，所使用到的主要模块包括：

1）PWM：8 通道。

2）A/D 转换器：15 通道，高精度 12bit。

3）定时器：5 个 16 位。

4）外部串行接口：SPI，$I^2C$。

5）I/O 口：最多可达 61 个 GPIO。

内部存储器资源包括：64KB Flash 程序存储器和 8KB 数据存储器。

逐飞科技为搭载 STC8H 系列单片机芯片设计了功能丰富的核心板。核心板扩展的模块包括：

1）Type－C 接口和 USB 转 TTL 接口：用于下载和仿真。

2）电源 LED 灯：用于指示核心版是否正常工作。

3）软、硬件复位按键；方便复位 MCU。

4）I/O 排针；方便主板和其他模块连接。

STC8H8K64 核心板原理图如图 12-9 所示。

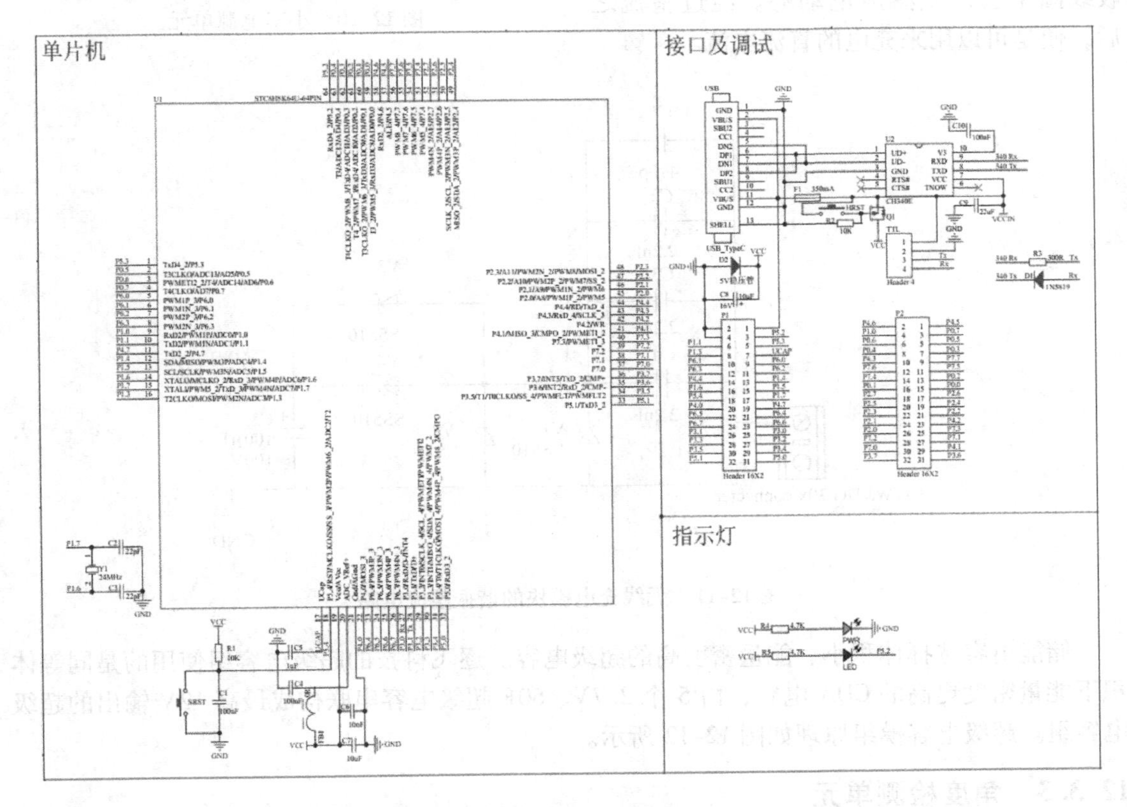


图 12-9　逐飞科技 STC8H8K64 核心板原理图

## 12.3.2　电源单元

全国大学生智能汽车竞赛直立节能组车模上不允许安装任何电能储能器件，车模运行的能源来自于无线接收线圈。为了满足比赛的要求，电源单元采用储能电容及无线充电的方式。车模通过无线电磁感应获取电能，需要通过无线电能发送模块和接收模块共同完成。本节能平衡车采用的是逐飞科技制作的一款简易无线充电模块，通过该模块从发射端获取电能来为超级电容组进行充电，再通过超级电容对小车系统进行供电。小车电源单元如图12-10所示。

首先是无线充电接收部分，无线充电的基本原理是利用电磁互感现象，通过磁场耦合的两个线圈来完成从发射端到接收端的电能传输。逐飞科技的简易无线充电模块的谐振整流电路如图12-11所示。

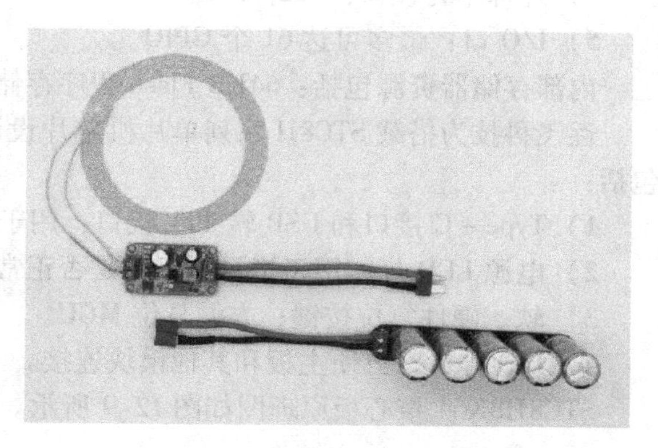

图12-10　小车电源单元

左侧接线端子连接无线充电接收线圈，4个电容的总电容值为7.07nF，利用电容和接收线圈匹配成谐振回路。使用肖特基二极管完成倍压整流。在发射线圈通电以后，接收线圈中会产生感应电动势。经过整流之后，便是可以用来充电的直流电流。

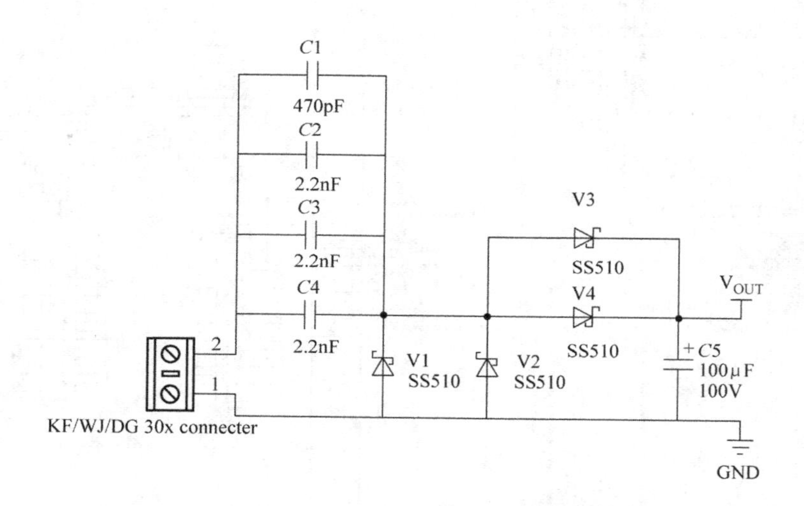


图12-11　无线充电模块的谐振整流电路

储能电容选择体积小、能量密度高的超级电容。逐飞科技的超级电容组使用的是同等体积下能量密度更高的CDA电容，由5个2.7V、60F超级电容串联构成最高12V输出的超级电容组。超级电容模组原理如图12-12所示。

### 12.3.3　角度检测单元

角度检测所使用的六轴传感器ICM-20602由三轴加速度计与三轴陀螺仪组成，加速度计和陀螺仪的作用与基本原理如下。

加速度计用于测量物体的加速度。图12-13所示为单轴加速度计的基本工作原理。

当传感器往右以加速度$a$运行时，由于惯性质量块相对传感器后移，质量块的惯性力会拉伸右弹簧，压缩左弹簧，直到弹簧的回复力等于惯性力，质量块与传感器之间的相对位移

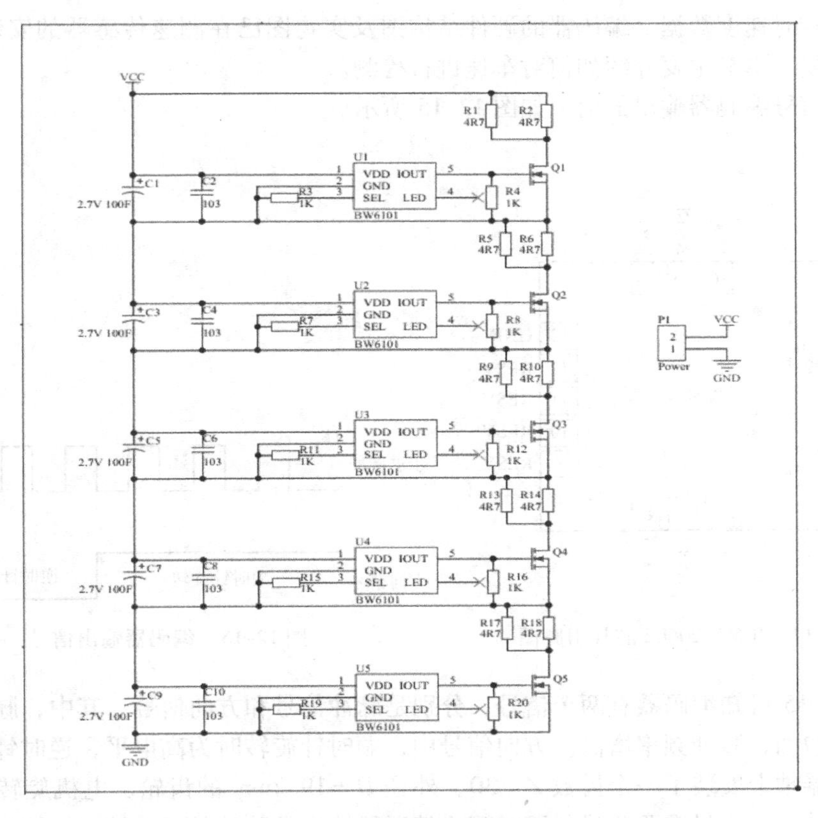


图 12-12　超级电容模组原理

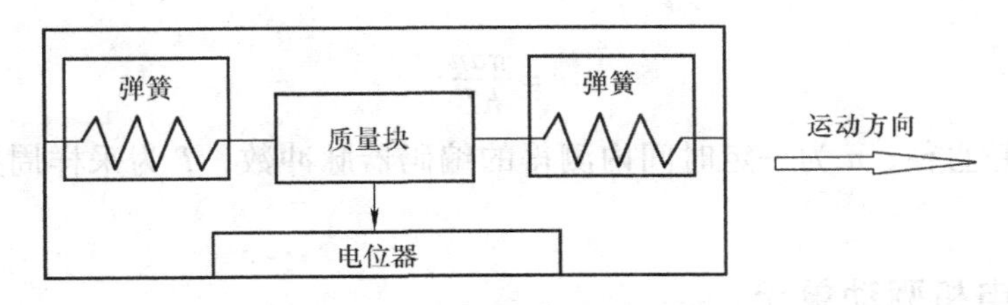


图 12-13　单轴加速度计基本原理图

才会停止。然后通过下方的电位器来检测相对位移距离从而判断加速度的大小。

陀螺仪的作用是测量物体的角速度，物体旋转越快，输出的数据越大，物体停止运动时输出的数据在 0 附近。陀螺仪的基本原理是内部的转子高速旋转，由于角动量很大，旋转轴会稳定地指向一个方向，有了固定的旋转轴之后，将这个旋转轴作为一个基准，从而可以测量坐标系轴与旋转轴的相对角速度。

ICM－20602 传感器芯片引脚如图 12-14 所示。

### 12.3.4　车速检测单元

为了使两轮自平衡车沿着赛车轨道平稳运行，除了需要对小车的角度进行检测外，还需要对车速进行控制。两轮自平衡车的平衡控制、速度控制都离不开对速度的检测。自平衡车使用的是逐飞科技的带方向信号的迷你编码器，具有信号稳定、精度高的特点，为程序控制提供精准的实时速度数据。编码器的硬件结构图及实物图已在测速传感器的安装章节介绍，在此不再重复。本节主要介绍如何对车速进行检测。

带方向信号编码器输出的信号如图12-15所示。

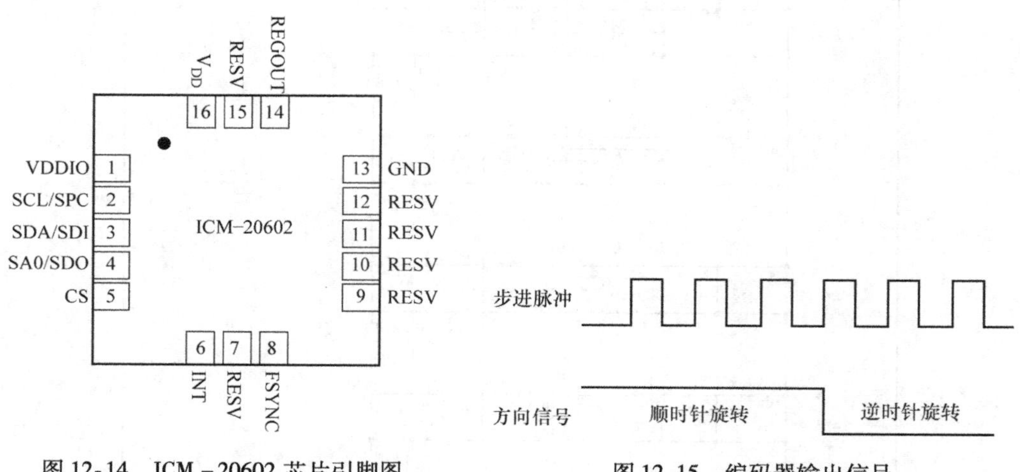


图12-14　ICM－20602芯片引脚图　　　图12-15　编码器输出信号

由图12-15可知编码器有两个信号，分别是脉冲信号和方向信号。其中，脉冲信号随着电机转速的增加，脉冲频率增高。方向信号中，顺时针旋转时为高电平，逆时针旋转时为低电平。编码器轴上安装了一个齿数 $Z=30$、外径 $D=19.2\text{mm}$ 的齿轮，电机旋转时会带动编码器一起旋转，此时只需要测量一段时间内编码器输出的脉冲数就能精准地算出车速。车速的计算公式为：

$$v=\frac{\pi dn}{hT} \tag{12-1}$$

式中，$d$ 为小车轮直径；$n$ 为一定时间内测得的编码器脉冲数；$T$ 为采样周期；$h$ 为齿轮传动比。

### 12.3.5　直流电机驱动单元

直流电机驱动控制电路主要用来控制直流电机的转动方向和转动速度。改变直流电机两端的电压可以控制电机的转动方向，电机的转速通过改变PWM波的占空比来实现。

由于车模具有两个车轮驱动电机，因此平衡车采用逐飞科技设计的HIP4082＋7843MOS双驱模块来驱动小车电机的控制，驱动模块为经典MOS全桥，工作电压低，驱动力强，电源支持6～10V，并且与单片机有5V隔离，可有效保护单片机。

驱动模块的硬件原理如图12-16所示。

为了提高电源效率，驱动电机的PWM波形采用单极性的驱动方式，即在一个PWM周期内，施加在电机上的电压为单极性电压。因此，每一个电机为了能够实现正、反转，都需要两路PWM信号，两个电机需要4路PWM信号。驱动板PWM信号输入真值表如表12-4所示。

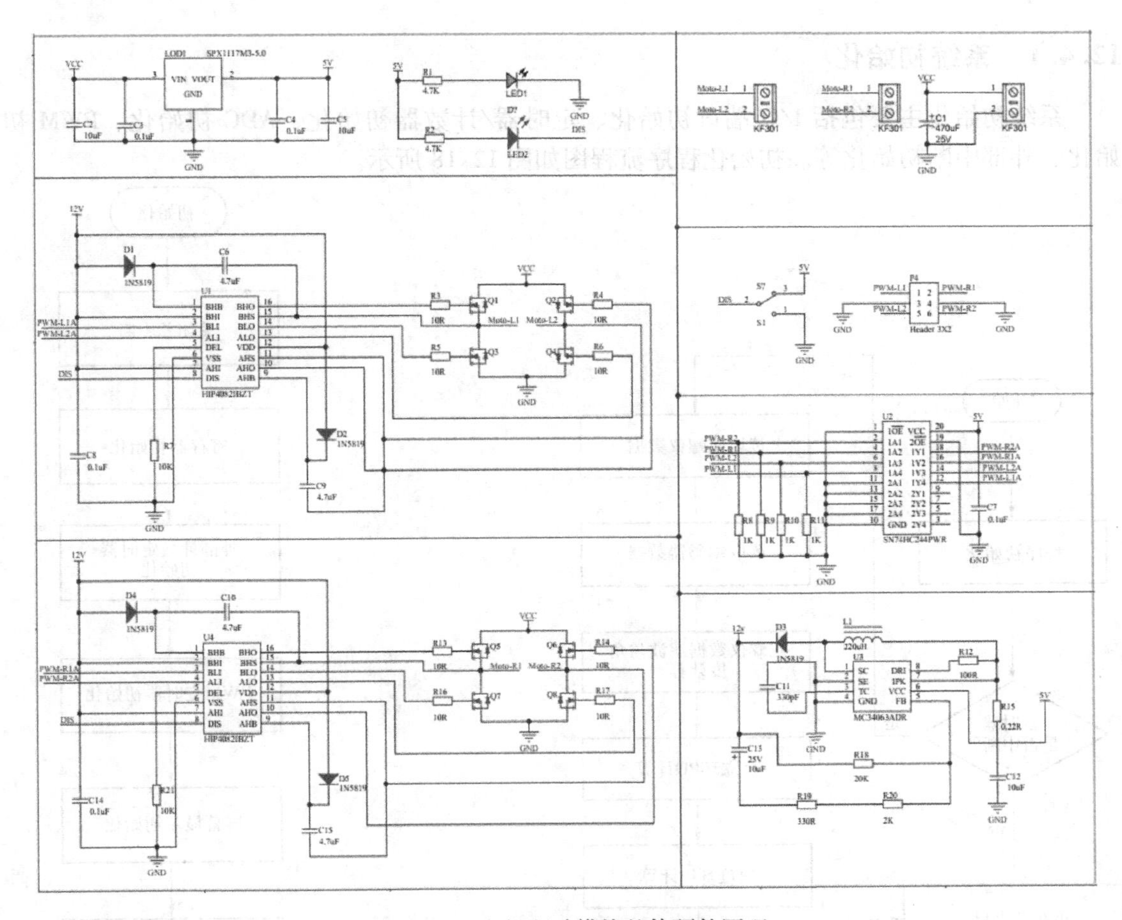

图 12-16　电机驱动模块整体硬件原理

**表 12-4　驱动板 PWM 信号输入真值表**

| A1 | A2 | 电机状态 |
|---|---|---|
| 0 | 0 | 停止 |
| 0 | 1 | 正转 |
| 1 | 0 | 反转 |
| 1 | 1 | 停止 |

## 12.4　两轮自平衡车控制软件设计

平衡车控制软件设计包括三部分：系统初始化，车模角度和角速度的测量，控制策略及控制算法。初始化的目的是将程序运行中所需要的功能提前配置，以便于在程序运行中直接调用。角度获取算法用来计算小车当前的角度，并作为 PID 控制算法的输入。控制策略是实现小车直立的重要一环，本设计中采用经典比例 - 积分 - 微分（PID）控制来对小车角度进行控制，实现小车的平衡。程序整体控制软件流程如图 12-17 所示。

### 12.4.1　系统初始化

系统初始化主要包括 I/O 端口初始化、定时器/计数器初始化、ADC 初始化、PWM 初始化、外部中断初始化等。初始化程序流程图如图 12-18 所示。

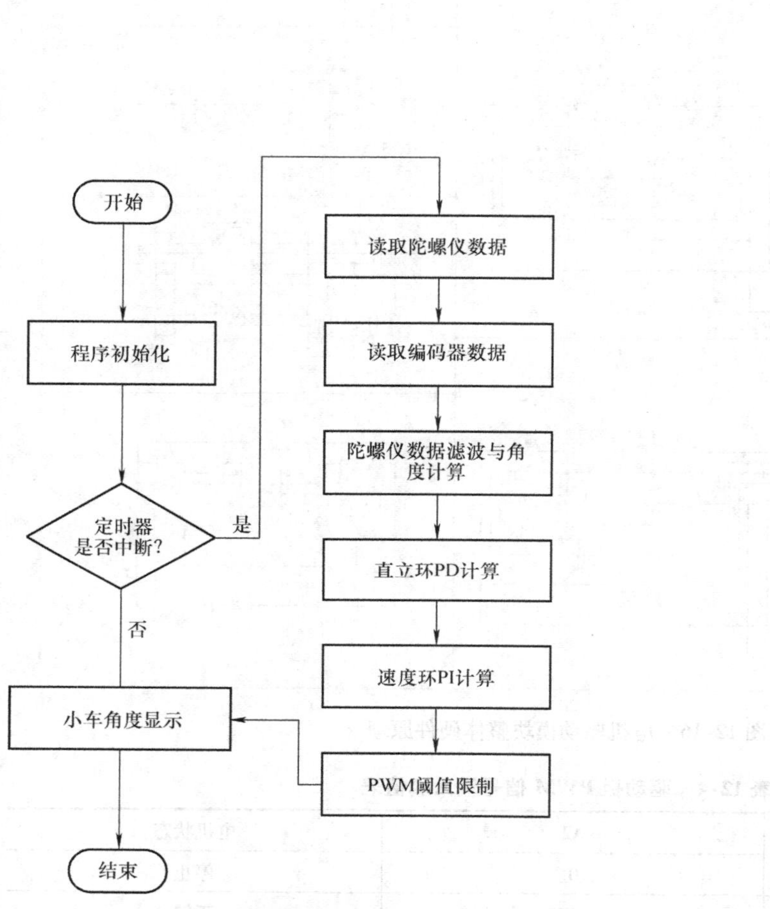


图 12-17　两轮自平衡车控制软件流程图

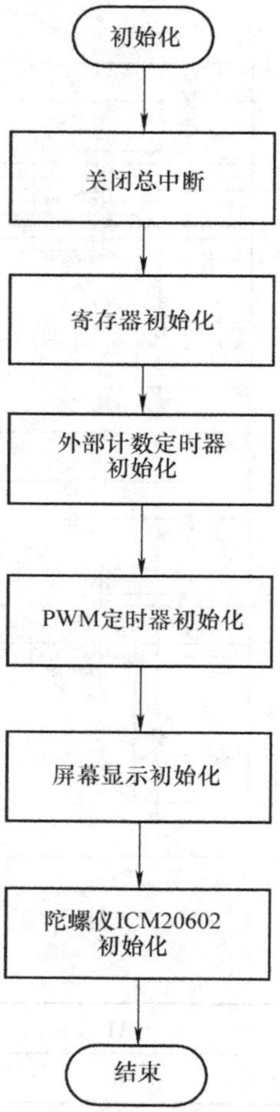

初始化
关闭总中断
寄存器初始化
外部计数定时器初始化
PWM定时器初始化
屏幕显示初始化
陀螺仪ICM20602初始化
结束

图 12-18　初始化程序流程图

**1. 定时器/计数器初始化**

定时器初始化为外部计数，以便编码器采集数据。其初始化主要包括：定时器初值清零、设置 TMOD 为外部计数模式和启动定时器。

初始化定时器 0，外部输入为 P3.4 引脚，初始化程序如下：

```
1.voidctimer_count_init()
2.{
3.TL0 = 0;
4.TH0 = 0;
5.TMOD |= 0x04; //外部计数模式
6.TR0 = 1;   //启动定时器
7.break;
8.}
```

**2. ADC 初始化**

A/D 转换模块主要用于电磁信号的采集应用，实现自平衡车的循迹。对交变的电磁信号采集，使用 LC 进行选频之后再将信号连接到运放进行放大并整流，最终变为直流信号后进行 A/D 转换。ADC 初始化包括通道的选择和时钟频率的设定。初始化程序可扫链 12-1 查看。

链 12-1　ADC 初始化程序

**3. PWM 初始化**

STC8H8K 可以输出 8 路 16 位 PWM，通过改变 PWM 的占空比可以实现调速控制。PWM 初始化包括：通道选择，引脚选择，配置通道输出使能和极性，功能设置，设置预分频，设置捕获值、比较值。初始化程序可扫链 12-2 查看。

链 12-2　PWM 初始化程序

在本次实验中采用 PWM1、PWM2、PWM3、PWM4 作为电机控制引脚，通过双 MOS 驱动电路对电机进行控制。使用 pwm _ init（PWM1P _ P60，1000，0）初始化 PWM1，参数 1 表示初始化 PWM1，使用 P60 引脚作为输出；参数 2 表示初始化 PWM 频率为 17kHz；参数 3 表示输出占空比为 0。依据 PWM1 的初始化，分别初始化 PWM2、PWM3、PWM4，使之占空比与频率相一致。这里，初始化的频率不应太低，否则会造成电机运行不流畅的现象。

## 12.4.2　车模角度和角速度的测量

控制车模直立稳定有两个条件：

1）能够精确测量车模倾角 $\theta$ 的大小和角速度 $\omega$ 的大小。

2）可以控制车轮的加速度。

所以车模角度和角速度的测量成为控制车模直立的关键之一。三轴陀螺仪可以测量车模的倾斜角速度，将角速度信号进行积分便可得到车模的倾角。因为车模角度测量需要经过积分运算，若角速度信号存在微小的偏差和漂移，经过积分运算之后，便形成累积误差。为消除这个误差，就要通过三轴加速度传感器获得的角度信息对此进行校正，这就形成一个角度闭环的反馈控制，从而获得精准的角度信息。加速度计矫正陀螺仪角度反馈控制如图 12-19 所示。

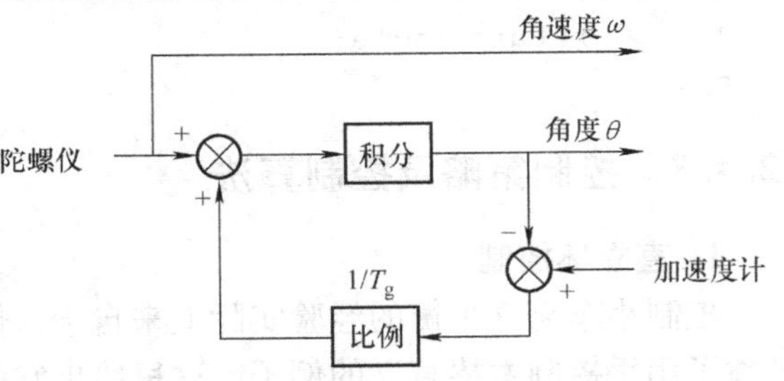

图 12-19　加速度计矫正陀螺仪角度反馈控制

通过陀螺仪传感器和加速度计传感器获取的数据，采用互补滤波的算法对角度融合，可以尽可能消除陀螺仪的累积误差，并解决单独加速度计数据不够稳定的问题。对于加速度数据首先应该采用低通滤波函数进行滤波操作，消除由于高频噪声引起的测量误差。程序如下：

```
1. #define new_weight          0.35f
2. #define old_weight           0.65f
3. #define M_PI               3.1415f
```

```
4. voidIMU _ getValues (float * values,int16 gx, int16 gy, int16 gz, int16 ax,
int16 ay, int16 az)
5. {
6. static float lastaccel[3] = {0,0,0};
7. inti;
8. values[0] =((float)ax) * new_weight + lastaccel[0] * old_weight;
9. values[1] =((float)ay) * new_weight + lastaccel[1] * old_weight;
10. values[2] =((float)az) * new_weight + lastaccel[2] * old_weight;
11. for(i=0; i<3; i++)
12. {
13. lastaccel[i] = values[i];
14. }
15. values[3] =((float)gx) * M_PI / 180 / 16.4f;
16. values[4] =((float)gy) * M_PI / 180 / 16.4f;
17. values[5] =((float)gz) * M_PI / 180 / 16.4f;
18. }
```

程序后半部分是对陀螺仪数据进行处理，由于陀螺仪得到的数值需要除以一个精度值转化为角度（这里分辨率值为16.4），但在实际程序中需要的是rad/s，所以又需要将得到的角度值转变为角速度，即乘以M _ PI/180。

进行加速度数据处理以及陀螺仪数据转换之后就能够进行互补滤波操作，得到最终的倾角角度，一般常用到的是Pitch、Roll、Yaw三个角度。互补滤波算法程序如下：

```
1. float Yijielvbo(float angle_m, float gyro_m)
2. {
3. angle = K1 * angle_m + (1 - K1) * (angle + gyro_m * dt);
4.      return angle;
5. }
```

### 12.4.3 控制策略及控制算法

**1. 直立环控制**

控制小车直立平衡的经验实际上来自于人们日常生活中的经验，在直立控制原理一节已经举了用手控制木棒直立的例子，这里给出它的控制系统图，如图12-20所示。

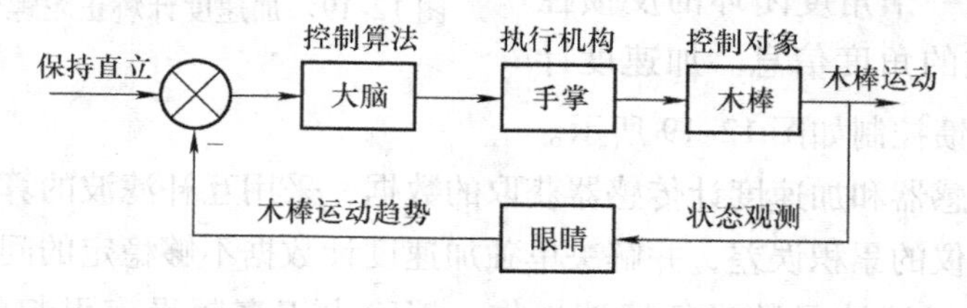


图12-20 木棒控制系统

相比于木棒平衡，小车的平衡是在二维平面上的平衡，也就是小车只需要在轮胎方向前后移动时保持平衡即可。根据控制木棒平衡的经验，可以对小车平衡控制使用负反馈，让平衡车倾角与平衡状态的角度偏差接近于0，即在小车向前倾时，车轮要向前运动，小车向后倾时轮子向后运动，使小车保持平衡。理想状态下可以控制电机的加速度和小车的倾角成正比，就可以让小车保持平衡。

由于小车存在惯性，当角度偏差为 0 时，虽然控制输出也为 0，但这时的小车仍因为惯性向某一个方向偏转，之后因为存在偏差需要再次进行控制，如此多次，小车就会在平衡点附近振荡。为了避免小车出现这种振荡，我们直接将小车倾斜角速度 $\omega$ 引入，这时控制的不仅仅是小车的倾角，还有小车倾角的角速度，进而可以实现小车的直立平衡，且不会出现大幅度的振荡现象。这种方法就是通常所说的 PD 控制，控制系统图如 12-21 所示。

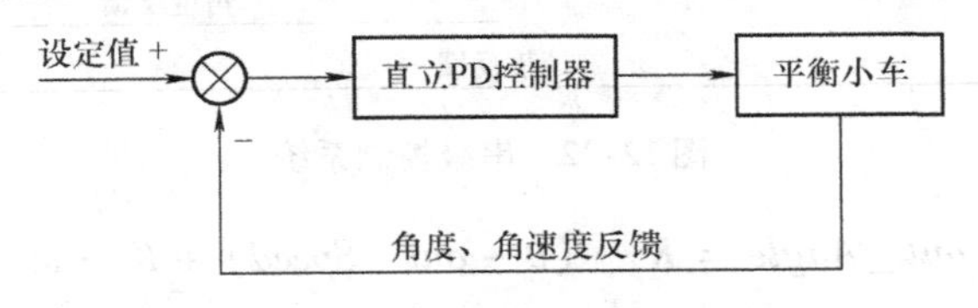


图 12-21　直立环控制系统

自平衡车有一个重要的角度点就是机械平衡点，也就是自平衡车不依靠电机控制或者外力能够实现短期自我平衡的角度，称之为机械中值。要想车辆保持平衡，必须采用 PID 算法对自平衡车速度进行控制，PID 直接计算得到的是电机控制的 PWM 值。通过 PWM 控制电机转动速度来保持小车平衡。PID 的入口参数是陀螺仪得到的 Pitch（俯仰角）和机械中值。通过该 PID 的控制能够使自平衡车倾斜角度保持在机械中值附近，实现自平衡车平衡。直立环控制程序如下：

```
1. intbalance _UP(float Angle,floatMechanical _balance,float Gyro)
2. {   // Angle 为陀螺仪角度
3.     //Mechanical _balance 为机械中值
4.     //Gyro 为陀螺仪角速度
5.     float Bias;
6.     int balance;
7.      Bias =Angle -Mechanical _balance; // 当前角度值与平衡值之间的误差
8.     balance =balance _UP _KP * Bias +balance _UP _KD * Gyro; //计算出来的 PWM 值
9.     return balance;
10. }
```

但是由于自平衡车制作过程中存在的误差，因此单独靠直立环无法使自平衡车一直保持直立，所以需要加入速度环。

**2. 速度环控制**

相对于普通车模的速度控制，直立车模的速度控制更为复杂。经典的速度控制一直使用负反馈，但是这里需要使用正反馈。因为根据之前的描述，当小车向前倾斜时，小车车轮应当及时向前转；当小车向后倾斜时，车轮应该向后转，也就是倾斜方向与车轮转动方向一致；当小车快速向前倾倒时，需要更高的速度向前追小车，这样才能维持小车的稳定。

由于在速度控制过程中仍需要始终保持车模的平衡，因此平衡车的速度控制不能直接通过改变电机转速来实现，而是通过对直立控制目标值的变动来实现。如果需要提高小车向前行驶的速度，就要增加小车前倾的角度，倾斜角度增大，直立环就要输出更大的速度使小车向倾斜方向运动来保持小车平衡。根据上面的描述，速度环不能直接作用于平衡小车，而是作用于直立环，速度环的输出作为直立环的输入，而直立环作为平衡车的最终控制输出。这就是一个串级控制系统，控制系统如图12-22所示。直立控制使用的是PD控制，而由于编码器有较大的噪声，为了防止噪声被放大并消除系统的静差，这里的速度控制使用PI控制。

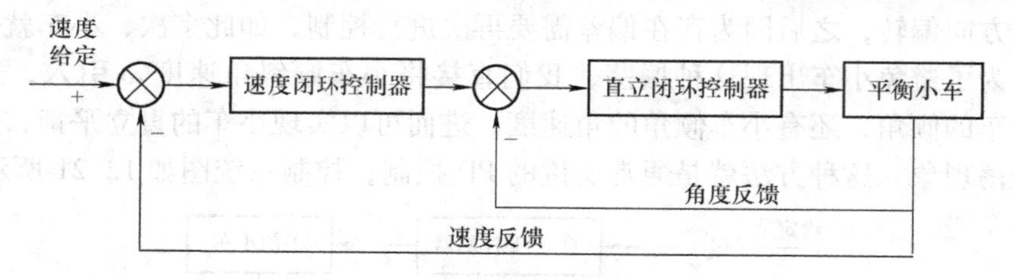


图12-22 串级控制系统

$$out\_Angle = K_p \cdot (\theta - out\_Speed) + K_d \cdot \omega \tag{12-2}$$

$$out\_Speed = K_{p1} \cdot e(k) + K_i \cdot \sum e(k) \tag{12-3}$$

式（12-2）为直立PD控制，式（12-3）为速度PI控制。$\theta$是角度，$\omega$是角速度，$e(k)$为速度控制偏差，$\sum e(k)$为速度控制偏差的积分。为了方便PID参数整定，可以对上述系统做进一步变换：

$$out\_Angle = K_p \cdot \theta + K_d \cdot \omega - K_p[K_{p1} \cdot e(k) + K_i \cdot \sum e(k)] \tag{12-4}$$

经过变换可以看出，让小车保持直立并且速度为给定值的串级PID控制算法演变为一个负反馈的直立环PD控制器和一个正反馈的速度环PI控制器。变换后的控制系统如图12-23所示。

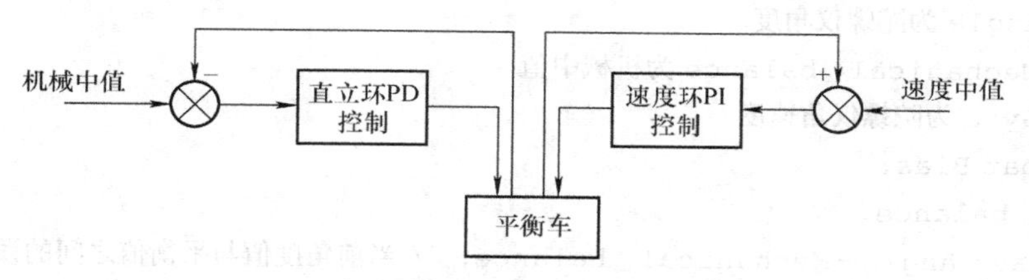


图12-23 变换后的串级PID控制系统

从图中可以看出，原串级PID中速度环的输出是作为直立环的输入，现在变成了直接输出到电机上，变为对电机的直接控制。将上述过程中的速度环用程序描述如下：

```
1. intvelocity_pid(intencoder_left,intencoder_right)
2. {
3.     static float Velocity,Encoder_Least,Encoder;
4.     static float Encoder_Integral;
5.         Encoder_Least=(encoder_left+encoder_right)-0;
6.         Encoder *= 0.8; //低通滤波
7.         Encoder += Encoder_Least*0.2;
8.         Encoder_Integral+=Encoder; //速度积分
9.         if(Encoder_Integral>5000) Encoder_Integral=5000; //积分饱和抑制
10.        if(Encoder_Integral<-5000)    Encoder_Integral=-5000;
11.        Velocity=Encoder*velocity_KP+Encoder_Integral*velocity_KI;
```

```
//PWM 计算
  12.      if(pitch < -40 ||pitch >40)              Encoder_Integral =0; //角度限制
  13.   return Velocity;
  14. }
```

这里速度 PID 的输入参数是左、右编码器的数值以及速度中值，即速度为 0。速度环控制程序流程如图 12-24。

在平衡小车的速度控制系统中，一般可以把 $K_i$ 值设置为 $K_i = K_p/200$，所以只需要对 $K_p$ 值进行整定。在平衡调试的过程中，需要保证速度控制目标为 0，所以调试的结果应该是在小车保持平衡的同时，速度接近于 0。实际上因为小车都存在比较大的转动惯量和惯性，并且齿轮减速器存在死区，很难调试到小车完全静止，因此只需要保持小车平衡就可以。

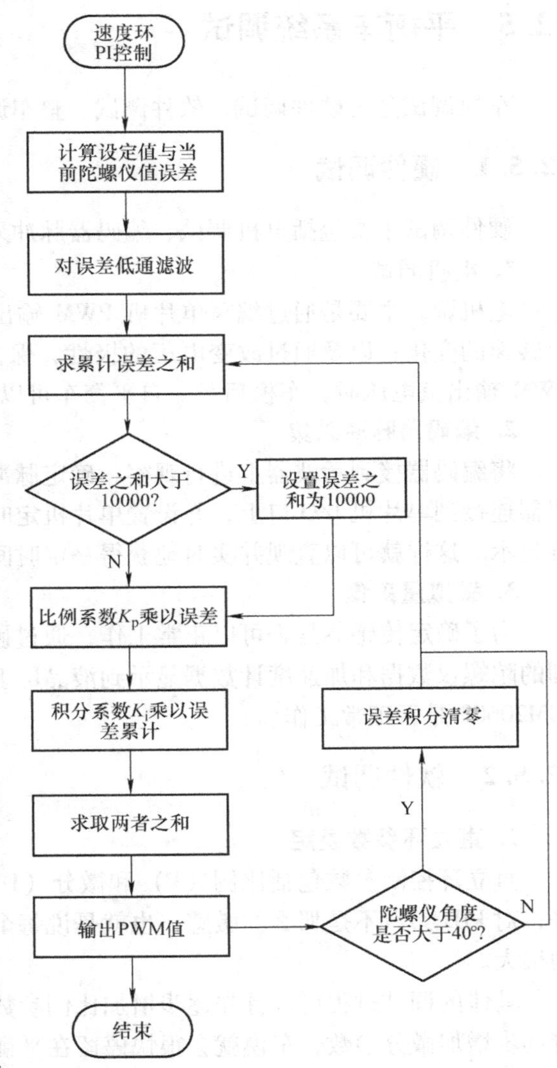


图 12-24　速度环控制程序流程图

调试完成之后就能够实现小车稳定的站立。如果要保持小车以一定的速度前进则需要在以上积分饱和抑制的代码前添加 Encoder_Integral = Movement；小车的速度通过积分融入速度控制器，从而减缓速度突变对直立控制的影响。积分饱和抑制的值决定了小车的最大前进速度，而 Movement 值决定了小车的给定速度。

**3. 车模转向控制**

比赛赛道中心线通有交变电流，道路中心线周围会产生交变磁场。自平衡车的循迹转向控制是通过道路电磁中心线偏差检测与电机差速控制来实现的，从而进一步保证车模在赛道上。

电磁中心线偏差检测是一个积分过程，因此车模差速控制一般只需要进行简单的比例控制就可以完成车模的转向控制。

由于车模本身安装有电池等比较重的物体，具有很大的转动惯量，在调整过程中会出现车模转向过冲现象。为了抑制和消除车模转向控制过程中的过冲现象，需要增加微分控制。

自平衡车的循迹通过安装在车模前方的两个电磁感应线圈实现对道路的检测。

电磁算法使用差比和算法，具体如下式所示：

$$p=\frac{(a-b)\times 100}{a+b} \tag{12-5}$$

式中，$p$ 为位置信息；$a$ 为左电感值；$b$ 为右电感值；100用于放大数据，通过这样的方式可以提高计算精度。当车模偏离中心线时，越向左偏移计算的 $p$ 值会越来越小；越向右偏移计算的 $p$ 值会越来越大，在中间时为0。

## 12.5 平衡车系统调试

车模调试分为硬件调试、软件调试、整车调试等环节。

### 12.5.1 硬件调试

硬件调试主要包括电机调试、编码器脉冲采集、模拟量采集等。

**1. 电机调试**

电机调试主要是通过编写单片机PWM输出控制程序，改变PWM波形占空比来观察电机转速的变化；以及通过改变电压的极性，保证PWM输出正电压时，电机带动车模前行；PWM输出负电压时，车模后行。自平衡车可以通过调试确定电机驱动模块是否正常工作。

**2. 编码器脉冲采集**

将编码器接到示波器上进行观察，确定脉冲波形的幅度和频率；或通过编写程序，将编码器连接到单片机I/O口上，并设置单片机定时器外部脉冲计数模式，采集的数据通过显示屏显示。这样就可以直观并实时地获得一定时间内编码器产生的脉冲数量。

**3. 模拟量采集**

为了确定传感器是否可以正常工作，通过硬件SPI与ICM20602通信，编写程序将采集到的陀螺仪数据和加速度计数据显示到液晶屏上。通过传感器不同位置采集到的数据来确定ICM20602是否正常工作。

### 12.5.2 软件调试

**1. 直立环参数整定**

直立环控制参数包括比例（P）和微分（D）两个控制参数整定。由于电机的性能比较好，对PID参数不是那么的敏感，也就是说每个参数的取值范围很广，这对调节参数来说帮助很大。

具体的调试过程可以首先逐步增加比例参数，车模能够在一定平衡点附近来回运动。接着逐步增加微分参数，车模就会很快停留在平衡点处，若使用外力冲击车模，车模也能够很快趋于静止。然后再逐步增加比例和微分控制参数，使得车模抵抗外部干扰冲击的能力逐步增强。通过多次的更改参数值，最终达到速度控制参数的最佳组合。

**2. 速度环参数整定**

速度环参数包括比例和积分两个控制参数整定。由于速度环的控制就是需要在自平衡车向前倾倒的时候快速地向前追，从而使自平衡车保持直立，所以速度环应该是正反馈。在调试时需要先将直立环调好的参数置“0”，然后开始速度环参数的调试。

具体的调试过程是先增加比例参数，这里有一个经验就是比例与积分参数之间相差大约

200 倍，所以可以同积分参数一同调试。逐步增加比例参数以及积分参数，使得在转动一侧轮子时，另一侧轮子也向同一方向转动，并逐渐达到最大转速。如果自平衡车放在地上会来回晃动，则比例和积分参数过小；如果自平衡车放在地上用手推，自平衡车不断晃动而不能稳定下来，且车身出现较大倾斜，则比例和积分参数过大；如果车身没有较大的倾斜，只是晃动，则认为比例和积分参数过小。

**3. 转向控制参数整定**

转向控制包括两个参数：比例控制参数（ PDIR ）和微分控制参数（ DDIR ）。前者可以使得车模方向回到正确位置，后者可以抑制方向过冲。具体调试过程为：首先设置速度为 0，打开电源，逐渐增加比例控制参数，车模方向回到正确位置的速度逐步加快。当增加到一定值时产生方向过冲的现象，此时增加微分控制参数。通过多次的参数组合，得到一组合适的比例控制和微分控制参数，使得车模转向控制既迅速又不会出现过冲现象。

## 12.5.3　整车调试

在上述各个模块调试成功之后就能够进行整车调试。整车调试的目的就是将各个独立模块整合，实现最终的功能。将自平衡车的机械部分、硬件部分以及软件部分组装到一起，连接电源，上电测试各模块工作情况。根据之前调试的各参数控制组装好的自平衡车，观察自平衡车能否实现平衡。根据自平衡车实际运行的表现进一步调节控制策略中的各参数，可以使用串口将自平衡车的倾角信息输出，观察倾角变化并进行相应的参数调试。最后确保自平衡车保持直立状态并能抵抗一定的外力干扰。

为了验证本文所设计的算法及控制策略的有效性及可行性，需要通过实验对两轮自平衡车的平衡性能、抗干扰性能、直行控制性能、转向控制性能进行验证，具体实验内容如下。

**1. 直立控制实验**

两轮自平衡车的基础是实现自平衡车的平衡直立，而这依赖于控制系统的稳定运行。在这里通过设计自平衡车直立的物理实验来验证自平衡车的平衡性能。由于两轮自平衡车的平衡点在一定的倾角范围内，如果大于这个倾角，不论控制系统如何调节都不可能使自平衡车保持平衡，所以初始时需要手动将自平衡车控制在一定的倾角范围内，再启动自平衡车，这样控制器就会自动控制自平衡车倾角保持在平衡点附近。

直立控制响应曲线如图 12-25 所示。首先给两轮自平衡车施加一定的力，从图中可以看出，自平衡车的倾角迅速调整，一定时间后在机械中值（约为 62.5°）附近波动，能够时刻保持平衡状态。驱动电机的 PWM 值随着姿态角度的变化而同步改变，需要指出的是平衡状态下 PWM 有一定的初始值是由于动力传动系统中各个环节都存在着静止摩擦力，给一定的死区常数可以克服摩擦力对稳定性的影响。*Z* 轴加速度计的值是得到角度的关键数据，可以看到加速度计值由于惯性原因存在较大偏移，我们通过滤波算法得到的角度是比较平滑的。

**2. 速度控制实验**

图 12-26 给出了自平衡车直线行进状态下的角度变化曲线及左、右轮位移变化曲线。从图中可以看出，自平衡车直线行进过程中速度逐渐增加，左、右两轮位移基本相等。自平衡车行进过程中姿态角略微前倾（74.5°），并保持在一定的范围内稳定，在加速的状态下直立环仍能起到较好的作用。

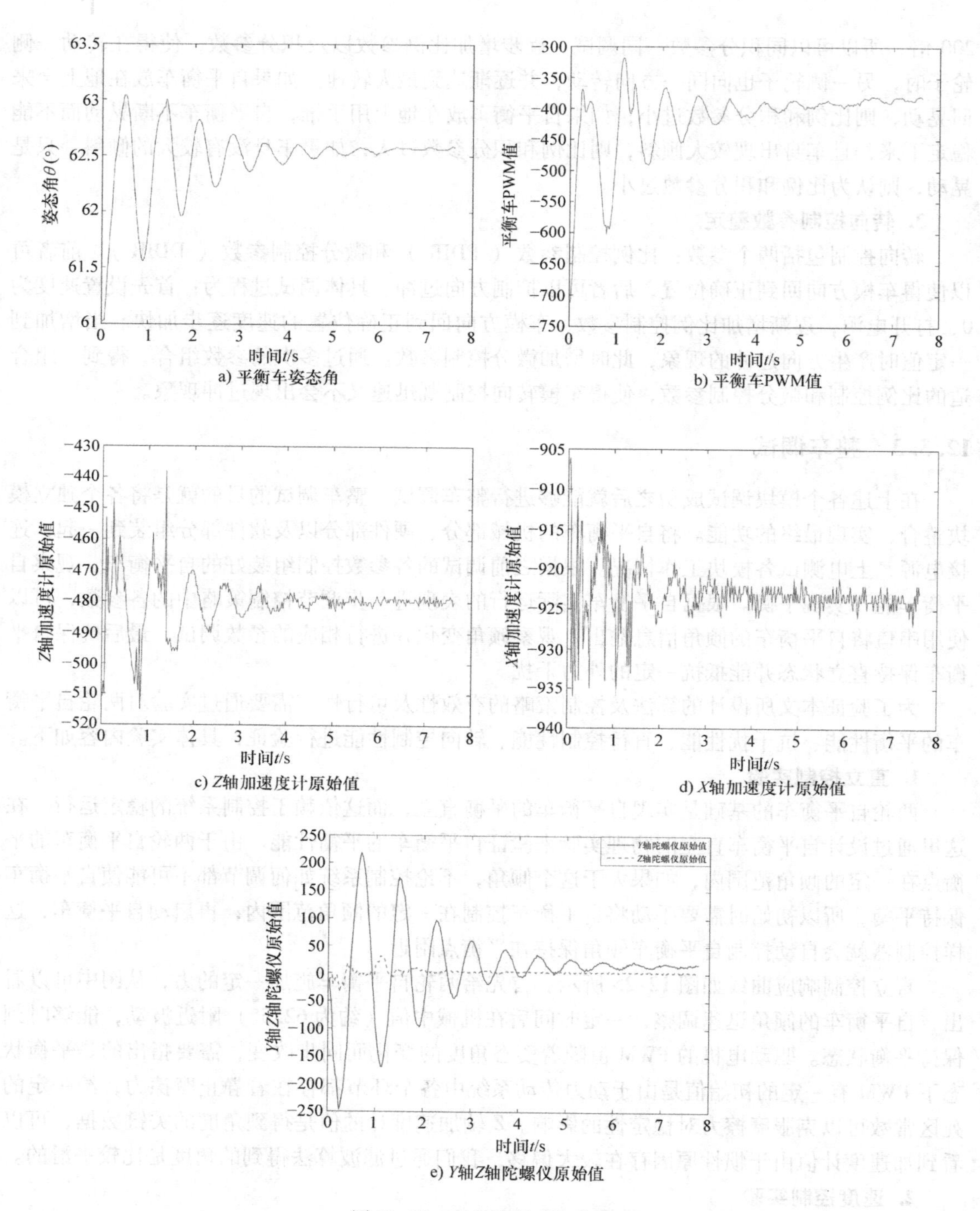


a) 平衡车姿态角

b) 平衡车PWM值

c) Z轴加速度计原始值

d) X轴加速度计原始值

e) Y轴Z轴陀螺仪原始值

图 12-25 直立控制响应曲线

**3. 转向控制实验**

转向控制实验采用自平衡车环绕运动控制，指两轮自平衡车的一个轮子绕另一个轮子的自旋运动。设置其中一个轮子一定的目标速度，另一个轮子的目标速度设置为0。图 12-27

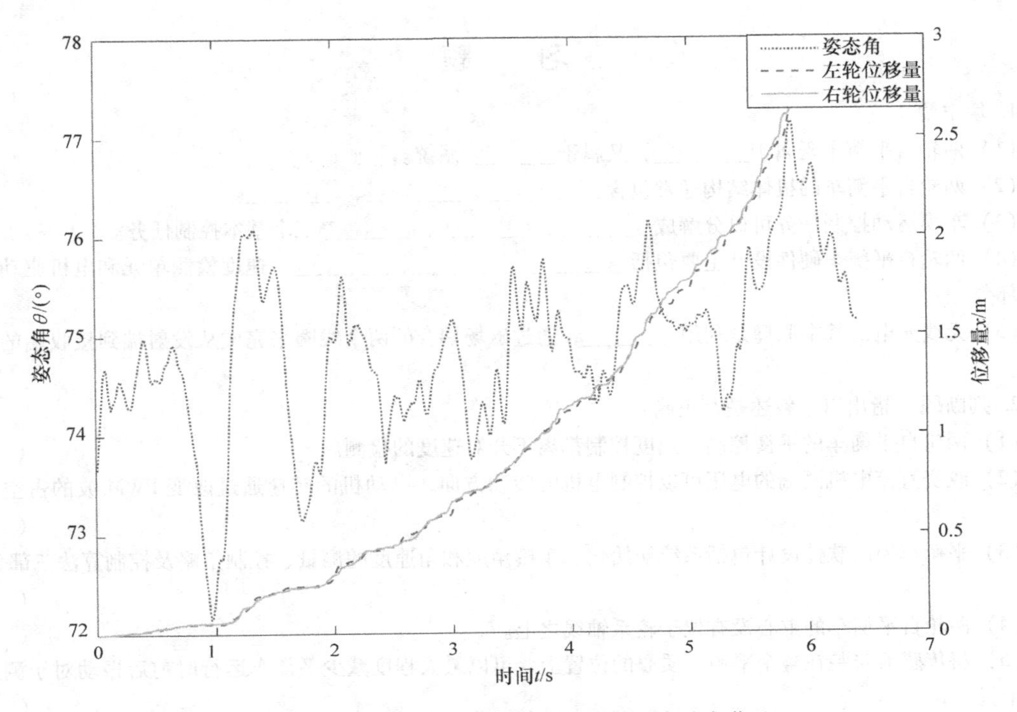


图 12-26　直线行进过程中的姿态和位移变化

给出了自平衡车环绕运动状态角度变化曲线及左、右轮位移曲线。从图中可以看出，自平衡车左轮位移逐渐增加，斜率速度也逐渐增加，右轮位移和速度基本为 0。实现了环绕运动的同时，姿态角稳定在 70°左右，保持着直立的状态。

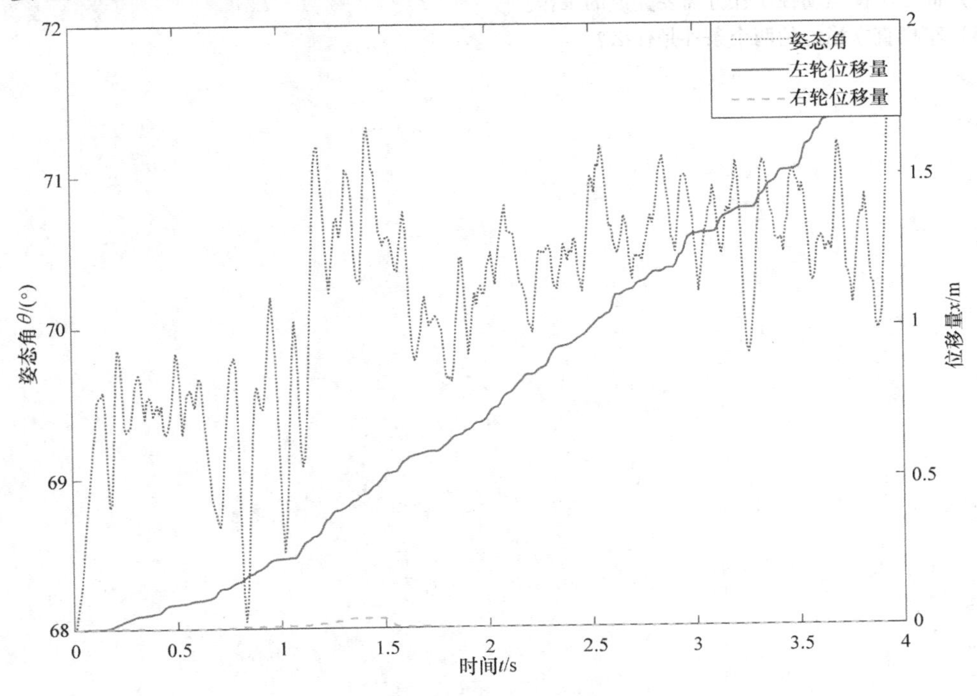


图 12-27　环绕运动过程的姿态和位移变化

## 习 题

1. 填空题

（1）两轮自平衡车既属于________，又属于________系统。

（2）两轮自平衡车的机体结构通常包含：________、________、________。

（3）车模运动控制任务可以分解成________、________、________三个基本控制任务。

（4）两轮自平衡车硬件设计主要包括________、________、________、速度检测单元和电机驱动模块几个部分。

（5）无线充电的基本原理是利用________，通过磁场耦合的两个线圈来完成从发射端到接收端的电能传输。

2. 判断题（指出以下叙述是否正确）

（1）两轮自平衡车的平衡控制、速度控制都离不开对速度的检测。 （ ）

（2）改变直流电机两端的电压可以控制电机的转动方向，电动机的转速通过改变 PWM 波的占空比来实现。 （ ）

（3）平衡车控制软件设计包括系统初始化、车模角度和角速度的测量、控制策略及控制算法三部分。 （ ）

（4）两轮自平衡车的重心没有位于轮系轴线之上。 （ ）

（5）将传感器安装在整个平衡车质心的位置上，可以最大程度减少平衡车运行时前后振动对于测量倾角的干扰。 （ ）

3. 简答题

（1）软件上如何实现自平衡车的平衡？

（2）车模角度和角速度的测量有什么作用？

（3）两轮自平衡车运行过程的基本思想是什么？

（4）简述车模运动控制任务需要完成的工作。

（5）车模直立稳定的两个条件是什么？

# 第13章 项目三 智能汽车竞赛电磁车实例

电磁组是第五届全国大学生“恩智浦”杯智能汽车竞赛中新增加的比赛项目，发展到如今，已经不再细分光电组与电磁组，而是光电传感器与电磁传感器并用，以应对复杂的赛道元素。根据电磁组的竞赛细则，电磁组车模要能够自行监测赛道中心线下漆包线中100mA、20kHz的交变电流产生的磁场来引导车模沿着赛道行驶，通过监测放置永磁铁的起跑线来准确停车。同时，参赛选手需要自行设计合适的电磁传感器和布局算法来检测赛道信息完成智能循迹功能。本章以智能汽车竞赛电磁组车模设计为典型实例，介绍STC8H系列单片机系统的应用设计。

## 13.1 电磁车路径检测系统设计

路径检测系统是智能车系统信息输入的重要来源，相当于智能车的“眼睛”，主要负责将小车当前或者前方位置的赛道信息传输给主控芯片处理。电磁车路径检测系统采用LC谐振电路，测量磁感应强度。通过测量赛道中心轴的左右被测点的磁场强度，判断电磁智能车偏移赛道中心轴的情况，从而进行赛车偏转角度的调整。

电磁车路径检测系统包括硬件和软件两部分。硬件用于道路信号的采集、滤波和放大；软件系统用于对采集回来的模拟信号进行分析，从而判断出智能车所处赛道信息，并将判断的结果作为舵机和驱动电机的控制基础。本章从传感器的选择、传感器模块的设计、信号调理电路以及检测系统设计与调试几个方面出发，详细介绍了电磁车路径检测系统是如何实现的。

### 13.1.1 磁场检测方法

根据大赛规则，竞赛赛道中心线下有流通着100mA、20kHz交变电流的漆包线，因此需要通过检测导线周围所产生的电磁场来确定道路与车模的相对位置。测量磁场强弱的方法，按物质与磁场之间的各种物理效应可分为磁电效应（电磁感应、霍尔效应、磁致电阻效应）、磁机械效应、磁光效应、核磁共振、超导体与电子自旋量子力学效应等。在现代检测磁场的传感器中，常见的有磁通门磁场传感器、磁阻抗磁场传感器、半导体霍尔式传感器、磁敏二极管、磁敏三极管。因为各种传感器测量磁场所依据的原理不同，所以测量的磁场范围也相差很大，为$10^{-11} \sim 10^{7}$。

根据磁场原理推导的公式$B=\dfrac{\mu_0 I}{2\pi R}$，可以计算赛道的磁感应强度。把赛道看作无现场直导线，在距离导线10cm处的磁感应强度为

$$B=\frac{\mu_0 I}{2\pi R}=\frac{4\pi \times 0.1}{2\pi \times 0.1}\times 10^{-7}\mathrm{T}=2\times 10^{-7}\mathrm{T}$$

除了保证检测磁场的精度之外，还需要选择适合车模比赛所用的检测方法。此外，对于

检测磁场传感器的频率响应、尺寸、价格、功耗以及实现的难易程度也要进行综合考虑。

对于霍尔式传感器，其器件灵敏度低，应用到车模上需要紧贴地面，精度大大降低，且器件不好选择。对于磁阻式传感器，其外围电路往往比较复杂，需要仪表放大器和置位复位电路，且价格不菲。对于电磁感应线圈传感器，其测量范围广、抗干扰能力强，理论上只要加上合适的谐振电路和放大电路就能筛选出特定频段的信号并进行放大。各种磁传感器测量范围如图13-1所示。

| 磁传感器技术 | 磁场测量范围 |
|---|---|
| | $10^{-8}$　$10^{-4}$　$10^{0}$　$10^{4}$　$10^{8}$ |
| ① 电磁感应线圈传感器 | |
| ② 磁通门传感器 | |
| ③ 光泵式磁敏传感器 | |
| ④ 原子运动传感器 | |
| ⑤ SQUID传感器 | |
| ⑥ 霍尔式传感器 | |
| ⑦ 磁阻式传感器 | |
| ⑧ 光纤传感器 | |
| ⑨ 光敏磁传感器 | |
| ⑩ 磁体晶体管传感器 | |
| ⑪ 磁敏二极管传感器 | |
| ⑫ 巨磁阻传感器 | |
| ⑬ 地磁场 | |

图13-1　各种磁传感器测量范围

综合以上考虑，并结合电磁感应线圈传感器原理简单、价格便宜、体积相对较小、频率响应快、电路简单的特点，选择该传感器方案较为适宜，也是目前智能车竞赛用电磁传感器使用最多的方案。

## 13.1.2　传感器模块设计

常用的感应线圈有色环电感、工字电感，并且可以定做，工字电感甚至可以自己动手绕线制作。以工字电感作为检测线圈为例，选用10mH电感作为检测传感器。这类电感体积小、$Q$值较高，具有开放的磁心，可以感应周围交变的磁场。图13-2所示为工字电感结构示意。

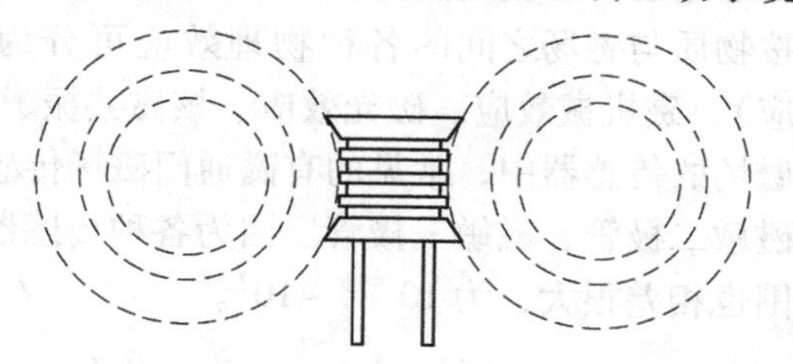

图13-2　工字电感结构示意

10mH电感有多种规格，常见的规格有6mm×8mm、8mm×10mm、10mm×12mm（直径×高度）。直径越大、高度越高，在直导线同一位置获得的电磁能量就越大，传感器获得的信号就越强，就可以减少相应的放大器放大倍数，减少放大环节受干扰的程度。但是太大的电感会增加传感器的重量，使重心偏前，影响车模的机械结构稳定性。

在利用电感传感器进行编写采集函数时，其目的是为控制AD采集某个通道对应电感的电压值，然后读出该值返回给函数。

由于系统中存在噪声或干扰，需要对算法进行滤波抑制和防止干扰。在这里选择“加权递推平均滤波法”。定义一个循环队列，把连续取得的 $N$ 个采样值入队，假设队列的长度为 $N$，每次采样到一个新数据后放入队尾，队满后首数据出队，原队首位置成为队尾并入队（即始终保持队列中的 $N$ 个数据为最新）。越接近现时刻的数据，权取得越大。把队列中的 $N$ 个数据进行加权平均运算，就可获得新的滤波结果。其特点是给予新采样值的权系数越大，则灵敏度越高，但信号平滑度越差。优点是适合采样周期较短的系统，改变权重即可调整灵敏度。

该滤波器采集某一通道数据 $N$ 次，然后进行滤波计算，流程图如图 13-3 所示。

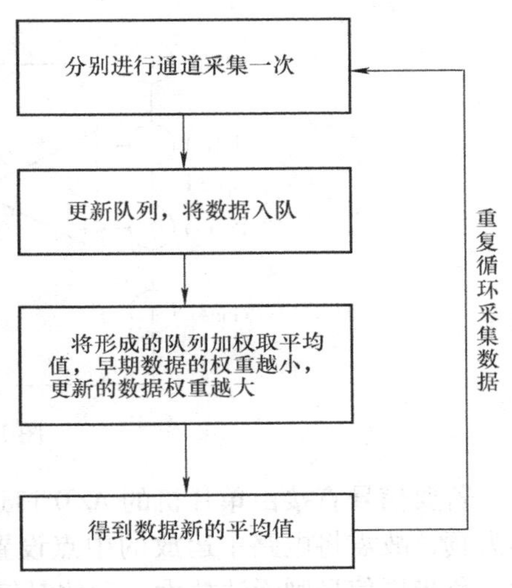

图 13-3　加权递推平均滤波流程图

### 13.1.3　信号调理电路

使用感应线圈可以感应其周围的交变磁场，生成感应电动势，该感应电动势信号比较弱，感应电压只能达到百毫安级别，同时，由于周围空间存在许多强弱各异、频率不同的磁场，噪声较大。所以，针对竞赛选择 20kHz 交变磁场作为路径导航信号，采用 $LC$ 选频网络对信号进行选频放大，这样既去除了噪声的干扰，同时还将微小的有效信号进行了选频放大。如图 13-4 所示为 $LC$ 谐振电路。

已知感应电动势的频率为 20kHz，感应线圈的电感值为 10mH，则可以计算谐振电容的容量为 6.33nF，与其最接近的电容为 6.8nF，所以在实际电路中选用 6.8nF 的电容作为谐振电容。电容的类型决定了谐振电容选频能力的高低，不同的电容将会对电路造成很大的影响。瓷片电容得到的信号不稳定，感应的信号随外界环境的改变而发生变化，且相同的两块电路对称性很差，信号之间有很大的差值；云母电容则改变了这种情况，得到的信号稳定且电路之间的对称性很好。

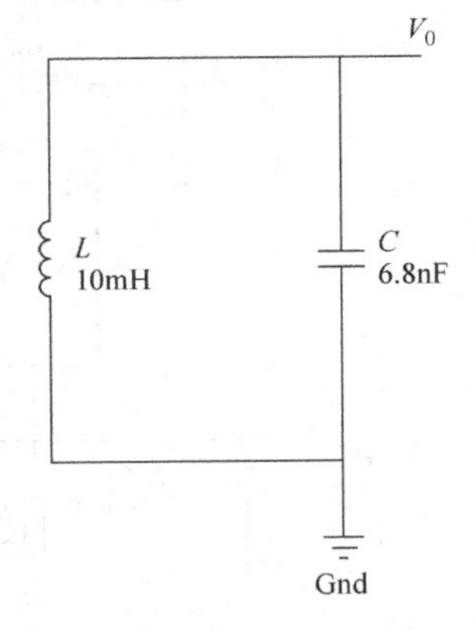

图 13-4　$LC$ 谐振电路

### 13.1.4　检测系统设计与调试

从 LC 谐振电路得到的信号是交变的电压信号，电压幅值太小，只能达到百毫伏级别，经过 A/D 转换后差异不明显，还需进一步放大。赛道中心线下有直径为 0.1 ~ 0.3mm 的漆包线，其中通有 20kHz、100mA 的交变电流，频率范围为（20 ± 2）kHz，电流范围为（150 ± 50）mA（通常为 100mA）。由于电流范围较大，为了适应强弱不同的信号，需要采用放大倍数较高且可调的放大器进行信号放大。晶体管体积小、价格低、型号众多易于选择，其基本原理是基本共射放大器原理，往往为了提高检波的灵敏度而再增加一级晶体管放大电路，但晶体管两级放大电路的静态工作点调整比较复杂，所以采用放大倍数较高的运算放大器 LMV358 对信号进行放大。

LMV358 内部包括两个独立的、高增益的、内部频率补偿的双运算放大器，适合电源电压范围很宽的单电源使用，也适合双电源工作模式，在推荐的工作条件下，电源电流与电源电压无关。它的使用范围包括传感放大器、直流增益模组、音频放大器、工业控制、DC 增益部件和其他所有可用单电源供电的使用运算放大器的场合。在单电源供电下，其工作电压为2.7~5.5V；共模电压输入范围为 -0.2~1.9V（可以低于0V）；单位增益带宽为1MHz。LMV358 的结构如图 13-5 所示。

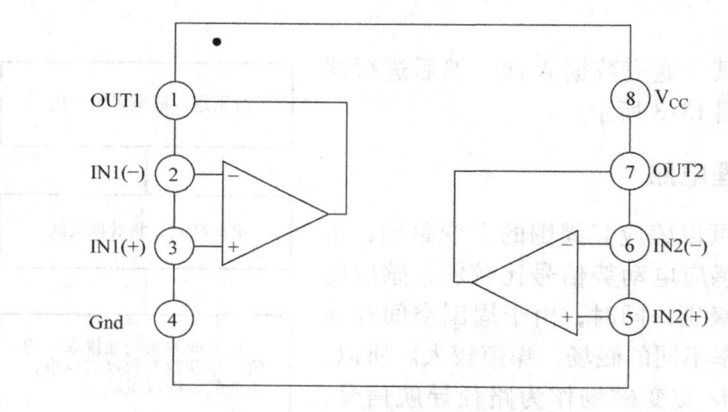


图 13-5 LMV358 的结构

若要信号直接由单片机的 A/D 口进行采集，还必须把负电压升高为正电压且保证信号不失真，故需将电路中运放的中点设置为 0，因此运放只对输入信号的正半周信号进行放大，负半周信号则无法放大。运放对信号进行放大的同时，也完成了检波（半周检波）。检波后的信号经过 RC 滤波得到信号的直流分量，送到单片机 A/D 进行检测。如图 13-6 所示为 LMV358 放大检波电路。

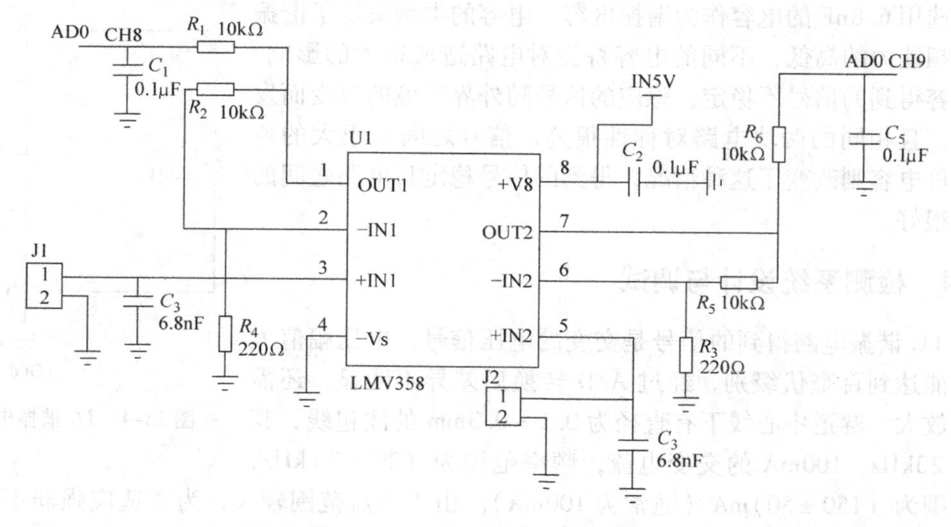


图 13-6 LMV358 放大检波电路

为了得到不同的放大倍数，可通过调节电位器阻值的大小来实现，通过仿真观察放大倍数确定合适的阻值。如采用 Proteus、Multisim 等软件可以进行电路仿真。

## 13.2 电磁车电机控制系统设计

智能车的机电部分是整个智能车系统中最重要的部分之一，涉及电动机、电机驱动器、机械传动和速度控制等几部分。设计过程中，除了电动机为大赛指定型号、不可更改外，在满足竞赛规则的条件下，设计动力强劲的功率驱动器、快速准确的控制系统和优良的机械调校，则是智能车竞速比赛成功的先决条件。

其中，电机驱动器是直接为电机提供电压的器件，只有驱动器能够为电机提供足够的功率，电机才可以为车模提供强劲、充足的动力，主要体现在加减速快、最大速度高等几个方面。该部分涉及电力电子与电力传动知识，目前主要通过功率开关器件组成电机功率驱动器，并采用 PWM 技术作为驱动信号进行调节控制，因此需要对 PWM 调制与电机驱动的运行状态有一定的了解。由于功率驱动器使用功率开关管进行功率变换，因此其电路设计、相关元器件的选型以及实物制作属于本章的重点内容之一。

### 13.2.1 机电传动系统

从功能角度上讲，四轮电磁组智能车的传动部分主要为车模的行进提供动力以及一些附加功能。在驱动方式方面，智能车的竞速车模都采用了后驱的方式进行驱动，与前驱相比，后驱结构使车模的转向能力更强，更有利于高速过弯，比较适合于竞速型比赛。当然，后驱也存在更容易打滑的缺点。

智能车车模主要由直流电动机、齿轮、车轮以及车轴、差速器（B 车模）等组成。各个车模的动力都由直流电动机提供，直流电动机通过齿轮将动力传递给轮胎，电机的齿轮齿数相比车轴上的齿轮齿数少，从而实现减速传动，增大车轮的转矩。其中，齿轮传动比是比较重要的数据，在测速的时候方便测量车模的实际速度，车模的实际速度对于闭环调速非常重要。

在齿轮调节方面，电机齿轮与车轴齿轮的间距要保持适中，太松则齿轮间滞回特性明显，且容易出现打齿的现象，太紧则会增加转矩损耗，无论是太紧或太松都会使齿轮的磨损加剧。用手轻轻旋转车轮，齿轮能流畅带动电机旋转，而在小幅度旋转车轮时，电机不会出现明显的滞回现象，即不会出现车轮能小幅转动而电机不转的情况，则表明齿轮间距调节合适。在日常保养方面，可以定期在齿轮上均匀涂抹适量的膏状凡士林，实现润滑功能，这样不仅可以减少传动噪声，也可以有效减少齿轮磨损。

在车模轮胎方面，不同车模的轮胎也不同，主要分为软胎和硬胎。软胎为使用橡胶外皮加泡沫棉内衬结构的轮胎，硬胎主要为实心橡胶轮胎。软、硬胎的优缺点并没有普遍认同的观点，有人认为软胎抓地力强，富有弹性，转弯不易漂移；有人认为硬胎抓地力太强，但刚性太强，容易出现过弯甩尾的现象。同时，按照轮胎表面特征还可以分为光头轮胎和带花纹轮胎等。

在竞赛过程中，轮胎的性能对整个车模的实际性能影响很大，直接决定了过弯的极限速度，轮胎的抓地力越强，在弯道越不容易漂移，则弯道的速度就越快。大赛要求必须使用车模指定的轮胎、因此大多数队伍都会对官方轮胎进行一定的处理，如磨轮胎、涂抹轮胎软化剂等。大赛对磨轮胎有相关的规定，要求轮胎的花纹必须清晰可见，并且磨轮胎对性能的提高十分有限，因此不推荐使用。使用轮胎软化剂对轮胎的伤害很大，会加剧轮胎的老化。轮胎的抓地力不仅与轮胎本身有关，还与赛道环境有关，大赛的赛道采用的都是规定的专用赛道，然而因为环境因素，在使用过程中会有灰尘等粘在轮胎上导致抓地力急剧下降，使用过轮胎软化剂的轮胎尤其明显。大赛组委会对轮胎的化学处理也有相关规定，要求在赛前将车模放在一张干净的 A4 纸上，垂直提起车模时若将 A4 纸连带则视为违规。此外，使用软化剂还会极大地损伤赛道，对赛道造成腐蚀。建议的做法是，在比赛前使用轻微潮湿的抹布擦拭轮胎和赛道，尤其是弯道处，以去除灰尘，提高车模的抓地能力；同时，不要过度依赖软化剂，应适当地在高速情况下训练车模、磨合轮胎，从而加强车模对不同赛道的适应性，提高过弯速度。

在过弯时由于外圈轮胎与内圈轮胎的环绕半径不同，因此速度也不同，作为从动轮的前轮无需处理，但作为驱动轮的后轮，需要进行相应的差速处理，否则会导致轮胎打滑。对于 C 车模，因为有两个电机分别驱动，所以通过软件进行差速处理，而 A、B 车模则通过差速器来实现。

以上主要介绍了车模机械传动部分的组成，如果按照广义的电机传动系统定义进行划分，智能车的传动部分还应该包括电机驱动、速度测量以及电机控制系统等，它们共同构成了一套闭环的速度可控系统，从而适应智能车灵活的速度控制，以保证全程以安全速度以内的最快速度完成比赛。以目前的赛况来看，智能车传动部分主要实现的功能包括直道高速行驶、弯道安全速度行驶，并具有通过坡道的爬坡能力和停止线静止的停车功能，即在保证车模按照轨迹行驶的前提下，速度优先，从而达到快速完赛的目的。由于需要使用大赛组委会指定的车模、电池和电机，在对车模进行良好的机械调教以及电池性能良好的前提下，车模的完赛时间主要取决于赛道的轨迹识别、转向控制和速度控制的性能，它们是智能车的设计重点，也是竞赛的主要竞争点。

由于电机和车轮之间采用齿轮传动，电机速度控制与车模速度保持固定比例关系，因此下面统称为电机速度控制。图 13-7 所示为智能车车模电机速度控制系统结构图，智能车的电机速度控制是一套数字控制系统，涉及多项软、硬件设计，其中驱动电路、速度测量和自动控制算法需要参赛队员独立完成。下面将对所设计对象的工作原理、设计方法逐一进行介绍，并提供详细的设计案例和注意事项。

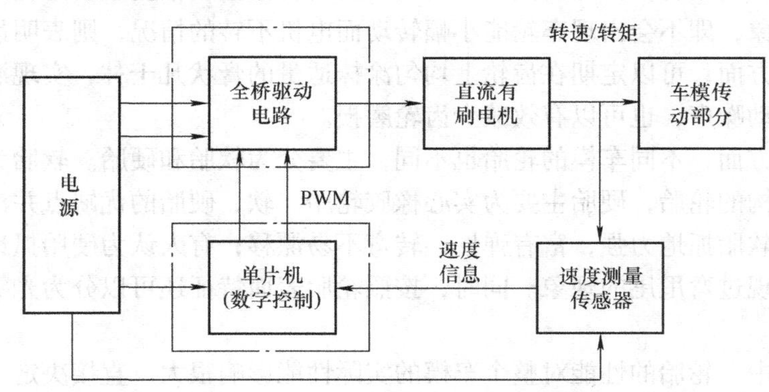


图 13-7 智能车车模电机速度控制系统结构图

## 13.2.2　电机驱动电路原理

电机驱动是驱动电机的关键部分，它的工作性能直接决定了电机的速度控制能力。驱动电路的功率决定了电机的最大功率是否能达到额定功率，开关时间太长会影响调速性能，太短则无意义且徒增成本，因此只有搭载功率合适、开关时间恰当的驱动电路，才能带动电机按理想的方式工作。

**1. 电机驱动的构成方式**

在介绍各种经典驱动电路之前，首先对智能车的电机转速、方向控制做一个简单描述。由于智能车竞赛采用的是直流有刷电机，如果直接将其与电池连接，电机会全速旋转。为了调节电机的转速，可以使用“开关”控制电机与电池之间的通断，当这个“开关”的通断速度非常快时，其在一个通断周期内的导通时间的长短将影响电机转速的高低，即PWM调速，将在后文详细介绍。

而要得到可以满足PWM调速需要的物理开关是不存在的，因此引入一种电力电子器件MOSFET，其开关速度可达千赫兹至兆赫兹，是实现电力电子与电力传动的重要器件之一。常用的电机驱动拓扑结构包括半桥结构与全桥结构。由MOSFET构成的半桥式驱动电路如图13-8所示，其控制方式通常是上下两个开关管交替（互补）导通，并可通过调节交替导通所占的比例（即调节PWM占空比）实现电机调速。如果分别将两个开关管之一的半导体二极管与另一个开关管配合工作，半桥结构其实可以看作由BUCK降压电路和BOOST升压电路组合而成。因此，半桥构成的电机驱动电路实际上是一个双向变换器，它不仅可以驱动电机旋转，还允许在电机处于发电状态时将多余能量反馈。在电机学中，将这两个直流电机的运行状态分别称为电动状态和再生制动状态；或者说，半桥驱动结构可以使电机运行在电动和再生制动双象限。

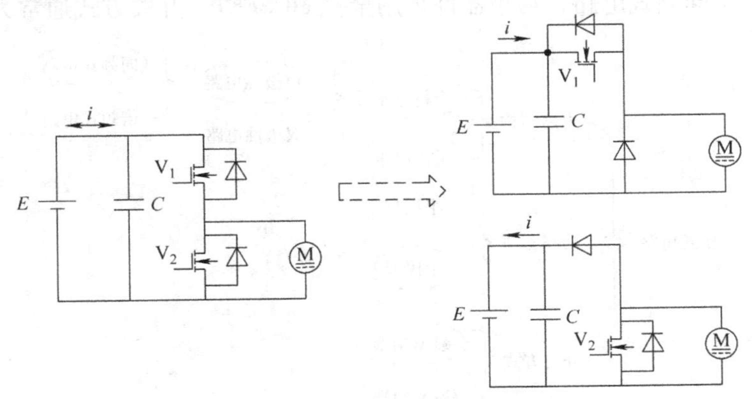


图13-8　半桥式驱动电路

可见，半桥结构可以实现电机的单方向旋转和制动功能。但是智能车不仅要求电机正转，还因无法安装机械刹车制动器，在极限减速阶段要求电机能够电气刹车，所以电机既要能够正转，也要能够反转。需要提醒的是，在电机正转时突然加负电压减速会使电机发热严重，影响电机的寿命。鉴于上述原因，通常使用由两个半桥组成的全桥（H桥）结构作为智能车的电机驱动拓扑，该拓扑可以使电机运行在四象限。在双电机车模中，往往还需要使用两个全桥分别驱动两台电机。

全桥结构的电机驱动电路如图13-9所示，全桥驱动方式简单、效率高，且可以提供正、反转的驱动模式。

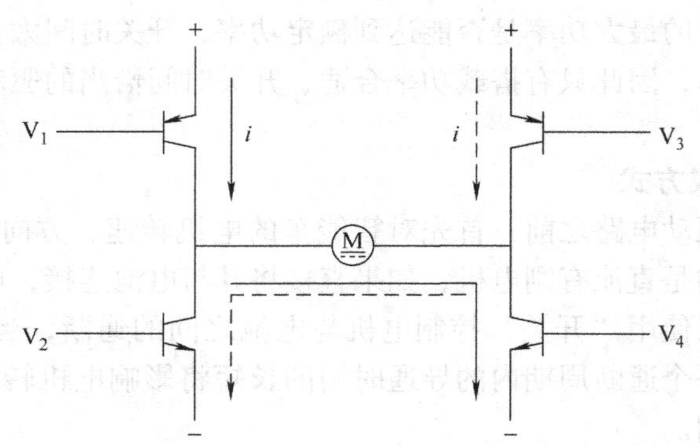


图13-9 全桥的电机结构驱动电路

H桥驱动电路主要由4个开关芯片来控制，它们的电路与电机共同构成了一个“H”形状，故称为H桥驱动电路。当$V_1$与$V_4$导通时，相当于电流从电机左侧流向右侧，以此定为电机正转，电流流向见图13-9中实线方向；当$V_2$和$V_3$导通时，相当于电流从电机右侧流向左侧，则电机反转，电流流向见图13-9中虚线方向。

当$V_1$与$V_3$导通或$V_2$与$V_4$导通时，电机两端电动势差为0V，电机滑行。

至此就得到了智能车电机驱动的基本电路拓扑结构。其实在驱动电路中，根据不同的开关管类型、电路结构以及驱动方式划分，可将其进行详细的分类，图13-10给出了具体的分类方式，以帮助读者对桥式电路的分类有较全面的理解。智能车采用的桥式电路通常为全桥电路中的单极性、同频式电路，功率器件采用全控MOSFET，开关方式通常为硬PWM驱动。

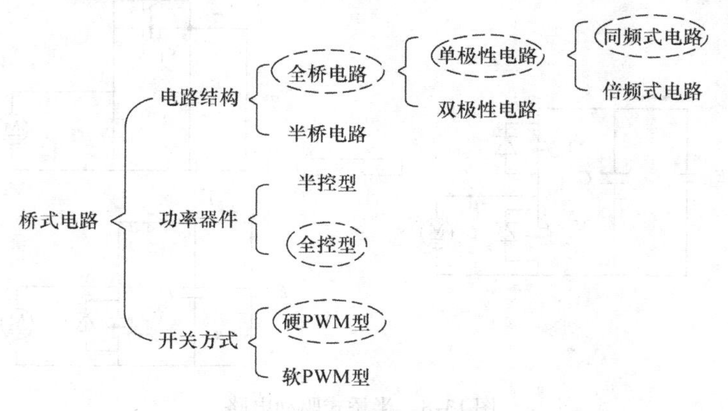


图13-10 桥式电路分类

**2. PWM技术及其调制方法**

对于电机的速度控制，则采用PWM的方法配合H桥驱动进行控制。PWM信号由控制芯片产生，智能车使用的控制芯片往往有专用的产生PWM信号的模块，并可以达到很高的频率。从物理角度定义PWM控制，即通过对一系列脉冲的宽度进行调制，等效地获得所需要的波形（含形状和幅值）。它的控制思想源于通信技术，而全控性器件的发展促进了

PWM 控制技术的广泛应用，并获得两者的紧密结合。面积等效原理是 PWM 控制技术的重要理论基础，它是指冲量相等而形状不同的窄脉冲加在具有惯性的环节上时，其效果基本相同。这里的“冲量”是指窄脉冲的面积，“效果基本相同”是指环节输出的相应波形基本相同。基于以上原理，通过调整 PWM 占空比就可以调节电机两侧的等效电压，直流电机的转速与电机电压呈正相关，因此可以达到调速的目的。

PWM 信号的主要参数包括两个：PWM 信号的频率 $f$ 与占空比 $d$。其中，PWM 的频率是指每秒钟产生的周期方波信号的循环次数，$f$ 过低时，削弱了上述“窄脉冲”这个要求，从而影响控制效果。具体来讲，磁场使得电机的输出波动增加，甚至可观察到电机转动的断续情况。$f$ 过高时，可能会超越开关电路的承受范围，超出电机的响应，从而导致控制失败。PWM 占空比是指一个控制周期内，有效控制电平占整个控制周期之比。有效控制电平通常为高电平，即在高电平时，电机得到电池的能量供应，而在低电平时能量供应中断。值得指出的是，一些驱动电路所采用的驱动芯片会将 PWM 产生的信号取反。PWM 占空比的表达公式为

$$d=\frac{t_{on}}{t_{on}+t_{off}}=\frac{t_{on}}{T} \tag{13-1}$$

式中，$t_{on}$、$t_{off}$ 分别为开关管导通、截止时间；$T$ 为 PWM 控制周期，与 PWM 控制频率呈倒数关系（$T=1/f$）。

因此，PWM 调制即通过不同占空比的 PWM 控制，施加的电机端电压可以视为电池电压 $E$ 与占空比 $d$ 的乘积，改变占空比就可以调制出不同的电机端电压，而电机端电压又与电机转速呈一定关系，从而得到不同的电机转速。例如，当占空比为 0 时，输出电压为 0V，电机停转；当占空比为 0.5 时，输出电压等效为电池电压的 1/2，电机以中速旋转；当占空比为 1 时，输出电压等于电池电压，电机全速旋转。

PWM 控制芯片往往有专用的计时器来控制 PWM 的输出，因此只需对相应计时器的寄存器进行操作就可以进行相应的控制。智能车往往采用恒周期的 PWM 调制，即保持周期不变，通过改变高电平的持续时间来改变占空比。

在电机运行时，由于电机工作时的电流很大，所产生的电磁干扰也很强，这部分的干扰噪声可以通过电路中的电源线耦合、空间电磁场传输等途径对信号采集电路和控制电路造成影响。通过电源的合理布线、使用恰当的电源去耦电容可以大大减轻噪声通过线路传输的影响，但是空间干扰则难以消除。为了减小电机对电磁传感器的影响，除了对电机驱动的引线尽量使用短的电线传输之外，恰当地选择电机 PWM 频率也可以起到非常好的效果。这是利用电磁传感器的选频特性以及 PWM 波形中的谐波分解之间的关系。因此驱动 PWM 的频率要避开 20kHz 及附近的频率范围，即电磁传感器的谐振频率。根据周期信号的傅里叶级数分解理论，频率为 3.66kHz、4kHz、5kHz、6.66kHz、10kHz 时也会对电磁传感器有较大的干扰，因为所有周期信号都可以分解成基波和它的谐波的叠加，这些谐波都是基波的整数倍。当 PWM 频率高于 25kHz 时，将不会对电磁传感器造成干扰。但由于频率增加，电机驱动电路的开关元件损耗也会增加，使得电机的有效输出电流降低，也减少了开关元件的使用寿命。因此 PWM 频率建议选择 20kHz 以内的某个频率（13～17kHz）较好。

### 13.2.3　电机驱动电路设计

智能车的电机驱动电路是智能车制作过程中的重要环节，一方面通过实际设计、制作电

机驱动电路，可以加深对功率驱动芯片、开关管等元器件以及组成电路的理解与学习；另一方面，从电机等效电路模型与公式可以看出，减少驱动器的内阻，提高其驱动能力是提高电机转速与转矩的可靠方法，因此也是提升实践动手能力的有效途径。

电机驱动方案可以分为单芯片方案、分立式开关器件方案等，两类方案各有优缺点。简单来说，单芯片方案具有外围电路简单、体积小、制作容易等优点，但是驱动能力往往有限。分立式开关器件方案可以根据电机运行参数选择电压、电流较为合适的开关管，由于选择自由度大，一些高性能、低内阻的MOSFET开关管可以对电机驱动性能带来很大的提升。但是其往往还包括了开关管驱动芯片、辅助电源、保护电路等，整体电路较单芯片复杂、体积较大。在设计印制电路板（PCB）时，应注意电路中各功率器件之间连线的最大功率，以及开关管散热措施等，如果设计中有疏漏，可能得到适得其反的驱动效果。

**1. 入门级电机驱动方案**

（1）L298N与电调　作为大多数嵌入式学习者进行入门级小车和机器人学习中最先接触的电机驱动芯片L298N集成了双H桥电路的直流电机驱动芯片，其最高驱动电压为46V，总驱动电流为4A，即每个H桥的驱动能力为2A。由于包含了两个H桥，它还适用于驱动步进电机。但因为功率的限制，该芯片并不适用于智能车竞速比赛。

电调作为航模中常用的一个关键部件，实际是一个成品电机功率驱动器，并根据航模电机的特点分为有刷、无刷等类型，为了适应航模的特点，其工作电流一般比较大，比较常见的是50A以上。但电调属于集成模块，并不是自行设计、制作的驱动电路，因此比赛规则中禁止使用。

（2）集成驱动MC33886　在最早的季节智能车竞赛中，MC33886作为大赛推荐的电机驱动芯片被许多参赛队伍使用。MC33886具有体积小、智能化程度高等优点。其最大驱动电流为5A，相比于L298N有较大提升，但是其驱动能力依然无法很好地满足智能车竞赛的需求。为此，早期的参赛队伍多采用并联多片MC33886以增加驱动电流的方案。但在并联使用MC33886时，由于各芯片生产批次不同等因素，其内部MOS管内阻存在差异，由于其内阻本身就很小（120mΩ），使得很小的差异也会造成并联芯片通过的电流不一致，从而影响其最大驱动能力。此外，并联使用时也存在驱动差异、开关管动作不一致等问题。MC33886的另一个问题在于其发热严重，其封装为贴片20引脚，在芯片底部为散热片。正确的设计方法是将其底部散热片与PCB对应的焊盘焊接并打孔，保证有足够的散热空间。

**2. 中级电机驱动电路方案**

BTN芯片与BTS芯片相同，都是由英飞凌公司推出的半桥式驱动芯片，在现在的智能车比赛中常用的是BTN7971芯片，该芯片集成了一个P沟道MOSFET（上管）和一个N沟道MOSFET（下管）以及驱动电路，只需要在外给予驱动电压以及驱动信号即可控制开关管的通断。BTN7971的工作电压范围为4.5～28V，其中的MOS管内阻为16mΩ，限流阈值（下管）为70A，其内部集成有过电压、过电流、过温等保护措施，并配置有电流采集、故障指示引脚。此外，其SR引脚可通过设置下拉电阻配置开关管驱动信号的上升、下降时间以及停滞时间，电阻值越大，各项时间越长。在进行智能车驱动设计时，为了提高驱动效率，不应选择过大的阻值。该芯片的最高驱动频率可达25kHz，可完全满足智能车电机驱动的各项要求。除此之外，该芯片还集成了一个过电流限制功能，在输出电流达到最大容量限制时，将强行关闭驱动开关管，从而防止输出电流过高。

在PWM控制方面，其输入、输出对应的真值表如表13-1所示。INH为使能引脚，在给其低电平时，上、下管全部关断，在给其高电平时，IN的输出有效，维持INH为高电平。当IN输入端为低电平时，芯片内半桥中上管关断，下管导通；当IN输入端为高电平时，芯片内半桥中上管导通，下管关断。

**表13-1　BTN驱动芯片真值表**

| 输入 | | 输出 | |
|---|---|---|---|
| INH | IN | 上管 | 下管 |
| 0 | × | 关 | 关 |
| 1 | 0 | 关 | 开 |
| 1 | 1 | 开 | 关 |

图13-11所示为基于BTN系列的电机驱动电路设计图。其中INH为BTN芯片的使能端，可与单片机I/O口相连，并可配合IS电流检测与故障诊断端实施故障保护。在检测到故障信号时，使使能端至低位，系统停滞工作，从而起到保护作用。由于智能车电池电压（7.2～8.1V）远低于BTN系列最高承受电压，不会出现过电压故障（过温问题比较常见）。因此，有时为了简化设计，可在硬件电路设计时直接给INH置高电平，并不连接单片机，可减少对单片机I/O口的占用。根据其数据手册的建议，SR端下拉电阻取510Ω，此时开关管的停滞时间较短，并且在该电阻两端并联0.1μF电容，可以对高频杂波进行过滤，有时也可以在电机两端至PGND和BAT+两端并联高频滤波瓷片电容，达到滤除电机侧电磁干扰的目的。

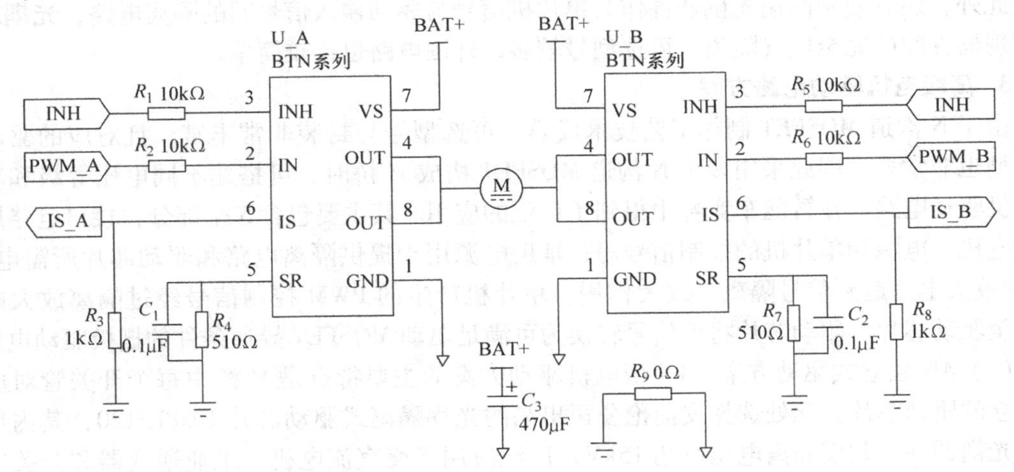


图13-11　基于BTN系列的电机驱动电路设计

由于电机驱动工作时电流较大，会在电机起动或突然加速时出现电池电压被拉低的现象，因此为了尽量降低电池电压的波动，需设置$C_3$低频滤波电容，其主要用于能量缓冲。建议容量大于330μF，此处选取470μF，并需注意其极性与耐压等级。其次，电机运行过程中存在再生制动，同时在开关管切换时可能会产生尖峰电压，为了防止电容发生过电压损坏，建议选取耐压等级为16V。在电容选取方面，钽电容的寿命长、高频滤波特性好，但是耐尖峰能力不如电解液式电容；此外，多层陶瓷电容在性能和寿命上均超过了钽电容，但其容量一般较小，且机械外力承受能力差；而固态电容采用固态电解质，在热稳定性、寿命、频率特性等方面均超过传统电解液式电解电容，在电脑主板、显卡中被厂商所青睐，适用于低压大电流的场合。因此，在端口电压存在变化的情况下，建议并联一定容量的固态电解电容。

此外，图13-11中BAT+表示电池正极，三角形地为功率地，一般用PGND（Power Ground）表示，用于连接电池负极与驱动电路；横线形地为数字地，一般用DGND（Digital Ground）表示，用于连接电池负极与单片机等数字器件。在设计时区分两个地有利于隔离干扰，同时信号地与功率地分别走线，并在设计PCB时注意加强功率地之间的走线宽度，二者一般可以通过一个0Ω电阻或磁珠进行单点连接。

以上为由BTN系列驱动芯片组成的电机驱动电路设计要点，已经可以基本满足智能车对电机控制的要求。在实际设计中，还需额外添加与电机、电池和单片机的接口电路，以方便驱动板的拆卸、更换等，当然对于电源与电机的连线，也可以采用直接焊接的方式，这样可以节省接线端子占用的空间且连接方式更加牢靠。在现有的基于BTN的电路设计方案中，有的还在单片机PWM、I/O端口与BTN的IN、INH端口间添加线路驱动芯片或光耦隔离芯片。其中线路驱动芯片通常为高速信号驱动芯片，一方面可以提高单片机的驱动能力，另一方面也具备一定的电气隔离能力，可用于隔离来自功率侧可能的过电压、过电流等电气损害以及高频电磁干扰，保护单片机的安全，有时还可以用于进行3.3V与5V等逻辑电平的转换，以适配连接不同电平间的控制器和受控器件。常用的通信芯片有74HC244、74HC245等。

此外，还有使用高速光耦器件作为单片机信号与驱动输入信号间的隔离电路，光耦芯片可实现器件间的完全电气隔离，可选型号较多，外围电路也比较简单。

**3. 高级电机驱动电路方案**

由于N沟道MOSFET制作工艺技术成熟，可选型号与封装非常丰富，且对应的驱动芯片选型也非常多，因此采用多个N沟道MOSFET构成H桥时，可搭建不同电压等级和功率的电机驱动电路，在智能车竞赛中得到了广泛的应用。其主要包含5个部分：接口电路用于连接电机、电源和单片机的控制信号等；辅助电源用于提供隔离电路和驱动芯片所需电压；隔离/放大电路起到信号隔离、放大作用；单片机产生的PWM控制信号经过隔离放大电路后送至驱动芯片；驱动芯片将该信号转换为可满足驱动MOSFET导通条件的栅极驱动电压。

（1）4N独立式驱动方案　4N型电机驱动方案的主要特点是H桥中每个开关管对应一个独立的驱动芯片。此处选择安捷伦公司出品的光耦隔离式驱动芯片HCPL3120，其内部集成了光耦器件，共模隔离电压可达15kV，广泛应用于交直流电机、工业逆变器和开关电源中。图13-12为分立式4N驱动电路图，H桥中开关管须使用四片HCPL3120分别驱动4个N沟道MOSFET，并将单片机产生的4路PWM信号通过限流电阻$R_1$～$R_4$后连接至各驱动芯片中的光耦器件。

由于HCPL3120的供电范围为15～30V，这里选用15V电压等级电源为其供电。从图13-12中可以看出，HCPL3120驱动电压输出端为VO和VEE，分别加在各开关管的栅极和源极，因此U1和U4对应的供电地分别为GND1和GND2，相对于PGND，GND1和GND2可称为浮地。因此，驱动芯片U1～U4共需要使用3个辅助电源，其中下管$V_2$、$V_3$对应的U2、U3的驱动电位为PGND，可使用线性稳压器件进行稳压，而U1和U4需要使用独立的

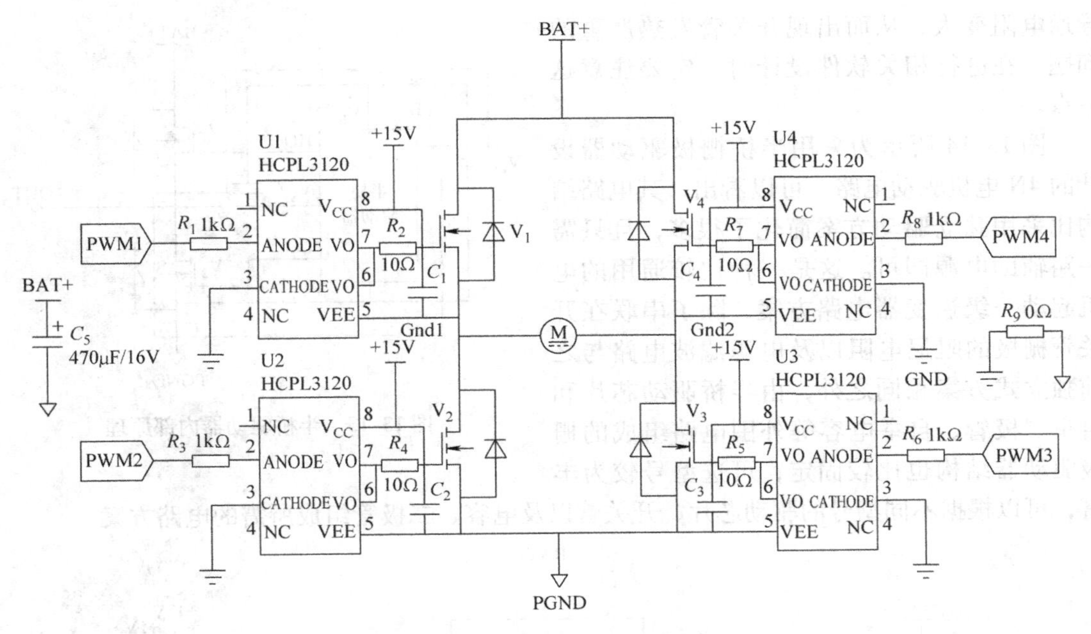


图 13-12　分立式 4N 驱动电路

隔离电源，并定义线性稳压模块输出为 +15V，隔离电源模块输出均为 +15V。依据之前的设计原则，HCPL3120 输出端加入了阻尼电阻（$R_2$、$R_4$、$R_5$、$R_7$）。$C_1$ ~ $C_4$为驱动芯片电压侧的旁路电容，用于滤除高频干扰，必要时，还需并联 10μF 左右的电解电容，用于降低电源纹波（若电源侧已经提供，则无须添加），$C_5$ 则为电池侧缓冲电容。由于 PGND 与 GND 为同电位，因此采用 0Ω 电阻连接，在低电压情况下，电磁干扰不严重时，也可不区分这两个地，从而简化设计。

可以看到，独立式驱动电路结构较为复杂，所需器件也较多，尤其需要多路隔离电源，会大大增加其体积与重量；其次，其所需的 PWM 线路较多，难以通过硬件增加 PWM 停滞时间，需要在软件中实现，且若同一路的两个开关同时导通会造成短路。综合以上几点，这种方案在智能车场合中不太实用。不过其电气安全性高，独立驱动使得其调制模式更加灵活，既可以使用单极性调制，也可以使用双极性调制，且可以实现满占空比控制，在较大电压和功率的 DC - AC 逆变器中有较多应用。

（2）4N 半桥式驱动方案　为了解决独立式驱动方案浮地驱动辅助电源较多的问题，可以采用带有自举电容的半桥型驱动芯片，它专为 N 沟道 MOSFET 构成的半桥电路设计。其工作原理如图 13-13 所示。其中，LO 为低侧驱动电压输出，其参考点位为功率地 PGND；HO 为高侧驱动电压输出，其参考点位为浮地端 $V_S$。自举电容 $C$ 可为上管的驱动电压提供能量，当下管 $V_2$ 导通时，自举电容通过二极管 VD 和下管 $V_2$ 与供电电源组成的回路进行充电，并在 $V_2$ 断开、$V_1$ 导通时放电。由此省去了独立隔离电源，只需使用一路 12V 或 15V 电源进行供电即可。需要注意的是，在每个开关周期，下管 $V_2$ 必须导通一定时间，从而保证自举电容的有效充电，并可进一步驱动上管。也就是说，在下管完全断开时，上管也无法有效驱动。因此，自举电容半桥驱动的缺点是无法实现 PWM 满占空比控制，尤其是接近满占空比时，本来需要 $V_1$ 提供大电流，但是由于其驱动电压不足，可能使 $V_1$ 进入放大区，导通电阻变大，从而出现开关管发热严重的问题，在进行相关软件设计时一定要注意这一点。

图13-14所示为采用半桥栅极驱动器设计的4N电机驱动电路，可以看出，其电路结构比采用独立驱动方案简化了很多，且只需一路辅助电源即可。这是一种比较通用的电机起动一级逆变器电路方案，除了串联在开关管栅极的阻尼电阻以及电源滤波电路与之前独立式方案相同之外，由半桥驱动芯片和自举二极管、自举电容等外围电路组成的栅极驱动器结构也比较固定，可选型号较为丰富，可以根据不同型号的驱动芯片、开关管以及电容、二极管组成所需的电路方案。

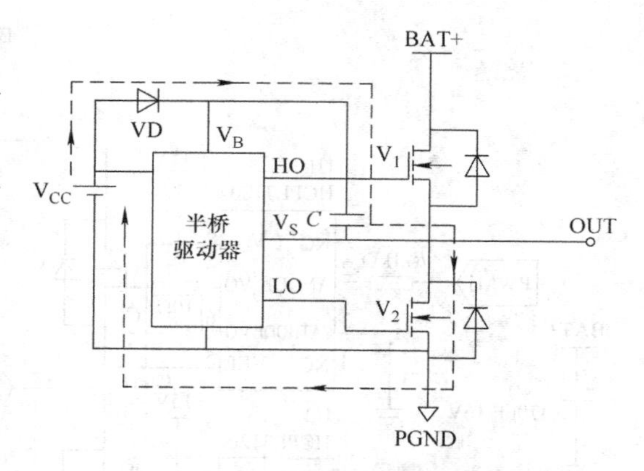


图13-13 半桥驱动器内部原理

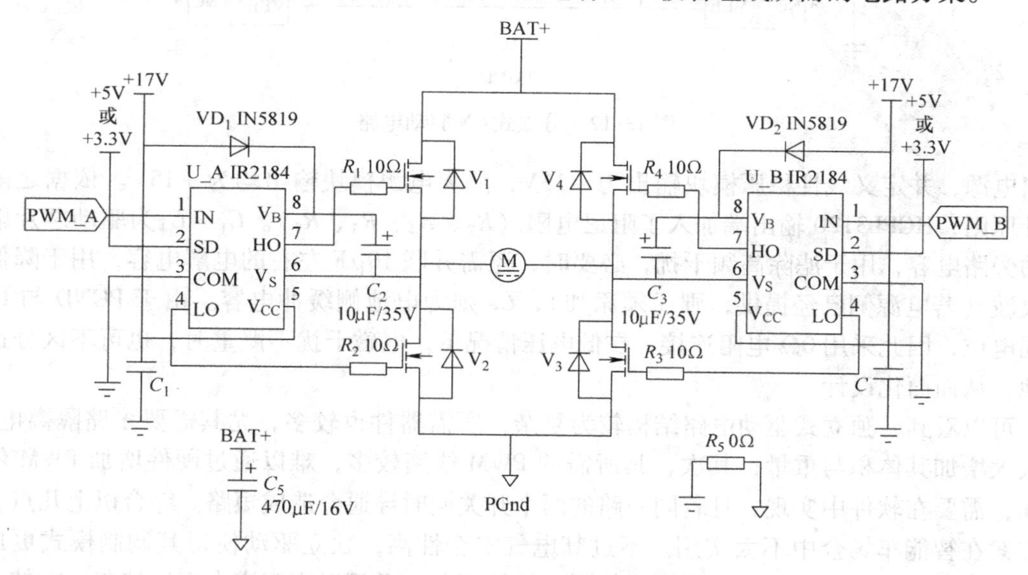


图13-14 采用半桥栅极驱动器的4N电机驱动电路

对于栅极驱动器，智能车竞赛中常见的有半桥驱动器（如IR2104与IR2184）以及全桥驱动器（如HIP4082）。在半桥驱动器中，IR2184拥有更加优良的性能，但其成本也更高，而IR2104已经完全能满足智能车竞赛的需要，因此推荐使用IR2104芯片。它支持的工作电压达600V，自身供电电压范围为10～20V，输入引脚兼容3.3V、5V和15V逻辑电平，可以与常见的各种型号单片机引脚直接连接。同时，其驱动能力较强，并内置了硬件停滞时间，可以简化PWM相关的软件设计。IR2104与IR2184的对比如表13-2所示。

值得注意的是，IR2104与IR2184的引脚顺序并不相同，无法直接相互替换。同时，IR2184的引脚不兼容15V的逻辑电平，在设计的时候应注意。IR2104与IR2184的输入、输出真值表如表13-3所示。其中，SD引脚为使能端，当其逻辑为高电平时，改变IN的电平即可实现HO、LO交替输出高电平，并实现上管、下管的交替导通，且引脚的控制规律和

BTN系列电机驱动芯片的逻辑一致，因此，SD引脚与3.3V或5V相连，IN引脚接到PWM输出端口。

表13-2　IR2104与IR2184典型参数对比

| 型号 | 驱动电流容量/A | | 导通关断时间/ns | | 停滞时间/ns |
|---|---|---|---|---|---|
| | 输出 | 吸收 | 上升 | 下降 | |
| IR2104 | 0.13 | 0.27 | 100 | 50 | 520 |
| IR2184 | 1.4 | 1.8 | 40 | 20 | 500 |

表13-3　IR2104与IR2184输入输出真值表

| 输入 | | 输出 | |
|---|---|---|---|
| SD | IN | HO | LO |
| 0 | × | 0 | 0 |
| 1 | 0 | 0 | 1 |
| 1 | 1 | 1 | 0 |

（3）N沟道MOSFET选型　对于N沟道MOSFET，在智能车竞赛中常用的有IRF540、IRF3205、STB10NF04、IRLR7843、NTMFS4833N等，在最近几年比赛中最常用的为LR-LR7843，该MOSFET采用了TO252封装，体积较小，最大漏源间电压为60V，导通电阻为3.3mΩ，最大漏源间电流为161A，最大传输功率为140W，相比BTN7971性能更为突出，且价格更为便宜。

集成式驱动电路与分布式驱动电路各有优劣，集成式驱动电路更加简单，且稳定性较高，但成本高，性能相对较弱；而分布式驱动电路相对复杂一些，且MOS管容易被静电击穿，但它的性能更好，发热更少，成本也相对更低一些。在设计PCB时，两种都可以设计得很小，但要兼顾散热的问题。

## 13.2.4　电机转速测量方法

电机及其控制技术已发展成为一个庞大的知识体系，广泛应用在汽车、机器人、数控机床中，在生活中处处可见。而在智能车的运行过程中，速度信息的实时获取属于电机转速闭环控制的重要组成部分，其准确性、精度和抗扰性等也直接决定了转速控制的性能；其在电机转速控制系统中充当着“眼睛”的作用。除了转速检测，电机控制中往往还用到位置检测，如智能车的舵机中，就包含了由精密电位器构成的位置检测传感器，可以精确地反映舵机的旋转角度信息，但该信息为舵机内部处理，用于舵机内步进电机的位置闭环处理，并未输出到舵机以外。下面详细介绍智能车中的转速检测方法。

电机转速对于智能车的闭环控制至关重要，转速的测量精度也在一定程度上决定了转速的控制精度。针对智能车的使用场景，可以使用霍尔编码器以及光电编码器进行测速。车模的车轴旁边有安装编码器的机械插口，可以很方便地安装编码器。其中，霍尔编码器受限于磁盘的磁条密度，精度上限要比光电编码器低，因此推荐使用光电编码器。

光电码盘是一种价格低廉、测速效果良好的智能车测速器件，实际上它与滚轮鼠标内光栅结构类似，通常为带有一圈均匀透光缝隙的圆盘，它与一个专用光电开关组成测速套件，并利用光电原理产生测速脉冲信号。圆盘上的缝隙越多，输出的速度信息就越精确，即分辨率越高，但是其受到制作工艺、成本和光敏器件等因素的制约。光电开关通常包含A、B两套光电发射、接收对管，且两个对管之间的距离与配套光栅间隙呈一定比例，可使得A、B两套对管输出的脉冲信号呈90°相位差，从而使得输出信号不仅包含速度信息，还包含方向信息。

光电码盘工作原理如图13-15所示。设A、B两套光电发射、接收对管间距为$\theta$，并定义此时的运行方向为正。当码盘以反方向运行时，B端的输出电平相位超前于A，此时两端的输出信号相位差将为$-\theta$，一般可令$\theta$为90°。也就是说，A、B输出信号的脉冲数可以反映电机的旋转速度，而两者的相位超前或滞后关系可以反映电机的旋转方向。

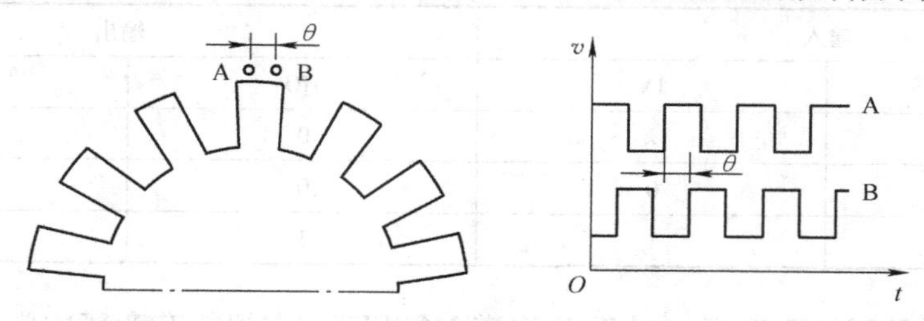


图13-15 光电码盘工作原理

光电码盘的性价比较高，体积和重量也非常小，其对安装方式要求较高，稳定性不如编码器高，且分辨率相对有限，但是完全可以胜任智能车的测速需求。由于没有外壳保护，在日常使用中要注意码盘的保洁，防止污渍、油渍堵塞光栅。

智能车的另一个常用的测速方案便是编码器，作为高精度的成熟产品，编码器在稳定性、功能上较光电码盘好，且分辨率可以做到很高，现在4096线的编码器都已经很常见了。编码器的厂商较多，比较出名的有欧姆龙，但欧姆龙的编码器往往用于较复杂的工业场景中，因此价格比较昂贵，且体积相对较大；现在常用的是迷你编码器。图13-16给出了不同编码器的具体分类方式，下面对各分类进行简单的介绍。

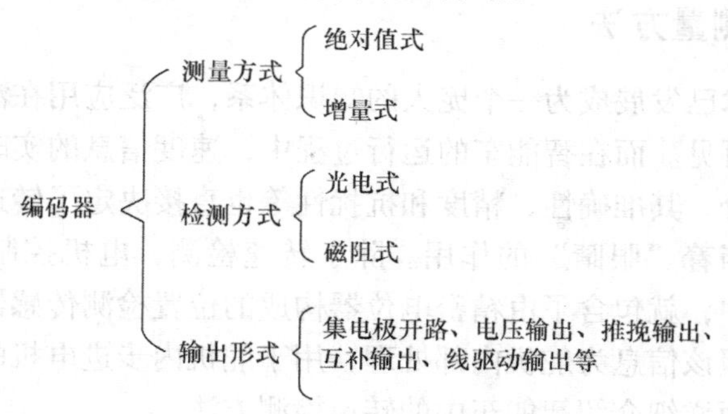


图13-16 编码器的分类

绝对值编码器用于电机位置检测，其内部结构如图13-17所示。其旋转光栅由多圈同心的缝隙组成，每一圈的缝隙排列不同，使得纵向的缝隙组合也不同，纵向排布的发光元件通过旋转光栅和固定光栅后，使吸光元件输出的电平组合也不相同。因此，只要对旋转光栅上的纵向缝隙按照一定编码方式（一般为二进制格雷码）开孔，就可使得编码器在不同的旋转位置输出唯一不重复的数字编码信号，可一一对应电机的旋转角度，从而确定了电机的绝对角度。绝对值编码器因此得名，且这种方法确定的电机位置断电后不受影响。光电元件的编码位数越多，绝对值编码器的分辨率越高。

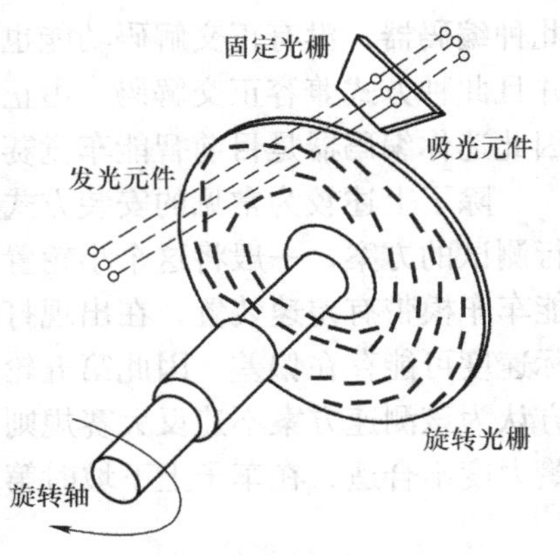


图 13-17　绝对值编码器内部结构

智能车测速方案使用的为增量编码器，如图 13-18 所示。它的工作原理与光电码盘类似，或者说它就是封装好的光电码盘，其旋转码盘上为同心、均匀排布的缝隙，旋转光栅运动时，两组横向排布的发光元件与感光元件通过旋转光栅与固定光栅后产生具有一定相位差的脉冲信号。此外，有的增量编码器在 A、B 两相的基础上添加了 Z 相，就是在之前介绍的结构基础上，添加一组光电对管，并在旋转光栅上额外开一个缝隙，光栅每旋转一周，可在 Z 相产生一个脉冲，用于确定编码器的基准点（远点）位置。利用 Z 相的输出信息，结合 A、B 相脉冲光信号，并进行脉冲信号累加，可以同时确定光电的速度（角速度）、方向和位置信息，但是如果出现丢脉冲现象，则所记录的位置信息出现偏差，且断点后需要重新确定原点。在有些应用场合，如智能车竞速比赛，只关心电机的转速和方向，因此并不需要使用 Z 相。此外，虽然安装有保护壳，由于旋转光栅精密度极高，光电编码器依然不太适用于振动强烈或粉尘太大的场合。

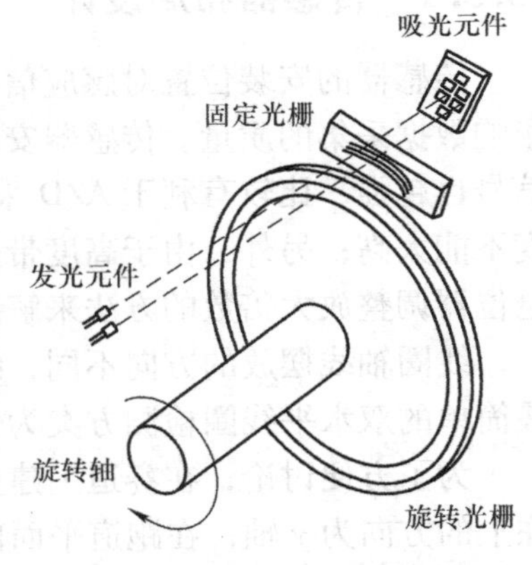


图 13-18　增量编码器内部结构

为了测量车轮是在正转还是反转，编码器往往有两个测光结构，两者相差 90°，使得输出信号相位差 90°。将两个信号输入到单片机，通过正交解码即可得知正转与反转。正交解码的原理即在 A 相上升沿时检测 B 相的电平，当 B 相为高电平时，计数器加 1，当 B 相为低电平时，计数器减 1，因此通过计数器的正负可得知在测量阶段电机的正反转情况。但需要注意的是，只有单片机有支持正交解码的接口时才可使用正交解码，如若没有接口，虽然可以通过在 A 相引脚上升沿或下降沿中断时主动测量 B 相引脚的电平，但该种方式除了十分占用主频的资源外（跳进中断时无法处理其他程序），还因为检测电平时消耗的时间十分影响测量的最高频率，因此只有在不影响主程序使用且编码器精度不是很高的情况下才可使用这种方式。正交解码原理示意图如图 13-19 所示。

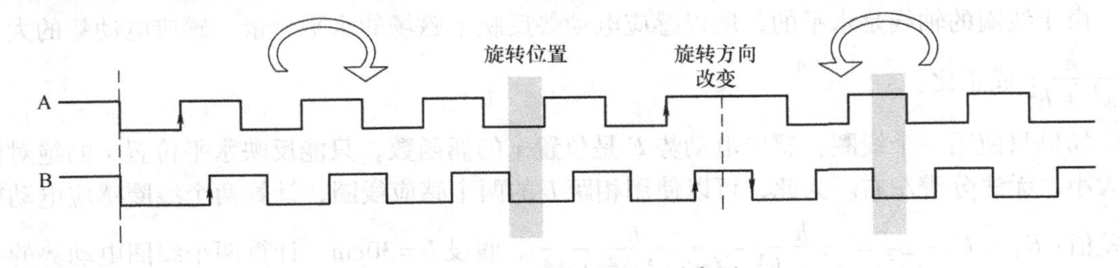


图 13-19　正交解码原理示意图

目前常用的还有一种迷你光电编码器，此种编码器内部集成有正交解码芯片，A 相仍然输出脉冲信号，当编码器正转时 B 相输出高电平，当编码器反转时 B 相输出低电平。通过此种编码器，没有正交解码功能也可以进行正反转判断，在需要时检测 B 相电平就可以了。并且此种方式兼容正交解码，由正交解码的原理可知，在检测时 B 相电平与脉冲方式相同，因此迷你编码器是目前智能车竞赛中最常用的测速传感器。

除了上述较为常见的安装方式外，在以往的竞赛中，还有使用额外的小轮连接编码器进行测试的方案，一般将这个小轮置于车位的中间位置，称之为第五轮测速。由于单电机型智能车车模带有差速装置，在出现打滑现象时，直接测量电机或其传动齿轮的速度与车模的实际速度可能存在偏差，因此第五轮测速方案被认为可以获取更准确和真实的车体速度，且官方认为该测速方案不违反大赛规则（不属于支撑轮）。但在安装中也增加了一定难度，若弹簧力度不合适，在车子上下坡时第五轮打滑，也会发生测速偏差。

## 13.3　智能车控制策略

电磁组作为“恩智浦”杯智能车大赛中形式较为多变的比赛组，控制策略的选择和设计直接影响整个车体的反应灵敏度和速度的调控。本节从传感器布局、转向控制和速度控制三个方面讨论智能车的控制策略。

### 13.3.1　传感器布局设计

传感器的安装位置对感应信号的变化情况有着显著的影响，传感器安装位置的优劣直接影响数据采集的质量。传感器安装得越高，采集到的磁场信号变化越缓慢，即在边缘的电压信号也越强，比较有利于 A/D 采集。但是，考虑重心和信号强弱的问题，传感器安装的高度不能太高；另外，由于高度带来的 A/D 数据值减小的情况，可以通过调节放大电路上的电位器调整放大倍数的方法来解决。在调节电位器时要注意放大失真的问题。

线圈轴线摆放的方向不同，线圈感应到的磁场强弱也就不同。这里以组委会官方提供的最简单的双水平线圈检测方案为例。

为了方便讨论，在赛道上建立如下坐标系，假设沿着跑道前进的方向为 $z$ 轴，垂直跑道往上的方向为 $y$ 轴，在跑道平面内垂直跑道中心线的为 $x$ 轴，$x-y-z$ 轴满足右手方向。假设在车模前方安装两个水平线圈，两个线圈的间隔为 $L$，线圈高度为 $h$，如图 13-20 所示。则左边线圈的坐标为（$x$，$h$，$z$），右边线圈的坐标为（$x-L$，$h$，$z$）。由于磁场分布是以 $Z$ 轴为中心的同心圆，所以在计算磁场强度时仅仅考虑坐标（$x$，$y$）。

由于线圈的轴线是水平的，所以感应电动势反映了磁场的水平分量。感应电动势的大小与 $\dfrac{h}{x^2+h^2}$ 成正比。

如果只使用一个线圈，感应电动势 $E$ 是位置 $x$ 的偶函数，只能反映水平位置 $x$ 的绝对值的大小，无法分辨左右。为此，可以使用相距 $L$ 的两个感应线圈，计算两个线圈感应电动势的差值：$E_{\mathrm{d}}=E_1-E_2=\dfrac{h}{x^2+h^2}-\dfrac{h}{(x-L)^2+h^2}$。假设 $L=30\mathrm{cm}$，计算两个线圈电动势的差值 $E_{\mathrm{d}}$，如图 13-21 所示。

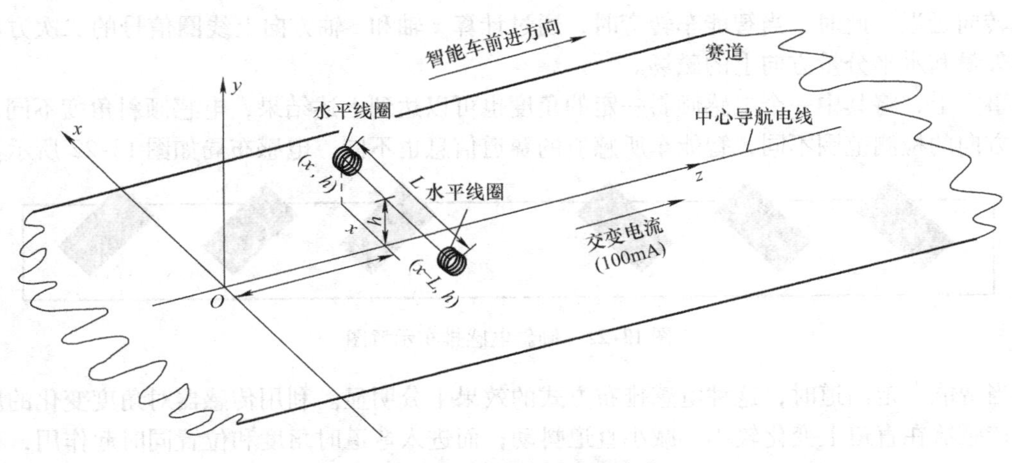


图 13-20　感应线圈布置方案

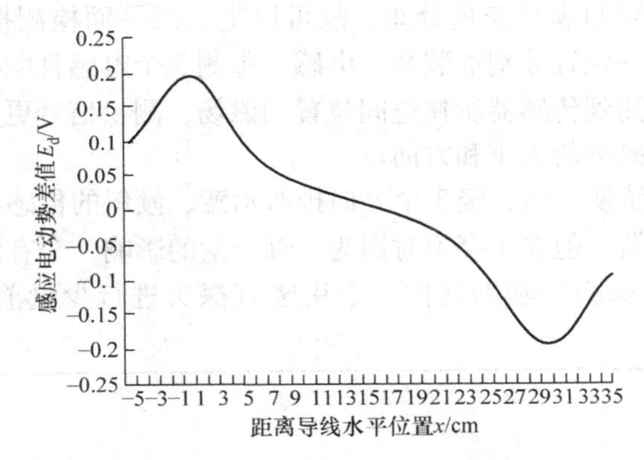


图 13-21　感应电动势差值 $E_d$ 与距离导线水平位置 $x$ 之间的函数

从图 13-21 可以看出，当左边线圈的位置 $x=15$cm 时，两个线圈的中心恰好处于跑道中央，感应电动势差值 $E_d$为 0。当线圈向左偏移时，$x \in (15, 30)$，感应电动势差值小于零；当线圈向右偏移时，$x \in (0, 15)$，感应电动势差值大于零，故位移为 0～30cm 时，感应电动势差值 $E_d$与位移 $x$ 的关系可以看作一个单调函数。可以使用位移对车模转向进行负反馈控制，从而保证两个线圈的中心位置跟踪赛道的中心线。通过改变线圈高度 $h$、线圈之间的距离 $L$ 调整检测范围及感应电动势的大小。

实验证明，双水平线圈检测方案可以使智能车在一定速度下稳定行驶并完成比赛。但随着车速的提高，稳定性差的问题便暴露出来，尤其在弯道时容易偏离赛道。可以从以下三个方面进行改进。

**1. 传感器布置方向的改进**

根据现有的方案，当智能车中心线与赛道重合时，磁场在水平方向上的分量（$x$ 轴和 $z$ 轴）全部落在 $x$ 轴上，$z$ 轴磁场为 0。而当智能车经过弯道时，若只用两个水平（$x$ 轴）线圈，两个线圈检测到的感应电动势大小很接近，而且此时并不能反映水平方向磁场的所有信息，因为水平方向（$z$ 轴）的磁场不为 0。

因此，可以通过添加 $z$ 轴线圈来避免由于传感器提供赛道信息不完整而造成的舵机误动作或转向延迟。此时，当智能车转弯时，通过计算 $x$ 轴和 $z$ 轴方向上线圈信号的二次方和得出其矢量和水平分量方向上的磁场。

事实上，将其中一个电感倾斜一定的角度也可以达到上述结果，电感倾斜角度不同，对两个方向的检测范围不同，智能车所感应的赛道信息也不同。电感布局如图 13-22 所示。

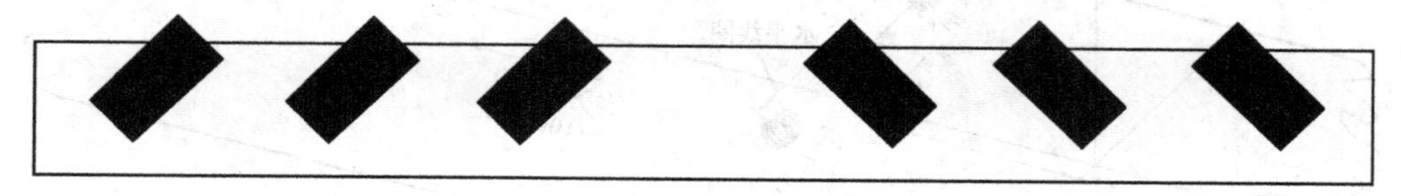

图 13-22 倾斜电感排布示意图

当智能车走内道时，这种电感排布方式的效果十分明显。利用传感器对角度变化的反应使得传感器在直道上变化较小，减小直道抖动；而进入弯道时角度和位置同时起作用，有利于转弯。

另外，由于磁场在空间满足矢量分布，故可以把二维平面检测提升为三维立体空间检测，在左、右两面的同一位置分别加装两个电感，每侧 3 个电感且电感两两垂直。通过这样的放置，可以准确地检测到传感器所在空间位置的磁场，测量信号更加全面，而对空间信号进行矢量合成，可获得磁场的大小和方向。

图 13-23 所示为电感横、纵、竖 3 个方向排布示意，倾斜的传感器利用其对弯道敏感的优势作为主要转向传感器，但在十字道时因为 $y$ 轴分量的影响，会有信号干扰甚至偏离赛道的可能，于是采用横向探头来辅助转向，采用竖直探头进行少量前瞻判断和十字的辅助判断。

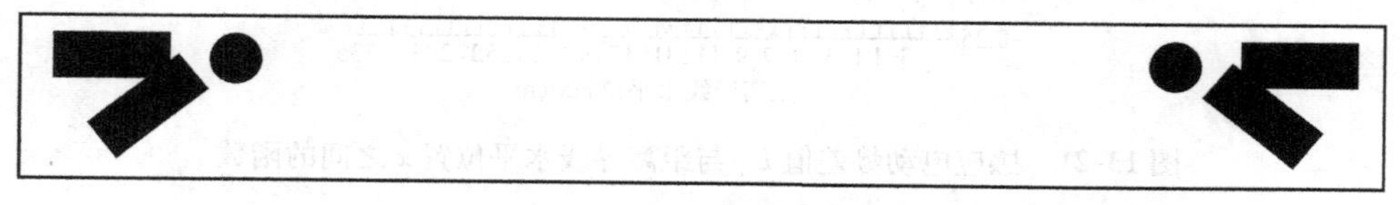

图 13-23 电感 3 个方向排布示意图

**2. 传感器数量的改进**

增加电感和采集点的数量可以提高检测精度，检测赛道的横向距离更宽，具有更加精密的位置计算能力，有利于智能车的精密控制。通过仿真读取采集信息，并与理论图像进行比较可以得出，多电感检测获得信息与实际赛道的信息更加吻合，曲线拟合也更好。

**3. 传感器前瞻检测的改进**

电磁组智能车的检测性能较弱，这使速度的提升受到很大限制，不能满足智能汽车高速运行的要求，因此需要用必要的手段增加智能车的检测性能。

可以利用双排传感器来解决这个问题。单排传感器的检测信号单一，而双排传感器可以通过判断导线斜率来弥补前瞻的不足。由于双排传感器检测的信息较为丰富，可以合理利用其信号进行转角及速度的控制，有利于坡道及弯道的检测和判断。

## 13.3.2 转向控制策略

智能车的高速稳定运行离不开对舵机的精确控制，实际中可将舵机的转角变化转变为位移的变化，从而快速地对路况变化做出响应。智能车后轮旁安装的舵机一般由舵盘、减速齿轮、直流电动机、位置反馈电位计和相应的控制电路组成。内部位置反馈齿轮组由直流电动机驱动，其输出轴带动一个具有线性比例特性的位置反馈电位器作为位置检测。当电位器转角线性的转换为电压并反馈给控制电路时，控制电路将反馈信号与输入的脉冲相比较，产生纠正脉冲，控制并驱动直流电动机正向或反向转动，使减速齿轮组输出的位置与期望值相等，从而达到舵机精确控制转向角度的目的。

电磁智能车舵机的转角大小由智能车控制模块中单片机输出的脉冲频率和占空比决定，单片机输出的脉冲频率和占空比的大小取决于路径检测系统对路况的判断。电磁智能车依靠安装在小车前端的电磁传感器对小车前方路径中央的电磁导航信号进行检测，提取小车和导航线之间的位置关系后，单片机控制输出的脉宽与舵机的转角在范围内线性变化。当小车偏离导线较小时，给定一个较小的回正角度，小车可以加速行驶；当小车驶离导航线时，应该迅速做出反应，减慢车速并对转角做出修正。由于智能车舵机对指令的响应存在一定的滞后性，导致其在弯道行驶时极易冲出赛道，进而失去控制，因此在转弯过程中不得不减慢智能车的速度来弥补这一缺陷。所以，为了使小车高速通过弯道，必须运用一种算法，使得智能车的舵机响应时间要短，且在整个转向控制调节过程中要求无超调、无静差。

PID 是一个闭环控制算法，因此要实现此算法，必须在硬件上具有闭环控制，即要有反馈。PID 表示比例（P）、积分（I）、微分（D）运算，但是在一个控制系统中，并不是必须同时都要具备这三种算法，可以选用 P、PI、PD 或 PID 中的一种对系统进行控制。设计中对舵机转向控制采用 PD 算法，其中误差来源于路径传感器传回的方向误差。其表达式为

$$\mathrm{Steer}_{\mathrm{out}} = K_{\mathrm{p}} \times \mathrm{error} + K_{\mathrm{d}} \times (\mathrm{error} - \mathrm{error}_{\mathrm{old}}) \tag{13-2}$$

式中，$\mathrm{Steer}_{\mathrm{out}}$为舵机 PWM 输出量；error 为本次方向偏差；$\mathrm{error}_{\mathrm{old}}$为上次方向偏差；$K_{\mathrm{p}}$ 为比例系数；$K_{\mathrm{d}}$ 为微分系数。因为转向控制的特殊性，应设置动态的系数以使车模能迅速稳定地转向正确的方向。当发现偏离量在增大时，即上次的动作没有很好地补偿误差，此时应增大比例系数 $K_{\mathrm{p}}$；反之，若发现偏离量减小到一定的值则应减小比例系数，此时车模在趋于直道或正在直道上，较小的比例系数可以大幅减少舵机的抖动，利于快速回正。同理，当偏差在 0 附近振荡时应减小比例系数 $K_{\mathrm{p}}$ 以减少舵机的振荡抖动，而由直道入弯等紧急大幅转弯时，舵机的反应滞后问题可以在加入微分项的超前控制后很好的解决。

### 13.3.3　速度控制策略

速度控制的好坏直接影响车模运行的整体性能，只有对速度的更好把控才能保证车模始终以安全速度以下的最高速度行驶，提高整个比赛的平均速度。舵机转向问题解决后，速度控制基本无技术难点，常见的速度控制方案有：入弯减速、出弯加速；直道高速、遇弯减速、弯道中等速度、出弯加速等。

目前智能车竞赛中常用的速度控制算法为 PID 算法。为了节省单片机的运算量，多采用增量式 PID 算法。单片机需要每隔固定时间对存储编码器计数信息的寄存器进行采集，得到的编码器的数据结合采样时间即可得到旋转速度。采样时间常取 1 ~ 5ms，可使用定时器中断定时读取速度并运行 PID 程序进行运算。PID 应用的程序编程可扫链 13-1 查看。

链 13-1

## 13.4 寻线行驶算法实现

### 13.4.1 定位算法

以采用五个“一”字排布的电感传感器为例，它的寻线原理为：找出某一时刻五个电感中感应电动势最大的电感（计为M），导线必然会离这个电感最近，然后读出该电感相邻左、右两个电感的值（分别计为L和R），将会有以下三种情况：当L值大于R值，说明导线在L和M之间；当L值小于R值，说明导线在R和M之间；当L值约等于R值，说明导线在M正上。

对于M在最左或最右的特殊情况时，缺相邻的L或R，可直接将导线位置定位于M，且由M值大小得出远离程度。该情况说明传感器偏离赛道很严重。

以上这种通过找感应电动势最大的电感M和相邻电感L和R来确定电感和导线的相对位置的方法，是一种初步的定位方法。这里再次深化讨论，先设立一个阈值T，分以下两种情况：当|L值-R值|<T，即L值约等于R值，说明导线在M正上，得出确切位置；当|L值-R值|>T，说明导线在M和L或者M和R之间。

此定位算法在直道上有比较明显的作用，但在弯道上不足以适用所有类型的弯道。所以，在此基础上，引入在弯道计算偏移比较明显的中间标定差值法，即在直道处进行中间电感M的标定，取其标定值与实时值作之差。用此方法可以得到在弯道处的偏移曲线如图13-24所示。

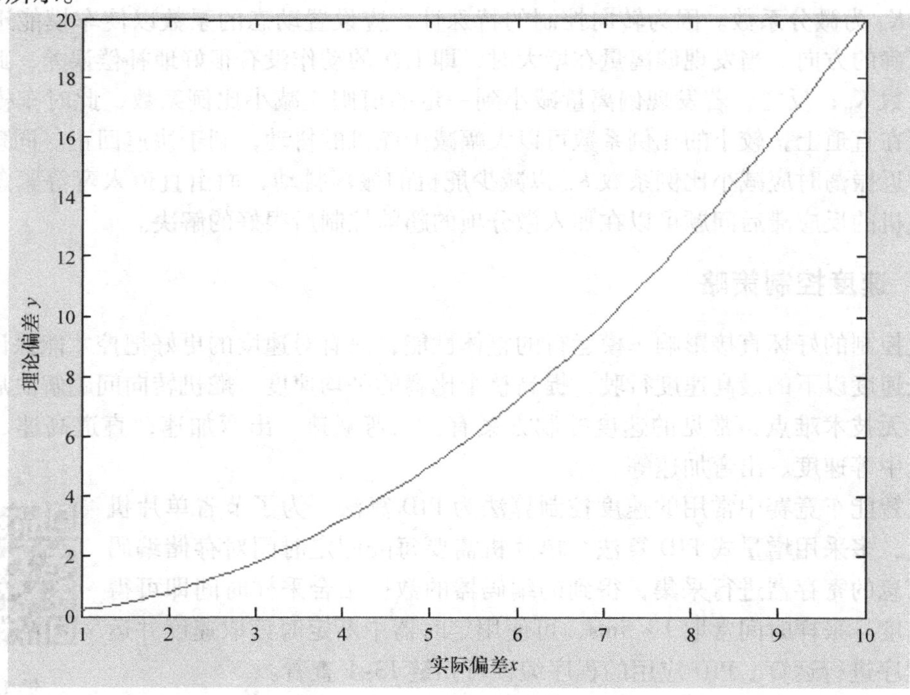


图13-24 弯道处的偏移拟合曲线

将以上电感位移算法与中间标定差值法综合计算，即可得到直道和弯道同样灵敏的控制量。算法流程图如图 13-25 所示。

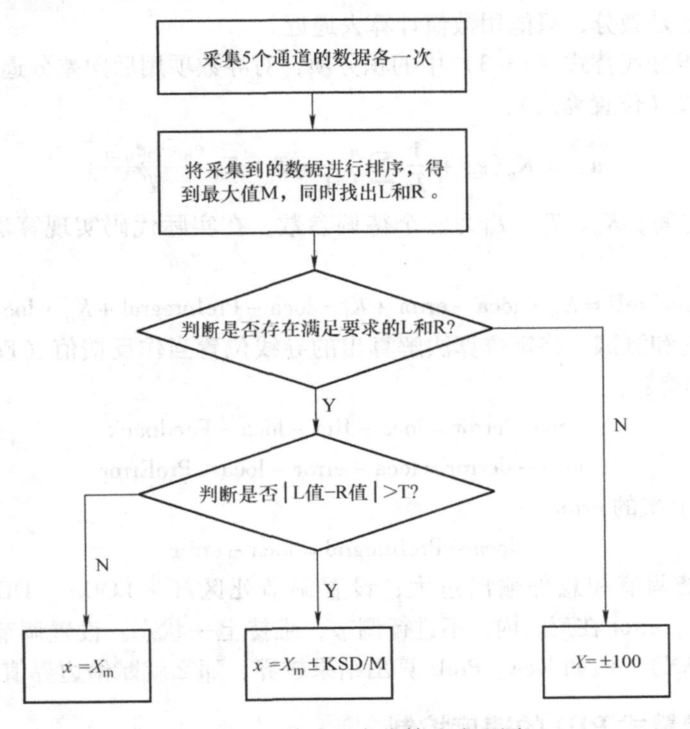


图 13-25　传感器定位算法流程图

## 13.4.2　基于位置式 PID 的方向控制

PID 控制是工程实际中应用最为广泛的调节器控制方法。问世至今 70 多年来，以其结构简单、稳定性好、工作可靠、调整方便而成为工业控制的主要技术之一。

单位反馈的 PID 控制原理框图如图 13-26 所示。

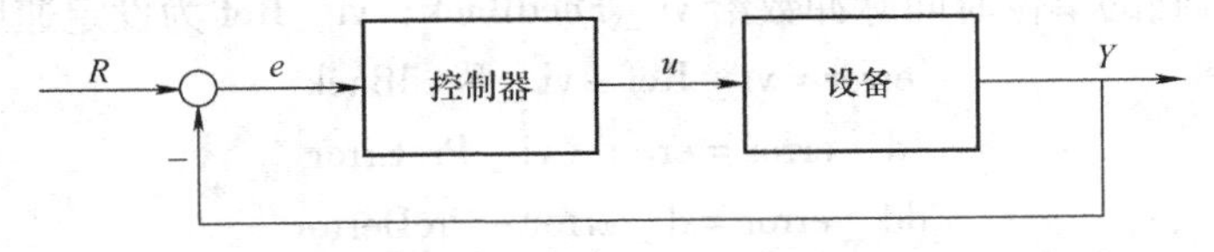


图 13-26　单位反馈的 PID 控制原理框图

单位反馈 $e$ 代表理想输入与实际输出的误差，这个误差信号被送到控制器，控制器算出误差信号的积分值和微分值，并将它们与原误差信号进行线性组合，得到输出量 $u$。

$$u = K_p e + K_i \int e\mathrm{d}t + K_d \frac{\mathrm{d}e}{\mathrm{d}t} \tag{13-3}$$

其中，$K_p$、$K_i$、$K_d$ 分别称为比例系数、积分系数、微分系数。$u$ 被送到执行机构，这样就获得了新的输出信号 $u$，这个新的输出信号再次被送到感应器以发现新的误差信号，这个过程就这样周而复始地进行。

数字控制系统中，PID 控制器是通过计算机 PID 控制算法程序实现的。计算机直接数字控制系统大多数是采样-数据控制系统。进入计算机的连续-时间信号，必须经过采样和调整量化后变成数字量，方能进入计算机的存储器和寄存器，而在数字计算机中的计算和处理，不论是积分还是微分，只能用数值计算去逼近。

用矩形数值积分代替式（13-3）中的积分项，对导数项用后向差分逼近，得到数字PID控制器的基本算式（位置算式）：

$$u_n = K_p\left(e_n + \frac{1}{T_i}\sum_{k=1}^{n} e_k T + T_d \frac{e_n - e_{n-1}}{T}\right) \tag{13-4}$$

其中，$T$是采样时间；$K_p$、$T_i$、$T_d$为三个待调参数，在实际代码实现算法时，处理成以下形式：

$$\text{loca-errorPreU} = K_p \cdot \text{loca-error} + K_I \cdot \text{loca-PreIntegral} + K_d \cdot \text{loca\_derror} \tag{13-5}$$

根据以往资料和测试，将定位算法解算出的导线位置当作反馈值（Feedback），参考值（Ref）设为0，则有：

$$\text{loca-error} = \text{loca-Ref} - \text{loca-Feedback} \tag{13-6}$$

$$\text{loca-derror} = \text{loca-error} - \text{loca-PreError} \tag{13-7}$$

其中，PreError为上次的error。

$$\text{loca-PreIntegral} = \text{loca-error} \tag{13-8}$$

为了防止频繁调节和意外输出过大，设置调节死区（-LOCA_DEADLINE，LOCA_DEADLINE）。loca_error在死区内，不进行调节，维持上一状态。设置调节范围（-LOCA_MAX，LOCA_MAX），假如loca_PreU算出结果越界，那么就赋给边界值±LOCA_MAX。

### 13.4.3 基于增量式PID的速度控制

对位置式加以变换，可以得到PID算法的另一种实现形式（增量式）：

$$\Delta u_n = u_n - u_{n-1} = K_p\left[(e_n - e_{n-1}) + \frac{1}{T_I}e_n + \frac{T_d}{T}(e_n - 2e_{n-1} + e_{n-2})\right] \tag{13-9}$$

在实际代码实现时，处理成

$$\text{vl\_PreU} += (K_p \cdot \text{d-error} + K_i \cdot \text{error} + K_d \cdot \text{dd\_error}) \tag{13-10}$$

将测速模块得到的单位时间脉冲数给vi_FeedBack，vi_Ref为设定速度。

$$\text{error} = \text{vi\_Ref} - \text{vi\_FeedBack} \tag{13-11}$$

$$\text{d-error} = \text{error} - \text{vi\_PreError} \tag{13-12}$$

$$\text{dd\_error} = \text{d\_error} - \text{PreDerror} \tag{13-13}$$

这里设计High、Middle、Low作为设定速度值（vi_Ref），分别对应直道、弯道、最低速度（由传感器状态确定）。位于直道时，设定速度为最大。为提高稳定性，也设置相应的调节死区和调节范围。

### 13.4.4 弯道策略分析

在车辆进入弯道时，需要对三个参数进行设定：切弯路径、转向角度、入弯速度。其中，切弯路径主要决定了车辆是选择内道过弯还是外道过弯。切内道，路经最短，但是如果地面附着系数过小会导致车辆出现侧滑的不稳定行驶状态。原因是切内道时，曲率半径过小，同时速度又很快，所以模型车需要的向心力会很大，而赛道本身是平面结构，向心力将全部由来自地面的摩擦力提供，因此赛道表面的附着系数将对赛车的运行状态有很大影响。切外道，路径会略长，但是有更多的调整机会，同时曲率半径的增加会使得模型车可以拥有更高的过弯速度。

转向角度决定了车辆过弯的稳定性。合适的转向角度会减少车辆在转弯时的调整，不仅可以保证路径最优，运动状态的稳定还会带来效率的提高，减少时间。在考虑转向角度设置时需要注意以下几个问题：对于检测赛道偏移量的传感器而言，在增量较小时的转向灵敏度；检测到较大弯道时的转向灵敏度；对于类似S弯的变向连续弯道的处理。

对于入弯速度的分析，应该综合考虑路径和转向角度的影响。理论上可以采取“入弯道减速、出弯加速”的方案，这样可以减少过弯时耗费的时间。然而，在对比过去几届比赛中，通过观察各参赛车对弯道的处理后发现，并不是所有人都选择了这样的处理，由于可能不能及时判断入弯和出弯的标志点就采取“入弯减速、出弯加速”的方案，会出现弯道内行驶状态不稳定、路径差的状况，同时出弯加速时机过晚，一样会浪费时间。所以对过弯速度的处理方式可以为：入弯时急减速，以得到足够的调整时间，获得正确的转向角度；在弯道内适当提速，并保持角度不变，为出弯时的加速节约时间；出弯时，先准确判断标志，然后加速，虽然会耗费一些时间，但是面对连续变向的弯道可以减少判断出错的概率，保证行驶状态的稳定性，而且弯道内的有限加速对后面的提速也有很大的帮助。综合考虑，用可以接受的额外时间换回行驶的稳定性还是值得的。

下面以常见的几种弯道转角处理方式解释各方案的优缺点，如图13-27所示。其中，横坐标表示由传感器采集回来的赛道中心线相对赛车中心线的偏移量，纵坐标表示转角大小。

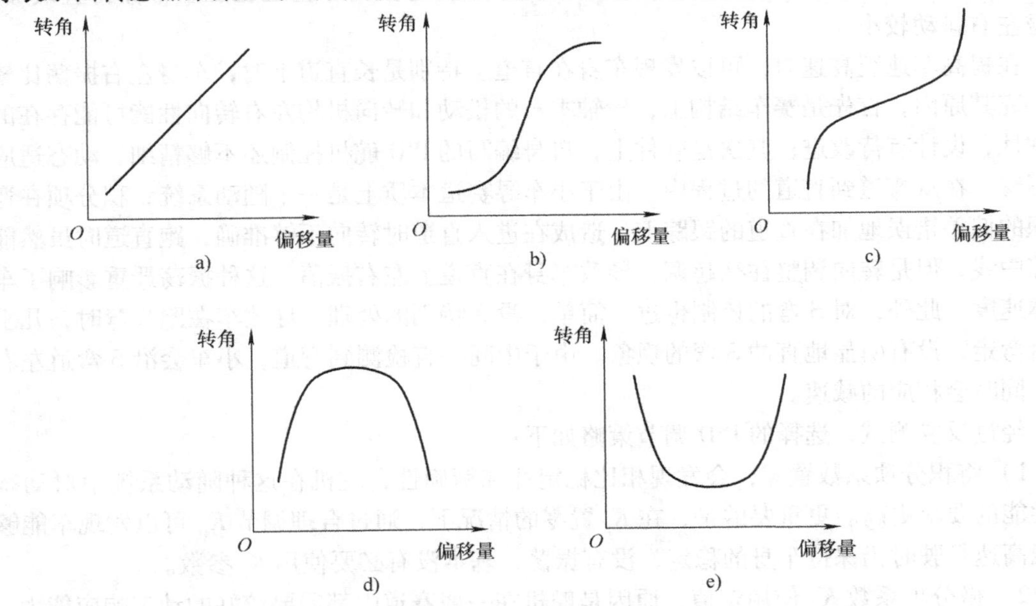


图13-27　弯道转角处理方式

图13-27a表示偏移量与转向角度呈线性关系，在计算及程序编写上都比较简单，也可以实现控制赛车行驶的目的。但是由于规则制定比较简单，对赛车实际行驶状态的分析不够全面，所以在实际应用时不能简单套用。

图13-27b表示的是在赛车略微偏离赛道中心时，不要对行驶方向做太大调整，而是在

当偏离度大到预定值时急速调整转角以保证过弯的及时；同时在已判断出是急弯后，也不要进行大的变动，因为此时转角的值已经很大，仅需对舵机进行微调就可以保证方向的正确性。这种方案的优点是综合考虑了赛车对弯道的适应程度，同时保证了在直线行驶时的稳定性和抗干扰性，但是对急弯的响应可能不够及时，这是该方案的主要缺点。

图13-27c表示的对弯道的处理方案与图b恰好相反，它提高了相应的灵敏度，但降低了抗干扰性，对于多弯道且弯道曲率半径较小的赛道有比较好的适应性。

图13-27d、e是两种比较特殊的处理方案，它们不能用于赛车的全程控制，只是考虑到赛车的实际运行特点对某部分的偏移量有特别要求时使用。对于传统的四轮车辆，转向时前轮有比较严格的角度关系，而角度关系的得到是由转向系统决定的。这样两套系统都对某个值做出了限制，必然会有矛盾，当车由0°转到最大转角时，并不是每时每刻都能同时满足两种条件的限制，那么为了赛车行驶的稳定性，可能会在小范围内使转角产生波动，以得到附近最合适的转角值，减小矛盾。

### 13.4.5　转向舵机的PID控制算法

对于舵机的闭环控制，采用了位置式PID控制算法，根据往届的技术资料和实际测试，将每场利用电感计算的偏差值与舵机PID参考角度值构成一次线性关系。

较低速试验时，在偏离中线很少的某个范围，将$K_p$直接置零，在偏离中线较少的某个范围，将$K_p$值减小为原来的一半，在偏离较大的其他情况，则保持$K_p$原来的大小。取得的实际效果在弯道较多、直道较短的赛道上，车子转弯流畅，直道也能基本保持直线加速，车身左右抖动较小。

在提高车速至高速时，可以发现车身在直道上特别是长直道上时，车身左右振荡比较严重，究其原因，首先是赛车结构上，轮轴本身的松动和转向机构左右转向性能可能存在的不对称性，设计有待改进；其次是软件上，自身编写的PID舵机控制还不够精细，动态适应能力不够。在从弯道到直道的过程中，由于小车寻赛道本质上是一个随动系统，积分项在弯道累积的偏差错误地加在直道的跟踪上，造成在进入直道时转向不够准确，跑直道时虽然能够跟踪中线，但是转向调整往往超调，导致车身在直道上左右振荡，这种振荡严重影响了车的整体速度。此外，对S弯的控制也过于简单，没有特别的处理，导致车在跑S弯时，几乎完全沿弯走，没有明显地直冲S弯的现象。由于中间一直检测到弯道，小车会沿S弯道左右振荡，同时会相应的减速。

经过反复测试，选择的PID调节策略如下：

1）将积分项系数置零，会发现相比稳定性和精确性，舵机在这种随动系统中对动态响应性能的要求更高。更重要的是，在$K_i$置零的情况下，通过合理调节$K_p$可以发现车能够在直线高速行驶时仍保持车身的稳定，没有振荡，基本没有必要使用$K_i$参数。

2）微分项系数$K_d$使用定值，原因是舵机在一般赛道中都需要较好的动态响应能力。

3）对$K_p$可以使用二次函数曲线，如图13-28所示。$K_p$随中心位置与中心值的偏差呈二次函数关系增大，在程序中具体代码如下：

$$\text{loca}-K_p=\frac{\text{loca}-\text{error}\cdot\text{loca}-\text{error}}{2}+1000 \tag{13-14}$$

其中，loca－error是中心位置与中心值的偏差。

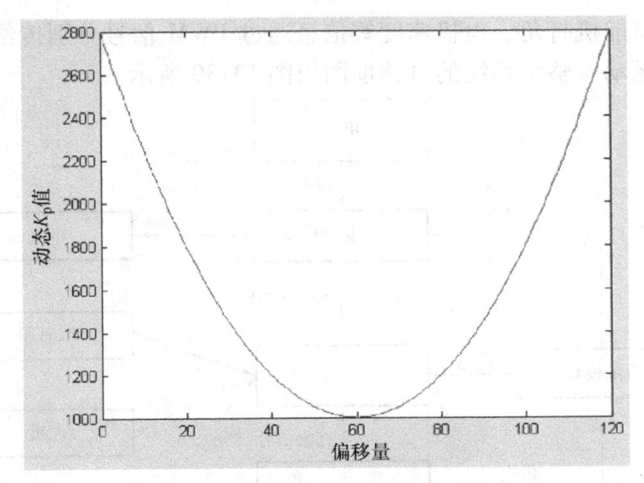


图 13-28　中心位置和动态 $K_p$ 值的二次函数曲线

经不断调试，选择一组理想的 PID 参数，就可以得到较为理想的转向控制效果。

### 13.4.6　驱动电机的 PID 控制算法

对于速度控制，可以采用增量式 PID 控制算法，基本思想是直道加速、弯道减速。经过反复调试，将每次电感计算的偏差值与速度 PID 参考速度值构成二次曲线关系。在实际测试中发现，小车直道和弯道相互过渡时加、减速比较灵敏，与舵机转向控制配合得较好。偏差和给定速度的二次函数曲线如图 13-29 所示。

但是，该方法存在一定的局限。一方面是车在从弯道入直道时加速和从直道入弯道时减速达不到最好的控制效果，弯道入直道减速不够快速，直道入弯道加速的时机不够及时。因此做了进一步的改进，根据入弯时偏差的特点动态改变二次曲线中最高点（直道的最高速度）和最低点（弯道的最低速度）的大小，结果表明，控制效果更好。另一方面，应该考虑到实际比赛中长直道急速冲刺的情况，使车能够在长直道上充分发挥潜能。

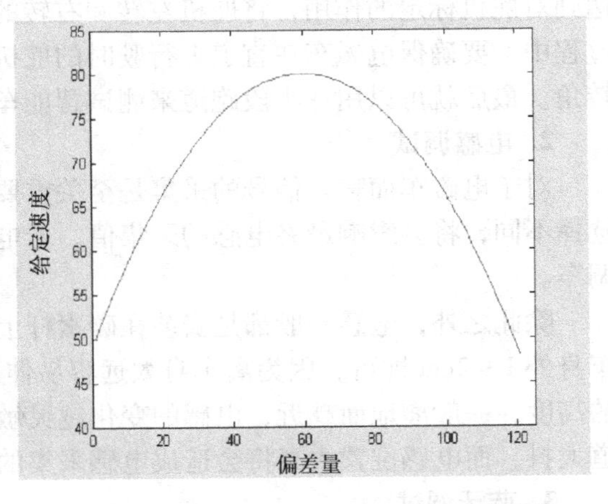


图 13-29　偏差和给定速度的二次函数曲线

## 13.5　电磁车系统调试

电磁车系统的调试分为两部分，分别是软件调试和整车调试。电磁车系统由电源模块、A/D 采集模块、电机驱动模块等组成。电磁车通过锂电池为电源模块供电；电源模块上集成了多路 5V、3.3V、6V 稳压电路，为主板、外设以及舵机供电；电磁传感器由多对电感、电容搭建的并联谐振电路组成，通过将检测到的磁场信息转化为交流信号，经放大、检波、滤波之后变成直流信号供单片机进行 A/D 采集；电磁信号以及摄像头图像信息经 CPU 处理后获得赛道信息，将舵机打角、电机速度等信息通过 PWM 信号分别传给舵机、电机驱动模块，用以控制车模运动。整个系统的电路框图由图 13-30 所示。

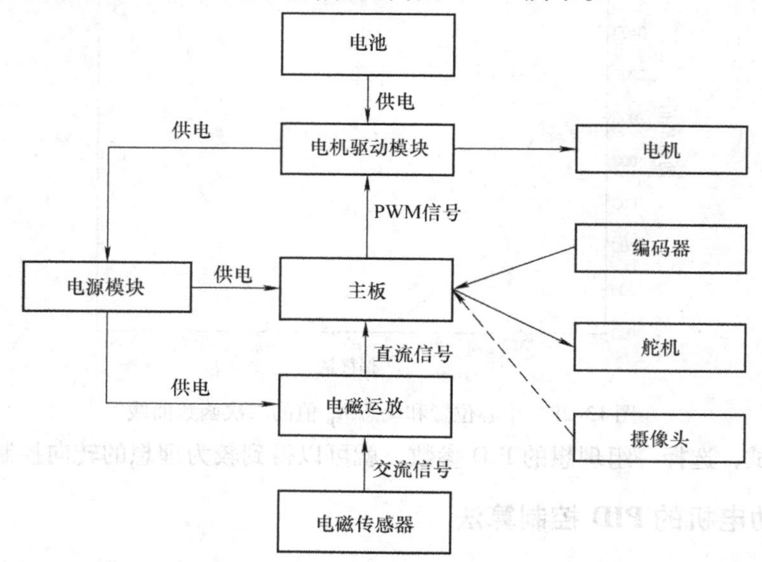


图 13-30 电磁车系统的电路框图

**1. 舵机调试**

首先在程序里不断地修改舵机的控制量，从而确定舵机左转和右转极限的 PWM 值，以达到对舵机标定的作用，将舵机左转和右转的极限值保留在程序的设定中。其次，在调试的过程中，要确保电磁车在直道上行驶时的舵机处于居中位置，在通过弯道时要给舵机足够的转角。最后就可以用一小段跑道来测试智能车。

**2. 电感调试**

对于电磁车而言，信号的采集是至关重要的。但是由于焊接时焊锡的毛刺、电容大小的选择不同，将会影响最终电感的采集值，若电感的采集值变换的差值过大，将会影响后期的调车。

除此之外，电感一般都是安装在碳素杆上，但是电感的位置不能离开车身太远，一般在车身外 1 ~2cm 即可，因为离车身太远容易伸出赛道外，从而出现丢线的状况。其次是电感的高度，一般离地面越近，电感的变化越灵敏，转弯效果会更好，但是电感太灵敏会造成直道太抖，而电感位置太高将会造成电感采集的信号失真。

**3. 蓝牙调试**

蓝牙信号的收发是通过蓝牙模块来实现，具有片内数字无线处理器（Digital Radio Processor，DR）、数控振荡器、片内射频收发开关切换、内置 ARM 嵌入式处理器等。当蓝牙模块接收信号时，收发开关置为接收状态，射频信号从天线接收后，经过蓝牙收发器直接传输到基带信号处理器。该模块主要用于短距离的数据无线传输领域，可以方便地和 PC 的蓝牙设备相连，也可以进行模块之间的数据传输，因此能够避免繁琐的线缆连接，能直接替代现有的串口线。为了实时监测小车各项参数，可以增加蓝牙无线模块，以提高开发的效率。

**4. 上位机调试**

为了更好地查看智能车运行时某些参数的变化，可以无线传输模块，将智能车运行时的参数发送至上位机进行实时监控，利用上位机软件将智能车运行时的状态和参数进行展示，这样就能实时地观测到智能车运行过程中出现的问题所在，从而能够更加方便地调试智能车的速度和状态。上位机接收数据实时曲线如图 13-31 所示。

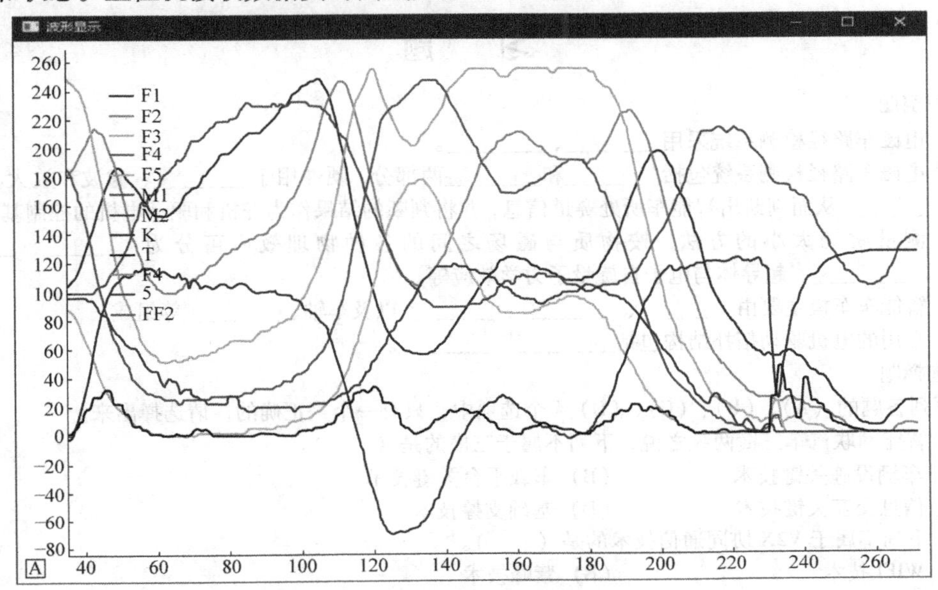


图 13-31　上位机接收数据实时曲线

**5. 虚拟示波器数据采集显示调试**

在进行电机调试时，通过采用虚拟示波器将电机实时速度转化为波形，进而对驱动电机的 PID 进行整定。以波形的方式显示可以很直观地观察电机转速，并在电机设定速度改变时，判断电机的响应速度，从而可以更加方便快捷地确定 PID 参数。图 13-32 所示为电机转速的波形截图。

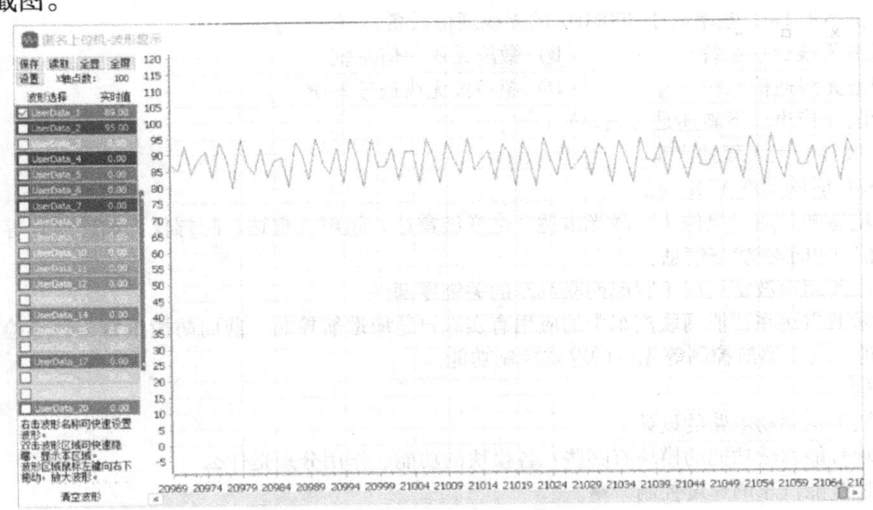


图 13-32　虚拟示波器波形截图

**6. 整车调试**

在经过对智能车各个模块的部分调试之后，就可以进行整体调试。先让智能车以一个较低的速度跑完全程，之后再慢慢提高智能车的速度，若速度太快从而导致智能车在某一个环节出现错误，就可以调整智能车的控制算法，如此反复进行。最终将智能车达到一个的理想速度。

## 习 题

1. 填空题

（1）电磁车路径检测系统采用________、________。

（2）电磁车路径检测系统包括________和________两部分，硬件用于________、滤波和放大。软件系统用于________，从而判断出智能车所处赛道信息，并将判断的结果作为舵机和驱动电机的控制基础。

（3）测量磁场大小的方法，按物质与磁场之间的各种物理效应可分为________、________、________、________、超导体与电子自旋量子力学效应等。

（4）智能车车模主要由________、________、________以及车轴、________等组成。

（5）常用的电机驱动拓扑结构包括________与________。

2. 选择题

在下列各题的（A）、（B）、（C）、（D）4个选项中，只有一个是正确的，请选择出来。

（1）智能网联汽车三横两纵之说，下列不属于三横的是（　　）。

（A）车辆设施关键技术　　（B）车载平台关键技术

（C）信息交互关键技术　　（D）基础支撑技术

（2）下列不属于V2X协同通信技术的是（　　）。

（A）WIFI技术　　（B）紫峰技术

（C）IrDA技术　　（D）蜂窝通信技术

（3）智能网联汽车由环境感知层、________以及控制和执行层组成。

（A）智能决策层　　（B）自载网络层

（C）驾驶辅助层　　（D）通信定位层

（4）前向碰撞预警的简称是（　　）。

（A）ACC　　（B）AEB

（C）FLW　　（D）FCW

（5）波长小于1m、频率高于300MHz的无线通信设备是（　　）。

（A）长波无线通信系统　　（B）微波无线通信系统

（C）短波无线通信系统　　（D）超短波无线通信系统

3. 判断题（指出以下叙述是否正确）

（1）L3级属于无人驾驶汽车。（　　）

（2）DSRC能够实现V2X通信。（　　）

（3）环境感知是通过摄像头、激光雷达、毫米波雷达、超声波雷达、陀螺仪、加速度计等传感器来感知周围环境信息和车辆状态信息。（　　）

（4）近距离超声波雷达属于智能网联汽车的关键零部件。（　　）

（5）毫米波雷达在智能网联汽车中的应用有实现自适应巡航控制、前向防撞报警、盲点检测、辅助停车、辅助变道、自主巡航控制等先进的巡航控制功能。（　　）

4. 简答题

（1）简述电机驱动电路的设计。

（2）实现智能驾驶功能的模块有哪些？各模块的功能、作用分别是什么？

（3）简述智能汽车的速度控制策略。

（4）PWM信号的主要参数是什么？进行简单描述。

# 第 14 章　μVision5 集成开发环境的使用

1997 年，Keil Software 公司（2005 年被 ARM 公司收购）推出了基于 Windows 的开发工具软件 μVision2，该软件将编辑器、编译器、调试器及辅助工具集成在一起，为 51 系列单片机应用程序的开发和调试提供了完整的解决方案。2003 年，Keil Software 公司更新了集成的工具软件，推出了功能更强的 μVision3，此后于 2009 年发布了 Keil μVision4，此版本引入了灵活的窗口管理界面，新的用户界面可以更好地利用屏幕空间和更有效地组织多个窗口，提供一个整洁、高效的环境来开发应用程序，新版本支持更多最新的 ARM 芯片，还添加了一些其他新功能。2013 年，keil 正式发布了 Keil μVision5。

## 14.1　μVision5 简介

Keil μVision5 安装的是一个单纯的开发环境，让开发者易于操作，并不提供具体的编译和下载功能，需要开发者添加，不包含具体的器件相关文件，开发什么就安装对应的文件包。uVision5 通用于 Keil 的开发工具中，例如 MDK - ARM、Keil C51、C166、C251 等。本章将对 Keil C51 的使用进行介绍。Keil C51 是一款经典的、功能强大的、适用宽广的集成开发环境，是业界知名度较高、口碑比较好的，支持 8051 系列单片机架构的一款 IDE（集成开发环境）。μVision5 的软件界面如图 14-1 所示。

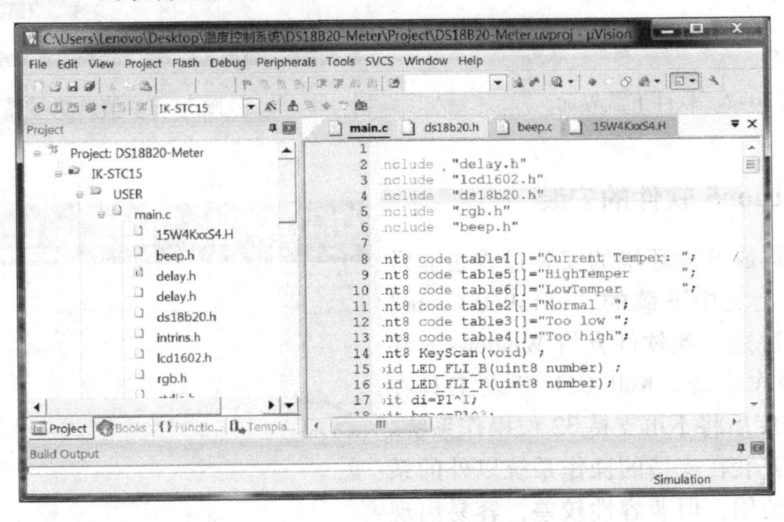


图 14-1　μVision5 软件界面

### 14.1.1　μVision5 软件的下载

读者可以到 Keil 公司的网站 https：//www. keil. com/download/product/下载最新版的 μVision5 软件。

在实际的项目开发中，为了不受编译代码大小的限制和不影响用户体验，需要购买授权或注册。若是商业用途，需使用购买的 μVision5 正式版软件。μVision5 对计算机系统的性能要求不高，当前的计算机配置都可以满足其运行的要求。

Keil C51 的下载过程如下：

1）打开官方下载网址 https：//www. keil. com/download/product/，单击要下载的版本（本书中以 Keil C51 为例），Keil C51 下载界面如图 14-2 所示。

2）填写相关信息，单击“Submit”（提交），软件下载信息填写界面如图 14-3 所示。

3）单击“C51V960A. EXE”，选择保存路径，单击“下载”，软件版本选择及存储位置选择界面如图 14-4 所示。

至此，完成了 Keil C51 软件下载。

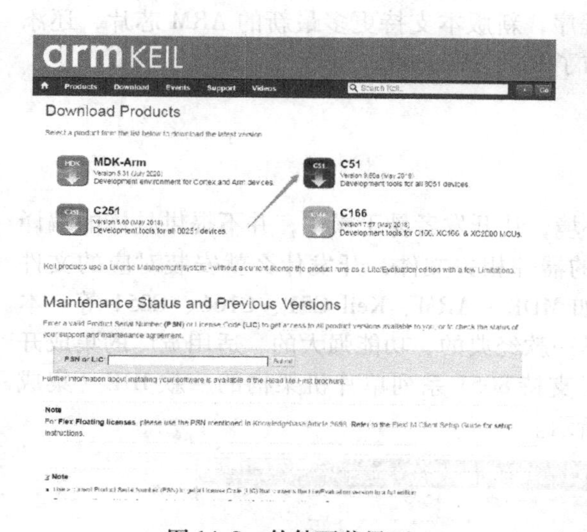


图 14-2　软件下载界面

图 14-3　信息填写界面

## 14.1.2　μVision5 软件的安装

Keil C51 集成开发环境的安装过程也非常简单方便，以上文中下载的“c51v960A. exe”软件为例进行讲述。此软件支持 Windows 8 和 Windows 10 操作系统，Keil C51 开发工具在 2018 年第三季度后将不再支持 32 位操作系统。最新版的软件安装在支持的操作系统以外的系统中一般也可使用，但兼容性较差，容易出现问题。

软件安装过程如下：

1）打开安装包所在的文件夹，双击安装文件，进入安装向导界面，单击“Next”，Keil C51 安装界面如图 14-5 所示。

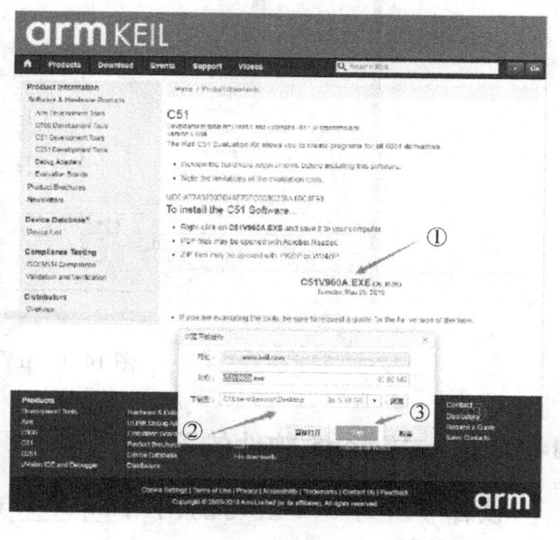


图 14-4　版本选择及存储位置选择界面

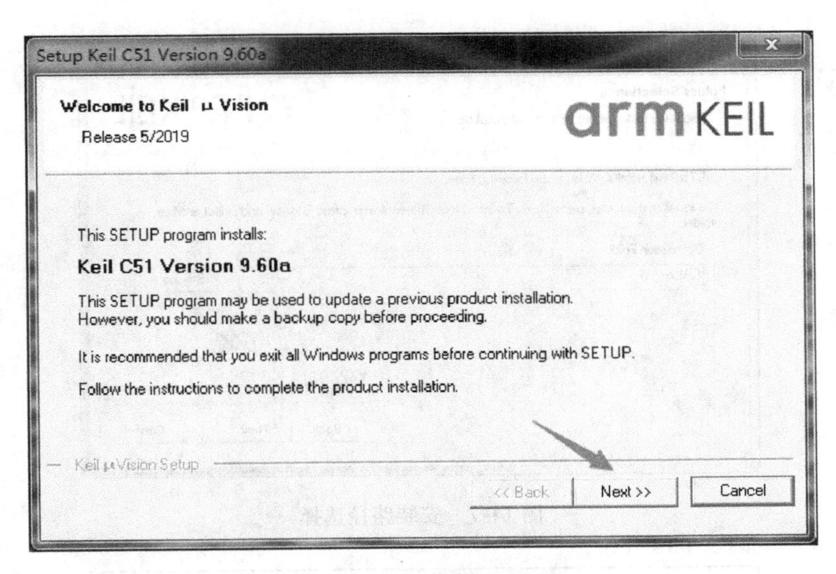


图 14-5　Keil C51 安装界面

2）勾选同意软件许可协议，然后单击“Next”，软件许可协议如图 14-6 所示。

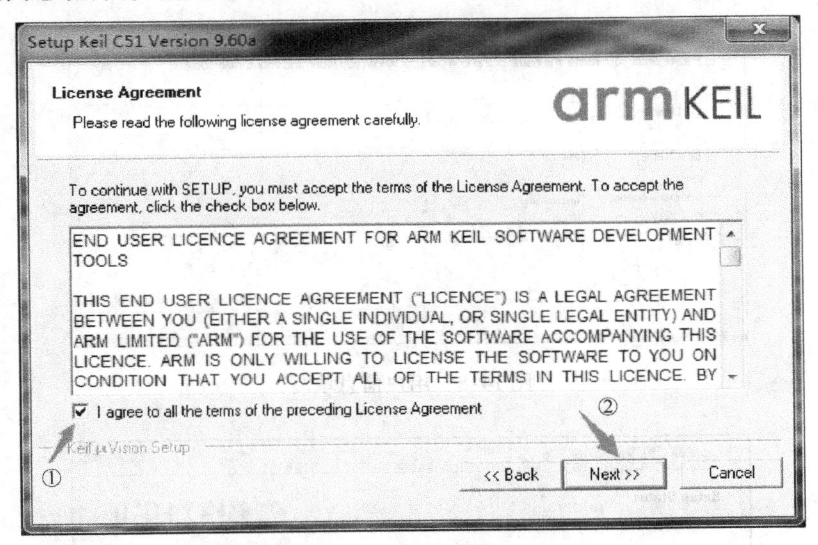


图 14-6　软件许可协议

3）选择安装路径，默认为 C:\Keil_v5，也可自行选择路径，然后单击“Next”，软件安装路径选择界面如图 14-7 所示。

4）填写信息（无特殊要求），然后单击“Next”，软件安装过程中用户信息填写界面如图 14-8 所示。

5）等待安装完成，此过程大约需要几分钟（与计算机配置有关），最后单击“Finish”完成安装，至此，Keil C51 安装过程完毕，可以使用。为了不受编译代码大小的限制和不影响用户体验，需要购买授权或注册。软件安装过程如图 14-9 所示，图 14-10 为软件安装完成界面。

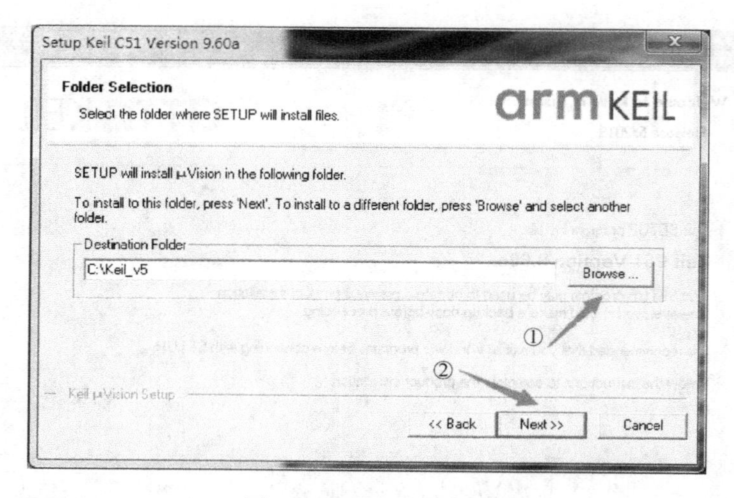


图 14-7　安装路径选择

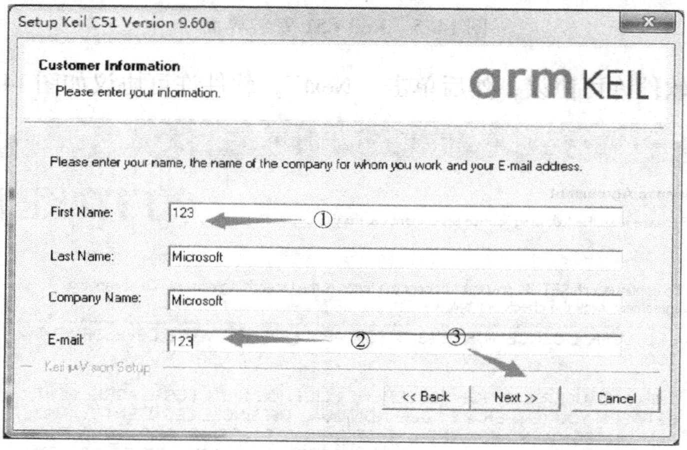

图 14-8　用户信息填写

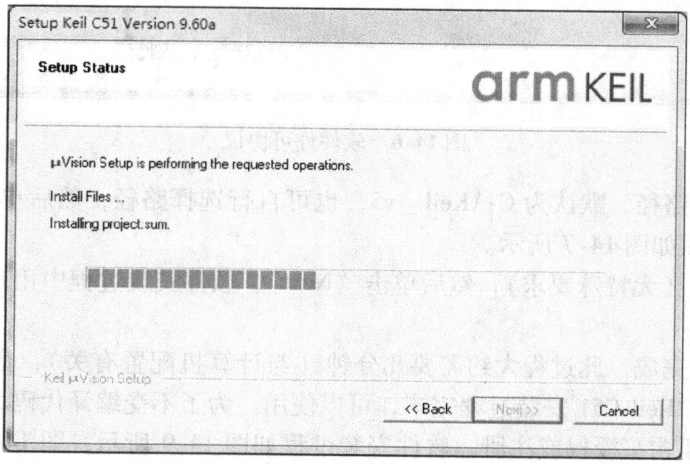

图 14-9　软件安装过程

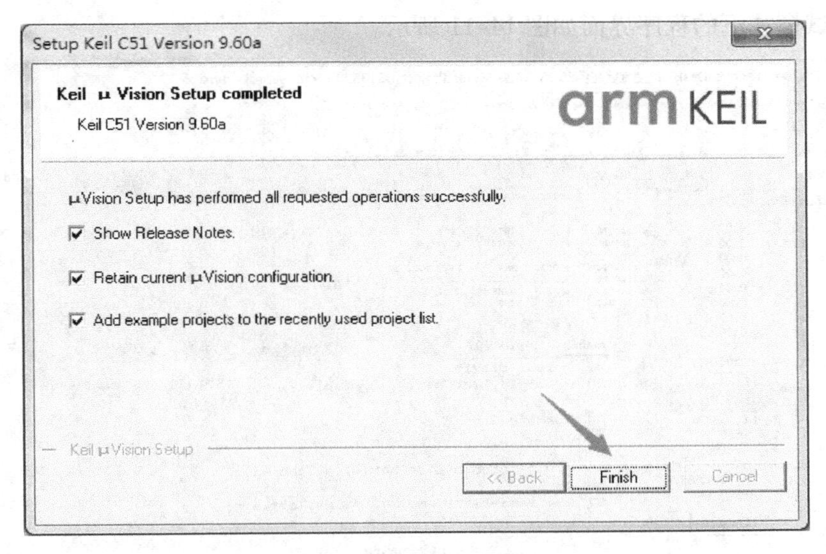


图 14-10　软件安装完成

表 14-1 列出的文件夹结构是包括所有 8051 开发工具的全部安装信息。

**表 14-1　8051 开发工具的全部安装信息**

| 文件夹 | 描述 |
| --- | --- |
| C:\Keil _ v5\C51\ASM | 汇编程序源模板和宏汇编程序的包含文件 |
| C:\Keil _ v5\C51\BIN | μVision / C51 工具链的可执行文件 |
| C:\Keil _ v5\C51\Examples | 示例应用 |
| C:\Keil _ v5\C51\FlashMon | Flash Monitor 和预配置版本的配置文件 |
| C:\Keil _ v5\C51\Hlp | μVision / C51 的在线文档 |
| C:\Keil _ v5\C51\INC | C 编译器包含文件 |
| C:\Keil _ v5\C51\ISD51 | ISD51 系统内调试器和预配置版本的文件 |
| C:\Keil _ v5\C51\LIB | C 编译器库文件、启动代码和常规 I/O 资源 |
| C:\Keil _ v5\C51\MON51 | 目标监控文件和用户硬件的监控配置 |
| C:\Keil _ v5\C51\MON390 | 调试监视器 |
| C:\Keil _ v5\C51\NULink | Nuvoton NULink 调试器软件相关文件 |
| C:\Keil _ v5\C51\RtxTiny2 | RTX51 2 实时操作系统的简化版本文件 |
| C:\Keil _ v5\C51\ULINK | ULINK 适配器相关文件 |

### 14.1.3　μVision5 软件工具的界面

μVision5 界面提供了菜单、工具条、源代码显示窗口、对话框和信息显示等内容，同时允许打开多个窗口浏览多个源文件，为应用程序的开发提供了全面而完善的支持。

μVision5 有两种操作模式：

1）创建模式：开发人员在此模式下编辑、编译项目中所有的文件并产生目标代码。

2）调试模式：开发人员在此模式下调试编写的应用程序，同时也可以用编辑器来修改源代码。调试模式下的程序界面如图14-11所示。

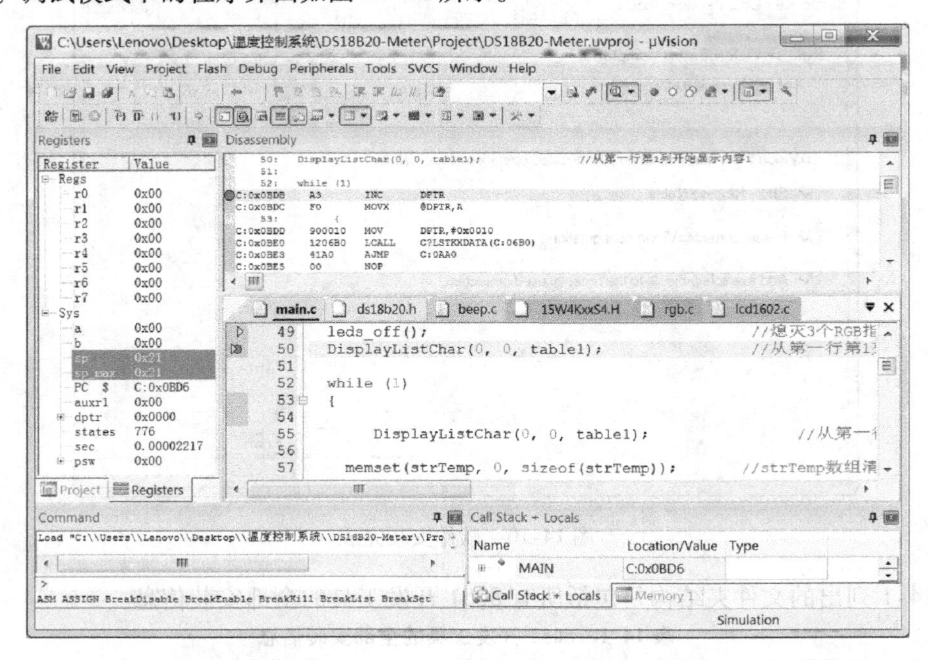

图14-11 μVision5调试模式界面

μVision5提供各种操作菜单，如编辑操作、项目维护、开发工具选项设置、调试程序、窗口选择和处理、在线帮助等，其对应的命令可以使用键盘快捷键（可以自由配置）执行，也可以使用工具条按钮来快速地执行命令。表14-2～表14-12列出了μVision5菜单项目、对应的工具条图标、默认的快捷键以及它们的功能描述。

（1）文件菜单和命令（File） 文件菜单和命令的相关内容见表14-2。

表14-2 文件菜单和命令的相关内容

| 菜单 | 工具条 | 快捷键 | 描述 |
|---|---|---|---|
| New | | Ctrl + N | 创建新文件 |
| Open | | Ctrl + O | 打开已经存在的文件 |
| Close | | | 关闭当前文件 |
| Save | | Ctrl + S | 保存当前文件 |
| Save all | | | 保存所有文件 |
| Save as… | | | 另外取名保存 |
| Device Database | | | 维护器件库 |
| Print Setup… | | | 设置打印机 |
| Print | | Ctrl + P | 打印当前文件 |
| Print Preview | | | 打印预览 |
| Exit | | | 退出μVision5，提示是否保存文件 |

（2）编辑菜单和编辑器命令（Edit） 编辑菜单和编辑器命令的相关内容见表14-3。

表 14-3 编辑菜单和编辑器命令的相关内容

| 菜单 | 工具条 | 快捷键 | 描述 |
|---|---|---|---|
| Undo | | Ctrl + Z | 取消上次操作 |
| Redo | | Ctrl + Shift + Z | 恢复上次操作 |
| Cut | | Ctrl + X | 剪切所选文本 |
| Copy | | Ctrl + C | 复制所选文本 |
| Paste | | Ctrl + V | 粘贴剪贴板中的文本 |
| Navigate Backwards | | Ctrl + Shift + - | 将光标移回到执行“查找”或“转到行”命令之前的位置 |
| Navigate Forwards | | Ctr + - | 将光标移至执行“向后导航”命令之前所占据的位置 |
| Insert/Remove Bookmark | | Ctrl + F2 | 在当前行打开/关闭书签 |
| Go to Next Bookmark | | Shift + F2 | 移动光标到下一个标签处 |
| Go to Previous Bookmark | | F2 | 移动光标到上一个标签处 |
| Clear All Bookmarks | | Ctrl + Shift + F2 | 清除当前文件的所有标签 |
| Find | | Ctrl + F | 在当前文件中查找文本 |
| Replace | | Ctrl + H | 替换特定的字符 |
| Find in Files | | Ctrl + Shift + F | 在多个文件中查找 |
| Incremental Find | | Ctrl + I | 键入字符时，按字母逐个查找文本 |
| Outlining | | | 提供用于概述源代码的命令 |
| Advanced | | | 提供高级编辑器命令 |
| Configuration | | | 打开 μVision 配置窗口，以更改编辑器设置、颜色和字体，定义用户关键字、快捷键和模板 |

（3）视图菜单（View） 视图菜单的相关内容见表 14-4。

表 14-4 视图菜单的相关内容

| 菜单 | 工具条 | 快捷键 | 描述 |
|---|---|---|---|
| Status Bar | | | 显示/隐藏状态条 |
| Toolbar | | | 显示/隐藏工具栏 |
| Project Window | | | 显示/隐藏项目窗口 |
| Books Window | | | 显示/隐藏“书籍”窗口 |
| Functions Window | | | 显示/隐藏“函数”窗口 |
| Templates Window | | | 显示/隐藏模板窗口 |
| Source Browser Window | | | 显示/隐藏浏览器窗口 |

（续）

| 菜单 | 工具条 | 快捷键 | 描述 |
| --- | --- | --- | --- |
| Build Output Window | | | 显示/隐藏“生成输出”窗口 |
| Error List Window | | | 显示/隐藏显示错误和警告的窗口 |
| Find in Files Window | | | 显示/隐藏在文件中“查找”窗口 |

（4）项目菜单和项目命令（Project） 项目菜单和项目命令的相关内容见表14-5。

**表14-5 项目菜单和项目命令的相关内容**

| 菜单 | 工具条 | 快捷键 | 描述 |
| --- | --- | --- | --- |
| New Project | | | 创建新项目 |
| New Multi - Projects | | | 创建一个新的多个项目文件 |
| Open Project | | | 打开一个已经存在的项目 |
| Close Project | | | 关闭并保存当前的项目 |
| Export | | | 将当前的项目或多项目导出为μVision3格式 |
| Manage | | | 管理工程项目 |
| Select Device for Target | | | 打开对话框“选择目标设备”以更改目标设备 |
| Remove object | | | 删除在“工程”窗口中选择的文件或组 |
| Options for object | | Alt + F7 | 更改目标，组或文件的工具选项 |
| Clean target | | | 删除项目目标的中间文件 |
| Build target | | F7 | 编译修改后的文件并构建应用程序 |
| Rebuild all target files | | | 重建所有目标文件，重建目标按钮重新转换所有源文件并构建应用程序 |
| Batch Build | | | 在单个项目或多个项目的选定项目目标上执行构建命令 |
| Batch Setup | | | 选择要由批处理构建，批处理重建或批处理清理执行的单个项目或多个项目的目标列表 |
| Translate file | | Ctrl + F7 | 翻译活动文件 |
| Stop build | | | 停止构建进程 |
| 1…10 | | | 列出最近使用的项目文件 |

（5）闪存菜单（Flash） 闪存菜单的相关内容见表14-6。

表 14-6　闪存菜单的相关内容

| 菜单 | 工具条 | 快捷键 | 描述 |
| --- | --- | --- | --- |
| Download | LOAD | F8 | 将应用程序下载到 Flash |
| Erase | | | 擦除 Flash ROM（仅适用于某些设备） |
| Flash Download Tools | | | 打开“目标 - 实用工具”的配置对话框选项 |

（6）调试菜单和调试命令（Debug）　调试菜单和调试命令的相关内容见表 14-7。

表 14-7　调试菜单和调试命令的相关内容

| 菜单 | 工具条 | 快捷键 | 描述 |
| --- | --- | --- | --- |
| Start/Stop Debug Session | | Ctrl + F5 | 开始/停止调试模式 |
| Start/Stop Energy Measurement Session | | | 开始或停止仅能量测量会话 |
| Reset CPU | RST | | 将 CPU 设置为 Reset 状态 |
| Run | | F5 | 继续执行程序，直到下一个活动断点 |
| Stop | | | 立即停止程序执行 |
| Step | | F11 | 单步执行功能，执行当前指令行 |
| Step Over | | F10 | 单步执行功能 |
| Step Out | | Ctrl + F11 | 完成执行当前功能，然后停止 |
| Run to Cursor Line | | Ctrl + F10 | 执行程序，直到到达当前光标行 |
| Show Next Statement | | | 显示下一条可执行语句/指令 |
| Breakpoints | | Ctrl + B | 打开断点对话框 |
| Insert/Remove Breakpoint | | F9 | 在当前行上切换断点 |
| Enable/Disable Breakpoint | | Ctrl + F9 | 在当前行启用/禁用断点 |
| Disable All Breakpoints | | | 禁用程序中的所有断点 |
| Kill All Breakpoints | | Ctrl + Shift + F9 | 删除程序中的所有断点 |
| OS Support | | | 打开一个子菜单，可访问事件查看器以及 RTX 任务和系统信息 |
| Execution Profiling | | | 打开带有配置选项的子菜单，显示时间或通话信息 |
| Memory Map | | | 打开内存映射配置对话框 |
| Inline Assembler | | | 打开内联汇编器对话框 |
| Function Editor | | | 打开编辑器窗口以修改调试功能 |
| Debug Settings | | | 打开一个对话框来设置调试会话期间的调试和跟踪事件，屏幕选项取决于调试环境 |

（7）外围器件菜单（Peripherals） 目前8051单片机已有400多个品种和型号，不同型号的单片机具有不同的外围集成功能（Peripherals），μVision5通过内部器件库实现对各种单片机外围集成功能的模拟仿真，在调试状态下可以通过“Peripherals”下拉菜单来观察仿真结果，“Peripherals”菜单的内容见表14-8，它的选项内容会根据所选用的器件不同有所变化。

**表14-8 “Peripherals”菜单的内容**

| 菜单 | 工具条 | 快捷键 | 描述 |
|---|---|---|---|
| Interrupt | | | 查看模拟仿真中的中断寄存器状态 |
| I/O - Ports | | | 查看模拟仿真中的I/O端口寄存器的状态 |
| Serial | | | 查看模拟仿真中的串行中断寄存器的状态 |
| Timer | | | 查看模拟仿真中的定时器中断寄存器状态 |
| Watchdog | | | 查看模拟仿真中的看门狗定时器状态 |
| A/D Converter | | | 查看模拟仿真中的单片机A/D转换寄存器 |
| D/A Converter | | | 查看模拟仿真中的单片机D/A转换寄存器 |
| I²C Controller | | | 查看模拟仿真中的I²C控制器状态 |
| CAN Controller | | | 查看模拟仿真中的CAN控制器状态 |

（8）工具菜单（Tool） 利用工具菜单可以配置、运行“Gimpel PC - Lint…”工具和用户程序。通过Customize Tools Menu…菜单，可以添加想要添加的程序。工具菜单的内容见表14-9。

**表14-9 工具菜单的内容**

| 菜单 | 工具条 | 快捷键 | 描述 |
|---|---|---|---|
| Gimpel PC - Lint… | | | 配置Gimpel Software的PC - Lint程序 |
| Lint | | | 用PC - Lint处理当前编辑的文件 |
| Lint all C Source Files | | | 用PC - Lint处理项目中所有的C源代码文件 |
| Configure Merge Tool | | | 帮助迁移RTE软件组件文件的应用程序特定设置 |
| Customize Tools Menu… | | | 将用户程序添加到“工具”菜单 |

（9）软件版本控制系统菜单（SVCS） 用此菜单来配置和添加软件版本控制系统工具的命令。软件版本控制系统的内容见表14-10。

**表14-10 软件版本控制系统的内容**

| 菜单 | 工具条 | 快捷键 | 描述 |
|---|---|---|---|
| Configure Version Control | | | 配置软件版本控制系统的命令 |

（10）窗口菜单（Window） 窗口菜单的内容见表14-11。

**表14-11 窗口菜单的内容**

| 菜单 | 工具条 | 快捷键 | 描述 |
|---|---|---|---|
| Reset View to Defaults | | | 将窗口布局重置为μVision默认外观 |
| Split | | | 将活动的编辑器文件分为两个水平或垂直窗格 |
| Close All | | | 关闭所有打开的编辑器文件 |
| 1 - x | | | 切换到另一个打开的文件。所有打开的编辑器文件都在此处列出 |

（11）帮助菜单（Help）　帮助菜单的内容见表 14-12。

表 14-12　帮助菜单的内容

| 菜单 | 工具条 | 快捷键 | 描述 |
|---|---|---|---|
| μVision Help | | | 打开 μVision 帮助文件 |
| Open Books Window | | | 打开“书籍”窗口 |
| Simulated Peripherals for object | | | 提供有关所选设备的模拟外围设备的信息 |
| Contact Support | | | 打开基于 Web 的表单以请求技术支持 |
| Check for Update | | | 请访问 www. keil. com 以获取可用的更新 |
| About μVision | | | 显示版本号和许可证信息 |

## 14.2　使用 μVision5 创建自己的应用

一般情况下，μVision5 集成开发环境软件中自身已经包含了部分单片机的数据库及头文件，开发人员在新建工程时即可选择芯片，如 Microchip 公司的 AT89C51 等。但是，μVision5 集成开发环境软件中并未包含 STC 系列单片机的数据库和头文件，为解决这一问题，μVision5 集成开发环境软件可允许添加相关数据库，以便开发者进行相关单片机的仿真及应用。

下面将以 STC8H 系列单片机为例，介绍使用 μVision5 添加相关数据库、创建应用项目和仿真调试的详细过程。

### 14.2.1　添加 STC 系列单片机数据库

添加 STC 系列单片机数据库主要包括添加 STC 系列单片机型号、头文件、仿真驱动等，具体操作步骤如下：

1）在 STC 公司官网 http：//www. stcmcudata. com/下载最新版 STC - ISP 软件 V6. 87K 版，此软件会根据芯片发布进度等进行更新。STC - ISP 软件下载界面如图 14-12 所示。

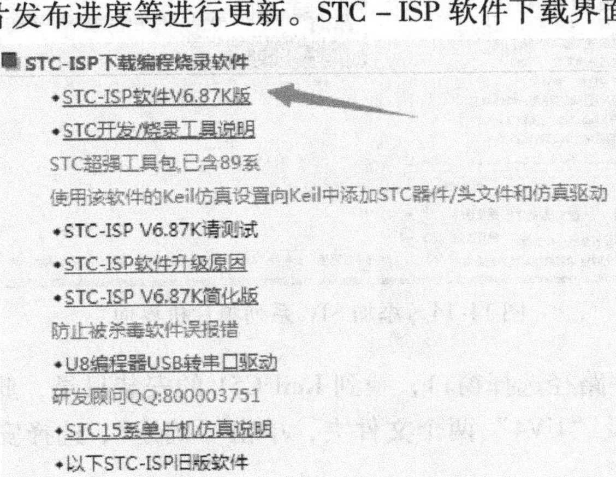


图 14-12　STC - ISP 软件下载界面

2）下载完成后，双击应用程序“stc-isp-15xx-v6.87K”，打开下载编程烧录软件，STC-ISP软件设置界面如图14-13所示。

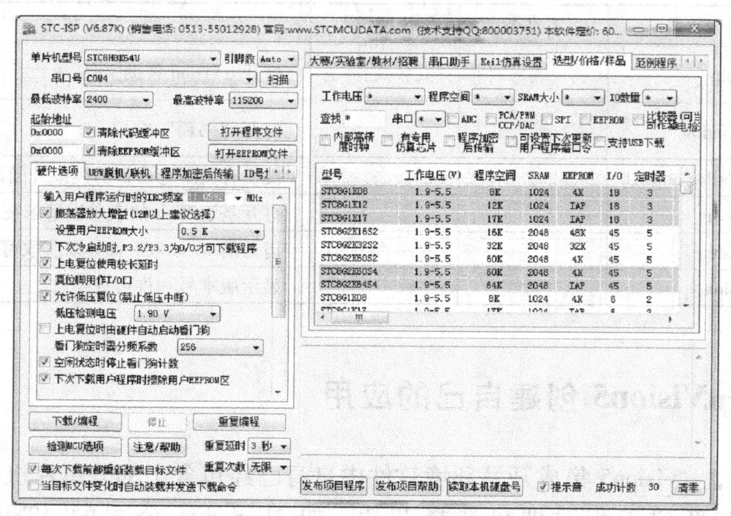


图14-13　STC-ISP软件设置界面

3）在软件界面中，单击“Keil仿真设置”选项卡，找到“添加型号和头文件到Keil中，添加STC仿真器驱动到Keil中”选项并单击，此时不需要选择具体的单片机型号，添加后会将STC系列单片机所有型号都添加进去，界面如图14-14所示。

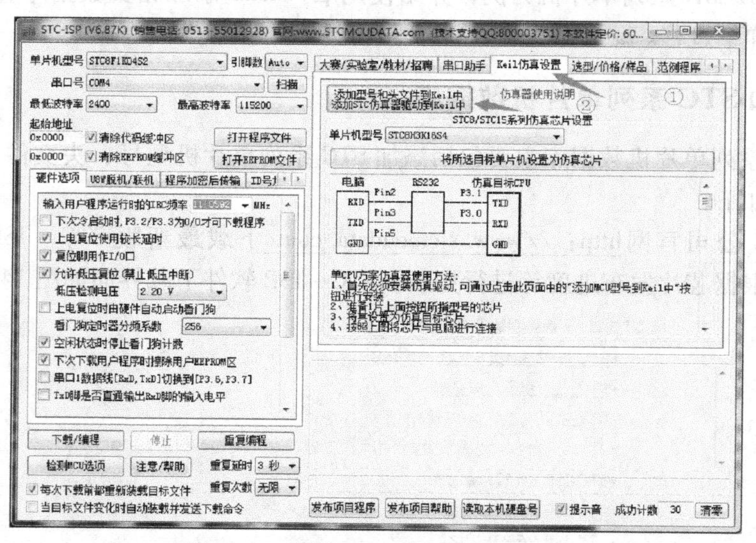


图14-14　添加STC系列单片机界面

4）之后会弹出文件路径选择窗口，找到Keil C51的安装目录，此时需要注意的是目录下必须含有“C51”以及“UV4”两个文件夹，单击“确定”，选择安装路径过程界面如图14-15所示。

5）如路径等选择无误，会弹出“STC MCU型号添加成功”窗口，界面如图14-16所示。

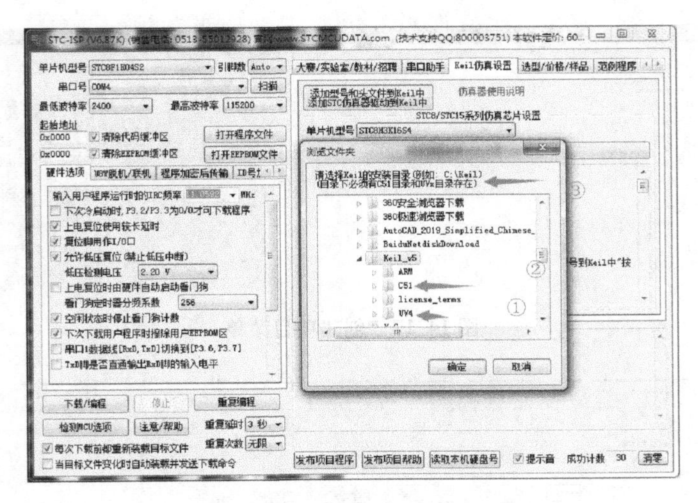


图 14-15　选择安装路径界面

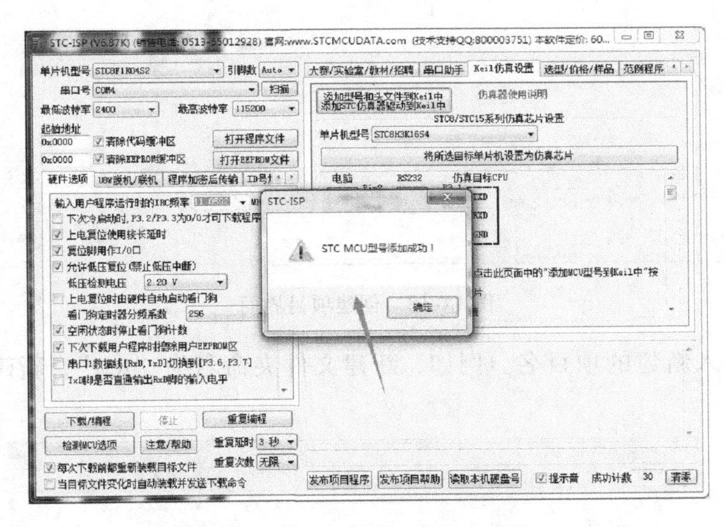


图 14-16　STC 系列单片机添加成功界面

至此已经完成了添加 STC 系列单片机数据库到 μVision5 集成开发环境软件的工作，接下来就可以在 μVision5 中新建工程项目。

## 14.2.2　启动 μVision5 并创建一个项目

μVision5 是一个标准 Windows 应用程序，双击 μVision5 程序图标就可启动它，如图 14-17所示。从 μVision5 的“Project”菜单中选择“New μVision Project”选项，将打开一个如图 14-18 所示的对话框，在对话框中输入要新建的项目文件名，图中灰色部分表示功能当前不可用，需要在新建项目后或仿真模式等情况下才可用。

为了便于对应用项目的管理，建议开发人员为每个项目建一个独立的文件夹，并将项目的所有文件都集中在这个文件夹里。可以在弹出的对话框中，单击新建文件夹得到一个空的文件夹。选择好项目文件夹存放的路径后，用鼠标双击打开新建的文件夹，在图 14-19 中的

图 14-17 创建项目菜单

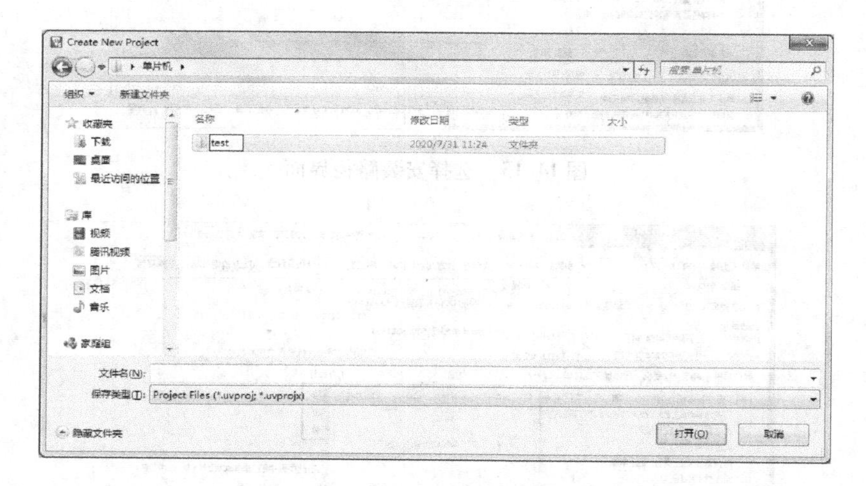


图 14-18 创建项目界面

文件名窗口栏键入新建的项目名。例如，新建文件夹命名为“test”，新建项目的名称为“test”。

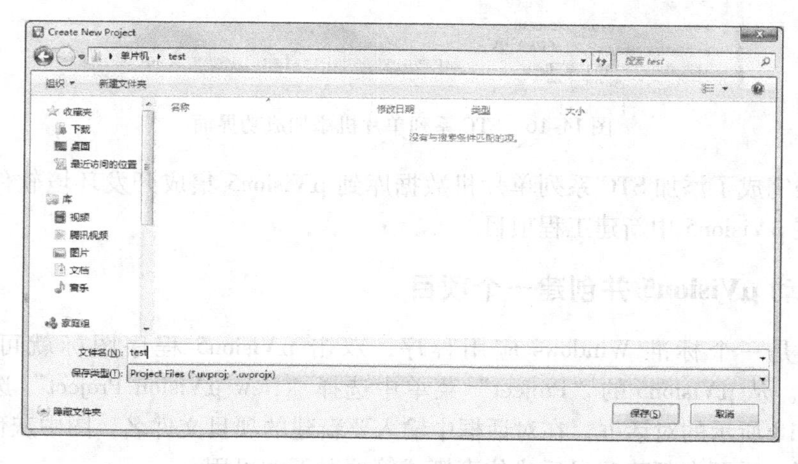


图 14-19 项目命名界面

单击“保存”按钮保存后，将打开一个如图 14-20 所示的窗口。该窗口左侧部分显示了多个厂家生产的单片机型号，用于选择 μVision5 集成开发环境软件的单片机平台；窗口的右侧则对所选择单片机的特性进行了简单的说明。本例使用 STC 公司的 STC8H8K64U 作为调试程序的单片机平台。

μVision5 集成开发环境软件数据库中包含了目前常用的单片机种类，如果在实际开发中没有找到对应的单片机，可以添加相应的单片机到 μVision5 集成开发环境软件，STC 系列单片机添加方法上文中已经详细讲述。

选择好单片机平台并单击"确定"按钮后，会弹出一个如图 14-21 所示的对话窗口，提示是否将启动代码文件添加到新创建的项目中。启动代码文件 STARTUP. A51 是 μVision5 专门设计的一段汇编程序文件，其作用是在单片机启动时清除数据存储器，并初始化硬件和重入函数堆栈指针。另外，一些 51 派生系列单片机产品要求初始化 CPU 来满足设计中的相应的硬件。例如，一些公司推出的增强型单片机型号，提供片上外部数据存储器，应该在启动代码中将他们启用。

启动代码使用 A51 宏汇编语言编写，相关参数可根据实际单片机系统硬件系统情况进行修改，也可以在其中添加需要在 main 函数之前执行的程序。假如需要修改启动文件来满足特殊的目标硬件系统，可以把 STARTUP. A51 文件复制到设计的项目文件夹中。只要在项目管理中添加这个启动文件，μVision5 会自动将这个启动程序模块与其他应用程序模块文件一起编译、链接生成最后的绝对目标代码。

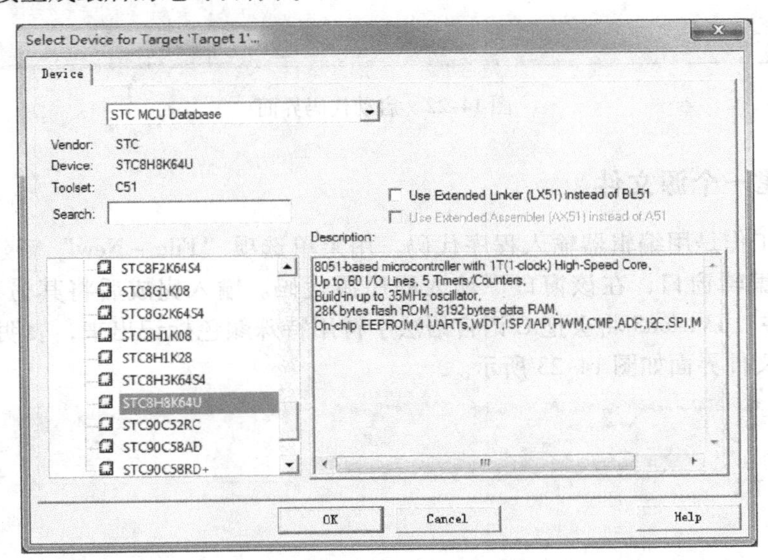


图 14-20　选择单片机平台界面

图 14-21　自动添加启动代码提示窗口

至此，一个新的项目文件就建立起来了，从图14-22左侧的目录树可以看到，包含了一个以默认文件名命名的目标和源程序文件组，且源程序文件组中已经自动添加了启动代码。

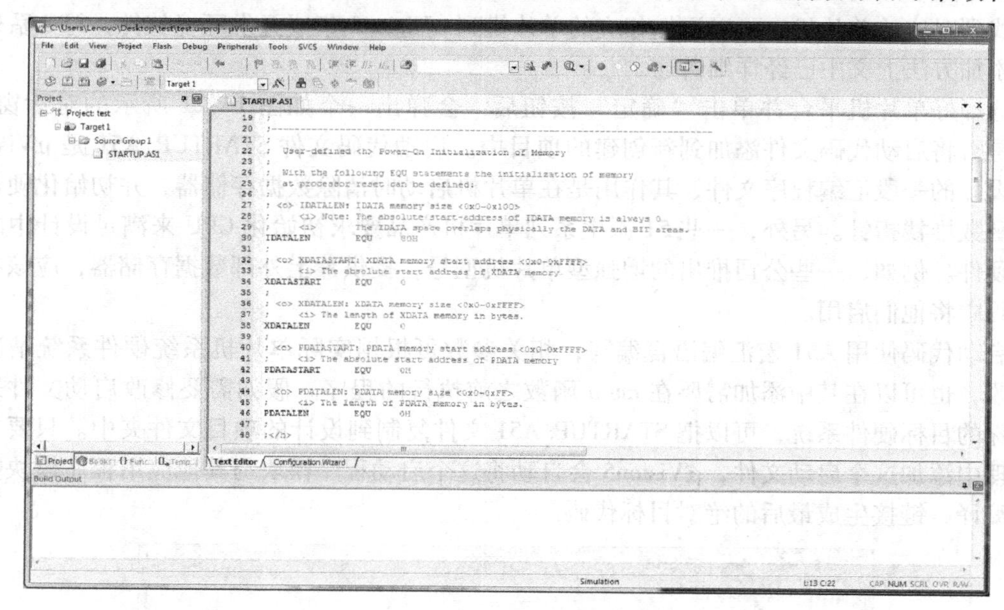

图14-22 启动代码界面

### 14.2.3 新建一个源文件

接下来的工作是用编辑器输入程序代码。用菜单选项“File-New”新建一个源文件，打开一个空的编辑窗口，在该窗口下输入程序源代码。输入完成后将其另存为扩展名为“*.c”的文件，μVision5将会把C语言语法字符用特殊颜色标记出来，表明编写的是C51程序，创建源文件界面如图14-23所示。

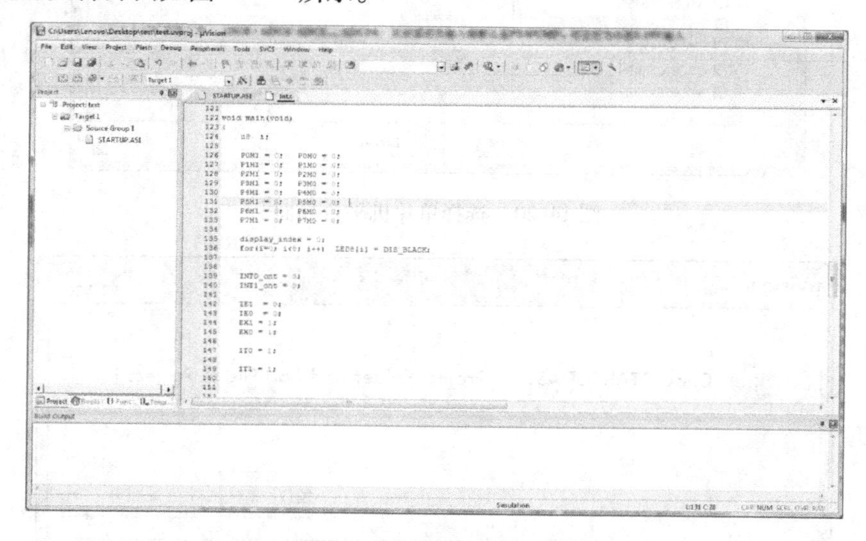

图14-23 创建源文件界面

源文件创建并保存之后，在项目管理窗口选中源文件组名称，单击鼠标右键，会出现如图 14-24 所示的项目管理菜单。选择将文件添加进源文件组中，会弹出一个窗口提示选择要添加的文件。根据设置的路径，找到刚才保存的源文件，单击“确定”按钮后就把源文件添加到了当前的项目中。

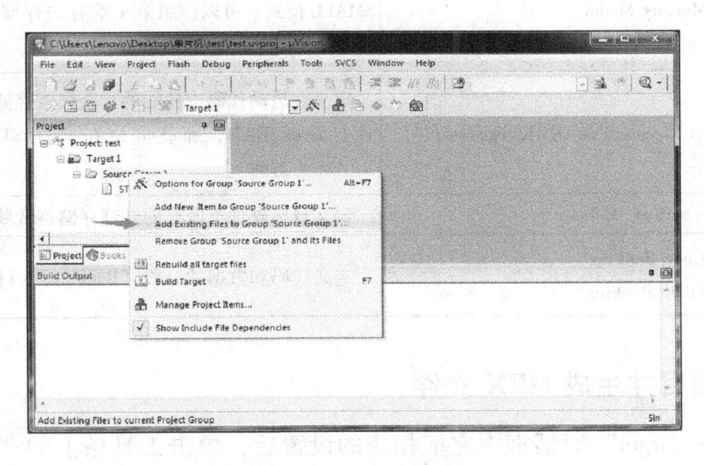


图 14-24 添加源文件菜单

## 14.2.4 为目标设置工具选项

μVision5 提供了为目标硬件设置选项的功能，主要对编译器的编译选项和目标硬件平台的特性进行设置。“Options for Target”对话框可以通过工具条图标打开，在各个页中可以定义目标硬件及所选器件的相关参数。如图 14-25 所示。

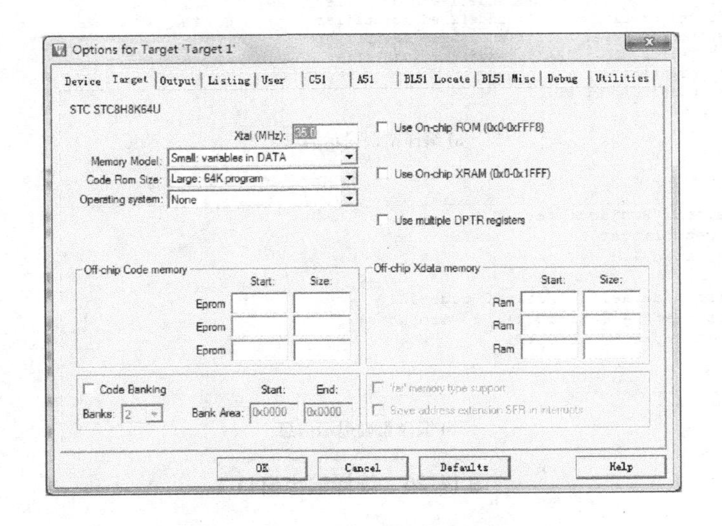


图 14-25 配置目标平台界面

表 14-13 对一些常用的选项进行了描述。

表14-13　常用选项描述

| 对话框条目 | 描　述 |
|---|---|
| Xtal | 定义CPU时钟，在大多数应用中和实际的XTAL频率相同 |
| Memory Model | 定义编译器的存储模式。对于一个新的应用，默认的是SMALL模式。可以参照第4章有关存储模式和存储器类型的讨论 |
| Allocate On－chip Use multiple DPTR registers | 定义在启动代码中使能的片上集成存储器的使用。如果使用片上xdata RAM，那就应该在文件STARTUP. A51中使能XRAM的访问 |
| Off－chip … Memory | 定义目标硬件上所有的外部存储器区域 |
| Code Banking<br>Xdata Banking | 定义代码和数据的分段（Banking）参数 |

## 14.2.5　编译项目并生成HEX文件

在“Options－Target”对话框中完成相应的设置后，单击工具条上的“Build Target”图标，可对项目进行编译并生成目标文件。当有语法错误时，在“Output Window”窗口“Build”页面会显示这些错误和告警信息，编译输出窗口如图14-26所示。双击一个错误信息，工作窗口将显示此错误信息对应的文件区段，并将光标定位到有语法错误的行。根据语法错误提示，修改错误，然后重新编译，直到所有项目文件都能够正确编译为止。

```
Build Output
Int.c(142): error C202: 'IE1': undefined identifier
Int.c(143): error C202: 'IE0': undefined identifier
Int.c(144): error C202: 'EX1': undefined identifier
Int.c(145): error C202: 'EX0': undefined identifier
Int.c(147): error C202: 'IT0': undefined identifier
Int.c(149): error C202: 'IT1': undefined identifier
Int.c(154): error C202: 'EA': undefined identifier
Target not created.
Build Time Elapsed:  00:00:01
```

a) 编译错误提示信息

```
Build Output
Build started: Project: test
Build target 'Target 1'
compiling Int.c...
linking...
Program Size: data=23.0 xdata=0 code=319
".\Objects\test" - 0 Error(s), 0 Warning(s).
Build Time Elapsed:  00:00:01
```

b) 编译正确提示信息

图14-26　编译输出窗口

开发人员可以修改已经存在的源文件或添加一个新的源文件到项目中。工具条按钮只编译修改过的或新加进来的文件，然后生成执行文件。μVision5编译项目后能生成一个维护文件的包含清单，从而知道某个源文件用到的所有头文件，并且工具配置的选项也被保存在此清单中，所以 μVision5 能够只编译那些需要重新编译的文件。“Rebuild All Target”菜单和工具条按钮则重新编译所有项目文件并生成可执行文件，而不论文件是否被修改过。

编译成功时，还应该生成一个可以写入到程序存储器中的 HEX 格式文件，如图 14-27 所示。选中“Options for Target - Output”中的“输出 HEX 文件”项，这样 μVision5 每进行一次编译操作都生成新的 HEX 目标文件，并将原有文件覆盖。

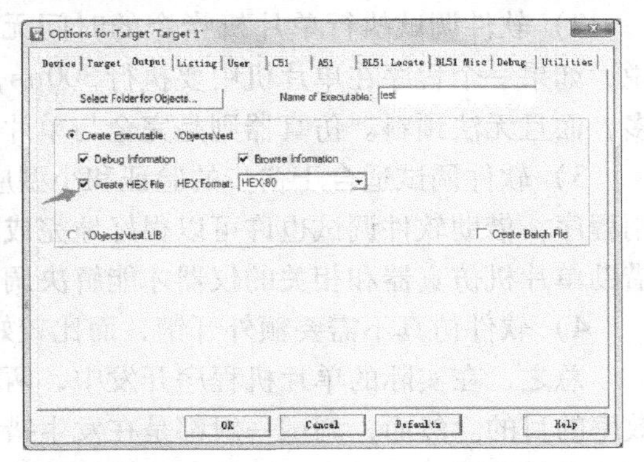


图 14-27　设置输出 HEX 文件界面

当项目所有的程序模块都正确编译完成，并生成了 HEX 格式的绝对目标代码，接下来就可以进行应用程序的验证和调试工作了。

## 14.3　使用 μVision5 调试应用程序

单片机的程序调试分为软件模拟调试和硬件调试两种。软件模拟调试是用计算机去模拟单片机的指令执行，并虚拟单片机片内资源，从而实现调试的目的。但是软件调试存在一些问题，如计算机本身是多任务系统，执行时间片的划分是由操作系统完成的，无法实时地模拟单片机的执行时序，也就是说，不可能完全真实地模拟单片机的运行环境。硬件调试其实也需要计算机软件的配合，一般的过程是：计算机软件把编译好的程序通过串行口、并行口或者 USB 口传输到硬件调试设备中（这个设备叫仿真器），仿真器仿真单片机的全部资源并与目标板相连接，其程序执行的过程与单片机一致并能保存程序执行时的信息，通过计算机的辅助软件可以了解程序执行的真实情况。不仅如此，还可以通过计算机软件来控制程序的执行，实现断点、单步、全速、运行到光标等常规调试手段。μVision5 调试器提供了强大的软件模拟调试功能，配合功能仿真器或监控驻留程序可以实现硬件的调试功能。μVision5 调试器提供软件模拟调试和硬件调试两种操作模式。

（1）模拟调试　在模拟调试模式下，可以在没有目标硬件的情况下，使用 μVision5 调试器软件来模拟调试 51 系列单片机的大部分特性。这样就可以在硬件设计完成之前调试并测试嵌入式应用程序。μVision5 调试器可以仿真多种外部总线，包括串口、外部 I/O 和定时计数器。这些外部总线的配置都与选定的模拟目标平台的 CPU 对应。

（2）高级 GDI 调试　这种调试模式，使用高级 GDI（Graphic Device Interface）驱动，如 Keil Monitor51 接口。有了高级 GDI 接口，就可以直接将开发环境连接到仿真器或 Keil 监控程序进行调试。关于这方面的更多内容，有兴趣的读者可以参考 Keil 公司的有关手册。

两种调试模式的比较：

相同点：

1）都可以检查单片机程序执行时的片内资源情况（如 R0 - R7 、PC 计数器等）。

2）可以实现断点、全速、单步、运行到光标等常规调试手段。

不同点：

1）软件调试无法实现硬件电路的调试，只能通过软件窗口虚拟硬件端口输入、输出情况，而硬件调试可以完全模拟实际的应用情况。

2）软件调试执行单片机指令的时间无法与真实的单片机执行时间画上等号，也就是说，如果一个程序在单片机中要执行300μs，在计算机中模拟执行的时间可能会比这个长很多，而且无法预料。仿真器则是完全与单片机相同。

3）软件调试适合于初步的验证和小型应用程序的调试，比如一个只有几百行代码的应用程序，借助软件调试也许可以很好地完成调试任务，如果是一个复杂的应用系统，往往要借助单片机仿真器和相关的仪器才能解决调试过程中出现的问题。

4）软件仿真不需要额外开销，而比较好用的硬件仿真器一般都上千元。

总之，在实际的单片机程序开发中，两种仿真模式大多相互结合使用才能达到提高开发效率的目的。然而，调试一般都是在发生错误与意外的情况下使用的，如果程序能正常执行调试自然就用不上了，所以最高效率的程序开发还是程序员自己做好规范，而不是指望调试来解决问题。

本节将对μVision5调试模式下的基本功能进行说明，然后介绍μVision5下应用程序的调试。

### 14.3.1　调试模式的设置

μVision5有创建模式和调试模式两种运行模式。上小节所介绍的工作步骤都是在创建模式下完成的目标系统软件设计过程。要对编写好的软件进行调试和验证就需要在μVision5的调试模式下进行。

μVision5中集成了功能强大的调试器，可以进行纯软件模拟仿真和硬件目标系统的在线仿真。在使用调试器之前，还需要先进行适当的配置。选择菜单“Project－Option for Target”或者工具条图标后可以打开“Option for Target”对话框，在Debug页面中进行调试器的配置。如图14-28所示。

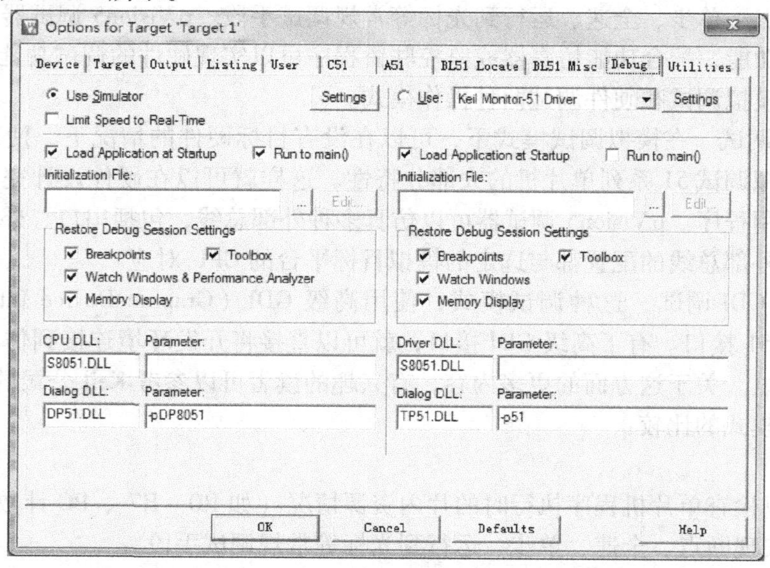


图14-28　调试模式设置界面

在没有任何实际 51 硬件目标系统的条件下，可以选择“Use Simulator”选项，采用软件模拟仿真方式，用计算机实现应用程序的仿真调试。μVision5 的调试器会根据选择的单片机平台具备的集成功能进行仿真。

窗口的右边可以选择 μVision5 所能支持的硬件仿真调试 GDI 接口，如 μVision5 自身集成的 Monitor－51 程序 GDI 接口。通过这些接口，μVision5 可以在实际的目标系统上完成应用程序的调试工作。

## 14.3.2　启动调试模式

如图 14-29 所示，通过菜单“Debug － Start/Stop Debug Session”或工具栏图标可以启动 μVision5 的调试模式。

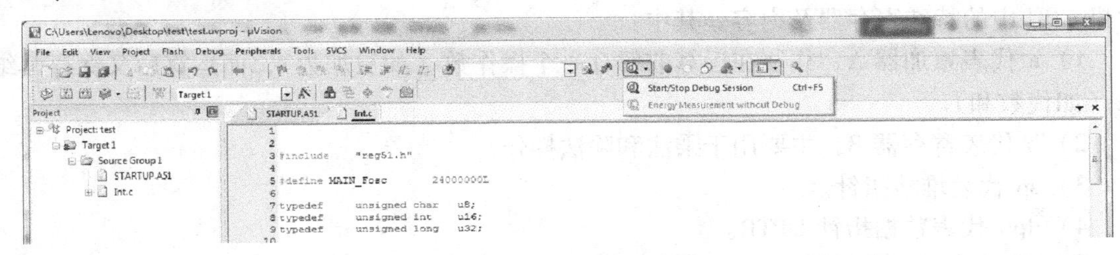


图 14-29　启动调试模式菜单

调试模式下的 μVision5 界面如图 14-30 所示，项目管理窗口自动切换到 Regs 标签页，用于显示程序调试过程中单片机内部寄存器状态的变化情况。调试程序窗口用于显示用户的

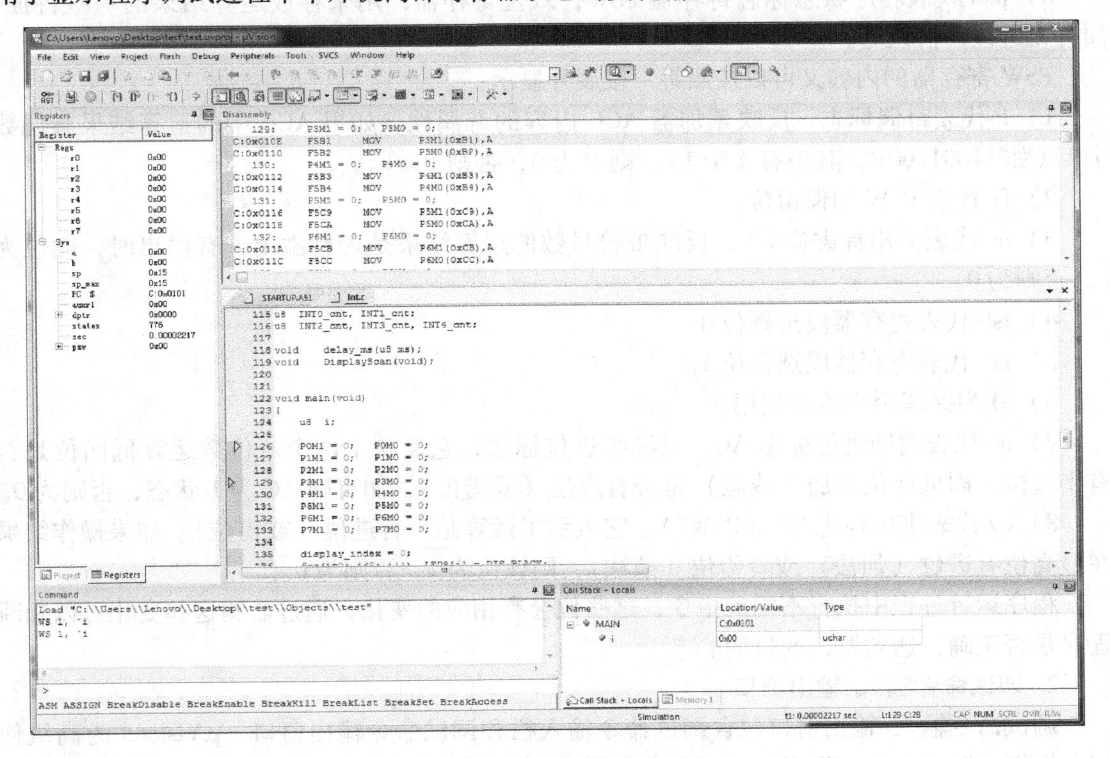


图 14-30　调试模式界面

源程序代码，进入调试状态以后，在调试程序窗口会自动打开显示程序代码中最先运行的函数（C51 程序中的 Main 函数）所在的程序模块文件。窗口左边的小箭头▷指向当前准备执行的程序语句，在单步调试程序的时候，每执行一条语句小箭头就会自动向后移动。如果用户创建的项目中包含有多个程序文件，执行过程中将自动切换到执行程序对应的文件显示。

### 14.3.3 常用调试窗口

μVision5 在调试模式下为开发者提供了丰富的调试手段，其界面工具窗口与创建模式下是不相同的，为开发者提供了丰富的调试手段。

**1. 寄存器观察窗口**

窗口中“Regs”栏显示的是片内通用寄存器组 r0 ~ r7 及对应的内容，“Sys”栏则是单片机 CPU 中的特殊寄存器及内容。其中：

1）a 代表累加器 A，往往在运算前暂存一个操作数（如被加数），而运算后又保存其结果（如代数和）。

2）b 代表寄存器 B，主要用于乘法和除法操作。

3）sp 代表堆栈指针。

4）dptr 代表数据指针 DPTR。

5）PC $ 代表程序指针。

6）states 代表执行指令的数量。

7）sec 代表指令执行的累计时间（单位为秒）。

8）psw 代表程序状态标志寄存器 PSW，八位寄存器，用来存放运算结果的一些特征，如有无进位、借位等。

PSW 寄存器的内容又可以按照每一位展开显示：

1）P 代表奇偶标志，反映累加器 ACC 内容的奇偶性，如果 ACC 中的运算结果有偶数个 1（如 11001100B，其中有 4 个 1），则 P 为 0，否则 P = 1。

2）f1 代表 PSW 的保留位。

3）ov 代表溢出标志位 OV，反映带符号数的运算结果是否有溢出，有溢出时，此位为 1，否则为 0。

4）rs0 代表寄存器段选择位 0。

5）rs1 代表寄存器段选择位 1。

6）f0 为保留用户编程使用。

7）ac 代表辅助进位标志 AC，又称半进位标志，它反映了两个八位数运算低四位是否有半进位，即低四位相加（或减）是否有进位（或借位），如有则 AC 为 1 状态，否则为 0。

8）cy 代表进位标志 CY（PSW7）。它表示了运算是否有进位（或借位）。如果操作结果在最高位有进位（加法）或者借位（减法），则该位为 1，否则为 0。

程序运行过程中执行不同的指令，这些位会有相应的变化，通过监测这些变化可以判断程序是否正确，达到调试的目的。

**2. 调试命令输入/输出窗口**

调试命令输入/输出窗口包含调试命令输入栏和调试命令输出窗口。μVision5 为高级使用者提供了调试命令，程序调试过程中，可以在调试命令输入栏输入设置/清除观察点、显示存储器内容等命令，调试命令输出窗口就可以看到命令的执行结果。详细的命令及使用方法可以参考 μVision5 自带的使用手册。

**3. 存储器观察窗口**

单击调试工具图标栏中的图标，将打开存储器观察窗口。存储器观察窗口为调试程序时监视特定存储器数据内容的变化提供了方便。

在地址栏输入需要查看的存储器空间起始地址，按回车键后就会显示相应存储空间中的内容。在地址前面加上标明存储器类型的说明，可以查看不同类型的存储器内容。比如输入“D:0x00”，显示的是单片机片内 RAM 存储器从地址 00 开始的若干单元的内容，输入“X:0x00” 显示的是单片机片外数据存储器从地址 00 开始的若干单元的内容，输入“C:0x00” 显示单片机程序存储器从地址 00 开始的若干单元的内容，其中“0x”代表地址是用十六进制形式表示的。

如果在调试中需要更改某个存储单元的内容，可以在存储器观察窗口中，双击该存储单元对应的数据，就可以对其内容进行更改。

**4. 变量观察窗口**

单击调试工具图标栏中的图标，将打开变量观察窗口。变量观察窗口可以在程序的调试过程中监视程序变量的变化和更改程序变量的内容。

变量观察窗口中的 locals 页面显示程序当前运行函数中的所有变量内容，Watch 页面则显示用户添加的程序变量的内容，如图 14-31 所示。在程序调试主窗口中用鼠标选中某个变量，单击鼠标右键调出环境菜单，选择“Add‘XX’to…” 项就可以将变量添加到 Watch 页面。

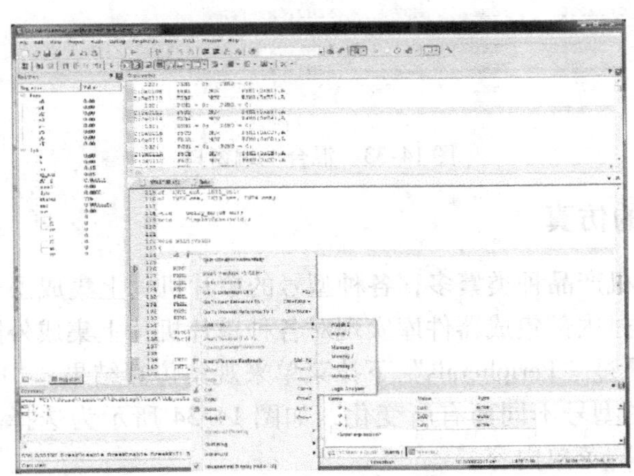

图 14-31 添加监控变量菜单

**5. 串行口输入/输出窗口**

单击调试工具图标栏中的图标，将打开如图 14-32 所示的单片机串口调试窗口。程序运行时，该窗口将显示单片机串行口的输出信息。如果在窗口上键入数据，则会向单片机输入数据。在窗口中单击鼠标右键会调出菜单选项，可以选择串口调试窗口以 ASCII 码形式或十六进制形式显示输入/输出内容，使用“Clear Window” 项将清空当前所有显示。

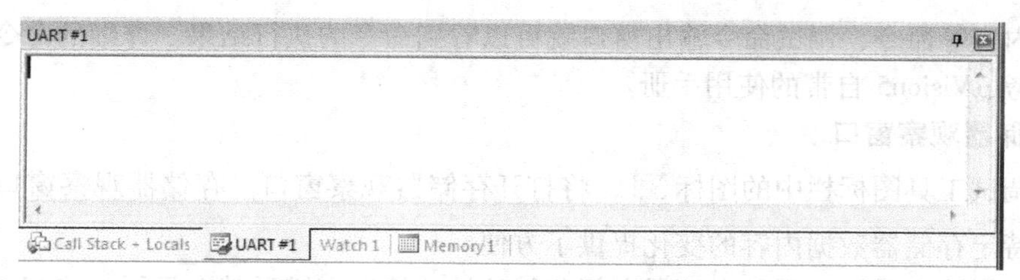


图 14-32　串行口调试窗口

### 6. 混合汇编窗口

单击调试工具图标栏中的图标，将在调试程序窗口位置打开如图 14-33 所示的混合汇编窗口。窗口中显示了源程序与对应的汇编语言程序代码，图中可以看出，C51 代码编译为汇编语言的具体情况。

如果打开了混合汇编窗口，调试程序的时候，将以窗口中的汇编语言代码作为当前运行程序，窗口左边的小箭头指向当前准备执行的汇编语句，在单步调试程序的时候，每执行一条语句，小箭头就会自动向后移动。

```
Disassembly
   122: void main(void)
   123: {
   124:      u8  i;
   125:
   126:      P0M1 = 0;    P0M0 = 0;
C:0x0101     E4       CLR      A
C:0x0102     F593     MOV      P0M1(0x93),A
C:0x0104     F594     MOV      P0M0(0x94),A
   127:      P1M1 = 0;    P1M0 = 0;
C:0x0106     F591     MOV      P1M1(0x91),A
C:0x0108     F592     MOV      P1M0(0x92),A
   128:      P2M1 = 0;    P2M0 = 0;
C:0x010A     F595     MOV      P2M1(0x95),A
C:0x010C     F596     MOV      P2M0(0x96),A
   129:      P3M1 = 0;    P3M0 = 0;
C:0x010E     F5B1     MOV      P3M1(0xB1),A
C:0x0110     F5B2     MOV      P3M0(0xB2),A
   130:      P4M1 = 0;    P4M0 = 0;
```

图 14-33　混合汇编窗口

## 14.3.4　片上资源的仿真

目前 51 系列单片机产品种类繁多，各种型号的单片机片上集成了丰富的外设资源（Peripheral），μVision5 通过内部集成器件库实现对各种单片机片上集成外围资源的模拟仿真。

在调试模式下，通过“Peripherals”下拉菜单来观察仿真结果。“Peripherals”菜单的内容会根据所选单片机的型号不同而有所变化，如图 14-34 所示为选择 STC 单片机作为仿真平台时的“Peripherals”菜单内容。

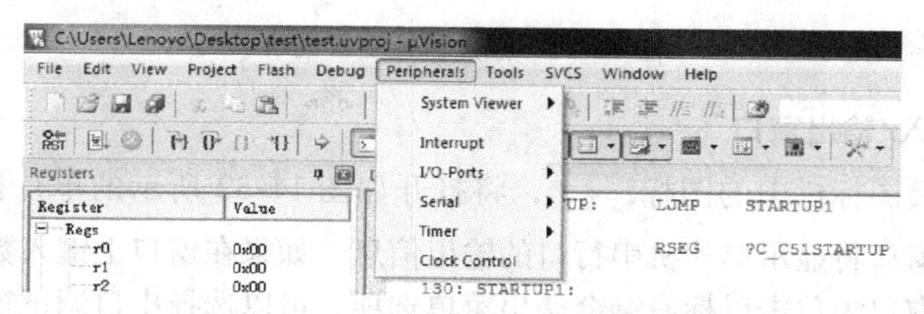


图 14-34　片上资源仿真菜单内容

单击“Peripherals”菜单第二栏中的“Interrupt”选项将弹出如图 14-35 所示的窗口，用于显示单片机中断系统的状态。选中不同的中断源，窗口中“Selected Interrupt”栏将出现与之相对应的中断允许和中断标志位复选框，若选择某位，是对该位进行置位操作，否则为复位操作。对于具有多个中断源的单片机，还可以对其他扩展中断源进行模拟仿真。

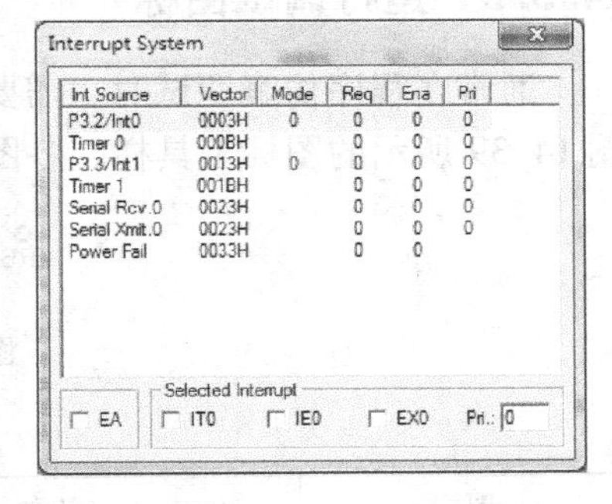

图 14-35　设置中断仿真界面

“Peripherals”菜单第三栏中“I/O - Ports”选项用于仿真单片机的并行 I/O 接口 Port0 ~ Port3。4 个端口对应的模拟窗口类似，以 Port3 为例，图 14-36 所示为 Port3 端口打开时模拟窗口显示的内容，“P3”栏显示单片机 P3 口锁存器的状态，“Pins”栏显示 P3 口各个引脚的状态。在程序运行时，各位的状态会根据程序的运行情况发生变化，调试人员也可以根据仿真的需要对其状态进行修改。

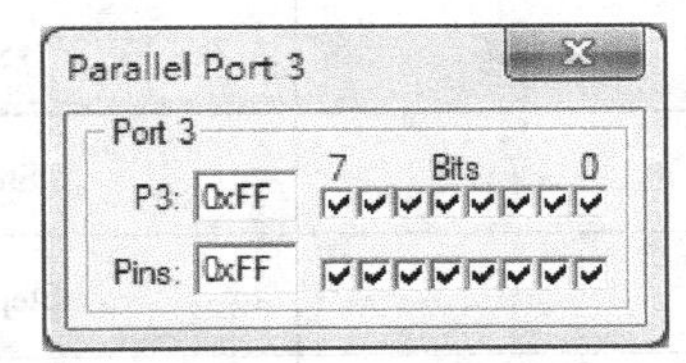

图 14-36　I/O 端口仿真界面

“Peripherals”菜单第四栏中“Serial”选型用于仿真单片机的串行接口，单击该选项后将弹出如图 14-37 所示的窗口。窗口中“Mode”栏用于选择串行口的工作方式，单击其中的箭头将显示不同工作方式的下拉菜单，可以选定所需要的工作方式。选定工作方式后，特殊寄存器 SCON、SBUF 的控制字和特殊控制位 SM2、REN、TB8、RB8、SMOD、TI、RI 显示在窗口中。若勾选某特殊控制位则对该位进行置位操作，否则为复位操作。

“Peripherals”菜单中的“Timer”选项用于仿真单片机内部定时器/计数器，52 内核的定时器/计数器有 3 个 Timer0 ~ Timer2，它们的仿真窗口类似。以 Timer1 为例，选中“Timer1”后将弹出如图 14-38 所示的窗口。窗口中“Mode”选项的第一栏用于选择工作方式，第二栏选择定时器或计数器方式。图中所示为选择了 16 位定时器的工作方式。选定工作方式后，相应特殊工作寄存器 TCON 和 TMOD 的控制字将显示在窗口中，TH1 和 TL1 用于显示和设置计数初值，T1 Pin 和 TF1 复选框用于显示和设置 T1 引脚和定时器/计数器的溢出状态。窗口的“Control”栏用于显示和控制定时器/计数器的工作状态（Run 或 Stop），程序运行时通过对“TR1”“GATE”和“INT1#”的置位和复位就可实现对单片机内部定时器/计数器的控制。

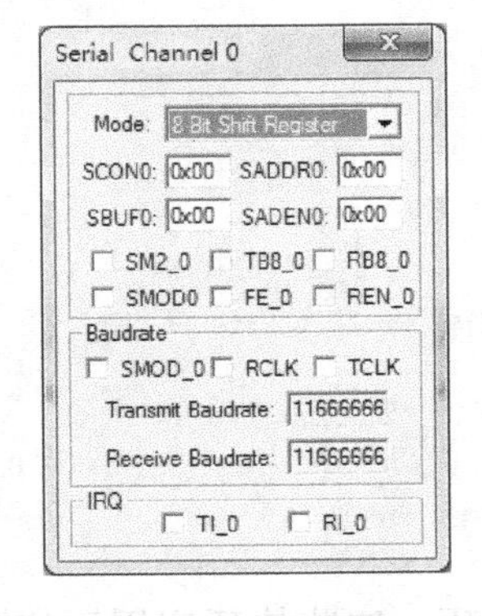

图 14-37　串行口控制仿真界面

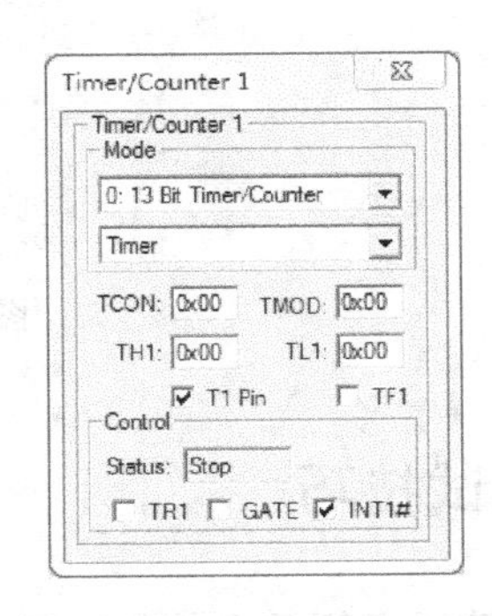

图 14-38　定时器控制仿真界面

### 14.3.5 运行调试图标

通常在程序仿真调试时，需要综合运用单步、断点等运行调试手段，μVision5 提供了如图 14-39 所示的图标工具栏，各图标的功能如表 14-14 所示。

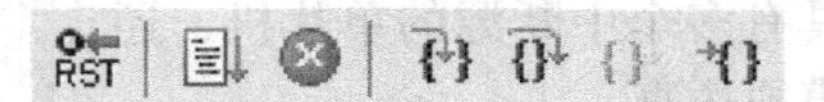

图 14-39 仿真运行图标工具栏

表 14-14 各图标的功能

| 图标 | 名称 | 功能 |
| --- | --- | --- |
|  | Reset | 对仿真的单片机系统进行复位操作 |
|  | Run | 全速运行仿真的单片机程序 |
|  | Stop | 停止程序的仿真运行 |
|  | Step In | 逐句运行，即单步执行仿真程序 |
|  | Step Over | 逐函数运行仿真程序 |
|  | Step Out | 一直执行到当前函数返回 |
|  | Run to Cursor Line | 一直执行到光标所在行 |

在程序仿真过程中，通过在程序中设置断点，可使程序运行到断点处停止，从而达到观察程序运行状态的目的。如图 14-40 所示，用鼠标双击需要设置断点语句左边的行标，即可设置断点，这时行标左边会出现红色的圆圈，表明该语句处设置了断点。程序仿真运行遇到断点会自动停止，断点可以控制程序执行时自动停止在某一位置，以便对程序运行的结果进行检查。

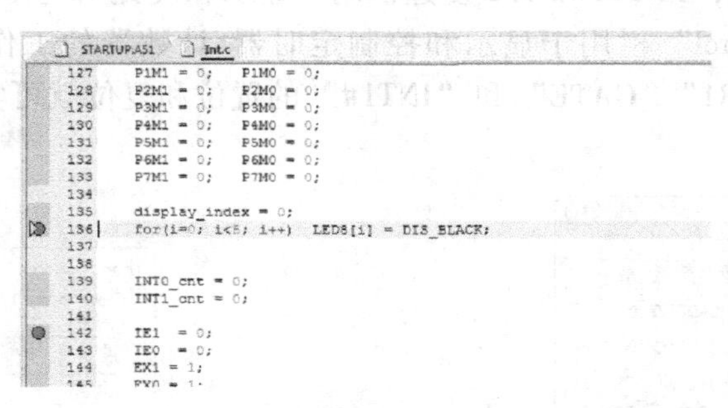


图 14-40 断点调试仿真界面

## 14.4 调试技巧

本节将简要介绍几个使用 μVision5 调试器的高级技巧。这些技巧应用于实际的应用程序仿真调试中能够起到事半功倍的效果。

### 14.4.1 KeilC51 与 MDK 共存

之前版本 Keil C51 与 MDK - ARM 共存安装过程较为复杂，新版本进行了优化，较为简单。

1）安装 Keil C51，然后填入对应的 License。

2）安装 MDK - ARM，然后填入对应的 License。

注意：Keil C51 与 MDK - ARM 需安装在同一目录下。此外，MDK - ARM 新建工程时需要先安装要用的支持包，可在线安装，也可下载安装包后离线安装。

由于 MDK - ARM 的代码编辑器功能稍微强大一些，所以建议先装 Keil C51，后装 MDK - ARM，这样写 51 程序的时候，也可以使用代码补全等功能。

通过上述操作，开发者可用 Keil 同时开发 ARM 及 C51 程序。新建 ARM 工程、新建 C51 工程分别如图 14-41、图 14-42 所示。

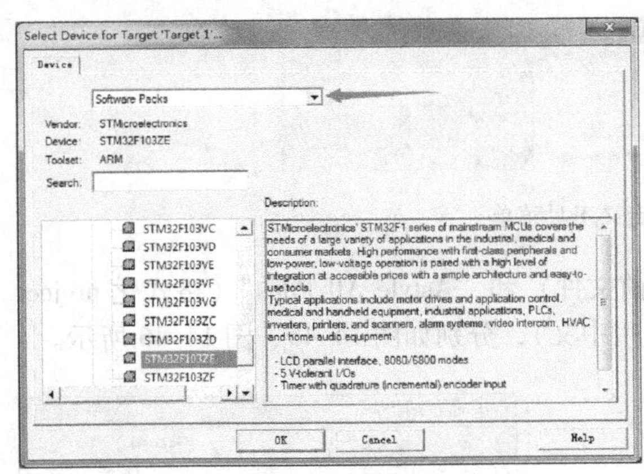


图 14-41　新建 ARM 工程

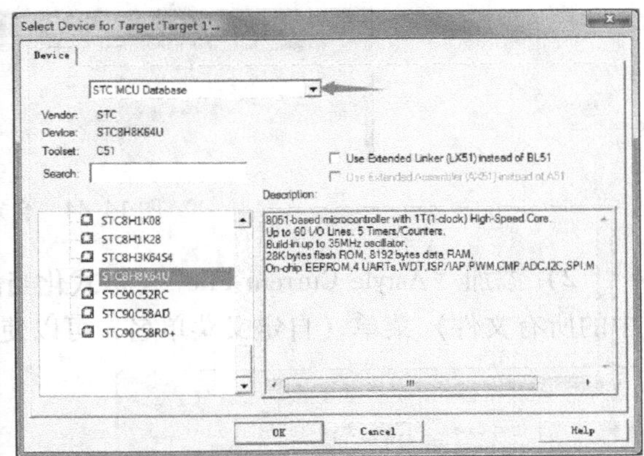


图 14-42　新建 C51 工程

### 14.4.2 自定义快捷键

μVision5 提供了添加自定义快捷键的功能，为程序调试提高了效率。选择菜单“Edit - Configuration”，将打开如图 14-43 所示窗口。选择“Shortcut Keys”页面可以通过该对话框设置快捷键。图中添加快捷键“Ctrl + B”来表示“添加/删除”断点。

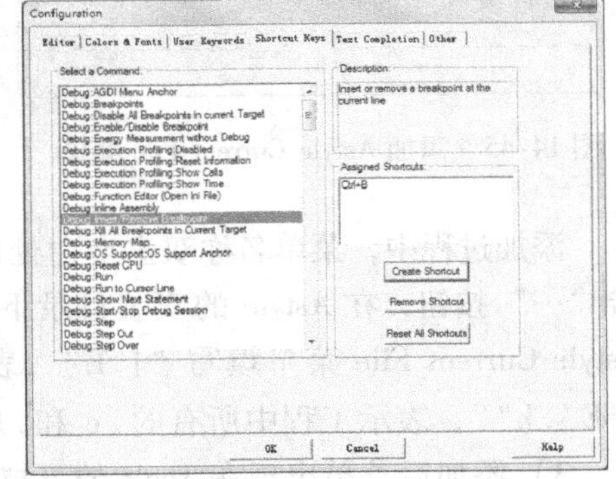


图 14-43　自定义快捷键界面

### 14.4.3 文本编辑相关设置

1）编辑器中的中文会被输入的字符打断，这是因为字体设置的原因。在 Edit→Configuration→Editor→Encoding 选择字体为“Chinese GB2312 (Simplified)”即可。

2）习惯于 Tab 键对应4个空格的位置，默认值是两个空格，需要在 Edit→Configuration→Editor→左下方 TabSize 里面设置为4。

3）整段的缩进或前移：选中整段后单击“Tab”键——整段缩进；选中整段单击“Shift + Tab”——整段前移。

### 14.4.4　代码格式化工具

一个好的程序，不仅要有好的算法，同时也需要有良好的书写风格，在 Keil 中没有自动排版的功能，Astyle 是 Artistic Style 的简称，是一个开源的源代码格式化工具，可以对 C、C++、C#以及 Java 等编程语言的源代码进行缩进、格式化、美化。Astyle 插件可到官网下载。

Astyle 在 Keil 中的使用方法如下：

1）μVision5 中单击“Tools”菜单中的“Customize Tools Menu”，自定义工具菜单如图14-44所示。

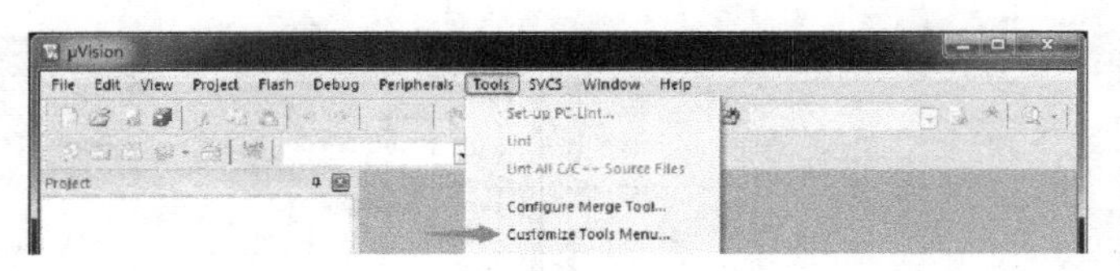


图14-44　自定义工具菜单

2）添加“Astyle Current File”（格式化当前文件）和“Astyle All Files”（格式化 project 中的所有文件）菜单（自定义菜单名，可以使用中文），分别如图14-45、图14-46所示。

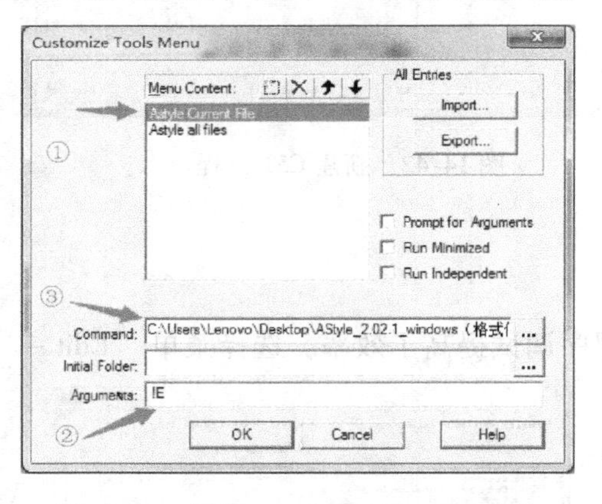


图14-45　添加 Astyle Current File 菜单

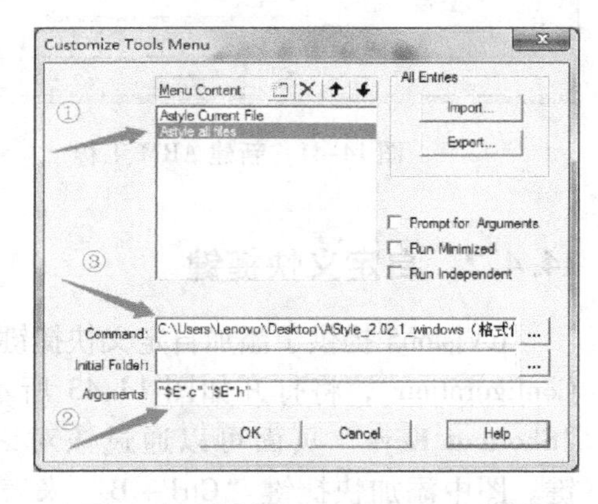


图14-46　添加 Astyle All Files 菜单

添加过程中，菜单名称双击空白处即可输入，可输入中文，添加“Command”命令：单击“…”按钮，在 Astyle 的安装目录下 bin 文件夹中选择“Astyle.exe”。Arguments 选项中：Astyle Current File 菜单填写“! E”，表示当前文件；Astyle All Files 菜单填写“"$E*.c" "$E*.h"”，表示工程中所有的.c 和.h 文件。完成后单击“OK”即可添加相应菜单。

3）添加后菜单出现在 Tools 的下拉菜单中，单击对应菜单即可使用此插件，如图14-47所示。

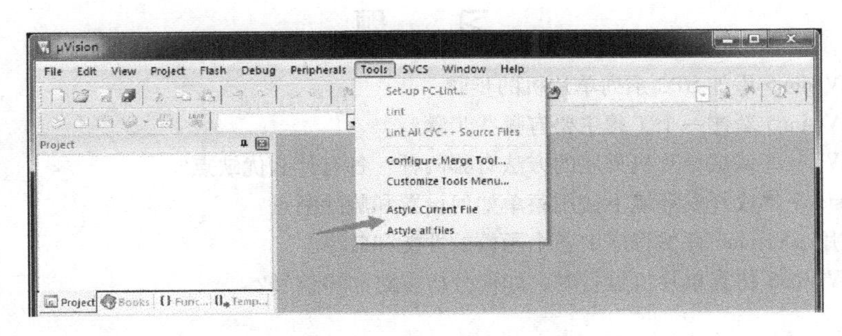


图 14-47　添加后菜单界面

4）使用代码格式化工具效果对比，图 14-48 为使用代码格式化工具前的效果，图14-49 为使用代码格式化工具后的效果。

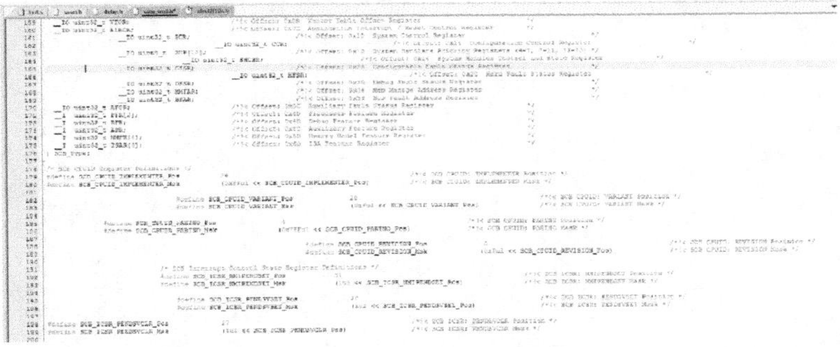

图 14-48　格式化前

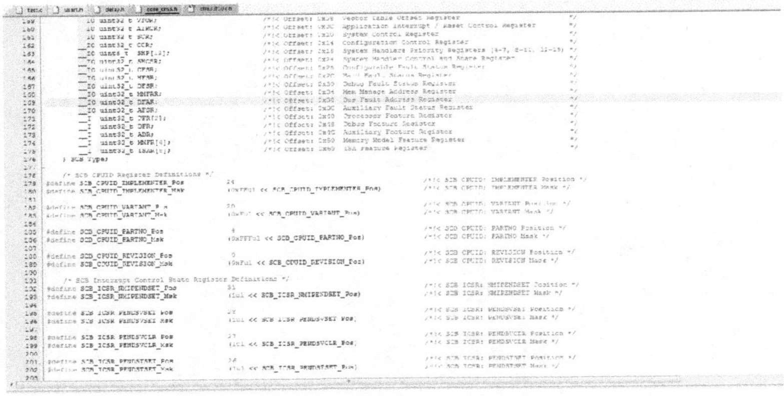

图 14-49　格式化后

上述方法使用的是 Astyle 默认格式来格式化文件，另外也可以自定义格式，自定义格式可参考 Astyle 的帮助文档。默认格式化后，会备份原文件为源文件名 .orig。如果不需要 Astyle 备份文件，可以使用 -n 参数，如 -n ！E（表示格式化当前文件，不备份）。

## 习 题

（1）简述 μVision5 添加 STC 系列单片机的步骤。
（2）使用 μVision5 新建一个工程主要有哪些步骤？
（3）使用 μVision5 调试单片机程序的方法有哪两种？各有什么优缺点？
（4）在 μVision5 集成开发环境下使用菜单如何设置和删除断点？
（5）如何使用 μVision5 评估程序中各个函数的性能和效率？
（6）使用 μVision5 仿真单片机运行时，如何分析多路同步信号？

# 第15章　单片机实验指导

本章是基于宏晶科技STC8H实验板设计的实验指导，但所列实验项目也同样适用于STC8系列的其他实验开发板（需要根据硬件设计更改输入/输出端口），因此具备一定范围的适用性。

宏晶科技STC8H实验板所使用的CPU芯片为STC系列单片机STC8H8K64U，是一种增强型的51系列单片机，其最大的特点就是"在系统编程（ISP）"功能。此外，还具有双数据指针、片内看门狗、高速ADC等特性。STC8H实验板充分利用单片机的资源，集合了单片机在系统编程功能及程序运行功能，成本低廉，使用方便，还可支持扩展开发，使得用户一板在手，便拥有了编程器和实验板两套设备。

用户编写完程序，经过模拟调试无误后，可以直接使用ISP软件将程序通过串口线下载到STC8H实验板上，并观察程序运行结果，免去了插、拔芯片的麻烦，更重要的是免去了单片机开发所需要的昂贵的硬件仿真器和专用编程器的开销。只要读者有一台计算机，在家里或者在寝室里就可以进行以单片机为核心的嵌入式系统的硬件实验和应用开发。

## 15.1　STC8H实验板使用说明

### 15.1.1　STC8H实验板外观图

图15-1所示为宏晶科技STC8H实验板布局图。

### 15.1.2　STC8H实验板元器件分布图

STC8H实验板的元器件分布如图15-2所示。

### 15.1.3　STC8H实验板元器件

结合STC8H实验板电路图和元器件布局图，对STC8H实验板中的元器件做如下说明：

（1）复位按键RST　系统中有1个复位按键，用于单片机复位，每按一下，单片机复位一次。

（2）主控芯片电源开关　按下主控芯片开关时，主控芯片会处于停电状态，放开此开关时，主控芯片会重新上电复位。

（3）红外装置　红外装置由一个红外发射管和一个红外接收管组成。可用于红外遥控器、红外避障、红外测距等实验。

（4）电源指示发光二极管　当系统接通电源，处于工作状态时，二极管亮，否则二极管灭。

（5）自定义实验万能板　方便操作者根据需要添加所用到的电路元器件。

（6）实时时钟芯片　STC8H实验板上的芯片为PCF8563，可为单片机提供看门狗功能、

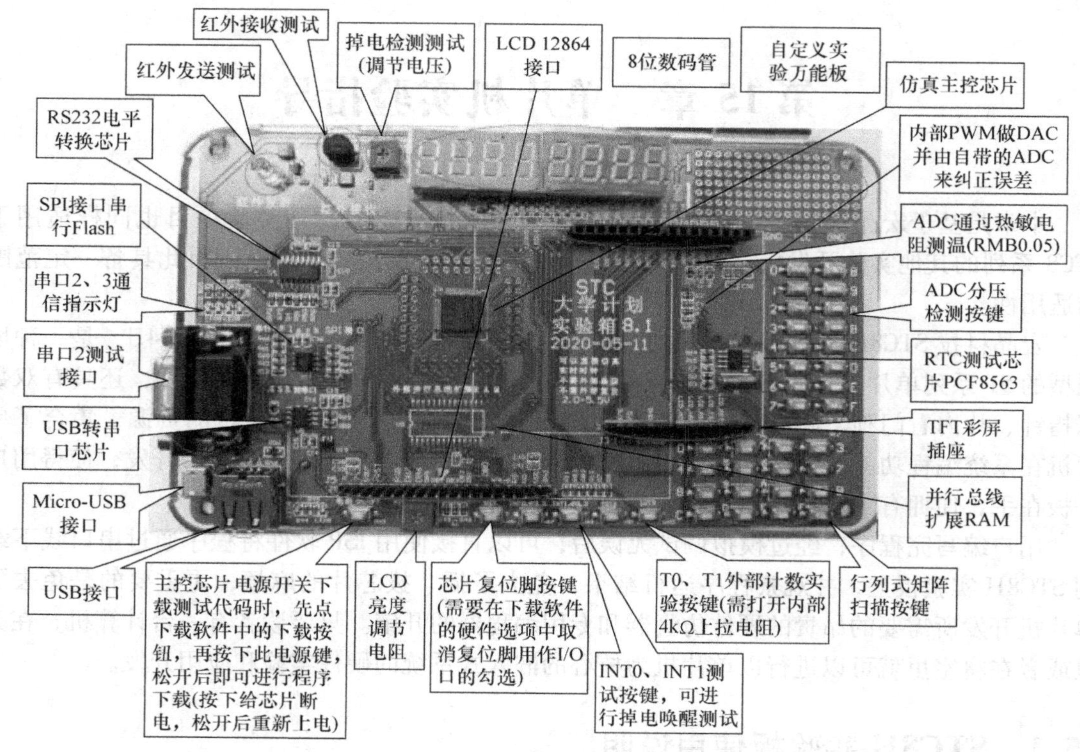

图15-1　STC8H实验板布局图

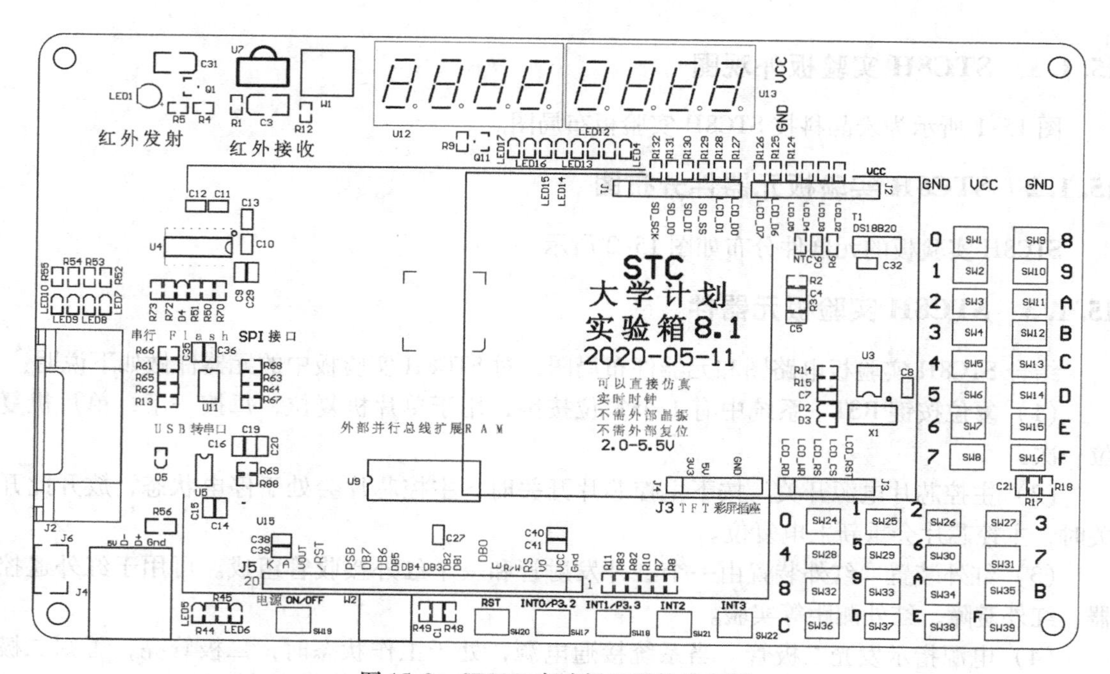

图15-2　STC8H实验板元器件分布图

内部时钟电路、内部振荡电路、内部低电压检测电路（1.0V）以及两线制 I²C 总线通信方式。

## 15.2　实验辅助软件介绍

在使用 STC8H 实验板进行实验的过程中，还需要使用到 ISP 编程软件和串口调试软件，本节将对这两个软件的使用进行简要说明。

### 15.2.1　在系统编程软件的使用

**1. STC－ISP. exe 软件简介**

STC 系列单片机都具有在系统编程（ISP）特性。有了 ISP 的功能就可以省去购买编程器的巨大开支，并且单片机在用户系统上即可下载/烧录用户程序，使单片机的编程更加方便灵活，而无需像传统单片机开发那样从已生产好的产品上拆下，再用通用编程器将程序代码烧录进单片机内部。

**2. STC－ISP. exe 软件的获取**

登陆 STC 单片机的网站 http：//www. STCMCU. com，下载 PC 端的 ISP 程序，然后将其自解压，再安装即可（执行 stc－isp－15xx－v6. 87H . exe）。

STC 单片机内部已经固化有 ISP 引导码，当单片机上电启动后，默认首先运行 ISP 引导程序，等待计算机发送编程指令。如果在预定时间内，计算机没有发送编程指令，则执行单片机内部固化的用户程序；如果等到计算机的编程指令，则进入编程状态接收单片机发送的程序代码，并将其烧写入内部 Flash 存储器。

**3. 使用 STC－ISP. exe 下载程序**

STC－ISP. exe 软件运行界面如图 15-3 所示。需要注意的是，要想进行 ISP 下载，必须是在上电复位时接收到串口命令才开始执行 ISP 程序，ISP 下载步骤如下：

第一步，选择单片机型号。必须与所使用单片机型号一致。

第二步，选择串口号。根据使用的计算机串口号确定，若是通过 USB－RS232 转换器进行转换，安装驱动程序后，系统会自动分配给 USB 口一个串口号，在计算机的设备管理器中可以查询到，stc－isp－15xx－v6. 85. EXE 也能自动扫描到，直接选择即可。

第三步，打开文件。选择要下载的格式为 *. bin 或 *. hex 的程序二进制代码文件。可以设定二进制文件下载的起始地址。通过选中“打开文件前清零缓冲”可以将二进制代码未能覆盖的程序存储空间都清零，以避免下载错误代码。

第四步，设置功能选项。根据实际情况勾选即可。注意若使用内部 IRC 时钟，一定要选择 IRC 时钟频率。

第五步，下载程序。单击“下载/编程”按钮后，再给单片机上电。程序下载完成后，单片机会自动运行用户程序。

### 15.2.2　stc－isp－15xx－v6. 87H 串口助手的使用

**1. 串口助手简介**

在没有仿真器的情况下，单片机的系统调试经常需要使用串行口来进行调试信息的输入与输出，从而检查程序运行中的状态。因此，用好串口调试软件对单片机的系统调试很有

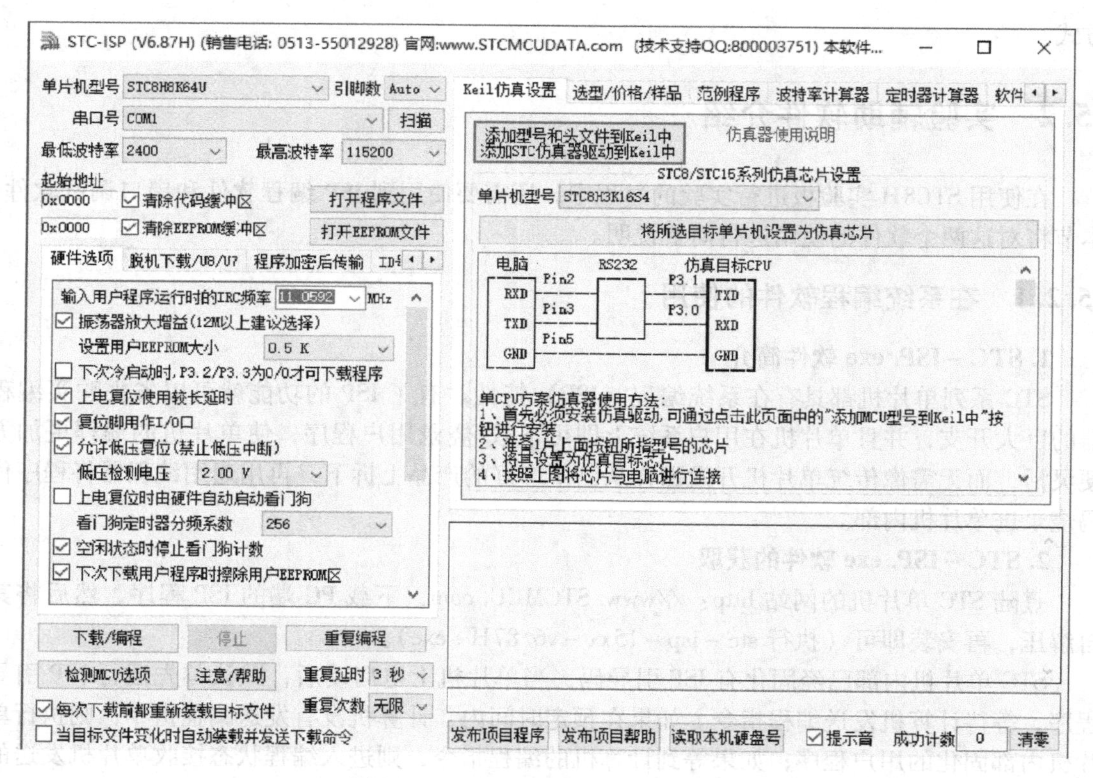

图 15-3 STC - ISP. exe 软件运行界面

帮助。

目前串口调试的软件很多，如 Accessport、串口调试精灵、SecureCRT 等。它们所能完成的功能大同小异，各有特点。

stc - isp - 15xx - v6. 87H 自带有串口助手这样的功能，用户使用方便，它可以调试串口程序或下位机程序，也可以拦截通过串口的数据流、控制流，让用户高效地执行调试、分析工作，具有简单易用的数据调试、强大的数据拦截等功能，是一款功能强大的串口调试工具。

**2. 串口助手的基本操作**

打开串口助手的界面如图 15-4 所示。

1）设置串口参数。COM 串口范围是 1 ~ 255，波特率范围是 600 ~ 460800bit/s，可根据实际需要选择串口号、波特率、校验位、停止位等参数。

2）接收/发送缓冲区。接收、发送时有两种模式可以选择：文本模式和 HEX 模式。其中，HEX 方式是十六进制方式传送的，而不是 ASCII 码的形式传送的，比如说“0”，按照 ASCII 码的方式传送就是 48，而以 HEX 的方式传送就是 0。

3）多字符发送区。在多字符发送区可以发送一个字符，或者自动地、依次发送所有的字符串。

首先输入需要发送的字符串，若要发送十六进制数据，需勾选 HEX 选项，输入间隔时间，单击“自动循环发送”按钮，即可自动发送。

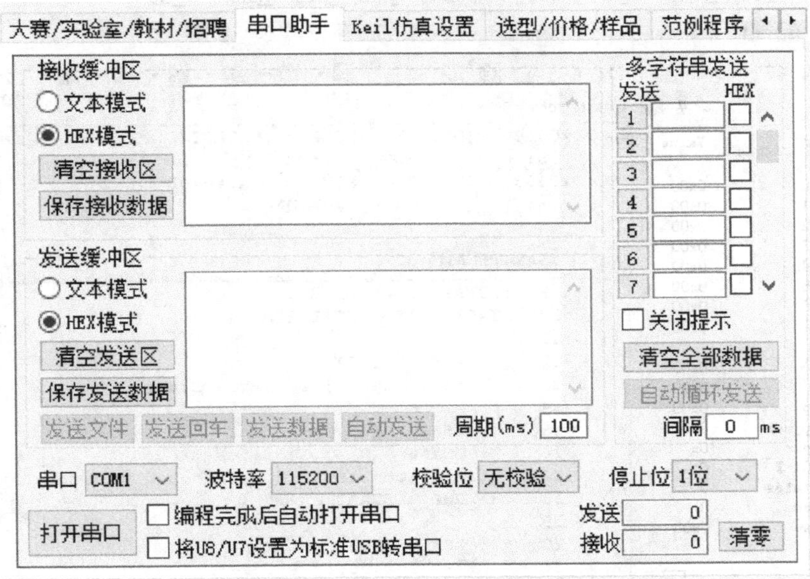

图 15-4　串口助手界面

## 15.3　实验指导

### 15.3.1　实验一　使用 μVision 设计、调试汇编语言程序

**1. 实验目的**

1）熟悉使用 μVision 集成开发工具编写、编译、调试单片机汇编语言程序的方法。

2）掌握汇编语言的编程方法。

3）领会汇编语言程序设计的思想和方法。

**2. 实验设备**

① 计算机；②μVision 集成开发环境。

**3. 实验内容**

1）学习 μVision 集成开发环境的使用及 A51 编程范例。

结合第 14 章 μVision5 集成开发环境的使用介绍，上机练习 μVision 的常用功能，具体功能说明参阅第 14 章的有关部分和 μVision 自带的联机帮助。

打开 μVision 安装目录下路径为“C51 \ EXAMPLES \ ASM \ ”中的汇编语言范例工程文件“ASAMPLE. uvproj”。通过仔细阅读范例程序，了解 μVision 中项目文件的构成、汇编语言程序编写规范、模块间的函数调用方法等知识。

将打开的范例工程文件编译后，单击进入调试模式调试程序，如图 15-5 所示。熟悉 μVision 调试模式下常用功能的使用方法，掌握汇编语言程序调试的一般过程。

2）编写程序，完成二进制数向 BCD 码的转换。

参照 14.2 节中介绍的内容，使用 μVision 集成开发环境建立项目，编写程序，实现将

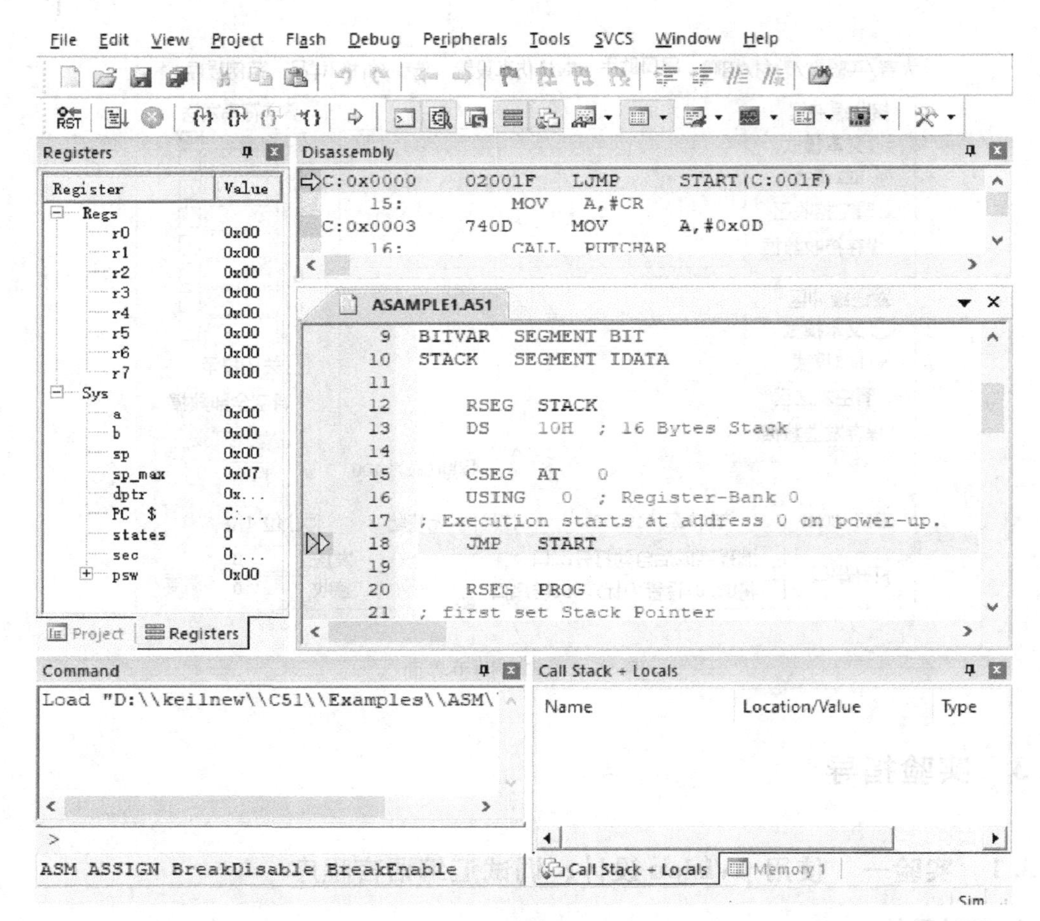


图 15-5　汇编范例的调试模式

R0 中的二进制数转换成非压缩式 BCD 码，存储于内部数据存储器 30H～31H 中。

编译程序，根据提示改正错误，直至编译无误。

参照 14.3 节中介绍的相关内容，进入 μVision 调试模式，在寄存器窗口中设置寄存器 R0 的初值，在程序最后设置断点，全速运行至断点处，在存储器观察窗口中观察内部数据存储器中的内容是否与程序设计运行结果一致。如果有问题，需要进一步通过单步调试，查看程序的每条语句执行结束后的状态，检查程序设计中的问题。

3）编写程序，完成 BCD 码向 ASCII 码的转换。

使用 μVision 集成开发环境建立项目，编写程序，实现将存储于内部数据存储器 30H～35H 中的 6 个非压缩式 BCD 码的数字转换成 ASCII 码形式，存储于外部数据地址为 2000H～2005H 的单元中。

编译程序，根据提示改正错误，直至编译无误。

参照 14.3 节中介绍的相关内容，进入 μVision 调试模式，在存储器观察窗口 1 中设置内部数据存储器 30H～35H 单元中的 BCD 码数据，在程序结尾设置断点，全速运行直至断点处，在存储器观察窗口 2 中查看以地址 2000H 起始的外部数据存储单元中的内容是否与程序设计运行结果一致。如果有问题，需要进一步通过单步调试，查看程序的每条语句执行结束后的状态，检查程序设计中的问题。

### 15.3.2　实验二　使用 μVision 设计、调试 C51 语言程序

**1. 实验目的**

1）进一步熟悉使用 μVision 集成开发工具编写、编译、调试单片机 C51 语言程序的方法。

2）初步掌握 C51 编程语言的基本编程方法。

3）初步领会 C51 编程语言程序设计的基本思想和方法。

4）学会使用 C51 库函数进行基本输入/输出的编程方法。

**2. 实验设备**

①计算机；②μVision 集成开发环境。

**3. 实验内容**

1）进一步学习 μVision 集成开发环境的使用及 C51 编程范例。

结合第 14 章 μVision 集成开发环境的使用介绍，对 μVision 的常用功能及调试 C51 语言程序的方法进行上机练习，具体功能说明参阅第 14 章的有关部分和 μVision 自带的联机帮助。

打开 μVision 安装目录下路径为“C51 \ EXAMPLES \ CSAMPLE \ ”中的 C51 语言最基本的范例工程文件“CSAMPLE. Uv2”。通过仔细阅读范例程序，了解 μVision 中 C51 语言编写的程序项目文件构成、C51 语言程序编写规范、模块间的函数和变量调用方法等知识。通过分析范例程序，掌握使用 C51 库函数设计使用单片机串行口进行输入/输出的基本方法。C51 范例调试界面如图 15-6 所示。

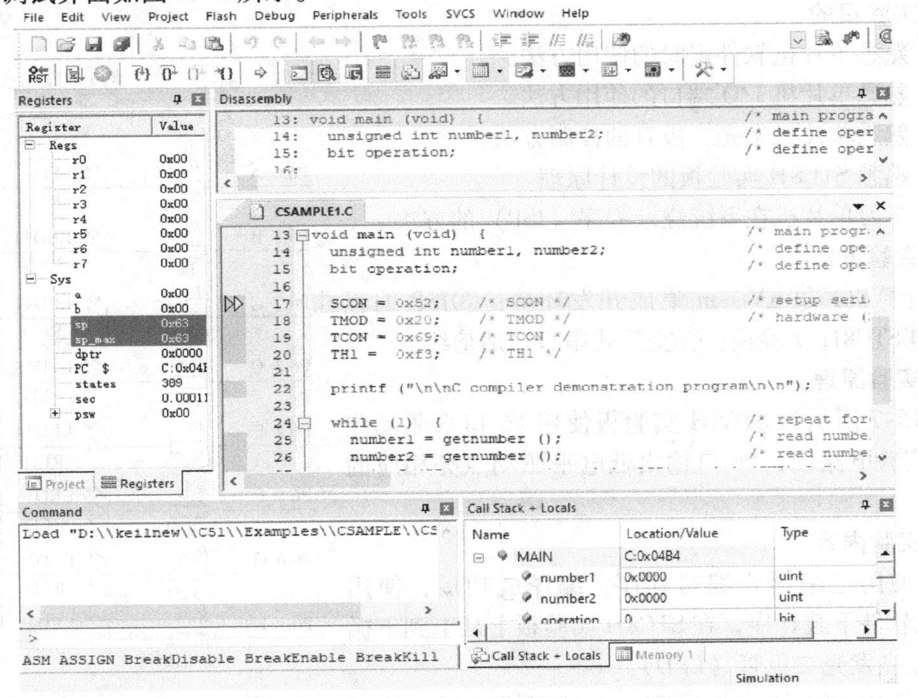


图 15-6　C51 范例调试界面

2）编写程序实现三个数的大小比较。

通过学习 μVision 自带的 C51 语言程序范例 CSAMPLE 中关于输入/输出的库函数使用方法，编写程序，实现三个数的大小比较。

程序要求：

① 程序启动后，向串行端口发送提示信息，并提示用户输入待比较的三个数字。

② 程序将用户从串行口输入的三个数字进行比较并排序。

③ 程序将比较结果按数字大小的升序排列，并从串行口输出。

实验步骤：

程序设计时，应采用模块化设计、自底向上的设计方法进行，调试中需要用到的 μVision 功能可以参阅 14.3 节的有关部分和联机帮助文档。

① 仔细阅读并分析范例，学习 C51 输入/输出库函数的使用方法。

② 编写程序，在调试模式下调试，实现在串行口调试窗口输出程序设置的信息，调试好后，将程序改写成输出接口函数的形式保存。

③ 编写程序，在调试模式下调试，实现从串行口调试窗口读入数据，通过变量观察窗口观察读入的数据与输入的数据是否一致，确定程序设计成功后，将程序改写成输入接口函数的形式保存。

④ 编写主程序，实现程序的控制流程，在需要的地方调用已经编写好并调试成功的输入/输出接口函数，最后在调试模式下调试完整程序。

### 15.3.3 实验三 跑马灯实验

**1. 实验目的**

1）熟悉单片机软件定时的使用方法。

2）熟悉单片机 I/O 端口的使用方法。

3）熟悉单片机发光二极管的控制方法。

4）熟悉 STC8H 实验板的设计原理。

5）学习单片机在系统烧录程序（ISP）的方法。

**2. 实验设备**

①计算机；②μVision 集成开发环境；③ISP 编程软件；④STC8H 实验板；⑤交叉式串行口通信线。

**3. 实验原理**

图 15-7 所示为 STC8H 实验板使用 P6 口来驱动跑马灯的实验电路图，P6 口输出低电平驱动点亮相应的 LED 灯。

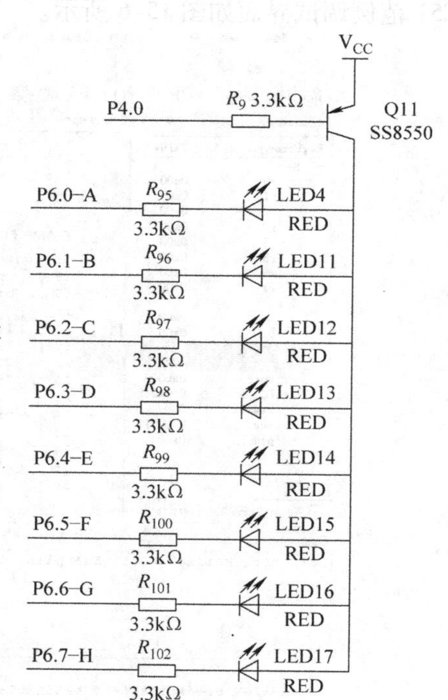


图 15-7 跑马灯实验电路图

**4. 实验内容**

1）使用汇编语言编写程序，编译成功后，使用 ISP 下载软件下载程序，在 STC8H 实验板上从上到下循环依次点亮发光二极管（LED）。

2）使用 C51 语言编写程序，编译成功后，使用 ISP 下载软件下载程序，在 STC8H 实验板上从上到下循环依次点亮发光二极管（LED）。

3）修改跑马灯移位显示间隔时间，观察跑马灯移位显示的变化情况。

### 15.3.4 实验四 单片机定时器/计数器的应用编程与调试

**1. 实验目的**

1）通过实验掌握51单片机定时器/计数器的电路结构和工作原理。

2）掌握单片机定时器/计数器定时及计数功能及其中断处理程序的方法。

3）学会利用定时器完成和时间有关的复杂控制任务。

**2. 实验设备**

①计算机；②μVision集成开发环境；③ISP编程软件；④STC8H实验板；⑤交叉式串行口通信线。

**3. 实验原理**

第5章介绍了单片机定时器的原理，STC8H8K64U芯片内部均集成有一个高精度内部IRC振荡器。在ISP调试界面中，用户可根据需要来选择IRC振荡器的频率，若将频率设定为11.0592MHz的晶振，单片机的机器周期 $T_{cy}=12/11.0592\times10^{-6}\text{s}\approx1.0851\ \mu\text{s}$。

如果使用工作方式1，则能够利用定时范围宽的特点，每次中断之间的周期可以比较长，能达到几十毫秒，程序结构相对简单；但缺点是每次定时溢出后需要重新装入定时初值，这样会损失定时精度。

如果使用工作方式0，可以利用其自动装入计数初值的特点，定时精度会比较高；但缺点是每次中断之间的周期比较短，不到300μs，若实现秒级别的定时，程序结构会相对复杂。

所以在程序设计中如何平衡程序的复杂度与定时精度是一个难点。由于C51语言经过编译器编译后难以控制函数的执行时间，如果设计要求的精度很高，定时部分的程序就需要使用可以准确计算执行时间的汇编语言来编写。这样就要用到C51语言调用A51汇编语言程序的技术。具体可参考本书第4章相关内容和μVision集成开发工具的联机帮助文档。

**4. 实验内容**

1）采用单片机定时器/计数器T0，编写定时器定时程序，实现秒时钟，在μVision调试模式下设置软件仿真平台的晶振为24MHz。软件仿真调试程序，在变量观察窗口检查秒时钟变量值的变化是否符合程序设计要求。

2）在完成第一步的基础上，修改实验三跑马灯程序，要求用单片机定时器/计数器T0的定时功能实现每个LED灯点亮的时间间隔为1s。

3）采用单片机定时器/计数器T1，实现对外部独立按键（SW22）计数，连续按键5次使单片机控制的LED灯状态翻转一次（由流水灯变为整体闪烁），要求用单片机定时器/计数器T1的计数功能实现计数，用单片机定时器/计数器T0的定时功能实现每个LED灯点亮的时间间隔为1s。定时器/计数器实现计数功能电路图如图15-8所示。

需要注意的是：做实验时需要打开内部4kΩ上拉电阻。

### 15.3.5 实验五 七段数码管电子钟显示实验

**1. 实验目的**

1）学习并掌握七段数码管电路的工作原理和编程控制方法。

2）掌握单片机I/O方式驱动8位数码管显示电路的设计和编程控制方法。

3）进一步掌握单片机通用I/O接口的编程方法。

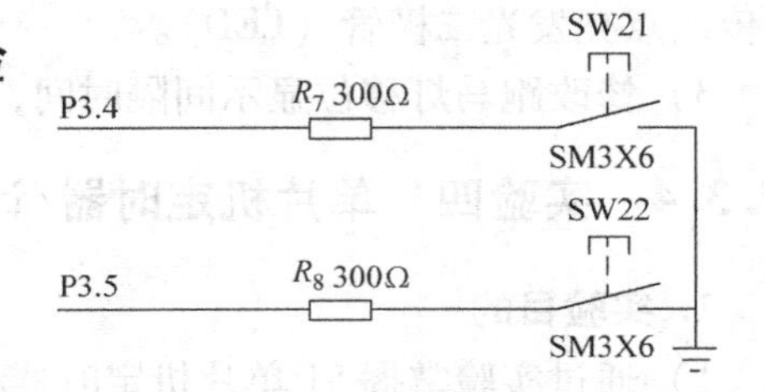


图15-8 定时器/计数器实现计数功能电路图

**2. 实验设备**

①计算机；②μVision集成开发环境；③ISP编程软件；④STC8H实验板；⑤交叉式串行口通信线。

**3. 实验原理**

STC8H实验板I/O方式驱动8位数码管显示电路原理如图15-9所示。

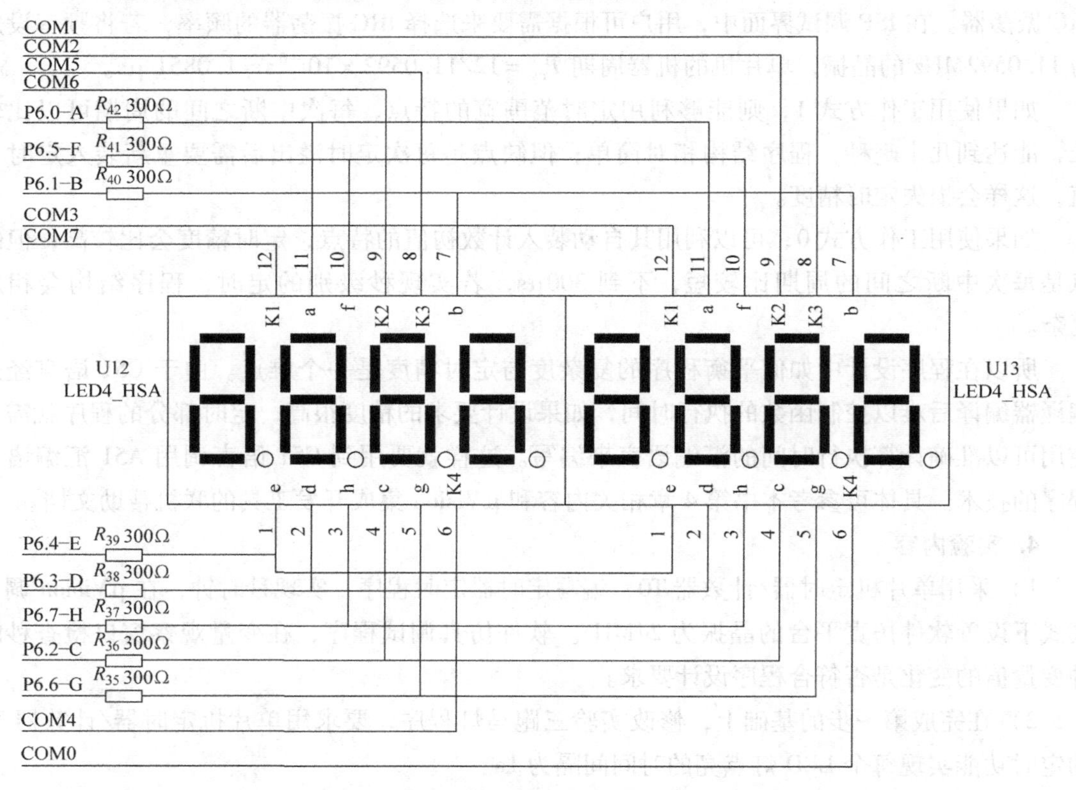


图15-9 8位数码管显示电路原理图

**4. 实验内容**

1）采用单片机定时器/计数器T0，编写定时器定时程序，实现秒时钟，在μVision调试模式下设置软件仿真平台的晶振为11.0592MHz。软件仿真调试程序，在变量观察窗口检查秒时钟变量值的变化是否符合程序设计要求。

2）在完成第一步的基础上，使用STC8H实验板P6口驱动8位数码管，实现在8位数码管上显示秒时钟，注意只显示有效的位数，无效的位数应不显示。编写好程序后，使用ISP编程软件将二进制代码文件下载至STC8H实验板中运行，观察数码管的显示。利用复位键返回初始工作状态。

3）继续编写程序实现分钟和小时的计数，在μVision调试模式下，软件仿真调试程序，在变量观察窗口检查相关变量值的变化是否符合程序设计要求。在程序仿真调试时，为了能在短时间模拟分钟和小时的计数，可以对定时器计数初值进行成倍的更改或成倍更改仿真平台晶振的值，即以加倍的速度模拟时钟的运行。

4）在正确完成以上步骤的情况下，编写程序，实现将电子钟的秒、分、时随时间的变化都实时地显示在LED数码管上，实现一个可以动态显示时、分、秒的电子时钟。

### 15.3.6 实验六 单片机外部中断实验

**1. 实验目的**

1）通过实验掌握51系列单片机的中断原理。

2）熟悉使用C51语言编写中断处理程序的方法。

3）进一步熟悉单片机在系统烧录程序（ISP）的方法。

**2. 实验设备**

①计算机；②μVision集成开发环境；③ISP编程软件；④STC8H实验板；⑤交叉式串行口通信线。

**3. 实验原理**

图15-10所示为STC8H实验板外部中断测试模块，程序中如果设置外部中断0采用下降沿触发方式并允许中断，则每次将开关拨动再使其归位就会产生一个脉冲下降沿，使单片机触发中断。

**4. 实验内容**

1）使用C51语言编写程序，初始化中断，完成中断处理，实现对按键次数的计数。要求按SW17键，显示的按键次数加1，按SW18键，显示的按键次数加2。在μVision调试模式下，使用软件仿真调试编写的程序。

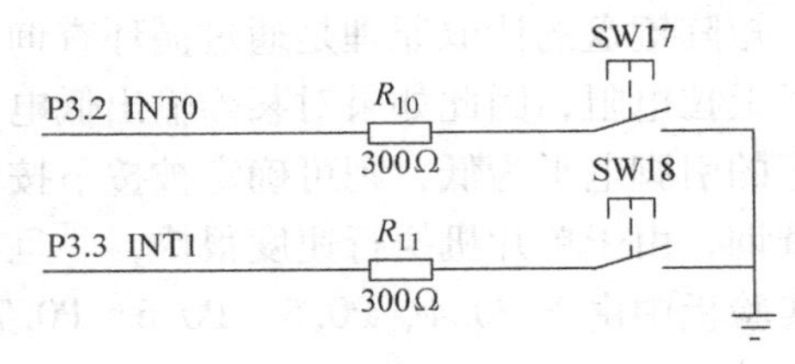


图15-10 STC8H实验板外部中断测试模块

2）在正确完成上一步程序后，继续编写程序，调用实验五整理的显示接口函数，实现将按键次数显示在LED数码管上，SW17键的按键次数显示在数码管最高位，SW18键的按键次数显示在数码管最低位。注意只显示有效的位数，无效的位数应不显示。编写好程序后，使用ISP编程软件将二进制代码文件下载至STC8H实验板中运行，按键按下，观察数码管的显示。

### 15.3.7 实验七 矩阵键盘实验

**1. 实验目的**

1）进一步掌握单片机通用I/O接口的编程方法。

2）掌握单片机矩阵键盘电路的设计方法。

3）掌握单片机读取矩阵键盘状态的编程方法。

**2. 实验设备**

①计算机；②μVision 集成开发环境；③ISP 编程软件；④STC8H 实验板；⑤交叉式串行口通信线。

**3. 实验原理**

STC8H 实验板矩阵键盘模块的电路原理如图 15-11 所示，设计使用 P0 口的高四位作为矩阵键盘的行扫描信号，低四位作为列扫描信号。

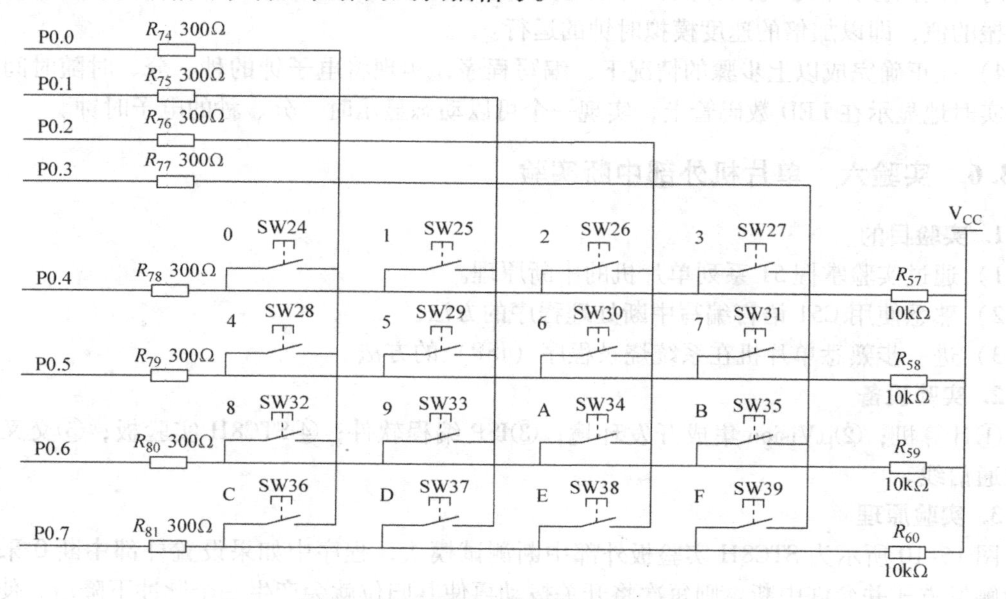


图 15-11　矩阵键盘模块的电路原理图

矩阵键盘的读取原理是通过循环查询 I/O 口输入实现的。在电路中，由于行列信号都设置了上拉电阻，因此如果对某列输出低电平信号，然后查询行信号的输入状态，若代表某行状态的引脚电平为低，则可确定被按下按键的行和列的坐标；反之亦然。如此往复地不断循环查询，由于单片机执行速度很快，一旦有按键按下就可确定按键的编号。需要注意的是，在实验板中由于 P0.4、P0.5、P0.6、P0.7 在 TFT 彩屏处已加了 10kΩ 上拉电阻到 3.3V，所以此处 $R_{57}$、$R_{58}$、$R_{59}$、$R_{60}$不焊。

另外，还需要注意，由于有时按键会出现弹簧抖动或按键的误触碰，从而造成某次读取的状态不确定。为解决这样的问题，在程序设计时往往在读取到一个按键被按下后，延时一定时间再读取一次状态以便确认读取无误，如果状态相同则说明有键被按下，反之则为误操作。这样的设计方法通常被称为按键“消抖”。

**4. 实验内容**

1）选定某一行的 4 个按键，编写程序，固定输出行的低电平，读取列信号，判断按键序号，调用实验三调试好的显示接口函数，将按键序号显示在 LED 数码管上。编译程序下载至实验板，观察结果。

2）对 4×4 矩阵键盘进行编号，编写程序，循环查询矩阵键盘的状态，读取被按下按键的行和列，确定按键编号，调用显示接口函数，将按键编号显示在 LED 数码管上。编译程序下载至实验板，观察结果。轻触按键，观察显示的变化。

3）根据防止按键抖动原理，增加按键“消抖”程序。编译程序下载至实验板，观察结果。轻触按键，观察显示的变化。将读取的按键程序重新组织，编写成读取按键接口函数保存起来。

4）从16个按键中抽取4个，分别进行功能定义，结合实验五电子钟实验，实现通过按键对电子钟初值的设置。要求：

① 4个按键功能分别为设置键、递增键、递减键、保存键。

② 程序启动后，从默认时间开始走时。

③ 按下设置键停止走时，开始对时钟初值进行设置，首先设置小时的初值，这时表示小时的两位数码管进行闪烁。

④ 递增键每按一下设定值加一，递减键每按一下设定值减一，持续按下不放，则设定值持续增加或减小。

⑤ 设定完小时初值，按下设置键，接着表示分的两位数码管持续闪烁，进行分初值的设定。设定完毕，再次按下设置键，则表示秒的两位数码管持续闪烁，进行秒初值的设定。按下保存键后即从当前设定值开始走时。在设定过程中按下保存键，也将会从当前设定值开始走时。

### 15.3.8　实验八　串行通信实验

**1. 实验目的**

1）通过实验掌握STC8H8K64U单片机的串行中断原理。

2）通过实验掌握串行通信的基本原理。

3）熟悉使用C51编程语言编写查询方式的发送、接收程序的方法。

4）熟悉使用C51编程语言编写中断方式的发送、接收程序的方法。

5）初步掌握单片机与PC通信的程序设计方法。

**2. 实验设备**

①计算机；②μVision集成开发环境；③ISP编程软件；④STC8H实验板；⑤万用表；⑥交叉式串行口通信线。

**3. 实验原理**

STC8H实验板串行接口部分的电路原理图如图15-12所示，其中SP3232－SOP16是RS232接口芯片，其工作原理可参考SP3232－SOP16芯片手册。

SP3232－SOP16是RS232接口芯片，主要负责不同标准电平信号间的转换，很多情况下串行通信的故障是由SP3232－SOP16芯片的故障造成。根据芯片手册，SP3232－SOP16在正常工作时，第2引脚V＋应该输出＋5.5V的电压，第6引脚V－应该输出－5.5V的电压。因此，实际应用中可以通过测量这两个引脚的工作电压是否正常来判断SP3232－SOP16芯片是否正常工作。

由于计算机的COM端口也是遵循RS232接口标准，因此使用通信线将实验板发送端和接收端与PC的接收端和发送端对应相连，即可实现单片机实验板与PC之间的通信。

**4. 实验内容**

1）检测SP3232－SOP16芯片的状态。首先，使用万用表的20V直流电压档测量教学实

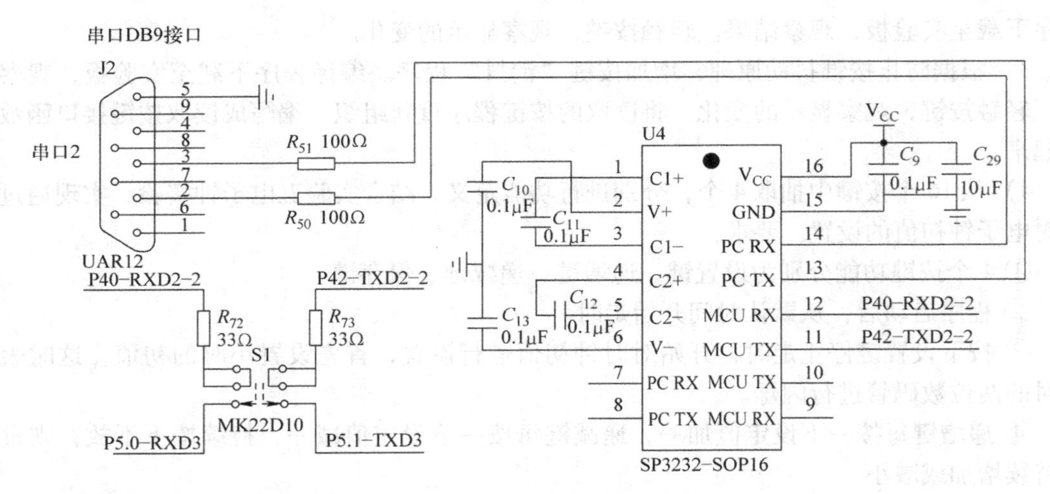


图 15-12　RS232 串行通信模块电路

验板上 SP3232 - SOP16 芯片的第 2 引脚和第 6 引脚电压是否正常，以判断 SP3232 - SOP16 是否正常工作。接着，分别测量第 13 脚和第 14 脚，检查通信引脚的电平是否符合 RS232 标准的要求。

2）参考本书第 6 章相关内容，使用 C51 编程语言实现查询方式的发送程序，并在 μVision 的调试模式下，利用串行口调试窗口观察数据输出情况并验证程序。最后，将发送程序组织成查询方式的发送函数保存起来。

3）参考本书第 6 章相关内容，使用 C51 编程语言实现查询方式的接收程序，并在 μVision 的调试模式下，利用串行口调试窗口模拟数据的输入，在程序中设置断点，通过变量观察窗口查看接收的数据并验证程序。最后，将接收程序组织成查询方式的接收函数保存起来。

4）利用前面调试成功的查询方式的接收与发送函数，使用 C51 编程语言设计程序实现单片机的自发自收程序，将“0x55”单字节数据发送并查询，等待接收，将接收的数据再次发送，进而循环往复地执行。

修改发送的单字节数据内容，观察并记录信号波形的变化情况，分析串行通信的帧格式，深入理解串行通信的过程。

5）参考第 6 章 6.5.4 小节的内容，结合实验四的成果，编程实现一个简易的数字频率计。使用 PC 串口向频率计发送采集命令，频率计对信号进行测频或测周，并将计算得到的频率发回给 PC。频率计成功接收到一次采集命令后，根据信号的频率范围进行测频或测周，将信号频率显示在 LED 数码管上，并按照约定格式将频率测量结果从串行口发回 PC。

① 设计频率计的通信协议，包括 PC 发送的采集命令的格式、频率计向 PC 回复数据的格式。

② 按照步骤①中设计的通信协议格式，使用 C51 编程语言编写串行通信程序。按照 3）和 4）中的调试方法，分别模拟调试发送程序和接收程序。

③ 按照结构化编程的思想，结合实验四的成果，编写程序模块，实现对教学实验板上脉冲产生电路输出信号频率的测量。在教学实验板上验证通过。

④ 将②中调试成功的串行通信程序模块与③中调试成功的信号频率测量模块组织起来，编译生成二进制程序文件下载到教学实验板中。

利用 stc - isp - 15xx - v6.87H 串口助手，在发送窗口发送设计好的采集命令，观察接收窗口接收到的数据，并与实验板 LED 数码管上的显示值进行比较。

## 15.3.9　实验九　利用 ADC 第 15 通道测量外部电压或电池电压

**1. 实验目的**

1）通过实验掌握单片机 AD 端口的电路结构及工作原理。

2）掌握单片机 AD 端口的编程方法。

3）掌握单片机 AD 端口电路的设计方法。

**2. 实验设备**

①计算机；②μVision 集成开发环境；③ISP 编程软件；④STC8H 实验板；⑤交叉式串行口通信线。

**3. 实验原理**

STC8H 系列 ADC 的第 15 通道用于测量内部参考信号源，由于内部参考信号源很稳定，约为 1.19V，且不会随芯片工作电压的改变而变化，所以可以通过测量内部 1.19V 参考信号源，然后通过 ADC 的值便可反推出外部电压或外部电池电压。实验原理图如图 15-13 所示。

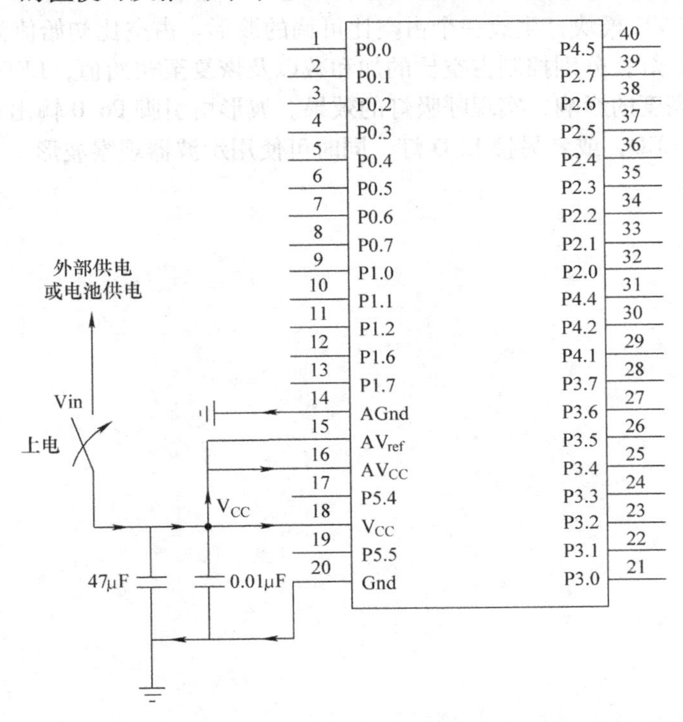


图 15-13　ADC 第 15 通道测量外部电压或电池电压电路原理图

**4. 实验内容**

1）ADC 采用查询方式读取通道 15 的结果并将值显示在数码管上，编写程序并验证结果。

2）ADC 采用查询方式读取通道 3 的结果，根据通道 15 的结果及内部参考电压 1.19V 计算出外部电压的值，将电压值显示在数码管上，编写程序并验证结果。

## 15.3.10 实验十 PWM 模块的应用编程与调试

### 1. 实验目的

1）通过实验掌握单片机 I/O 接口的电路结构及工作原理。

2）掌握单片机通用 I/O 接口的编程方法。

3）掌握单片机通用 I/O 接口电路的设计方法。

### 2. 实验设备

①计算机；②万用表；③示波器；④μVision 集成开发环境；⑤ISP 编程软件；⑥STC8H 实验板；⑦交叉式串行口通信线。

### 3. 实验原理

STC8H 系列的单片机内部集成了两组高级 PWM 定时器，两组 PWM 的周期可不同，可分别单独设置。第一组可配置成 4 对互补/对称/死区控制的 PWM，第二组可配置成 4 路 PWM 输出或捕捉外部信号。两组 PWM 定时器内部的计数器时钟频率的分频系数为 1 ~ 65535 之间的任意数值。

### 4. 实验内容

利用单片机 PWM 模块，生成一个占空比可调的波形。占空比初始值为 50%。设置 3 个按键以及一个 LED 灯，分别控制占空比的加和减以及恢复至初始值，LED 灯用来显示 PWM 变化对于 LED 灯亮度的影响，实现呼吸灯的效果。波形由引脚 P6.0 输出，LED 灯可以设置为 P6.0 口输出的 LED，或者另接 LED 灯，同时可使用示波器观察波形。

# 参考文献

[1] 汪贵平，李登峰，龚贤武，等. 新编单片机原理及应用 [M]. 北京：机械工业出版社，2011.
[2] 文武松，王璐，杨贵恒. 单片机原理及应用 [M]. 北京：机械工业出版社，2015.
[3] 马忠梅，籍顺心，张凯，等. 单片机的C语言应用程序设计 [M]. 5版. 北京：北京航空航天大学出版社，2013.
[4] 文武松，杨贵恒，王璐，等. 单片机实战宝典——从入门到精通 [M]. 北京：机械工业出版社，2014.
[5] 徐爱钧. STC15增强型8051单片机C语言编程与应用 [M]. 北京：电子工业出版社，2014.
[6] 李全利. 单片机原理及应用（C51编程）[M]. 北京：高等教育出版社，2012.
[7] 丁向荣. 单片微机原理与接口技术——基于STC15系列单片机 [M]. 2版. 北京：电子工业出版社，2018.
[8] 胡汉才. 单片机原理及其接口技术 [M]. 4版. 北京：清华大学出版社，2018.
[9] 陈桂友. 增强型8051单片机实用开发技术 [M]. 北京：北京航空航天大学出版社，2010.
[10] 李群芳，肖看. 单片机原理、接口及应用——嵌入式系统技术基础 [M]. 北京：清华大学出版社，2005.
[11] 唐颖. 单片机原理与应用及C51程序设计 [M]. 北京：北京大学出版社，2008.
[12] 李念强，崔世耀，何敬银，等. 单片机原理及应用 [M]. 2版. 北京：北京航空航天大学出版社，2013.
[13] 何立民. 单片机高级教程——应用与设计 [M]. 北京：北京航空航天大学出版社，2007.
[14] 李友全. 51单片机轻松入门（C语言版）——基于STC15W4K系列 [M]. 北京：北京航空航天大学出版社，2015.
[15] 田会峰. 单片机原理及应用系统设计——基于STC可仿真的IAP15W4K58S4系列 [M]. 北京：机械工业出版社，2017.
[16] 朱兆优. 单片机原理与应用——基于STC系列增强型80C51单片机 [M]. 3版. 北京：电子工业出版社，2014.